Close Up!! 令和6年春期の出題傾向／令和6年秋期の対策ポイント

午前問題

●出題傾向

分野別の出題数は，テクノロジ系50問，マネジメント系10問，ストラテジ系20問です。過去問題の再出題問題が36問（45％）で前回より2問少なく，類似問題の出題は12問（15％）でした。また，他試験区分の過去問題の出題は17問（21％）ありました。再出題問題と類似問題を合わせると60％になり，他試験区分の過去問題も含めると出題数の81％になります。これまでと同様，再出題問題と類似問題を中心にした出題傾向がみられます。同じようなテーマでも表現方法や観点を変えて繰り返し出題されています。

テクノロジ系では，再出題問題が50問中24問（48％），類似問題が5問あります。これらを合わせると，50問中29問（58％）を占めていて，過去の出題問題を中心とした出題傾向がみられます。マネジメント系では，再出題問題が10問中1問（10％）で今回はかなり少ない出題数になっています。ストラテジ系は，20問中11問（55％）が再出題問題で，他の試験区分の過去問題は前回と同じ3問が出題されました。

テクノロジ系の内訳は基礎理論7問，コンピュータシステム18問，技術要素19問（内，セキュリティ分野10問），開発技術6問が出題されました。マネジメント系はプロジェクトマネジメント3問，サービスマネジメント7問，ストラテジ系はシステム戦略6問，経営戦略8問，企業と法務6問が出題されて前回と同じ出題数でした。

新テーマの出題は，BRM，GHGプロトコル，ITに係る業務処理統制，JIS X 33002:2017，PBPによる投資効果評価，SIRT，インバータ，オブジェクトストレージ，監査人が総合的に点検・評価を行う対象，期待金額価値，ゴンペルツ曲線，シミュレーションを用いたコンピュータの性能評価，直流給電，デジタルガバナンス・コード2.0，ドキュメンテーションジェネレーター，特許法，バリューストリームマップ，パワー半導体，ファイブフォース分析，プロファイラ，ベイズの定理，マスカスタマイゼーション，量子ゲート方式の量子コンピュータなどです。

●対策ポイント

過去に出題された問題や類似したテーマの問題が多く出題される傾向にあります。したがって，過去の問題集を中心に学習することが重要です。定番のテーマはしっかりと身につけ，最新の動向にも注目するという，両面からの準備が合格への近道といえます。

午後問題

●出題傾向

近年の応用情報技術者試験は難易度か …… l5年秋期と同様の難易度でした。問3のプログラムの問題は複雑で高い難易度 …… 計画の問題は，PEST分析やファイブフォース分析などの出題でしたが，日常的 …… しいものがあり，難易度はやや高かったと思います。問3の「ダイクストラ法」に関するプログラム設計能力を問う問題は，ノード間の距離の考え方の把握に時間がかかった受験者が多かったでしょう。問4のCRMシステムの改修に関する出題は問題をよく読むことで答えられる内容であったと思います。問5のクラウドサービスを活用した情報提供システムの構築も大きく難しくはなかったと思います。

問6のデータベース設計の問題も過去問題で出題された用語の繰り返しで難易度は前回同様であると思います。問7の業務用ホットコーヒーマシン設計問題も難易度は前回同様でした。問8のダッシュボードの設計は久しぶりのオブジェクト指向の問題でした。実務的な能力も必要で難易度は高かったと思います。それ以外の問題は通常の難易度だったと思います。

●対策ポイント

テクノロジ分野については応用技術者試験の午後過去問題で出てくるキーワードをしっかり理解して過去問題やその類似問題を多く解くことが対策となります。データベースのE-R分析，SQL，ネットワークの構成，IPアドレス変換，サブネット，セキュリティ対策などの基本を理解した上で，ネットワークやセキュリティ分野の最新のトレンドとなる知識を雑誌やネットで調べ，理解することが必要です。

マネジメント分野については，応用情報技術者試験の午後過去の類似問題のキーワードを学習することに加え，ITサービスマネージャやプロジェクトマネージャ，システム監査技術者試験の午後Ⅰ問題で練習することが有効です。監査の実務を書籍などで理解しておくことをおすすめします。

ストラテジ分野についても，マネジメント分野と同様に，午後過去の類似問題のキーワードの学習と，ITストラテジストやシステムアーキテクトの午後Ⅰ問題で練習するのがよいでしょう。これも，関連書を読み，実務的な部分を頭に入れておくことをおすすめします。

本書には，令和4年度秋期～令和6年度春期の本試験問題を収録しています。なお，試験範囲の詳細や実施要項については，下記サイトをご覧ください。
◎独立行政法人情報処理推進機構　IT人材育成センター国家資格・試験部
https://www.ipa.go.jp/shiken/

応用情報技術者試験　午後問題の
重要キーワード

応用情報技術者試験の午後は，11の分野から出題されます。

①情報セキュリティ	⑥データベース
②経営戦略／情報戦略／戦略立案・コンサルティング技法	⑦組込みシステム開発
	⑧情報システム開発
③プログラミング（アルゴリズム）	⑨プロジェクトマネジメント
④システムアーキテクチャ	⑩サービスマネジメント
⑤ネットワーク	⑪システム監査

これまでの午後試験の出題傾向を分析すると，出題分野によって傾向の違いがみられます。①情報セキュリティ，④システムアーキテクチャ，⑤ネットワーク，⑥データベース，⑧情報システム開発の5分野は，同じキーワードが繰り返し出題されています。一方，その他の分野は応用問題が多く，キーワード自体を問うより，問題解析力を問うものがほとんどです。

ここでは，繰り返し出題されている5分野のキーワードをまとめました。これらの重要キーワードを使って，効率的な午後対策をしましょう。

情報セキュリティ

☑ 共通鍵（秘密鍵）暗号方式

暗号化と復号に同じ鍵を利用する暗号方式。処理時間がかからないメリットがありますが，送信者が暗号化に使用した鍵を受信者に送付しなければならず，第三者に盗聴されるリスクがあります。

☑ 公開鍵暗号方式とデジタル署名

暗号化と復号に異なる鍵を利用し，一方を公開し（公開鍵），一方を非公開（秘密鍵）にする暗号方式。公開鍵は不特定多数が入手できるようになっていますが，秘密鍵は自分自身しか保有しません。公開鍵で暗号化したものは，秘密鍵でしか復号できず，秘密鍵で暗号化したものも，公開鍵でしか復号できません。これを署名の生成／検証に応用した技術がメッセージダイジェストを使うデジタル署名です。

☑ メッセージダイジェスト，ハッシュ関数

デジタル署名で，通信の改ざん検知として使われるのがメッセージダイジェストです。メッセージダイジェストは，通信文からハッシュ関数と呼ばれる不可逆性のある関数で生成され，元に戻せません。この性質を利用し，送信者が生成したメッセージダイジェストと，正当な受信者が受け取った通信文からハッシュ関数で生成したものが一致すれば，改ざんはないことを証明できます。

☑ VPN（Virtual Private Network），トンネリング

VPNは，インターネット網や公衆回線など不特定多数が使う回線をあたかも専用線のように安全に通信できる仕組みのことです。通信の両端にVPN装置を使ってトンネルをつくり，暗号化等セキュリティ対策を施します。これはトンネリングと呼ばれます。

☑ DMZ（DeMilitarized Zone）

DMZは「非武装地帯」と訳され，インターネットに接続されたネットワークでファイアウォールにより外部ネットワーク（インターネット）からも内部ネットワーク（組織内のネットワーク）からも隔離された区域を意味します。外部に公開

Applied Information Technology Engineer

令和06年……………………【秋期】

応用情報技術者

パーフェクトラーニング

過去問題集

加藤昭、高見澤秀幸、芦屋広太、矢野龍王・著

技術評論社

令和06年秋期

応用情報技術者 パーフェクトラーニング 過去問題集

CONTENTS

するサーバをここに置いておけば，ファイアウォールによって外部からの不正なアクセスを排除できます。

ファイアウォール

オープンな外部ネットワークから内部ネットワークを守る防火壁の役割を担うのがファイアウォールです。試験のネットワーク図では「FW」と略記されることが多いです。

内部ネットワークは，ウイルスによる攻撃，悪意ある者による不正侵入によって，重要データを持ち出されたり，破壊されるなどの危険性をもっています。これらの攻撃から内部ネットワークにある情報を保護するため，不正な通信を除去するなどの役割を担います。

WAF（Web Application Firewall）

Webサーバに対して行われるHTTPやHTTPSのトラフィックを監視することによって不正アクセスを防ぐファイアウォールのことです。通常のファイアウォールがネットワークレベルで通信を監視するのに対して，WAFはアプリケーションレベルで不正アクセスを防ぐことを目的としています。

TLS

インターネットなどの通信ネットワークで，セキュリティを要求される通信を行うための暗号機能を付加したプロトコル。通信相手の認証，通信内容の暗号化，改ざん検出機能などを提供します。

長く標準的に利用されてきたSSL（Secure Sockets Layer）をベースに作られたため，実社会ではTLSも含め，SSLと呼ばれることがあります（過去問題にも登場しますが，現在の試験ではTLSに統一されています）。

トロイの木馬

有用なソフトウェアに見せかけて，悪意のある機能を有しているソフトウェアのことで，ユーザの情報を盗んだり，外部から遠隔操作ができるようになったり，不正な動作を行います。

スパイウェア

パソコン内に不正に侵入し，そのユーザに関す

攻撃手法

SQLインジェクション	アプリケーションのセキュリティ上の不具合をついて，アプリケーションが意図しないSQL文を実行させ，データベースを不正に操作することで，情報を漏えいさせたりするような攻撃。SQL文に不正命令を「注入(Injection)」することから，この名前が付いている
クロスサイトスクリプティング(cross site scripting)	ソフトウェアの脆弱性を悪用した攻撃手法の一つ。たとえば，あるインターネットサイトにユーザからの入力（掲示板サイトなどの投稿など）をそのまま表示（動的にHTMLを生成）するページがあった場合，単純なテキストデータが入力される場合はよいが，攻撃者がこの仕組みを悪用すると「悪意のあるスクリプト」が埋め込めてしまう。このようなスクリプトが埋め込まれたページをユーザが閲覧すると，ユーザのブラウザで意図しないスクリプトが実行され，深刻な問題を引き起こす可能性がある
クロスサイトリクエストフォージェリ(cross site request forgeries)	WWWにおける攻撃手法。たとえば，Web注文サイトにおいて，正当なユーザAがログインしている状態で，攻撃者Bが悪意のスクリプトをAのクライアントで実行させ，その結果，ユーザAが意図しない注文を行ったり，会員情報を書き換えるような被害を発生せしめる攻撃などが該当する
標的型攻撃(targeted attack)	特定の企業や組織のユーザを狙った攻撃のこと。たとえば，標的として設定した企業の社員向けに，知り合いの名前を装ってウイルスメールを送信し，システム利用者IDを搾取し，さらなる攻撃に悪用したりする攻撃
DoS攻撃，DDoS攻撃	Dos攻撃は標的となるサーバに対して大量のパケットを送信することで，過剰に負荷をかけてサービスの妨害や停止に陥れる攻撃。DDos攻撃は，複数の踏み台になるサーバを乗っ取ってDos攻撃する行為
パスワードリスト攻撃	複数のサイトで同じログインID，パスワードを使い回して利用している人が多いことから，あるサイトで不正に入手したログインIDとパスワードの組み合わせをもとに，別のサイトで不正アクセスを行うこと
ブルートフォース攻撃	総当たり攻撃の意味で，考えられるすべてのパターンのパスワードでログインを試み，不正アクセスを行うこと
フィッシング	ユーザを偽のインターネットサイトへ誘導し，クレジットカードの情報やユーザID，パスワードを入力させて，その情報を盗むこと
水飲み場型攻撃	正規のインターネットサイトを改ざんして，閲覧したユーザに不正なソフトウェアをダウンロードさせる攻撃手法
ドライブバイダウンロード	悪意のあるインターネットサイトにアクセスしたとき，ユーザに気づかれないように不正なソフトウェアをダウンロードさせる攻撃手法
ゼロデイ攻撃(0-day attack)	OSやミドルウェアなど，ソフトウェアのセキュリティ上の脆弱性（セキュリティホール）が発見された場合，問題が広く世の中に周知される前に，いち早く脆弱性を悪用して行われる攻撃

る情報を収集し，外部へ送信するソフトウェアのことです。

☑ランサムウェア

このソフトウェアに感染すると，コンピュータが正しく動作しなくなります。これを解除するために金銭を要求するといった特徴を有するソフトウェアです。

システムアーキテクチャ

☑集中処理システム

システムの処理機能を特定の1か所（センタ）に集中した形態です。障害対応，保守，監視などが行い易く，セキュリティも確保しやすいメリットがある反面，システムダウン時にはシステム全体がストップするリスクがあります。

☑分散処理システム

システム機能を地域性や業務内容に応じて複数箇所，複数マシンに分散する形態です。分散の形態には**水平分散**，**垂直分散**，**機能分散**，**負荷分散**があります。

☑フォールトトレランス，フォールトアボイダンス

フォールトトレランスは，冗長構成や分散処理により，障害が発生しても機能を継続実行させるための考え方です。なお，システム構成要素の信頼性を高め，障害自体を発生させない考え方をフォールトアボイダンスと呼びます。

☑フェールソフト，フェールセーフ

フェールソフトは，障害発生時に機能を縮小させて継続実行する考え方です。また，フェールセーフは，障害発生時に影響範囲を広げないように，安全な動作を選択する考え方です。

☑サーバ仮想化

1台のサーバ上で，複数のサーバを仮想的に構成させるようにできる技術で，利用者からは物理的複数のサーバを利用できているように見えます。ベースとなる1台のサーバを**物理サーバ**，仮想化されたサーバを**仮想サーバ**と呼び，仮想化を行うとCPU，メモリ，ディスクなどのシステム資源を効率的に活用できます。

☑スケールイン，スケールアウト

システムを構成するサーバの台数を減らすことを**スケールイン**，台数を増やすことを**スケールアウト**と呼びます。たとえば，Webシステムにおいて，Webサーバが処理しきれない量のアクセスがある場合スケールアウトを，アクセス数が恒常的に減る場合はスケールインを行って，システム資源の最適化を行います。

☑負荷分散装置（ロードバランサ）

複数のサーバ構成において，特定のサーバに処理負荷が集中しないように処理を振り分ける機能をもつ機器です。ネットワーク図では「LB」と略記されることが多いです。たとえば，2台の処理サーバに均等に処理を振り分けるような用途で利用されます。

☑アクティブ／アクティブ

複数のサーバと負荷分散装置の構成において，複数サーバがどれも稼働（アクティブ）している構成。たとえば，処理サーバ2台と負荷分散装置のアクティブ／アクティブ構成では，1台の処理サーバが故障しても，残った1台で処理を継続でき，業務を止めることなく，連続稼働が可能となります。

☑アクティブ／スタンバイ

稼働（アクティブ）しているサーバと待機（スタンバイ）しているサーバで構成されます。稼働しているサーバが故障すると待機サーバを立ち上げ，処理を継続しますが，業務停止時間が発生します。業務を停止することになるので絶対的な連続稼働が必要なシステムには使えません。

☑クラウドコンピューティング（cloud computing）

サーバを所有することなく，クライアントのWebブラウザを起動し，インターネット上にあるWebサービスをハードやソフト，ネットワークが

どうなっているのか気にせずに，すべて利用するだけで済むという考え方で，コンピュータが雲（クラウド）の向こうにあるという意味でクラウドと呼ばれます。クラウドを構成する技術的サービスとしては，FaaS，SaaS，PaaS，IaaSがあります。

FaaS (Function as a Service)	インフラやOS，ミドルウェアに加え，データベースや機能（ファンクション）までもサービス事業者が提供する形態。利用者は常時サーバを運用する必要がなく，処理が必要なときだけ稼働させて利用することが可能となる（このように常時サーバを必要としない構成を「サーバレス」という）
SaaS (Software as a Service)	利用者に対して，インターネット経由で経理，人事業務，販売管理業務アプリケーションなどの機能を提供するサービス。または，実現するための仕組全般のこと
PaaS (Platform as a Service)	アプリケーションソフトが稼動するためのプラットフォームであるサーバなどのハードウェア，OSなど基本ソフト，DBMSなどミドルウェア一式を，インターネット上のサービスとして利用できるようにしたサービス
IaaS (Infrastructure as a Service)	アプリケーションソフトやOS，ミドルウェアなどの基本ソフト，ミドルウェアを稼動させるために必要な機器や回線などのシステム基盤（インフラ）を，インターネット上のサービスとして利用できるようにしたサービス

☑ エッジコンピューティング

あらゆるモノがインターネットにつながるIoT（Internet of Things：モノのインターネット）では，つながるモノが増えるにしたがってデータ量が増えます。また，データが発生した場所から遠くにあるクラウド上のサーバで処理するには通信自体に時間がかかるため，リアルタイムに処理できないといった問題が出てきます。この問題の解決策として，データの発生源（ネットワークの末端＝エッジ）の近くにエッジサーバを置いて処理を分散し，膨大なデータを効率よく，リアルタイムで処理する手法がエッジコンピューティングです。

☑ Web API（Web Application Programming Interface）

Webシステム上で使われるソフトウェア同士がデータなどを互いにやりとりするのに使用するインタフェース手順仕様のことです。異なるシステム間でデータを交換するには個別に手順を決める必要がありますが，これを標準手順化し，どのシステムとも簡単にデータ交換ができるようにするため，APIが普及するようになりました。

☑ 目標復旧時間（RTO：Recovery Time Objective）

事業継続計画において，災害，事故，その他の理由による障害で業務や情報システムが停止してから，あらかじめ定められた業務レベルに復旧するまでに必要となる経過時間を示す指標のことです。

☑ 目標復旧時点（RPO：Recovery Point Objective）

災害，事故，その他の理由による障害で情報システムが停止した際に，どの時点までさかのぼってデータを回復させるかを示す指標のことです。通常，業務で使うデータはバックアップを取得しますが，その取得頻度が高い（多い）ほど，データの復旧は（バックアップを復元した後の差分トランザクションの入力期間が短いため）簡単になります。しかし，データのバックアップ取得頻度が高いと，それだけバックアップ時間がかかることになるという短所もあります。

☑ 信頼度計算

平均故障間隔 (MTBF：Mean Time Between Failures)	システムの信頼性を示す指標で，故障と故障の間の平均連続稼働時間を示す。この指標が大きいほど，信頼性が高い
平均修理時間 (MTTR：Mean Time To Repair)	システムの保守性を示す指標で，故障の修復のための平均時間を示す。この指標が小さいほど，保守性が高い
稼働率	システムの可用性を示す指標で，MTBF／（MTBF＋MTTR）で定義される。この指標が大きいほど，可用性が高い
故障率	システムが一定の時間内に故障する確率。MTBFの逆数となる。たとえば，MTBFが500時間の場合は，1／500=0.002の故障率

☑ LRU（Least Recently Used）

LRUは，仮想メモリやキャッシュの管理などで一般的に使われるアルゴリズムです。「最近最も使われていない」という意味で，メモリブロックをページアウトする際に，未使用の時間が最も長いブロックを選択し，入れ替えを行います。

☑ M/M/1の待ち行列モデル

待ち行列理論のうち，最も試験に出題されるモデルがM/M/1です。このモデルで前提となることは下表のとおりです。

平均到着率 [λ]	サービスを受ける客が単位時間当たりに到着する数を表す（データやトランザクションの到着件数／単位時間）
平均サービス時間 [$E(T_S)$]	1件の客に対するサービスの平均サービス処理時間を表す（トランザクション処理時間，データ転送時間等）
平均サービス率 [μ]	平均サービス時間［$E(T_S)$］の逆数 ■平均サービス率［μ］ ＝1／平均サービス時間［$E(T_S)$］
窓口利用率 [ρ]	窓口がサービス中のためふさがっている割合を表す（回線利用率，CPU利用率等） ■窓口利用率［ρ］ ＝平均到着率［λ］×平均サービス時間［$E(T_S)$］ または ■窓口利用率［ρ］ ＝平均到着率［λ］／平均サービス率［μ］
平均待ち時間 [$E(T_W)$]	システムリソースが使用中のため，サービスを受けるまでに待たされる平均の時間を表す ■平均待ち時間［$E(T_W)$］ ＝窓口利用率［ρ］／(1－窓口利用率［ρ］) ×平均サービス時間［$E(T_S)$］
平均応答時間 [$E(T_Q)$]	平均待ち時間［$E(T_W)$］と平均サービス時間［$E(T_S)$］の合計 ■平均応答時間［$E(T_Q)$］ ＝平均待ち時間［$E(T_W)$］ ＋平均サービス時間［$E(T_S)$］ ＝1／(1－ρ)×平均サービス時間［$E(T_S)$］

☑ターンアラウンドタイム

システムに処理の要求を送信してから，画面などに結果が出力されるまでに必要な時間です。

☑レスポンスタイム

システムに処理の要求を送信してから，結果の最初のデータを送信しはじめるまでに必要な時間です。

☑アクセスタイム

CPUが記憶装置のデータを読んだり，書き込んだりするのに必要な時間です。

☑スループット

単位時間あたりにシステムが処理できるデータ量です。

ネットワーク

☑IP（Internet Protocol）アドレスとクラス

IPアドレスは通信を行うための住所の役割を果たし，ネットワークアドレス部（ネットワークを特定する）とホストアドレス部（コンピュータを特定する）から構成されます。IPv4でのIPアドレスは32ビット構成（IPv6は128ビット構成）で，8ビットずつに区切って10進数表記します。

```
11011011. 01100101. 11000110. 00000100
     219.      101.      198.        4
```

インターネットなどネットワークの普及に伴い，IPv4のIPアドレスは枯渇する運命にあったので，IPアドレス資源を有効に使うためにサブネットの概念やCIDRが導入されています。また，128ビットに拡張されたIPv6もIPv4と同じネットワーク上に併存可能です。IPv6は128ビットを16ビットずつ8つに区切った16進数の数値列で表記します。なお，情報処理試験の午後ではIPv4での出題がまだ主流のため，特にIPv6の表記がない場合は，IPv4の場合の説明を行います。

☑サブネットとサブネットマスク

IPアドレスを有効に使う方法としてサブネットという概念があります。サブネットとは，ホストアドレスを示す8ビットの一部をネットワークアドレスに含め，より多くのネットワークを管理する考え方です。32ビットのアドレスのうち，ネットワークアドレス部とホストアドレス部の境界を管理するのが，サブネットマスクです。サブネットマスクは，ネットワークアドレス部に1，ホストアドレス部に0を並べたビット列で，1がネットワークアドレス，0がホストアドレスと認識します。

・IPアドレス
11000000 10101000 00000000 00000001
・サブネットマスク
11111111 11111111 11111111 11000000
←ネットワークアドレス部→ ←ホストアドレス部→
・ネットワークアドレス
11000000 10101000 00000000 00000000
・ホストアドレス
000001

☑プレフィックス表記

32ビットのIPアドレスのうち，ネットワーク部（サブネットの場合も含む）がどのビット列かを示す場合に，「192.168.199.64/27」のように表現することがあります。これを，プレフィックス表記と呼び，32ビットのうち，先頭から27ビットをネットワークアドレス部，残りがホストアドレス部であることを示します。

CIDR（Classless Inter-Domain Routing）

CIDRはクラスの概念を取り払い，IPアドレスのネットワークアドレス部とホストアドレス部の長さを1ビット単位で任意に決められるものです。CIDRにはクラスやサブネットアドレス部という概念がなく，ネットワークアドレス部とホストアドレス部の二つにしか分かれません。その二つの部分は，任意の場所によって区別することができ，左端からネットワークアドレスの最後までのビット数で管理します。

DHCP（Dynamic Host Configuration Protocol）

ネットワークに一時的に接続する端末（クライアントコンピュータ）に，IPアドレス，サブネットマスクなど必要なネットワーク管理情報を自動的に割り当てるプロトコルのことです。通常，ネットワークに接続するには，端末に固定的にIPアドレスなどのネットワーク情報を保持する必要があり，端末の追加，交換時はネットワーク情報の手作業での設定が必要です。しかし，DHCPでは，IPアドレス情報をDHCPサーバと呼ばれるサーバが一元管理し，端末の接続要求に応じてアドレス情報を貸し出す（リースする）ため，端末へのネットワーク情報設定労力が軽減される，IPアドレス資源を有効利用できる，ネットワーク情報の一元管理が可能となるなどのメリットがあります。

MACアドレス（Media Access Control address）

LAN方式であるイーサネットにおいて，ネットワークを構成するコンピュータや通信機器などを全世界で一意に識別するために設定されている固有のID番号です。OSI参照モデルのデータリンク層レベルの物理アドレスとなります。ハブ，レイヤー2スイッチ，ブリッジはMACアドレスによって通信を振り分けます。

グローバルIPアドレス，プライベートIPアドレス，NAT，IPマスカレード

グローバルIPアドレスとは，インターネットでの通信を行うためのIPアドレスで，重複が許されません。しかし，グローバルIPアドレスは枯渇しており，取得できる量も限られています。そこで，組織内のネットワークに接続された機器に自由に割り振ることができるプライベートIPアドレスが使われています。しかし，組織内でしか一意性が確保されないため，そのままではインターネット上での通信はできません。そこで，プライベートIPアドレスしかもたない機器がインターネットで通信を行うために，NATやIPマスカレードのアドレス変換技術によってプライベートIPアドレスをグローバルIPアドレスに変換することが必要になります。

TCP（Transmission Control Protocol）

TCPは，インターネットで利用される通信プロトコルの一つで，OSI参照モデルのトランスポート層に位置し，ネットワーク層で操作するIPと，セション層以上のプロトコル（HTTP，HTTPS，FTP，SMTP等）の橋渡しをします。

TCPはコネクション型通信であり，信頼性向上に必要な処理が多く用意されています。このため，通信データ量が多くなるうえ，通信手続きに要する時間もかかるため，「信頼性は高いが転送速度が低い」という特徴があり，データがすべて確実に伝わることが必要なアプリケーションに利用されています。

ポート番号

IPアドレスでは，通信元，通信先のホスト（PCやサーバ）しか特定できませんが，実際にはホスト上では複数のサービスやアプリケーションが動作するため，どのサービスやアプリケーションの用途で通信されているかを特定する手段が必要になります。

そこで，TCPプロトコルとUDPプロトコルには，通信を監視し，通信相手のサービスやアプリケーションを特定するポート番号が用意されてい

ます。たとえばHTTPプロトコルはポート80, SMTPプロトコルはポート25という具合です。このような一般に広く使われるポート番号はウェルノウンポート番号と呼ばれ，0～1023の範囲で推奨値が決められています（ただし実際の通信で推奨外のポート番号を使うことは可能）。

☑ルータ

異なるネットワークを相互接続するための中継用機器で，通常の通信経路，障害時の通信経路などを保持しており，送られてきたパケット（データ）を宛先のネットワークまで中継（ルーティング）します。OSI基本参照モデルのネットワーク層以上で動作します。また，通信をコントロールするフィルタリング機能などもあります。

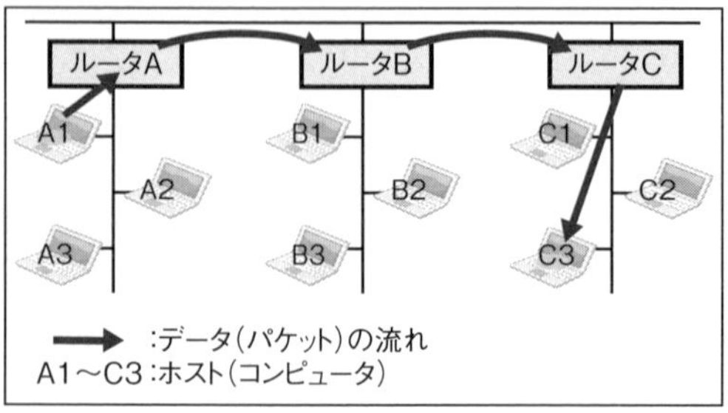

☑ルーティング

IPプロトコルでは，異なるネットワークをまたがった通信を行う場合にルータを使います。ルータは，送られてきたIPパケットの宛先IPアドレスを解釈し，そのIPアドレスが自身の属するネットワーク宛であれば該当ホストに送信し，IPアドレスが自身の属するネットワーク以外であれば，宛先IPアドレスに最短で到達するためのルータに中継します。

☑フィルタリング

パケットのヘッダ情報を使い，通信をコントロールする機能で，ファイアウォールとして最も簡単な仕組みです。パケットのヘッダが保有する送発信アドレス，番号などを判断し，ユーザが指定したルールに応じ，パケットの通過，遮断を行います。

☑DNS（Domain Name System）

インターネット上のIPアドレスとホスト名を相互変換するための仕組みで，IPアドレスからホスト名を求めたり，その逆を行うホストの名前解決ができます。名前解決をするためのサーバをDNSサーバと呼びます。IPアドレスは数字の羅列なので，人間が見たり記憶するには取り扱いが不便です。そのため，人が扱いやすいホスト名とIPアドレスの変換が必要になりました。

☑レイヤー2スイッチ（L2SW），レイヤー3スイッチ（L3SW）

どちらもネットワークの中継機器です。

OSI参照モデルのデータリンク層（第2層＝レイヤー2）で，MACアドレスで通信の宛先を判断して転送を行う機能をもつものをレイヤー2スイッチと呼びます。

レイヤー3スイッチは，レイヤー2スイッチにルーティング機能をもたせたもので，OSI参照モデルのネットワーク層（第3層＝レイヤー3）で，IPアドレスで通信の宛先を判断して転送を行います。同じくレイヤー3の中継機能をもつルータと比較すると，LAN内部での運用に特化していますが，その分シンプルな内部構成となり，より安価で高速かつ多数のポートを搭載する製品が多いです。

☑ゲートウェイ

OSI基本参照モデルの全階層のプロトコルが異なるネットワーク同士を相互接続するため，プロトコルの変換を行うのがゲートウェイです。メーカ独自のプロトコル（SNA等）とTCP/IPを接続するような場合に利用します。

☑プロキシサーバ

内部ネットワークに接続されたクライアントPCに代わって外部ネットワーク（インターネット等）とのアクセス（送受信）を行うためのサーバで，キャッシュ機能による負荷軽減，検索速度向上や情報秘匿効果を目的としています。

①キャッシュ機能

一度参照したWebページをキャッシュしておき，検索速度を向上させます。

②情報秘匿機能

クライアントPCのIPアドレスなど，情報を外部から秘匿します。外部サイトへの送信元は，クライアントPCの情報ではなく，プロキシサーバの情報に書き換えられます。

☑デフォルトゲートウェイ

あるホスト（コンピュータ機器）がネットワークの異なるホストと通信を行うためには，ルータにルーティングを依頼しなければなりません。ホストが属するネットワークと外部のネットワークの間にあるルータなどのネットワーク機器であるゲートウェイのIPアドレスを指定しなければ，各ホストには，デフォルトゲートウェイを登録し，そこが外部との通信の橋渡しを行います。

☑VLAN（Virtual LAN）

企業内ネットワーク（LAN）において，物理的な接続形態とは独立した端末の仮想的なグループを構成させる技術です。一般に，サブネット分割を行ってネットワークを分けていくと物理的な端末の位置やネットワークの設定に影響を与え，社内組織の変更といった論理的な変更や，機器移設のような物理的な変更が発生した際に設定変更作業の手間がかかりますが，VLANであれば，ネットワーク分割の作業と物理的な接続状況とを分離するため，運用の手間の軽減やネットワークの負荷軽減が可能です。

VLANには，スイッチの設定でポートごとにVLANを設定する**ポートVLAN**と，通信のタグ情報によってVLANを識別する**タグVLAN**の，大きく2種類があります。ポートVLANでは，1つのポートが1つのVLANに対応するのに対して，タグVLANは物理的な配線に縛られず，1つのポートを複数のVLANポートに対応させることも可能です。

☑PoE（Power over Ethernet）

イーサネットのLANケーブルを利用して電力を供給する標準規格で，IEEE 802.3afとして標準化されています。通信と電源供給を1本のLANケーブルでまかなうことができるため，電源コンセントがない場所や電源を確保しにくい場所であっても，電源工事なしでIP電話や無線LANといった機材を設置できます。

データベース

☑E-R図（Entity-Relationship Diagram）

データ分析を行うためのダイアグラムです。**実体**（エンティティ），**属性**（アトリビュート），**関係**（リレーション）で構成され，エンティティ間の関係を表記しデータ設計に使用します。なお，関係（リレーション）には「1対1」，「1対多」，「多対多」のカーディナリティがあり，矢印などを使って表記します。

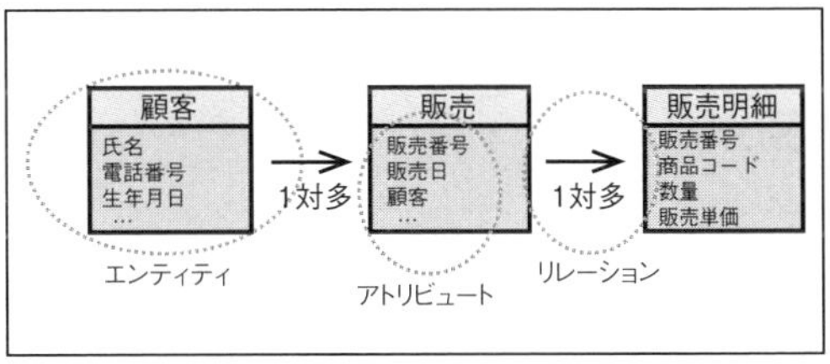

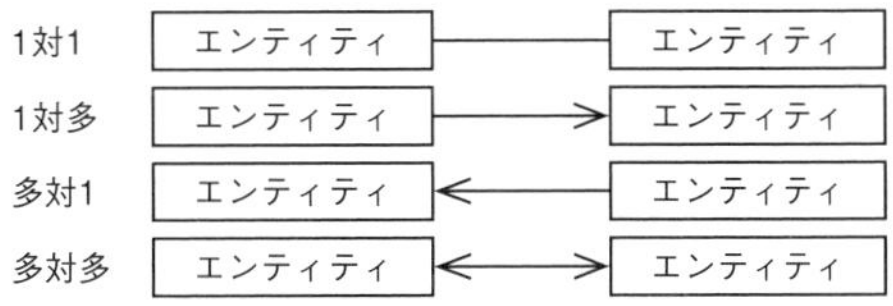

☑主キー，外部キー

テーブルのタプル（行）を一意に決定できるデータ属性を**主キー**と呼びます。主キーは重複が許されません。また，他のテーブルを参照するための項目を**外部キー**と呼びます。

☑整合性制約

データベースの整合性を維持するために用いられる機能を**整合性制約**と呼びます。主キーは必ず有効値である**非ナル制約**，主キーの重複を許さない**一意性制約**，参照関係がある（複数）テーブル間において，相互整合性を維持するため，データの入力や削除を制限する**参照制約**などがあります。

☑SQL（Structured Query Language）

リレーショナルデータベースに対する問合せ言語のことです。データ構造の定義言語（DDL：Data Definition Language），データ操作言語（DML：Data Manipulation Language）から構成されます。DDLはテーブル，ビュー，インデックスの定義（CREATE～）に使用され，DMLは，SELECT，INSERT，UPDATE，DELETEなどの照会文を定義します。

☑INSERT

表に行を挿入します。

・挿入する値を指定する場合
INSERT INTO テーブル名 (列名1, 列名2, …)
VALUES (値1, 値2, …)

・結果をすべて挿入する場合
INSERT INTO テーブル名 (列名1, 列名2, …)
SELECT文

☑GROUP BY

SQLクエリ内で使用される句で，指定された列に基づいてレコードをグループ化する機能を提供します。集約関数（SUM，COUNT，AVGなど）と組み合わせて，グループごとの数値計算結果を取得する使い方が一般的です。

☑INNER JOIN（内部結合）

結合キーが双方のテーブルに存在するレコードのみ対象とする結合です。

☑OUTER JOIN（外部結合）

基準となるテーブルに存在するレコードは必ず対象とする結合です。基準となるテーブルを右にするか，左にするかで，RIGHT OUTER JOIN，LEFT OUTER JOINと記述分けします。基準となる表のキーと一致するキーの行の項目は取得し，存在しない場合はNULL値を設定します。

☑UNION

複数のクエリの結果を統合する場合に使います。重複行を削除する場合はUNION，重複行を削除しない場合はUNION ALL。

☑COUNT（カラム名）

行のカラム（項目）の数をカウントします。カラムにNULL値があればカウントしません。また，COUNT(*)の場合は，全行数をカウントします。

☑正規化

正規化とは「データ重複，不整合を防ぐために1事実を1か所に保存する」手順をいいます。第1正規形，第2正規形から第3正規形，ボイスコッド正規形，第4正規形，第5正規形がありますが，応用情報技術者試験で問われるのは，第1から第3正規形です。

☑コミット，ロールバック，ログ（ジャーナル）の更新前情報

トランザクション処理で，複数のデータベースは整合性をもって更新されますが，実際のデータ更新は時系列で行われています。すべてのデータが正しく更新され，完了するのがコミットです。

また，コミットされる前の状態で，何らかの理由でトランザクションを正常に終了できない場合，それまでの更新をすべて取り消し，データをトランザクション開始時の状態に戻すことをロールバックと呼びます。ロールバックは，トランザクション開始時にログ（ジャーナル）に記録したデータベースの更新前情報を使用して復旧します。

☑ロールフォワード，ログ（ジャーナル）の更新後情報

障害時にDBMS（データベース管理システム）が行う復旧処理をロールフォワードといいます。ログ（ジャーナル）の更新後情報を使い，データベースを正しく更新し直し，復旧することです。しかるべきポイント（最終コミット時点）まで，更新後情報で上書きして復旧します。

☑チェックポイント

通常，トランザクション処理では，処理高速化のためデータをキャッシュ（メモリ）を介して読み書きしています。データ更新はキャッシュに随時反映されますが，常にディスクにも反映するものではないため，メモリとディスクの内容が一致していません。この状態で，電気系障害が発生するとメモリのデータが消失し，データが失われることになります。このため，定期的にメモリとディスクの同期をとります。この同期点をチェックポイントと呼びます。

システム開発

☑ アジャイル型開発

ソフトウェアの開発手法の一つで，ソフトウェアを短期間で開発したり，要件の変更に対し，柔軟に対応できるように開発する手法です。代表的なフレームワークにスクラムがあります。比較的少人数の開発チームで，ソフトウェアを短い期間で開発し，それを何度も反復して最終的にシステム全体を組み立てます。採用する具体的な手法（作業ツール）をプラクティスと呼びます。また，アジャイル型開発において，反復する開発工程サイクルのことをイテレーションと呼び，一回のイテレーションは数週間が多くなっています。

☑ プロダクトバックログ

開発すべき機能やシステムの技術的改善要素などの「実施すべき作業」に優先順位を付けて記述し，一覧にしたドキュメント。開発者，利用者など，ステークホルダ全員が参照し，現在のプロダクトの状況を把握するために利用します。

☑ スプリントバックログ

プロダクトバックログの中からスプリント期間（当面の作業期間で，1～4週間が多い）分を抜き出した当面の作業タスク一覧。これに基づいて開発作業を実施します。

☑ ペアプログラミング

一つのプログラムを2名で開発する手法。2名で行うことで，レビュー効果による品質向上，ベテランとペアを組む場合は知識付与効果などの教育効果もありますが，1名体制で開発する場合と比べて生産性が低いなどの課題もあります。

☑ アジャイルコーチ，スクラムマスタ

アジャイル型開発を導入する際に，チームメンバにアジャイル開発の概念，思想，テクニカルな部分を教え，アジャイル開発を根付かせることをコーチする役割の人のことです。

似た役割で，スクラムにおいて，チームメンバが進め方を理解し，自律的に協働できているか管理し，作業を円滑に進める支援，マネジメントを行う役割の人をスクラムマスタといいます。

☑ バーンダウンチャート

進捗状況をチーム全体で把握するために，残作業量を可視化したグラフです。縦軸に残作業量，横軸に時間をとり，想定している進捗を右下がりの直線で表します。この線より，実績の線が上にあれば作業が遅れており，下にあれば前倒しで作業が進んでいることを意味します。

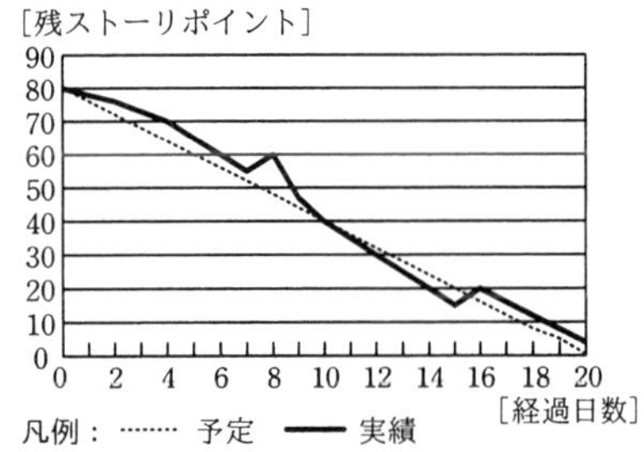

※出典：令和2年度秋期応用情報午後問8の図1より

☑ ユーザストーリー

アジャイル型開発での要件に当たるもので，開発すべき対象となる顧客の考えや要求です。アジャイル型開発にはウォータフォール開発での完成した「要件」の概念はなく，前提にあるのは顧客のもっている曖昧な考えや不確かな要求です。この曖昧な考え，不確かな要求を元に短い期間で繰り返し開発をして最終的なシステムを開発します。

☑ リファクタリング

コンピュータプログラミングにおいて，プログラムの外部機能を変えずにプログラムの内部構造を見直し，開発効率などを向上させることです。プログラムは仕様変更などを繰り返すと内部構造が複雑化し，解析性が悪化し，保守生産性が悪化することがあるので，外部構造を変更することなく，内部構造を整理されます。

☑ 継続的インテグレーション（CI：Continuous Integration）

ソフトウェア開発において，多人数の開発者がソースコードを変更し，ビルドしてもシステム全体として正しく，かつ素早く作業できるようにす

る手法。ビルド，テスト，失敗した場合の連絡などが自動化され，ソフトウェアのバグを早期に発見し対処することができ，開発スピードを上げ，システム品質を保証することを目的とします。

☑ リポジトリ（repository）

ソフトウェア開発プロジェクトに関連して必要要素になる，システム仕様，デザイン，ソースコード，テスト情報，インシデント情報などのデータの一元的な保存場所のことです。

☑ ビルド（build）

プログラムのソースコードをソフトウェア生成物に変換するプロセス，またはその結果を意味し，システムを動かせる状態にすることです。

☑ エクストリームプログラミング

ソフトウェアの開発手法。ウォータフォール型開発の「計画が立てやすい半面，変更や修正にコストと時間がかかる」点を補う特徴をもちます。ソフトウェアが途中で修正変更されることを受け入れ，全体を小さな部分に分け，開発サイクルを短くして開発を進めるのが特徴です。

☑ オブジェクト指向（Object Oriented）

関連するデータの集合と，それに対する操作（メソッド）をオブジェクトと呼ばれる一つのまとまりとして管理し，その組み合わせによってソフトウェアを構築する考え方です。これにより，データの構造などが第三者にわからなくても，手続き（メソッド）がわかれば，目的とする結果を得ることができます。なお，オブジェクト指向分析設計で必要となる主な用語は以下のとおりです。

クラス	データとその操作手順であるメソッドをまとめたオブジェクトの雛型（テンプレート）。この概念により，同じ属性をもつオブジェクトをまとめて扱うことができる。また，クラスに対して，具体的なデータ（属性値）をもつ実体をインスタンスと呼ぶ。クラスは属性と操作（メソッド）をもち，外部からのメッセージで操作される。具体的な属性にデータを与え，インスタンスを生成するメソッドをインスタンスメソッドと呼び，具体的なデータを必要としない（＝インスタンスを生成しない）メソッドを静的メソッドと呼ぶ。静的メソッドには，クラスの生成（クラス自体の作成）などがある
多重度	関連するオブジェクト間での対応数を示すもの。たとえば，図書館に書籍が所蔵されている関連は，通常1と複数になる。なお，複数を表現する場合は，「1以上：1..*」，「1～5：1..5」，「0以上：0..*」などと表現する
継承（インヘリタンス），汎化	クラスの定義を他のクラスに受け継がせることを継承（インヘリタンス）またはis-a関係と呼び，元のクラスをスーパクラス，新たに定義されたクラスをサブクラスと呼ぶ。この関係は，サブクラスから見ると上位クラスに汎化するという
集約（part-of関係），コンポジション	関連するオブジェクト間に「全体ー部分」がある状態を集約，またはpart-of関係（例：タイヤはpart-of自動車）と呼ぶ。特に関係の強いものをコンポジションと呼ぶ
多相性（ポリモルフィズム）	同じ操作（メソッド）であってもクラスが違えば異なる振る舞いをすることをポリモルフィズム（多相性）と呼ぶ。たとえば，“ライオン”と“イヌ”という違うクラスに同じ“吠える”という操作を定義する場合，それぞれ“ガオー”，“ワン”と違う振る舞いを想定する。具体的に属性データに値が入ったインスタンスメソッドで発生し，静的メソッドでは発生しない
UML（Unified Modeling Language）	オブジェクト指向分析設計におけるプログラム設計図の統一表記法の一つで，データ属性やメソッドを表現するクラス図，クラスとメッセージの動的なやりとりを表現するシーケンス図などがある

☑ テスト技法

ホワイトボックステスト	プログラムの単体テストで主に使われるテスト方法。「プログラムの内部構造を意識したテストデータを作成してテストする」ことが特徴で，命令網羅，条件網羅などの手法が使われる
ブラックボックステスト	プログラムの内部構造を意識せず，機能（入力データと出力結果の関係）の実現度のみでチェックするもの。同値分割や限界値分析，原因ー結果グラフなどが使われる
ユニットテスト（単体テスト）	プログラムモジュール単体のテストを実施し，エラーを検出する。ホワイトボックステストやブラックボックステストが使われる
ソフトウェア統合テスト（結合テスト）	複数のプログラムモジュールを連結したテストを実施する。結合テストにはモジュールを順次結合する増加テストがあり，上位モジュールから下位モジュールに増加させていくものをトップダウンテスト，下位から上位に増加させるものをボトムアップテスト，すべてを一斉に結合するものをビックバンテストと呼ぶ
リグレッションテスト（regression test）	コンピュータプログラムに変更を行うことで，意図しない別の箇所に影響がないかを確認するテストのこと（回帰テスト，退行テストも同じ意味）。プログラムが大規模で複雑になってくると，何も関係がないかのように見えるプログラムが相互に関係し合っているために，影響を出すことが多くなります。リグレッションテストには，追加機能部分のテストデータでなく，機能全体の正当性を確認できるテストデータを使う

応用情報技術者試験　受験のてびき

応用情報技術者試験とは

応用情報技術者試験とは，ITソリューション・製品・サービスを実現する業務や，基本戦略立案の業務に従事し，高度IT系人材となるために必要な応用的知識を問う，経済産業省の国家試験です。独立行政法人情報処理推進機構（IPA）が主催しており，情報処理技術者試験の体系のうち，応用情報技術者はレベル3に属します。

合格すると，高度試験の午前Ｉ試験が免除されます。また，午後試験では，自分の専門分野によって問題を選択できるため，高度試験へのファーストステップともなります。

実施時期

応用情報技術者試験は，年2回実施されています。詳細な実施日については，決まり次第，試験のホームページ（下記「試験の概要」に示すURL）で公表されます。

春期	4月（申込み：1月中旬～2月初旬頃）
秋期	10月（申込み：7月上旬～7月下旬頃）

試験の概要

応用情報技術者試験の概要は，次のとおりです。

	午前	午後
試験時間	9:30～12:00（150分）	13:00～15:30（150分）
出題形式	多肢選択式（四肢択一）	記述式
出題数	問1～問80までの80問	問1～問11
解答数	80問（すべて必須問題）	問1：解答必須 問2～問11：4問を選択
合格基準	60点以上（100点満点）	60点以上（100点満点）

実施要項や申込み方法などの詳細は，下記のIT人材育成センター国家資格・試験部のホームページに記載されています。出題分野の問題数や配点は変更される場合がありますので，受験の際には必ずご確認ください。

独立行政法人　情報処理推進機構　IT人材育成センター国家資格・試験部
URL：https://www.ipa.go.jp/shiken/
TEL：03-5978-7600（代表）
FAX：03-5978-7610

実施時期や実施内容が変更される場合がありますのでご留意ください。必ず，上記ホームページにて最新の情報をご確認ください。

■ 配点と合格基準

100点満点で，午前・午後とも満点の60％以上であることが合格基準です。なお，午前問題の得点が60％に達しない場合は，午後試験の採点を行わずに不合格となります。

	問題番号	解答数	配点割合	満点
午前	問1～問80	80	各1.25点	100点
午後	問1 問2～問11	1 4	20点 各20点	100点

■ 午前試験の分野と出題数

午前試験の分野は次のとおりです。テクノロジ系，マネジメント系，ストラテジ系から幅広く出題されます。

テクノロジ系（50問）	1. 基礎理論
	2. コンピュータシステム
	3. 技術要素
	4. 開発技術
マネジメント系（10問）	5. プロジェクトマネジメント
	6. サービスマネジメント
ストラテジ系（20問）	7. システム戦略
	8. 経営戦略
	9. 企業と法務

■ 午後試験の分野と出題数

午後試験の分野と出題数です。

問題番号	出題分野	選択
問1	情報セキュリティ	解答必須
問2～問11	経営戦略／情報戦略／戦略立案・コンサルティング技法	10問中4問選択
	プログラミング（アルゴリズム）	
	システムアーキテクチャ	
	ネットワーク	
	データベース	
	組込みシステム開発	
	情報システム開発	
	プロジェクトマネジメント	
	サービスマネジメント	
	システム監査	

■シラバスVer 6.2における表記の変更について

令和3年10月に改訂されたシラバスVer 6.2では，システム開発技術分野における，JISの改正（JIS X 0160:2021 ソフトウェアライフサイクルプロセス）を踏まえた構成・表記の変更および用語の整理が行われました。試験で問われる知識・技能の範囲そのものに変更はありませんが，頻出用語の表記が置き換わりましたので，主要なものを一覧いたします。

従来表記	シラバスVer 6.2での表記
ディジタル	デジタル
コーディング基準	コーディング標準
結合テスト（ソフトウェア～／システム～）	統合テスト（ソフトウェア～／システム～）
適格性確認テスト（ソフトウェア～／システム～）	検証テスト（ソフトウェア～／システム～）

※なお，本書では出題時の表記のまま掲載しています。解説文につきましても，問題文の表記に準じて解説しています。

令和4年度 秋期

応用情報技術者

【午前】試験時間　2時間30分

問題は次の表に従って解答してください。

問題番号	選択方法
問1～問80	全問必須

【午後】試験時間　2時間30分

問題は次の表に従って解答してください。

問題番号	選択方法
問1	必須
問2～問11	4問選択

問題文中で共通に使用される表記ルール

各問題文中に注記がない限り，次の表記ルールが適用されているものとする。

〔論理回路〕

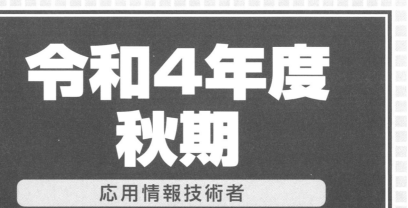

図記号	説明
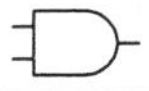	論理積素子（AND）
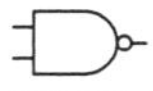	否定論理積素子（NAND）
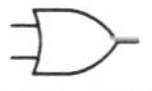	論理和素了（OR）
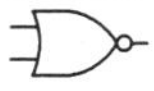	否定論理和素子（NOR）
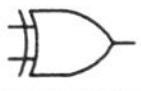	排他的論理和素子（XOR）
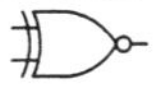	論理一致素子
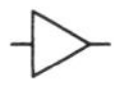	バッファ
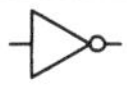	論理否定素子（NOT）
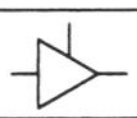	スリーステートバッファ
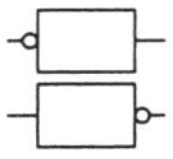	素子や回路の入力部又は出力部に示される○印は，論理状態の反転又は否定を表す。

ご注意　午後試験の長文問題は記述式解答方式であるため，複数解答がある場合や著者の見解が生じる可能性があり，本書の解答は必ずしもIPA発表の模範解答と一致しないことがあります。この点につきまして，ご理解のうえご利用くださいますようお願い申し上げます。

午前問題（令和４年・秋期）

問1 aを正の整数とし，$b=a^2$とする。aを2進数で表現するとnビットであるとき，bを2進数で表現すると最大で何ビットになるか。

ア $n+1$　　イ $2n$　　ウ n^2　　エ 2^n

問2 A, B, C, Dを論理変数とするとき，次のカルノー図と等価な論理式はどれか。ここで，・は論理積，＋は論理和，$\overline{X}$はXの否定を表す。

AB＼CD	00	01	11	10
00	1	0	0	1
01	0	1	1	0
11	0	1	1	0
10	0	0	0	0

ア $A \cdot B \cdot \overline{C} \cdot D + \overline{B} \cdot \overline{D}$

イ $\overline{A} \cdot \overline{B} \cdot \overline{C} \cdot \overline{D} + B \cdot D$

ウ $A \cdot B \cdot D + \overline{B} \cdot \overline{D}$

エ $\overline{A} \cdot \overline{B} \cdot \overline{D} + B \cdot D$

問3 製品100個を1ロットとして生産する。一つのロットからサンプルを3個抽出して検査し，3個とも良品であればロット全体を合格とする。100個中に10個の不良品を含むロットが合格と判定される確率は幾らか。

ア $\frac{178}{245}$　　イ $\frac{405}{539}$　　ウ $\frac{89}{110}$　　エ $\frac{87}{97}$

問4 AIにおける過学習の説明として，最も適切なものはどれか。

ア ある領域で学習した学習済みモデルを，別の領域に再利用することによって，効率的に学習させる。

イ 学習に使った訓練データに対しては精度が高い結果となる一方で，未知のデータに対しては精度が下がる。

ウ 期待している結果とは掛け離れている場合に，結果側から逆方向に学習させて，その差を少なくする。

エ 膨大な訓練データを学習させても効果が得られない場合に，学習目標として成功と判断するための報酬を与えることによって，何が成功か分かるようにする。

解答・解説

問1 整数を2進数で表現した際のビット数に関する問題

aはnビットの2進数で示される正の整数なので，2進数では次のように表現することができます。

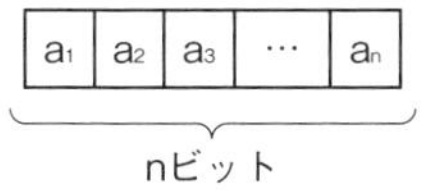

2進数は，0と1で表現できる組合せの種類と考えると，nビットの2進数で表現できるのは最大で2^n種類の2進数です。これをbについて考えると，

$$b=a^2=2^n\times 2^n=2^{2n}$$

となり，bは最大2n種類の2進数，すなわち2nビットの2進数で表せることがわかります。

問2 カルノー図と論理式に関する問題

カルノー図の周囲の論理変数（A，B，C，D）とその否定は，該当する行または列の論理変数が“1”であることを示しています。ここでA，B，C，Dが“1”となっている部分をグループ化すると，図の上端下端，左端右端は連続したもので取り扱うため次のようになります。

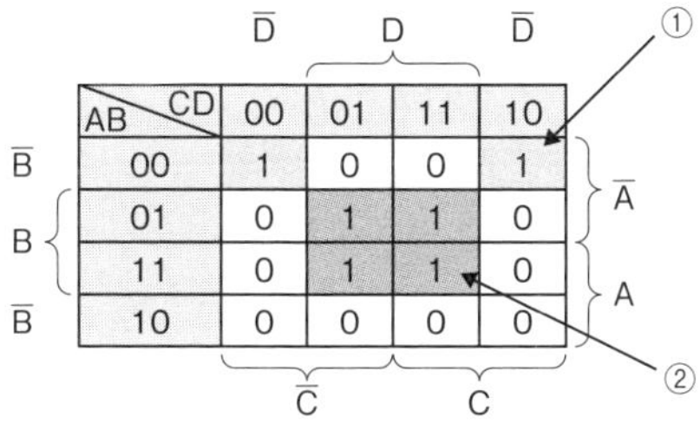

①のグループは，$\overline{A}$と$\overline{B}$および$\overline{D}$のグループに属しています。したがって，これらに共通となるよう論理積をとると，$\overline{A}\cdot\overline{B}\cdot\overline{D}$となります。

同様に，②のグループで共通となる論理積はB・Dとなります。最終的な論理式は，これら二つのグループの論理和となるので，

$$\overline{A}\cdot\overline{B}\cdot\overline{D}+B\cdot D$$

となります（エ）。

問3 サンプル検査によりロットが合格とされる確率に関する問題

ロットからサンプルを3個抽出する際に，最初の1個が良品である確率は，

$$\frac{(100-10)}{100}=\frac{90}{100}=\frac{9}{10}$$

1個目が良品でかつ2個目も良品である確率は，

$$\frac{9}{10}\times\frac{(90-1)}{(100-1)}=\frac{9}{10}\times\frac{89}{99}$$

1個目，2個目が良品で3個目も良品である確率は，式を約分した後に計算し，

$$\frac{9}{10}\times\frac{89}{99}\times\frac{(89-1)}{(99-1)}=\frac{9}{10}\times\frac{89}{99}\times\frac{88}{98}=\frac{178}{245}$$

となります（ア）。

問4 AIにおける過学習に関する問題

AIにおいて「学習」とは膨大な訓練データから特徴や法則を捉えることをいいます。学習には入力データと正解を与える教師あり学習，入力データのみから法則性を見出す教師なし学習，入力データに関して報酬を与えて成否を判断する強化学習などがあります。

ア：転移学習の説明です。

イ：正しい。訓練で得られるデータのみに適合することを過学習といいます。データに偏りがあれば正しい学習ができず，未知のデータには全く合わないモデルが形成される可能性があります。

ウ：ニューラルネットワークにおけるバックプロパゲーション（誤差逆伝搬法）の説明です。

エ：強化学習の説明です。

解答		
解答	問1 イ	問2 エ
	問3 ア	問4 イ

問5 自然数をキーとするデータを，ハッシュ表を用いて管理する。キーxのハッシュ関数h(x)を

h(x)＝x mod n

とすると，任意のキーaとbが衝突する条件はどれか。ここで，nはハッシュ表の大きさであり，x mod nはxをnで割った余りを表す。

ア a＋bがnの倍数
イ a－bがnの倍数
ウ nがa＋bの倍数
エ nがa－bの倍数

問6 未整列の配列A[i]（i＝1, 2, …, n）を，次の流れ図によって整列する。ここで用いられる整列アルゴリズムはどれか。

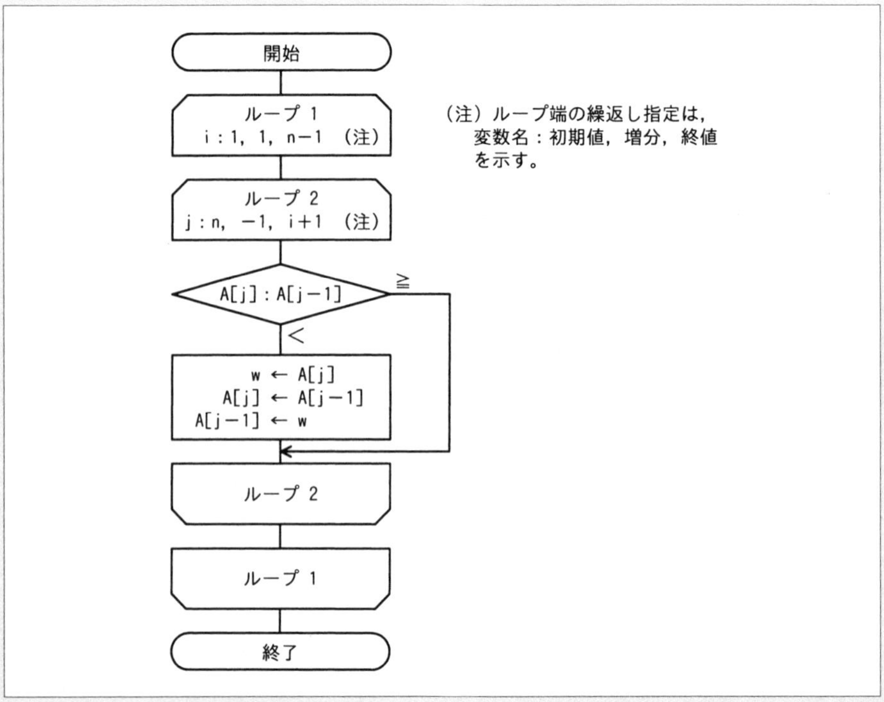

ア クイックソート
イ 選択ソート
ウ 挿入ソート
エ バブルソート

問7 XMLにおいて，XML宣言中で符号化宣言を省略できる文字コードはどれか。

ア EUC-JP
イ ISO-2022-JP
ウ Shift-JIS
エ UTF-16

解答・解説

問5 シノニムが発生する条件に関する問題

ハッシュ表は，入力されたデータをキーとしてハッシュ関数による計算を行い，その結果をハッシュ表の格納位置とする表です。コンパイラなどのプログラム開発環境で，ラベル名や変数名などのキーの検索を高速に行う場合に用いられます。

ハッシュ関数における衝突とは，ハッシュ関数による計算結果が同じ値（シノニム）をとることをいいます。用意したハッシュ表の大きさがキーの大きさよりも小さい場合は，特に衝突が発生しやすくなります。

問題のハッシュ関数では，キー値をハッシュ表の大きさnで割った余りがハッシュ値となることから，キー値がとる値がn個ごとに同じになることがわかります。例えば，n=3の場合は次の表のようになります。

キーの値	0	1	2	3	4	5	6	7	8	9
ハッシュ値	0	1	2	0	1	2	0	1	2	0

任意のキーaとbが衝突するのは，h(a)=h(b)のときなので，この式を変形していきます。

h(a)=h(b)
a mod n=b mod n
a mod n−b mod n=0
(a−b) mod n=0

(a−b) をnで割った余りが0ということは，「(a−b) がnの倍数」であることになります（イ）。

問6 整列アルゴリズムに関する問題

選択肢に挙げられている整列（ソート）アルゴリズムについて簡単に整理しておきましょう。

- ア：クイックソート…基準値を選び，その値よりも大きな値のグループと小さな値のグループに分割する作業を繰り返して並べ替えを行うアルゴリズム。
- イ：選択ソート…未整列のデータの中から最大値（あるいは最小値）を探して先頭から順に整列済データと入れ替えていくアルゴリズム。
- ウ：挿入ソート…対象データを一つずつ取り出して整列済みデータの適切な大きさの位置に配置（挿入）することを繰り返して並べ替えを行うアルゴリズム。
- エ：バブルソート…隣り合ったデータ同士を比較し，どちらかのデータが大きい（あるいは小さい）ようにデータを交換していくアルゴリズム。

次に流れ図を参照します。

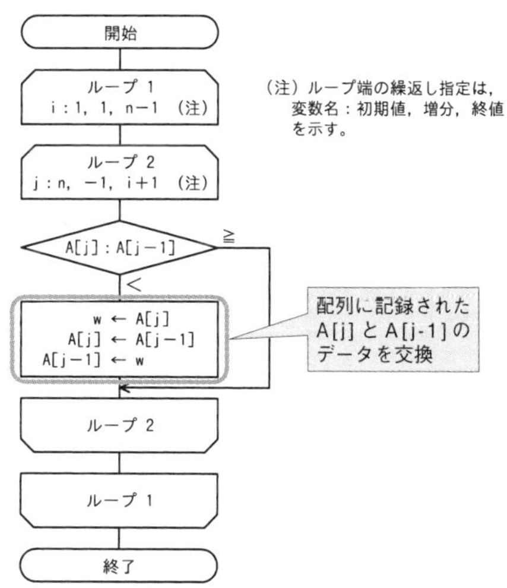

吹き出しをつけた部分でデータの交換を行っていますが，A[j]とA[j−1]，すなわち隣り合ったデータで行われていることから，バブルソートであることがわかります（エ）。

問7 XMLの文字コードに関する問題

XMLでは，XML宣言中に符号化宣言を行い，文字コードを確定します。

例：<?xml version="1.0" encoding="EUC-JP" ?>

W3CのXML 1.0勧告によれば「UTF-8またはUTF-16以外の符号化方式で保存されるデータは，符号化宣言を含むテキスト宣言で始めなければならない」とあるので，省略できるのはUTF-8またはUTF-16（エ）です。

解答	問5 イ	問6 エ	問7 エ

問 8 ディープラーニングの学習にGPUを用いる利点として，適切なものはどれか。

ア 各プロセッサコアが独立して異なるプログラムを実行し，異なるデータを処理できる。
イ 行列演算ユニットを用いて，行列演算を高速に実行できる。
ウ 浮動小数点演算ユニットをコプロセッサとして用い，浮動小数点演算ができる。
エ 分岐予測を行い，パイプラインの利用効率を高めた処理を実行できる。

問 9 キャッシュメモリのライトスルーの説明として，適切なものはどれか。

ア CPUがメモリに書込み動作をするとき，キャッシュメモリだけにデータを書き込む。
イ CPUがメモリに書込み動作をするとき，キャッシュメモリと主記憶の両方に同時にデータを書き込む。
ウ 主記憶のデータの変更は，キャッシュメモリから当該データが追い出される時に行う。
エ 主記憶へのアクセス頻度が少ないので，バスの占有率が低い。

問 10 L1，L2と2段のキャッシュをもつプロセッサにおいて，あるプログラムを実行したとき，L1キャッシュのヒット率が0.95，L2キャッシュのヒット率が0.6であった。このキャッシュシステムのヒット率は幾らか。ここでL1キャッシュにあるデータは全てL2キャッシュにもあるものとする。

ア 0.57　イ 0.6　ウ 0.95　エ 0.98

問 11 電気泳動型電子ペーパーの説明として，適切なものはどれか。

ア デバイスに印加した電圧によって，光の透過状態を変化させて表示する。
イ 電圧を印加した電極に，着色した帯電粒子を集めて表示する。
ウ 電圧を印加すると発光する薄膜デバイスを用いて表示する。
エ 半導体デバイス上に作成した微小な鏡の向きを変えて，反射することによって表示する。

解答・解説

問 8 ディープラーニングにGPUを用いる利点に関する問題

GPU（Graphics Processing Unit）では3Dグラフィックスを描画するために，整数や浮動小数点の行列演算を異なる表示オブジェクトに対して並列に行う必要があります。このとき用いられる計算モデルがSIMD（Single Instruction Multiple

Data）です。SIMDモデルが向いているのは，同じデータ構造の大量データを並列に計算することですが，このモデルがディープラーニングにもあてはまるので，汎用計算ユニットとして利用されています。この用途での利用をGPGPU（General Purpose computing on GPU）といいます。

ア：一般的なマルチコアプロセッサの説明です。
イ：正しい。
ウ：数値演算コプロセッサの説明です。
エ：命令パイプライン高速化手法の一つです。

問9 キャッシュメモリのライトスルーに関する問題

キャッシュメモリの制御方式のライトスルー方式では，キャッシュメモリに書込むと同時に主記憶にも書込みを行います。この場合，キャッシュメモリと主記憶の一貫性は常に保たれますが，書込み時の速度は高速化されません。

一方，ライトバック方式では，CPUはキャッシュメモリに書込むだけで処理を終了し，キャッシュメモリから主記憶への書込みはキャッシュメモリから当該データが追い出されるときにCPUの空き時間に非同期に行われます。処理は高速化されますが，主記憶への書込みが終了するまでキャッシュメモリとの一貫性が保たれません。

ア：ライトバック方式の説明です。
イ：正しい。主記憶とキャッシュメモリの一貫性が保たれているので障害に強い特徴もあります。
ウ：ライトバック方式の説明です。
エ：ライトバック方式の説明です。キャッシュメモリからデータが追い出されない限り主記憶へアクセスしないので，バスの占有率は低くなります。

問10 キャッシュシステムのヒット率に関する問題

CPUが多段のキャッシュをもつ場合，CPUは，まずCPUに近い1段目のキャッシュ（L1）にデータがあるか確認し，ない場合に2段目（L2）にアクセスしに行きます。一般的にL1の方が容量は少ないがアクセス速度は速いので，L1を優先することでシステム全体のパフォーマンスを向上させています。

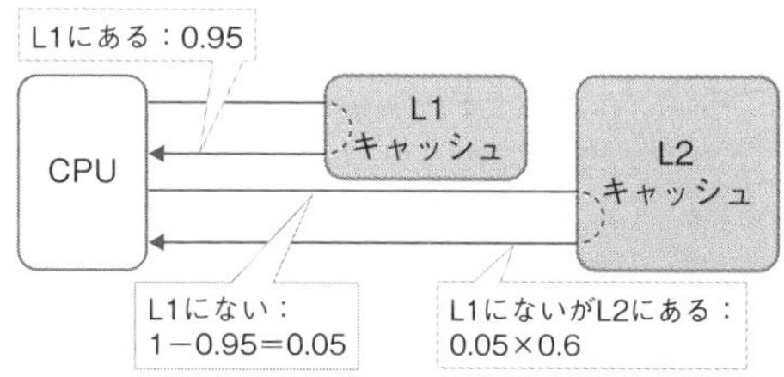

L1，L2のヒット率からシステムのヒット率を計算すると，次のようになります（エ）。

L1にある＋L1にないがL2にある
＝0.95＋（0.05×0.6）＝0.98

問11 電気泳動型電子ペーパーに関する問題

ア：液晶方式の説明です。液晶分子は電圧をかけると一定の方向に並ぶ性質をもっています。これに一定の方向からの光の波を透過させる偏光フィルタを組み合わせて，光の透過量を制御してディスプレイとして利用します。
イ：正しい。例えば，プラスの電気を帯びた白色の顔料とマイナスの電気を帯びた黒色の顔料を一つのセルに閉じ込め，裏側からプラスの電気をかけると黒色の顔料は吸着して裏側に，白色の顔料は反発して表面側に集まります。この原理を利用して電子ペーパーとして利用します。
ウ：EL（Electro Luminescence：電界発光）方式の説明です。発光材料に有機素材を用いることが多く，有機ELディスプレイとして利用されています。
エ：デジタルミラーデバイス（DMD）の説明です。MEMS（Micro Electro Mechanical Systems）デバイスの一種で，鏡面の反射光を用いるため，透過光を用いる液晶よりも光効率が良く，コントラストも大きいという特徴があります。プロジェクタやデジタルシネマの投影機などに利用されています。

解答		
	問8 イ	問9 イ
	問10 エ	問11 イ

問12

コンテナ型仮想化の説明として，適切なものはどれか。

ア　物理サーバと物理サーバの仮想環境とがOSを共有するので，物理サーバか物理サーバの仮想環境のどちらかにOSをもてばよい。

イ　物理サーバにホストOSをもたず，物理サーバにインストールした仮想化ソフトウェアによって，個別のゲストOSをもった仮想サーバを動作させる。

ウ　物理サーバのホストOSと仮想化ソフトウェアによって，プログラムの実行環境を仮想化するので，仮想サーバに個別のゲストOSをもたない。

エ　物理サーバのホストOSにインストールした仮想化ソフトウェアによって，個別のゲストOSをもった仮想サーバを動作させる。

問13

システムの信頼性設計に関する記述のうち，適切なものはどれか。

ア　フェールセーフとは，利用者の誤操作によってシステムが異常終了してしまうことのないように，単純なミスを発生させないようにする設計方法である。

イ　フェールソフトとは，故障が発生した場合でも機能を縮退させることなく稼働を継続する概念である。

ウ　フォールトアボイダンスとは，システム構成要素の個々の品質を高めて故障が発生しないようにする概念である。

エ　フォールトトレランスとは，故障が生じてもシステムに重大な影響が出ないように，あらかじめ定められた安全状態にシステムを固定し，全体として安全が維持されるような設計方法である。

問14

あるシステムにおいて，MTBFとMTTRがともに1.5倍になったとき，アベイラビリティ（稼働率）は何倍になるか。

ア　$\frac{2}{3}$　　イ　1.5　　ウ　2.25　　エ　変わらない

解答・解説

問12 コンテナ型仮想化に関する問題

サーバ仮想化を実現する方法には，ホスト型，ハイパーバイザー型，コンテナ型があります。コンテナ型はアプリの実行環境を，ゲストOSを用いず直接ホストOSがコンテナソフトを使って構築する点に特徴があります。

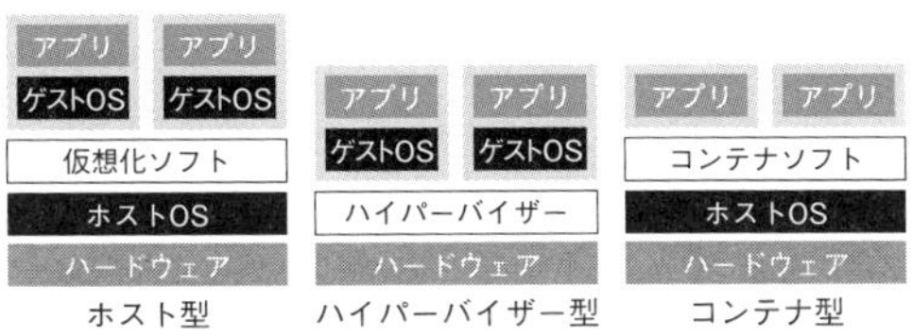

ア：コンテナ型仮想化では，OSは必ず物理サーバがもつので誤りです。

イ：コンテナ型仮想化では，ホストOSがコンテナ構築ソフトによってコンテナと呼ばれる実行環境を作成するので誤りです。ホストOSが不要なのはハイパーバイザー型です。

ウ：正しい。ホストOS上に直接実行環境であるコンテナを作成します。一方でホストOSと異なるOSでコンテナを作成することはできないなどの制約もあります。

エ：ホスト型仮想化の説明です。アプリの要求は，ゲストOSから仮想化ソフトを経由しホストOSに伝えるのでオーバヘッドが大きくなりますが，自由度は高いという特徴があります。

問13 システムの信頼性設計に関する問題

ア：フールプルーフの説明です。フェールセーフとは，故障の発生や誤った操作をしてもその被害を最低限に抑え，他の正常な部分に影響が及ばないように，全体として安全が保たれるようにする方法です。

イ：フォールトトレランスの説明です。フェールソフトとは，異常が発生したとき故障や誤動作をする箇所を切り離して，システムを全面的に停止させずに，機能は低下してもシステムが稼働し続けられるようにする方法です。システムを2重化し，故障が発生しても運用を続ける方式があります。

ウ：正しい。フォールトアボイダンスは，システムを構成する個々の部品に信頼性の高い部品を使用したり，バグの少ないソフトウェアを開発したりして故障が発生しないようにする考え方です。

エ：フェールセーフの説明です。フォールトトレランスとは対障害性を意味し，障害が発生しても正しく動作しつづけるようにした設計です。システムの一部に障害が発生しても，システム全体は動作できるように，システムを構成する重要部品を多重化します。

問14 MTBFとMTTRからアベイラビリティを求める問題

MTBF（平均故障間隔）とMTTR（平均修理時間）から，稼働率は次の式で求めることができます。

$$稼働率 = \frac{MTBF}{MTBF + MTTR}$$

MTBFとMTTRがそれぞれ1.5倍になると，次のような式になります。

$$稼働率 = \frac{MTBF \times 1.5}{MTBF \times 1.5 + MTTR \times 1.5} = \frac{MTBF \cancel{\times 1.5}}{(MTBF + MTTR) \cancel{\times 1.5}}$$

したがって，稼働率は変わりません（**エ**）。

［別解］

稼働率は，例えば，運転時間中に正常に稼働していた時間の割合です。MTBFは稼働時間の合計÷故障回数，MTTRは停止時間の合計÷故障回数なので，MTBFとMTTRが1.5倍になり故障回数が同じなら稼働率は変わりません。

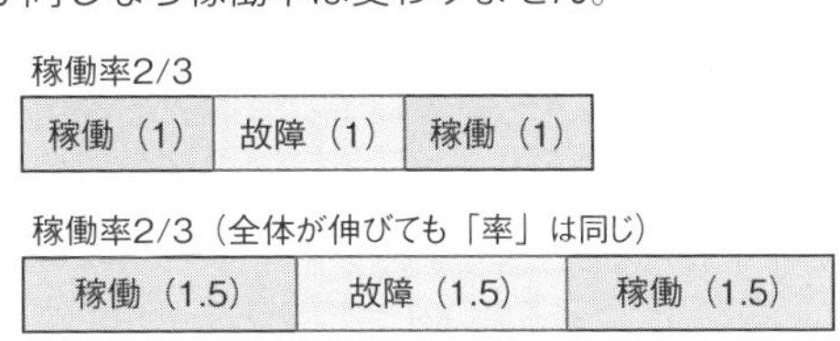

解答	問12 ウ	問13 ウ	問14 エ

問15 あるクライアントサーバシステムにおいて，クライアントから要求された1件の検索を処理するために，サーバで平均100万命令が実行される。1件の検索につき，ネットワーク内で転送されるデータは平均2×10^5バイトである。このサーバの性能は100MIPSであり，ネットワークの転送速度は8×10^7ビット／秒である。このシステムにおいて，1秒間に処理できる検索要求は何件か。ここで，処理できる件数は，サーバとネットワークの処理能力だけで決まるものとする。また，1バイトは8ビットとする。

ア 50　　イ 100　　ウ 200　　エ 400

問16 二つのタスクが共用する二つの資源を排他的に使用するとき，デッドロックが発生するおそれがある。このデッドロックの発生を防ぐ方法はどれか。

ア 一方のタスクの優先度を高くする。
イ 資源獲得の順序を両方のタスクで同じにする。
ウ 資源獲得の順序を両方のタスクで逆にする。
エ 両方のタスクの優先度を同じにする。

問17 ほとんどのプログラムの大きさがページサイズの半分以下のシステムにおいて，ページサイズを半分にしたときに予想されるものはどれか。ここで，このシステムは主記憶が不足しがちで，多重度やスループットなどはシステム性能の限界で運用しているものとする。

ア ページサイズが小さくなるので，領域管理などのオーバーヘッドが減少する。
イ ページ内に余裕がなくなるので，ページ置換えによってシステム性能が低下する。
ウ ページ内の無駄な空き領域が減少するので，主記憶不足が緩和される。
エ ページフォールトの回数が増加するので，システム性能が低下する。

解答・解説

問15 クライアントサーバシステムの処理件数に関する問題

クライアントサーバシステムにおいて，サーバが処理できる能力とネットワーク処理能力を求めて，どちらか小さい方がボトルネックとなって，全体の処理能力が決まるという点に着目します。

1MIPSの性能のサーバは，1秒間当たり100万個の命令を実行きます。問題のクライアントサーバシステムでは，1件の検索につき平均100万命令が実行されるので，100MIPSの性能であれば，1秒間に処理できる検索要求は100件となります。

一方，ネットワークの転送速度は8×10^7ビット／秒＝10Mバイト／秒です。1件の検索につき平均2×10^5バイトのデータを転送する必要があるので，1秒間に処理できるデータ量は，

$$\frac{10^7}{2 \times 10^5} = 50\text{件}$$

となります。

これらの計算から，このクライアントサーバシステムでは，サーバでは100件／秒の検索を処理できますが，ネットワークの転送速度がボトルネックとなって，50件／秒（ア）の要求しか処理できません。

問16 デッドロックに関する問題

デッドロックとは，複数のタスクが共通の資源をロックして使用するとき，互いに資源が解放されるのを待って，処理が停止状態になることです。

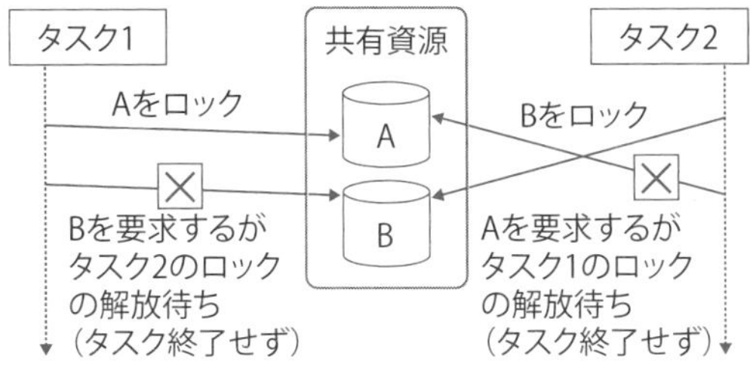

ア：一方のタスクの優先度を高くしても優先度の低いタスクが資源を占有している限り，タスクを実行することはできません。

イ：正しい。順序が同じであれば，先に資源を獲得されたタスクはその資源を獲得することができないので，デッドロックは発生しません。

ウ：それぞれのタスクが逆の資源を獲得し，デッドロックが発生します。

エ：資源は排他的に使用されるため，タスクの優先度には影響されません。

問17 ページサイズの変更に関する問題

ページング方式を用いるOSでは，主記憶をページと呼ばれる領域に分割してプログラムが必要とする数だけ割当てます。

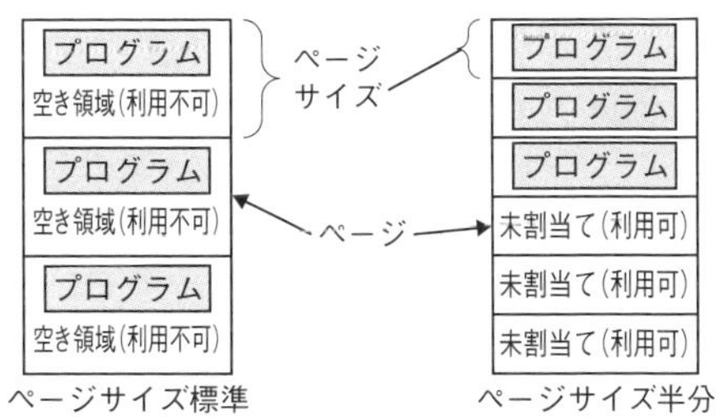

プログラムが必要とするページを割当てられない場合，補助記憶装置とページ単位で内容を交換して割当てます。これをページ置換えといいます。

ア：ページサイズが小さくなると，相対的に領域管理のオーバーヘッドは大きくなります。

イ：ページサイズを半分にしてもほとんどのプログラムはページ内に収まるので，ページの割当てに余裕ができ，ページの置換え頻度は少なくなります。

ウ：正しい。他に割当てができないページ内の空き領域は，ページサイズを半分にしてページ数が増えたので，割当て可能な主記憶として利用できるので主記憶不足が緩和されます。

エ：より多くのページを割り当てることが可能になるので，ページフォールトの回数は減少します。

解答	問15 ア	問16 イ	問17 ウ

問18 優先度に基づくプリエンプティブなスケジューリングを行うリアルタイムOSにおける割込み処理の説明のうち，適切なものはどれか。ここで，割込み禁止状態は考慮しないものとし，割込み処理を行うプログラムを割込み処理ルーチン，割込み処理以外のプログラムをタスクと呼ぶ。

ア　タスクの切替えを禁止すると，割込みが発生しても割込み処理ルーチンは呼び出されない。
イ　割込み処理ルーチンの処理時間の長さは，システムの応答性に影響を与えない。
ウ　割込み処理ルーチンは，最も優先度の高いタスクよりも優先して実行される。
エ　割込み処理ルーチンは，割り込まれたタスクと同一のコンテキストで実行される。

問19 LANに接続された3台のプリンターA～Cがある。印刷時間が分単位で4，6，3，2，5，3，4，3，1の9個の印刷データがこの順で存在する場合，プリンターCが印刷に要する時間は何分か。ここで，プリンターは，複数台空いていれば，A，B，Cの順で割り当て，1台も空いていなければ，どれかが空くまで待ちになる。また，初期状態では3台とも空いている。

ア　7　　イ　9　　ウ　11　　エ　12

問20 アクチュエーターの機能として，適切なものはどれか。

ア　アナログ電気信号を，コンピュータが処理可能なデジタル信号に変える。
イ　キーボード，タッチパネルなどに使用され，コンピュータに情報を入力する。
ウ　コンピュータが出力した電気信号を力学的な運動に変える。
エ　物理量を検出して，電気信号に変える。

問21 次の電子部品のうち，整流作用をもつ素子はどれか。

ア　コイル　　イ　コンデンサ　　ウ　ダイオード　　エ　抵抗器

解答・解説

問18 プリエンプティブなスケジューリングに関する問題

プリエンプティブなスケジューリングを行うOSでは全ての割込みやタスク管理はOSが行い，スケジュールに基づいて実行プロセスを強制的に切り替えます。「割込み」は最も優先度の高い処理として処理されます。

ア：割込みはタスクに優先して処理されるので，タスク切替えを禁止しても実行されます。

イ：割込みは全てのタスクに優先して処理されるので，全体のパフォーマンスに影響があります。

ウ：正しい。

エ：各々のタスクや割込み処理は，それぞれ独立したコンテキスト（その処理ルーチンが実行できる状況）で実行されます。

問19 LANに接続されたプリンターの印刷時間に関する問題

初期状態ではプリンターは3台とも空いているので，まず印刷時間が4分，6分，3分の印刷データがプリンターA，B，Cの順に割当てられます。

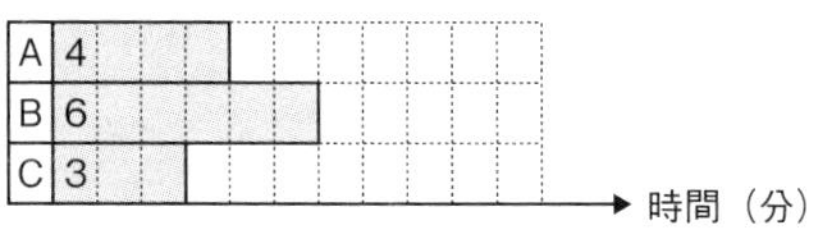

次の2分の印刷データは，どれかのプリンターが空くまで「待ち」になりますが，一番早く印刷が終わるのがプリンターCなので，このデータはプリンターCに割当てられます。

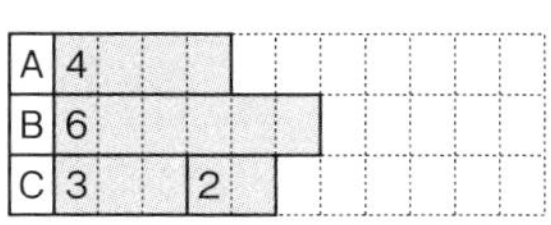

同様に，残りの5分，3分，4分，3分，1分のデータ全てを割当てると，次のようになります。

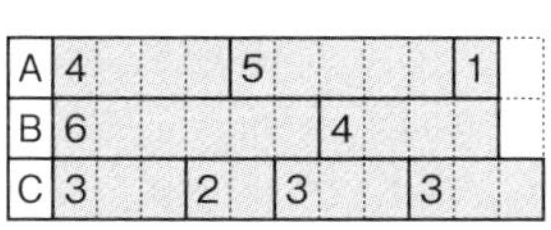

したがって，プリンターCの印刷時間は3＋2＋3＋3＝11分（**ウ**）です。

問20 アクチュエータの機能に関する問題

ア：A/Dコンバータの説明です。アナログ信号をデジタル信号に変換するためには，標本化と量子化の作業が必要です。一般的にA/Dコンバータはこれらを1チップ（あるいは多機能チップの中の1機能として）で実現します。

イ：コンピュータを構成する装置を分類してコンピュータの五大装置（入力装置，出力装置，演算装置，制御装置，記憶装置）といいます。キーボードやタッチパネルなどは入力装置に分類され，コンピュータに処理すべきデータを与えます。

ウ：正しい。電気信号をある決められた範囲の力学的運動に変えるものをアクチュエータといいます。例えば，移動量をフィードバックしながら緻密な制御を行うサーボモータは，ロボットの関節に使われ，工作機械など大きな力を必要とする場合には油圧を使って動かすアクチュエータが用いられます。

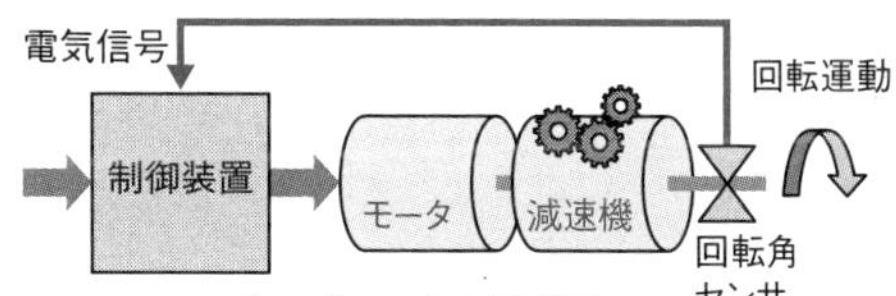

サーボモータの構成図

エ：物理センサの説明です。温度を電気信号に変える温度センサ，赤外線を検出する赤外線センサ，物理的な動きを検出する加速度センサなど，さまざまなセンサがあります。

問21 電子部品の整流作用に関する問題

電流には，流れる方向が一定の直流と，時間によって方向が逆転する交流があります。整流とは，交流を直流に変換することをいいます。

ア：コイルは，直流に対して抵抗がなく交流に対して抵抗をもつ素子で，整流作用はありません。

イ：コンデンサは，直流を通さず，交流のみを通過させる素子です。

ウ：正しい。ダイオードは，一方向の電流のみを通過させるので整流作用があります。

エ：抵抗器は，直流交流問わず電流を制限します。

解答		
	問18 ウ	問19 ウ
	問20 ウ	問21 ウ

問22 フラッシュメモリの特徴として，適切なものはどれか。

ア 書込み回数は無制限である。
イ 書込み時は回路基板から外して，専用のROMライターで書き込まなければならない。
ウ 定期的にリフレッシュしないと，データが失われる。
エ データ書換え時には，あらかじめ前のデータを消去してから書込みを行う。

問23 入力XとYの値が同じときにだけ，出力Zに1を出力する回路はどれか。

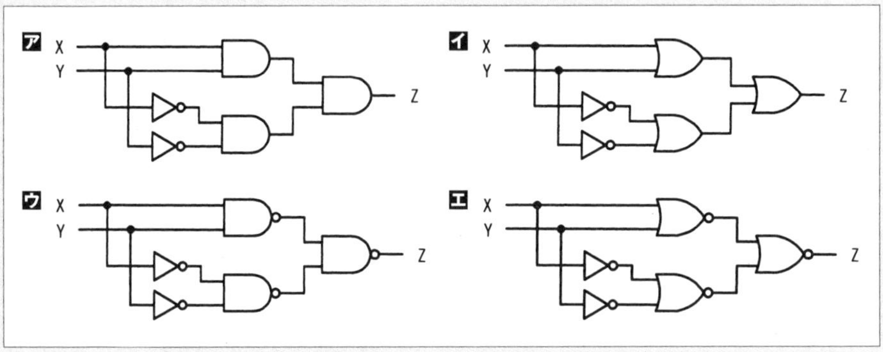

問24 顧客に，A～Zの英大文字26種類を用いた顧客コードを割り当てたい。現在の顧客総数は8,000人であって，毎年，前年対比で2割ずつ顧客が増えていくものとする。3年後まで全顧客にコードを割り当てられるようにするためには，顧客コードは少なくとも何桁必要か。

ア 3　　イ 4　　ウ 5　　エ 6

問25 H.264/MPEG-4 AVCの説明として，適切なものはどれか。

ア インターネットで動画や音声データのストリーミング配信を制御するための通信方式
イ テレビ会議やテレビ電話で双方向のビデオ配信を制御するための通信方式
ウ テレビの電子番組案内で使用される番組内容のメタデータを記述する方式
エ ワンセグやインターネットで用いられる動画データの圧縮符号化方式

解答・解説

問22 フラッシュメモリの特徴に関する問題

ア：フラッシュメモリは，データを読み書きするときに，酸化膜でできた絶縁体を電子が貫通するので酸化膜が劣化していきます。このため，書込み回数には制限があります。

イ：フラッシュメモリは，書込みに大きな電流を必要としないので，回路基板に装着された状態で書込みできます。

ウ：フラッシュメモリは不揮発性で，電源を切ってもその内容を維持します。リフレッシュは不要です。定期的にリフレッシュが必要なメモリには，DRAM（Dynamic Random Access

Memory）があります。DRAMはキャパシタに電荷を蓄えて情報を記憶するので，徐々に失われる電荷をリフレッシュして情報を維持する必要があります。

エ：正しい。フラッシュメモリは，内部構造を単純化するために，消去に用いる構成部品をブロック単位で共用しています。このため，ブロック単位で消去してから書込みを行う必要があります。

問23 XORの否定回路に関する問題

まず，XとYに0を入力してZが1となる回路を確かめてみましょう。なお，これと似た論理回路で，XとYの値が異なるときだけ出力Zが1となる排他的論理和（XOR）と呼ばれる回路があります。本問の回路はXORの否定回路です。

ア
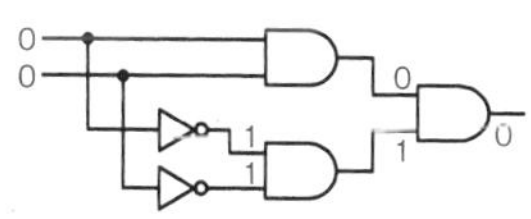

イ
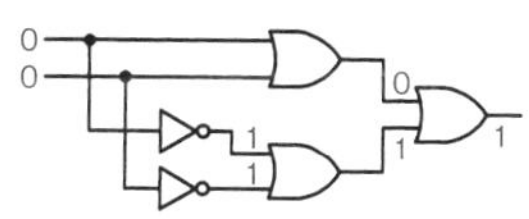

ウ
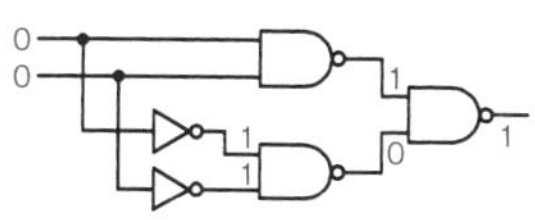

エ
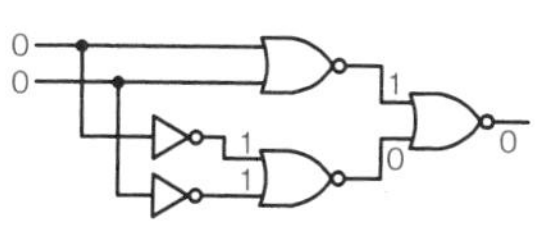

この時点で答えは，イまたはウに絞られます。同様にXとYに異なる値を入力します。例えば，1と0を入力すると答えは0になるはずなので確かめると，

イ
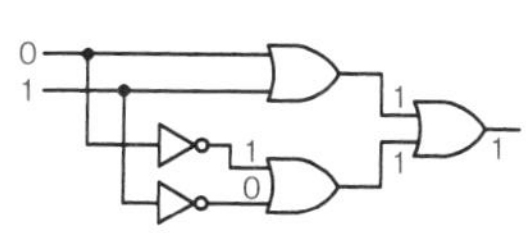

ウ
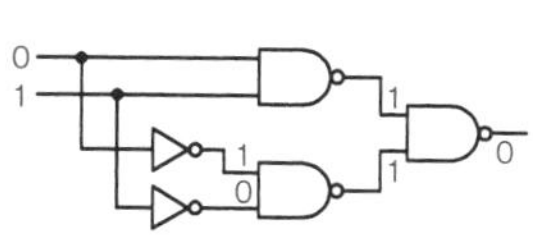

となり，答えはウになります。

本来であれば，すべての回路の真理値表を作成して比較すべきですが，時間が限られている試験では，このように場合分けをして時間を短縮することも必要です。

問24 コードに必要な桁数に関する問題

まず，3年後の顧客の総数を計算します。

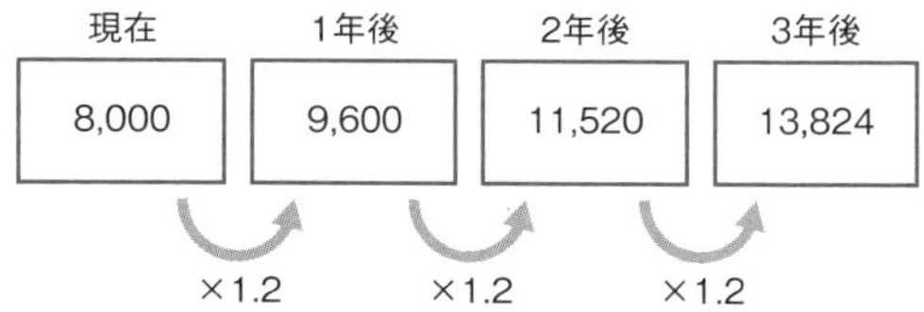

次に英大文字A～Zの26種類を使って表現できる数は，26進数と考えることができます。n進数m桁で表現できる数はn^m種類なので，

1桁なら26^1＝26種類
2桁なら26^2＝676種類
3桁なら26^3＝17576種類

となり，3年後の予測顧客総数を超えます。したがって，顧客コードが3桁あれば，顧客全員にコードを割り当てることができます（ア）。

問25 動画データの圧縮符号化形式に関する問題

H.264/MPEG-4 AVCは，動画データの圧縮符号化方式（ビデオコーデック）です。ISO/IECのビデオとオーディオの符号化に関するワーキンググループMPEG（Moving Picture Experts Group）が，MPEG-4を拡張・改良し圧縮効率を高めたものです。

一方でISO/IECとは別団体のITU-Tでは，H.261，H.263などのビデオコーデックを策定していましたが，H.264がMPEG-4 AVCと共同提案の形になったため，両表記を合わせて記載するようになりました。

ア：RTSP（Real Time Streaming Protocol）の説明です。

イ：SIP（Session Initiation Protocol）の説明です。

ウ：EPG（Electronic Program Guide）の説明です。

エ：正しい。

解答		
	問22 エ	問23 ウ
	問24 ア	問25 エ

問 26　データ項目の命名規約を設ける場合，次の命名規約だけでは回避できない事象はどれか。

〔命名規約〕
(1) データ項目名の末尾には必ず“名”，“コード”，“数”，“金額”，“年月日”などの区分語を付与し，区分語ごとに定めたデータ型にする。
(2) データ項目名と意味を登録した辞書を作成し，異音同義語や同音異義語が発生しないようにする。

ア　データ項目“受信年月日”のデータ型として，日付型と文字列型が混在する。
イ　データ項目“受注金額”の取り得る値の範囲がテーブルによって異なる。
ウ　データ項目“賞与金額”と同じ意味で“ボーナス金額”というデータ項目がある。
エ　データ項目“取引先”が，“取引先コード”か“取引先名”か，判別できない。

問 27　“従業員”表に対して“異動”表による差集合演算を行った結果はどれか。

従業員

従業員 ID	従業員名	所属
A001	情報太郎	人事部
A005	情報花子	経理部
B010	情報次郎	総務部
C003	試験桃子	人事部
C011	試験一郎	経理部

異動

従業員 ID	従業員名	所属
A005	情報花子	経理部
B010	情報次郎	総務部
D080	技術桜子	経理部

ア

従業員 ID	従業員名	所属
A001	情報太郎	人事部
A005	情報花子	経理部
B010	情報次郎	総務部
C003	試験桃子	人事部
C011	試験一郎	経理部
D080	技術桜子	経理部

イ

従業員 ID	従業員名	所属
A001	情報太郎	人事部
C003	試験桃子	人事部
C011	試験一郎	経理部

ウ

従業員 ID	従業員名	所属
A005	情報花子	経理部
B010	情報次郎	総務部

エ

従業員 ID	従業員名	所属
D080	技術桜子	経理部

解答・解説

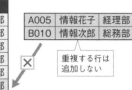

問26 データ項目の命名規約に関する問題

データ項目の命名規約にはシステム上の制限の他，それを取り扱う人間側のミスを防ぐために設けるものがあります。例えば，問題文の〔命名規約〕(1) では，「データ項目名の末尾には必ず“名”，“コード”，“数”，“金額”，“年月日”などの区分語を付与し，区分語ごとに定めたデータ型にする」とあります。顧客の氏名であれば「顧客氏名：名」，顧客の郵便番号であれば「顧客郵便番号：コード」とし，末尾が名であれば「文字列型」，コードであれば「整数型」と決めておくと，冗長にはなりますが，ミスや勘違いを防ぐことができます。

ア：〔命名規約〕(1) により，データ項目名が決まれば自動的にデータ型が決まるので，回避できます。

イ：正しい。いずれの命名規約によっても，データ型の値の範囲は定義されていないので，範囲の制限を行うことはできません。

ウ：〔命名規約〕(2) により，異音同義語が発生しないようになるので，回避できます。

エ：〔命名規約〕(1) により，データ項目の末尾を見ればコードか名称かを判別できるので，回避できます。

問27 表の差集合演算に関する問題

集合演算においてよく使われる「和」「差」「積」について，問題文にある“従業員”表と，“異動”表を使って整理しておきましょう。

従業員

従業員ID	従業員名	所属
A001	情報太郎	人事部
A005	情報花子	経理部
B010	情報次郎	総務部
C003	試験桃子	人事部
C011	試験一郎	経理部

異動

従業員ID	従業員名	所属
A005	情報花子	経理部
B010	情報次郎	総務部
D080	技術桜子	経理部

和は，“従業員”表と“異動”表に含まれる全ての行で構成される表を求める演算です。この際，重複する行は排除されます。

従業員ID	従業員名	所属
A001	情報太郎	人事部
A005	情報花子	経理部
B010	情報次郎	総務部
C003	試験桃子	人事部
C011	試験一郎	経理部
D080	技術桜子	経理部

A005	情報花子	経理部
B010	情報次郎	総務部

重複する行は追加しない

差は，“従業員”表に属する行から“異動”表に属する行を取り除いた表を求める演算です。“異動”表にあって“従業員”表にない行については何もしません。

従業員ID	従業員名	所属
A001	情報太郎	人事部
C003	試験桃子	人事部
C011	試験一郎	経理部

A005	情報花子	経理部
B010	情報次郎	総務部

“異動”表にある行を削除

積は，“従業員”表と“異動”表に含まれる共通の行を求める演算です。

従業員ID	従業員名	所属
A005	情報花子	経理部
B010	情報次郎	総務部

A001	情報太郎	人事部

C003	試験桃子	人事部
C011	試験一郎	経理部

“異動”表にない行を削除

ア：二つの表の行に含まれる全ての行で構成される表です。和集合演算によって求められます。

イ：正しい。“従業員”表に属する行から“異動”表に属する行を取り除いた表です。差集合演算によって求められます。

ウ：“従業員”表と“異動”表に含まれる共通の行が表示されています。積集合演算によって求められます。

エ：“異動”表だけに含まれる行が表示されています。イとは逆に，“異動”表に対して“従業員”表による差集合演算を行った結果となります。

解答	問26 イ　問27 イ

問28 "商品"表に対して，次のSQL文を実行して得られる仕入先コード数は幾つか。

〔SQL文〕

```
SELECT DISTINCT 仕入先コード FROM 商品
  WHERE (販売単価 - 仕入単価) >
        (SELECT AVG (販売単価 - 仕入単価) FROM 商品)
```

商品

商品コード	商品名	販売単価	仕入先コード	仕入単価
A001	A	1,000	S1	800
B002	B	2,500	S2	2,300
C003	C	1,500	S2	1,400
D004	D	2,500	S1	1,600
E005	E	2,000	S1	1,600
F006	F	3,000	S3	2,800
G007	G	2,500	S3	2,200
H008	H	2,500	S4	2,000
I009	I	2,500	S5	2,000
J010	J	1,300	S6	1,000

ア 1　　イ 2　　ウ 3　　エ 4

問29 チェックポイントを取得するDBMSにおいて，図のような時間経過でシステム障害が発生した。前進復帰（ロールフォワード）によって障害回復できるトランザクションだけを全て挙げたものはどれか。

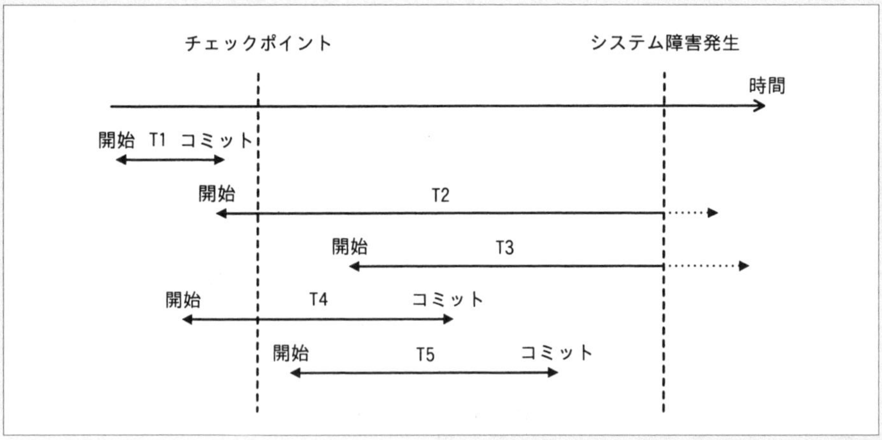

ア T1　　イ T2とT3　　ウ T4とT5　　エ T5

問30 ACID特性の四つの性質に含まれないものはどれか。

ア 一貫性　　イ 可用性　　ウ 原子性　　エ 耐久性

解答・解説

問28 副問合せのあるSQL文に関する問題

SQL文をいくつかに分割して考えます。

```
①
SELECT DISTINCT 仕入先コード FROM 商品
②                                         ③
WHERE (販売単価 - 仕入単価) >
      (SELECT AVG (販売単価 - 仕入単価) FROM 商品)
```

このSQL文の最終的な出力は①で，仕入先コードが重複なしで出力されます。②では商品から出力する仕入先コードが，販売価格－仕入単価が③で得られる数より大きいものに限定されています。

③が副問合わせで，各行の販売単価から仕入単価を引いたもののAVG，すなわち平均を算出しています。このため③の計算を先に行います。

販売単価－仕入単価を「差額」と定義し，問題にある表に追加します。

商品コード	商品名	販売単価	仕入先コード	仕入単価	差額
A001	A	1,000	S1	800	200
B002	B	2,500	S2	2,300	200
C003	C	1,500	S2	1,400	100
D004	D	2,500	S1	1,600	900
E005	E	2,000	S1	1,600	400
F006	F	3,000	S3	2,800	200
G007	G	2,500	S3	2,200	300
H008	H	2,500	S4	2,000	500
I009	I	2,500	S5	2,000	500
J010	J	1,300	S6	1,000	300

まず，差額の平均値を求めると，

(200＋200＋100＋900＋400＋200＋300＋500＋500＋300) ÷10＝360

となります。

次に②の条件式を満たす行は，差額が平均値より大きい行なので，商品コードでいえば，D004，E005，H008，I009となります。これらの仕入れ先コードは，それぞれS1，S1，S4，S5となります。

仕入れ先を出力する①の式にはDISTINCTがあるので，重複が排除されます。したがって，出力される仕入先コードはS1，S4，S5の三つ（ウ）となります。

問29 トランザクションの前進復帰に関する問題

前進復帰（ロールフォワード）は，システム障害が発生した時点で，一度チェックポイントまでデータを復元し，続いて更新後ログファイルを用いてチェックポイント後のトランザクションを再現して障害直前の状態まで回復させる手法です。それぞれのトランザクションについて見ていきましょう。

- T1：チェックポイント以前にコミットされているので，T1は障害回復に関係ありません。
- T2：障害発生時にコミットされていないので，障害回復されません。更新前ログを使ってトランザクション開始前の状態に戻されます。
- T3：障害発生時にコミットされていないので，障害回復されません。更新前ログを使ってトランザクション開始前の状態に戻されます。
- T4：障害発生時にコミットされているので，前進復帰によってコミットされたデータも回復します。
- T5：障害発生時にコミットされているので，前進復帰によってコミットされたデータも回復します。

したがって，前進復帰によって障害回復できるトランザクションはT4とT5です（ウ）。

問30 ACID特性に関する問題

ACID特性とは，トランザクション処理を行うシステムがもつべき，Atomicity（原子性），Consistency（一貫性），Isolation（独立性），Durability（耐久性）の四つの特性です。したがって，これらの特性に含まれないのはイの可用性です。可用性は，情報セキュリティ3要素であるCIAの一つ（Availability）です。

解答	問28 ウ	問29 ウ	問30 イ

問 31 IPアドレスの自動設定をするためにDHCPサーバが設置されたLAN環境の説明のうち，適切なものはどれか。

ア DHCPによる自動設定を行うPCでは，IPアドレスは自動設定できるが，サブネットマスクやデフォルトゲートウェイアドレスは自動設定できない。
イ DHCPによる自動設定を行うPCと，IPアドレスが固定のPCを混在させることはできない。
ウ DHCPによる自動設定を行うPCに，DHCPサーバのアドレスを設定しておく必要はない。
エ 一度IPアドレスを割り当てられたPCは，その後電源が切られた期間があっても必ず同じIPアドレスを割り当てられる。

問 32 TCP/IPネットワークで，データ転送用と制御用とに異なるウェルノウンポート番号が割り当てられているプロトコルはどれか。

ア FTP　イ POP3　ウ SMTP　エ SNMP

問 33 IPv4のネットワークアドレスが192.168.16.40/29のとき，適切なものはどれか。

ア 192.168.16.48は同一サブネットワーク内のIPアドレスである。
イ サブネットマスクは，255.255.255.240である。
ウ 使用可能なホストアドレスは最大6個である。
エ ホスト部は29ビットである。

問 34 IPの上位階層のプロトコルとして，コネクションレスのデータグラム通信を実現し，信頼性のための確認応答や順序制御などの機能をもたないプロトコルはどれか。

ア ICMP　イ PPP　ウ TCP　エ UDP

解答・解説

問31 DHCPサーバを設置するネットワーク環境に関する問題

DHCP（Dynamic Host Configuration Protocol）は，クライアントとなるコンピュータがIPv4ネットワークに接続する際に必要なIPアドレスやデフォルトゲートウェイ，サブネットマスク，DNSアドレスなどの設定情報を自動的に割り当てるために必要となるプロトコルです。

クライアントはネットワークに接続すると，

DHCPクエリをブロードキャストで送信して必要な設定情報を得ようとします。要求を受信したDHCPサーバは，管理しているネットワーク情報から有効なIPアドレスやネットワーク設定に必要な情報を返信します。

ア：IPアドレス以外に必要な情報も提供します。

イ：DHCPサーバが管理するIPアドレスの範囲を設定することで，固定IPアドレスのPCと混在させることができます。

ウ：正しい。DHCPクエリはブロードキャストされるので，DHCPサーバのアドレスは不要です。

エ：DHCPサーバが動的割り当て設定となっていた場合，リース期間が満了したIPアドレスは別のクライアントに割り当てられることがあります。

問32 TCP/IPネットワークのプロトコルとポート番号に関する問題

TCP/IPネットワークでは，ポート番号を使って同一IPアドレスによる複数の通信セッションを制御します。ポート番号は0～65535番までありますが，0～1023番まではウェルノウンポートといい，よく使われるサービスに予約され，他のサービスで使わないように推奨されています。

ア：正しい。20番がFTPのデータ転送に，21番がFTPの制御に用いられます。FTPでは，大量のデータ転送で20番ポートの通信が塞がっているときでも，中止や再送などの制御は21番ポートを使って行えるようになっています。

イ：POP3では110番ポートを用います。

ウ：SMTPでは25番ポートを用います。

エ：SNMPでは161番および162番ポートを用いますが，TCPではなくUDPを使います。

問33 IPv4ネットワークのアドレス利用方法に関する問題

IPv4のネットワークアドレス表記で「/29」のような表記がある場合，上位29ビットをネットワーク部，残りの3ビットをホスト部として用います。また，サブネットマスクはネットワーク部の29ビットを全て1にしたものが該当します。

10進数	192	168	16	40
2進数	11000000	10101000	00010000	00101000
サブネットマスク	11111111	11111111	11111111	11111000

ア：192.168.16.48は第4オクテット（最後の8ビット）が「00110000」となり，ネットワーク部が異なります。同一サブネットワークではありません。

イ：サブネットマスクの第4オクテットは「1111 1000」で，10進数にすると248です。

ウ：正しい。ホスト部は3ビットなのでアドレスは8個ありますが，全て0はネットワークアドレス，全て1はブロードキャストアドレスなので使えるのは最大6個です。

エ：ホスト部は3ビットです（29ビットはネットワーク部）。

問34 コネクションレス通信プロトコルに関する問題

通信に用いるプロトコルは，物理的な取決めからアプリケーションで用いるルールまでいくつかの層に分類できます。選択肢のプロトコルは，OSI参照モデルにおいて，それぞれ次のように区分けされます。

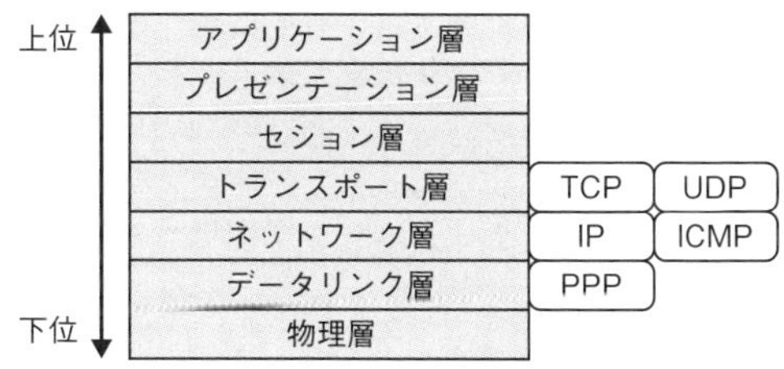

IPの上位プロトコルはトランスポート層のTCPおよびUDPです。

トランスポート層ではポート番号によってアプリケーションを分類し，TCPではコネクションによって伝達保証性の確保を行います。一方，UDPを用いた通信ではコネクションを省略するので伝達保証性はありませんが，代わりにリアルタイム性が高いなどの特徴があります（エ）。

解答		
	問31 ウ	問32 ア
	問33 ウ	問34 エ

問35 次のURLに対し，受理するWebサーバのポート番号（8080）を指定できる箇所はどれか。

https://www.example.com/member/login?id=user

ア　クエリ文字列（id=user）の直後
https://www.example.com/member/login?id=user:8080

イ　スキーム（https）の直後
https:8080://www.example.com/member/login?id=user

ウ　パス（/member/login）の直後
https://www.example.com/member/login:8080?id=user

エ　ホスト名（www.example.com）の直後
https://www.example.com:8080/member/login?id=user

問36 オープンリゾルバを悪用した攻撃はどれか。

ア　ICMPパケットの送信元を偽装し，多数の宛先に送ることによって，攻撃対象のコンピュータに大量の偽のICMPパケットの応答を送る。

イ　PC内のhostsファイルにあるドメインとIPアドレスとの対応付けを大量に書き換え，偽のWebサイトに誘導し，大量のコンテンツをダウンロードさせる。

ウ　送信元IPアドレスを偽装したDNS問合せを多数のDNSサーバに送ることによって，攻撃対象のコンピュータに大量の応答を送る。

エ　誰でも電子メールの送信ができるメールサーバを踏み台にして，電子メールの送信元アドレスを詐称したなりすましメールを大量に送信する。

問37 サイドチャネル攻撃に該当するものはどれか。

ア　暗号アルゴリズムを実装した攻撃対象の物理デバイスから得られる物理量（処理時間，消費電力など）やエラーメッセージから，攻撃対象の秘密情報を得る。

イ　企業などの秘密情報を不正に取得するソーシャルエンジニアリングの手法の一つであり，不用意に捨てられた秘密情報の印刷物をオフィスの紙ごみの中から探し出す。

ウ　通信を行う2者間に割り込み，両者が交換する情報を自分のものとすり替えることによって，その後の通信を気付かれることなく盗聴する。

エ　データベースを利用するWebサイトに入力パラメータとしてSQL文の断片を送信することによって，データベースを改ざんする。

解答・解説

問35 Webサーバのポート番号指定に関する問題

Web上のリソースへのアクセス方法は，RFC 3986で規定されています。Web上に存在するリソースの場所を示すURL（Uniform Resource Locater），名前を示すURN（Uniform Resource Name）といい，その両方を包含した一般的な呼称がURI（Uniform Resource Identifier）です。

Webサーバのアドレスを示す用語としては，一般にURLが用いられます。URLは次のようなブロックに分けることができます。

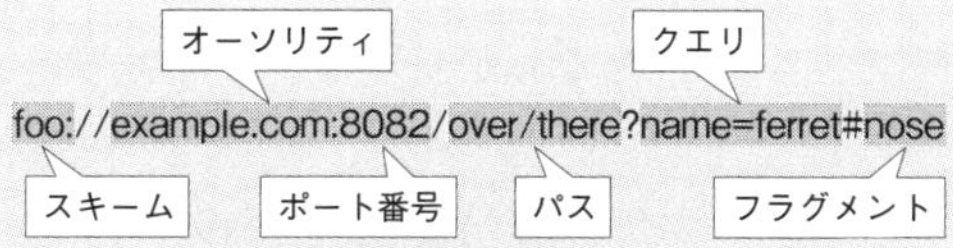

- スキーム：資源に到達するための手段を示したもの。一般的にはプロトコル名ですが，「mailto:」など単純な手段の場合もある。
- オーソリティ：「//」で始まる。一般的な構文では，ホスト名を登録名やサーバアドレス（IPv4アドレス）で示す。
- ポート番号：ホスト名の後に「:」によって区切られた任意のポート番号を示す。スキームの初期値と同じ場合は省略する。
- パス：一般的には階層形式でオーソリティが示している場所からのパスやファイル名を示す。
- クエリ：「?」で始まる。一般に「key=value」の形式で，オーソリティ（サーバ）に情報を送信するために用いる。複数の情報を送りたい場合は「&」でつなげる。URLパラメータともいう。
- フラグメント：「#」で始まる。主要リソースに対する追加識別情報を示す。HTMLの場合は同一ページ内の場所を示すために用いられる。

ア：クエリ文字列の後は，フラグメント以外に記述されることはありません。

イ：スキームの後は，オーソリティを記述します。

ウ：パスの後は，クエリを示す文字列が記述されます。

エ：正しい。オーソリティの一部として，ホスト名の後に「:」で区切ってポート番号を付加することができます。

問36 オープンリゾルバに関する問題

オープンリゾルバは，外部の不特定のIPアドレスからのDNS（Domain Name System）の問合せにも応答する状態になっているDNSサーバのことです。

ア：ICMP Flood攻撃の説明です。攻撃対象のコンピュータのIPアドレスに偽装したICMPパケットを多数の宛先に送り，そのレスポンスが攻撃対象のコンピュータに集中し，サービスを妨害します。

イ：ファーミングと呼ばれる攻撃の一種です。ユーザーが正しいURLを入力，あるいはリンクによってアクセスしてもDNSに優先するhostsファイルを書き換えて，偽のWebサイトに誘導することが可能です。

ウ：正しい。DNSリフレクション攻撃ともいいます。攻撃対象のコンピュータのIPアドレスに偽装したDNS要求を多数のオープンリゾルバに送ることによって，そのレスポンスを攻撃対象のコンピュータに集中させてサービス不能を引き起こします。

エ：SMTPのオープンリレー（第三者中継）を悪用した攻撃です。

問37 サイドチャネル攻撃に関する問題

ア：正しい。サイドチャネル攻撃では，攻撃対象そのものの脆弱性ではなく，物理的な実装や周辺環境から得た観測情報をもとに攻撃を行います。

イ：トラッシング（Trashing）の説明です。企業システムに侵入する前の事前情報収集として行われることが多い手法です。

ウ：中間者攻撃（Man In The Middle attack）の一例です。暗号化されていない通信は，より危険性が高くなります。

エ：SQLインジェクションの説明です。SQLの処理において意味のある文字列を無効化できていない場合に，外部から不正なパラメタを送り込まれてしまう攻撃方法です。

解答	問35 エ	問36 ウ	問37 ア

問38 デジタル証明書が失効しているかどうかをオンラインで確認するためのプロトコルはどれか。

ア CHAP　イ LDAP　ウ OCSP　エ SNMP

問39 組織的なインシデント対応体制の構築を支援する目的でJPCERTコーディネーションセンターが作成したものはどれか。

ア CSIRTマテリアル
イ ISMSユーザーズガイド
ウ 証拠保全ガイドライン
エ 組織における内部不正防止ガイドライン

問40 JPCERTコーディネーションセンターとIPAとが共同で運営するJVNの目的として，最も適切なものはどれか。

ア ソフトウェアに内在する脆弱性を検出し，情報セキュリティ対策に資する。
イ ソフトウェアの脆弱性関連情報とその対策情報とを提供し，情報セキュリティ対策に資する。
ウ ソフトウェアの脆弱性に対する汎用的な評価手法を確立し，情報セキュリティ対策に資する。
エ ソフトウェアの脆弱性のタイプを識別するための基準を提供し，情報セキュリティ対策に資する。

問41 JIS Q 31000:2019（リスクマネジメントー指針）におけるリスクアセスメントを構成するプロセスの組合せはどれか。

ア リスク特定，リスク評価，リスク受容
イ リスク特定，リスク分析，リスク評価
ウ リスク分析，リスク対応，リスク受容
エ リスク分析，リスク評価，リスク対応

解答・解説

問38 デジタル証明書の失効確認に関する問題

ア：CHAP（Challenge Handshake Authentication Protocol）は，ネットワークに接続されたクライアントやユーザーを認証するプロトコルです。

イ：LDAP（Lightweight Directory Access Protocol）

は，ユーザーやクライアントを管理するディレクトリサービスに接続するプロトコルです。

ウ：正しい。デジタル証明書の失効確認にはCRL（Certificate Revocation Lists）が使われていましたが，リアルタイムに確認することができませんでした。OCSP（Online Certificate Status Protocol）は，OCSPレスポンダが，確認要求された証明書の状態だけをHTTPを使ってリアルタイムに応答することができます。

エ：SNMP（Simple Network Management Protocol）は，TCP/IPで接続されているネットワーク機器の管理を行うためのプロトコルです。

問39 JPCERTコーディネーションセンターが作成したガイドラインに関する問題

ア：正しい。CSIRT（Computer Security Incident Response Team）は，組織内のセキュリティインシデント対応を専門に行う専門家チームです。CSIRTマテリアルはCSIRTの構築を支援する目的でJPCERTコーディネーションセンターが作成した参考資料で，CSIRTが備えるべき機能や能力を，その構想フェーズから構築フェーズ，運用フェーズに至るまで詳しくまとめられています。

イ：ISMSユーザーズガイドは，一般財団法人 日本情報経済社会推進協会が，ISMS（情報セキュリティマネジメントシステム）認証基準の要求事項を解説した参考資料です。

ウ：証拠保全ガイドラインは，デジタルフォレンジック研究会が，電磁的証拠保全手続きの参考として多くの知見やノウハウをまとめた資料です。なお，デジタルフォレンジックとは，電磁的記録の証拠保全や調査・分析のために，改ざんや毀損についての分析・情報収集を行う調査手法や技術の総称です。

エ：組織における内部不正防止ガイドラインは，情報処理推進機構（IPA）が，企業やその他の組織において必要な内部不正対策を効果的に実施可能とすることを目的として作成したガイドラインです。

問40 JVNの目的に関する問題

JVN（Japan Vulnerability Notes）については，公式サイトで次のように記載されています。

> **日本で使用されているソフトウェアなどの脆弱性関連情報とその対策情報を提供し，情報セキュリティ対策に資することを目的とする脆弱性対策情報ポータルサイトです。脆弱性関連情報の受付と安全な流通を目的とした「情報セキュリティ早期警戒パートナーシップ」に基いて，2004年7月よりJPCERTコーディネーションセンターと独立行政法人情報処理推進機構（IPA）が共同で運営しています。**

ア：JVNの情報を元に，インストールされたソフトウェアのバージョンのチェックや脆弱性対策情報収集などのフレームワークであるMy JVNの説明です。

イ：正しい。

ウ：CVSS（Common Vulnerability Scoring System：共通脆弱性評価システム）の説明です。

エ：CWE（Common Weakness Enumeration：共通脆弱性タイプ一覧）の説明です。

問41 リスクマネジメント指針に関する問題

JIS Q 31000:2019（リスクマネジメントー指針）は，ISO 31000を基に，技術的内容及び構成を変更することなく作成した日本工業規格です。「リスクマネジメントを行い，意思を決定し，目的の設定及び達成を行い，並びにパフォーマンスの改善のために組織における価値を創造し保護する人々が使用する」ために作成された指針となっています。

この指針によれば，リスクアセスメントは「リスク特定，リスク分析及びリスク評価を網羅するプロセス全体を指す」とあります。したがって，答えはリスク特定，リスク分析，リスク評価の組合せの**イ**です。

解答		
	問38 **ウ**	問39 **ア**
	問40 **イ**	問41 **イ**

問42 WAFによる防御が有効な攻撃として，最も適切なものはどれか。

ア DNSサーバに対するDNSキャッシュポイズニング
イ REST APIサービスに対するAPIの脆(ぜい)弱性を狙った攻撃
ウ SMTPサーバの第三者不正中継の脆弱性を悪用したフィッシングメールの配信
エ 電子メールサービスに対する電子メール爆弾

問43 家庭内で，PCを無線LANルータを介してインターネットに接続するとき，期待できるセキュリティ上の効果の記述のうち，適切なものはどれか。

ア IPマスカレード機能による，インターネットからの侵入に対する防止効果
イ PPPoE機能による，経路上の盗聴に対する防止効果
ウ WPA機能による，不正なWebサイトへの接続に対する防止効果
エ WPS機能による，インターネットからのマルウェア感染に対する防止効果

問44 SPF（Sender Policy Framework）の仕組みはどれか。

ア 電子メールを受信するサーバが，電子メールに付与されているデジタル署名を使って，送信元ドメインの詐称がないことを確認する。
イ 電子メールを受信するサーバが，電子メールの送信元のドメイン情報と，電子メールを送信したサーバのIPアドレスから，送信元ドメインの詐称がないことを確認する。
ウ 電子メールを送信するサーバが，電子メールの宛先のドメインや送信者のメールアドレスを問わず，全ての電子メールをアーカイブする。
エ 電子メールを送信するサーバが，電子メールの送信者の上司からの承認が得られるまで，一時的に電子メールの送信を保留する。

解答・解説

問42 WAFによる防御に関する問題

□□□

WAF（Web Application Firewall）とは，Webアプリケーションへの攻撃を防ぐために，Webサーバへの通信を監視し不正な攻撃があった場合に通信を遮断する機能をもったセキュリティシステムです。具体的にはWebサーバに対して行わ

れるHTTPやHTTPSのトラフィックを監視し，SQLインジェクションなどWebサーバに対して悪意のある要素を検出した場合にその要素を排除します。

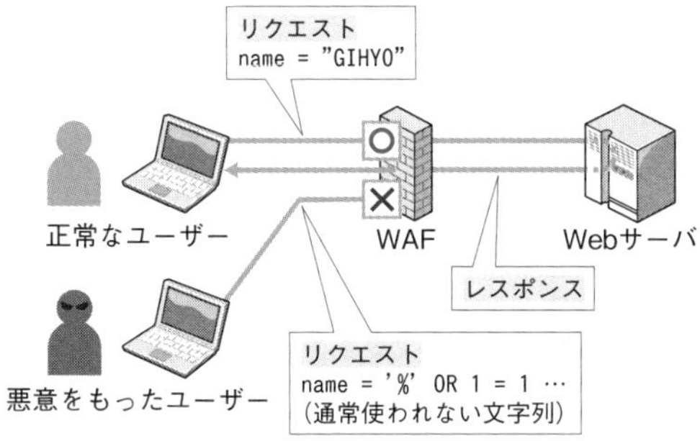

ア：WAFはWebサーバを防御するものなので，DNSサーバの通信はチェックしません。

イ：正しい。REST API（REpresentational State Transfer）は，HTTP通信においてREST 4原則（統一インターフェース，アドレス可能性，接続性，ステートレス性）に沿ったシステムをいいます。HTTP通信を使っているので，WAFの検査対象となります。適切な処置を行えば攻撃を遮断することができます。

ウ：自ドメイン以外のメールの中継を行うことで，フィッシング目的のメールを中継してしまう脆弱性について，WAFでは防ぐことができません。ただし，通常のファイアウォールであればIPアドレスで遮断が可能です。

エ：電子メール爆弾とは，通常では考えられない量のメールを送り付けるなどしてサーバをダウンさせる攻撃です。WAFでは不可能ですが，IPS（Intrusion Prevention System）を使って一定の通信量を超えた通信を遮断することが可能です。

問43 無線LANルータのセキュリティ上の効果に関する問題

ア：正しい。ルータがIPアドレスを変換する際，インターネットからのパケットは，送信時に記録した返信パケットの宛先ポート番号と変換テーブルを照合して中継するので，不正なパケットは破棄され，不正侵入に対する効果があります。

イ：PPPoE（Point-to-Point Protocol over Ethernet）に経路暗号化の機能はありません。

ウ：WPA（Wi-Fi Protected Access）は，無線LANでデータを送受信する際の暗号化規格です。ルータとPC間の接続を暗号化しますが，Webサイトへの接続には関係がありません。

エ：WPS（Wi-Fi Protected Setup）は，無線LANの暗号化設定を簡単にするための仕組みです。マルウェアとは関係がありません。

問44 SPFの仕組みに関する問題

SPF（Sender Policy Framework）を使えば，送信者のメールドメインを認証することで，悪意のあるメールがユーザーの受信箱に届く可能性を減らすことができます。

具体的には，送信者のメールドメインのDNSサーバに，どのIPアドレスからメール送信が許可されるかの属性をSPFレコードとして記述します。メールを受信したサーバは，メールのヘッダ情報とSPFレコードの情報から，送信者が本物かどうかを判断し「スパム」や「迷惑メール」などの判定を行います。

ア：PGP（Pretty Good Privacy）やS/MIME（Secure/Multipurpose Internet Mail Extensions）がメールのデジタル署名として使われています。

イ：正しい。SPFの仕組みです。

ウ：メールアーカイブシステムの説明です。内部統制やコンプライアンス対策として導入されます。

エ：上長承認機能などメール誤送信を防止する機能の一部です。

解答	問42 イ	問43 ア	問44 イ

問45 ファジングに該当するものはどれか。

ア Webサーバに対し，ログイン，閲覧などのリクエストを大量に送り付け，一定時間内の処理量を計測して，DDoS攻撃に対する耐性を検査する。
イ ソフトウェアに対し，問題を起こしそうな様々な種類のデータを入力し，そのソフトウェアの動作状態を監視して脆弱性を発見する。
ウ パスワードとしてよく使われる文字列を数多く列挙したリストを使って，不正にログインを試行する。
エ マークアップ言語で書かれた文字列を処理する前に，その言語にとって特別な意味をもつ文字や記号を別の文字列に置換して，脆弱性が悪用されるのを防止する。

問46 仕様書やソースコードといった成果物について，作成者を含めた複数人で，記述されたシステムやソフトウェアの振る舞いを机上でシミュレートして，問題点を発見する手法はどれか。

ア ウォークスルー
イ サンドイッチテスト
ウ トップダウンテスト
エ 並行シミュレーション

問47 信頼性工学の視点で行うシステム設計において，発生し得る障害の原因を分析する手法であるFTAの説明はどれか。

ア システムの構成品目の故障モードに着目して，故障の推定原因を列挙し，システムへの影響を評価することによって，システムの信頼性を定性的に分析する。
イ 障害と，その中間的な原因から基本的な原因までの全ての原因とを列挙し，それらをゲート（論理を表す図記号）で関連付けた樹形図で表す。
ウ 障害に関するデータを収集し，原因について“なぜなぜ分析”を行い，根本原因を明らかにする。
エ 多角的で，互いに重ならないように定義したODC属性に従って障害を分類し，どの分類に障害が集中しているかを調べる。

解答・解説

問45 ファジングに関する問題

ファジング（Fuzzing）は，ソフトウェアの診断方法の一つで，診断対象となるソフトウェアに対して「不正」「想定外」「ランダム」などの入力を行い，ソフトウェアの脆弱性や欠陥を明らかにします。一般にこれらの入力はファジングツールという自動化されたツールで行い，ソフトウェアの挙動を監視します。

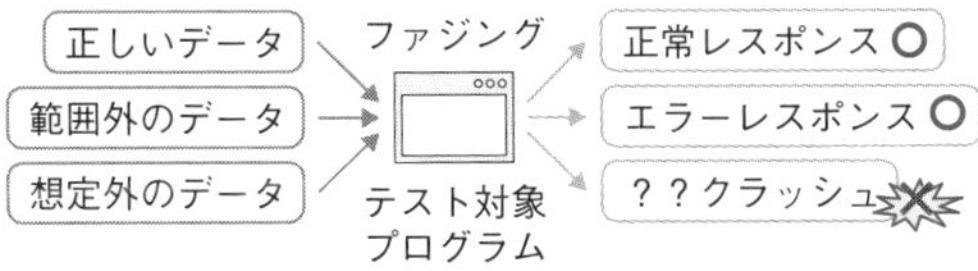

ア：負荷テストの説明です。Webサーバの脆弱性診断テストの一環として行われることがあります。

イ：正しい。

ウ：辞書攻撃の説明です。

エ：サニタイジングの説明です。SQLインジェクションなど，不正なデータベース操作を抑止します。

問46 ウォークスルーに関する問題

ア：正しい。完成したシステムやソフトウェアを複数の人がチェックすることで，多重チェックとなり，システムの品質を高めることができます。なお，ウォークスルーは机上のシミュレーション以外にも用いる用語です。

イ：サンドイッチテスト（折衷テスト）は，トップダウンテストとボトムアップテストを同時進行で進める結合テストです。

ウ：トップダウンテストは，上位モジュールから下位モジュールに向かってテストを進める手法です。下位モジュールが未完成の場合は，スタブと呼ばれるテストモジュールを使います。

エ：並行シミュレーションは，別途用意した検証用プログラムと監査対象プログラムに同一のデータを入力して，両者の実行結果を比較して正確性を検証するテスト手法です。

問47 FTAの説明に関する問題

最初にフォールトツリー（FT）について説明します。フォールトツリーとは，重要なシステム事象とその原因の相互関係を表示するトップダウン式の論理図です。フォールトツリーの主な要素は以下のとおりです。

- トップ事象
- 基本事象
- ORゲートやANDゲートなどの論理ゲート

フォールトツリーの例

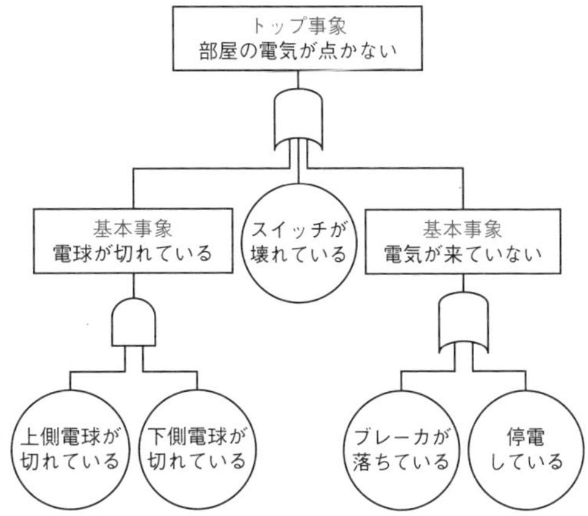

FTA（Fault Tree Analysis）とは，フォールトツリーに基づいて行う定性的および定量的な分析です。

ア：故障モード影響解析（FMEA：Failure Mode and Effects Analysis）の説明です。

イ：正しい。

ウ：根本原因分析（RCA：Root Cause Analysis）の説明です。

エ：直交欠陥分類（Orthogonal Defect Classification）による分析の説明です。

解答	問45 イ	問46 ア	問47 イ

問 48 流れ図で示したモジュールを表の二つのテストケースを用いてテストしたとき，テストカバレージ指標であるC_0（命令網羅）とC_1（分岐網羅）とによる網羅率の適切な組みはどれか。ここで，変数V～変数Zの値は，途中の命令で変更されない。

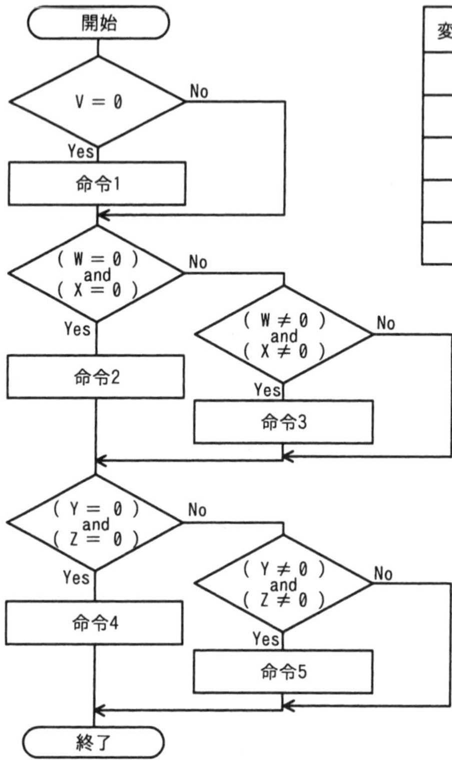

変数	テスト ケース1	テスト ケース2
V	0	1
W	0	1
X	0	1
Y	0	1
Z	0	1

	C_0による網羅率	C_1による網羅率
ア	100%	100%
イ	100%	80%
ウ	80%	100%
エ	80%	80%

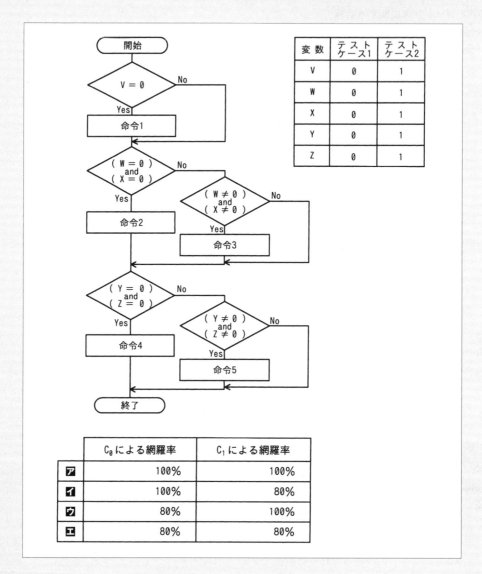

問 49 エクストリームプログラミング（XP：Extreme Programming）における“テスト駆動開発”の特徴はどれか。

ア　最初のテストで，なるべく多くのバグを摘出する。
イ　テストケースの改善を繰り返す。
ウ　テストでのカバレージを高めることを目的とする。
エ　プログラムを書く前にテストコードを記述する。

解答・解説

問48 命令網羅と分岐網羅に関する問題

最初に分岐網羅と命令網羅について整理しておきます。

種類	概要
命令網羅	全ての命令を少なくとも1回は確認するテスト方法
分岐網羅	全ての分岐の選択肢を少なくとも1回は確認するテスト方法

テストケース1とテストケース2が流れ図上でどの命令を実行し，分岐するのか確認します。分岐についてはYes／Noの全てに番号を振っておきます。

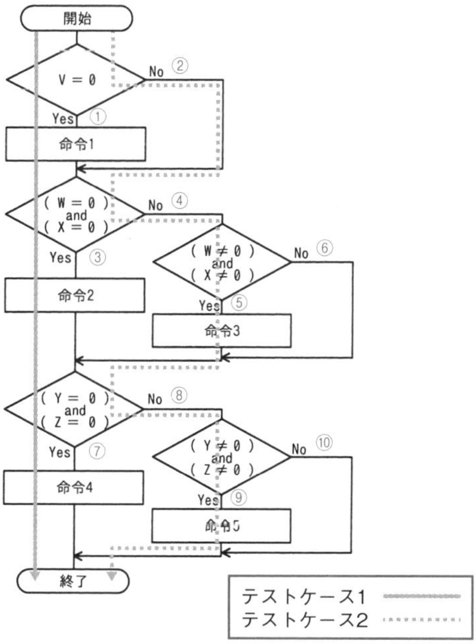

それぞれのテストケースで命令や分岐をどの程度網羅できたかを確認して表にします。

テストケース	命令	分岐
1	命令1・命令2・命令4	①③⑦
2	命令3・命令5	②④⑤⑧⑨

以上の結果から，二つのテストケースを合わせると，C0（命令網羅）については全ての命令を実行できているので網羅率100%です。C1（分岐網羅）は，10個の分岐選択肢のうち⑥と⑩がテストされていないので，網羅率80%となります（イ）。

問49 テスト駆動開発に関する問題

XP（eXtreme Programing）実践方法の一つであるテスト駆動開発（Test-Driven Development）は，テストという目標でソフトウェアの目的を明確にして開発を迅速に行うための手法です。

手順としては，最初にテスト設計を行い，それを実行するためのプログラムをコーディングします。次にテストを実行して成功を確認したのち，リファクタリングを行って内部構造を整理します。

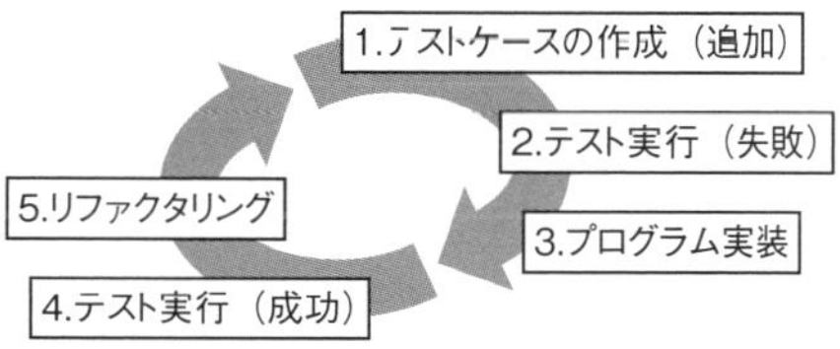

問題では，テストケース作成後にプログラミングを行うエが答えとなります。

解答	問48 イ　問49 エ

問50 スクラムのスプリントにおいて，(1)～(3)のプラクティスを採用して開発を行い，スプリントレビューの後にKPT手法でスプリントレトロスペクティブを行った。"KPT"の"T"に該当する例はどれか。

〔プラクティス〕
(1) ペアプログラミングでコードを作成する。
(2) スタンドアップミーティングを行う。
(3) テスト駆動開発で開発を進める。

ア 開発したプログラムは欠陥が少なかったので，今後もペアプログラミングを継続する。
イ スタンドアップミーティングにメンバー全員が集まらないことが多かった。
ウ 次のスプリントからは，スタンドアップミーティングにタイムキーパーを置き，終了5分前を知らせるようにする。
エ テストコードの作成に見積り以上の時間が掛かった。

問51 プロジェクトマネジメントにおけるスコープの管理の活動はどれか。

ア 開発ツールの新機能の教育が不十分と分かったので，開発ツールの教育期間を2日間延長した。
イ 要件定義が完了した時点で再見積りをしたところ，当初見積もった開発コストを超過することが判明したので，追加予算を確保した。
ウ 連携する計画であった外部システムのリリースが延期になったので，この外部システムとの連携に関わる作業は別プロジェクトで実施することにした。
エ 割り当てたテスト担当者が期待した成果を出せなかったので，経験豊富なテスト担当者と交代した。

解答・解説

問50 スプリントレトロスペクティブにおけるKPT手法に関する問題

アジャイル開発のスクラムでは，スプリントと呼ばれる反復を繰り返しながら，開発を進めていきます。

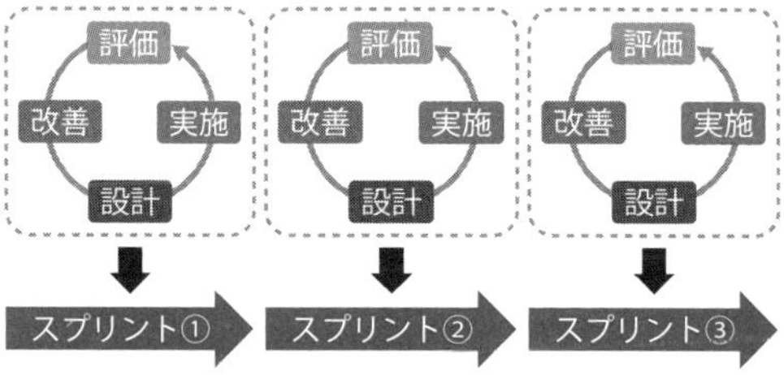

問題では，スプリントレビュー（評価）ののち，次の改善を明らかにするためにスプリントレトロスペクティブ（反省会）を行ったとあります。KPT手法は「振り返り」のフレームワークで，これまでに起きたことを

・K（Keep）　… 継続すべきこと
・P（Problem）… 問題点
・T（Try）　… 取り組むべき課題

の三つの要素に分けて検討します。

一般にホワイトボードや紙，EXCELの共有などを行って次のような表を作成し，KPTを行う参加者がそれぞれのエリアに提案を書き込みます。

KEEP ・継続すべきこと	TRY ・取り組むべき課題
PROBLEM ・問題点	

各々の提案は提案者が理由を説明すると同時に，参加者でKEEPやPROBLEMの要因や原因についてディスカッションし，TRYについて検討します。

ア：「欠陥が少なかった」のは，ペアプログラミングの肯定的意見で継続すべきことなので，“K” に該当します。

イ：「メンバー全員が集まらない」という問題点なので，“P” に該当します。

ウ：正しい。「次のスプリントからは」とあるように，これは取り組むべき課題なので，T” に該当します。

エ：「時間が掛かった」という問題点なので，“P” に該当します。

問51 プロジェクトマネジメントにおけるスコープ管理に関する

プロジェクトマネジメントにおいてスコープ（scope）とは，プロジェクトの範囲のことです。PMBOKでは，プロジェクトが生み出す成果物（成果物スコープ）とそれを生み出すために実行しなければならない全ての作業（プロジェクトスコープ）を指します。

スコープの管理では，実施中のプロジェクトのスコープの状況を監視し，プロジェクト開始後に発生した変更を管理します。プロジェクト計画と実施状況の差異や傾向を分析して対処措置を検討します。スコープの管理では変更の処置は行わないで，プロジェクトに対する全ての変更要求，提案された是正措置や予防措置を統合変更管理に要求します。

ア：教育期間を2日間延長したので，スケジュールが変更されるスケジュールコントロールの活動です。スケジュールコントロールは，プロジェクトの状況を監視してスケジュールの変更を管理します。

イ：追加予算を確保した（予算を変更した）ので，コストコントロールの活動です。コストコントロールは，プロジェクトの予算を更新するためにプロジェクトの状況を監視して管理します。

ウ：正しい。計画されていた作業を別プロジェクトに移しているので，スコープ内にあった作業を外に出すことになり，スコープの管理の活動です。

エ：経験豊富なテスト担当者と交代しているので，チームマネジメントの活動です。チームマネジメントは，チームメンバーのパフォーマンスを追跡し，課題を解決し，チームの変更をマネジメントしてプロジェクトのパフォーマンスを最適化します。

解答	問50 ウ　　問51 ウ

問52 図は，実施する三つのアクティビティについて，プレシデンスダイアグラム法を用いて，依存関係及び必要な作業日数を示したものである。全ての作業を完了するための所要日数は最少で何日か。

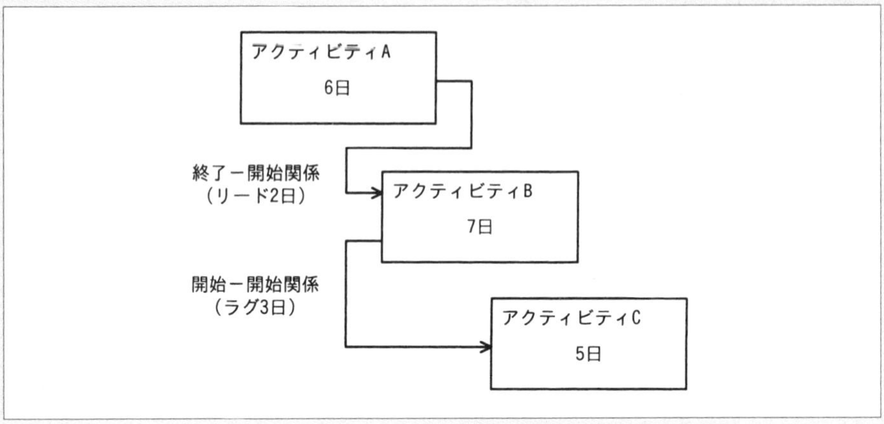

ア 11　　イ 12　　ウ 13　　エ 14

問53 あるシステムの設計から結合テストまでの作業について，開発工程ごとの見積工数を表1に，開発工程ごとの上級技術者と初級技術者との要員割当てを表2に示す。上級技術者は，初級技術者に比べて，プログラム作成・単体テストにおいて2倍の生産性を有する。表1の見積工数は，上級技術者の生産性を基に算出している。

全ての開発工程に対して，上級技術者を1人追加して割り当てると，この作業に要する期間は何か月短縮できるか。ここで，開発工程の期間は重複させないものとし，要員全員が1か月当たり1人月の工数を投入するものとする。

表1

開発工程	見積工数（人月）
設計	6
プログラム作成・単体テスト	12
結合テスト	12
合計	30

表2

開発工程	要員割当て（人）	
	上級技術者	初級技術者
設計	2	0
プログラム作成・単体テスト	2	2
結合テスト	2	0

ア 1　　イ 2　　ウ 3　　エ 4

解答・解説

問52 プレシデンスダイアグラム法に関する問題

プレシデンスダイアグラム法（PDM：Precedence Diagram Method）とは，作業工程を表すダイアグラムの一つで，作業（アクティビティ）をノードとして四角形で示し，ノードとノードの依存関係あるいは論理的順序関係を矢線（アロー）でつないで表したものです。依存関係には，次の四つがあります。

- **終了－開始関係（FS関係）**
  Aが終わるとBが始まる（後続作業の開始は，先行作業の完了に左右される）
- **終了－終了関係（FF関係）**
  Aが終わるとBも終わる（後続作業の完了は，先行作業の完了に左右される）
- **開始－開始関係（SS関係）**
  Aが始まるとBも始まる（後続作業の開始は，先行作業の開始に左右される）
- **開始－終了（SF関係）**
  Aが始まるとBが終わる（後続作業の完了は，先行作業の開始に左右される）

問題には依存関係の他に，リードとラグがあります。

リード	後続アクティビティを前倒しで開始できる時間
ラグ	後続アクティビティの開始を遅らせる時間

アクティビティの依存関係とリードに注意して，問題の図を見ていきます。

- アクティビティA
  A→Bは「終了－開始関係」なので，Aが終了してからBを始める。ただし，リードが2日あるので，Aに必要な日数は6－2=4日とみなせる。
- アクティビティBとC
  アクティビティBに必要な日数は7日だが，B→Cは「開始－開始関係」なので，CはBと同時に始めることができる。ただし，ラグが3日あるので，Cに必要な日数は3+5=8日となる。

図示すると次のようになります。

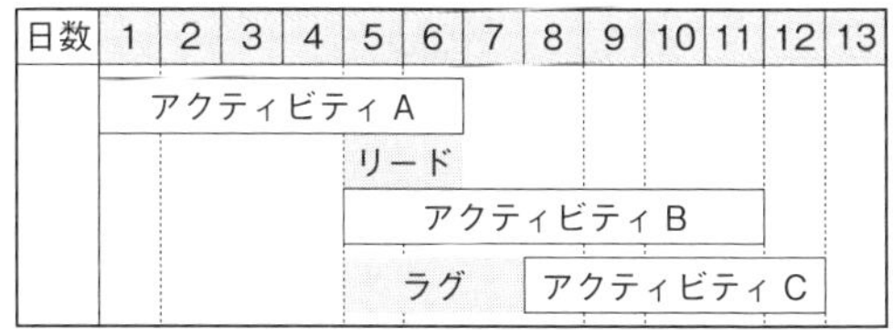

したがって，全ての作業を完了するのに必要な日数は12日（イ）です。

問53 開発見積工数に関する問題

まず，現在の要員の割当てでかかる開発工数（人月）を，上級技術者に換算して計算します。

- 設計…見積工数6人月÷上級2人=3人月
- プログラム作成・単体テスト…
  見積工数12人月÷（上級2人+初級2人）
  ただし，この工程の初級技術者の生産性は上級技術者の1/2なので，
  12÷（2+2×1/2）=4人月
- 結合テスト…
  見積工数12人月÷上級2人=6人月
- 合計工数…3+4+6=13人月

同様に，全ての工程で上級技術者を1人追加して割り当てた場合にかかる開発工数（人月）を計算します。

- 設計…6÷（2+1）=2人月
- プログラム作成・単体テスト…
  12÷（3+1）=3人月
- 結合テスト…12÷（2+1）=4人月
- 合計工数…2+3+4=9人月

両者の差をとると，

13－9=4人月（4か月分の作業量）

したがって，上級技術者を1人追加すると，開発期間を4か月短縮できます（エ）。

解答	問52 イ　　問53 エ

問54 あるシステム導入プロジェクトで，調達候補のパッケージ製品を多基準意思決定分析の加重総和法を用いて評価する。製品A～製品Dのうち，総合評価が最も高い製品はどれか。ここで，評価点数の値が大きいほど，製品の評価は高い。

〔各製品の評価〕

〔各製品の評価〕

評価項目	評価項目の重み	製品の評価点数			
		製品 A	製品 B	製品 C	製品 D
機能要件の充足度合い	5	7	8	9	9
非機能要件の充足度合い	1	9	10	4	7
導入費用の安さ	4	8	5	7	6

ア 製品A　イ 製品B　ウ 製品C　エ 製品D

問55 サービスマネジメントにおける問題管理の目的はどれか。

ア インシデントの解決を，合意したサービスレベル目標の時間枠内に達成することを確実にする。
イ インシデントの未知の根本原因を特定し，インシデントの発生又は再発を防ぐ。
ウ 合意した目標の中で，合意したサービス継続のコミットメントを果たすことを確実にする。
エ 変更の影響を評価し，リスクを最小とするようにして実施し，レビューすることを確実にする。

問56 あるサービスデスクでは，年中無休でサービスを提供している。要員は勤務表及び勤務条件に従って1日3交替のシフト制で勤務している。1週間のサービス提供で必要な要員は，少なくとも何人か。

〔勤務表〕

〔勤務表〕

シフト名	勤務時間帯	勤務時間（時間）	勤務する要員数（人）
早番	0:00～8:30	8.5	2
日中	8:00～16:30	8.5	4
遅番	16:00～翌日 0:30	8.5	2

〔勤務条件〕
・勤務を交替するときに30分間で引継ぎを行う。
・1回のシフト中に1時間の休憩を取り，労働時間は7.5時間とする。
・1週間の労働時間は，40時間以内とする。

ア 8　イ 11　ウ 12　エ 14

解答・解説

問54 多基準意思決定分析の加重総和法に関する問題

多基準意思決定分析とは，一つの評価基準だけで判断することが難しい場面において，複数の評価基準を用いて多面的に評価して最適な案を決定するために用いられる手法です。加重総和法，順位法，レジーム法など様々な手法があります。

本問の加重総和法は，評価基準ごとの評価する対象の点数に各基準に設定された重みを乗じ，全ての重みづけされた点数を加算した値を評価点数として比較する手法です。

問題では評価項目とその重み，各製品の評価項目ごとの評価点数が示されています。各製品の評価項目ごとの点数に重みを掛けてその評価項目の点数を求め，三つの評価項目の点数を加算した値がその製品の評価点数となります。製品A～Dの評価点数を計算していきます。

- 製品A　(7×5) + (9×1)　+ (8×4)　= 76
- 製品B　(8×5) + (10×1) + (5×4)　= 70
- 製品C　(9×5) + (4×1)　+ (7×4)　= 77
- 製品D　(9×5) + (7×1)　+ (6×4)　= 76

「評価点数の値が大きいほど，製品の評価は高い」ので，総合評価が最も高い製品は製品Cです（ウ）。

問55 サービスマネジメントにおける問題管理に関する問題

システムの運用において，障害（インシデント：好ましくない事象）などのトラブルによってITサービスが中断したときには，その原因を特定して適切な解決策をとることが重要です。インシデントが発生したらインシデント管理でインシデントレコードを記録し，復旧策を実施して中断したITサービスを復旧させます。

問題管理では，原因が特定されていない未知の根本原因である「問題」と，根本的な原因が特定されている「既知の誤り」に分けて扱います。「問題」であれば調査や分析を行い，根本原因を特定して解決策を策定します。解決すると（変更要求を出して変更管理に変更を依頼），「既知の誤り」として記録します。また，インシデントが発生する前に，発生する可能性がある問題を予防するプロアクティブな活動を行い，インシデントの再発を防ぎます。

ア：サービスレベル管理の目的です。
イ：正しい。
ウ：サービス継続管理の目的です。
エ：変更管理の目的です。

問56 サービスデスクに必要な要員数に関する問題

ポイントを確かめておきましょう。

- 1回の労働時間は，7.5時間
- 1週間の労働時間は，40時間以内
- シフトは，早番，日中，遅番の3区分
- シフト別の勤務する要員数は，早番2人，日中4人，遅番2人

1週間のサービス提供に必要な最小の人数を求めるので，1週間分のシフトを何人で行うことができるかを計算していきます。

まず，1人が1週間にどれだけシフトに入れるかを求めます。週40時間以内で1回7.5時間の労働時間なので，

40÷7.5=5.33

シフトは分割できないので，小数点以下を切り捨てます。したがって，要員1人で週に5回シフトに入ることができます。

このサービスデスクの1週間の全シフト枠の数を求めると，

- 1日のシフト枠：2+4+2=8枠
- 1週間のシフト枠：8×7=56枠

1週間に1人がシフトに入れるのは5回までなので，

56÷5=11.2人

人は分割できないので，小数点以下を切り上げます。したがって，1週間のサービス提供には少なくとも12人の要員が必要です（ウ）。

解答	問54 ウ	問55 イ	問56 ウ

問57 入出力データの管理方針のうち，適切なものはどれか。

ア　出力帳票の利用状況を定期的に点検し，利用されていないと判断したものは，情報システム部門の判断で出力を停止する。
イ　出力帳票は授受管理表などを用いて確実に受渡しを行い，情報の重要度によっては業務部門の管理者に手渡しする。
ウ　チェックによって発見された入力データの誤りは，情報システム部門の判断で迅速に修正する。
エ　入力原票やEDI受信ファイルなどの取引情報は，機密性を確保するために，データをシステムに取り込んだ後に速やかに廃棄する。

問58 JIS Q 27001:2014（情報セキュリティマネジメントシステム－要求事項）に基づいてISMS内部監査を行った結果として判明した状況のうち，監査人が，指摘事項として監査報告書に記載すべきものはどれか。

ア　USBメモリの使用を，定められた手順に従って許可していた。
イ　個人情報の誤廃棄事故を主務官庁などに，規定されたとおりに報告していた。
ウ　マルウェアスキャンでスパイウェアが検知され，駆除されていた。
エ　リスクアセスメントを実施した後に，リスク受容基準を決めていた。

問59 システム監査における“監査手続”として，最も適切なものはどれか。

ア　監査計画の立案や監査業務の進捗管理を行うための手順
イ　監査結果を受けて，監査報告書に監査人の結論や指摘事項を記述する手順
ウ　監査項目について，十分かつ適切な証拠を入手するための手順
エ　監査テーマに合わせて，監査チームを編成する手順

問60 システム監査基準の意義はどれか。

ア　システム監査業務の品質を確保し，有効かつ効率的な監査を実現するためのシステム監査人の行為規範となるもの
イ　システム監査の信頼性を保つために，システム監査人が保持すべき情報システム及びシステム監査に関する専門的知識・技能の水準を定めたもの
ウ　情報システムのガバナンス，マネジメント，コントロールを点検・評価・検証する際の判断の尺度となるもの
エ　どのような組織体においても情報システムの管理において共通して留意すべき基本事項を体系化・一般化したもの

解答・解説

問57 入出力データの管理方針に関する問題

ア：利用部門の管理者は，出力管理ルールを作成してそれに基づいた出力をします。出力帳票は状況を記録して定期的に分析し，利用されていないと判断したものは出力管理ルールに基づいて出力を停止します。情報システム部

門の判断で出力を停止するのは不適切です。

イ：正しい。

ウ：利用部門の管理者が承認した担当者は，入力管理ルールに基づいて，入力を漏れなく，重複なく，正確に行なわなくてはなりません。したがって，入力データの誤りは利用部門の担当者が判断して修正します。

エ：入力原票で，取引があったことを証明する証憑書類は，法人税法，消費税法，会社法などの法律によって一定期間保存することが義務付けられています。EDIで授受されるデータについても，電子帳簿保存法で法人税および所得税に係る保存義務者は，取引情報を保存することが義務付けされています。

問58 監査人の指摘事項に関する問題

ア：USBメモリなどの取外し可能な媒体は，管理のための手順を定めて管理します。ここでは定められた手順に従って許可していたので，指摘事項になりません。

イ：個人情報の誤廃棄事故のような情報セキュリティインシデントは，文書化した手順に従って対応しなければなりません。主務官庁などに規定されたとおりに報告していたので，指摘事項になりません。

ウ：マルウェアについて，利用者に適切に認識させて，検出，予防や回復のための管理策を実施しなければなりません。スパイウェアが検知されて駆除されていたので，指摘事項になりません。

エ：正しい。リスク受容基準，実施基準を定めて，リスクアセスメントを実施しなければならないので，指摘事項として記載します。

問59 システム監査における監査手続に関する問題

システム監査人は，システム監査の目的に応じた監査報告書を作成し監査の依頼者に提出しますが，監査証拠に裏付けされた合理的な根拠に基づいたものでなければなりません。このためには，監査の実施過程において必要十分な監査証拠を入手する必要があります。この監査証拠を入手するために実施する手続きが，監査手続です。システム監査基準には，次のように書かれています。

> **システム監査人は，システム監査を行う場合，適切かつ慎重に監査手続を実施し，監査の結論を裏付けるための監査証拠を入手しなければならない。**

監査手続は，まず予備調査を実施して監査対象の実態を把握し，得た情報を踏まえて本調査を実施して証拠として十分な量があり，確かめるべき事項に適合して証明できる内容をもっている監査証拠を入手します（**ウ**）。監査手続は通常，一つの監査目的に対して複数の監査手続を組み合わせて実施されます。

問60 システム監査基準の意義に関する問題

システム監査基準とは，経済産業省が策定した情報システムを監査するときの基準です。システム監査基準によれば，システム監査の意義は，

> **情報システムのガバナンス，マネジメント又はコントロールを点検・評価・検証する業務（システム監査業務）の品質を確保し，有効かつ効率的な監査を実現するためのシステム監査人の行為規範である。**

とされています。

ア：正しい。

イ：システム監査人は監査能力の保持と向上に努めなければなりませんが，その水準は定めていません。

ウ：システム監査上の判断尺度として，「システム管理基準又は組織体の基準・規定等を利用することが望ましい」としています。

エ：システム管理基準の概念です。

解答		
	問57 イ	問58 エ
	問59 ウ	問60 ア

問 61 BCPの説明はどれか。

ア 企業の戦略を実現するために，財務，顧客，内部ビジネスプロセス，学習と成長という四つの視点から戦略を検討したもの

イ 企業の目標を達成するために，業務内容や業務の流れを可視化し，一定のサイクルをもって継続的に業務プロセスを改善するもの

ウ 業務効率の向上，業務コストの削減を目的に，業務プロセスを対象としてアウトソースを実施するもの

エ 事業の中断・阻害に対応し，事業を復旧し，再開し，あらかじめ定められたレベルに回復するように組織を導く手順を文書化したもの

問 62 経済産業省が取りまとめた“デジタル経営改革のための評価指標（DX推進指標）”によれば，DXを実現する上で基盤となるITシステムの構築に関する指標において，“ITシステムに求められる要素”について経営者が確認すべき事項はどれか。

ア ITシステムの全体設計や協働できるベンダーの選定などを行える人材を育成・確保できているか。

イ 環境変化に迅速に対応し，求められるデリバリースピードに対応できるITシステムとなっているか。

ウ データ処理において，リアルタイム性よりも，ビッグデータの蓄積と事後の分析が重視されているか。

エ データを迅速に活用するために，全体最適よりも，個別最適を志向したITシステムとなっているか。

問 63 エンタープライズアーキテクチャ（EA）を説明したものはどれか。

ア オブジェクト指向設計を支援する様々な手法を統一して標準化したものであり，クラス図などの構造図と，ユースケース図などの振る舞い図によって，システムの分析や設計を行うものである。

イ 概念データモデルを，エンティティとリレーションシップとで表現することによって，データ構造やデータ項目間の関係を明らかにするものである。

ウ 各業務や情報システムなどを，ビジネスアーキテクチャ，データアーキテクチャ，アプリケーションアーキテクチャ，テクノロジアーキテクチャの四つの体系で分析し，全体最適化の観点から見直すものである。

エ 企業のビジネスプロセスを，データフロー，プロセス，ファイル，データ源泉／データ吸収の四つの基本要素で抽象化して表現するものである。

解答・解説

問 61 BCPに関する問題

BCP（Business Continuity Plan：事業継続計画）
自然災害，大火災，テロ攻撃などの予期せぬ事象が発生した場合に，最低限の業務（中核となる業務）を継続，あるいは早期に復旧・再開できるようにするために，緊急時における事業継続のための方法，手段などを事前に取り決めておく行動計画のこと。

　災害や事故が発生した場合には，まず「BCPを発動」して，「最も緊急度の高い業務を対象に，代替設備や代替手段に切り替え，復旧作業の推進，要員などの経営資源のシフトを実施」して業務を再開する。次のステップとしては，「代替設備や代替手段の運営を継続しながら，さらに業務範囲を拡大」し，平常運用の全面回復へとつなげていく。

ア：BSC（Balanced Scorecard：バランススコアカード）の説明です。四つの視点に基づいて相互の適切な関係を考慮しながら具体的に目標および施策を策定する手法です。

イ：BPM（Business Process Management：ビジネスプロセスマネジメント）の説明です。業務プロセスの改善が常に行われるところに特徴があります。

ウ：BPO（Business Process Outsourcing：ビジネスプロセスアウトソーシング）の説明です。業務プロセスの一部を外部の専門会社に委託するので，目的に加えて自社の人材や資源を重要な業務に配置することもできます。

エ：正しい。

問62 デジタル経営改革のための評価指標に関する問題

　経済産業省の“DX推進指標”は，「DX推進に向けて，経営者や社内の関係者が，自社の取組の現状や，あるべき姿と現状とのギャップ，あるべき姿に向けた対応策について認識を共有し，必要なアクションをとっていくための気付きの機会を提供する」ものです。ITシステムに求められる要素として次の八つを示しています。

データ活用	データを，リアルタイム等使いたい形で使えるITシステムとなっているか
スピード・アジリティ	環境変化に迅速に対応し，求められるデリバリースピードに対応できるITシステムとなっているか
全社最適	部門を超えてデータを活用し，バリューチェーンワイドで顧客視点での価値創出ができるよう，システム間を連携させるなどにより，全社最適を踏まえたITシステムとなっているか
IT資産の分析・評価	IT資産の現状について，全体像を把握し，分析・評価できているか
廃棄	価値創出への貢献の少ないもの，利用されていないものについて，廃棄できているか
競争領域の特定	データやデジタル技術を活用し，変化に迅速に対応すべき領域を精査の上特定し，それに適したシステム環境を構築できているか
非競争領域の標準化・共通化	非競争領域について，標準パッケージや業種ごとの共通プラットフォームを利用し，カスタマイズをやめて標準化したシステムに業務を合わせるなど，トップダウンで機能圧縮できているか
ロードマップ	ITシステムの刷新に向けたロードマップが策定できているか

　したがって，答えはイです。

問63 エンタープライズアーキテクチャに関する問題

　エンタープライズアーキテクチャ（EA）とは，企業や政府機関・自治体などの組織が組織構造や業務手順，情報システムなどを最適化し，経営効率を高めるための方法論です。EAは，次の四つのアーキテクチャで構成されています。

ビジネス（政策・業務体系）	ビジネス戦略に必要な業務プロセスや情報の流れ
データ（データ体系）	業務に必要なデータの内容，データ間の関連や構造など
アプリケーション（適用処理体系）	業務プロセスを支援するシステムの機能や構成など
テクノロジー（技術体系）	情報システムの構築・運用に必要な技術的構成要素

ア：UMLの説明です。

イ：E-R図の説明です。

ウ：正しい。

エ：DFDの説明です。

解答	問61 エ	問62 イ	問63 ウ

問64 投資効果を正味現在価値法で評価するとき，最も投資効果が大きい（又は最も損失が小さい）シナリオはどれか。ここで，期間は3年間，割引率は5%とし，各シナリオのキャッシュフローは表のとおりとする。

単位　万円

シナリオ	投資額	回収額		
		1年目	2年目	3年目
A	220	40	80	120
B	220	120	80	40
C	220	80	80	80
投資をしない	0	0	0	0

ア　A　　イ　B　　ウ　C　　エ　投資をしない

問65 組込み機器のハードウェアの製造を外部に委託する場合のコンティンジェンシープランの記述として，適切なものはどれか。

ア　実績のある外注先の利用によって，リスクの発生確率を低減する。
イ　製造品質が担保されていることを確認できるように委託先と契約する。
ウ　複数の会社の見積りを比較検討して，委託先を選定する。
エ　部品調達のリスクが顕在化したときに備えて，対処するための計画を策定する。

問66 “情報システム・モデル取引・契約書<第二版>”によれば，ウォーターフォールモデルによるシステム開発において，ユーザ（取得者）とベンダ（供給者）間で請負型の契約が適切であるとされるフェーズはどれか。

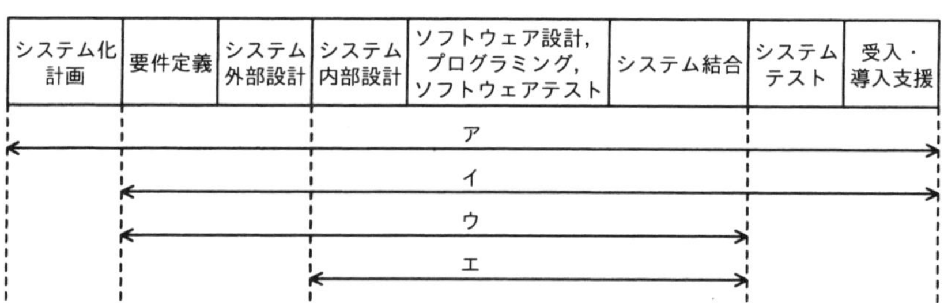

ア　システム化計画フェーズから受入・導入支援フェーズまで
イ　要件定義フェーズから受入・導入支援フェーズまで
ウ　要件定義フェーズからシステム結合フェーズまで
エ　システム内部設計フェーズからシステム結合フェーズまで

解答・解説

問64 正味現在価値法に関する問題

正味現在価値法とは，投資によって得られるキャッシュフローを正味現在価値（NPV：Net Present Value）に換算して計算することで，投資判断の基準とする手法です。NPVは，ある期間に得られるキャッシュフローを現在価値に換算した総和から投資額を差し引いたものです。NPVがプラスであれば投資する価値があり，マイナスであれば投資する価値はないと判断できます。

問題のNPVは，CF1を1年目，CF2を2年目，CF3を3年目の回収額として，次の式で求めることができます。

$$NPV=\frac{CF1}{(1+5\%)^1}+\frac{CF2}{(1+5\%)^2}+\frac{CF3}{(1+5\%)^3}-投資額$$
$$=\frac{CF1}{1.05}+\frac{CF2}{1.1025}+\frac{CF3}{1.157625}-投資額$$

シナリオA，B，CのNPVを求めると次のようになります。

・シナリオA

$$\frac{40}{1.05}+\frac{80}{1.1025}+\frac{120}{1.157625}-220=-5.68\cdots$$

・シナリオB

$$\frac{120}{1.05}+\frac{80}{1.1025}+\frac{40}{1.157625}-220=1.40\cdots$$

・シナリオC

$$\frac{80}{1.05}+\frac{80}{1.1025}+\frac{80}{1.157625}-220=-2.14\cdots$$

投資をしない場合のNPVは0なので，シナリオBが最も投資効果が大きくなります（イ）。

問65 コンティンジェンシープランに関する問題

コンティンジェンシープラン（contingency plan）は緊急時対応計画ともいい，IPAの資料によれば「その策定対象が潜在的に抱える脅威が万一発生した場合に，その緊急事態を克服するための理想的な手続きが記述された文書」とされています。

コンティンジェンシーには不測の事態という意味があります。発生することが不確実なリスクが発生した場合にとるべき対応策や行動手順をあらかじめ定めておいて，その被害や影響を最小限に抑えて事業やプロジェクトに支障を来さないようにするための計画です。

ア：リスク対策のリスク低減です。リスク対策にはこの他，リスク回避，リスク保有，リスク移転があります。

イ：品質保証条項（求める品質水準を維持することを委託先に保証させる条項）を明記した契約のことです。

ウ：より良い条件を提示した委託先を選定するために，複数の委託先に同じ条件で見積りを提出してもらうことを相見積りといいます。

エ：正しい。

問66 請負型契約に関する問題

"情報システム・モデル取引・契約書<第二版>"では，業務委託契約の類型として請負型，準委任型を次のように示しています。

請負型	仕事の完成を目的に受注者が仕事を行い，発注者はその完成した仕事の成果に対して対価を支払う契約
準委任型	仕事の遂行を目的に受注者が仕事を行い，それに対しての対価を得る契約。委託された者は発注者に成果物を引き渡す必要はなく，成果物に不具合（瑕疵）があってもその責任を取らなくてよい

また，ソフトウェア開発フェーズの契約類型は，次のようになっています。

フェーズ	契約類型
要件定義	準委任型
システム外部設計	準委任型又は請負型
システム内部設計	請負型
ソフトウェア設計，プログラミング，ソフトウェアテスト	請負型
システム結合	請負型
システムテスト	準委任型又は請負型
運用テスト	準委任型

したがって，答えはエです。

解答	問64 イ	問65 エ	問66 エ

問67 M&Aの際に，買収対象企業の経営実態，資産や負債，期待収益性といった企業価値などを買手が詳細に調査する行為はどれか。

ア 株主総会招集請求
イ 公開買付開始公告
ウ セグメンテーション
エ デューデリジェンス

問68 ターゲットリターン価格設定の説明はどれか。

ア 競合の価格を十分に考慮した上で価格を決定する。
イ 顧客層，時間帯，場所など市場セグメントごとに異なった価格を決定する。
ウ 目標とする投資収益率を実現するように価格を決定する。
エ リサーチなどによる消費者の値頃感に基づいて価格を決定する。

問69 コンジョイント分析の説明はどれか。

ア 顧客ごとの売上高，利益額などを高い順に並べ，自社のビジネスの中心をなしている顧客を分析する手法
イ 商品がもつ価格，デザイン，使いやすさなど，購入者が重視している複数の属性の組合せを分析する手法
ウ 同一世代は年齢を重ねても，時代が変化しても，共通の行動や意識を示すことに注目した，消費者の行動を分析する手法
エ ブランドがもつ複数のイメージ項目を散布図にプロットし，それぞれのブランドのポジショニングを分析する手法

解答・解説

問67 M&Aに関する問題

M＆AはMergers and Acquisitionsの略で，企業の合併と買収のことです（Mergersは合併，Acquisitionsは買収の意味）。企業が新しい事業や分野に進出しようとするとき，すでに実績がある企業を買収して事業を展開する戦略があります

(特定の事業部門だけの場合や子会社化もある)。また，企業グループを再編成して事業を多角化する，業績不振の企業を救済するためにも行われます。競争力をつけるために，大企業同士の合併も行われています。

ア：株主総会は取締役が招集するのが原則ですが，総議決権の3%以上を持っている株主も，目的と理由を示して株主総会の招集を請求することができます。この権利を株主総会招集請求といいます。

イ：公開買付はTOB（Take Over Bid）ともいい，買収する企業の株式を取得するときの透明性と公正性を確保するための制度です。公開買付開始公告は，株主に公平に売却の機会をもってもらうために，公開買付を開始する場合に買取株数や価格，期間を開示することです。

ウ：セグメンテーションは，商品やサービスの販売を行うとき，どのような顧客を対象にするか明確にするために，地域や性別，購買動機などの基準で，類似した購買行動の集団（セグメント）に分類することです。

エ：正しい。デューデリジェンスは，M&Aを行うときの重要な工程の一つで，M&Aの対象企業の企業価値を事前に調査することです。

問68 ターゲットリターン価格設定に関する問題

ターゲットリターン価格設定とは，コストに基づいた価格設定の一つです。ターゲットリターンは投資額に対する利益で，企業が期待している投資収益率（ROI：Return on Investment）を達成できるように価格を設定します。

ROIは投下資本利益率で，投資額に対する利益の割合です。投資額に見合った利益を出している（投資対効果）か，評価するための指標として用いられ，

ROI＝（利益額／投資額）×100

で求められます。

ターゲットリターン価格は，次の式で求めることができます。

ターゲットリターン価格＝
原価＋(期待投資収益率×投下資本／販売数)

例えば，1,000万円を投資して，原価が1,000円の製品Aの販売個数を1,000個と予想しているとします。この場合，20%の投資収益率を得られるような価格を設定したいとすると，次のように計算できます。

設定価格
＝1,000円＋（0.2×10,000,000円／1,000個）
＝3,000円

したがって，20%の収益率を上げるための価格は，1個3,000円となります。

ア：実勢価格設定の説明です。競合している商品がある場合，競合商品の価格を考慮して価格を決定する方法で，競合商品と同じ価格や低く，あるいは高く設定する方法があります。

イ：需要差別価格設定の説明です。需要に差があるセグメントごとに価格を設定します。

ウ：正しい。

エ：知覚価値価格設定の説明です。ユーザがその商品をいくらと考えるか市場調査などで得て，それを基に価格を設定します。

問69 コンジョイント分析に関する問題

コンジョイント分析とは，商品やサービスのどの要素や機能（属性と呼ぶ）が，消費者の購入に影響しているか評価するための手法です。どのような要素の組合せが消費者にとって最適な商品やサービスになるかを明確にすることができます。

新商品の開発や既存の商品を一部改良するときなどに，コンジョイント分析によって消費者に受け入れられる要素の組み合わせを探り，商品に反映することができます。

ア：パレート分析の説明です。

イ：正しい。

ウ：コーホート分析の説明です。

エ：コレスポンデンス分析の説明です。

解答	問67 エ	問68 ウ	問69 イ

問70

APIエコノミーの事例として，適切なものはどれか。

ア　既存の学内データベースのAPIを活用できるEAI（Enterprise Application Integration）ツールを使い，大学業務システムを短期間で再構築することによって経費を削減できた。

イ　自社で開発した音声合成システムの利用を促進するために，自部門で開発したAPIを自社内の他の部署に提供した。

ウ　不動産会社が自社で保持する顧客データをBI（Business Intelligence）ツールのAPIを使い可視化することによって，商圏における売上規模を分析できるようになった。

エ　ホテル事業者が，他社が公開しているタクシー配車アプリのAPIを自社のアプリに組み込み，サービスを提供した。

問71

ファブレスの特徴を説明したものはどれか。

ア　1人又は数人が全工程を担当する生産方式であり，作業内容を変えるだけで生産品目を変更することができ，多品種少量生産への対応が容易である。

イ　後工程から，部品納入の時期，数量を示した作業指示書を前工程に渡して部品供給を受ける仕組みであり，在庫を圧縮することができる。

ウ　生産設備である工場をもたないので，固定費を圧縮することができ，需給変動などにも迅速に対応可能であり，企画・開発に注力することができる。

エ　生産設備をもたない企業から製造を請け負う事業者・生産形態のことであり，効率の良い設備運営や高度な研究開発を行うことができる。

問72

構成表の製品Aを300個出荷しようとするとき，部品bの正味所要量は何個か。ここで，A，a，b，cの在庫量は在庫表のとおりとする。また，他の仕掛残，注文残，引当残などはないものとする。

構成表　　単位 個

品名	構成部品		
	a	b	c
A	3	2	0
a		1	2

在庫表　　単位 個

品名	在庫量
A	100
a	100
b	300
c	400

ア　200　　イ　600　　ウ　900　　エ　1,500

解答・解説

問70 APIエコノミーに関する問題

API（Application Programming Interface）とは，OSやソフトウェア，サービスを他のアプリケーションから連携・利用できるようにしたソフトウェアインタフェースです。APIの利用者は公開されているAPIに要求を出すと，提供されているサービスやソフトウェアが要求を処理して結果を返します。例えば，Web試験の本人確認で，PCのカメラで受験者を撮影して，提供されているAPIの顔認証システムに送信すると，登録されている顔写真と一致しているか否か返信されて，本人の確認ができます。

APIエコノミーは，他社が公開しているAPIと連携・活用することで，これまでにはなかった新しいサービスを展開して広がった経済圏や商業圏をいいます。

ア：学内のAPIを活用した経費削減なので，APIエコノミーではありません。

イ：自社内の他の部署へのAPIの提供なので，APIエコノミーではありません。

ウ：BIツールのAPIを使って可視化したものなので，APIエコノミーではありません。

エ：正しい。

問71 ファブレスに関する問題

ファブレス（fabless）とは，製造業において工場などの生産設備を持たず，製造は外部の企業に委託して行う企業やビジネスモデルです。自社では，製品の企画・設計や販売などに注力します（設計だけを行う企業もある）。

ア：セル生産方式の説明です。屋台生産方式とも呼ばれ，1人～数人の作業者がセルと呼ばれる屋台のようなブースで，全ての工程を担当して製品を作り上げる生産方式です。

イ：かんばん方式の説明です。必要なものを，必要になったとき，必要なだけ作り（ジャスト・イン・タイム），中間在庫をなるべく持たないようにする生産方式です。

ウ：正しい。

エ：ファウンドリの説明です。半導体製品の委託製造を専門に行うファウンドリサービスを指す場合もあります。

問72 部品の所要量の計算に関する問題

構成表から，製品Aを1個作るのに必要な部品の個数を整理します。

製品	必要な部品			
	a ➡	b	c	c
	a ➡	b	c	c
A ➡	a ➡	b	c	c
	b	b		
	b	b		

上の図より，製品Aを作るために必要な部品は，全てbとcで表すことができるとわかります。製品Aを1個作るのに必要な部品の個数は，次のようになります。

・部品b：5個
・部品c：6個

いま製品Aを300個出荷しようとしていますが，製品Aには100個の在庫があります。したがって，あと200個作ればよいことになります。

製品Aを200個作るのに必要な部品の個数は，

・部品b：200×5＝1,000個
・部品c：200×6＝1,200個

ですが，部品aには100個の在庫があるので，部品aを作るための部品b100個（と部品c200個）は，作らなくてよいことになります。また，部品bの在庫も300個あるのでこれらを差し引くと，

部品b：1,000－100－300＝600個

が部品bの正味所要量です（イ）。

解答	問70 エ	問71 ウ	問72 イ

問 73 **サイバーフィジカルシステム（CPS）の説明として，適切なものはどれか。**

ア 1台のサーバ上で複数のOSを動かし，複数のサーバとして運用する仕組み
イ 仮想世界を現実かのように体感させる技術であり，人間の複数の感覚を同時に刺激することによって，仮想世界への没入感を与える技術のこと
ウ 現実世界のデータを収集し，仮想世界で分析・加工して，現実世界側にリアルタイムにフィードバックすることによって，付加価値を創造する仕組み
エ 電子データだけでやり取りされる通貨であり，法定通貨のように国家による強制通用力をもたず，主にインターネット上での取引などに用いられるもの

問 74 **ハーシィとブランチャードが提唱したSL理論の説明はどれか。**

ア 開放の窓，秘密の窓，未知の窓，盲点の窓の四つの窓を用いて，自己理解と対人関係の良否を説明した理論
イ 教示的，説得的，参加的，委任的の四つに，部下の成熟度レベルによって，リーダーシップスタイルを分類した理論
ウ 共同化，表出化，連結化，内面化の四つのプロセスによって，個人と組織に新たな知識が創造されるとした理論
エ 生理的，安全，所属と愛情，承認と自尊，自己実現といった五つの段階で欲求が発達するとされる理論

問 75 **予測手法の一つであるデルファイ法の説明はどれか。**

ア 現状の指標の中に将来の動向を示す指標があることに着目して予測する。
イ 将来予測のためのモデル化した連立方程式を解いて予測する。
ウ 同時点における複数の観測データの統計比較分析によって将来を予測する。
エ 複数の専門家へのアンケートの繰返しによる回答の収束によって将来を予測する。

問 76 **引き出された多くの事実やアイディアを，類似するものでグルーピングしていく収束技法はどれか。**

ア NM法
イ ゴードン法
ウ 親和図法
エ ブレーンストーミング

解答・解説

問 73 サイバーフィジカルシステム（CPS）に関する問題

□□□

サイバーフィジカルシステム（CPS：Cyber-Physical System）とは，実世界（フィジカル）で発生したデータを収集して，サイバー空間（コンピュータの世界）で分析・解析し，その結果を実世界にフィードバックして活用するシステムです。鉄道電気設備スマートメンテナンス，スマート工場，スマート農業などでの活用が見られます。

ア：サーバ仮想化の説明です。
イ：XR（Cross Reality）の説明です。
ウ：正しい。
エ：暗号資産（電子通貨）の説明です。

問74 SL理論に関する問題

SL理論（Situational Leadership theory）とは，リーダ（上司）が部下に対して，部下の状況（経験や仕事の習熟度）に合わせて部下に対する行動を変えることが有効であるという理論です。状況対応型リーダシップとも呼ばれます。例えば，新入社員や新業務に不慣れな社員と入社10年で練度が高い社員では，それに合わせた接し方をしていきます。

部下の状況に合わせたリーダシップとして，四つの型に分類しています。

型	リーダシップの例
教示型	新入社員など，習熟度が低い部下に対しては，具体的な指示を出し，事細かに管理し，成果を見守る
説得型	習熟度が上がった若手部下に対しては，よくコミュニケーションをとり，よく仕事を説明し，疑問に答え，成果を見守る
参加型	さらに習熟度が上がった中堅部下に対しては，問題解決や意思決定を適切に行えるように，指示や助言をして支援する
委任型	ベテランで，仕事の習熟度や遂行能力が高く，自信をもっている部下に対しては，権限や責任を委譲し，仕事を任せる

ア：自己分析に使用するジョハリの窓の説明です。

イ：正しい。

ウ：ナレッジマネジメントのSECIモデルの説明です。

エ：マズローの欲求5段階説の説明です。自己実現理論ともいいます。

問75 デルファイ法に関する問題

デルファイ法は，将来の予測に用いられる技法の一つで，多くの意見を収集できる利点があります。大まかな流れは次のとおりです。

① 問題に関するアンケートを作成する
② 多数の専門家に匿名でアンケートを行い，回答を得る
③ 回答を集計する
④ 集計結果を専門家に戻して共有し，再度アンケートを行う
⑤ ③〜④を何度か繰り返す
⑥ 意見を集約し，まとめる

ア：先行指標の説明です。景気の動向を示す指標の一つで，新規求人数，新設住宅着工床面積，東証株価指数などがあります。

イ：計量経済モデルの説明です。相互に依存する要因が複数個ある場合に用いるモデルで，経済予測や経済計画に用いられています。

ウ：多変量解析の説明です。アンケート調査のような複数の項目（多変量）を分析して，予測や判別をします。

エ：正しい。

問76 親和図法に関する問題

ア：NM法は，中山正和が考案した，事柄が似ていることから他を推し測る類比を使った発想方法です。具体的なアイディアを引き出すことができるので，新製品やサービスの開発で活用されています。

イ：ゴードン法は，参加者には本来のテーマを教えないで，抽象的なテーマでブレーンストーミング（エを参照）を進め，会議の最後に本来のテーマを示して，出そろったアイディアを基に結論を導き出す技法です。

ウ：正しい。親和図法は，バラバラのデータを内容の親和性（相性の良さ）によってグループを作り，グループ間の関係を明らかにして，全体像がよくわからない問題を明確にする技法です。

エ：ブレーンストーミングは，少人数で全員が発言しやすい環境を用意し，批判厳禁，自由奔放，質より量，結合改善というルールで行われる討議法です。アイディアを引き出し，より高められる問題解決の代表的な技法の一つです。

解答		
	問73 ウ	問74 イ
	問75 エ	問76 ウ

問77 表の製品甲と乙とを製造販売するとき，年間の最大営業利益は何千円か。ここで，甲と乙の製造には同一の機械が必要であり，機械の年間使用可能時間は延べ10,000時間，年間の固定費総額は10,000千円とする。また，甲と乙の製造に関して，機械の使用時間以外の制約条件はないものとする。

製品	製品単価	製品１個当たりの変動費	製品１個当たりの機械使用時間
甲	30 千円	18 千円	10 時間
乙	25 千円	14 千円	8 時間

ア 2,000　イ 3,750　ウ 4,750　エ 6,150

問78 A社は顧客管理システムの開発を，情報システム子会社であるB社に委託し，B社は要件定義を行った上で，ソフトウェア設計・プログラミング・ソフトウェアテストまでを，協力会社であるC社に委託した。C社では自社の社員Dにその作業を担当させた。このとき，開発したプログラムの著作権はどこに帰属するか。ここで，関係者の間には，著作権の帰属に関する特段の取決めはないものとする。

ア A社　イ B社　ウ C社　エ 社員D

問79 発注者と受注者との間でソフトウェア開発における請負契約を締結した。ただし，発注者の事業所で作業を実施することになっている。この場合，指揮命令権と雇用契約に関して，適切なものはどれか。

ア 指揮命令権は発注者にあり，さらに，発注者の事業所での作業を実施可能にするために，受注者に所属する作業者は，新たな雇用契約を発注者と結ぶ。
イ 指揮命令権は発注者にあり，受注者に所属する作業者は，新たな雇用契約を発注者と結ぶことなく，発注者の事業所で作業を実施する。
ウ 指揮命令権は発注者にないが，発注者の事業所での作業を実施可能にするために，受注者に所属する作業者は，新たな雇用契約を発注者と結ぶ。
エ 指揮命令権は発注者になく，受注者に所属する作業者は，新たな雇用契約を発注者と結ぶことなく，発注者の事業所で作業を実施する。

問80 ソフトウェアやデータに欠陥がある場合に，製造物責任法の対象となるものはどれか。

ア ROM化したソフトウェアを内蔵した組込み機器
イ アプリケーションソフトウェアパッケージ
ウ 利用者がPCにインストールしたOS
エ 利用者によってネットワークからダウンロードされたデータ

解答・解説

問77 最大営業利益の計算に関する問題

製品甲と乙を製造したときの営業利益（販売額－（固定費＋変動費））を計算します。

◎製品甲の営業利益
- 年間の製造個数：10,000÷10＝1,000個
- 販売額：30,000×1,000＝30,000,000円
- 固定費：10,000,000円
- 変動費：18,000×1,000＝18,000,000円
- 営業利益：30,000,000－(10,000,000＋18,000,000)＝2,000,000円

◎製品乙の営業利益
- 年間の製造個数：10,000÷8＝1,250個
- 販売額：25,000×1,250＝31,250,000円
- 固定費：10,000,000円
- 変動費：14,000×1,250＝17,500,000円
- 営業利益：31,250,000－(10,000,000＋17,500,000)＝3,750,000円

したがって，最大営業利益は3,750千円（イ）です。

問78 著作権の帰属に関する問題

プログラムの著作物の著作権は，それを作成した者に帰属するのが原則です。ただし，法人などに所属している従業員が，法人などの発意に基づいて職務上作成したプログラムは，作成するときに契約，就業規則やその他で別段の取決めがなければ，その著作権は法人などに帰属します。

作成形態が委託の場合の著作権は「委託先」に帰属しますので，プログラムの作成を委託されたC社以外のA社，B社には著作権は帰属しません。

C社でその作業を担当したC社の社員Dには，自ら発意して作成したプログラムの著作権が帰属します。しかし，問題文には「C社では自社の社員Dにその作業を担当させた」とあるので，C社の社員Dはその作業を職務上行ったことになります。著作権の帰属について特段の取決めをしていないので，著作権はC社に帰属します（ウ）。

問79 請負契約の指揮命令権と雇用契約に関する問題

請負契約とは，発注者から仕事を請け負って，自社の労働者によって仕事を行う契約方式です。自社が雇用する労働者を発注者の事業所で働かせる場合，受注者は次のように指揮命令します。

- **雇用する労働者の労働力を，自ら直接利用する**
- **労働時間などに関する指示を自ら行う**
- **企業における秩序の維持，確保などのための指示を自ら行う**

受注者に所属する作業者は，受注者とのみ雇用契約を結び，発注者の事業所で作業を実施しても発注者との間での雇用関係は生じません。

ア：指揮命令権は受注者にあり，発注者との雇用契約関係は結びません。
イ：指揮命令権は受注者にあります。
ウ：雇用契約は受注者とだけ結びます。
エ：正しい。

問80 製造物責任法に関する問題

製造物責任法とは，PL（Product Liability）法とも呼ばれ，製造物の欠陥によって生命や身体，財産に損害を被った場合，製造業者に対して賠償を求めることができる法律です。

製造物とは，製造または加工された動産です。また，製造業者とは，製造物を業として製造や加工または輸入した者，製造業者として表示をした者，製造業者と誤認させる表示をした者などです。

ア：正しい。ソフトウェアを組み込んだ製造物は対象になる場合があります。
イ：製造物を対象にしており，ソフトウェアパッケージは対象になりません。
ウ：OSは製造物ではないので，対象にはなりません。
エ：データは製造物ではないので，対象にはなりません。

解答		
	問77 イ	問78 ウ
	問79 エ	問80 ア

午後問題（令和４年・秋期）

〔問題一覧〕

●問1（必須）

問題番号	出題分野	テーマ
問1	情報セキュリティ	マルウェアへの対応策

●問2～問11（10問中4問選択）

問題番号	出題分野	テーマ
問2	経営戦略	教育サービス業の新規事業開発
問3	プログラミング	迷路の探索処理
問4	システムアーキテクチャ	コンテナ型仮想化技術
問5	ネットワーク	テレワーク環境への移行
問6	データベース	スマートデバイス管理システムのデータベース処理
問7	組込みシステム開発	傘シェアリングシステム
問8	情報システム開発	設計レビュー
問9	プロジェクトマネジメント	プロジェクトのリスクマネジメント
問10	サービスマネジメント	サービス変更の計画
問11	システム監査	テレワーク環境の監査

次の問1は必須問題です。必ず解答してください。

問1 マルウェアへの対応策に関する次の記述を読んで，設問に答えよ。

P社は，従業員数400名のIT関連製品の卸売会社であり，300社の販売代理店をもっている。P社では，販売代理店向けに，インターネット経由で商品情報の提供，見積書の作成を行う代理店サーバを運用している。また，従業員向けに，代理店ごとの卸価格や担当者の情報を管理する顧客サーバを運用している。代理店サーバ及び顧客サーバには，HTTP Over TLSでアクセスする。

P社のネットワークの運用及び情報セキュリティインシデント対応は，情報システム部（以下，システム部という）の運用グループが行っている。

P社のネットワーク構成を図1に示す。

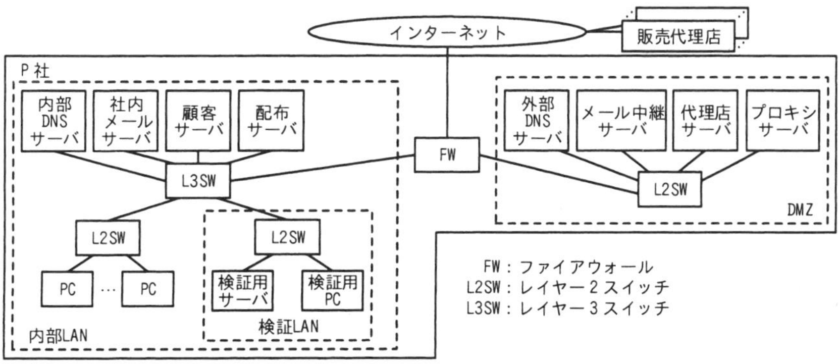

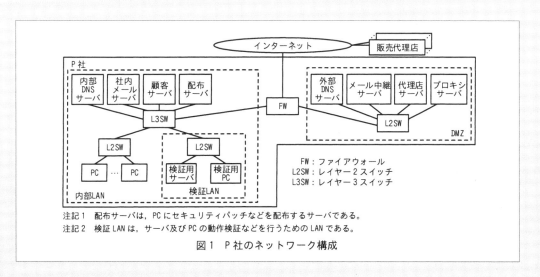

注記1　配布サーバは，PCにセキュリティパッチなどを配布するサーバである。
注記2　検証LANは，サーバ及びPCの動作検証などを行うためのLANである。

図1　P社のネットワーク構成

〔セキュリティ対策の現状〕

P社では，複数のサーバ，PC及びネットワーク機器を運用しており，それらには次のセキュリティ対策を実施している。

- [a]では，インターネットとDMZ間及び内部LANとDMZ間で業務に必要な通信だけを許可し，通信ログ及び遮断ログを取得する。
- [b]では，SPF（Sender Policy Framework）機能によって送信元ドメイン認証を行い，送信元メールアドレスがなりすまされた電子メール（以下，電子メールをメールという）を隔離する。
- 外部DNSサーバでは，DMZのゾーン情報の管理のほかに，キャッシュサーバの機能を稼働させており，外部DNSサーバを①DDoSの踏み台とする攻撃への対策を行う。
- P社からインターネット上のWebサーバへのアクセスは，DMZのプロキシサーバを経由し，プロキシサーバでは，通信ログを取得する。
- PC及びサーバで稼働するマルウェア対策ソフトは，毎日，決められた時刻にベンダーのWebサイトをチェックし，マルウェア定義ファイルが新たに登録されている場合は，ダウンロードして更新する。
- システム部の担当者は，毎日，ベンダーのWebサイトをチェックし，OSのセキュリティパッチやアップデート版の有無を確認する。最新版が更新されている場合は，ダウンロードして検証LANで動作確認を1週間程度行う。動作に問題がなければ，PC向けのものは[c]に登録し，サーバ向けのものは，休日に担当者が各サーバに対して更新作業を行う。
- PCは，電源投入時に[c]にアクセスし，更新が必要な新しい版が登録されている場合は，ダウンロードして更新処理を行う。
- FW及びプロキシサーバのログの検査は，担当者が週に1回実施する。

〔マルウェアXの調査〕

ある日，システム部のQ課長は，マルウェアXの被害が社外で多発していることを知り，R主任にマルウェアXの調査を指示した。R主任による調査結果を次に示す。

(1) 攻撃者は，不正なマクロを含む文書ファイル（以下，マクロ付き文書ファイルAという）をメールに添付して送信する。

(2) 受信者が，添付されたマクロ付き文書ファイルAを開きマクロを実行させると，マルウェアへの指令や不正アクセスの制御を行うインターネット上のC&Cサーバと通信が行われ，マルウェアXの本体がダウンロードされる。

(3) PCに侵入したマルウェアXは，内部ネットワークの探索，情報の窃取，窃取した情報のC&Cサーバへの送信及び感染拡大を，次の(a)～(d)の手順で試みる。

　(a) ②PCが接続するセグメント及び社内の他のセグメントの全てのホストアドレス宛てに，宛先アドレスを変えながらICMPエコー要求パケットを送信し，連続してホストの情報を取得する。

(b) ③ (a) によって情報を取得できたホストに対して，攻撃対象のポート番号をセットしたTCPのSYNパケットを送信し，応答内容を確認する。

(c) (b) でSYN/ACKの応答があった場合，指定したポート番号のサービスの脆弱性を悪用して個人情報や秘密情報などを窃取し，C&Cサーバに送信する。

(d) 侵入したPCに保存されている過去にやり取りされたメールを悪用し，当該PC上でマクロ付き文書ファイルAを添付した返信メールを作成し，このメールを取引先などに送信して感染拡大を試みる。

R主任が調査結果をQ課長に報告したときの，2人の会話を次に示す。

Q課長：マルウェアXに対して，現在の対策で十分だろうか。

R主任：十分ではないと考えます。文書ファイルに組み込まれたマクロは，容易に処理内容が分析できない構造になっており，マルウェア対策ソフトでは発見できない場合があります。また，④マルウェアXに感染した社外のPCから送られてきたメールは，SPF機能ではなりすましが発見できません。

Q課長：それでは，マルウェアXに対する有効な対策を考えてくれないか。

R主任：分かりました。セキュリティサービス会社のS社に相談してみます。

〔マルウェアXへの対応策〕

R主任は，現在のセキュリティ対策の内容をS社に説明し，マルウェアXに対する対応策の提案を求めた。S社から，セキュリティパッチの適用やログの検査が迅速に行われていないという問題が指摘され，マルウェアX侵入の早期発見，侵入後の活動の抑止及び被害内容の把握を目的として，EDR（Endpoint Detection and Response）システム（以下，EDRという）の導入を提案された。

S社が提案したEDRの構成と機能概要を次に示す。

・EDRは，管理サーバ，及びPCに導入するエージェントから構成される。

・管理サーバは，エージェントの設定，エージェントから受信したログの保存，分析及び分析結果の可視化などの機能をもつ。

・エージェントは，次の（i），（ii）の処理を行うことができる。

（i）PCで実行されたコマンド，通信内容，ファイル操作などのイベントのログを管理サーバに送信する。

（ii）PCのプロセスを監視し，あらかじめ設定した条件に合致した動作が行われたことを検知した場合に，設定した対応策を実施する。例えば，EDRは，(a) ～ (c) に示した⑤マルウェアXの活動を検知した場合に，⑥内部ネットワークの探索を防ぐなどの緊急措置をPCに対して実施することができる。

R主任は，S社の提案を基に，マルウェアXの侵入時の対応策をまとめ，Q課長にEDRの導入を提案した。提案内容は承認され，EDRの導入が決定した。

設問 1

〔セキュリティ対策の現状〕について答えよ。

(1) 本文中の［ a ］～［ c ］に入れる適切な機器を，解答群の中から選び記号で答えよ。

解答群

- ア FW
- イ L2SW
- ウ L3SW
- エ 外部DNSサーバ
- オ 検証用サーバ
- カ 社内メールサーバ
- キ 内部DNSサーバ
- ク 配布サーバ
- ケ メール中継サーバ

(2) 本文中の下線①の攻撃名を，解答群の中から選び記号で答えよ。

解答群

- ア DNSリフレクション攻撃
- イ セッションハイジャック攻撃
- ウ メール不正中継攻撃

設問 2

〔マルウェアXの調査〕について答えよ。

(1) 本文中の下線②の処理によって取得できる情報を，20字以内で答えよ。
(2) 本文中の下線③の処理を行う目的を，解答群の中から選び記号で答えよ。

解答群

ア DoS攻撃を行うため
イ 稼働中のOSのバージョンを知るため
ウ 攻撃対象のサービスの稼働状態を知るため
エ ホストの稼働状態を知るため

(3) 本文中の下線④について，発見できない理由として最も適切なものを解答群の中から選び，記号で答えよ。

解答群

ア 送信者のドメインが詐称されたものでないから
イ 添付ファイルが暗号化されているので，チェックできないから
ウ メールに付与された署名が正規のドメインで生成されたものだから
エ メール本文に不審な箇所がないから

設問 3

〔マルウェアXへの対応策〕について答えよ。

(1) 本文中の下線⑤について，どのような事象を検知した場合に，マルウェアXの侵入を疑うことができるのかを，25字以内で答えよ。
(2) 本文中の下線⑥について，緊急措置の内容を25字以内で答えよ。
(3) EDR導入後にマルウェアXの被害が発生したとき，被害内容を早期に明らかにするために実施すべきことは何か。本文中の字句を用いて20字以内で答えよ。

問1のポイント　マルウェアの侵入に対する取り組み

マルウェアの特徴や対策について細かく問われています。情報セキュリティの用語を丸暗記するだけでは解答が難しく，本問はもう少し掘り下げて理解しているかを要求されています。もしも参考書の説明ではわかりづらい用語などあれば，その部分についてインターネットや書籍で調べてみるなど工夫が必要です。特に情報セキュリティはネットワークと関係性が深く，ネットワークに興味を向けるのも有益です。

設問1の解説

□□□

● (1) について

解答群のそれぞれの字句の意味は以下のとおりです。

字句	意味
FW	ファイアウォール。インターネットと社内ネットワーク相互間の不正なアクセスを遮断し，セキュリティを高めるための機器
L2SW	レイヤ2スイッチ。レイヤ2はOSI参照モデルのデータリンク層を指し，ネットワーク内の機器同士の通信経路制御を行うネットワーク機器

字句	意味
L3SW	レイヤ3スイッチ。レイヤ3はOSI参照モデルのネットワーク層を指し，ネットワーク外の機器同士の通信経路制御を行うネットワーク機器
外部DNSサーバ	インターネット上にあるドメイン名とIPアドレスとの対応づけを管理するサーバ。インターネットの機器の名前解決などに利用する
検証用サーバ	本番環境へソフトウェアなどを導入する前に，事前にテスト利用するためのサーバ
社内メールサーバ	社内ネットワーク上にあるメールの送受信を行うためのサーバ
内部DNSサーバ	社内ネットワーク上にあるドメイン名とIPアドレスとの対応づけを管理するサーバ。社内の機器の名前解決などに利用する
配布サーバ	最新のソフトウェアをクライアントへ配布するためのサーバ
メール中継サーバ	社内ネットワークのパソコンとインターネット上のメールサーバとの通信の中継を担い，メールの送受信を行うためのサーバ

・【空欄a】

必要な通信だけを許可する役割を担うのはFW（ア）です。あらためて問題文の図1を見れば，インターネット，DMZ，内部LANの間に設置されているFWが適切な選択肢だとわかります。

・【空欄b】

送られてきたメールの隔離を行うのはメールサーバです。なりすましのメールは社内ネットワークの手前で侵入を遮断したいため，社内メールサーバではなく，DMZにあるメール中継サーバ（ケ）で隔離するのが適切です。

・【空欄c】

動作検証済のOSのセキュリティパッチなどの配布を目的とする記述であることから，配布サーバ（ク）が適切です。

● (2) について

解答群のそれぞれの字句の意味は以下のとおりです。

字句	意味
DNSリフレクション攻撃	送信元のIPアドレスを偽装してDNSリクエストをDNSサーバに送信することで，攻撃対象に大量のデータを送ってダウンさせるDoS攻撃の一種
セッションハイジャック攻撃	ログイン中の利用者のセッションIDを不正に取得し，本人になりすまして通信を行う攻撃
メール不正中継攻撃	悪意のある第三者からスパムメールが送りつけられ，受け取ったサーバが必要のないメール配信を行うこと

下線①では，DNSに由来するDDoSの踏み台とする攻撃であることから，DNSリフレクション攻撃（ア）が該当します。

解答	(1) a：ア　b：ケ　c：ク (2) ア

設問2の解説

□□□

● (1) について

ICMPエコー要求パケットとは，一般的にPINGコマンドと呼ばれているもので，指定されたIPアドレスに対して応答の有無を検知できます。応答があれば，該当するIPアドレスを持つ機器が稼働中であることを示します。

● (2) について

特定の機器に対してTCPのSYNパケットを送ることで，当該機器にコネクションの確立要求を行います。当該機器が通信可能な状態であれば，当該機器からコネクションの確立要求（SYN/ACKの応答）が返ってきます。コネクションの確立要求が返ってくれば，攻撃対象のポート番号は利用可能であることを意味します。

つまり，攻撃対象のサービスの稼働状態を知るために，TCPのSYNパケットを送りつけています（ウ）。

● (3) について

マルウェアXに感染した社外のPCからは，正当なPCとしてマクロ付き文書ファイルAを添付したメールを送信できる状況となります。送信者のドメインが詐称されているわけではないため，SPF機能ではなりすましとはみなされず，隔離することはできません（ア）。

解答	
	(1) 稼働している機器のIPアドレス（15文字） (2) ウ (3) ア

設問3の解説

□□□

● (1) について

EDRの導入によって検知可能なマルウェアXの活動の特徴として，以下の2点が挙げられます。

- ① 宛先アドレスを変えながらICMPエコー要求パケットを送信
- ② 攻撃対象のポート番号をセットしたTCPのSYNパケットを送信

ただし，②を検知した時点で緊急措置を行っても，マルウェアXはすでに指定したポート番号のサービスに脆弱性があると検知してしまっているため，手遅れになります。

したがって，①の時点でマルウェアXの活動を検知するべきです。

● (2) について

マルウェアXの活動を検知したら，直ちに当該PCをネットワークから隔離しないと被害が拡大します。PCからLANケーブルを抜くなど物理的な措置が有効です。

● (3) について

〔マルウェアXへの対応策〕にて，EDRの導入に至る指摘事項として，セキュリティパッチの適用やログの検査が挙げられています。このうち後者が，被害内容を早期に明らかにするために実施すべきこととして有効です。

本文によれば，「PCで実行されたコマンド，通信内容，ファイル操作などのイベントのログを管理サーバに送信」し，「管理サーバは，エージェントの設定，エージェントから受信したログの保存，分析及び分析結果の可視化などの機能をもつ」とあるので，これらの特徴を所定の文字数内で解答します。

解答	
	(1) 宛先を変えながらICMPエコー要求パケットを送信（24文字） (2) 対象PCをネットワークから隔離する（17文字） (3) 管理サーバでログの分析結果を確認する（18文字）

次の問2～問11については4問を選択し，答案用紙の選択欄の問題番号を○印で囲んで解答してください。
なお，5問以上○印で囲んだ場合は，はじめの4問について採点します。

問2 教育サービス業の新規事業開発に関する次の記述を読んで，設問に答えよ。

B社は，教育サービス業の会社であり，中高生を対象とした教育サービスを提供している。B社では有名講師を抱えており，生徒の能力レベルに合った分かりやすく良質な教育コンテンツを多数保有している。これまで中高生向けに塾や通信教育などの事業を伸ばしてきたが，ここ数年，生徒数が減少しており，今後大きな成長の見込みが立たない。また，教育コンテンツはアナログ形式が主であり，Web配信ができるデジタル形式のビデオ教材になっているものが少ない。B社の経営企画部長であるC取締役は，この状況に危機感を抱き，3年後の新たな成長を目指して，デジタル技術を活用して事業を改革し，B社のDX（デジタルトランスフォーメーション）を実現する顧客起点の新規事業を検討することを決めた。C取締役は，事業の戦略立案と計画策定を行う戦略チームを経営企画部のD課長を長として編成した。

〔B社を取り巻く環境と取組〕

D課長は，戦略の立案に当たり，B社を取り巻く外部環境，内部環境を次のとおり整理した。

・ここ数年で，法人において，非対面でのオンライン教育に対するニーズや，時代の流れを見据えて従業員が今後必要とされるスキルや知識を新たに獲得する教育（リスキリング）のニーズが高まっている。今後も法人従業員向けの教育市場の伸びが期待できる。
・最近，法人向けの教育サービス業において，異業種から参入した企業による競合サービスが出現し始めていて，価格競争が激化している。
・教育サービス業における他社の新規事業の成功事例を調査したところ，特定の業界で他企業に対する影響力が強い企業を最初の顧客として新たなサービスの実績を築いた後，その業界の他企業に展開するケースが多いことが分かった。
・B社では，海外の教育関連企業との提携，及びE大学の研究室との共同研究を通じて，データサイエンス，先進的プログラム言語などに関する教育コンテンツの拡充や，AIを用いて個人の能力レベルに合わせた教育コンテンツを提供できる教育ツールの研究開発に取り組み始めた。この教育ツールは実証を終えた段階である。このように，最新の動向の反映が必要な分野に対して，業界に先駆けた教育コンテンツの整備力が強みであり，新規事業での活用が見込める。

〔新規事業の戦略立案〕

D課長は，内外の環境の分析を行い，B社の新規事業の戦略を次のとおり立案し，C取締役の承認を得た。

・新規事業のミッションは，“未来に向けて挑戦する全ての人に，変革の機会を提供すること”と設定した。
・B社は，新規事業領域として，<u>①法人従業員向けの個人の能力レベルに合わせたオンライン教育サービスを選定</u>し，SaaSの形態（以下，教育SaaSという）で顧客に提供する。
・中高生向けの塾や通信教育などでのノウハウをサービスに取り入れ，法人でのDX推進に必要なデータサイエンスなどの知識やスキルを習得する需要に対して，AIを用いた個人別の教育コンテンツをネット経由で提供するビジネスモデルを構築することを通じて，<u>②B社のDXを実現する</u>。
・最初に攻略する顧客セグメントは，データサイエンス教育の需要が高まっている大手製造業とする。顧客企業の人事教育部門は，B社の教育SaaSを利用することで，社内部門が必要なときに必要な教育コンテンツを提供できるようになる。
・対象の顧客セグメントに対して，従業員が一定規模以上の企業数を考慮して，販売目標数を設定する。毎月定額で，提示するカタログの中から好きな教育コンテンツを選べるサービスを提供することで，競合サービスよりも利用しやすい価格設定とする。
・Webセミナーやイベントを通じてB社の教育SaaSの認知度を高める。また，法人向けの販売を強化するために，F社と販売店契約を結ぶ。F社は，大手製造業に対する人材提供や教育を行う企業であり，大手製造業の顧客を多く抱えている。

D課長は，戦略に基づき新規事業の計画を策定した。

〔顧客実証〕

D課長は，新規事業の戦略の実効性を検証する顧客実証を行うこととして，その方針を次のように定めた。

・教育ニーズが高く，商談中の<u>③G社を最初に攻略する顧客とする</u>。G社は，製造業の大手企業であり，同業他社への影響力が強い。
・G社への提案前に，B社の提供するサービスが適合するか確認するために［ a ］を実施する。［ a ］にはF社にも参加してもらう。

〔ビジネスモデルの策定〕

D課長は，ビジネスモデルキャンバスの手法を用いて，B社のビジネスモデルを図1のとおり作成した。なお，新規事業についての要素を“★”で，既存事業についての要素を無印で記載する。

（省略）はほかに要素があることを示す。

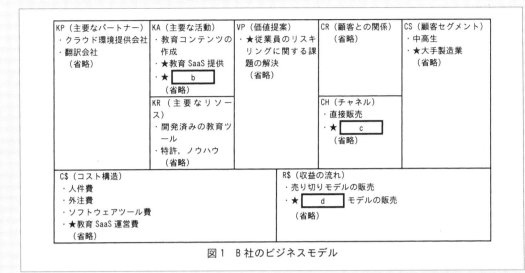

KP（主要なパートナー）
・クラウド環境提供会社
・翻訳会社
（省略）

KA（主要な活動）
・教育コンテンツの作成
・★教育 SaaS 提供
・★［ b ］
（省略）

KR（主要なリソース）
・開発済みの教育ツール
・特許，ノウハウ
（省略）

VP（価値提案）
・★従業員のリスキリングに関する課題の解決
（省略）

CR（顧客との関係）
（省略）

CH（チャネル）
・直接販売
・★［ c ］
（省略）

CS（顧客セグメント）
・中高生
・★大手製造業
（省略）

C$（コスト構造）
・人件費
・外注費
・ソフトウェアツール費
・★教育 SaaS 運営費
（省略）

R$（収益の流れ）
・売り切りモデルの販売
・★［ d ］モデルの販売
（省略）

図１　B 社のビジネスモデル

〔財務計画〕

D課長は，B社の新規事業に向けた財務計画第1版を表1のとおり作成し，C取締役に提出した。なお，財務計画作成で，次の前提をおいた。

・競争優位性を考慮して，教育SaaS開発投資を行う。開発投資は5年で減価償却し，固定費に含める。
・競合サービスを考慮して，販売単価は，1社当たり10百万円／年とする。
・利益計算に当たって，損益計算書を用い，キャッシュフローや現在価値計算は用いない。金利はゼロとする。

表１　財務計画第１版

単位　百万円

科目	1年目	2年目	3年目	4年目	5年目	5年合計
売上高	10	40	90	160	300	600
費用	50	65	90	125	195	525
変動費	5	20	45	80	150	300
固定費	45	45	45	45	45	225
営業利益	−40	−25	0	35	105	75
累積利益	−40	−65	−65	−30	75	

D課長は，財務部長と財務計画をレビューし，“既存事業の業績の見通しが厳しいので新規事業の費用を削減して，4年目に累積損失を0にしてほしい”との依頼を受けた。

D課長は，C取締役に財務部長の依頼を報告し，この財務計画は現時点で最も確かな根拠に基づいて設定した計画であること，また新規事業にとっては④4年目に累積損失を0にするよりも優先すべきことがあるので，財務計画第1版の変更はしないことを説明し了承を得た。

その後，D課長は，計画の実行を適切にマネジメントすれば，変動費を抑えて4年目に累積損失を0にできる可能性はあると考え，この想定で別案として財務計画第2版を追加作成した。財務計画第2版の変動費率は［ e ］%となり，財務計画第1版と比較して5年目の累積利益は，［ f ］%増加する。

設問 1

〔新規事業の戦略立案〕について答えよ。

(1) 本文中の下線①について，この事業領域を選定した理由は何か。強みと機会の観点から，それぞれ20字以内で答えよ。

(2) 本文中の下線②について，留意すべきことは何か。最も適切な文章を解答群の中から選び，記号で答えよ。

解答群

ア B社のDXにおいては，データドリブン経営はAIなしで人手で行うので十分である。

イ B社のDXの戦略立案に際しては，自社のあるべき姿の達成に向け，デジタル技術を活用し事業を改革することが必要となる。

ウ B社のDXは，デジタル技術を用いて製品やサービスの付加価値を高めた後，教育コンテンツのデジタル化に取り組む必要がある。

エ B社のDXは，ニーズの不確実性が高い状況下で推進するので，一度決めた計画は遵守する必要がある。

設問 2

〔顧客実証〕について答えよ。

(1) 本文中の下線③について，この方針の目的は何か。20字以内で答えよ。

(2) 本文中の［　a　］に入れる最も適切な字句を解答群の中から選び，記号で答えよ。

解答群

ア KPI　　イ LTV　　ウ PoC　　エ UAT

設問 3

〔ビジネスモデルの策定〕について答えよ。

(1) 図1中の［　b　］，［　c　］に入れる最も適切な字句を解答群の中から選び，記号で答えよ。

解答群

ア E大学　　イ F社　　ウ G社
エ 教育　　オ コンサルティング　　カ プロモーション

(2) 図1中の［　d　］には販売の方式を示す字句が入る。片仮名で答えよ。

設問 4

〔財務計画〕について答えよ。

(1) 本文中の下線④について，新規事業にとって4年目に累積損失を0にすることよりも優先すべきこととは何か。20字以内で答えよ。

(2) 本文中の［　e　］，［　f　］に入れる適切な数値を整数で答えよ。

問2のポイント　教育サービス業の新規事業開発

教育サービス会社におけるリスキリング用の教育サービスを使った新規事業に関する出題です。DX（デジタルトランスフォーメーション），SaaSなどの知識，応用力が問われています。新規事業は難易度が高いと思うこともあるかもしれませんが，問題をしっかり読み込むことでヒントを得て，解答するようにしてください。

設問1の解説

□□□

● (1) について

「法人従業員向けの個人の能力レベルに合わせたオンライン教育サービス」を選定した理由を，強みと機会の観点から問われています。

〔B社を取り巻く環境と取組〕には，「ここ数年で～今後も法人従業員向けの教育市場の伸びが期待できる」と記載されており，これがビジネス機会となります。

また「B社では，海外の教育機関と提携～業界に先駆けた教育コンテンツの整備力が強みであり～」とあり，これが強みと考えられます。

● (2) について

B社のDXについての留意点を問われています。

ア：データドリブン経営とは，データ活用を経営に活かす経営姿勢のことを意味します。あらゆる意思決定にデータ分析が伴うので人手で行うだけでは十分ではありません。

イ：正しい。

ウ：DXではスピードを重視することが多く，商品，サービス，コンテンツは一体で考えて進める必要があります。

エ：ニーズが不確実な状況では，一度決めた計画も柔軟に見直す必要があります。

解答	(1) 強み：業界に先駆けた教育コンテンツの整備力（18文字） 機会：法人従業員向け教育市場の伸びが期待できる（20文字） (2) **イ**

設問2の解説

□□□

● (1) について

G社を最初に攻略する理由を問われています。

〔B社を取り巻く環境と取組〕には，「～特定の業界で他企業に対する影響力が強い企業を最初の顧客として新たなサービスの実績を築いた後，その業界の他企業に展開するケースが多い」との記載があります。

また，〔新規事業の戦略立案〕には，「最初に攻略する顧客セグメントは，データサイエンス教育の需要が高まっている大手製造業とする」との記載もあります。これらから，G社を最初に攻略するのは，G社での実績を使い，他製造業に展開するためと考えられます。

● (2) について

・【空欄a】

サービスが適合するかを確認するために行うものは，PoC（**ウ**）です。

> **PoC（Proof of Concept：概念実証）**
>
> 事業や行政サービスなどにおいて，新しいビジネスアイデアやサービスコンセプトの実現可能性や効果などについて実際に近い形で検証（消費者を絞る，縮小した規模のサービスで実験を行うなど）すること。PoCを経て，期待した効果が得られると判断できれば実プロジェクトを進めていく流れになることが多い。

なお，KPIは実施した経営施策の評価を測るための指標，LTVは顧客生涯価値，UATはユーザーが行うシステム受け入れ検証のことです。

解答	(1) G社での実績を使い，他製造業に展開する（19文字） (2) a：**ウ**

設問3の解説

□□□

● (1) について

ビジネスモデルキャンバスは，ビジネスモデルを可視化するためのフレームワークです。図1にあるようにビジネス要素を9つの領域に分類して図示することで，既存ビジネスの分析や新規ビジネスの発想に利用します。

・【空欄b】

KA（主要な活動）には，商品の開発，サービスの提供や販売促進活動などの項目を記載します。したがって，ここには販売促進活動である「プロモーション」（カ）が入ります。

・【空欄c】

CH（チャネル）とは，販売チャネルのことで，自社直販や他の企業を販売代理店として使うなどを記載します。〔新規事業の戦略立案〕には「F社と販売代理店契約を結ぶ」と記載されているので，F社（イ）を記載する必要があります。

● (2) について

・【空欄d】

売り切りモデルとは異なる販売方式を問われています。〔新規事業の戦略立案〕に「毎月定額で，提示するカタログの中から，好きな教育コンテンツを選べるサービスを提供～」との記載があり，これが該当します。このような販売方式をサブスクリプションモデルといいます。

売り切りとサブスクリプション

商品やサービスの料金がその都度発生する形態を売り切りモデルと呼び，一定期間利用することができる権利に対して料金が継続発生するビジネスモデルをサブスクリプションモデルと呼ぶ。一般に後者は，一定料金を支払っている期間は商品やサービスは自由に使うことが可能だが，契約が終了すると利用が停止される。

解答	(1) b：カ　c：イ (2) d：サブスクリプション

設問4の解説

□□□

● (1) について

新規事業にとって4年目に累積損失を0にすることよりも優先すべきことを問われています。〔財務計画〕には「競争優位性を考慮して，教育SaaS開発投資を行う」と記載されています。競争優位性を確保するには，教育教材やサービスを差別化し，市場から選ばれるものにする継続投資が必要になるので，これが優先すべきことになります。

● (2) について

・【空欄e】

表1の第1版では，4年目の累積利益は－30です。これを0にする必要があるので，1年目から4年目までの変動費合計を－30させることができる変動費率を求めます。なお，変動比率は「変動費÷売上高×100」で求めることができます。

・現在の変動比率
1年目の売上高10と変動費5より
5÷10×100＝50%
・変動費の削減率の計算
4年間の売上高合計を求めると，
10＋40＋90＋160＝300

引きたい変動費合計30は，この売上高合計300の10%なので，変動費率を－10%すればよいことになります。したがって，現在の変動費率（50%）－10%＝40%が正解です。

・【空欄f】

第1版の5年目の累積利益は，表1から75です。

次に第2版の5年目の累積利益を考えると，第2版は変動率が40%になるので，下記のように計算できます。

変動費　：300×40%＝120
費用　　：120＋45＝165
営業利益：300－165＝135

第2版では4年目に累積利益が0になるので，5年目の累積利益は5年目の営業利益と同じ135です。したがって，135÷75＝1.8となり，パーセント表記では80%増加することになります。

解答	(1) 教育SaaSの競争優位性を高める開発投資（20文字） (2) e：40　f：80

問3 迷路の探索処理に関する次の記述を読んで，設問に答えよ。

始点と終点を任意の場所に設定するn×mの2次元のマスの並びから成る迷路の解を求める問題を考える。本問の迷路では次の条件で解を見つける。

・迷路内には障害物のマスがあり，n×mのマスを囲む外壁のマスがある。障害物と外壁のマスを通ることはできない。
・任意のマスから，そのマスに隣接し，通ることのできるマスに移動できる。迷路の解とは，この移動の繰返しで始点から終点にたどり着くまでのマスの並びである。ただし，迷路の解では同じマスを2回以上通ることはできない。
・始点と終点は異なるマスに設定されている。

5×5の迷路の例を示す。解が一つの迷路の例を図1に，解が複数（四つ）ある迷路の例を図2に示す。

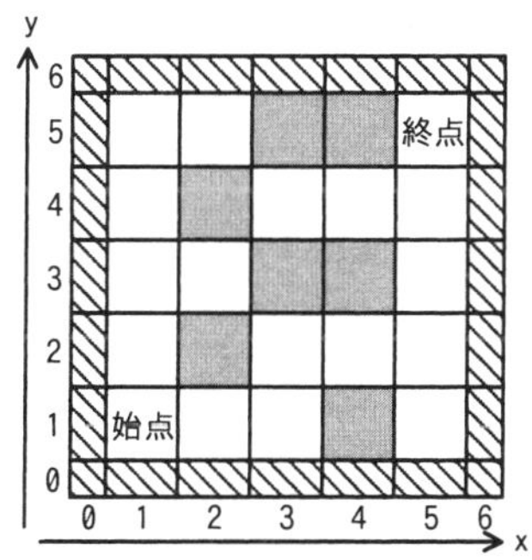

図1　解が一つの迷路の例

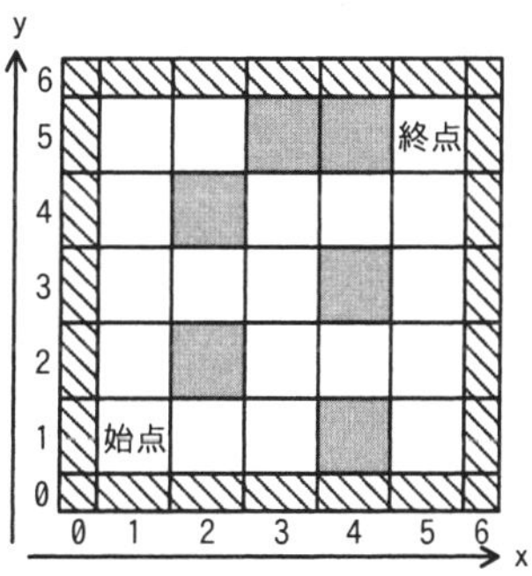

図2　解が複数ある迷路の例

注記 ▧は外壁，■は障害物を表す。

〔迷路の解を見つける探索〕

迷路の解を全て見つける探索の方法を次のように考える。

迷路と外壁の各マスの位置をx座標とy座標で表し，各マスについてそのマスに関する情報（以下，マス情報という）を考える。与えられた迷路に対して，障害物と外壁のマス情報にはNGフラグを，それ以外のマス情報にはOKフラグをそれぞれ設定する。マス情報全体を迷路図情報という。

探索する際の“移動”には，“進む”と“戻る”の二つの動作がある。“進む”は，現在いるマスから①y座標を1増やす，②x座標を1増やす，③y座標を1減らす，④x座標を1減らす，のいずれかの方向に動くことである。マスに“進む”と同時にそのマスのマス情報に足跡フラグを入れる。足跡フラグが入ったマスには“進む”ことはできない。“戻る”は，今いるマスから“進んで”きた一つ前のマスに動くことである。マスに“移動”したとき，移動先のマスを“訪問”したという。

探索は，始点のマスのマス情報に足跡フラグを入れ，始点のマスを“訪問”したマスとして，始点のマスから開始する。現在いるマスから次のマスに“進む”試みを①～④の順に行い，もし試みた方向のマスに“進む”ことができないならば，次の方向に“進む”ことを試みる。4方向いずれにも“進む”ことができないときには，現在いるマスのマス情報をOKフラグに戻し，一つ前のマスに“戻る”。これを終点に到達するまで繰り返す。終点に到達したとき，始点から終点まで“進む”ことでたどってきたマスの並びが迷路の解の一つとなる。

迷路の解を見つけた後も，他の解を見つけるために，終点から一つ前のマスに“戻り”，迷路の探索を続け，全ての探索を行ったら終了する。迷路を探索している間，それまでの経過をスタックに格納しておく。終点にたどり着いた時点でスタックの内容を順番にたどると，それが解の一つになる。

図1の迷路では，始点から始めて，(1,1) → (1,2) → (1,3) → (1,4) → (1,5) → (2,5) → (1,5) → (1,4) のように“移動”する。ここまででマスの“移動”は7回起きていて，このときス

タックには経過を示す4個の座標が格納されている。さらに探索を続けて，始めから13回目の“移動”が終了した時点では，スタックには［ ア ］個の座標が格納されている。

〔迷路の解を全て求めて表示するプログラム〕

迷路の解を全て求めて表示するプログラムを考える。プログラム中で使用する主な変数，定数及び配列を表1に示す。配列の添字は全て0から始まり，要素の初期値は全て0とする。迷路を探索してマスを“移動”する関数visitのプログラムを図3に，メインプログラムを図4に示す。メインプログラム中の変数及び配列は大域変数とする。

表1　プログラム中で使用する主な変数，定数及び配列

名称	種類	内容
maze[x][y]	配列	迷路図情報を格納する2次元配列
OK	定数	OKフラグ
NG	定数	NGフラグ
VISITED	定数	足跡フラグ
start_x	変数	始点のx座標
start_y	変数	始点のy座標
goal_x	変数	終点のx座標
goal_y	変数	終点のy座標
stack_visit[k]	配列	それまでの経過を格納するスタック
stack_top	変数	スタックポインタ
sol_num	変数	見つけた解の総数
paths[u][v]	配列	迷路の全ての解の座標を格納する2次元配列。添字のuは解の番号，添字のvは解を構成する座標の順番である。

```
function visit(x, y)
  maze[x][y] ← VISITED                                    //足跡フラグを入れる
  stack_visit[stack_top] ← (x, y)                         //スタックに座標を入れる
  if(x が goal_x と等しい かつ y が goal_y と等しい)       //終点に到達
    for(k を 0 から stack_top まで 1 ずつ増やす)
      [ イ ] ← stack_visit[k]
    endfor
    sol_num ← sol_num＋1
  else
    stack_top ← stack_top＋1
    if(maze[x][y＋1]が OK と等しい)
      visit(x, y＋1)
    endif
    if(maze[x＋1][y]が OK と等しい)
      visit(x＋1, y)
    endif
    if(maze[x][y－1]が OK と等しい)
      visit(x, y－1)
    endif
    if(maze[x－1][y]が OK と等しい)
      visit(x－1, y)
    endif
    stack_top ← [ ウ ]
  endif
  [ エ ] ← OK
endfunction
```

図3　関数visitのプログラム

```
function main
  stack_top ← 0
  sol_num ← 0
  maze[x][y]に迷路図情報を設定する
  start_x, start_y, goal_x, goal_y に始点と終点の座標を設定する
  visit(start_x, start_y)
  if( [ オ ] が0と等しい)
    "迷路の解は見つからなかった" と印字する
  else
    paths[][]を順に全て印字する
  endif
endfunction
```

図4　メインプログラム

〔解が複数ある迷路〕

図2は解が複数ある迷路の例で，一つ目の解が見つかった後に，他の解を見つけるために，迷路の探索を続ける。一つ目の解が見つかった後で，最初に実行される関数visitの引数の値は［ カ ］である。この引数の座標を基点として二つ目の解が見つかるまでに，マスの“移動”は［ キ ］回起き，その間に座標が（4,2）のマスは，［ ク ］回“訪問”される。

設問 1

〔迷路の解を見つける探索〕について答えよ。

(1) 図1の例で終点に到達したときに，この探索で“訪問”されなかったマスの総数を，障害物と外壁のマスを除き答えよ。

(2) 本文中の［ ア ］に入れる適切な数値を答えよ。

設問 2

図3中の［ イ ］～［ エ ］に入れる適切な字句を答えよ。

設問 3

図4中の［ オ ］に入れる適切な字句を答えよ。

設問 4

〔解が複数ある迷路〕について答えよ。

(1) 本文中の［ カ ］に入れる適切な引数を答えよ。

(2) 本文中の［ キ ］，［ ク ］に入れる適切な数値を答えよ。

問3のポイント 迷路の探索処理に関するプログラム

始点と終点を任意の場所に設定するn×mの2次元のマスで構成される迷路の解を求めるプログラム設計の問題です。アルゴリズムの基本的な流れと再帰処理の動きを問われています。難易度は高く時間がかかるところもありますが，配列や添字の動きをよく理解し，処理を丁寧に追いましょう。アルゴリズムの問題は午後では毎年出題されますので，確実に得点できるようにしましょう。

設問1の解説

□□□

●（1）について

このプログラムが迷路の解を求める手順をまとめておくと，

- マスの移動は，上，右，下，左の優先順位で行われる
- 外壁と障害物がある方向へは進めない
- どの方向にも進めない場合は1マス（進んできたマスに）戻る
- 同じマスを2回以上通らない

というルールです。これを当てはめて考えます。

始点（1,1）から上方向に（1,2）→（1,3）→（1,4）→（1,5）→（2,5）に進み，（1,6）は外壁，（3,5）と（2,4）は障害物なので進めないため，（1,5）→（1,4）→（1,3）まで1マスずつ戻ります。

（1,3）からは（2,3）に移動しますが，（2,3）から先に移動できないので（1,3）に戻ります。

その後は（1,1）まで順に戻り，右方向に進んで，（2,1）→（3,1）→（3,2）→（4,2）→（5,2）→（5,3）→（5,4）→（5,5）で終点に到達します。

この次点で訪問していないマスは，（3,4），（4,4），（5,1）の3つになります。

●（2）について

・【空欄ア】

（1）の手順をたどっていくと，13回目の移動が終了した次点では（2,1）のマスにいます。スタックには「迷路を探索している間，それまでの経過」が格納されているので，この時点のスタックには（1,1）と（2,1）の2個の座標が格納されています。

移動回数	位置(x,y)	Stack_top	スタック内の座標個数と内容	
1回目	1,2	1	2	1,1 1,2
2回目	1,3	2	3	1,1 1,2 1,3
3回目	1,4	3	4	1,1 1,2 1,3 1,4
4回目	1,5	4	5	1,1 1,2 1,3 1,4 1,5
5回目	2,5	5	6	1,1 1,2 1,3 1,4 1,5 2,5
6回目	1,5	4	5	1,1 1,2 1,3 1,4 1,5
7回目	1,4	3	4	1,1 1,2 1,3 1,4
8回目	1,3	2	3	1,1 1,2 1,3
9回目	2,3	3	4	1,1,1,2 1,3 2,3
10回目	1,3	2	3	1,1 1,2 1,3
11回目	1,2	1	2	1,1 1,2
12回目	1,1	0	1	1,1
13回目	2,1	1	2	1,1 2,1

解答	（1）3 （2）ア：2

設問2の解説

□□□

図3の関数visitは，座標（x,y）を引数として与え，始点から終点まで探索し，経路を探すプログラムで，関数visitから自分自身を呼び出す再帰的呼び出しをしていることが特徴です。8行目のelse以降で4回，上マス，右マス，下マス，左マスの順番に再帰的に呼び出しています。これを考慮して空欄を検討します。

・【空欄イ】

if文のコメントに「終点に到達」とあるように，ここはルートが探索できた際の処理です。迷路の探索は複数のルートがある場合が存在するので，すべての経路を探索し終えるまで，解ごとにルートの座標を保存する必要があります。

表1より，解の座標を格納するために配列paths[u][v]が用意されています。uは解の番号なので，見つかった解の数をカウントしている

「sol_num」を与えます。vには解の座標の順番が入るので，カウントアップしている「k」を与えることで，順番に解の座標（stack_visit[k]）を配列pathsに格納できます。したがって，空欄イは「paths[sol_num][k]」が入ります。

・【空欄ウ】

stack_topは，解の経路を保管するスタックの先頭位置を管理する変数です。空欄ウの段階では，周囲のマスが外壁，障害物，訪問済のマスであり，1マス戻る段階なので，stack_topの位置を－1する必要があります。したがって「stack_top－1」が入ります。

・【空欄エ】

移動先が外壁，障害物，訪問済で移動できない場合は，今いるマスをOKフラグに戻す必要がありますが，ここではその処理を行っています。したがって，今いるマスである「maze[x][y]」が入ります。

解答	イ：paths[sol_num][k] ウ：stack_top－1 エ：maze[x][y]

設問3の解説

□□□

・【空欄オ】

「空欄オ」が0と等しい場合に「迷路の解は見つからなかった」と印字するのですから，空欄オには解の数が入っている変数が入ります。それは「sol_num」です。

解答	オ：sol_num

設問4の解説

□□□

● (1) について

・【空欄カ】

一つ目の解が見つかった後は，図3の4行目にあるif文以降の処理がされ，終点位置にOKフラグを設定し，(5,4) のマスに戻ります。(5,4) では再帰処理の続きが実行され，右，下，左の順番にOKフラグがないかを確認します。ここで，下方向のマス (5,3) が未訪問のマスなので，visit(5,3)が呼ばれます。

● (2) について

・【空欄キ，ク】について

座標 (5,3) を起点にたどると以下の表のようになり，二つ目の解が見つかるまでマスの移動は「22」回起き，座標 (4,2) は3回訪問されます。

移動回数	位置 (x,y)	移動回数	位置 (x,y)
1回目	5,2	12回目	5,3
2回目	5,1	13回目	5,4
3回目	5,2	14回目	4,4
4回目	4,2	15回目	3,4
5回目	3,2	16回目	3,3
6回目	3,1	17回目	3,2
7回目	2,1	18回目	4,2
8回目	3,1	19回目	5,2
9回目	3,2	20回目	5,3
10回目	4,2	21回目	5,4
11回目	5,2	22回目	5,5

解答	(1) カ：5,3 (2) キ：22　　ク：3

問4 **コンテナ型仮想化技術に関する次の記述を読んで，設問に答えよ。**

C社は，レストランの予約サービスを提供する会社である。C社のレストランの予約サービスを提供するWebアプリケーションソフトウェア（以下，Webアプリという）は，20名の開発者が在籍するWebアプリ開発部で開発，保守されている。C社のWebアプリにアクセスするURLは，"https://www.example.jp/" である。

Webアプリには，機能X，機能Y，機能Zの三つの機能があり，そのソースコードやコンパイル済みロードモジュールは，開発期間中に頻繁に更新されるので，バージョン管理システムを利用してバージョン管理している。また，Webアプリは，外部のベンダーが提供するミドルウェアA及びミドルウェアBを利用しており，各ミドルウェアには開発ベンダーから不定期にアップデートパッチ（以下，パッチという）が提供される。パッチが提供された場合，C社ではテスト環境で一定期間テストを行った後，顧客向けにサービスを提供する本番環境のミドルウェアにパッチを適用している。

このため，Webアプリの開発者は，本番環境に適用されるパッチにあわせて，自分の開発用PCの開発環境のミドルウェアにもパッチを適用する必要がある。開発環境へのパッチは，20台の開発用PC全てに適用する必要があり，作業工数が掛かる。

そこで，Webアプリ開発部では，Webアプリの動作に必要なソフトウェアをイメージファイルにまとめて配布することができるコンテナ型仮想化技術を用いて，パッチ適用済みのコンテナイメージを開発者の開発用PCに配布することで，開発環境へのミドルウェアのパッチ適用工数を削減することについて検討を開始した。コンテナ型仮想化技術を用いた開発環境の構築は，Webアプリ開発部のDさんが担当することになった。

〔Webアプリのリリーススケジュール〕

まずDさんは，今後のミドルウェアへのパッチ適用とWebアプリのリリーススケジュールを確認した。今後のリリーススケジュールを図1に示す。

リリース案件		説明	7月	8月	9月	10月	11月	12月
本番環境へのパッチ適用	ミドルウェアA パッチ適用	バージョン10.1.2 パッチの適用			テスト	▲リリース		
	ミドルウェアB パッチ適用	バージョン15.3.4 パッチの適用				テスト	▲リリース	
Webアプリ開発	10月1日リリース向け開発	機能Xの変更	設計	開発	テスト	▲リリース		
	11月1日リリース向け開発	機能Yの変更		設計	開発	テスト	▲リリース	
	12月1日リリース向け開発	機能Zの変更			設計	開発	テスト	▲リリース

図1　今後のリリーススケジュール

C社では，ミドルウェアの公開済みのパッチを計画的に本番環境に適用しており，本番環境のミドルウェアAのパッチ適用が10月中旬に，ミドルウェアBのパッチ適用が11月中旬に計画されている。また，10月，11月，及び12月に向けて三つのWebアプリ開発案件が並行して進められる予定である。開発者は各Webアプリ開発案件のリリーススケジュールを考慮し，リリース時点の本番環境のミドルウェアのバージョンと同一のバージョンのミドルウェアを開発環境にインストールして開発作業を行う必要がある。

なお，二つのミドルウェアでは，パッチ提供の場合にはバージョン番号が0.0.1ずつ上がることがミドルウェアの開発ベンダーから公表されている。また，バージョン番号を飛ばして本番環境のミドルウェアにパッチを適用することはない。

〔コンテナ型仮想化技術の調査〕

次にDさんは，コンテナ型仮想化技術について調査した。コンテナ型仮想化技術は，一つのOS上に独立したアプリケーションの動作環境を構成する技術であり，[　a　]や[　b　]上に仮想マシンを動作させるサーバ型仮想化技術と比較して[　c　]が不要となり，CPUやメモリを効率良く利用できる。C社の開発環境で用いる場合には，Webアプリの開発に必要な指定バージョンのミドルウェアをコンテナイメージにまとめ，それを開発者に配布する。

〔コンテナイメージの作成〕

まずDさんは，基本的なライブラリを含むコンテナイメージをインターネット上の公開リポジトリからダウンロードし，Webアプリの開発に必要な二つのミドルウェアの指定バージョンをコンテナ内にインストールした。次に，コンテナイメージを作成し社内リポジトリへ登録して，C社の開発者がダウンロードできるようにした。

なお，Webアプリのソースコードやロードモジュールは，バージョン管理システムを利用してバージョン管理し，①コンテナイメージにWebアプリのソースコードやロードモジュールは含めないことにした。Dさんが作成したコンテナイメージの一覧を表1に示す。

表1　Dさんが作成したコンテナイメージの一覧

コンテナイメージ名	説明	ミドルウェアA バージョン	ミドルウェアB バージョン
img-dev_oct	10月1日リリース向け開発用	(省略)	(省略)
img-dev_nov	11月1日リリース向け開発用	d	e
img-dev_dec	12月1日リリース向け開発用	10.1.2	15.3.4

〔コンテナイメージの利用〕

Webアプリ開発部のEさんは，機能Xの変更を行うために，Dさんが作成したコンテナイメージ“img-dev_oct”を社内リポジトリからダウンロードし，開発用PCでコンテナを起動させた。Eさんが用いたコンテナの起動コマンドの引数（抜粋）を図2に示す。

```
-p 10443:443 -v /app/FuncX:/app img-dev_oct
```

図2　Eさんが用いたコンテナの起動コマンドの引数（抜粋）

図2中の-pオプションは，ホストOSの10443番ポートをコンテナの443番ポートにバインドするオプションである。なお，コンテナ内では443番ポートでWebアプリへのアクセスを待ち受ける。さらに，-vオプションは，ホストOSのディレクトリ“/app/FuncX”を，コンテナ内の“/app”にマウントするオプションである。

EさんがWebアプリのテストを行う場合，開発用PCのホストOSで実行されるWebブラウザから②テスト用のURLへアクセスすることで“img-dev_oct”内で実行されているWebアプリにアクセスできる。また，コンテナ内に作成されたファイル“/app/test/test.txt”は，ホストOSの[f]として作成される。

12月1日リリース向け開発案件をリリースした後の12月中旬に，10月1日リリース向け開発で変更を加えた機能Xに処理ロジックの誤りが検出された。この誤りを12月中に修正して本番環境へリリースするために，Eさんは③あるコンテナイメージを開発用PC上で起動させて，機能Xの誤りを修正した。

その後，Dさんはコンテナ型仮想化技術を活用した開発環境の構築を完了させ，開発者の開発環境へのパッチ適用作業を軽減した。

設問 1

〔コンテナ型仮想化技術の調査〕について答えよ。

(1) 本文中の[a]～[c]に入れる適切な字句を解答群の中から選び，記号で答えよ。

解答群

ア　アプリケーション　　イ　ゲストOS　　ウ　ハイパーバイザー
エ　ホストOS　　オ　ミドルウェア

(2) 今回の開発で，サーバ型仮想化技術と比較したコンテナ型仮想化技術を用いるメリットとして，最も適切なものを解答群の中から選び，記号で答えよ。

解答群

ア 開発者間で差異のない同一の開発環境を構築できる。
イ 開発用PC内で複数Webアプリ開発案件用の開発環境を実行できる。
ウ 開発用PCのOSバージョンに依存しない開発環境を構築できる。
エ 配布するイメージファイルのサイズを小さくできる。

設問 2

〔コンテナイメージの作成〕について答えよ。
(1) 本文中の下線①について，なぜDさんはソースコードやロードモジュールについてはコンテナイメージに含めずに，バージョン管理システムを利用して管理するのか，20字以内で答えよ。
(2) 表1中の［ d ］，［ e ］に入れる適切なミドルウェアのバージョンを答えよ。

設問 3

〔コンテナイメージの利用〕について答えよ。
(1) 本文中の下線②について，Webブラウザに入力するURLを解答群の中から選び，記号で答えよ。

解答群

ア https://localhost/　　イ https://localhost:10443/
ウ https://www.example.jp/　　エ https://www.example.jp:10443/

(2) 本文中の［ f ］に入れる適切な字句を，パス名/ファイル名の形式で答えよ。
(3) 本文中の下線③について，起動するコンテナイメージ名を表1中の字句を用いて答えよ。

問4のポイント

コンテナ型仮想化技術の導入

レストランの予約サービスを提供している会社における，コンテナ型仮想化技術の導入に関する出題です。仮想化，ゲストOS，ハイパーバイザー，コンテナイメージファイルなどの知識を問われています。コンテナ型仮想化は実務で担当していないと難しいと思うかもしれませんが，問題に書かれていることを丁寧に読むことで対応できると思います。

設問 1 の解説

□□□

仮想化技術

物理サーバのリソースを抽象的に分割してシステムを運用する技術のこと。リソースを仮想的に複数あるものとして分配できるので，効率的な運用が可能である。「ホスト型」「ハイパーバイザー型」「コンテナ型」に大別される。

ホスト型は，物理サーバ上のホストOSから専用の仮想化ソフトウェアを使いゲストOSを起動する。

ハイパーバイザー型は，物理サーバ上に直接設置されたハイパーバイザーからゲストOSを起動する。ホストOSがないため，ホスト型に比べて速度が速いという特徴がある。

コンテナ型は，コンテナという独立空間でアプリケーション環境（本体や設定ファイルなど）を構築・管理する技術を応用した仮想化で，ホストOS上にインストールされた「コンテナエンジン」によって運用・管理される。ゲストOSを必要としない（ホストOS上で直接動作する）ため，サーバーの起動や処理が速いなどの特徴がある。逆に，ホストOSの環境に依存するため，環境構築の自由度は低い。

● (1) について

・【空欄a，b】

仮想化技術を検討する際にコンテナ型と比較されるのは，ホスト型とハイパーバイザー型です。それぞれ「ホストOS」上，「ハイパーバイザー」上で，仮想マシンを動作させます。

・【空欄c】

コンテナ型で不要になるのは「ゲストOS」です。

● (2) について

コンテナ型仮想化ではゲストOSを使わないので，イメージファイルのサイズが従来のサーバ仮想化に比べて小さくなる特徴があります（エ）。

なお，ア，イはコンテナ型仮想化でなくても実現できます。ウは，コンテナ型仮想化ではOSがホストOSに依存するので実現できません。

解答	(1) a：ウ　b：エ　c：イ (2) エ　(a，b順不同)

設問2の解説

□□□

● (1) について

「コンテナイメージにWebアプリのソースコードやロードモジュールを含めない」理由を問われています。問題の冒頭に「ソースコードやコンパイル済みロードモジュールは，開発期間中に頻繁に更新されるので，バージョン管理システムを利用して管理している」とありますが，ソースコードを更新する頻度でコンテナイメージを更新してしまうと，開発現場が混乱してしまいます。ソースコード類は，そのままバージョン管理システムで管理するのが適しています。

● (2) について

・【空欄d】

表1と図1から考えます。img-dev_novは11月1日リリース向け開発用なので，ミドルウェアAのパッチ適用は10月中旬リリースの「10.1.2」です。

・【空欄e】

ミドルウェアBのパッチ適用は，バージョン15.3.4のリリースが，11月中旬で適用できないので，その一つ前のバージョンとなります。問題文に，

・バージョン番号は0.0.1ずつ上がること

・バージョン番号を飛ばして適用することはない

とあるので，答えは「15.3.3」となります。

解答	(1) 開発期間中に頻繁に更新されるため（16文字） (2) d：10.1.2　e：15.3.3

設問3の解説

□□□

● (1) について

ホストOSの10443番ポートをコンテナの443番ポート（https）にバインドしているので，これを考慮して解答群を検討します。下線②はテスト用のURLであることから，localhostを使います。localhostとは「自分の端末」を意味します。この10443番ポートにアクセスすれば，コンテナ内の443ポートからimg-dev_oct内で実行されるWebアプリにアクセスできます。URLで表すと，「https://localhost:10443/」（イ）となります。

● (2) について

・【空欄f】

図2のコマンドによって，ホストOSの「/app/FuncX」ディレクトリを，コンテナ内の「/app」にマウントしています。したがって，コンテナ内の「/app/test/test.txt」は，ホストOS上では「/app/FuncX/test/test.txt」として作成されます。

● (3) について

12月中旬の時点で，10月1日リリースした機能Xに不具合があったのですから，コンテナイメージは最新にして，機能Xを修正する必要があります。12月中旬では，コンテナイメージの最新は「img-dev_dec」なので，これが該当します。

解答	(1) イ (2) f：/app/FuncX/test/test.txt (3) img-dev_dec

問 5 テレワーク環境への移行に関する次の記述を読んで，設問に答えよ。

W社は，東京に本社があり，全国に2か所の営業所をもつ，社員数200名のホームページ制作会社である。W社では本社と各営業所との間をVPNサーバを利用してインターネットVPNで接続している。

本社のDMZでは，プロキシサーバ，VPNサーバ及びWebサーバを，本社の内部ネットワークではファイル共有サーバ及び認証サーバを運用している。

W社では，一部の社員が，社員のテレワーク環境からインターネットを介して本社VPNサーバにリモート接続することで，テレワークとWeb会議を試行している。

W社のネットワーク構成を図1に示す。

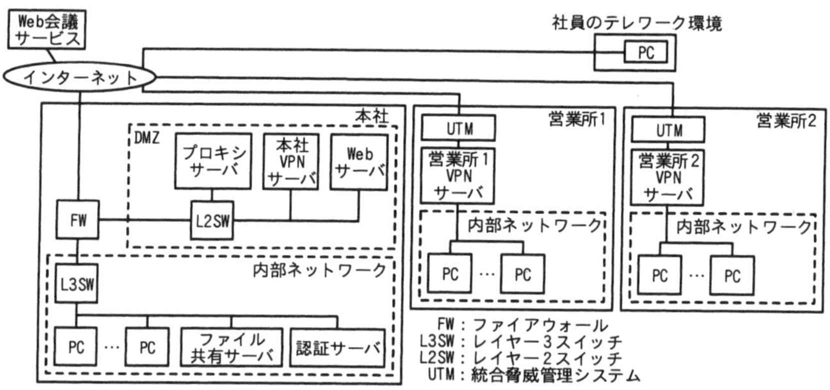

注記　Web会議サービスは今後利用を検討しているSaaSである。

図1　W社のネットワーク構成

〔W社の各サーバの機能〕

W社の各サーバの機能を次に示す。

・本社VPNサーバは，各営業所のVPNサーバとの間でインターネットVPNで拠点間を接続する。また，社員のテレワーク環境にあるPCにリモートアクセス機能を提供する。
・本社，各営業所及び社員のテレワーク環境のPCのWebブラウザからインターネット上のWebサイトへの接続は，本社のプロキシサーバを経由して行われる。プロキシサーバは，インターネット上のWebサイトへのアクセス時のコンテンツフィルタリングやログの取得を行う。
・ファイル共有サーバには，社員ごとや組織ごとに保存領域があり，PCにはファイルを保存しない運用をしている。
・認証サーバでは，社員のID，パスワードなどを管理して，PCやファイル共有サーバへのログイン認証を行っている。

現在利用している本社のインターネット接続回線は，契約帯域が100Mビット／秒（上り／下り）で帯域非保証型である。

〔テレワークの拡大〕

W社では，テレワークを拡大することになり，情報システム部のX部長の指示でYさんがテレワーク環境への移行を担当することになった。

Yさんが移行計画を検討したところ，テレワークに必要なPC（以下，リモートPCという），VPNサーバ及びリモートアクセスに必要なソフトウェアとそのライセンスの入手は即時可能であるが，本社のインターネット接続回線の帯域増強工事は，2か月掛かることが分かった。そこでYさんは，ネットワークの帯域増強工事が完了するまでの間，ネットワークに流れる通信量を監視しながら移行を進めることにした。

〔W社が採用したリモートアクセス方式〕

今回Yさんが採用したリモートアクセス方式は，[a]で暗号化された[b]通信を用いたインターネットVPN接続機能によって，社員がリモートPCのWebブラウザからVPNサーバを経由して本社と各営業所の内部ネットワークのPC（以下，内部PCという）を遠隔操作する方式である。ここで，リモートPCからの内部PCの遠隔操作は，内部PCのOSに標準装備された機能を利用して，ネットワーク経由で内部PCのデスクトップ画面情報をリモートPCが受け取って表示し，リモートPCから内部PCのデスクトップ操作を行うことで実現する。

この方式では，リモートPCから内部PCを直接操作することになるので，従来の社内作業をそのままリモートPCから行うことができる。リモートPCからの遠隔操作で作成した業務データもファイル共有サーバに保存するので，社員が出社した際にも業務データをそのまま利用できる。

なお，本社VPNサーバと各営業所のVPNサーバとの間を接続する通信で用いられている暗号化機能は，[a]とは異なり，ネットワーク層で暗号化する[c]を用いている。

〔リモートアクセスの認証処理〕

Webサーバにリモートアクセス認証で必要なソフトウェアをインストールして，あらかじめ社員ごとに払い出されたリモートアクセス用IDなどを登録しておく。また，①リモートPCにはリモートアクセスに必要な2種類の証明書をダウンロードする。

テレワークの社員がリモートアクセスするときの認証処理は，次の二段階で行われる。

第一段階の認証処理は，本社VPNサーバにリモートPCのWebブラウザからVPN接続をする際の認証である。まず，社員はWebサーバのリモートログイン専用のページにアクセスして，リモートアクセス用のIDを入力することによってVPN接続に必要で一定時間だけ有効な[d]を入手する。このリモートログイン専用のページにアクセスする際には，リモートPC上の証明書が利用される。次にWebブラウザから本社VPNサーバにアクセスして，リモートアクセス用のIDと[d]を入力することによってリモートPC上の証明書と合わせてVPN接続の認証が行われる。

第二段階の認証処理は，通常社内で内部PCにログインする際に利用するIDとパスワードを用いて，[e]で行われる。

〔テレワークで利用するWeb会議サービス〕

テレワークで利用するWeb会議サービスは，インターネット上でSaaSとして提供されているV社のWeb会議サービスを採用することになった。このWeb会議サービスは，内部PCのWebブラウザとSaaS上のWeb会議サービスとを接続して利用する。Web会議サービスでは，同時に複数のPCが参加することができ，ビデオ映像と音声が参加しているPC間で共有される。利用者はマイクとカメラの利用の要否をそれぞれ選択することができる。

〔テレワーク移行中に発生したシステムトラブルの原因と対策〕

テレワークへの移行を進めていたある日，リモートPCから内部PCにリモート接続するPC数が増えたことで，リモートPCでは画面応答やファイル操作などの反応が遅くなったり，Web会議サービスでは画面の映像や音声が中断したりする事象が頻発した。

社員から業務に支障を来すと申告を受けたYさんは，直ちに原因を調査した。

Yさんが原因を調査した結果，次のことが分かった。

(1) 社内ネットワークを流れる通信量を複数箇所で測定したところ，本社のインターネット接続回線の帯域使用率が非常に高い。

(2) 本社のインターネット接続回線を流れる通信量を通信の種類ごとに調べたところ，Web会議サービスの通信量が特に多い。このWeb会議サービスの②通信経路に関する要因のほかに，映像通信が集中して通信量が増大することが要因となったのではないかと考え，利用者1人当たりの10分間の平均転送データ量を実測した。その結果は，映像と音声を用いた通信方式の場合で120Mバイトであった。これを通信帯域に換算すると[f]Mビット／秒となる。

社員200名のうち60%の社員が同時にこのWeb会議サービスの通信方式を利用する場合，使用する通信帯域は[g]Mビット／秒となり，この通信だけで本社のインターネット接続回線の契約帯域を超えてしまう。

Yさんは，本社のインターネット接続回線を流れる通信量を抑える方策として，営業所1と営業所2に設置された③UTMを利用してインターネットの特定サイトへアクセスする設定と営業所PCのWebブラウザに例外設定とを追加した。

Yさんは，今回の原因調査の結果と対策案をX部長に報告しトラブル対策を実施した。その後本社のインターネット接続回線の帯域増強工事が完了し，UTMと営業所PCのWebブラウザの設定を元に戻し，テレワーク環境への移行が完了した。

設問 1

本文中の[a]～[c]に入れる適切な字句を解答群の中から選び，記号で答えよ。

解答群

- ア FTP
- イ HTTPS
- ウ IPSec
- エ Kerberos
- オ LDAP
- カ TLS

設問 2

〔リモートアクセスの認証処理〕について答えよ。

(1) 本文中の下線①について，どのサーバの認証機能を利用するために必要な証明書か。図1中のサーバ名を用いて全て答えよ。

(2) 本文中の[d]に入れる適切な字句を片仮名10字で答えよ。

(3) 本文中の[e]に入れる適切な字句を，図1中のサーバ名を用いて8字以内で答えよ。

設問 3

〔テレワーク移行中に発生したシステムトラブルの原因と対策〕について答えよ。

(1) 本文中の下線②について，要因となるのはどのようなことか。適切な記述を解答群の中から選び，記号で答えよ。

解答群

- ア Web会議サービスの全ての通信が営業所1内のUTMを通る。
- イ Web会議サービスの全ての通信が本社のインターネット接続回線を通る。
- ウ 社員の60%がWeb会議サービスを利用する。
- エ 本社VPNサーバの認証処理を利用しない。
- オ 本社のファイル共有サーバと本社の内部PCとの通信は本社の内部ネットワーク内を通る。

(2) 本文中の[f]，[g]に入れる適切な数値を答えよ。

(3) 本文中の下線③の設定によって，UTMに設定されたアクセスを許可する，FW以外の接続先を図1中の用語を用いて全て答えよ。

問5のポイント テレワーク環境への移行

ホームページ制作会社におけるテレワーク環境への移行に関する問題です。VPN，レイヤー2スイッチ，レイヤー3スイッチ，プロキシサーバの基礎知識や応用知識を問われています。用語を正しく理解していないと解答できないレベルの出題で，難易度は高いといえるでしょう。この機会にしっかり理解してください。

インターネットVPN

インターネット上に存在する離れた二つ以上のネットワーク拠点をVPN（Virtual Private Network：仮想的な専用線）で結ぶための技術である。インターネットという公開ネットワークをインフラとして利用するため，暗号化や認証機能を使って通信を流すことでセキュリティを確保する。

IPSec（Security Architecture for Internet Protocol）

インターネットでの暗号通信を行うために，暗号技術を用いて，IPパケット単位でデータの改ざん防止やデータ秘匿機能を実現するネットワーク層のプロトコル。IPSecを用いると，上位層が暗号化に対応していない場合でも，通信路のセキュリティを確保できる。以下の動作モードがある。

- トランスポートモード
  パケットデータ部のみを暗号化しヘッダは暗号化しないモード
- トンネルモード
  パケットヘッダ部分を含めたパケット全体を「データ」として暗号化し，このデータに新たにIPヘッダを付加する。このモードは，主にVPNで使用されている

UTM（Unified Threat Management）

統合脅威管理システム。システムネットワークに関する複数の異なるセキュリティ対策機能を一つのハードウェアに統合し，集中的にネットワーク管理を行うための装置。不正侵入，攻撃，ワーム，コンピュータウイルスなどの脅威に対抗するため，ファイアウォールの機能に加え，アンチウィルス，アンチスパム，Webフィルタリング等の機能を提供する。

設問1の解説

□□□

・【空欄a，b，c】

問題の文意から，空欄aと空欄cには暗号化方式が入ります。解答群の中でこれに該当するのはIPSecとTLSの2つです。このうち，空欄cは「ネットワーク層で暗号化する」とあるので，IPSec（ウ）が該当します。

よって，空欄aにはTLS（カ）が入ります。また，空欄bはTLSを利用するHTTPS（ウ）になります。

解答	a：カ　　b：イ　　c：ウ

設問2の解説

□□□

● (1) について

リモートアクセスに必要な2種類の証明書とあります。〔リモートアクセスの認証処理〕には「社員はWebサーバのリモートログイン専用のページにアクセスして，～（中略）～リモートPC上の証明書が利用される」との記載があります。これが1つ目の証明書で，「Webサーバ」で利用しています。

2つ目の証明書は，「次にWebブラウザから本社VPNサーバにアクセスして，リモートPC上の証明書と合わせてVPN接続の認証が行われる」と記載されており，「本社VPNサーバ」で利用しています。

● (2) について

・【空欄d】

一定時間だけ有効な認証方法としては，時間制限付きのメール認証やワンタイムURL，ワンタイムパスワードなどさまざまな方法がありますが，問題文に「片仮名10字」と指定されているので，ここは「ワンタイムパスワード」になります。

● (3) について

・【空欄e】

通常社内で内部PCにログインする際に利用するIDとパスワードを管理しているのは，〔W社各サーバの機能〕の説明から「認証サーバ」とわかります。

解答	(1) Webサーバ，本社VPNサーバ (2) d：ワンタイムパスワード (3) e：認証サーバ

設問3の解説

□□□

● (1) について

図1や〔W社の各サーバの機能〕から，W社のネットワーク上のブラウザからの通信は，本社VPNサーバ，Webサーバ，プロキシサーバを経由して行われるため，Web会議サービスの通信の場合も，インターネットとDMZ間の回線がひっ迫します。したがって，イが正解です。

● (2) について

・【空欄f】

利用者一人あたり10分間の平均転送データが，120Mバイトです。これを1秒あたりのビットでのデータ量に変換すると，

120M×8ビット／（10×60秒）
＝1.6Mビット／秒

になります。

・【空欄g】

社員200名のうち60%が利用する場合を考えるので，200×0.6＝120名です。この人数を1.6Mビット／秒に乗じればよいので，

120名×1.6Mビット／秒＝192Mビット／秒

になります。

● (3) について

本社のインターネット接続回線を流れる通信量を抑える方策を考えます。Web会議サービスの通信量が多いことがわかっているので，本社VPNサーバを経由している営業所1と2のWeb会議サービスの通信を，直接通信するように設定するのが妥当です。したがって，本社FW以外に「Web会議サービス」との通信を許可します。

解答	(1) イ (2) f：1.6　　g：192 (3) Web会議サービス

問6 スマートデバイス管理システムのデータベース設計に関する次の記述を読んで，設問に答えよ。

J社は，グループ連結で従業員約3万人を抱える自動車メーカーである。従来は事業継続性・災害時対応施策の一環として，本社の部長職以上にスマートフォン及びタブレットなどのスマートデバイス（以下，情報端末という）を貸与していた。昨今の働き方改革の一環として，従業員全員がいつでもどこでも作業できるようにするために，情報端末の配布対象をグループ企業も含む全従業員に拡大することになった。

現在は情報端末の貸与先が少人数なので，表計算ソフトでスマートデバイス管理台帳（以下，管理台帳という）を作成して貸与状況などを管理している。今後は貸与先が3万人を超えるので，スマートデバイス管理システム（以下，新システムという）を新たに構築することになった。情報システム部門のKさんは，新システムのデータ管理者として，新システム構築プロジェクトに参画した。

〔現在の管理台帳〕

現在の管理台帳の項目を表1に示す。管理台帳は，一つのワークシートで管理されている。

表1 管理台帳の項目

項目名	説明	記入例
情報端末 ID	情報端末ごとに一意に付与される固有の識別子	G6TF809G0D4Q
機種名	情報端末の機種の型名	IP12PM
回線番号	契約に割り当てられた外線電話番号	080-0000-0000
内線電話番号	内線電話を情報端末で発着信できるように回線番号と紐づけられている内線電話の番号	1234-567890
通信事業者名	契約先の通信事業者の名称	L 社
料金プラン名	契約している料金プランの名称	プラン M
暗証番号	契約の変更手続を行う際に必要となる番号	0000
利用者所属部署名	利用者が所属する部署の名称	N 部
利用者氏名	利用者の氏名	試験 太郎
利用者メールアドレス	利用者への業務連絡が可能なメールアドレス	shiken.taro@example.co.jp
利用開始日	J 社の情報端末の運用管理担当者（以下，運用管理担当者という）から利用者に対して情報端末を払い出した日	2020-09-10

表1 管理台帳の項目（続き）

項目名	説明	記入例
利用終了日	利用者から運用管理担当者に対して情報端末を返却した日	2022-09-10
交換予定日	J 社では情報セキュリティ対策の観点から同一の回線番号のままで 2 年ごとに旧情報端末から新情報端末への交換を行っており，新情報端末に交換する予定の日	2022-09-10
廃棄日	情報端末を廃棄事業者に引き渡した日	2022-10-20

〔現在の管理方法における課題と新システムに対する要件〕

Kさんは，新システムの設計に際して，まず，現在の情報端末の運用について，運用管理担当者に対して課題と新システムに対する要件をヒアリングした。ヒアリング結果を表2に示す。

表2 ヒアリング結果

項番	課題	要件
1	利用者が情報端末ごとに通信事業者や料金プランを選択できるので，結果として高い料金プランを契約して利用しているケースがある。	通信事業者を原則として L 社に統一し，かつ，より低価格の料金プランで契約できるようにする。
2	情報端末に関する費用は本社の総務部で一括して負担しており，利用者のコスト意識が低く，利用状況次第で高額な請求が発生するケースがある。	従業員の異動情報に基づいて請求を年月ごと，部署ごとに管理できるようにする。
3	情報端末に対しては利用可能な機能やアプリケーションプログラム（以下，アプリという）に制限を設けており，利用者から機能制限解除の依頼やアプリ追加の依頼があっても，管理が煩雑となるので認められない状況である。	業務上必要な機能やアプリについては，利用者に使用目的を確認し，従業員と情報端末の組合せごとに個別に許可できる仕組みにする。
4	契約ごとに異なる暗証番号を設定することで利用者による不正な契約変更の防止を図っているが，運用管理担当者は全ての契約の暗証番号を自由に参照できてしまうので，運用管理担当者による不正な契約変更が発生するリスクが残っている。	暗証番号は運用管理担当者の上長（以下，上長という）しか参照できないようにアクセスを制御する。運用管理担当者は契約変更が必要な都度，上長に申請し，上長が契約変更を行う仕組みにする。

〔新システムのE-R図〕

Kさんは，表1の管理台帳の項目と表2のヒアリング結果を基に，新システムのE-R図を作成した。E-R図（抜粋）を図1に示す。なお，J社内の部署の階層構造は，自己参照の関連を用いて表現する。

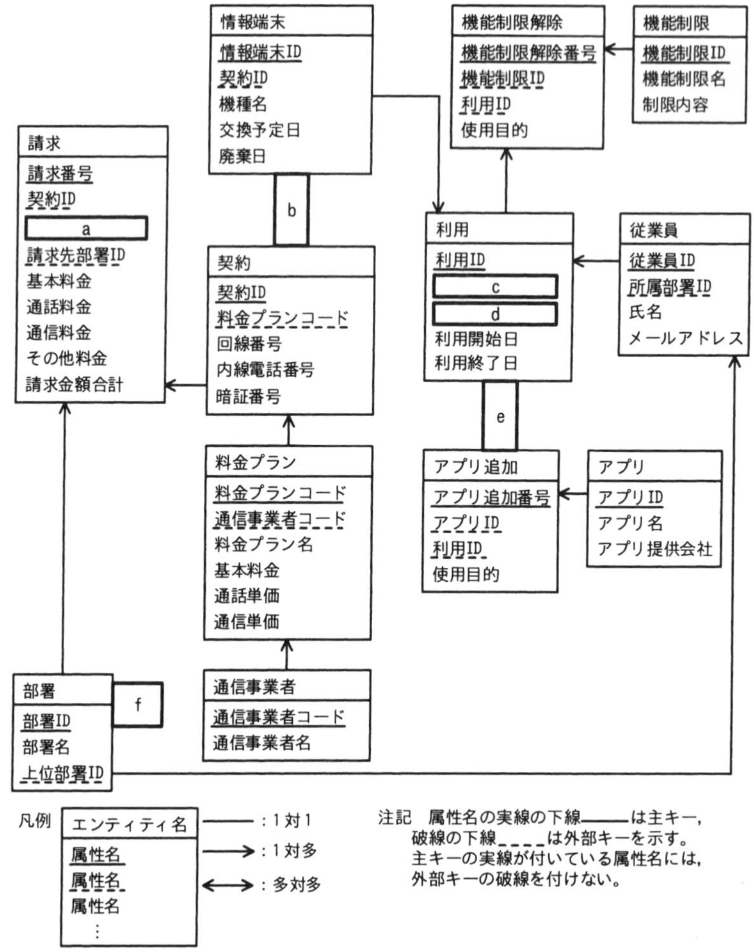

図1　新システムのE-R図（抜粋）

〔表定義〕

このデータベースでは，E-R図のエンティティ名を表名にし，属性名を列名にして，適切なデータ型で表定義した関係データベースによって，データを管理する。Kさんは，図1のE-R図を実装するために，詳細設計として表定義の内容を検討した。契約表の表定義を表3に，料金プラン表の表定義を表4に示す。

表3及び表4のデータ型欄には，適切なデータ型，適切な長さ，精度，位取りを記入する。PK欄は主キー制約，UK欄はUNIQUE制約，非NULL欄は非NULL制約の指定をするかどうかを記入する。指定する場合にはYを，指定しない場合にはNを記入する。ただし，主キーに対してはUNIQUE制約を指定せず，非NULL制約は指定するものとする。

表3　契約表の表定義

項番	列名	データ型	PK	UK	非NULL	初期値	アクセス制御	その他の指定内容
1	契約ID	CHAR(8)	[g]	[h]	[i]		上長（ユーザーアカウント名：ADMIN）による参照が必要	（省略）
2	料金プランコード	CHAR(8)	N	N	Y			料金プラン表への外部キー
3	回線番号	CHAR(13)	N	N	Y			（省略）
4	内線電話番号	CHAR(11)	N	N	N	NULL		（省略）
5	暗証番号	CHAR(4)	N	N	Y		上長（ユーザーアカウント名：ADMIN）による参照が必要	（省略）

表4　料金プラン表の表定義

項番	列名	データ型	PK	UK	非NULL	初期値	アクセス制御	その他の指定内容
1	料金プランコード	CHAR(8)	[g]	[h]	[i]			（省略）
2	通信事業者コード	CHAR(4)	N	N	Y	1234		通信事業者表への外部キー。行挿入時に，初期値としてL社の通信事業者コード'1234'を設定する。
3	料金プラン名	VARCHAR(30)	N	N	Y			（省略）
4	基本料金	DECIMAL(5,0)	N	N	Y			（省略）
5	通話単価	DECIMAL(5,2)	N	N	Y			（省略）
6	通信単価	DECIMAL(5,4)	N	N	Y			（省略）

〔表の作成とアクセス制御〕

Kさんは，実装に必要な各種SQL文を表定義に基づいて作成した。表3のアクセス制御を設定するためのSQL文を図2に，表4の料金プラン表を作成するためのSQL文を図3に示す。なお，運用管理担当者のユーザーアカウントに対しては適切なアクセス制御が設定されているものとする。

```
GRANT [    j    ] ON 契約 TO ADMIN
```

図2　表3のアクセス制御を設定するためのSQL文

```
CREATE TABLE 料金プラン
(料金プランコード CHAR(8) NOT NULL,
 通信事業者コード [          k          ] ,
 料金プラン名 VARCHAR(30) NOT NULL,
 基本料金 DECIMAL(5,0) NOT NULL,
 通話単価 DECIMAL(5,2) NOT NULL,
 通信単価 DECIMAL(5,4) NOT NULL,
 [  l  ] (料金プランコード),
 [  m  ] (通信事業者コード) REFERENCES 通信事業者(通信事業者コード))
```

図3　表4の料金プラン表を作成するためのSQL文

設問 1

図1中の[a]～[f]に入れる適切なエンティティ間の関連及び属性名を答え，E-R図を完成させよ。なお，エンティティ間の関連及び属性名の表記は，図1の凡例に倣うこと。

設問 2

表3，表4中の[g]～[i]に入れる適切な字句の組合せを解答群の中から選び，記号で答えよ。

解答群

記号	g	h	i
ア	N	N	N
イ	N	N	Y
ウ	N	Y	N
エ	N	Y	Y
オ	Y	N	Y
カ	Y	Y	Y

設問 3

図2，図3中の[j]～[m]に入れる適切な字句又は式を答えよ。

問6のポイント　スマートデバイス管理システムのDB設計

自動車メーカーにおけるスマートデバイス管理用のデータベース設計に関する問題です。E-R図，エンティティ，テーブル定義用SQL構文の知識や主キー，外部キー，制約などの知識が要求されています。応用情報技術者試験ではデータベース関係の問題は何回も出題されているので，特にE-R図，SQL構文は，よく理解しておく必要があります。

設問1の解説

□□□

・【空欄a】

ここには，請求の属性が入ります。表2のヒアリング結果の項番2に「～請求を年月ごと，部署ごとに管理できるようにする」と記載されています。請求先部署IDは既に記載されているので，ここには「年月」が入ります。「請求年月」としてもよいでしょう。

・【空欄b】

情報端末と契約の関係を問われています。情報端末は2年に1回交換されます。したがって，契約「1」に対して情報端末が「多」の関係なので，「↑」になります。

・【空欄c，d】

利用の項目を問われています。利用は従業員と情報端末とを紐付けるので，「情報端末ID」と「従業員ID」が必要です。それぞれ，情報端末エンティティ及び従業員エンティティの主キーを参照する外部キーになります。

・【空欄e】

利用とアプリ追加の関係を問われています。表2の項番3に情報端末には利用者ごとに，複数のアプリが追加できる旨が記載されています。したがって，利用「1」に対してアプリ追加が「多」

なので，「↓」が入ります。

・【空欄f】

部署は部署IDを主キーとして，外部キーに上位部署IDをもっています（システム企画室の上位組織は情報システム部など）。このことから，部署は自分自身を参照する自己参照関係となり，E-R図でも自分自身を指すように表現します。

↲

解答	
	a：年月　　b：↑ c：情報端末ID　　d：従業員ID （cdは順不同） e：↓　　f：↲

設問2の解説

□□□

制約

データベースの整合性を維持するために用いられる機能を制約と呼ぶ。必ず有効値である非ナル制約，指定した項目の重複を許さないUNIQUE制約（一意性制約），参照関係がある（複数）テーブル間において相互整合性を維持するためデータの入力や削除を制限する参照制約などがある。

・【空欄g，h，i】

契約表の契約，料金プランコード表の料金プランコードは，図1より主キーであることがわかります。したがって，主キー制約（空欄g）は「Y」です。また，〔表定義〕に「主キーに対してはUNIQUE制約を指定せず，非NULL制約は指定するものとする」とあるので，空欄hは「N」，空欄iは「Y」になります。したがって，YNYの**オ**となります。

解答	**オ**

設問3の解説

□□□

GRANT

GRANTは，指定したユーザーグループ，指定した表に参照（SELECT），挿入（INSERT），更新（UPDATE），削除（DELETE）の権限を設定する。

・例①：特定ユーザー（aUSER）に商品表（SHOHIN）を参照する権限（SELECT（項目名））を与える場合

GRANT SELECT (項目名) ON SHOHIN TO aUSER

・例②：全ユーザーに対して，商品表（SHOHIN）にアクセスするすべての権限を与える場合

GRANT ALL ON SHOHIN TO PUBLIC

・【空欄j】

表3の項番1と5に「上長（ADMIN）による参照が必要」とあるので，ADMINに契約表の契約IDと暗証番号を参照する権限を与えるGRANT文を記述する必要があります（囲み内の例①を参照）。GRANT文全体では，

GRANT SELECT (契約ID ,暗唱番号) ON 契約 TO ADMIN

のように記述すればよいでしょう。よって，空欄jには「SELECT (契約ID ,暗唱番号)」が入ります。

・【空欄k】

表4より，通信事業者コードは，データ型が「CHAR(4)」，非NULL制約指定（NOT NULL），初期値（DEFAULT）が1234です。これをSQL文で記述すると，以下のようになります。

CHAR(4) NOT NULL DEFAULT '1234'

・【空欄l】

料金プランコードは主キーなので，主キーの指定には「PRIMARY KEY」を使います。

・【空欄m】

通信事業者コードは外部キーなので，「FOREIGN KEY」を使います。

解答	
	j：SELECT (契約ID, 暗唱番号) k：CHAR(4) NOT NULL DEFAULT '1234' l：PRIMARY KEY m：FOREIGN KEY

問7 傘シェアリングシステムに関する次の記述を読んで，設問に答えよ。

I社は，鉄道駅，商業施設，公共施設などに無人の傘貸出機を設置し，利用者に傘を貸し出す，傘シェアリングシステム（以下，本システムという）を開発している。

本システムの構成を図1に，傘貸出機の外観を図2に示す。

図1　本システムの構成

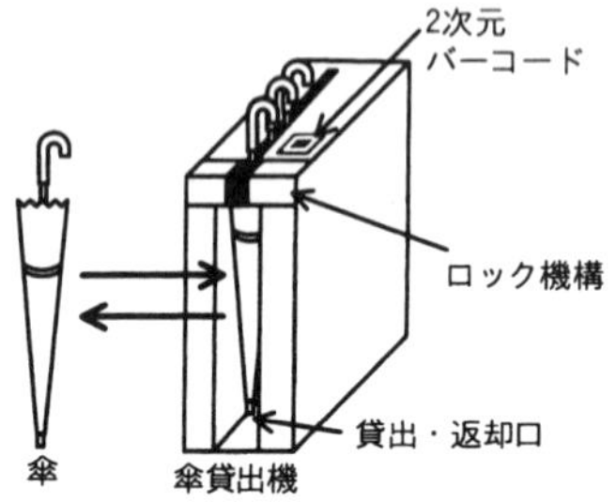

図2　傘貸出機の外観

傘貸出機は，スマートフォンで動作する専用のアプリケーションプログラム（以下，アプリという）と組み合わせて傘の貸出し又は返却を行う。利用者がアプリを使って，利用する傘貸出機に貼り付けてある2次元バーコードの情報を読み，傘貸出機を特定する。アプリは，管理サーバへ傘の貸出要求又は返却要求を送る。管理サーバは，アプリからの要求に従って指定の傘貸出機へ指示を送り，貸出し又は返却が実施される。傘貸出機の構成を図3に示す。

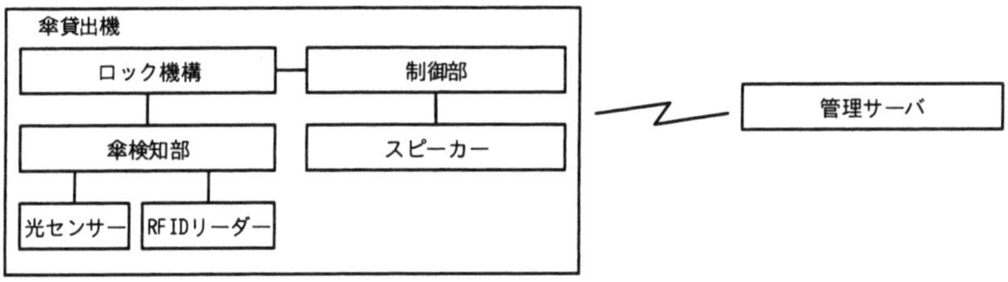

図3　傘貸出機の構成

〔傘貸出機の処理〕

・貸出・返却口に内蔵されているロック機構は，制御部からの指示で貸出・返却口のロックを制御する。ロック機構は，1度の操作で傘貸出機から1本の傘の貸出し，又は，1本の傘の返却ができる。ロックが解除されると，制御部はスピーカーから音声を出力して，ロックが解除されたことを利用者に知らせる。また，ロック機構は，貸出時と返却時とでロックの解除方法が異なっており，貸出時のロックの解除では，傘の貸出しだけが可能となり，返却時のロックの解除では，傘の返却だけが可能となる。

・ロック機構の傘検知部は，傘検知部を通過する傘を検知する光センサー（以下，センサーという）及び傘に付与される識別情報を記録したRFIDタグを読み取るRFIDリーダーで構成される。<u>①制御部は，傘検知部のセンサー出力の変化を検出すると10ミリ秒周期で出力を読み出し，5回連続で同じ値が読み出されたときに，確定と判断し，その値を確定値とする。</u>傘の特定には，RFIDリーダーで読み出した情報（以下，RFIDタグの情報という）が使用される。傘貸出機が貸出し，返却を行うためのロックを解除した後10秒経過しても傘の貸出し，返却が行われなかった場合は，異常と判断し，ロックを掛ける。異常の際は，制御部がスピーカーから音声を出力して，異常が発生したことを利用者に知らせる。

・傘貸出機内の傘の本数は，制御部で管理する。本システムの管理者は，初回の傘設置の際，管理サーバ経由で傘の本数の初期値を傘貸出機に登録する。
・傘貸出機は，利用者への傘の貸出し又は返却が終了すると，自機が保有する傘の本数及び傘を識別するRFIDタグの情報（以下，これらを管理情報という）を更新し，管理サーバに送信する。傘貸出機は，全ての管理情報を管理サーバから受信し記憶する。

〔制御部のソフトウェア構成〕
制御部のソフトウェアには，リアルタイムOSを使用する。制御部の主なタスクの一覧を表1に示す。

表1　制御部の主なタスクの一覧

タスク名	処理概要
メイン	・管理サーバから指示を受信すると，貸出タスク又は返却タスクへ送信する。 ・“RFID 情報”を受けると，RFID タグの情報を確認し，“正常”又は“異常”を必要とする送信元タスクへ送信する。 ・“ロック解除完了”を受けると，傘の貸出し又は返却が可能なことを知らせる音声をスピーカーから出力する。 ・“完了”を受けると，管理情報を更新し，管理サーバへ管理情報を送信する。 ・“異常終了”を受けると，異常を知らせる音声をスピーカーから出力し，管理サーバに異常終了を送信する。
貸出	・要求を受けると，センサーで傘を検知し，RFID リーダーで RFID タグの情報を読み出し，“RFID 情報”をメインタスクに送信してから，傘貸出機のロックを解除し，“ロック解除完了”をメインタスクに送信する。 ・傘が取り出されたことをセンサーで検知すると，傘貸出機のロックを掛け，メインタスクへ“完了”を送信する。 ・ロックを解除した後，10 秒経過しても傘が取り出されなかった場合は，傘貸出機のロックを掛け，メインタスクへ“異常終了”を送信する。
返却	・要求を受けると，センサーで傘を検知し，RFID リーダーで RFID タグの情報を読み出し，“RFID 情報”をメインタスクに送信する。送信後“正常”を受けると，傘貸出機のロックを解除し，“ロック解除完了”をメインタスクに送信する。 ・傘が傘貸出機へ返却されたことをセンサーで検知すると，傘貸出機のロックを掛け，メインタスクへ“完了”を送信する。 ・“異常”を受けると，傘貸出機のロックを掛け，メインタスクへ“異常終了”を送信する。 ・ロックを解除した後，10 秒経過しても傘が返却されなかった場合は，傘貸出機のロックを掛け，メインタスクへ“異常終了”を送信する。

設問 1

傘貸出機の処理について答えよ。
(1) 本文中の下線①について答えよ。
(a) 制御部が確定値を算出するのに，複数回センサー出力を読出しする理由を20字以内で答えよ。
(b) 制御部がセンサー出力の変化を検出してからセンサー出力の確定ができるまで最小で何ミリ秒か。答えは小数点以下を切り捨てて，整数で答えよ。
(2) ロックを解除した後の異常を10kHzのカウントダウンタイマーを使用して，タイマーの値が0になったときに異常と判断する。タイマーに設定する値を10進数で求めよ。ここで，$1k=10^3$とする。

設問 2

制御部の主なタスクについて答えよ。
(1) 貸出タスクがロックを解除した後，利用者が傘を取り出さなかった場合の処理について，次の文章中の[a]，[b]に入れる適切な字句を表1中の字句を用いて答えよ。

貸出タスクがロックを解除したにもかかわらず，利用者が傘を取り出さなかった場合は，貸出タスクが異常と判断し，[a]タスクに送信する。"異常終了"を受けた[a]タスクは，[b]に異常終了を送信する。

(2) 返却時のタスクの処理について記述した次の文章中の[c]，[d]に入れる適切な字句を解答群の中から選び，記号で答えよ。

メインタスクは，不正な傘を返却させないように，返却タスクが傘から読み出した[c]に対し，[d]と異なっていないか確認し，異なっていなければ，返却タスクに"正常"を送信する。返却タスクはメインタスクから"正常"を受けるまで，ロックを解除しない。

解答群

ア RFIDタグの情報	イ RFIDリーダー
ウ 傘の本数	エ 貸出中の傘
オ センサー出力	カ 不正な傘
キ 返却タスク	ク メインタスク

設問 3

制御部のタスクの処理について答えよ。

(1) 次の文章中の[e]～[h]入れる適切な字句を答えよ。

傘の貸出しを行う場合，メインタスクから要求を受けた貸出タスクは，傘検知部のセンサーを起動し，傘を検知する。傘が検知されたらRFIDリーダーでRFIDタグの情報を読み出し，"RFID情報"をメインタスクに送信する。"RFID情報"を送信後，傘貸出機のロックを解除し，"[e]"をメインタスクに送信する。傘が傘貸出機から取り出されたことを[f]すると，傘貸出機の[g]，メインタスクへ"[h]"を送信する。

(2) "完了"を受けた場合のメインタスクの処理を25字以内で答えよ。

問7のポイント 傘シェアリングシステムの開発

鉄道駅，商業施設，公共施設などに設置される無人の傘貸出機の設計に関する出題です。センサーやデータ転送に関する応用能力を問われています。傘シェアリングシステムの設計という内容は慣れていないかもしれませんが，出題内容はわかりやすく常識的なものといえます。しっかり問題文を読んで，考えるようにしてください。

設問1の解説

□□□

● (1) について

・(a)

制御部が確定値を算出するのに複数回センサー出力を読み出しする理由を問われています。傘検知部では，傘は動きながら（変化しながら）センサーで捕捉されることから，周囲のさまざまなノイズも一緒に検知してしまい，誤動作につながる恐れがあります。そこで，複数回センサー出力を読み出し，同じ出力結果になったときに傘の状態を確定することで，極力誤検知を防いでいます。

・(b)

傘検知部のセンサーの変化を検知すると10ミリ秒周期で出力を読み出し，5回連続で同じ値が読み出されたときに確定します。したがって，最小となるのは最初から5回連続で同じ値が読み出せたときです。

開始：読み出し（1回目） →10ミリ秒後：読み出し（2回目） →20ミリ秒後：読み出し（3回目） →30ミリ秒後：読み出し（4回目） →40ミリ秒後：読み出し（5回目・確定）

よって，最小で40ミリ秒となります。

● (2) について

10kHzのカウントダウンタイマーとは，1秒間に10k（10,000）回のカウントができるものです。これを使って10秒をカウントするので，設定する数字は，

10k×10＝100k＝100,000

になります。

解答	(1) (a)：傘の通過に関して誤検知を起こすため（17文字） (b)：40　ミリ秒 (2) 100,000

設問2の解説

□□□

● (1) について

・【空欄a，b】

表1の「貸出」タスクを確認すると，「ロックを解除した後，10秒経過しても傘が取り出されなかった場合は，傘貸出機のロックを掛け，メインタスクへ“異常終了”を送信する」とあるので，異常終了を送信する相手は「メイン」タスク（空欄a）です。

また，表1の「メイン」タスクを確認すると，異常終了を受けた場合は「管理サーバに異常終了を送信する」とあるので，空欄bは「管理サーバ」です。

● (2) について

・【空欄c】

表1の「返却」タスクには，「センサーで傘を検知し，RFIDリーダーでRFIDタグの情報を読み出し〜」とあるので，返却タスクで傘から読み出すのは「RFIDタグの情報」（ア）です。

・【空欄d】

返却タスクは“正常”を受けるとロックを解除することから，メインタスクは自機が貸し出した傘のRFIDタグの情報と一致している場合に“正常”を送信することがわかります。解答群では「貸出中の傘」（エ）が適切です。

解答	(1) a：メイン　　b：管理サーバ (2) c：ア　　d：エ

設問3の解説

□□□

● (1) について

・【空欄e〜h】

表1の「貸出」タスクの処理概要を言いなおしているだけです。空欄eは「ロック解除完了」，空欄fは「センサーで検知」，空欄gは「ロックを掛け」，空欄hは「完了」になります。

● (2) について

表1の「メイン」タスクに，「“完了”を受けると，管理情報を更新し，管理サーバへ管理情報を送信する」とあります。これを25字以内で解答すればよいでしょう。

解答	(1) e：ロック解除完了 f：センサーで検知 g：ロックを掛け　　h：完了 (2) 管理情報を更新し，管理サーバへ管理情報を送信する（24文字）

問 8

設計レビューに関する次の記述を読んで，設問に答えよ。

A社は，中堅のSI企業である。A社は，先頃，取引先のH社の情報共有システムの刷新を請け負うことになった。A社は，H社の情報共有システムの刷新プロジェクトを立ち上げ，B氏がプロジェクトマネージャとしてシステム開発を取り仕切ることになった。H社の情報共有システムは，開発予定規模が同程度の四つのサブシステムから成る。

A社では，プロジェクトの開発メンバーをグループに分けて管理することにしている。B氏は，それにのっとり，開発メンバーを，サブシステムごとにCグループ，Dグループ，Eグループ，Fグループに振り分け，グループごとに十分な経験があるメンバーをリーダーに選定した。

〔A社の品質管理方針〕

設計上の欠陥がテスト工程で見つかった場合，修正工数が膨大になるので，A社では，設計上の欠陥を早期に検出できる設計レビューを重視している。また，レビューで見つかった欠陥の修正において，新たな欠陥である二次欠陥が生じないように確認することを徹底している。

〔A社のレビュー形態〕

A社の設計工程でのレビュー形態を表1に示す。

表1　設計工程でのレビュー形態

実施時期	レビュー実施方法
設計途中（グループのリーダーが進捗状況を考慮して決定）	グループのメンバーがレビュアとなる。 <u>①設計者が設計書（作成途中の物も含む）を複数のレビュアに配布又は回覧して，レビュアが欠陥を指摘する</u>。誤字，脱字，表記ルール違反は，この段階でできるだけ排除する。誤字，脱字，表記ルール違反のチェックには，修正箇所の候補を抽出するツールを利用する。
外部設計，内部設計が完了した時点	グループ単位でレビュー会議を実施する。必要に応じて別グループのリーダーの参加を求める。レビュー会議の目的は，設計上の欠陥（矛盾，不足，重複など）を検出することである。検出した欠陥の対策は，欠陥の検出とは別のタイミングで議論する。設計途中のレビューで対応が漏れた誤字，脱字，表記ルール違反もレビュー会議で検出する。<u>②レビュー会議の主催者（以下，モデレーターという）が全体のコーディネートを行う。参加者が明確な役割を受けもち，チェックリストなどに基づいた指摘を行い，正式な記録を残す</u>。レビュー会議の結果は，次の工程に進む判断基準の一つになっている。

外部設計や内部設計が完了した時点で行うレビュー会議の手順を表2に示す。

表2　レビュー会議の手順

項番	項目	内容
1	必要な文書の準備	設計者が設計書を作成してモデレーターに送付する。 モデレーターがチェックリストなどを準備する。
2	キックオフミーティング	モデレーターは，設計書，チェックリストを配布し，参加者がレビューの目的を達成できるように，設計内容の背景，前提，重要機能などを説明する。 モデレーターは，集合ミーティングにおける設計書の評価について，次の基準に基づいて定性的に判断することを説明する。 “合格”…………軽微な修正が必要かもしれないが，フォローアップミーティングは不要である。 “条件付合格”…小規模な修正が必要で，フォローアップミーティングで修正を検証する。 “やり直し”……大規模な修正が必要，又は，欠陥や課題の検出が十分でないのでレビュー会議をやり直す。 評価を導く意思決定のルール（モデレーターによる決定，多数決，全員一致）についても，参加者全員の合意を得る。 モデレーターは，集合ミーティングにおける読み手，記録係，レビュアを指名する。

3	参加者の事前レビュー	集合ミーティングまでに，レビュアが各自でチェックリストに従って設計書のレビューを行い，欠陥を洗い出す。
4	集合ミーティング	読み手がレビュー対象の設計書を参加者に説明して，レビュアから指摘された欠陥を記録係が記録する。 ［ a ］は，集合ミーティングの終了時に，意思決定のルールに従い“合格”，“条件付合格”，“やり直し”の評価を導く。
5	発見された欠陥の解決	集合ミーティングで発見された欠陥を設計者が解決する。
6	フォローアップミーティング	評価が“条件付合格”の場合に，モデレーターと設計者を含めたメンバーとで実施する。 欠陥が全て解決されたことを確認する。 設計書の修正が［ b ］を生じさせることなく正しく行われたことを確認する。

〔モデレーターの選定〕

B氏は，グループのリーダーにモデレーターの経験を積ませたいと考えた。しかし，グループのリーダーは自グループの開発内容に精通しているので，自グループのレビュー会議にはモデレーターではなく，レビュアとして参加させることにした。

また，B氏自身は開発メンバーの査定に関わっており，参加者が欠陥の指摘をためらうおそれがあると考え，レビュー会議には参加しないことにした。

B氏は，これらの考え方に基づいて，各グループのレビュー会議の③モデレーターを選定した。

〔レビュー会議におけるレビュー結果の評価〕

A社の品質管理のための基本測定量（抜粋）を表3に示す。

表3　基本測定量（抜粋）

対象工程	基本測定量		単位	補足
設計工程	設計書の規模		ページ	
	レビュー工数		人時	表2のレビュー会議の手順の項番3と項番4に要した工数の合計を測定する。 工数を標準化するために，育成目的などで標準的なスキルをもたないレビュアを参加させる場合は，その工数は含めない。
	レビュー指摘件数	第1群	件	誤字，脱字，表記ルール違反の件数を測定する。
		第2群	件	誤字，脱字，表記ルール違反以外の，設計上の欠陥の件数を測定する。

レビュー会議における設計書のレビュー結果を，基本測定量から導出される指標を用いて分析する。設計書のレビュー結果の指標を表4に示す。

表4　設計書のレビュー結果の指標

指標	説明
レビュー工数密度	1ページ当たりのレビュー工数
レビュー指摘密度（第1群）	1ページ当たりの第1群のレビュー指摘件数
レビュー指摘密度（第2群）	1ページ当たりの第2群のレビュー指摘件数

レビュー工数密度には，下方管理限界（以下，LCLという）と上方管理限界（以下，UCLという）を適用する。

④レビュー指摘密度（第1群）にはUCLだけ適用する。レビュー指摘密度（第2群）には，LCLとUCLを適用する。レビュー指摘密度（第1群）が高い場合，設計途中に実施したグループのメンバーによるレビューが十分に行われていないことが多く，レビュー指摘密度（第2群）も高くなる

傾向にある。

H社の情報共有システムの内部設計が完了して，内部設計書のレビュー会議の集合ミーティングの結果は，全てのグループについて“条件付合格”であった。指標の集計が完了して，フォローアップミーティングも終了した段階で，B氏は，次の開発工程に進むかどうかを判断するために，内部設計書のレビュー結果の詳細，及び指標を確認した。

開発グループごとに，レビュー工数密度を横軸に，レビュー指摘密度を縦軸にとった，レビューのゾーン分析のグラフを図1に示す。

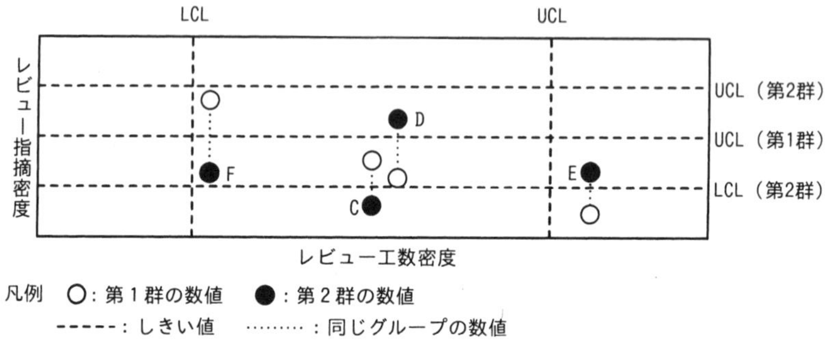

図1　レビューのゾーン分析

B氏が，各グループのモデレーターにレビュー会議の状況について確認した結果と，B氏の対応を表5に示す。

表5　レビュー会議の状況についての確認結果と対応

グループ	確認結果	対応
C	特に課題なし。	c
D	計画した時間内にチェックリストの項目を全て確認した。	しきい値内であり，問題なしと判断した。
E	集合ミーティングの時間中に，一部の欠陥の修正方法，修正内容の議論が始まってしまい，会議の予定時間を大きくオーバーした。 レビュー予定箇所を全てチェックしたものの，集合ミーティングの後半部分で取り上げた設計書のレビューがかなり駆け足になった。	レビュー会議の進め方についてレビュー効率向上の観点から⑤改善指針を示した上で，レビュー会議のやり直しをモデレーターに指示した。
F	指摘件数が多かったので，欠陥の抽出は十分と考えて，集合ミーティングの終了予定時刻より前に終了させた。	レビューが不十分なおそれが大きく，追加のレビューを実施するようにモデレーターに指示した。

B氏は，表5の対応後に，対応状況を確認して，次の工程に進めると判断した。

設問 1

〔A社のレビュー形態〕について答えよ。

(1) 表1中の下線①及び下線②で採用されているレビュー技法の種類をそれぞれ解答群の中から選び，記号で答えよ。

解答群

ア　インスペクション　　イ　ウォークスルー
ウ　パスアラウンド　　エ　ラウンドロビン

(2) 表2中の[a]に入れる適切な役割を本文中の字句を用いて答えよ。
(3) 表2中の[b]に入れる適切な字句を本文中の字句を用いて答えよ。

設問 2

本文中の下線③において，モデレーターに選定した人物を，本文中又は表中に登場する人物の中から20字以内で答えよ。

設問 3

〔レビュー会議におけるレビュー結果の評価〕について答えよ。
(1) 本文中の下線④でLCLを不要とした理由を20字以内で答えよ。
(2) 表5中の[c]に入れる最も適切な対応を解答群の中から選び，記号で答えよ。

解答群

ア　しきい値内であり，問題なしと判断した。
イ　設計不良なので，再レビューをモデレーターに指示した。
ウ　レビューが不十分なおそれが大きく，追加のレビューを実施するようにモデレーターに指示した。
エ　レビュー指摘密度（第2群）がUCL（第2群）より十分に小さいので，設計上の欠陥はないと判断した。
オ　レビューの進め方，体制に問題がないか点検するようにモデレーターに指示した。

(3) 表5中の下線⑤の改善指針を，25字以内で答えよ。

問8のポイント　設計レビューの実施

SI（システムインテグレーション）企業におけるソフトウェア開発の品質管理に資するレビューの問題です。ラウンドロビン，ウォークスルー，パスアラウンド，インスペクションなどのレビュー技法や管理図の知識が要求されています。問題を読めば解答につながるヒントがわかるので，落ち着いて対応してください。

設問1の解説

□□□

●（1）について

解答群の字句の意味は次のとおりです。

インスペクション	責任者（モデレーター）を中心にミーティングを実施し，仕様書やソースコードなどの成果物を確認して不具合の有無を検証するレビュー技法。ウォークスルー同様，プログラムを実際に動かすのではなく，人間の目で検証していく。検証結果や見つかった欠陥についてはログをとり，追跡調査を行う。
ウォークスルー	レビュー対象物の作成者が説明者になり，プログラムの実行を疑似的に机上でシミュレーションしながら行うレビュー技法。
パスアラウンド	成果物を確認者（レビュア）に個別に送付して確認してもらうレビュー技法。確認者を集めて行う技法に比べて負担が少ないため，より多くの確認者にチェックしてもらいやすい。ただし，集まらない方式のため，議論して内容を深めることは難しいという一面もある。
ラウンドロビン	参加者全員が持ち回りで責任者を務めながら行うレビュー技法。参加者全員の参画意欲が高まるなどの効果がある。

下線①は「設計者が設計書を複数のレビュアに配布または回覧して～」と書かれています。これに該当するレビュー技法は「パスアラウンド」（ウ）です。

下線②には「モデレーターが全体のコーディネー

トを行う」という記述があります。モデレーターを立てるレビュー技法は「インスペクション」(ア) です。

● (2) について

・【空欄a】

ミーティングの終了時に評価を導くのは誰かが問われています。

表2の項番2には，モデレーターが，設計書の評価について“合格”“条件付合格”“やり直し”を定性的に判断することが記されています。したがって，空欄aは「モデレーター」です。

● (3) について

・【空欄b】

設計書を修正した結果，空欄bを生じさせないことを考えます。問題文を確認すると，〔A社の品質管理方針〕に，「レビューで見つかった欠陥の修正において，新たな欠陥である二次欠陥が生じないように確認することを徹底している」と記載されているので，これが該当します。よって，空欄bは「二次欠陥」が入ります。

解答	(1) ①：ウ　②：ア (2) a：モデレーター (3) b：二次欠陥

設問2の解説

□□□

〔モデレーターの選定〕には，「B氏は，グループのリーダーにモデレーターの経験を積ませたいと考えた」が，「自グループのレビュー会議にはモデレーターではなく，レビュアとして参加させることにした」とあります。また，B氏自身は「レビュー会議には参加しない」と記載されています。

自グループではないリーダーについて，「本文中又は表中に登場する人物」から探すと，表1に「別グループのリーダー」とあるので，これが該当します。

解答	別グループのリーダー（10文字）

設問3の解説

□□□

● (1) について

レビュー指摘密度の第1群は誤字脱字等に関するものですが，表1の第一段「設計途中」にて行われる回覧形式のレビューにて「誤字，脱字，表記ルール違反は，この段階でできるだけ排除する」とあります。したがって，このことを解答すればよいでしょう。

● (2) について

・【空欄c】

図1を見ると，Cグループの第1群のレビュー指摘密度は基準値内ですが，第2群（誤字脱字等以外）は基準値から外れています（指摘が少なすぎる）。さらに，表5の「確認結果」においても「特に課題なし」とされています。

これは，レビュー自体は満足に行われたものの，出席者などの知識やスキルに不足があり，十分に欠陥を指摘できなかった可能性があります。したがって，レビュー体制が十分なものであったかを確認する必要があります（オ）。

● (3) について

表5のグループEの「確認結果」には，「一部の欠陥の修正方法，修正内容の議論が始まってしまい，会議の予定時間を大きくオーバーした」旨の説明がされています。このため，この対応としては「検出した欠陥の対策については別の会議で議論する」ことを徹底することが必要です。

解答	(1) 第1群の除去は設計途中で行われているから（20文字） (2) c：オ (3) 検出した欠陥の対策については別の会議で議論する（23文字）

問9 **プロジェクトのリスクマネジメントに関する次の記述を読んで，設問に答えよ。**

K社は機械部品を製造販売する中堅企業であり，昨今の市場の変化に対応するために新生産計画システムを導入することになった。K社は，この新生産計画システムに，T社の生産計画アプリケーションソフトウェアを採用し，新生産計画システム導入プロジェクト（以下，本プロジェクトという）を立ち上げた。本プロジェクトのプロジェクトマネージャに，情報システム部のL君が任命された。本プロジェクトのチームは，業務チーム及び基盤チームで構成される。

本年7月に本プロジェクトの計画を作成し，8月初めから10月末まで要件定義を行い，11月から基本設計を開始して，来年6月に本番稼働予定である。T社の生産計画アプリケーションソフトウェアには，生産計画の作成を支援するためのAI機能があり，K社はこのAI機能を利用する。ただし，生産計画を含む日次バッチ処理時間に制約があるので，AI機能の処理時間（以下，AI処理時間という）の検証を基盤チームが担当する。K社はこれまでAI機能を利用した経験がないので，要件定義の期間中に，T社と技術支援の契約を締結してAI処理時間の検証（以下，AI処理時間検証という）を実施する。このAI処理時間検証が要件定義のクリティカルパスである。

〔リスクマネジメント計画の作成〕

L君は，リスクマネジメント計画を作成し，特定されたリスクへの対応に備えてコンティンジェンシー予備を設定し，それを使用する際のルールを記載した。また，リスクカテゴリに関して，特定された全てのリスクを要因別に区分し，そこから更に個々のリスクが特定できるよう詳細化していくことでリスクを体系的に整理するために［　a　］を作成することとした。

〔リスクの特定〕

L君は，プロジェクトの計画段階で次の方法でリスクの特定を行うこととした。

(1) 本プロジェクトのK社内メンバーによるブレーンストーミング
(2) K社の過去のプロジェクトを基に作成したリスク一覧を用いたチェック
(3) 業務チーム，基盤チームとのミーティングによる整理

この方法について上司に報告したところ，上司から，①K社の現状を考慮すると，この方法ではAI機能の利用に関するリスクの特定ができないので見直しが必要であると指摘された。また，上司から次のアドバイスを受けた。

・リスクの原因の候補が複数想定されることがしばしばある。その場合，［　b　］を用いて，リスクとリスクの原因の候補との関係を系統的に図解して分類，整理することが，リスクに関する情報収集や原因の分析に有効である。

L君は，上司の指摘やアドバイスを受け入れて，方法を見直して7月末までにリスクを特定し，リスクへの対応を定めた。また，リスクマネジメントの進め方として，プロジェクトの進捗に従ってリスクへの対応の進捗をレビューすることにした。

現在は8月末であり要件定義を実施中である。L君は，各チームと進捗の状況を確認するミーティングを行った。基盤チームから“AI処理時間検証の10月に予定している作業が難航しそうで，想定の期間内で終わりそうにない。”という懸念が示された。L君は，この懸念が，現在実施中の要件定義で顕在化する可能性があることから対応の緊急性が高いと判断し，新たなリスクとして特定した。

〔リスク対策の検討〕

L君はこのリスクについて，詳細を確認した結果，次のことが分かった。

・AI処理時間検証に当たっては，技術支援の契約に基づきT社製AIの専門家であるT社のU氏にAI処理時間について問合せをしながら作業している。その問合せ回数をプロジェクト開始時には最大で4回／週までと見積もっていて，8月の実績は4回／週であった。U氏は週4回までの問合せにしか対応できない契約なので，問合せ回数が5回／週以上になると，U氏からの回答が遅れ，AI処理時間検証も遅延する。今の見通しでは，9月は問合せ回数が最大で4回／週で，5回／週以

上に増加する週はないが，10月は5回／週以上に増加する週が出る確率が30％と見込まれる。なお，10月に問合せ回数が増加したとしても，8回／週を超える可能性はなく，10月初めから要件定義の完了までの問合せ回数の合計は最大で32回と見込まれる。
・AI処理時間の問合せへの回答には，T社製AIに関する専門知識を要する。K社内にその専門知識をもつ要員はおらず，習得するにはT社の講習の受講が必要で，受講には稼働日で20日を要する。
・AI処理時間検証が遅延すると，要件定義全体のスケジュールが遅延する。要件定表の完了が予定の10月末から遅延すると，その後の遅延回復のために要員追加などが必要になり，遅延する稼働日1日当たりで20万円の追加コストが発生する。
・何も対策をしない場合，仮に10月以降，問合せ回数が5回／週以上の週が出ると，要件定義の完了は稼働日で最大20日遅延する。
・AI機能の利用に関する作業量は想定よりも増加している。T社の技術支援が終了する基本設計以降に備えて早めに要員を追加しないと今後の作業が遅延する。

L君は，このリスクへの対応を検討した。まず，基盤チームのメンバーであるM君の担当作業の工数が想定よりも小さく，他のメンバーに作業を移管できるので，9月第2週目の終わりまでに移管し，M君を今後，作業量が増加するAI機能の担当とする。次に，問合せ回数の増加への対応として，表1に示すT社との契約を変更する案，及びM君にT社の講習を受講させる案を検討した。ここで1か月の稼働日数は20日，1週間の稼働日数は5日とする。

表1　AI処理時間検証遅延リスクへの対応検討結果

項番	対応	効果	対応までに必要な稼働日数	対応に要する追加コスト
1	T社との契約を変更し問合せへの回答回数を増やす。	U氏1人だけで8回／週までの問合せに回答可能となる。	契約変更手続日数 10日	10万円／日
2	M君がT社講習を受け，問合せに回答する。	U氏とM君の2人で8回／週までの問合せに回答可能となる。	講習受講日数 20日	50万円[1]
3	何もしない。	－	－	0円

注[1]　M君の講習受講費用のプロジェクトでの負担額

L君は状況の確定する10月に入って対応を決定するのでは遅いと考え，現時点から2週間後の9月第2週目の終わりに，問合せ回数が5回／週以上に増加する週が出る確率を再度確認した上で，対応を決定することとした。L君は，9月第2週目の終わりの時点で表1の対応を実施した場合の効果を，それぞれ次のように考えた。
・項番1の対応の場合，T社との契約変更が9月末に完了でき，10月に問合せ回数が5回／週以上の週があっても対応することが可能となる。
・項番2の対応の場合，9月第3週目の初めからM君は，T社講習の受講を開始する。M君が受講を終え，AI処理時間について4回／週までの問合せ回答ができるのは，10月第3週目の初めとなる。これによって，10月の第1週目と第2週目はU氏だけでの問合せ回答となり，10月第3週目の初めからU氏とM君が問合せ回答を行えるようになる。この結果，要件定義は当初予定から最大で5日遅れの，11月第1週目の終わりに完了する見込みとなる。

L君は，表1の対応による効果を検討するために，問合せ回数増加の発生確率の今の見通しを基に図1のデシジョンツリーを作成した。

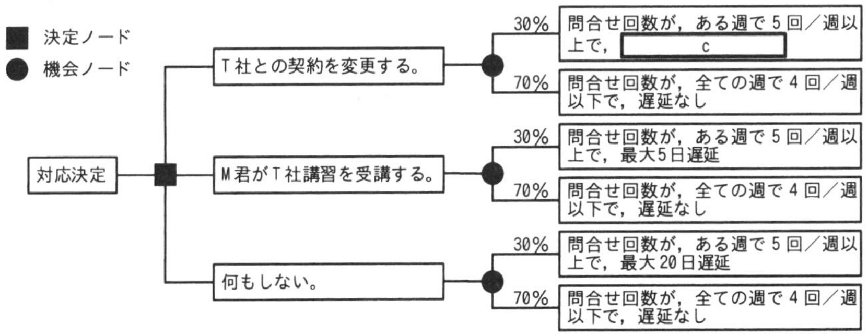

図1　問合せ回数増加に対する対応のデシジョンツリー

さらにL君は，図1を基に対応に要する追加コストと，要件定義の完了の遅延によって発生する追加コストの最大値を算出し，表2の対応と追加コスト一覧にまとめた。

表2　対応と追加コスト一覧

項番	対応	対応に要する追加コスト（万円）	10月の1週間当たりの問合せ回数	発生確率	最大遅延日数（日）	遅延によって発生する追加コストの最大値（万円）	追加コスト合計の最大値の期待値（万円）
1	T社との契約を変更し問合せへの回答回数を増やす。	＿＿	ある週で5回～8回	30%	＿＿	＿＿	＿＿
			全ての週で4回以下	70%	＿＿	＿＿	
2	M君がT社講習を受け，問合せに回答する。	＿＿	ある週で5回～8回	30%	＿＿	＿＿	＿＿
			全ての週で4回以下	70%	＿＿	＿＿	
3	何もしない。	＿＿	ある週で5回～8回	30%	＿＿	＿＿	＿＿
			全ての週で4回以下	70%	＿＿	＿＿	

注記　表中の＿部分は，省略されている。

9月第2週目の終わりに，問合せ回数増加の発生確率が今の見通しから変わらない場合，コンティンジェンシー予備の範囲に収まることを確認した上で，追加コスト合計の最大値の期待値が最も小さい対応を選択することにした。

〔リスクマネジメントの実施〕

L君は，現時点でのリスクと対応を整理したことで，本プロジェクトのリスクの特定を完了したと考え，今後はこれまでに特定したリスクを対象にプロジェクト完了まで定期的にリスクへの対応の進捗をレビューしていく進め方とし，上司に報告した。しかし，上司からは，その進め方では，リスクマネジメントとして不十分であると指摘された。そこでL君は②ある活動をリスクマネジメントの進め方に追加することにした。

設問 1

〔リスクマネジメント計画の作成〕について，本文中の［　a　］に入れる適切な字句をアルファベット3字で答えよ。

設問 2

〔リスクの特定〕について答えよ。

(1) 本文中の下線①の理由は何か。25字以内で答えよ。

(2) 本文中の[b]に入れる適切な字句を解答群の中から選び，記号で答えよ。

解答群

ア 管理図　　イ 散布図　　ウ 特性要因図　　エ パレート図

設問 3

〔リスク対策の検討〕について答えよ。

(1) 図1中の[c]に入れる適切な字句を答えよ。

(2) 9月第2週目の終わりに，問合せ回数増加の発生確率が今の見通しから変わらない場合，L君が選択する対応は何か。表2の対応から選び，項番で答えよ。また，そのときの追加コスト合計の最大値の期待値（万円）を答えよ。

設問 4

〔リスクマネジメントの実施〕の本文中の下線②について，リスクマネジメントの進め方に追加する活動とは何か。35字以内で答えよ。

問9のポイント　AI機能を利用するプロジェクトのリスク対策

専門用語を問う問題，計算問題などさまざまな形式の設問が盛り込まれています。専門用語の場合，知らなければ正解できないため，選択問題を決める際の判断ポイントにするといいかもしれません。

計算問題は決して難解ではありませんが，本文に長々と前提や条件が設定されているため，計算に必要な条件の見落としがないように注意してください。

設問1の解説

□□□

・【空欄a】

考えられるリスクを洗い出した後，階層的に分類し，表現することで，リスクを整理するリスクマネジメント手法としては，RBS（Risk Breakdown Structure）があります。アルファベット3字にも該当するので，こちらを解答すればよいでしょう。

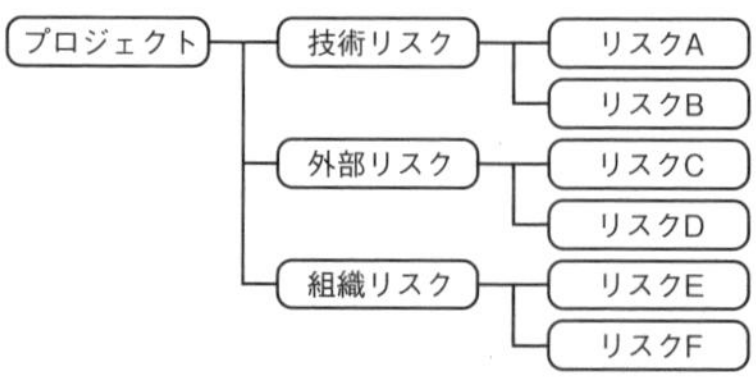

解答	a：RBS

設問2の解説

□□□

● (1) について

下線①には「K社の現状を考慮すると，この方法ではAI機能の利用によるリスクの特定ができない」とあるので，AI機能に関するK社の現状について記述されている箇所を探します。

すると，本文の冒頭に「K社はこれまでAI機能を利用した経験がない」と書かれています。一方，〔リスクの特定〕に挙げられた（1）から（3）の方法は，いずれもK社やK社メンバーの過去の経験をもとにしたリスク特定の方法です。このため，AI機能ならではのリスクが漏れてしまいます。

● (2) について

・【空欄b】

解答群のそれぞれの字句の意味は以下のとおりです。

字句	意味
管理図 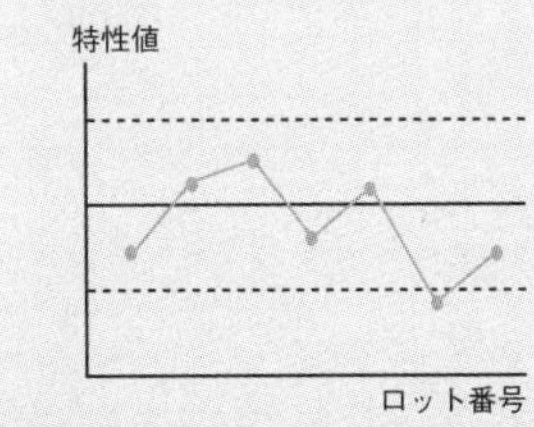	中心線と上方管理限界線，下方管理限界線で構成され，点の並びから，個々の製品の品質のばらつきを分析するグラフ
散布図 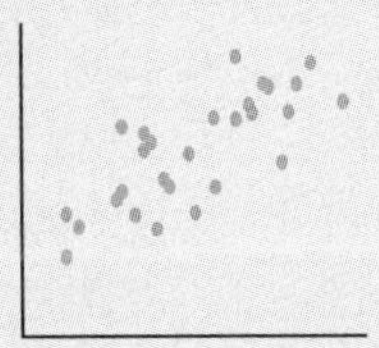	2つの要素を縦軸と横軸それぞれにプロットし，互いの要素の相関関係を表現するグラフ
特性要因図 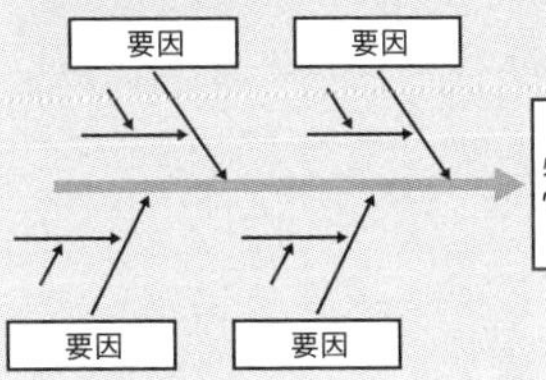	特性（特定の結果）とさまざまな要因との関係を，矢印で樹状に表現した図
パレート図 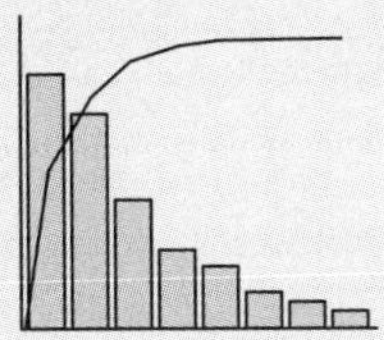	分類された項目を値の大きい順に並べ，累積の構成比を表現する折れ線グラフ

リスクを“特性”に，リスクの原因を“要因”に置き換えれば，特性要因図（ウ）が空欄bに合致するとわかります。

解答	
	(1) AI機能を利用した経験がなく，リスクが漏れる（22文字） (2) b：ウ

設問3の解説

□□□

● (1) について

・【空欄c】

問題文の表1によれば，T社との契約を変更する場合には，8回／週までの問合せに回答可能になります。

また，〔リスク対策の検討〕によれば，「10月に問合せ回数が増加したとしても，8回／週を超える可能性はなく」と書かれています。

したがって，図1において，T社との契約を変更する場合，問合せ回数が，ある週で5回／週以上となっても，問合せに対して遅延が発生することはありません。

● (2) について

表2の対応について考えます。

・項番1

対応に要する追加コストは，表1から，

10万円／日×20日（1か月の稼働日数）＝200万円

問合せ回数に関係なく遅延は発生しないため，遅延によって発生する追加コストの最大値はゼロ。したがって，追加コスト合計の最大値の期待値は200万円。

・項番2

対応に要する追加コストは，表1から，50万円。

最大遅延日数は，図1から，5日で30%の確率で発生し，遅延した場合には，稼働日1日当たりで20万円の追加コストが発生するため，遅延によって発生する追加コストの最大値の期待値は，

20万円×5日×0.3＝30万円

したがって，追加コスト合計の最大値の期待値は80万円。

・項番3

対応に要する追加コストは，ゼロ。

最大遅延日数は，図1から，20日で30%の確率で発生し，遅延した場合には，稼働日1日当たりで20万円の追加コストが発生するため，遅延によって発生する追加コストの最大値の期待値は，

20万円×20日×0.3＝120万円

したがって，追加コスト合計の最大値の期待値は120万円。

以上から，L君が選択するべき対応は，期待値が最小の80万円となる項番2です。

解答	
	(1) c：遅延なし (2) 項番：2　期待値：80（万円）

設問4の解説

□□□

工程が進むにつれて，今まで検知できなかった新たなリスクの発生する余地があります。「これまでに特定したリスクを対象にプロジェクト完了まで定期的にリスクへの対応の進捗をレビューしていく」だけに留まらず，新たなリスクの発生の有無を定期的にチェックする活動が求められます。

解答	新たなリスクの発生の有無を定期的にチェックする活動（25文字）

問10 **サービス変更の計画に関する次の記述を読んで，設問に答えよ。**

D社は，中堅の食品販売会社で，D社の営業部は，小売業者に対する受注業務を行っている。D社の情報システム部が運用する受注システムは，オンライン処理とバッチ処理で構成されており，受注サービスとして営業部に提供されている。

情報システム部には業務サービス課，開発課，基盤構築課の三つの課があり，受注サービスを含め複数のサービスを提供している。業務サービス課は，サービス運用における利用者管理，サービスデスク業務，アプリケーションシステムのジョブ運用などの作業を行う。開発課は，サービスの新規導入や変更に伴う業務設計，アプリケーションソフトウェアの設計と開発などの作業を行う。基盤構築課は，サーバ構築，アプリケーションシステムの導入，バッチ処理のジョブの設定などの作業を行う。

業務サービス課にはE君を含む数名のITサービスマネージャがおり，E君は受注サービスを担当している。業務サービス課では，運用費用の予算は，各サービスの作業ごとの1か月当たりの平均作業工数の見積りを基に作成している。運用費用の実績は，各サービスの作業ごとの1か月当たりの作業工数の実績を基に算出し，作業ごとに毎月の実績が予算内に収まるように管理している。運用費用の予算はD社の会計年度単位で計画され，今年度は，各サービスの作業ごとに前年度の1か月当たりの平均作業工数の実績に対して10%の工数増加を想定して見積もった予算が確保されている。

〔D社の変更管理プロセス〕

D社の変更管理プロセスでは，変更要求を審査して承認を行う。変更要求の内容がサービスに重大な影響を及ぼす可能性がある場合は，社内から専門能力のあるメンバーを集めて，サービス変更の計画から移行までの活動を行う。また，サービス変更の計画の活動では，①変更を実施して得られる成果を定めておき，移行の活動が完了してサービス運用が開始した後，この成果の達成を検証する。

〔受注サービスの変更〕

これまで営業部では，受注してから商品の出荷までに，受注先の小売業者の信用情報の確認を行っていた。このほど，売掛金の回収率を高めるという営業部の方針で，与信管理を強化することとなり，受注時点で与信限度額チェックを行うことにした。そこで，営業部の体制増強が必要となり，取引実績のあるM社に営業事務作業の業務委託を行うことになった。

受注サービスの変更の活動は，情報システム部の業務サービス課，開発課及び基盤構築課が実施し，業務サービス課の課長がリーダーとなった。

システム面の実現手段として，ソフトウェアパッケージ販売会社であるN社から信用情報管理，与信限度額チェックなどの与信管理業務の機能をもつソフトウェアパッケージの導入提案を受けた。この提案によると，N社のソフトウェアパッケージをサブシステムとして受注システムに組み込み，与信管理データベースを構築することになる。また，受注システムのバッチ処理でN社の提供する情報サービスに接続し，信用情報を入手して与信管理データベースを毎日更新する。D社はこの提案を採用し，受注サービスを変更することにした。変更後の受注サービスは，今年度後半から運用を開始する予定である。

E君は，各課を取りまとめるサブリーダーとして参加し，受注サービス変更後のサービス運用における追加作業項目の洗い出しと必要な作業工数の算出を行う。

〔追加作業項目の洗い出し〕

E君は，今回の受注サービス変更後の，サービス運用における情報システム部の追加作業項目を検討した。その結果，E君は追加で次の作業項目が必要であることを確認した。

・利用者管理の作業にサービス利用の権限を与える利用者としてM社の要員を追加する。また，サービスデスク業務の作業に利用者からの与信管理業務の機能についての問合せへの対応とFAQの作成・更新を追加する。
・受注システムのバッチ処理に，“信用情報取得ジョブ”のジョブ運用を追加する。このジョブは，毎日の受注システムのオンライン処理終了後に自動的に起動され，起動後はバッチ処理のジョブフロー制御機能によってN社の提供する情報サービスに接続して，更新する信用情報を受信し，与信管理データベースを更新する。バッチ処理が実行されている間，業務サービス課の運用担当者が受注システムに対して行う作業はないが，N社の情報サービスへの接続，情報受信，及びデータベース更新のそれぞれの処理が完了した時点で，運用担当者は，処理が正常に完了したことを確認する。正常に完了していない場合には，開発課が作成したマニュアルに従い，再実行などの対応を行う。
・N社から，機能アップグレード用プログラムが適宜提供され，N社ソフトウェアパッケージの機能を追加することができる。営業部は，追加される機能の内容を確認し，利用すると決定した場合は業務変更のための業務設計と機能アップグレードの適用を情報システム部の開発課に依頼する。なお，機能アップグレードの適用は，テスト環境で検証した後，受注システムの稼働環境に展開する手順となる。
・また，N社からは機能アップグレード用プログラムのほかに，ソフトウェアの使用性向上や不具合対策用の修正プログラム（以下，パッチという）が，臨時に提供される。このパッチは業務に影響を与えることはなく，パッチの適用や結果確認の手順は定型化されている。

E君は，情報システム部の追加作業項目とその作業内容の一覧を，表1のとおり作成した。

表1　情報システム部の追加作業項目とその作業内容の一覧

作業	作業項目	作業内容
利用者管理	1. 利用者登録と削除	M社の要員の利用者登録と削除
サービスデスク業務	2. 問合せ対応	与信管理業務機能についての問合せ対応
	3. FAQ作成・更新	与信管理業務機能についてのFAQ作成と更新
ジョブ運用	4. 信用情報取得ジョブ対応	信用情報取得ジョブの各処理の結果確認
	5. 信用情報取得ジョブの処理結果が正常でない場合の対応	開発課が作成したマニュアルに従った再実行などの対応
臨時作業	6. 機能アップグレードする場合の対応	機能アップグレードの適用
	7. パッチの対応	パッチの適用と結果確認

E君は，表1をリーダーにレビューしてもらった。リーダーから，“表1の作業項目［　a　］には情報システム部が行う作業内容が漏れているので，追加するように”と指摘された。E君は，各チームで必要となる作業を再検討し，表1の作業項目［　a　］に②漏れていた作業内容を追加した。

〔サービス運用に必要な作業工数の算出〕

E君は，追加が必要な作業のうち，定常的に必要となる利用者管理，サービスデスク業務及びジョブ運用の作業工数を算出した。算出手順として，表2に示す受注サービスの変更前の作業工数の実績一覧を基に，変更後の作業工数を見積もった。なお，変更前の1か月当たりの平均作業工数の実績は，予算作成に用いた前年度の1か月当たりの平均作業工数の実績と同じであった。

表2　受注サービスの変更前の作業工数の実績一覧

作業	1回当たりの平均作業工数（人日）	発生頻度（回／月）	1か月当たりの平均作業工数（人日）
利用者管理	0.2	5.0	1.0
サービスデスク業務	0.5	80.0	40.0
ジョブ運用[1)]	0.5	20.0	10.0

注[1)]　運用担当者は受注サービス以外の運用作業も行っていることから，ジョブ運用の作業工数には，システム処理の時間は含めないものとする。

E君は，関係者と検討を行い，追加で必要となる作業工数を算出する前提を次のとおりまとめた。

・利用者管理及びサービスデスク業務の発生頻度は，今回予定しているM社の要員の利用者追加によって，それぞれ10％増加する。
・与信管理業務の機能の追加によって問合せが増加するので，サービスデスク業務の発生頻度は，利用者追加によって増加した発生頻度から，更に5％増加する。
・利用者管理及びサービスデスク業務について1回当たりの平均作業工数は変わらない。
・ジョブ運用について，信用情報取得ジョブは，現在のバッチ処理のジョブに追加されるので，その運用の発生頻度は，現在と変わらず月に20回である。ジョブ1回当たりのシステム処理及び運用担当者の確認作業の実施時間は表3のとおりである。

表3　信用情報取得ジョブ1回当たりの実施時間

実施内容	実施内容の種別	実施時間（分）
N社の情報サービスへの接続処理	システム処理	15
N社の情報サービスへの接続処理の確認	運用担当者の確認作業	6
情報受信処理	システム処理	27
情報受信処理結果の確認	運用担当者の確認作業	8
データベース更新処理	システム処理	30
データベース更新処理結果の確認	運用担当者の確認作業	10
合計		96

表2と，追加が必要となる作業工数算出の前提及び表3から，E君は，サービス変更後のサービス運用に必要な作業工数を算出した。作業工数の算出においては，ジョブ運用の1回当たりの平均作業工数は，表2の受注サービスの変更前の平均作業工数に表3の信用情報取得ジョブ1回当たりの実施時間から算出した作業工数の合計を加算した。なお，運用担当者は1日3交替のシフト勤務をしているので，作業時間の単位“分”を“日”に換算する場合は，情報システム部では480分を1日として計算する規定としている。算出結果を表4に示す。

表4　サービス変更後のサービス運用に必要な作業工数

項番	作業	1回当たりの平均作業工数（人日）	発生頻度（回／月）	1か月当たりの平均作業工数（人日）
1	利用者管理	0.2	____	b
2	サービスデスク業務	0.5	____	c
3	ジョブ運用	__	20.0	d

注記　表中の__部分は，省略されている。

E君は，サービス変更後の作業ごとの1か月当たりの平均作業工数を算出した結果，③ある作業には問題点があると考えた。その問題点についてリーダーと相談して対策方針を決め，対策を実施することになった。

設問 1

〔D社の変更管理プロセス〕の本文中の下線①の“変更を実施して得られる成果”について，今回のサービス変更における内容を，〔受注サービスの変更〕の本文中の字句を用いて，20字以内で答えよ。

設問 2

〔追加作業項目の洗い出し〕について，作業項目［ a ］は何か。表1の作業項目の中から一つ選び，作業項目の先頭に記した番号で答えよ。また，下線②の漏れていた作業内容を15字以内で答えよ。

設問 3

〔サービス運用に必要な作業工数の算出〕について答えよ。

(1) 表4中の［ b ］～［ d ］に入れる適切な数値を答えよ。なお，計算の最終結果で小数第2位の小数が発生する場合は，小数第2位を四捨五入し，答えは小数第1位まで求めよ。

(2) 本文中の下線③について，問題点があると考えた作業は何か。表4の項番で答えよ。また，問題点の内容を15字以内，E君が1か月当たりの平均作業工数を算出した結果を見て問題点があると考えた根拠を30字以内で答えよ。

問10のポイント

ITサービスの変更に対する取組

本問には計算問題が含まれています。しかも計算の結果が後続の問題に影響する出題構成になっていて，失点を重ねてしまう可能性があります。設定された条件を注意深く読む癖をつけてください。

一方，サービスマネジメントの専門用語に関する設問，業務知識を必要とする設問が見られないため，自身の適性によって問を選択すると，良い結果に結びつくはずです。

設問1の解説

□□□

〔受注サービスの変更〕のうち，「売掛金の回収率を高めるという営業部の方針で，与信管理を強化することになり，受注時点で与信限度額チェックを行うことにした」の部分が，変更を実施して得られる成果にひもづきます。

・変更：受注時点で与信限度額チェックを行う
・成果：売掛金の回収率を高める

と考えられます。

解答	受注時点で与信限度額チェックを行う（17文字）

設問2の解説

□□□

・**【空欄a】**

〔追加作業項目の洗い出し〕の機能アップグレードの説明に，「利用すると決定した場合は業務変更のための業務設計と機能アップグレードの適用を情報システム部の開発課に依頼する。なお，機能アップグレードの適用は，テスト環境で検証した後，受注システムの稼働環境に展開する手順となる」とあります。

一方，表1の「6. 機能アップグレードする場合の対応」についての作業内容には「機能アップグレードの適用」としか書かれていません。

したがって，作業が漏れているのは作業項目6で，漏れている内容は「業務変更のための業務設計」です。

解答	a：6 作業内容：業務変更のための業務設計（12文字）

設問3の解説

□□□

● （1）について

1か月当たりの平均作業工数は，「1回当たりの平均作業工数×発生頻度」で求まります。したがって，1回当たりの平均作業工数と発生頻度が変更前後でどのように変わるのかを考えます。

・【空欄b】

利用者管理の1回当たりの平均作業工数は変わらず，発生頻度が10%増加します。したがって，1か月当たりの平均作業工数も10%増加します。

1か月当たりの平均作業工数
　＝変更前の1か月当たりの平均作業工数×1.1
　＝1.0×1.1＝1.1（人日）

・【空欄c】

サービスデスク業務も1回当たりの平均作業工数は変わりません。発生頻度は10%の増加に対して，さらに5%増加します。

1か月当たりの平均作業工数
　＝変更前の1か月当たりの平均作業工数×1.1×1.05
　＝40.0×1.1×1.05＝46.2（人日）

・【空欄d】

作業工数の算出において，「表2の受注サービスの変更前の平均作業工数に表3の信用情報取得ジョブ1回当たりの実施時間から算出した作業工数の合計を加算した」と書かれています。ただし，表2の注に「ジョブ運用の作業工数には，システム処理の時間は含めないものとする」と書かれていることにも留意します。

表3の実施内容のうち，実施内容の種別に「システム処理」と書かれているものを除いて実施時間の合計を算出すると，実施時間＝6＋8＋10＝24（分）となります。

480分を1日として，1回当たりの平均作業工数を求めると，0.5＋（24÷480）＝0.55（人日）となります。発生頻度は20回のままのため，1か月当たりの平均作業工数は，

1か月当たりの平均作業工数
　＝1回当たりの平均作業工数×発生頻度
　＝0.55×20＝11.0（人日）

● （2）について

本問の冒頭に，「今年度は，各サービスの作業ごとに前年度の1か月当たりの平均作業工数の実績に対して10%の工数増加を想定して見積もった予算が確保されている」という記述があります。

（1）で求めた平均作業工数を用いて，各作業に対して，前年度と比較した場合の工数の増加の割合を求めると，次のようになります。

作業	1か月当たりの平均作業工数		増加の割合
	前年度	変更後	
利用者管理	1.0	1.1（空欄b）	10%
サービスデスク業務	40.0	46.2（空欄c）	16%
ジョブ運用	10.0	11.0（空欄d）	10%

サービスデスク業務（項番2）は16%の工数増加になり，あらかじめ確保されている予算を超えてしまいます。

したがって，問題点の内容としては「確保した予算を超過する」，そう考えた根拠は「前年度の10%を上回る工数の増加になるため」とすればよいでしょう。

解答	（1）b：1.1　c：46.2　d：11.0 （2）作業：2 内容：確保した予算を超過する（11文字） 根拠：前年度の10%を上回る工数の増加になるため（21文字）

問11 テレワーク環境の監査に関する次の記述を読んで，設問に答えよ。

大手のマンション管理会社であるY社は，業務改革の推進，感染症拡大への対応などを背景として，X年4月からテレワーク環境を導入し，全従業員の約半数が業務内容に応じて利用している。このような状況の下，テレワーク環境の不適切な利用に起因して，情報漏えいなども発生するおそれがあり，情報セキュリティ管理の重要性は増大している。

Y社の内部監査部長は，このような状況を踏まえて，システム監査チームに対して，テレワーク環境の情報セキュリティ管理をテーマとして，監査を行うよう指示した。システム監査チームは，X年9月に予備調査を行い，次の事項を把握した。

〔テレワーク環境の利用状況〕

(1) テレワーク環境で利用するPCの管理

Y社の従業員は，貸与されたPC（以下，貸与PCという）を，Y社の社内及びテレワーク環境で利用する。

システム部は，全従業員分の貸与PCについて，貸与PC管理台帳に，PC管理番号，利用する従業員名，テレワーク環境の利用有無などを登録する。貸与PC管理台帳は，貸与PCを利用する従業員が所属する各部に配置されているシステム管理者も閲覧可能である。

(2) テレワーク環境の利用者の管理

従業員は，テレワーク環境の利用を申請する場合に，テレワーク環境利用開始届（以下，利用届という）を作成し，所属する部のシステム管理者の確認，及び部長の承認を得て，システム部に提出する。利用届には，申請する従業員の氏名，利用開始希望日，Y社の情報セキュリティ管理基準の遵守についての誓約などを記載する。システム部は，利用届に基づき，貸与PCをテレワーク環境でも利用できるように，VPN接続ソフトのインストールなどを行う。

各部のシステム管理者は，従業員が異動，退職などに伴い，テレワーク環境の利用を終了する場合に，テレワーク環境利用終了届（以下，終了届という）を作成しシステム部に提出する。終了届には，テレワーク環境の利用を終了する従業員の氏名，事由などを記載する。システム部は，終了届に基づき，貸与PCをテレワーク環境で利用できないようにし，終了届の写しをシステム管理者に返却する。

(3) テレワーク環境のアプリケーションシステム

テレワーク環境では，従業員の利用権限に応じて，基幹業務システム，社内ポータルサイト，Web会議システムなど，様々なアプリケーションシステムを利用することができる。これらのアプリケーションシステムのうち，Web会議システムは，X年6月から社内及びテレワーク環境で利用可能となっている。また，従業員は，基幹業務システムなどを利用して，顧客の個人情報，営業情報などにアクセスし，貸与PCのハードディスクに一時的にダウンロードして，加工・編集する場合がある。

〔テレワーク環境に関して発生した問題〕

(1) 顧客の個人情報の漏えい

Y社の情報セキュリティ管理基準では，テレワーク環境への接続に利用するWi-Fiについて，パスワードの入力を必須とすることなど，セキュリティ要件を定めている。

X年5月20日に，業務管理部の従業員が，セキュリティ要件を満たさないWi-Fiを利用してテレワーク環境に接続したことによって，貸与PCのハードディスクにダウンロードされた顧客の個人情報が漏えいする事案が発生した。

(2) 貸与PCの紛失・盗難

テレワーク環境の導入後，貸与PCを社外で利用する機会が増えたことから，貸与PCの紛失・盗難の事案が発生していた。

各部のシステム管理者は，従業員が貸与PCを紛失した場合，貸与PCのPC管理番号，紛失日，紛失状況，最終利用日，システム部への届出日などを紛失届に記載し，遅くとも紛失日の翌日までに，システム部に提出する。システム部は，提出された紛失届の記載内容を確認し，受付日を記載した後に，紛失届の写しをシステム管理者に返却する。

営業部のZ氏は，X年8月9日に営業先から自宅に戻る途中で貸与PCを紛失したまま，紛失日の翌日から1週間の休暇を取得した。同部のシステム管理者は，Z氏からX年8月17日に報告を受け，同日中に当該PCの紛失届をシステム部に提出した。

〔情報セキュリティ管理状況の点検〕

(1) 点検の体制及び時期

システム部は毎年1月に，各部における情報セキュリティ管理状況の点検（以下，セキュリティ点検という）について，年間計画を策定する。各部のシステム管理者は，年間計画に基づき，セキュリティ点検を実施し，点検結果，及び不備事項の是正状況をシステム部に報告する。システム部は，点検結果を確認し，また，不備事項の是正状況をモニタリングする。X年の年間計画では，2月，5月，8月，11月の最終営業日にセキュリティ点検を実施することになっている。

(2) 点検の項目，内容及び対象

システム部は，毎年1月に，利用されるアプリケーションシステムなどのリスク評価結果に基づき，セキュリティ点検の項目及び内容を決定する。また，新規システムの導入，システム環境の変化などに応じて，リスク評価を随時行い，その評価結果に基づき，セキュリティ点検の項目及び内容を見直すことになっている。各部のシステム管理者は，前回点検日以降3か月間を対象にして，セキュリティ点検を実施する。X年のセキュリティ点検の項目及び内容の一部を表1に示す。

表1　セキュリティ点検の項目及び内容（一部）

項番	点検項目	点検内容
1	テレワーク環境の利用者の管理状況	テレワーク環境を利用する必要がなくなった従業員について，終了届をシステム部に提出しているか。
2	テレワーク環境に関するセキュリティ要件の周知状況	テレワーク環境への接続に利用する Wi-Fi について，セキュリティ要件は周知されているか。
3	貸与 PC の管理状況	貸与 PC を紛失した場合，遅くとも紛失日の翌日までに，紛失届をシステム部に提出しているか。
4	アプリケーションシステムの利用権限の設定状況	セキュリティ点検対象のアプリケーションシステムに対して，適切な利用権限が設定されているか。

(3) 点検の結果

業務管理部及び営業部のシステム管理者は，テレワーク環境導入後のセキュリティ点検の結果，表1の項番2及び項番3について，不備事項を報告していなかった。

〔内部監査部長の指示〕

内部監査部長は，システム監査チームから予備調査で把握した事項について報告を受け，X年11月に実施予定の本調査で，テレワーク環境に関するセキュリティ点検について重点的に確認する方針を決定し，次のとおり指示した。

(1) 表1項番1について，[a]と[b]を照合した結果と，セキュリティ点検の結果との整合性を確認すること。

(2) 表1項番2について，業務管理部におけるセキュリティ点検の結果を考慮して，システム管理者が[c]しているかどうか，確認すること。

(3) 表1項番3について，紛失届に記載されている[d]と[e]を照合した結果と，セキュリティ点検の結果との整合性を確認すること。

(4) 表1項番4について，システム部が[f]の結果に基づいて，X年8月のセキュリティ点検対象のアプリケーションシステムとして，[g]の追加を検討したかどうか，確認すること。

(5) セキュリティ点検で不備事項が発見された場合，システム管理者が不備事項の是正状況を報告しているかどうか確認するだけでは，監査手続として不十分である。システム部が［ h ］しているかどうかについても確認すること。

設問 1

〔内部監査部長の指示〕(1) の［ a ］，［ b ］に入れる適切な字句を，それぞれ15字以内で答えよ。

設問 2

〔内部監査部長の指示〕(2) の［ c ］に入れる適切な字句を15字以内で答えよ。

設問 3

〔内部監査部長の指示〕(3) の［ d ］，［ e ］に入れる適切な字句を，それぞれ10字以内で答えよ。

設問 4

〔内部監査部長の指示〕(4) の［ f ］，［ g ］に入れる適切な字句を，それぞれ10字以内で答えよ。

設問 5

〔内部監査部長の指示〕(5) の［ h ］に入れる適切な字句を20字以内で答えよ。

問11のポイント　テレワーク環境に対するシステム監査

従業員のテレワーク環境の情報セキュリティに関するシステム監査が本問のテーマです。システム部と各部のシステム管理者が分担して点検に当たっているため，誰がどのような役割を担っているのか整理することが大切です。

似たような設問が多いため，それぞれの空欄の前後の文章をしっかりと読み，出題者の意図とずれた解答をしないよう注意してください。

設問1の解説

□□□

・【空欄a，b】

テレワーク環境を利用する必要がなくなった従業員とは，異動や退職した従業員のことです。貸与PC管理台帳には全従業員分の貸与PCについて利用する従業員名やテレワーク環境の利用有無が記され，各部のシステム管理者も閲覧可能です。したがって，貸与PC管理台帳で異動や退職した従業員の貸与PCの状況を把握できます。

退職した従業員にPCが貸与されているなど不整合がある場合には，終了届（テレワーク環境利用終了届）と照合することで，現在の管理状況を詳細に調査できます。

解答	a：貸与PC管理台帳(8文字) b：終了届（3文字）　（a，b順不同）

設問2の解説

□□□

・【空欄c】

〔テレワーク環境に関して発生した問題〕(1)の中で，「Y社の情報セキュリティ管理基準では，テレワーク環境への接続に利用するWi-Fiについて，パスワードの入力を必須とすることなど，セキュリティ要件を定めている」とあります。

したがって，利用するWi-Fiについて，セキュリティ要件が周知されていることを確かめるひとつの具体的な手段として，パスワードの入力を必須としているか，システム管理者が確認するのが適当です。

解答	c：パスワードの入力を必須と（12文字）

設問3の解説

□□□

・【空欄d，e】

空欄d，eの直前に「紛失届に記載されている」と書かれていることから，〔テレワーク環境に関して発生した問題〕(2)にある紛失届の項目に着目します。表1項番3の点検項目，「遅くとも紛失日の翌日までに，紛失届をシステム部に提出しているか」を点検するためには，紛失届に記載されている項目のうち，紛失日とシステム部への届出日を照合すれば一目瞭然です。

解答	d：紛失日（3文字）　（d，e順不同） e：システム部への届出日（10文字）

設問4の解説

□□□

・【空欄f】

毎年1月に，利用されるアプリケーションシステムなどのリスク評価結果に基づき，セキュリティ点検の項目及び内容を決定することから，空欄fに入る字句としては「リスク評価」が適切です。

・【空欄g】

セキュリティ点検はX年の年間計画によれば，2月，5月，8月，11月の最終営業日に実施されるため，X年8月のセキュリティ点検対象のアプリケーションシステムとして，5月の最終営業日から8月の最終営業日までの間に追加されたものが検討対象になります。

問題文を見ると，〔テレワーク環境の利用状況〕(3)に，テレワーク環境のアプリケーションシステムとして，「Web会議システムは，X年6月から社内及びテレワーク環境で利用可能となっている」と記述されているため，「Web会議システム」が適当と考えられます。

解答	f：リスク評価（5文字） g：Web会議システム（9文字）

設問5の解説

□□□

・【空欄h】

〔情報セキュリティ管理状況の点検〕(1)に，「各部のシステム管理者は，点検結果，及び不備事項の是正状況をシステム部に報告する」とありますが，これを確認するだけでは，監査手続として不十分という指示です。

不備事項の是正状況をモニタリングするだけではなく，さらにシステム部が是正結果を確認すれば，各部のシステム管理者からの報告が適切であるという証明になります。

解答	h：不備事項の是正結果を確認(12文字)

令和5年度 春期

応用情報技術者

【午前】試験時間　2時間30分

問題は次の表に従って解答してください。

問題番号	選択方法
問1～問80	全問必須

【午後】試験時間　2時間30分

問題は次の表に従って解答してください。

問題番号	選択方法
問1	必須
問2～問11	4問選択

問題文中で共通に使用される表記ルール

各問題文中に注記がない限り，次の表記ルールが適用されているものとする。

1．論理回路

図記号	説明
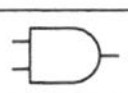	論理積素子（AND）
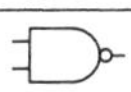	否定論理積素子（NAND）
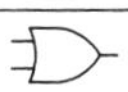	論理和素子（OR）
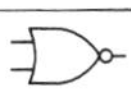	否定論理和素子（NOR）
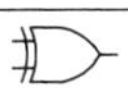	排他的論理和素子（XOR）
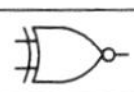	論理一致素子
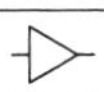	バッファ
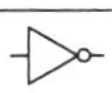	論理否定素子（NOT）
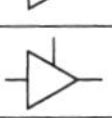	スリーステートバッファ
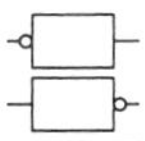	素子や回路の入力部又は出力部に示される○印は，論理状態の反転又は否定を表す。

2．回路記号

図記号	説明
	抵抗（R）
	ダイオード（D）
	接地

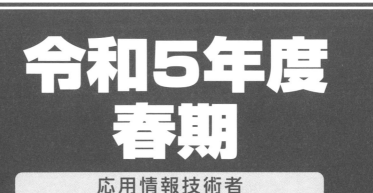

ご注意　午後試験の長文問題は記述式解答方式であるため，複数解答がある場合や著者の見解が生じる可能性があり，本書の解答は必ずしもIPA発表の模範解答と一致しないことがあります。この点につきまして，ご理解のうえご利用くださいますようお願い申し上げます。

午前問題（令和５年・春期）

問1

0以上255以下の整数nに対して，

$$next(n)=\begin{cases} n+1 & (0 \leqq n < 255) \\ 0 & (n=255) \end{cases}$$

と定義する。next(n)と等しい式はどれか。ここで，x AND y及びx OR yは，それぞれxとyを2進数表現にして，桁ごとの論理積及び論理和をとったものとする。

ア　(n+1) AND 255
イ　(n+1) AND 256
ウ　(n+1) OR 255
エ　(n+1) OR 256

問2

平均が60，標準偏差が10の正規分布を表すグラフはどれか。

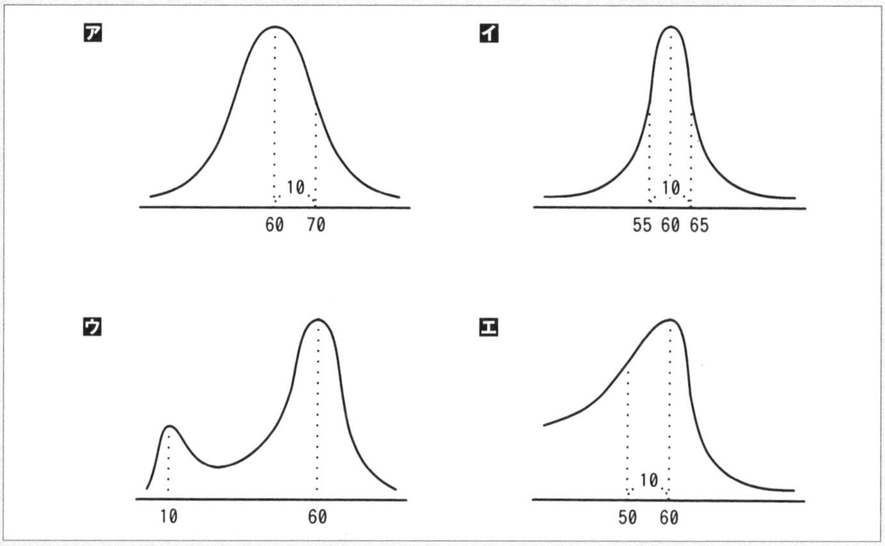

問3

AIにおける機械学習で，2クラス分類モデルの評価方法として用いられるROC曲線の説明として，適切なものはどれか。

ア　真陽性率と偽陽性率の関係を示す曲線である。
イ　真陽性率と適合率の関係を示す曲線である。
ウ　正解率と適合率の関係を示す曲線である。
エ　適合率と偽陽性率の関係を示す曲線である。

解答・解説

問1 ビット演算に関する問題

関数next(n)は0以上255以下の整数，すなわち，8ビットの符号なし2進数で表現できる整数に対して次のように定義されています。

$$\mathrm{next(n)}=\begin{cases} n+1 & (0 \leqq n < 255) \\ 0 & (n=255) \end{cases}$$

nの値が0〜254のときにはn+1である1〜255を返しますが，nの値が255のときだけ0を返します。もし，nの値が255のときにn+1を計算すると，256になり，返す値も8ビットではなく9ビットになってしまいます。

```
    11111111  (255)
＋  00000001  (1)
──────────────────
   100000000  (256)
    00000000  (0) 下位8ビット
```

しかし，1を加えた結果から下位8ビットだけを取り出すことができれば，next(n)を全ての値について満たす関数を作成することができます。

AND演算（論理積）では，二つの入力が1のときだけ，出力が1になります。この演算をビットごとに行うと，必要なビットだけを取り出すことができます。

```
    11111110  (254)
∩  00001111  (15)
──────────────────
    00001110  (14)
下位4ビットだけがそのまま出力されている
```

next(n)と等しい式を得るためには，n+1の計算結果の下位8ビットだけを取り出せばよいので，255（11111111）とのAND演算を行います。よってアが答えとなります。

問2 正規分布を表すグラフに関する問題

正規分布は，図のようにデータの平均値を中心に平均から離れるほどデータ件数が左右均等に少なくなっていく左右対称の釣鐘型のデータ分布です。このため，左右対称ではないウとエは候補から外します。

標準偏差をσとすると，平均値±σにデータの約68%が，平均値±2σにデータの約95%が含まれるという特徴をもっています。標準偏差σが10なので，これをグラフで示しているアが答えになります。

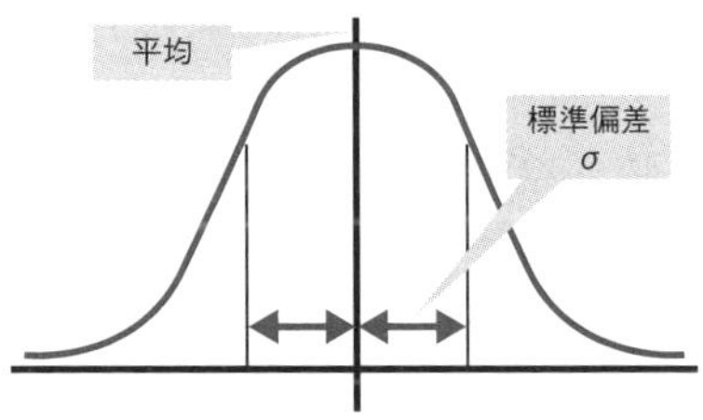

問3 ROC曲線に関する問題

AIにおける機械学習で，与えられたデータを適切な二つのクラスに分類する方法を2クラス分類といいます。例えばある画像を「犬」「猫」の2種類に分類するケースがこれにあたります。このとき，ある画像が「犬」と判定されて本当に犬だった（正しく判定された）割合を真陽性率，犬ではなかった（誤って判定された）割合を偽陽性率といいます。

ROC曲線（Receiver Operating Characteristic curve）は，2値の判定のしきい値を0から1まで変化させたときの真陽性率と偽陽性率の割合を図示したものです（ア）。しきい値とは，この例では犬猫の推定を犬寄りにするか猫寄りにするかのパラメータで，完全な予測モデルであれば，どんなに猫寄りに設定しても犬は犬と判定できますが，推定が信用できなければしきい値によって結果は大きく異なります。

解答	問1 ア	問2 ア	問3 ア

問4 ドップラー効果を応用したセンサーで測定できるものはどれか。

ア 血中酸素飽和度　　イ 血糖値
ウ 血流量　　エ 体内水分量

問5 要求に応じて可変量のメモリを割り当てるメモリ管理方式がある。要求量以上の大きさをもつ空き領域のうちで最小のものを割り当てる最適適合（best-fit）アルゴリズムを用いる場合，空き領域を管理するためのデータ構造として，メモリ割当て時の平均処理時間が最も短いものはどれか。

ア 空き領域のアドレスをキーとする2分探索木
イ 空き領域の大きさが小さい順の片方向連結リスト
ウ 空き領域の大きさをキーとする2分探索木
エ アドレスに対応したビットマップ

問6 従業員番号と氏名の対がn件格納されている表に線形探索法を用いて，与えられた従業員番号から氏名を検索する。この処理における平均比較回数を求める式はどれか。ここで，検索する従業員番号はランダムに出現し，探索は常に表の先頭から行う。また，与えられた従業員番号がこの表に存在しない確率をaとする。

ア $\frac{(n+1)\,na}{2}$　　イ $\frac{(n+1)(1-a)}{2}$

ウ $\frac{(n+1)(1-a)}{2}+\frac{n}{2}$　　エ $\frac{(n+1)(1-a)}{2}+na$

解答・解説

問4 ドップラー効果を応用したセンサーに関する問題

ドップラー効果といえば，救急車がこちらに向かって来るときにそのサイレン音が高く聞こえ，遠ざかっていくときに低く聞こえることがよく知られています。

これは，サイレン音など波の発生源が観測者に近づけば，観測者に届く波は波の速さに救急車の速度が加わり図のように波面が圧縮されるので，波の間隔が狭まり周波数としては高くなるためです。これは音に限らず波で構成される光でも起きる現象です。例えば宇宙は非常に速い速度で膨張しているため，遠くの星ほど波長が長く（赤色寄りに）観測されます。このほか，移動する物体の速度を測定するスピードガンでは対象物に電磁波を発射し，返ってきた電磁波の波長と比較することで対象物の速度を推定します。このようにドップラー効果によって測定できるのは移動する物体です。選択肢には医療関係用語が含まれていますが，「動いているかどうか」によって正答を見つけることができるでしょう。

ア：血中酸素飽和度は，血液中の酸素量の分析なので誤りです。

イ：血糖値は，血液の成分なので誤りです。

ウ：正しい。血流量は，赤血球が反射する周波数の超音波やレーザーを照射し，反射してきた波の周波数や量から血液の流速や流量を測定できます。

エ：体内水分量は，体液の成分分析なので誤りです。

問5 メモリ割当ての管理方法に関する問題

複数の空き領域の中から，要求された容量以上でかつ最小のメモリを割り当てるメモリの管理方法を求める問題です。ここで管理しなければならないデータは，空き領域の先頭アドレスと，その容量となります。

ア：空き領域のアドレスをキーにしています。ここでは，空き領域の大きさに適応した領域を割り当てる必要があるので，この方法を使った場合，空き領域の全数をチェックする必要があります。

イ：空き領域の大きさをキーにしています。このこと自体は正しいのですが，片方向連結リストのため，計算量はデータ数nに比例します。

ウ：正しい。2分探索木なので，計算量は$\log_2 n$に比例します。したがって，イよりも計算量が少なく，処理時間が短くなります。

エ：アドレスに対応した処理を行うことと，ビットマップを用いることの双方が正しくありません。

問6 線形探索法による平均比較回数に関する問題

線形探索法は，探索対象のデータ群を先頭から順に値を比較していく探索方法です。例えば探索対象のデータが五つあった場合（n=5），

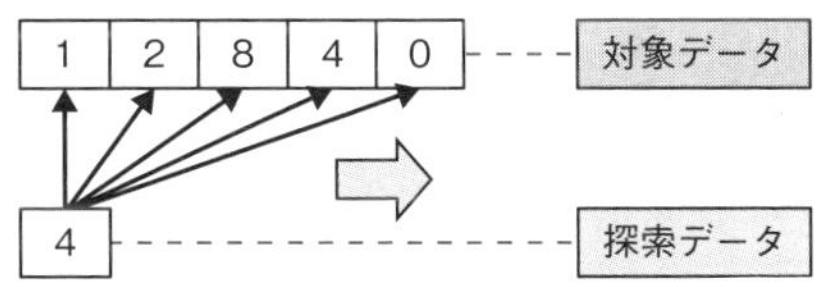

このようにデータを比較していくので，

・最大比較回数はn
・平均比較回数は(n+1)／2

となります。

一方この問題では，「与えられた従業員番号がこの表に存在しない確率をaとする」とあります。表に検索対象が存在しない場合の比較回数は，最大比較回数のnなので，比較回数の平均値は，

平均比較回数×検索対象が存在する確率
＋最大比較回数×検索対象が存在しない確率

となります。すなわち，

$$\{(n+1)/2\} \times (1-a) + n \times a$$
$$= \{(n+1)(1-a)/2\} + na$$

という式で表すことができます（エ）。

解答	問4 ウ	問5 ウ	問6 エ

問7 配列に格納されたデータ2, 3, 5, 4, 1に対して，クイックソートを用いて昇順に並べ替える。2回目の分割が終わった状態はどれか。ここで，分割は基準値より小さい値と大きい値のグループに分けるものとする。また，分割のたびに基準値はグループ内の配列の左端の値とし，グループ内の配列の値の順番は元の配列と同じとする。

ア 1, 2, 3, 5, 4
イ 1, 2, 5, 4, 3
ウ 2, 3, 1, 4, 5
エ 2, 3, 4, 5, 1

問8 動作周波数1.25GHzのシングルコアCPUが1秒間に10億回の命令を実行するとき，このCPUの平均CPI（Cycles Per Instruction）として，適切なものはどれか。

ア 0.8　イ 1.25　ウ 2.5　エ 10

問9 全ての命令が5ステージで完了するように設計された，パイプライン制御のCPUがある。20命令を実行するには何サイクル必要となるか。ここで，全ての命令は途中で停止することなく実行でき，パイプラインの各ステージは1サイクルで動作を完了するものとする。

ア 20　イ 21　ウ 24　エ 25

解答・解説

問7 クイックソートに関する問題

クイックソートはデータの中から基準値を決めて，基準値より小さい値のグループと大きい値のグループに分割することを繰り返して，全ての値が決まればソート終了です。問題では基準値は配列の左端と決められているので，実際にクイックソートを行うと次のようになります。

・初期値　2 3 5 4 1

左端の2を基準にグループを分割します。

・1回目　1 2 3 5 4

2よりも小さなグループの要素は一つなので，このグループの要素は確定します。

1 2 3 5 4

2よりも大きなグループの左端の3を基準に新たにグループを分割します。

・2回目　1 2 3 5 4

したがって，2回目の分割が終わった状態は「1，2，3，5，4」(ア) となります。以降，最後まで並べ替えを見ていきます。

3よりも小さな数はないので3を確定します。

1 2 3 5 4

残りの要素の左端の5を基準にグループを分割します。

・3回目　1 2 3 4 5

5よりも小さなグループは要素一つ，大きなグループはないのでこれで並べ替えは終了です。

1 2 3 4 5

問8 CPUのCPIに関する問題

CPI（Cycles Per Instruction）とは，1命令あたりに必要な平均クロック数です。CPUの動作周波数とCPI，そしてCPUが1秒間に実行できる百万単位の平均命令数（MIPS；Million Instructions Per Second）の間には，次の関係があります。

MIPS＝動作周波数（MHz）／CPI

この式に問題文の数値を入れて計算します。1秒間に10億回の命令を実行するので，10億回＝100万回×1,000＝1,000（MIPS），動作周波数1.25GHz＝1,250（MHz）なので，

1000＝1,250／CPI

したがって，CPI＝1.25となります（イ）。

問9 パイプライン制御に関する問題

パイプライン制御では，命令の実行ステージごとに命令を並列に動作させることが可能です。最初の命令が2ステージ目に入ると同時に，次の命令を実行し始めることができます。

実行ステージ

命令の順序	1	2	3	4	5	6	7	8
1	○	○	○	○	●			
2		○	○	○	○	●		
3			○	○	○	○	●	
4				○	○	○	○	●

この図から，命令が完了するステージ数をmとすると，n番目の命令が実行を完了するステージは，（n−1）＋mの関係が成立します。したがって，20番目の命令が終了する命令ステージは，

（20−1）＋5＝24（ウ）

となります。

解答	問7 ア	問8 イ	問9 ウ

問10 キャッシュメモリへの書込み動作には，ライトスルー方式とライトバック方式がある。それぞれの特徴のうち，適切なものはどれか。

ア　ライトスルー方式では，データをキャッシュメモリだけに書き込むので，高速に書込みができる。

イ　ライトスルー方式では，データをキャッシュメモリと主記憶の両方に同時に書き込むので，主記憶の内容は常にキャッシュメモリの内容と一致する。

ウ　ライトバック方式では，データをキャッシュメモリと主記憶の両方に同時に書き込むので，速度が遅い。

エ　ライトバック方式では，読出し時にキャッシュミスが発生してキャッシュメモリの内容が追い出されるときに，主記憶に書き戻す必要が生じることはない。

問11 フラッシュメモリにおけるウェアレベリングの説明として，適切なものはどれか。

ア　各ブロックの書込み回数がなるべく均等になるように，物理的な書込み位置を選択する。

イ　記憶するセルの電子の量に応じて，複数のビット情報を記録する。

ウ　不良のブロックを検出し，交換領域にある正常な別のブロックで置き換える。

エ　ブロック単位でデータを消去し，新しいデータを書き込む。

問12 有機ELディスプレイの説明として，適切なものはどれか。

ア　電圧をかけて発光素子を発光させて表示する。

イ　電子ビームが発光体に衝突して生じる発光で表示する。

ウ　透過する光の量を制御することで表示する。

エ　放電によって発生した紫外線で，蛍光体を発光させて表示する。

問13 スケールインの説明として，適切なものはどれか。

ア　想定されるCPU使用率に対して，サーバの能力が過剰なとき，CPUの能力を減らすこと

イ　想定されるシステムの処理量に対して，サーバの台数が過剰なとき，サーバの台数を減らすこと

ウ　想定されるシステムの処理量に対して，サーバの台数が不足するとき，サーバの台数を増やすこと

エ　想定されるメモリ使用率に対して，サーバの能力が不足するとき，メモリの容量を増やすこと

解答・解説

問10 キャッシュメモリの動作に関する問題

ライトスルー方式

キャッシュメモリと主記憶の両方に同時にデータの書込みを行います。データを読み出すときには，キャッシュメモリにその内容があれば，

キャッシュメモリのみにアクセスを行います。キャッシュメモリにデータがない場合には，主記憶からCPUにデータを転送すると同時にキャッシュメモリの内容を更新します。

ライトバック方式

CPUは基本的にキャッシュメモリのみにアクセスします。キャッシュミスが発生した場合や，CPUの非アクセス時などに，キャッシュメモリと主記憶との同期をとる方法がとられます。

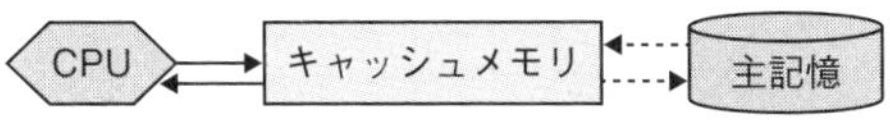

これらの特徴を踏まえると，答えはイです。

問11 フラッシュメモリのウェアレベリングに関する問題

フラッシュメモリは，半導体を利用した不揮発性メモリの一種で，フローティングゲートと呼ばれる場所に電荷を蓄えて「0」「1」の情報を記憶します。フローティングゲートに書き込む際にトンネル酸化膜を電子が通過し，このことで酸化膜が劣化するために書込み回数には制限があります。このため，特定の領域（ブロック）に書込みや消去が集中してフラッシュメモリの寿命を早めないように，アクセスするブロックを選択する制御手法があります。これをウェアレベリングといいます。

ア：正しい。
イ：一つのセルに複数のビット情報を記録するMLC（Multi Level Cell）の説明です。
ウ：バッドブロック管理の説明です。一般的に，フラッシュメモリでは不良ブロックの交換領域を確保するため，数%の余剰ブロックをもっています。
エ：フラッシュメモリの特徴です。一般的なフラッシュメモリでは，構造を単純化するためにデータの消去をブロック単位で行います。

問12 有機ELディスプレイに関する問題

有機ELディスプレイは，正孔輸送層，発光層，電子輸送層の三層の有機膜を電極ではさんで電圧をかけたときに発光する性質を用いたディスプレイです。

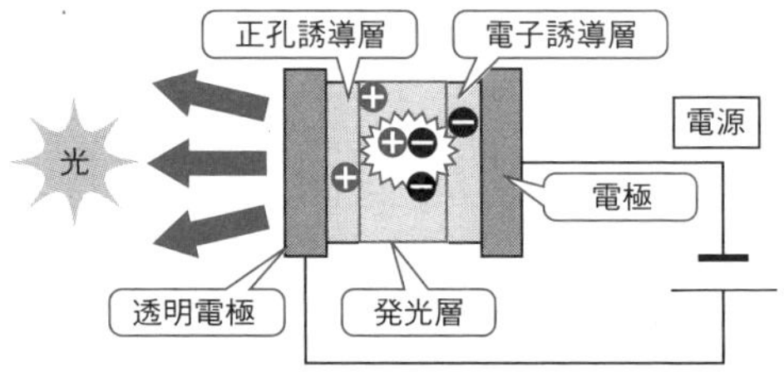

ア：正しい。有機ELディスプレイの説明です。
イ：CRT（ブラウン管ディスプレイ）に関する説明です。
ウ：液晶ディスプレイに関する説明です。
エ：プラズマディスプレイに関する説明です。

問13 サーバのスケールインに関する問題

ア：スケールダウン（の一種）の説明です。スケールダウンは，サーバスペックが過剰な場合に，スペックを落とすアプローチです。
イ：正しい。サーバの能力が負荷に対して適切になるようにサーバの台数を削減するアプローチです。
ウ：スケールアウトの説明です。大量の負荷に対してサーバの台数を増やすアプローチです。
エ：スケールアップ（の一種）です。大量の負荷に対してサーバのスペックを上げるアプローチです。

解答		
	問10 イ	問11 ア
	問12 ア	問13 イ

問 14 CPUと磁気ディスク装置で構成されるシステムで，表に示すジョブA，Bを実行する。この二つのジョブが実行を終了するまでのCPUの使用率と磁気ディスク装置の使用率との組合せのうち，適切なものはどれか。ここで，ジョブA，Bはシステムの動作開始時点ではいずれも実行可能状態にあり，A，Bの順で実行される。CPU及び磁気ディスク装置は，ともに一つの要求だけを発生順に処理する。ジョブA，Bとも，CPUの処理を終了した後，磁気ディスク装置の処理を実行する。

単位　秒

ジョブ	CPU の処理時間	磁気ディスク装置の処理時間
A	3	7
B	12	10

	CPU の使用率	磁気ディスク装置の使用率
ア	0.47	0.53
イ	0.60	0.68
ウ	0.79	0.89
エ	0.88	1.00

問 15 コンピュータシステムの信頼性を高める技術に関する記述として，適切なものはどれか。

ア　フェールセーフは，構成部品の信頼性を高めて，故障が起きないようにする技術である。

イ　フェールソフトは，ソフトウェアに起因するシステムフォールトに対処するための技術である。

ウ　フォールトアボイダンスは，構成部品に故障が発生しても運用を継続できるようにする技術である。

エ　フォールトトレランスは，システムを構成する重要部品を多重化して，故障に備える技術である。

解答・解説

問14 CPUと磁気ディスクの使用率に関する問題

次の3点に着目して，CPUと磁気ディスクの行う処理を時系列に図にして考えてみましょう。

> ①CPUや磁気ディスクは同時に二つの処理を行うことができない。
> ②CPUと磁気ディスクは互いに独立しているので，双方が同時に異なるジョブの処理を行うことができる。
> ③CPUや磁気ディスクの処理は，一連の処理を分割して行うことができる。

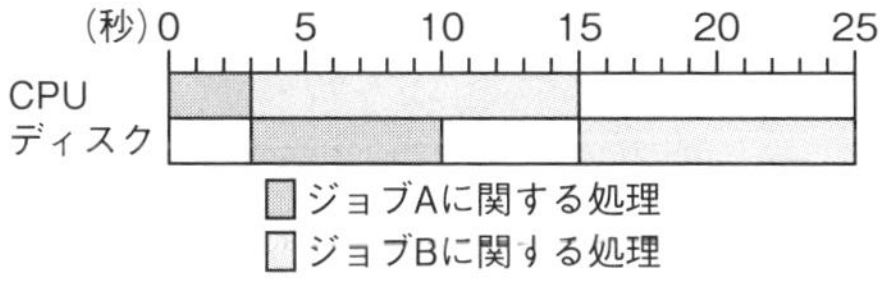

図に示したとおり，全体としては25秒の処理時間が必要になります。したがって，

> CPUの使用率：(3+12)／25=0.6
> 磁気ディスクの使用率：(7+10)／25=0.68

となります（イ）。

問15 コンピュータシステムの信頼性に関する問題

選択肢にある「①フェールセーフ」「②フェールソフト」「③フォールトアボイダンス」「④フォールトトレランス」は，全てシステムの信頼性に関連する用語です。

①②は主にシステムの設計思想に関する用語です。③④は主にシステムの構成方法に関する用語です。

ア：フェールセーフは，システムの一部に故障が発生し，安全性を脅かす問題が生じる可能性がある場合に，システム全体を安全側に動作させる設計思想です。例えば信号機が故障した際に全方向に対して赤信号となるように設計されていれば，甚大な事故を防ぐことができます。

イ：フェールソフトは，システムの一部に障害が発生しても，システム全体が停止しないように障害部分を切り離して動作を続行できるようにすることをいいます。この時の稼働状態を縮退運転またはフォールバック運転といいます。

ウ：フォールトアボイダンスは，システムの高い信頼性を得るために，システムを構成する個々のハードウェアやソフトウェアの品質を高めていくことをいいます。

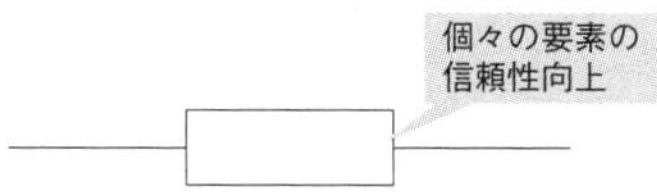

> ・フォールトアボイダンスの例
> 一つの構成要素の信頼性が90%だった場合，より信頼性を高めるために故障しにくい部品（信頼性＞90%）を用いるなどして信頼性を向上させる。

エ：正しい。フォールトトレランスは，ハードウェアやソフトウェアに故障や障害が発生しても，システムが正しく動作を続けられるようにする機能です。例えばシステム全体や構成要素を冗長構成にすることで，一部に障害が発生しても処理に影響を及ぼさないような構成にすることができます。

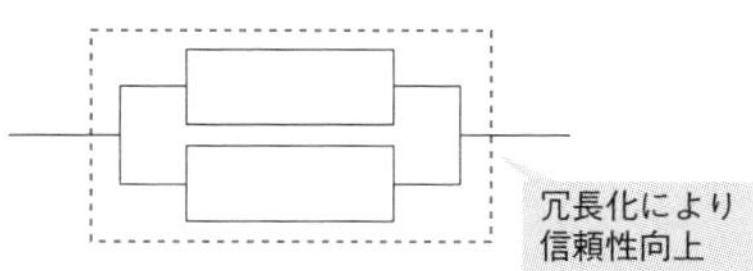

> ・冗長構成の例
> 一つの構成要素（R）の信頼性（稼働率）が90%だった場合，二つの冗長構成にすると，
> 稼働率$=1-(1-R_1)(1-R_2)$
> $=1-(1-0.9)(1-0.9)=0.99$
> で99%になる。

解答	問14 イ	問15 エ

問16 3台の装置X～Zを接続したシステムA，Bの稼働率に関する記述のうち，適切なものはどれか。ここで，3台の装置の稼働率は，いずれも0より大きく1より小さいものとし，並列に接続されている部分は，どちらか一方が稼働していればよいものとする。

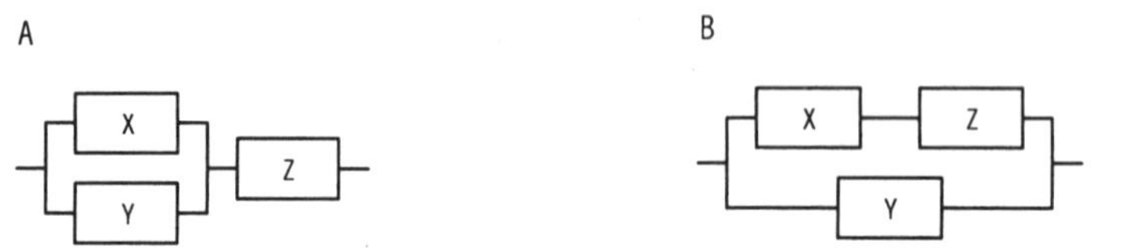

ア 各装置の稼働率の値によって，AとBの稼働率のどちらが高いかは変化する。
イ 常にAとBの稼働率は等しい。
ウ 常にAの稼働率はBより高い。
エ 常にBの稼働率はAより高い。

問17 仮想記憶システムにおいて，ページ置換えアルゴリズムとしてFIFOを採用して，仮想ページ参照列1，4，2，4，1，3を3ページ枠の実記憶に割り当てて処理を行った。表の割当てステップ“3”までは，仮想ページ参照列中の最初の1，4，2をそれぞれ実記憶に割り当てた直後の実記憶ページの状態を示している。残りを全て参照した直後の実記憶ページの状態を示す太枠部分に該当するものはどれか。

割当てステップ	参照する仮想ページ番号	実記憶ページの状態		
1	1	1	–	–
2	4	1	4	–
3	2	1	4	2
4	4			
5	1			
6	3			

ア | 1 | 3 | 4 |
イ | 1 | 4 | 3 |
ウ | 3 | 4 | 2 |
エ | 4 | 1 | 3 |

解答・解説

問16 3台の装置による稼働率に関する問題

AとBの稼働率を考えます。

Aは，並列に接続された「XとY」が「Z」に直列に接続されているので，Aの稼働率は，

$\{1-(1-X)(1-Y)\}\times Z$

となります。

Bは，直列に接続された「XとZ」が「Y」と並列に接続されているので，Bの稼働率は，

$1-(1-X\times Z)(1-Y)$

となります。

AとBの稼働率の計算式を展開すると，

・Aの稼働率 $=\{1-(1-X)(1-Y)\}\times Z$
$=\{1-(1-Y-X+XY)\}\times Z$
$=XZ+YZ-XYZ$

・Bの稼働率 $=1-(1-X\times Z)(1-Y)$
$=1-(1-Y-XZ+XYZ)$
$=XZ+Y-XYZ$

となり，両者の違いはYとYZの違いのみです。

ここで3台の稼働率は0以上1未満なので，YZはYよりも小さな値となり，Bの稼働率のほうが常に高いことがわかります（エ）。

問17 FIFOを採用した仮想記憶システムにおけるページ状態に関する問題

FIFO（First In First Out）アルゴリズムは，キューの容量がいっぱいになったときに，最初に入れたデータを先に出す（別のデータに置き換える）アルゴリズムです。先入れ先出し方式ともいいます。

本問は，仮想記憶システムにおけるページ置換えにこれを用いたもので，仮想ページ4ページにアクセスする中で実記憶は3ページしかなく，どのようにページの置換えが発生するかを問われています。

表のステップ3までは実記憶にも空きがある状態なのでページの置換えは発生しません。それ以降を見ていきます。

・ステップ4
ページ番号4が参照されます。このとき実記憶にもページ番号4があるので，置換えは発生しません。

実記憶ページの状態：[1][4][2]

・ステップ5
ページ番号1が参照されます。ページ番号1も実記憶に存在するので，置換えは発生しません。

実記憶ページの状態：[1][4][2]

・ステップ6
ページ番号3が参照されます。ページ番号3は実記憶にないので，実記憶にあるデータの中で最も先にデータが入れられた[1]をページアウトし，[3]をページインしてデータを置き換えます。

実記憶ページの状態：[3][4][2]

したがって，ステップ6まで終了した時点での実記憶ページの状態は，[3][4][2]となります（ウ）。

割当てステップ	参照する仮想ページ番号	実記憶ページの状態		
1	1	1	－	－
2	4	1	4	－
3	2	1	4	2
4	4	1	4	2
5	1	1	4	2
6	3	3	4	2

解答	問16 エ　問17 ウ

問18 仮想記憶方式に関する記述のうち，適切なものはどれか。

ア　LRUアルゴリズムは，使用後の経過時間が最長のページを置換対象とするページ置換アルゴリズムである。

イ　アドレス変換をインデックス方式で行う場合は，主記憶に存在する全ページ分のページテーブルが必要になる。

ウ　ページフォールトが発生した場合は，ガーベジコレクションが必要である。

エ　ページングが繰り返されるうちに多数の小さな空きメモリ領域が発生することを，フラグメンテーションという。

問19 ハッシュ表の理論的な探索時間を示すグラフはどれか。ここで，複数のデータが同じハッシュ値になることはないものとする。

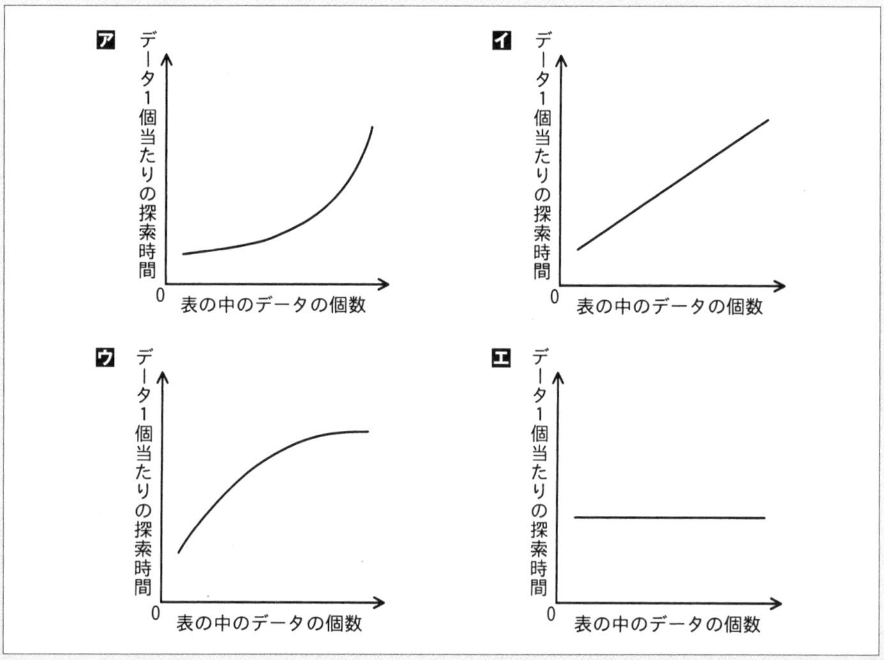

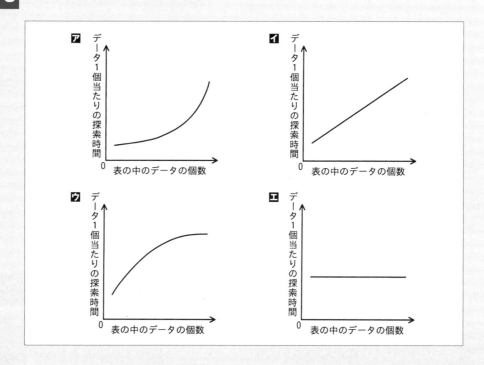

問20 コンテナ型仮想化の環境であって，アプリケーションソフトウェアの構築，実行，管理を行うためのプラットフォームを提供するOSSはどれか。

ア　Docker　　イ　KVM　　ウ　QEMU　　エ　Xen

解答・解説

問18 仮想化記憶方式に関する問題

ア：正しい。LRU（Least Recently Used）は，「直近で最も使われていない」すなわち，使用後の経過時間が最長のページを置換するアルゴリズムです。このほか，参照頻度が最も少ないページを置換するLFU（Least Frequently Used），最初に読み込んだページを先に置換するFIFO（First In First Out）などのアルゴリズムがあります。

イ：インデックス方式のアドレス指定は，プロセッサのインデックスレジスタの値をアドレスの基準値として用いる方法で，仮想記憶とは関係がありません。

ウ：ページフォールトは，主記憶上に存在しない仮想ページにアクセスしようとしたときに起きる現象です。このような現象が頻繁に起こることをスラッシングといいます。

エ：ページサイズは決まっているので，ページングを繰り返してもメモリ使用領域の断片化であるフラグメンテーションは発生しません。

問19 ハッシュ表の探索時間に関する問題

ハッシュ表は，データから生成されたハッシュ値を添え字とした配列で管理された表です。例えば会社名から特定のルールに基づいてハッシュ値を計算し（ハッシュ関数），ハッシュ値を添字とした配列変数に関連項目を格納することができます。

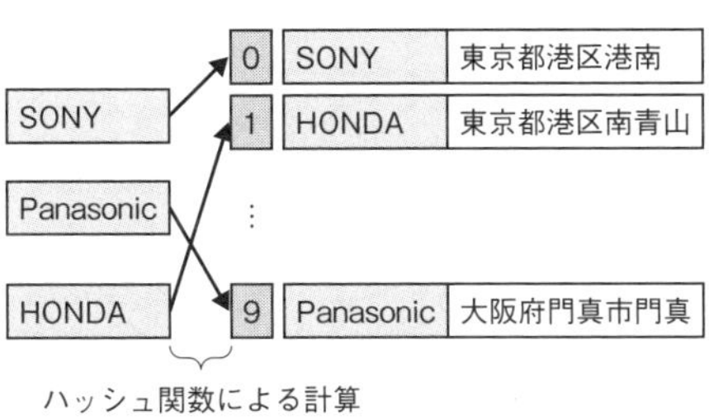

問題に「複数のデータが同じハッシュ値になることはない」とあるので，データ数によらず探索時間は一定になります。よって，答えは**エ**です。

問20 コンテナ型仮想化プラットフォームに関する問題

サーバの仮想化には，ホスト型仮想化，ハイパーバイザー型仮想化，コンテナ型仮想化があります。

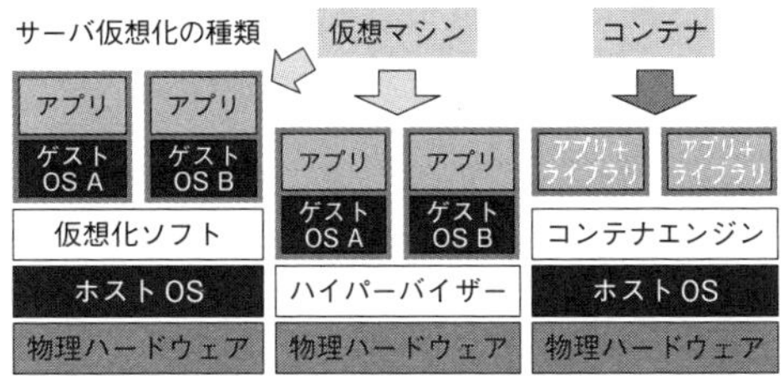

これらの仮想化方式には次のような特徴があります。

ホスト型	ホストOSで仮想化ソフトウェアを動かし，その上で複数のゲストOSを稼働させる。自由度は高いがゲストOSが物理サーバにアクセスするにはホストOSを経由する必要がある
ハイパーバイザー型	サーバで仮想化ソフトウェア（ハイパーバイザー）を動かし，その上で複数のゲストOSを稼働させる。サーバOSとは異なるOSを起動させることもできる
コンテナ型	ホストOS上のプロセスとして独立した空間（コンテナ）を作成し，アプリを必要なライブラリと共に動作させる

ア：正しい。Dockerは，コンテナ型仮想化の環境で，アプリケーションの開発，実行，管理を行うためのオープンプラットフォームです。

イ：KVM（Kernel-based Virtual Machine）は，Linuxカーネルをハイパーバイザーとして利用するための仮想化ソフトです。いまはLinuxカーネルに含まれています。

ウ：QEMUは，さまざまなコンピュータシステムをソフトウェア的に再現するオープンソースのエミュレータです。

エ：Xenも，オープンソースのLinux仮想化ハイパーバイザーの一種です。

解答	問18 ア	問19 エ	問20 ア

問21 NAND素子を用いた次の組合せ回路の出力Zを表す式はどれか。ここで，論理式中の“・”は論理積，“＋”は論理和，“$\overline{X}$”はXの否定を表す。

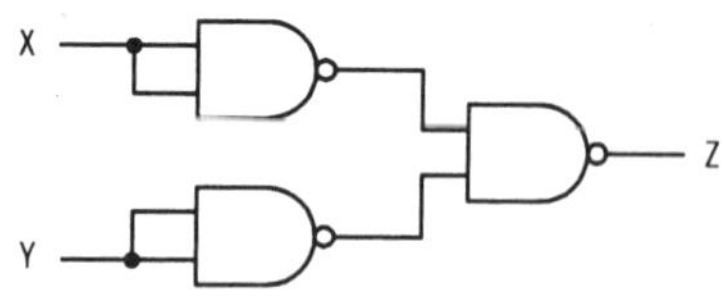

ア $X \cdot Y$　　イ $X+Y$　　ウ $\overline{X \cdot Y}$　　エ $\overline{X+Y}$

問22 図1の電圧波形の信号を，図2の回路に入力したときの出力電圧の波形はどれか。ここで，ダイオードの順電圧は0Vであるとする。

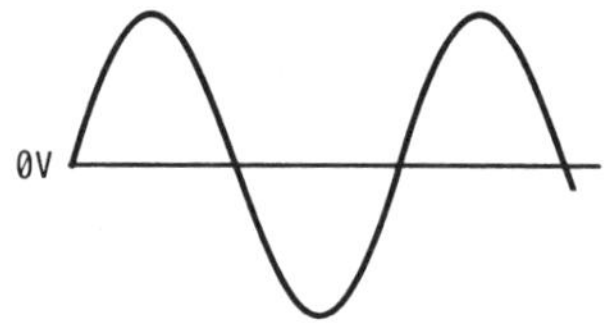

図1 入力信号

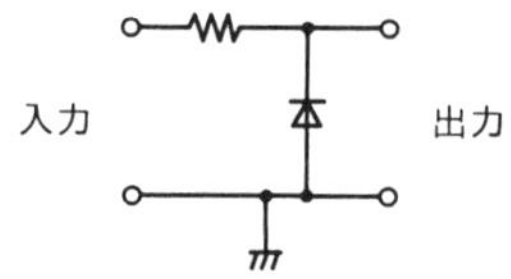

図2 回路図

ア

イ
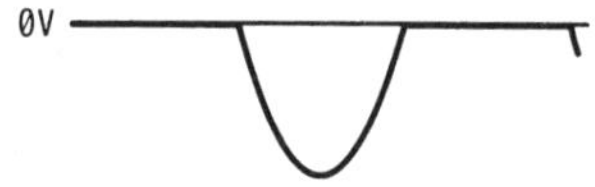

ウ
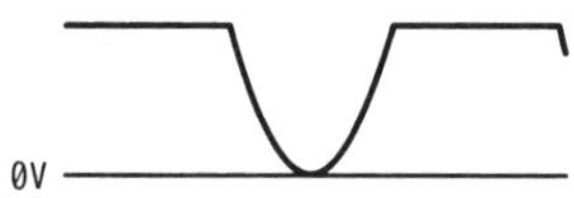

エ
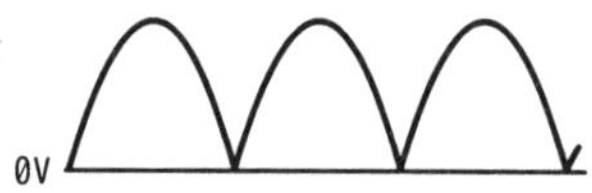

解答・解説

問21 NAND素子に関する問題

NAND素子は，AND素子の出力を反転させた素子です。真理値表は次のようになります。

X	Y	X AND Y	X NAND Y
0	0	0	1
0	1	0	1
1	0	0	1
1	1	1	0

このように，XとYが等しいとき，NAND素子は入力の否定を行います。

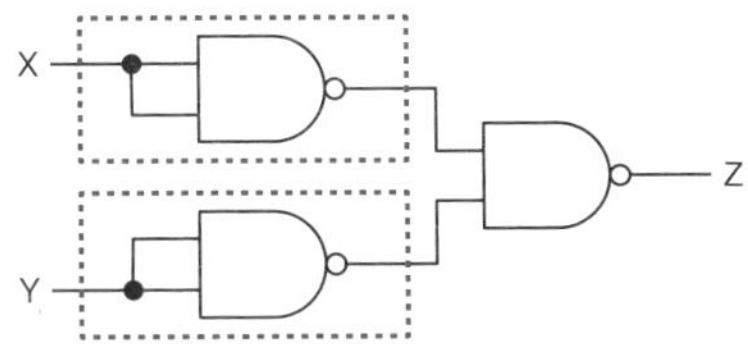

つまり，点線で囲われた部分は「否定」として機能します。XおよびYを否定した値が右側のNAND素子の入力となるので，新たに真理値表を作成すると次のようになります。

X	Y	$\overline{X}$	$\overline{Y}$	Z（$\overline{X}$ NAND $\overline{Y}$）
0	0	1	1	0
0	1	1	0	1
1	0	0	1	1
1	1	0	0	1

これはXとYの論理和（OR）と等しいので，この回路と等価なのはX＋Yとなります（イ）。

X	Y	X OR Y
0	0	0
0	1	1
1	0	1
1	1	1

このように，NAND素子は組み合わせ方によって，AND回路（NAND回路＋出力の否定）や，OR回路（問題の回路），NOR回路（OR回路の否定）としても用いることができます。

問22 ダイオードを用いた電気回路の問題

ダイオードは，順方向の電流（アノード側がプラスとなる向き）は通過させ，逆方向（カソード側がプラスとなる向き）の電流は遮断します。ダイオードのみの単純な回路を考えた場合，次のような動作をします。

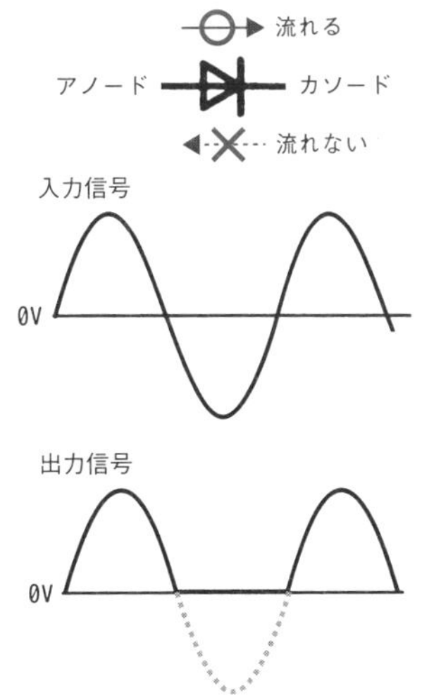

ダイオードの順電圧とは，電流が流れた際に一定電圧だけ下がる電圧のことです。これが0Vなので，電流が流れる方向であれば，入力信号は出力信号にそのまま透過し，ダイオードのアノードとカソード間の電圧も0V（電圧は落ちない）という意味になります。

問題の回路では次のような動きになります。

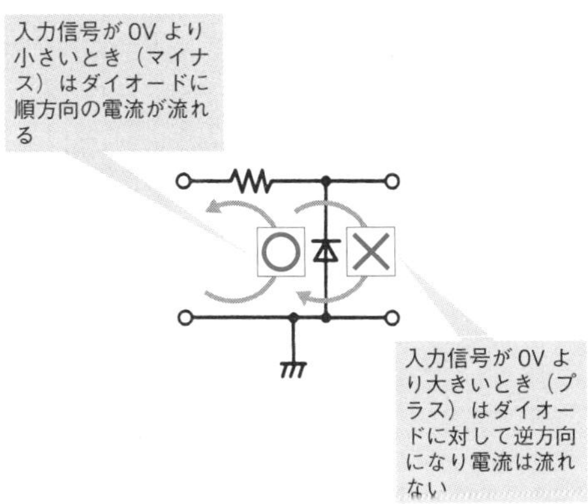

入力信号が0Vより小さいとき（マイナス）はダイオードに順方向の電流が流れる
入力信号が0Vより大きいとき（プラス）はダイオードに対して逆方向になり電流は流れない

入力信号がマイナスのとき，ダイオードに電流が流れ両端の電圧は0Vになるので出力も0Vになります。一方で入力信号がプラスのときダイオードには電流が流れず，入力信号が抵抗を通じてそのまま出力されます。したがって，ダイオードのみの回路と同様に入力がプラスのときそのまま出力され，マイナスのとき0Vになるアが答えとなります。

解答	問21 イ　　問22 ア

問 23 **車の自動運転に使われるセンサーの一つであるLiDARの説明として，適切なものはどれか。**

ア　超音波を送出し，その反射波を測定することによって，対象物の有無の検知及び対象物までの距離の計測を行う。

イ　道路の幅及び車線は無限遠の地平線で一点（消失点）に収束する，という遠近法の原理を利用して，対象物までの距離を計測する。

ウ　ミリ波帯の電磁波を送出し，その反射波を測定することによって，対象物の有無の検知及び対象物までの距離の計測を行う。

エ　レーザー光をパルス状に照射し，その反射光を測定することによって，対象物の方向，距離及び形状を計測する。

問 24 **NFC（Near Field Communication）の説明として，適切なものはどれか。**

ア　静電容量式のタッチセンサーで，位置情報を検出するために用いられる。

イ　接触式ICカードの通信方法として利用される。

ウ　通信距離は最大10m程度である。

エ　ピアツーピアで通信する機能を備えている。

問 25 **コンピュータグラフィックスに関する記述のうち，適切なものはどれか。**

ア　テクスチャマッピングは，全てのピクセルについて，視線と全ての物体との交点を計算し，その中から視点に最も近い交点を選択することによって，隠面消去を行う。

イ　メタボールは，反射・透過方向への視線追跡を行わず，与えられた空間中のデータから輝度を計算する。

ウ　ラジオシティ法は，拡散反射面間の相互反射による効果を考慮して拡散反射面の輝度を決める。

エ　レイトレーシングは，形状が定義された物体の表面に，別に定義された模様を張り付けて画像を作成する。

解答・解説

問23 距離を測定するLiDARに関する問題

選択肢は，いずれも車とその周囲にある他車や障害物との距離を測定するために用いられるセンサーの説明です。選択肢イのカメラ以外は，広い意味で「波」を対象物に当てて戻ってきた波を測定して，距離を測定します。

ア：超音波ソナーの説明です。人間の可聴周波数の上限（20KHz程度）以上の周波数の音を送出し，その反射波が戻ってくるまでの時間から対象物までの距離を測定します。音は伝搬速度が遅いため長距離の検知には不向きであり，指向性が弱いため障害物の細かな形状などは判りません。

イ：単眼カメラの説明です。高い位置から撮影した場合，近くの車のタイヤは遠くの車のタイヤより画面上で下側にずれることが分かります。常に対象物を認識し距離を測定します。

ウ：ミリ波レーダーの説明です。波長が1～10ミリ程度の電波を照射し対象物までの距離を測定します。一般的には数十センチメートルの物体を見分けることが可能です。

エ：正しい。自動車に用いられるLiDARセンサーでは，近赤外線（波長1000ナノメートル＝0.001ミリメートル前後）が使われ，レーザー光を走査することでミリ波レーダーよりも高い解像度で対象物との距離や形状を測定できます。

問24 ICカードのNFCに関する問題

NFC（Near Field Communication）は，非接触式のICカードや機器間相互通信（ピアツーピア）に用いられる無線通信技術です。ISO/IEC 18092（NFC IP-1）に由来する13.56MHzの周波数を利用し，通信距離10cm程度までの近距離通信を行います。現在ではISO/IEC 21481（NFC IP-2）に拡張され，RF-IDの通信も含んだ規格となっています。

主要な規格を表にまとめます。

規格	特徴	主な用途
Type A	低コスト	taspo，MIFAREなど
Type B	CPU内蔵，高セキュリティ	マイナンバーカード，運転免許証，パスポートなど
Type F (FeliCa)	高速動作，高セキュリティ	Suicaなどの交通系ICカード，各種電子マネーカードなど

ア：静電容量式のタッチセンサーではありません。また，位置情報を検出するために用いるものでもありません。

イ：接触式ではなく，非接触式ICカードの通信方法として利用されます。

ウ：通信距離は数cm（カード）～70cm（タグ）程度です。

エ：正しい。ピアツーピア（機器間相互通信）の規格を含んでいます。

問25 コンピュータグラフィックスの関連用語に関する問題

ア：Zバッファ法の記述です。Zバッファ法では，視点からの光線が物体と交わる点のうち一番近い点を抽出して表示します。それより奥にある点は隠れて見えないことを利用して計算量を抑えることができます。

イ：メタボールは形状生成手法の一つで，電荷を帯びた複数の球体を集めて，等電位となった部分をつなぎ合わせた形状によってモデリングを行います。滑らかな形状や，雲のような自然現象を表現するのに適した方法です。

ウ：正しい。一般的なシェーディング手法では，光源として設定された直接光以外の光は，環境光として一様な光があるものとして計算していました。ラジオシティ法では，壁面からの反射光なども含めた計算を行うことで，より写実的な表現が可能になります。

エ：テクスチャマッピングの記述です。2次元の画像を3次元の物体表面に貼り付けて表示することで，写実的な表現を簡単に行うことができます。例えばボトルの形状をした物体に，ワインのラベル等を含んだ瓶の外観を貼り付けるなどの表現を行います。

なお，レイトレーシングは，視点側から画素ごとに光線をたどって計算を行うレンダリング手法です。環境光（光の乱反射など）を考慮するほど画素ごとに計算を重ねていくので，計算量が多くなります。

解答	問23 エ	問24 エ	問25 ウ

問 26 JSON形式で表現される図1，図2のような商品データを複数のWebサービスから取得し，商品データベースとして蓄積する際のデータの格納方法に関する記述のうち，適切なものはどれか。ここで，商品データの取得元となるWebサービスは随時変更され，項目数や内容は予測できない。したがって，商品データベースの検索時に使用するキーにはあらかじめ制限を設けない。

```
{
  "_id":"AA09",
  "品名":"47 型テレビ",
  "価格":"オープンプライス",
  "関連商品 id": [
    "AA101",
    "BC06"
  ]
}
```

図1　A社 Web サービスの商品データ

```
{
  "_id":"AA10",
  "商品名":"りんご",
  "生産地":"青森",
  "価格":100,
  "画像 URL":"http://www.example.com/apple.jpg"
}
```

図2　B社 Web サービスの商品データ

- **ア** 階層型データベースを使用し，項目名を上位階層とし，値を下位階層とした2階層でデータを格納する。
- **イ** グラフデータベースを使用し，商品データの項目名の集合から成るノードと値の集合から成るノードを作り，二つのノードを関係付けたグラフとしてデータを格納する。
- **ウ** ドキュメントデータベースを使用し，項目構成の違いを区別せず，商品データ単位にデータを格納する。
- **エ** 関係データベースを使用し，商品データの各項目名を個別の列名とした表を定義してデータを格納する。

問 27 クライアントサーバシステムにおけるストアドプロシージャの記述として誤っているものはどれか。

- **ア** アプリケーションから一つずつSQL文を送信する必要がなくなる。
- **イ** クライアント側のCALL文によって実行される。
- **ウ** サーバとクライアントの間での通信トラフィックを軽減することができる。
- **エ** データの変更を行うときに，あらかじめDBMSに定義しておいた処理を自動的に起動・実行するものである。

解答・解説

問 26 JSON形式のデータ活用に関する問題

JSON（JavaScript Object Notation：JavaScriptオブジェクト表記）は，JavaScriptのデータ表現形式を用いたテキストベースの汎用データ交換フォーマットです。「{ }」の中に「" "」で囲まれた項目名と値を「:」で区切って記述します。

問題文の図1の例で説明すると，

項目名　値
"_id": "AA09"

がこれにあたります（前後の{ }は省略）。

値が数値やブール値の場合は「" "」を省略します（例：「"価格":100」）。また，複数のデータがある場合は「,」で区切ります。データを見やすくするために，任意の場所に改行を入れることもできます。

一つの項目名に複数のデータがある配列の場合には値を「[ ]」の中に「,」で区切って入力します。図1の例では，

項目名　値1　値2
"関連商品 id":["AA101", "BC06"]

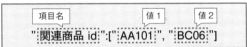

の部分がこれにあたります（前後の{ }は省略）。

JSONの特徴として，CSV形式のように単にデータが先頭からの順番で意味付けされるのではなく，「○○は△△」のように項目名と値をペアで記述できます。JSONの中にJSONをネストすることも可能なので木構造のデータも記述できるなど，柔軟なデータ構造を記述できます。

同様にデータ交換に用いられるXMLと比較すると，JSONの方が同じデータではタグがない分コンパクトです。また，CSVよりもキー値の取扱いなどがしっかりしているため，幅広く使われるようになりました。

ア：JSONの項目名と値は，上位下位のような親子関係ではないので誤りです。ただし，階層型のデータを記述することは可能です。

イ：グラフデータベースは「ノード」「リレーション」「プロパティ」によってノード間の関係性を記述するデータベースです。JSONにそれらの記述はないので誤りです。

ウ：正しい。項目名と値のペアによって，図1と図2のように項目構成の違いを区別せずデータを格納できます。

エ：関係データベースは各項目を表形式で定義したデータベースです。問題文に「項目数や内容が予測できない」とあるので誤りです。

問27 ストアドプロシージャに関する問題

ストアドプロシージャは，データベースに対する一連の手続きに名前を付けてデータベース側に保存したものです。

例えば顧客表から，住所，氏名，電話番号を抽出する場合，ストアドプロシージャとして「顧客リスト」という名前を付けて

```
CREATE PROCEDURE 顧客リスト AS
SELECT 住所,氏名,電話番号 FROM 顧客
```

として保存しておくと，クライアント側で

```
CALL 顧客リスト
```

とするだけで，SELECT文を記述したのと同様の処理が行えます。

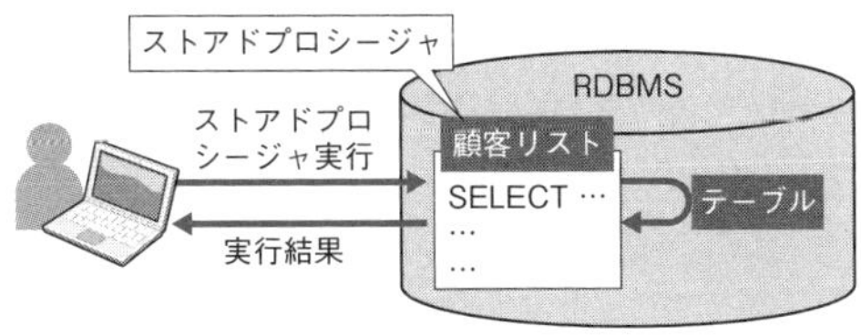

※実際には複数のSQL文からストアドプロシージャを構成し，呼び出し側から引数を渡して実行するものが使われることが多くなっています。

ア：正しい。複数のSQL文をひとかたまりにして，一度に実行することができます。

イ：正しい。クライアントから呼び出す際には，CALL文を用います。

ウ：正しい。複数のSQL文を1回の呼出しにまとめることができるので，通信トラフィックは減少します。

エ：誤り。ストアドプロシージャは，CALL文によって呼出し・実行されます。

したがって，答えは**エ**です。

解答	問26 ウ　　問27 エ

問28 データベースシステムの操作の説明のうち，べき等（idempotent）な操作の説明はどれか。

ア　同一の操作を複数回実行した結果と，一回しか実行しなかった結果が同一になる操作
イ　トランザクション内の全ての処理が成功したか，何も実行されなかったかのいずれかの結果にしかならない操作
ウ　一つのノードへのレコードの挿入処理を，他のノードでも実行する操作
エ　複数のトランザクションを同時に実行した結果と，順番に実行した結果が同一になる操作

問29 UMLを用いて表した図のデータモデルのa，bに入れる多重度はどれか。

〔条件〕
(1) 部門には1人以上の社員が所属する。
(2) 社員はいずれか一つの部門に所属する。
(3) 社員が部門に所属した履歴を所属履歴として記録する。

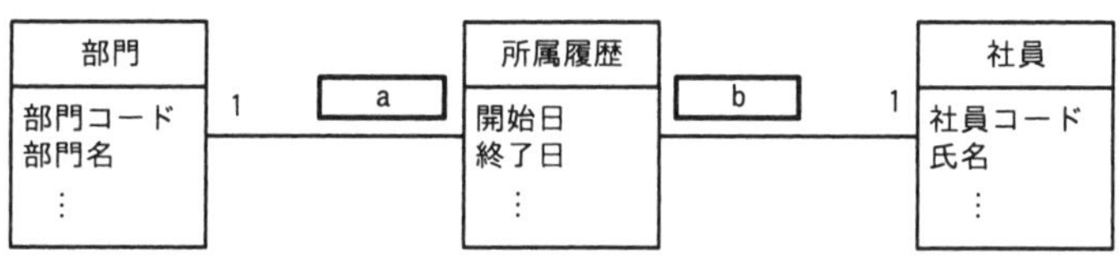

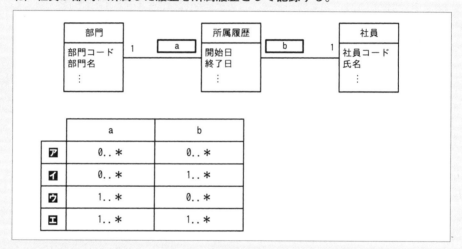

	a	b
ア	0..＊	0..＊
イ	0..＊	1..＊
ウ	1..＊	0..＊
エ	1..＊	1..＊

問30 図のような関係データベースの“注文”表と“注文明細”表がある。“注文”表の行を削除すると，対応する“注文明細”表の行が，自動的に削除されるようにしたい。参照制約定義の削除規則（ON DELETE）に指定する語句はどれか。ここで，図中の実線の下線は主キーを，破線の下線は外部キーを表す。

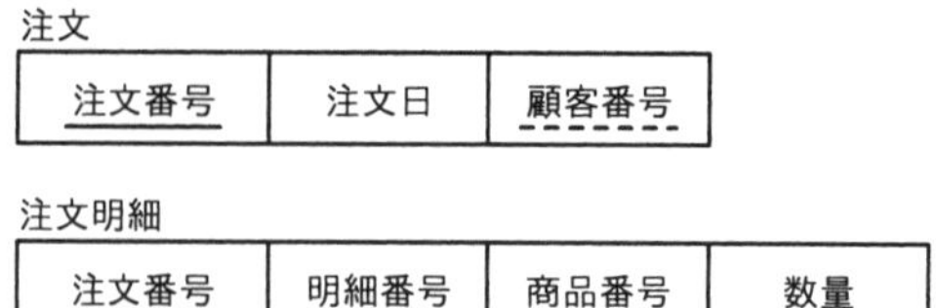

ア　CASCADE　　イ　INTERSECT　　ウ　RESTRICT　　エ　UNIQUE

解答・解説

問28 データベース操作のべき等に関する問題

べき等とは，同じ操作を何度実行しても，同じ結果が得られることを示します。データベースにおいて，例えば更新ボタンの二度押しなどの誤操作や不完全なリトライ処理などのクライアント側の誤った処理により同じデータを何度も挿入することがあった場合でも，データベース側では一度しか挿入されないようにするためにべき等性が必要になります。

ア：正しい。

イ：ACID特性のうち，原子性（Atomicity）に関連する操作です。

ウ：NoSQLデータベースのBASE特性のうち，結果整合性（Eventually consistency）に関連する操作です。

エ：ACID特性のうち，独立性（Isolation）に関連する操作です。

問29 UMLデータモデルの多重度に関する問題

UMLにおける多重度は，クラス図においてクラス間の関連性とインスタンス（実体）数を表します。一般には各々のクラスを結ぶ線の両端に数字や記号を使って表します。問題で示されたUML 2.0の表記方法では，多重度の範囲を次のように表現します。

<最低値>..<最高値>

多重度	省略形	多重度（相手のインスタンス1個に対して）
0		インスタンスは存在しない
0..1		インスタンスなしまたは1個
1..1	1	インスタンスは1個
0..*	*	0個以上のインスタンス
1..*		少なくとも1個以上のインスタンス
5..5	5	インスタンスは5個
m..n		m個以上n個以下のインスタンス

分かりやすいので空欄bから考えます。空欄bは社員1人あたりに対しての所属履歴の数です。〔条件〕（2）より社員はいずれか一つの部門に所属し，（3）より部門に所属した履歴を記録するとあるので，所属が変わるたびにインスタンスが増えていきます。よって，bは1以上となるので「1..*」となります。

空欄aは〔条件〕（1）より，部門に対して1人以上の社員が所属するわけですから，所属することにより所属履歴のインスタンスが発生するので最低でも1はあり，異動等によってさらに増える可能性があるので「1..*」となります（エ）。

問30 SQLの参照制約に関する問題

次のようなテーブルをもつ関係データベースを考えてみましょう。

"学生"表（子）

学生番号	氏名	部活	性別
1	芦屋 公太	テニス	男
2	加藤 昭	バレー	男
3	高見澤 秀幸	スキー	男
4	田中 典子	スキー	女
5	矢野 龍王	バレー	男

"部活"表（親）

部活	部室
スキー	101
テニス	102
バレー	103

削除

このとき，部活表の「テニス」を削除すると学生表の「芦屋 公太」の部活の参照先がなくなってしまいます。こうしたことを防ぐために関係データベースでは外部キー制約を設けて，データの整合性を保ちます。表にON DELETEを指定することで，データ削除の際にエラーが発生した場合の動作を設定することができます。

ア：CASCADE…正しい。データ削除時に子表の同じ値をもつカラムのデータを削除します。

イ：INTERSECT…複数のSELECTの結果の積集合を得る命令です。外部参照キー制約とは無関係です。

ウ：RESTRICT…データ削除の際に子表に同じ値をもったカラムがあるとエラーになります。

エ：UNIQUE…一意制約で用いる命令です。データの追加・更新時に他と重複しないデータしか操作できなくなります。外部参照キー制約とは異なります。

解答	問28 ア	問29 エ	問30 ア

問 31 通信技術の一つであるPLCの説明として，適切なものはどれか。

ア 音声データをIPネットワークで伝送する技術
イ 電力線を通信回線として利用する技術
ウ 無線LANの標準規格であるIEEE 802.11シリーズの総称
エ 無線通信における暗号化技術

問 32 100Mビット／秒のLANと1Gビット／秒のLANがある。ヘッダーを含めて1,250バイトのパケットをN個送付するときに，100Mビット／秒のLANの送信時間が1Gビット／秒のLANより9ミリ秒多く掛かった。Nは幾らか。ここで，いずれのLANにおいても，パケットの送信間隔（パケットの送信が完了してから次のパケットを送信開始するまでの時間）は1ミリ秒であり，パケット送信間隔も送信時間に含める。

ア 10　イ 80　ウ 100　エ 800

問 33 1個のTCPパケットをイーサネットに送出したとき，イーサネットフレームに含まれる宛先情報の，送出順序はどれか。

ア 宛先IPアドレス，宛先MACアドレス，宛先ポート番号
イ 宛先IPアドレス，宛先ポート番号，宛先MACアドレス
ウ 宛先MACアドレス，宛先IPアドレス，宛先ポート番号
エ 宛先MACアドレス，宛先ポート番号，宛先IPアドレス

問 34 IPネットワークのプロトコルのうち，OSI基本参照モデルのトランスポート層に位置するものはどれか。

ア HTTP　イ ICMP　ウ SMTP　エ UDP

解答・解説

問31 PLCに関する問題

PLC（Power Line Communication：電力線搬送通信）は，家庭用のコンセントにつながっている電力線をネットワーク通信回線として利用し，家庭内や同じ電力線を使用している構内で，専用のネットワーク回線の代わりに利用する技術です。工事が不要でWi-Fiのように障害物に影響されることなく手軽に利用できます。一方，通信速度は最大でも数百Mbpsであり，ノイズを発生させる家電製品などの影響を受けて通信が不安定になることがあるなどのデメリットもあります。

ア：VoIP（Voice over Internet Protocol）の説明

です。

イ：正しい。

ウ：Wi-Fiの説明です。Wi-FiはIEEE 802.11に準拠し，相互接続が可能なデバイスであることが認証されたことを示す名称です。

エ：無線通信における暗号化技術には，WPA（Wi-Fi Protected Access）やその後継規格であるWPA2，WPA3などがあります。

問32 ネットワークのパケット送出量に関する問題

計算するには，まずビットとバイトの単位をどちらかに合わせます。ここではビットに合わせて計算します。

1パケット＝1,250バイト
　　　　　＝1,250×8ビット
　　　　　＝10,000ビット

1パケット送出にかかる時間は，パケット送出間隔の1ミリ秒（1/1,000秒）も合わせて，次のように計算できます。

・100Mビット／秒のLANの場合
　10,000/100,000,000＋1/1,000
　＝1/10,000＋10/10,000
　＝11/10,000秒＝1.1ミリ秒　……①
・1Gビット／秒のLANの場合
　10,000/1,000,000,000＋1/1,000
　＝1/100,000＋100/100,000
　＝101/100,000＝1.01ミリ秒　……②

パケット送出数をNとすると，①の方が9ミリ秒多くかかったので，

1.1N＝1.01N＋9

この式を変形してNを求めると，

0.09N＝9
　N＝100

となります（ウ）。

問33 イーサネットフレームに含まれる宛先情報に関する問題

アプリケーションが通信を行う際，OSI基本参照モデルのセッション層までに整理されたメッセージは，トランスポート層であるTCPにおいてTCPヘッダが付加されたパケットとして構成されます。TCPヘッダを含むパケットは，ネットワーク層であるIPによりIPヘッダを付加されてIPパケット（IPデータグラム）となり，データリンク層に渡されます。そこでデータリンク層のヘッダであるイーサネットフレームヘッダが付加され，物理層で通信が行われます。

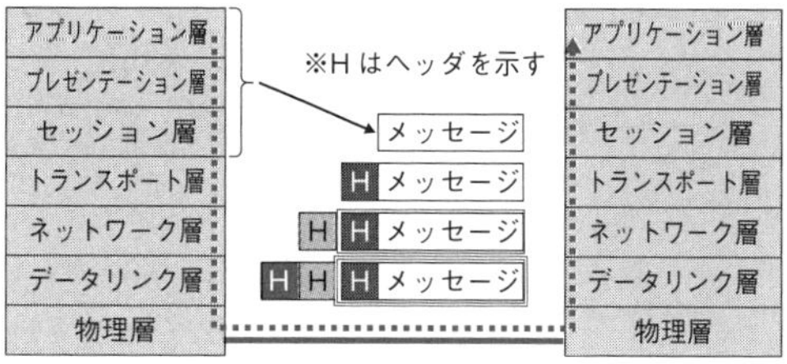

このため，宛先情報の送出順序は，データリンク層のMACアドレス，ネットワーク層のIPアドレス，トランスポート層のポート番号の順になります（ウ）。

問34 OSI基本参照モデルのトランスポート層に関する問題

ア：HTTPはアプリケーション層に位置し，Webサーバとクライアント間でデータを送受信するプロトコルです。

イ：ICMPはネットワーク層に位置し，IPプロトコルを使った通信で，エラーの通知や通信状態などの診断を行うためのプロトコルです。

ウ：SMTPはアプリケーション層に位置し，インターネット上のメールサーバ間で電子メールの転送やクライアントが電子メールをサーバに送信するときに使用されるプロトコルです。

エ：正しい。UDPはトランスポート層に位置し，ネットワーク層とセッション層以上の橋渡しを行います。信頼性のための確認応答や順序制御などの機能をもっていないプロトコルです。

解答		
	問31 イ	問32 ウ
	問33 ウ	問34 エ

問35 モバイル通信サービスにおいて，移動中のモバイル端末が通信相手との接続を維持したまま，ある基地局経由から別の基地局経由の通信へ切り替えることを何と呼ぶか。

- ア テザリング
- イ ハンドオーバー
- ウ フォールバック
- エ ローミング

問36 ボットネットにおいてC&Cサーバが担う役割はどれか。

- ア 遠隔操作が可能なマルウェアに，情報収集及び攻撃活動を指示する。
- イ 攻撃の踏み台となった複数のサーバからの通信を制御して遮断する。
- ウ 電子商取引事業者などへの偽のデジタル証明書の発行を命令する。
- エ 不正なWebコンテンツのテキスト，画像及びレイアウト情報を一元的に管理する。

問37 セキュアOSを利用することによって期待できるセキュリティ上の効果はどれか。

- ア 1回の利用者認証で複数のシステムを利用できるので，強固なパスワードを一つだけ管理すればよくなり，脆(ぜい)弱なパスワードを設定しにくくなる。
- イ Webサイトへの通信路上に配置して通信を解析し，攻撃をブロックすることができるので，Webアプリケーションソフトウェアの脆弱性を悪用する攻撃からWebサイトを保護できる。
- ウ 強制アクセス制御を設定することによって，ファイルの更新が禁止できるので，システムに侵入されてもファイルの改ざんを防止できる。
- エ システムへのログイン時に，パスワードのほかに専用トークンを用いて認証が行えるので，パスワードが漏えいしても，システムへの侵入を防止できる。

問38 メッセージにRSA方式のデジタル署名を付与して2者間で送受信する。そのときのデジタル署名の検証鍵と使用方法はどれか。

- ア 受信者の公開鍵であり，送信者がメッセージダイジェストからデジタル署名を作成する際に使用する。
- イ 受信者の秘密鍵であり，受信者がデジタル署名からメッセージダイジェストを取り出す際に使用する。
- ウ 送信者の公開鍵であり，受信者がデジタル署名からメッセージダイジェストを取り出す際に使用する。
- エ 送信者の秘密鍵であり，送信者がメッセージダイジェストからデジタル署名を作成する際に使用する。

解答・解説

問35 モバイル通信サービスにおけるハンドオーバーに関する問題

ア：テザリングは，スマートフォンなどインターネットに接続可能なモバイルデータ通信を利用して，他のデバイスにインターネット接続を提供する機能です。

イ：正しい。一つの基地局がカバーできるエリアには限りがあるので，移動しながら複数の基地局を切り替えて通信を継続することをハンドオーバーといいます。

ウ：フォールバック（縮退運転）は，システム障害等の異常時に，機能や性能を制限しながら動作を継続させることです。

エ：ローミングは，スマートフォンなどにおいて利用者が契約しているサービス事業者のエリア外で他の事業者のネットワークに接続するサービスです。

問36 ボットネットにおけるC&Cサーバに関する問題

ボットネットとは，遠隔操作が可能なマルウェアの一種であるボットに感染したコンピュータによって構成されるネットワークで，その中心となってそれらを制御し，攻撃者の指令を伝えたり，情報を攻撃者に伝えたりする役割を担うのがC&Cサーバ（Command and Control Server）です（ア）。

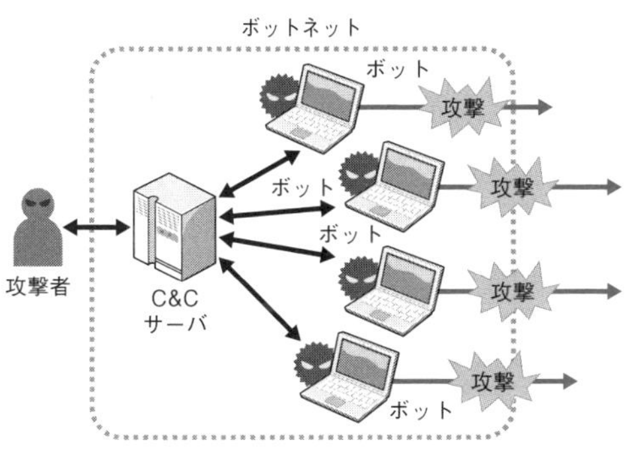

問37 セキュアOSの効果に関する問題

セキュアOSとは，セキュリティ機能を強化したOS（オペレーティングシステム）のことです。一般的には，次の二つの考え方を実現するOSをいいます。

> ① **強制アクセス制御：リソースに対するアクセス権のルールを管理者のみが設定できる方式**
> ② **最小特権：管理者やシステム動作に必要なプロセスに対して，すべてのアクセス権を解放するのではなく，部分的に細分化された特権のみを提供する方式**

ア：SSO（Single Sign-On）の説明です。

イ：NIDS（Network Intrusion Detection System）の説明です。

ウ：正しい。

エ：トークンを用いた二要素認証の説明です。

問38 デジタル署名の鍵の使用方法に関する問題

デジタル署名は，署名が付加された電子メッセージが，署名者が作成したものであることやメッセージ本体が改ざんされていないことを証明します。デジタル署名の実装には公開鍵暗号が用いられ，送信者の公開鍵を検証鍵としてデジタル署名が正しいことの検証，すなわち受信者が署名を検証するときに用いられます（ウ）。

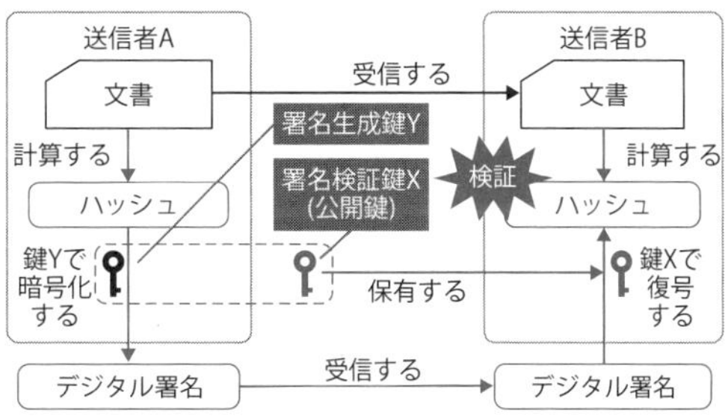

解答		
	問35 イ	問36 ア
	問37 ウ	問38 ウ

問39

"政府情報システムのためのセキュリティ評価制度（ISMAP）"の説明はどれか。

ア　個人情報の取扱いについて政府が求める保護措置を講じる体制を整備している事業者などを評価して，適合を示すマークを付与し，個人情報を取り扱う政府情報システムの運用について，当該マークを付与された者への委託を認める制度

イ　個人データを海外に移転する際に，移転先の国の政府が定めた情報システムのセキュリティ基準を評価して，日本が求めるセキュリティ水準が確保されている場合には，本人の同意なく移転できるとする制度

ウ　政府が求めるセキュリティ要求を満たしているクラウドサービスをあらかじめ評価，登録することによって，政府のクラウドサービス調達におけるセキュリティ水準の確保を図る制度

エ　プライベートクラウドの情報セキュリティ全般に関するマネジメントシステムの規格にパブリッククラウドサービスに特化した管理策を追加した国際規格を基準にして，政府情報システムにおける情報セキュリティ管理体制を評価する制度

問40

ソフトウェアの既知の脆（ぜい）弱性を一意に識別するために用いる情報はどれか。

ア　CCE（Common Configuration Enumeration）

イ　CVE（Common Vulnerabilities and Exposures）

ウ　CVSS（Common Vulnerability Scoring System）

エ　CWE（Common Weakness Enumeration）

問41

TPM（Trusted Platform Module）に該当するものはどれか。

ア　PCなどの機器に搭載され，鍵生成，ハッシュ演算及び暗号処理を行うセキュリティチップ

イ　受信した電子メールが正当な送信者から送信されたものであることを保証する送信ドメイン認証技術

ウ　ファイアウォール，侵入検知，マルウェア対策など，複数のセキュリティ機能を統合したネットワーク監視装置

エ　ログデータを一元的に管理し，セキュリティイベントの監視者への通知及び相関分析を行うシステム

解答・解説

問39　ISMAPに関する問題

ア：プライバシーマークの説明です。プライバシーマークは，個人情報保護に関して「JIS Q 15001個人情報保護マネジメントシステム―要求事項」に準拠した一定の要件を満たした事業者に対し，日本情報経済社会推進協会（JIPDEC）により使用を認められるサービスマークです。

イ：個人情報保護法第28条にある，海外にデータを移転する際の例外規定の説明です。「個人の権利利益を保護する上で我が国と同等の水準にあると認められる個人情報の保護に関する制度を有している外国として個人情報保護委員会規則で定めるものを除く」とあります。

ウ：正しい。ISMAP（Information system Security Management and Assessment Program）は，クラウドサービスについて，統一的なセキュリティ基準を示し，サービス提供者のサービスがそれらの基準を満たしていることを監視し，適正と評価されたサービスを「登録簿」に記載します。政府がクラウドサービスを利用する際，「登録簿」に掲載されたサービスを利用することで，一定水準のセキュリティが担保されます。

エ：ISMAPは，事業者が提供するクラウドサービスを評価・監視する制度で，政府情報システムそのものを評価する制度ではありません。

問40 ソフトウェアの既知の脆弱性に関する問題

選択肢はSCAP（Security Content Automation Protocol：セキュリティ設定共通化手順）に関するものです。SCAPはセキュリティ情報のフォーマットを標準化します。

ア：CCE（Common Configuration Enumeration：共通セキュリティ設定一覧）は，セキュリティ設定項目にユニークIDを付与するための仕様です。

イ：正しい。CVE（Common Vulnerabilities and Exposures：共通脆弱性識別子）は，ソフトウェアの脆弱性情報を集めて公開するデータベースです。脆弱性に対してユニークIDが付与されます。

ウ：CVSS（Common Vulnerability Scoring System：共通脆弱性評価システム）は，情報システムの脆弱性に対する評価手法および指標です。脆弱性の深刻度を定量的に評価します。

エ：CWE（Common Weakness Enumeration：共通脆弱性タイプ）は，ソフトウェアの脆弱性を分類，識別するための共通基準です。

問41 TPM（Trusted Platform Module）に関する問題

TPMは，一部のPCなどの機器に搭載されるセキュリティ向上のためのハードウェアで，次のような機能をもっています。

- **公開鍵暗号化アルゴリズムに基づく，鍵の生成と格納（後に共通鍵暗号にも対応）**
- **暗号化と復号に必要となるハッシュ値の演算と保管**
- **不揮発性（電源を切っても記憶し続ける）と耐タンパ性（不正手段によってアクセスできない）をもったストレージ機能**

これらの機能によって，TPM搭載機器では端末の個体識別やストレージの暗号化が可能になります。Microsoft社のストレージ暗号化技術であるBitLockerは，鍵をTPMに保存して暗号化することでストレージを保護することができます。

ア：正しい。主に高度なセキュリティが要求される企業用PCなどに搭載されます。

イ：IPアドレスを利用するSPF（Sender Policy Framework）や，電子署名を利用するDKIM（DomainKeys Identified Mail）などいくつかの方法があります。

ウ：UTM（Unified Threat Management：統合脅威管理）です。ネットワークに関連する脅威への対策機能を統合したアプライアンスです。

エ：SIEM（Security Information and Event Management：セキュリティ情報およびイベント管理）です。単にログデータを収集するのではなく，ログ同士の相関分析をリアルタイムに行うことで，セキュリティインシデントなどを早期に発見することが可能です。

解答	問39 ウ	問40 イ	問41 ア

問 42 デジタルフォレンジックスの手順は収集，検査，分析及び報告から成る。このとき，デジタルフォレンジックスの手順に含まれるものはどれか。

ア　サーバとネットワーク機器のログをログ管理サーバに集約し，リアルタイムに相関分析することによって，不正アクセスを検出する。

イ　サーバのハードディスクを解析し，削除されたログファイルを復元することによって，不正アクセスの痕跡を発見する。

ウ　電子メールを外部に送る際に，本文及び添付ファイルを暗号化することによって，情報漏えいを防ぐ。

エ　プログラムを実行する際に，プログラムファイルのハッシュ値と脅威情報を突き合わせることによって，プログラムがマルウェアかどうかを検査する。

問 43 公衆無線LANのアクセスポイントを設置するときのセキュリティ対策とその効果の組みとして，適切なものはどれか。

	セキュリティ対策	効果
ア	MAC アドレスフィルタリングを設定する。	正規の端末の MAC アドレスに偽装した攻撃者の端末からの接続を遮断し，利用者のなりすましを防止する。
イ	SSID を暗号化する。	SSID を秘匿して，SSID の盗聴を防止する。
ウ	自社がレジストラに登録したドメインを，アクセスポイントの SSID に設定する。	正規のアクセスポイントと同一の SSID を設定した，悪意のあるアクセスポイントの設置を防止する。
エ	同一のアクセスポイントに無線で接続している端末同士のアクセスポイント経由の通信を遮断する。	同一のアクセスポイントに無線で接続している他の端末に，公衆無線 LAN の利用者がアクセスポイントを経由してアクセスすることを防止する。

解答・解説

問42 デジタルフォレンジックスに関する問題

デジタルフォレンジックス（Digital Forensics）とは，事件が発生したときに警察が鑑識を行って犯人捜査を行うように，コンピュータやネットワークの情報漏洩や改ざん，運用妨害などのインシデント，その未遂行為に対してログや不正操作の痕跡などのデジタルデータを収集・保全し，調査・分析，可視化を行う科学的調査方法です。

デジタルフォレンジックスの進め方を図に示します。

デジタルフォレンジックスを行う対象は，コンピュータやネットワーク機器はもちろん，スマートフォン，リモートストレージ，メールなどのコミュニケーションツール，監視カメラなど多岐にわたります。それらが残した電子的な証拠からデータを抽出し，実用的に分かる形に可視化し，必要に応じて警察や弁護士に調査結果を提示して，インシデント対応や犯罪捜査，裁判への協力等を行います。

ア：関連機器のログを当該機器ではなくログ管理サーバに集約することは，デジタルフォレンジックスを行うのに適しています。しかし，インシデント発生以前の対策なので，デジタルフォレンジックスの手順には含まれません。

イ：正しい。サーバからファイルが削除されていても，適切な手順を行うことで，ファイルの復元が可能となるケースは多くあります。

ウ：送信ファイルを暗号化することで，ネットワークを盗聴することによる情報漏洩の可能性を低くすることは可能ですが，これはインシデントの発生を防ぐ対策であり，デジタルフォレンジックスの手順ではありません。

エ：この手順はウイルス対策ソフトウェアなどにおいて，既知のマルウェアを検出する方法です。不正なプログラムの実行によって発生するインシデントを防ぐ対策としては有効ですが，デジタルフォレンジックスの手順ではありません。

問43 公衆無線LANアクセスポイントのセキュリティ対策に関する問題

各選択肢の対策とその効果が正しいか見ていきましょう。

ア：MACアドレスのフィルタリングは，アクセスポイントに接続した端末のMACアドレスが許可されたものかをチェックします。偽装されたMACアドレスを見抜くことはできません。

イ：SSIDは，無線LANのアクセスポイントを識別するための名前（ネットワーク名）です。ステルスモードを使って秘匿することは可能ですが，暗号化することはできません。

ウ：レジストラに登録したドメインをSSIDに設定することは可能ですが，SSIDはアクセスポイントを識別するための名称に過ぎません。だれでも自由に名前をつけることができます。ドメイン名を設定したとしても，レジストラに登録されているかどうかといった名称のチェックは行われません。

エ：正しい。無線LANのアクセスポイントに接続された端末同士は，一般に同一セグメントに置かれます。このため端末同士が見えたり，意図せず公開している共有フォルダにアクセス可能になったりすることがあります。そこで，上流のネットワークとの通信を許可し，アクセスポイントに接続された端末同士の通信を不許可にすることで不要な通信を遮断することがあります。このような機能をプライバシーセパレータといいます。

解答	問42 イ	問43 エ

問44 スパムメール対策として，サブミッションポート（ポート番号587）を導入する目的はどれか。

ア DNSサーバにSPFレコードを問い合わせる。
イ DNSサーバに登録されている公開鍵を使用して，デジタル署名を検証する。
ウ POP before SMTPを使用してメール送信者を認証する。
エ SMTP-AUTHを使用して，メール送信者を認証する。

問45 次に示すような組織の業務環境において，特定のIPセグメントのIPアドレスを幹部のPCに動的に割り当て，一部のサーバへのアクセスをそのIPセグメントからだけ許可することによって，幹部のPCだけが当該サーバにアクセスできるようにしたい。利用するセキュリティ技術として，適切なものはどれか。

〔組織の業務環境〕
- 業務ではサーバにアクセスする。サーバは，組織の内部ネットワークからだけアクセスできる。
- 幹部及び一般従業員は同一フロアで業務を行っており，日によって席が異なるフリーアドレス制を取っている。
- 各席には有線LANポートが設置されており，PCを接続して組織の内部ネットワークに接続する。
- ネットワークスイッチ1台に全てのPCとサーバが接続される。

ア IDS　　イ IPマスカレード
ウ スタティックVLAN　　エ 認証VLAN

問46 モジュールの独立性を高めるには，モジュール結合度を低くする必要がある。モジュール間の情報の受渡し方法のうち，モジュール結合度が最も低いものはどれか。

ア 共通域に定義したデータを関係するモジュールが参照する。
イ 制御パラメータを引数として渡し，モジュールの実行順序を制御する。
ウ 入出力に必要なデータ項目だけをモジュール間の引数として渡す。
エ 必要なデータを外部宣言して共有する。

解答・解説

問44 サブミッションポートに関する問題

一般的に電子メールの送信には，SMTP（ポート番号25）を用いますが，SMTPにはユーザ認証を行う仕組みがないので，このポートをインターネットに公開してしまうと，不正なメールを中継してしまうなどの問題がありました。そこで

SMTPをインターネットなどの外部ネットワークからも安全に利用するための仕組みとして，サブミッションポート（ポート番号587）を使ってユーザ認証を行うSMTP-AUTHの導入が進んでいます。

ア：Domain Keysを使った送信ドメイン認証です。メールを受信した際，送信者のアドレスが正規であるかの判断に用います。

イ：SPF（Sender Policy Framework）を使った送信ドメイン認証です。

ウ：POP before SMTPは，メール送信時にSMTPとユーザ認証を行うPOPを組み合わせます。先にPOPでの認証を行い，一定時間SMTPを許可して，疑似的に認証を行う仕組みです。

エ：正しい。自ネットワーク内以外のメーラからのSMTPはOP25B（Outbound Port 25 Blocking）によってブロックします。

問45 認証VLANに関する問題

選択肢ウとエにあるVLAN（Virtual Local Area Network）とは，ネットワークの物理的な接続方法とは無関係に，論理的なLANセグメントを構築してグループ化する技術です。ネットワークを任意のセグメントに分割および結合することができます。

ア：IDS（Intrusion Detection System：不正侵入検知システム）は，ネットワーク上のパケットを監視し，不正があった場合に管理者に通知するシステムです。設問のネットワークとは無関係です。

イ：IPマスカレード（IP Masquerade）は，一つのIPアドレスを複数の端末で共有する技術です。しかし，複数の端末を区別することはできません。

ウ：スタティックVLAN（Static VLAN）は，ネットワークスイッチのポート単位に設定するVLANです。フリーアクセスで幹部の座る場所が変わり，PCが接続するLANポートも変わるので，この方法は使えません。

エ：正しい。認証VLANでは，ネットワーク接続時にユーザー認証を行って，ユーザーごとに設定されたVLANに接続します。認証VLANを用いれば，幹部のみを一部のサーバにアクセスできるよう設定したセグメントを割り当てることができます。

問46 モジュール結合度に関する問題

モジュール結合度は，モジュール間の関連性の高低（強弱）を表し，モジュールの独立性を評価する尺度の一つです。モジュール間の結合度が弱いほどモジュール間の独立性は高くなります。

モジュール結合には，モジュールが他のモジュールをどのように利用するかによって，結合度が弱い順に，データ結合→スタンプ結合→制御結合→外部結合→共通結合→内容結合があります。

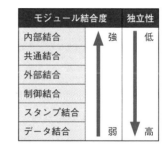

モジュール結合度		独立性
内部結合	↑ 強	低 ↓
共通結合		
外部結合		
制御結合		
スタンプ結合		
データ結合	弱	高

ア：共通結合です。大域データを用いるため，モジュール間の関連性が高く，他のモジュールの影響を受けやすくなります。

イ：制御結合です。パラメータによってモジュールが制御されるので，モジュール間の関連性は高くなります。

ウ：正しい。データ結合です。

エ：外部結合です。外部宣言されたデータはどのモジュールからも参照・変更が可能なため，モジュール間の関連性は比較的高くなります。

解答	問44 エ	問45 エ	問46 ウ

令和5年度春期 午前 午後

問47

値引き条件に従って，商品を販売する。決定表の動作指定部のうち，適切なものはどれか。

〔値引き条件〕

① 上得意客（前年度の販売金額の合計が800万円以上の顧客）であれば，元値の3%を値引きする。

② 高額取引（販売金額が100万円以上の取引）であれば，元値の3%を値引きする。

③ 現金取引であれば，元値の3%を値引きする。

④ ①～③の値引き条件は同時に適用する。

上得意客である	Y	Y	Y	Y	N	N	N	N
高額取引である	Y	Y	N	N	Y	Y	N	N
現金取引である	Y	N	Y	N	Y	N	Y	N
値引きしない	動作指定部							
元値の 3%を値引きする								
元値の 6%を値引きする								
元値の 9%を値引きする								

ア

—	—	—	—	—	—	—	X
—	—	X	X	—	X	—	—
—	X	—	—	—	—	X	—
X	—	—	—	X	—	—	—

イ

—	—	X	—	—	—	—	X
—	X	—	—	—	X	X	—
—	—	—	X	X	—	—	—
X	—	—	—	—	—	—	—

ウ

—	—	—	—	—	—	—	X
—	—	—	X	—	X	X	—
—	X	X	—	X	—	—	—
X	—	—	—	—	—	—	—

エ

—	—	—	X	—	—	—	X
—	X	—	—	—	X	—	—
—	—	X	—	—	—	X	—
X	—	—	—	X	—	—	—

問48

スクラムでは，一定の期間で区切ったスプリントを繰り返して開発を進める。各スプリントで実施するスクラムイベントの順序のうち，適切なものはどれか。

〔スクラムイベント〕

1：スプリントプランニング　　2：スプリントレトロスペクティブ

3：スプリントレビュー　　4：デイリースクラム

ア 1→4→2→3　　イ 1→4→3→2

ウ 4→1→2→3　　エ 4→1→3→2

解答・解説

問47 決定表に関する問題

値引きは，どの条件も「元値の3%を値引きする」です。ただし，それぞれの値引き条件は同時に適用する点に注意します。例えば上得意で高額取引なら，3%＋3%＝6%を値引きします。

条件指定部の各条件に整理番号を付けて値引き率を見ていきます。

整理番号	①	②	③	④	⑤	⑥	⑦	⑧
上得意である	Y	Y	Y	Y	N	N	N	N
高額取引である	Y	Y	N	N	Y	Y	N	N
現金取引である	Y	N	Y	N	Y	N	Y	N

①：上得意で，高額取引で，現金取引なので，3%＋3%＋3%＝9%の値引き。
②：上得意で，高額取引で，現金取引ではないので，3%＋3%＝6%の値引き。
③：上得意で，高額取引でなく，現金取引なので，3%＋3%＝6%の値引き。
④：上得意で，高額取引でなく，現金取引でないので，3%の値引き。
⑤：上得意でなく，高額取引で，現金取引なので，3%＋3%＝6%の値引き。
⑥：上得意でなく，高額取引で，現金取引でないので，3%の値引き。
⑦：上得意でなく，高額取引でなく，現金取引なので，3%の値引き。
⑧：上得意でなく，高額取引でなく，現金取引でないので，値引きなし。

①から⑧を決定表の動作指定部で表すと，次のようになります。

整理番号	①	②	③	④	⑤	⑥	⑦	⑧
値引きしない	－	－	－	－	－	－	－	×
3%値引きする	－	－	－	×	－	×	×	－
6%値引きする	－	×	×	－	×	－	－	－
9%値引きする	×	－	－	－	－	－	－	－

したがって，答えは**ウ**です。

問48 スクラムのスプリントで行うイベントに関する問題

スクラム開発では，スプリントとよばれる反復を繰り返しながら，開発を進めていきます。

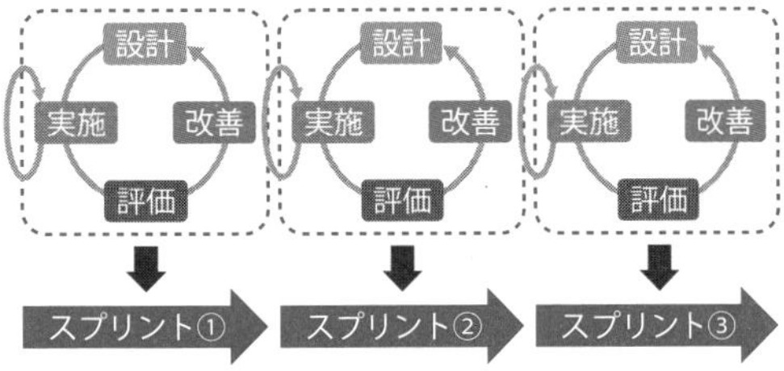

スプリントは，システムに実装すべき機能を小さく分割して優先度順に反復して開発していく単位で，通常1～4週間単位で行われます。システム構築の要素を含んでおり，設計→実施→評価→改善のプロセスで1サイクルとなります。問題文のスクラムイベントについて確認しましょう。

1：スプリントプランニング
スプリントを開始する前に行うミーティング。スプリント期間中に完了する作業項目を決定し，作業計画を立てる（設計プロセスに該当）

2：スプリントレトロスペクティブ
スプリント全体の終了時に行うミーティング。スプリント期間中の作業の振返りを行い改善点の抽出を行う（改善プロセスに該当）

3：スプリントレビュー
スプリントの開発終了時に，完成した成果物をステークフォルダーに提示し，残りのタスクや今後の見通しを披露するミーティング（評価プロセスに該当）

4：デイリースクラム
開発作業を行う際，毎日同じ時間同じ場所で短期間に進捗管理を繰り返し行うミーティング。開発チームが行う（実施プロセスに該当）

したがって，スクラムイベントの順序は，1（設計）→4（実施）→3（評価）→2（改善）となります。

解答	問47 ウ　問48 イ

問49 日本国特許庁において特許Aを取得した特許権者から，実施許諾を受けることが必要になる場合はどれか。

ア 特許Aと同じ技術を家庭内で個人的に利用するだけの場合
イ 特許Aと同じ技術を利用して日本国内で製品を製造し，その全てを日本国外に輸出する場合
ウ 特許Aの出願日から25年を越えた後に，特許Aと同じ技術を新たに事業化する場合
エ 特許Aの出願日より前に特許Aと同じ技術を独自に開発し，特許Aの出願日に日本国内でその技術を用いた製品を製造販売していたことが証明できる場合

問50 サーバプロビジョニングツールを使用する目的として，適切なものはどれか。

ア サーバ上のサービスが動作しているかどうかを，他のシステムからリモートで監視する。
イ サーバにインストールされているソフトウェアを一元的に管理する。
ウ サーバを監視して，システムやアプリケーションのパフォーマンスを管理する。
エ システム構成をあらかじめ記述しておくことによって，サーバを自動的に構成する。

問51 プロジェクトマネジメントにおける“プロジェクト憲章”の説明はどれか。

ア プロジェクトの実行，監視，管理の方法を規定するために，スケジュール，リスクなどに関するマネジメントの役割や責任などを記した文書
イ プロジェクトのスコープを定義するために，プロジェクトの目標，成果物，要求事項及び境界を記した文書
ウ プロジェクトの目標を達成し，必要な成果物を作成するために，プロジェクトで実行する作業を階層構造で記した文書
エ プロジェクトを正式に認可するために，ビジネスニーズ，目標，成果物，プロジェクトマネージャ，及びプロジェクトマネージャの責任・権限を記した文書

解答・解説

問49 特許権の実施許諾に関する問題

特許権とは，「自然法則を利用」した「技術思想」によって「創作」した，産業上利用できる発明を独占的に使用できるものです。特許権を得るためには，特許庁に出願して登録しなければなりません。

特許権者とは，特許法（発明の保護及び利用を図ることにより，発明を奨励し，もって産業の発達に寄与することを目的とした法律）によって，発明を一定期間独占的に実施する権利や独占的に生産・販売・譲渡する権利を得た者です。

実施許諾とは，特許権者が特許されている発明を他人に実施させることを許すことです。

ア：特許権は業（なりわい）として（事業として）発明を独占的に実施できる権利なので，家庭内で個人的に利用する場合は実施許諾を受ける必要はありません。

イ：正しい。

ウ：特許権の存続期間は，出願日から20年で終了します。したがって，25年を越えた後で事業化する場合は，特許権の存続期間は終了しており，実施許諾を受けることなく事業化できます。

エ：特許Aが出願される日より前にその実施または準備をしている者には，先使用による通常実施権（先使用権）があるので，実施許諾を受ける必要はありません。

問50 サーバプロビジョニングツールに関する問題

プロビジョニングとは，「供給する」「準備する」「規定する」ことを意味します。ITにおけるプロビジョニングは，ITインフラストラクチャの作成と設定プロセスを指します。さまざまなリソースへの，ユーザーとシステムのアクセスを管理するために必要な手順をいいます。

サーバプロビジョニングとは，物理または仮想ハードウェアのセットアップ，オペレーティングシステムやアプリケーションなどのソフトウェアのインストールと設定，ミドルウェア，ネットワーク，ストレージへの接続を行うプロセスです。

ア：サーバ監視ツールの機能です。例えばオープンソースソフトウェアベースの監視ツールのZabbixでは，監視に必要な機能がそろっており，リモートからのサービス監視も行うことができます。

イ：IT資産管理ツールの機能です。インストールされたソフトウェアやライセンスなどの保有，利用状況を可視化し，効率的に管理することができます。

ウ：これもサーバ監視ツールの機能です。CPUやメモリの使用状況や，アプリケーションパフォーマンスを監視し，可視化することができます。

エ：正しい。あらかじめ決められたテンプレートに基づいてサーバやネットワークの設定が可能です。

問51 プロジェクト憲章に関する問題

プロジェクト憲章とは，プロジェクトを立ち上げるときに作成される企画文書です。プロジェクト憲章によってプロジェクトが正式に認められ，組織に周知され，組織の資源をプロジェクト活動に適用する権限がプロジェクトマネージャーに与えられます。PMBOK（第6版）によれば，プロジェクト憲章の記述内容として次のものを示しています。

- プロジェクトの目的
- プロジェクトの目標と成功基準
- 要求事項の概略
- プロジェクト記述概略と主要成果物
- プロジェクトの全体リスク
- 要約マイルストーン，スケジュール
- 事前承認された財源
- 主要ステークホルダー・スケジュール
- プロジェクト承認要求事項
- プロジェクト終了基準
- プロジェクトマネージャー，その責任と権限
- プロジェクト憲章を承認するスポンサー

ア：プロジェクトマネジメント計画書の説明です。

イ：プロジェクトスコープ記述書の説明です。

ウ：WBS（Work Breakdown Structure：作業分解構造図）の説明です。

エ：正しい。

解答	問49 イ	問50 エ	問51 エ

問52 クリティカルチェーン法に基づいてスケジュールネットワーク上にバッファを設ける。クリティカルチェーン上にないアクティビティが遅延してもクリティカルチェーン上のアクティビティに影響しないように，クリティカルチェーンにつながっていくアクティビティの直後に設けるバッファはどれか。

ア 合流バッファ　　イ 資源バッファ
ウ フレームバッファ　　エ プロジェクトバッファ

問53 過去のプロジェクトの開発実績に基づいて構築した作業配分モデルがある。システム要件定義からシステム内部設計までをモデルどおりに進めて228日で完了し，プログラム開発を開始した。現在，200本のプログラムのうち100本のプログラムの開発を完了し，残りの100本は未着手の状況である。プログラム開発以降もモデルどおりに進捗すると仮定するとき，プロジェクトの完了まで，あと何日掛かるか。ここで，プログラムの開発に掛かる工数及び期間は，全てのプログラムで同一であるものとする。

〔作業配分モデル〕

	システム要件定義	システム外部設計	システム内部設計	プログラム開発	システム結合	システムテスト
工数比	0.17	0.21	0.16	0.16	0.11	0.19
期間比	0.25	0.21	0.11	0.11	0.11	0.21

ア 140　　イ 150　　ウ 161　　エ 172

問54 プロジェクトのリスクマネジメントにおける，リスクの特定に使用する技法の一つであるデルファイ法の説明はどれか。

ア 確率分布を使用したシミュレーションを行う。
イ 過去の情報や知識を基にして，あらかじめ想定されるリスクをチェックリストにまとめておき，チェックリストと照らし合わせることによってリスクを識別する。
ウ 何人かが集まって，他人のアイディアを批判することなく，自由に多くのアイディアを出し合う。
エ 複数の専門家から得られた見解を要約して再配布し，再度見解を求めることを何度か繰り返して収束させる。

解答・解説

問52 クリティカルチェーン法におけるバッファに関する問題

クリティカルチェーン法は，利用できるリソースが限られている（制約条件のある）プロジェクトを管理するためのプロジェクトマネジメント手法の一つです。アクティビティに遅れなどの問題が発生してもプロジェクトが順調に進むように，適切にバッファ（余裕）を設けて管理します。一般に用いられるバッファには次の三つがあります。

プロジェクトバッファ	一連のクリティカルチェーンの最後に設定するバッファ。各工程ごとの所要時間は通常どおりに見積り，ある工程で遅れが発生しても，プロジェクトバッファの時間を使って完了日を守れるように設定する
合流バッファ	非クリティカルチェーンからクリティカルチェーンへの合流点に設定するバッファ。非クリティカルチェーンに遅れが発生してもクリティカルチェーンに影響が出ないように時間的余裕を設定する
資源バッファ	人員や機器などの資源に変動が発生した場合に対応するために設定するバッファ。資源が不足することによってクリティカルチェーン全体に影響が出ないように設定する

したがって，答えはアです。なお，ウのフレームバッファとは，ディスプレイに表示する画像データを一時的に保存するメモリです。

問53 プロジェクト完了までの日数に関する問題

問題の状態を整理しておきましょう。

- 要求定義からシステム内部設計までは，モデルどおりに228日で完了している
- 200本あるプログラムのうち，100本はプログラム開発を完了している
- プログラム開発以降もモデルどおりに進捗する

まず，完了している要求定義からシステム内部設計までに掛かった期間比は，

要求定義＋システム外部設計＋システム内部設計
＝0.25＋0.21＋0.11＝0.57

です。

プログラム開発は200本中100本完了しているので，残り100本のプログラムを開発するための期間比は，

0.11÷2=0.055

掛かります。よって，残りの期間比は，

プログラム開発＋システム結合＋システムテスト
＝0.055＋0.11＋0.21＝0.375

になります。

プログラム開発以降もモデルどおりに進捗するので，システム内部設計までに要した期間比0.57と228日から，残りの日数をxとすると，

0.57：228＝0.375：x
0.57x＝85.5
x＝150

となります（イ）。

問54 デルファイ法に関する問題

デルファイ法は，将来の予測に用いられる技法の一つで，多くの意見を収集できる利点があります。大まかな流れは次のとおりです。

① 問題に関するアンケートを作成する
② 複数の専門家に匿名でアンケートを行い，回答（見解）を得る
③ 回答（見解）を集計する
④ 集計結果を専門家に戻して共有し，再度アンケートを行う
⑤ ②～④を何度か繰り返す
⑥ 回答（見解）を集約してまとめる

ア：モンテカルロ法の説明です。モンテカルロシミュレーション，多重確率シミュレーションとも呼ばれ，さまざまな予測モデルでリスクの測定，リスクの影響などを推定するために使用される数学的手法です。

イ：チェックリスト分析の説明です。考慮すべき事項，処置，ポイント等をチェックリスト化しておきます。チェックリストを常に見直して最新の状態にしておくことが重要です。

ウ：ブレーンストーミングの説明です。少人数で批判厳禁，自由奔放，質より量，結合，改善というルールで行われる討議法です。

エ：正しい。

解答	問52 ア	問53 イ	問54 エ

問55 JIS Q 20000-1:2020（サービスマネジメントシステム要求事項）によれば，サービスマネジメントシステム（SMS）における継続的改善の説明はどれか。

ア 意図した結果を得るためにインプットを使用する，相互に関連する又は相互に作用する一連の活動
イ 価値を提供するため，サービスの計画立案，設計，移行，提供及び改善のための組織の活動及び資源を，指揮し，管理する，一連の能力及びプロセス
ウ サービスを中断なしに，又は合意した可用性を一貫して提供する能力
エ パフォーマンスを向上するために繰り返し行われる活動

問56 JIS Q 20000-1:2020（サービスマネジメントシステム要求事項）によれば，組織は，サービスレベル目標に照らしたパフォーマンスを監視し，レビューし，顧客に報告しなければならない。レビューをいつ行うかについて，この規格はどのように規定しているか。

ア SLAに大きな変更があったときに実施する。
イ あらかじめ定めた間隔で実施する。
ウ 間隔を定めず，必要に応じて実施する。
エ サービス目標の未達成が続いたときに実施する。

問57 A社は，自社がオンプレミスで運用している業務システムを，クラウドサービスへ段階的に移行する。段階的移行では，初めにネットワークとサーバをIaaSに移行し，次に全てのミドルウェアをPaaSに移行する。A社が行っているシステム運用作業のうち，この移行によって不要となる作業の組合せはどれか。

〔A社が行っているシステム運用作業〕
① 業務システムのバッチ処理のジョブ監視
② 物理サーバの起動，停止のオペレーション
③ ハードウェアの異常を警告する保守ランプの目視監視
④ ミドルウェアへのパッチ適用

	IaaSへの移行によって不要となるシステム運用作業	PaaSへの移行によって不要となるシステム運用作業
ア	①	②，④
イ	①，③	②
ウ	②，③	④
エ	③	②，④

解答・解説

問55 JIS Q 20000-1:2020における継続的改善に関する問題

JIS Q 20000-1:2020（サービスマネジメントシステム要求事項）は，サービスマネジメントシステム（SMS）を確立し，実施し，維持し，継続的改善をするために，組織に対する要求事項について規定したもので，次の人や組織が利用できま

す。

> ① サービスを求め，そのサービスの質に関して保証を必要とする顧客
> ② サプライチェーンに属するものを含め，全てのサービス提供者によるサービスのライフサイクルに対する一貫した取組みを求める顧客
> ③ サービスの計画立案，設計，移行，提供及び改善に関する能力を実証する組織
> ④ 自らのSMS及びサービスを，監視，測定及びレビューする組織
> ⑤ サービスの計画立案，設計，移行，提供及び改善を，SMSの効果的な実施及び運用を通じて改善する組織
> ⑥ この規格に規定する要求事項に対する適合性評価を実施する組織又は他の関係者
> ⑦ サービスマネジメントの教育・訓練又は助言の提供者

問題文の「継続的改善」は，マネジメントシステム固有の用語として規定されています。選択肢の説明はどれも用語の説明として規定されているものです。

ア：「プロセス」の説明です。
イ：「サービスマネジメント」の説明です。
ウ：「サービス継続」の説明です。
エ：正しい。

問56 JIS Q 20000-1:2020おけるサービスレベル管理に関する問題

JISではサービスレベル管理について，次のように規定しています。

> 組織及び顧客は提供するサービスについて合意し，組織はサービスレベルの目標，作業負荷の限度及び例外を含んだ一つ以上のSLAを顧客と合意しなければならない。SLAには，サービスレベル目標，作業負荷の限度及び例外を含めなければならない。
> あらかじめ定めた間隔で，組織は，次の事項を監視し，レビューし，顧客に報告しなければならない。
> ・サービスレベル目標に照らしたパフォーマンス
> ・SLAの作業負荷限度と比較した，実績及び周期的な変化
> サービスレベルが達成されていない場合，組織は，改善のための機会を特定しなければならない。

したがって，答えはイです。

問57 クラウドサービスへの移行によって不要となる作業に関する問題

クラウドサービスとは，コンピュータリソースやソフトウェアなどを，インターネットを経由してサービスとして提供されている形態です。クラウドサービスを大別すると，IaaS，PaaS，SaaSの三つに分類されます。

IaaS	Infrastructure as a Service。サーバやデスクトップ仮想化技術などハードウェアやインフラ機能を利用できるサービス
PaaS	Platform as a Service。アプリケーションサーバやミドルウェア，データベースなど，アプリケーションの開発や実行用のプラットフォーム機能を利用できるサービス
SaaS	Software as a Service。メールや文書作成，顧客管理などのソフトウェア機能を利用できるサービス

A社が行っているシステム運用作業①～④について，それぞれ見ていきましょう。

> ① 業務システムのバッチ処理のジョブ監視
> 業務システムの運用はA社が行うので，不要になりません。
> ② 物理サーバの起動，停止のオペレーション
> IaaSの提供業者が行うので，不要になります。
> ③ ハードウェアの異常を警告する保守ランプの目視監視
> IaaSの提供業者が行うので，不要になります。
> ④ ミドルウェアへのパッチ適用
> PaaSの提供業者が行うので，不要になります。

したがって，答えはウです。

解答	問55 エ	問56 イ	問57 ウ

問58 システム監査基準（平成30年）における予備調査についての記述として，適切なものはどれか。

ア　監査対象の実態を把握するために，必ず現地に赴いて実施する。
イ　監査対象部門の事務手続やマニュアルなどを通じて，業務内容，業務分掌の体制などを把握する。
ウ　監査の結論を裏付けるために，十分な監査証拠を入手する。
エ　調査の範囲は，監査対象部門だけに限定する。

問59 システム監査基準（平成30年）における監査手続の実施に際して利用する技法に関する記述のうち，適切なものはどれか。

ア　インタビュー法とは，システム監査人が，直接，関係者に口頭で問い合わせ，回答を入手する技法をいう。
イ　現地調査法は，システム監査人が監査対象部門に直接赴いて，自ら観察・調査する技法なので，当該部門の業務時間外に実施しなければならない。
ウ　コンピュータ支援監査技法は，システム監査上使用頻度の高い機能に特化した，しかも非常に簡単な操作で利用できる専用ソフトウェアによらなければならない。
エ　チェックリスト法とは，監査対象部門がチェックリストを作成及び利用して，監査対象部門の見解を取りまとめた結果をシステム監査人が点検する技法をいう。

問60 金融庁“財務報告に係る内部統制の評価及び監査の基準（令和元年）”における，内部統制に関係を有する者の役割と責任の記述のうち，適切なものはどれか。

ア　株主は，内部統制の整備及び運用について最終的な責任を有する。
イ　監査役は，内部統制の整備及び運用に係る基本方針を決定する。
ウ　経営者は，取締役及び執行役の職務の執行に対する監査の一環として，独立した立場から，内部統制の整備及び運用状況を監視，検証する役割と責任を有している。
エ　内部監査人は，モニタリングの一環として，内部統制の整備及び運用状況を検討，評価し，必要に応じて，その改善を促す職務を担っている。

問61 情報化投資計画において，投資効果の評価指標であるROIを説明したものはどれか。

ア　売上増やコスト削減などによって創出された利益額を投資額で割ったもの
イ　売上高投資金額比，従業員当たりの投資金額などを他社と比較したもの
ウ　現金流入の現在価値から，現金流出の現在価値を差し引いたもの
エ　プロジェクトを実施しない場合の，市場での競争力を表したもの

解答・解説

問58 システム監査基準（平成30年）における予備調査に関する問題

予備調査は，本調査を実施する上で被監査部門の概要を把握し，どこに重点をおいて，どのように監査を実施していくかを決めるために行うものです。関連する文書や資料等の閲覧，監査対象部門や関連部門へのインタビューなどによって，次

の事項を把握します。

- 監査対象の詳細
- 事務手続きやマニュアル等を通じた業務内容，業務分掌の体制など

ア：必ずしも現地に赴いて調査をする必要はありません。

イ：正しい。

ウ：本調査の記述です。本調査では，十分な量と確かめるべき事項に適合しかつ証明できる証拠を入手します。

エ：予備調査では，監査対象部門だけでなく関連部門も対象として照会する場合があります。

問59 監査手続きの実施に際して利用する技法に関する問題

監査手続とは，システム監査時に監査項目についての十分な監査証拠を入手するために，監査技法を選択し，収集するための手順です。監査技法には，チェックリスト法，ドキュメントレビュー法，インタビュー法，ウォークスルー法，突合・照合法，現地調査法，コンピュータ支援監査技法があります。

ア：正しい。

イ：現地調査法は，システム監査人が対象業務の流れなどの状況を観察・調査するので，監査対象部門が業務を行っている必要があり，業務時間内に実施します。

ウ：コンピュータ支援監査技法は，システム監査を支援する専用のソフトウェアだけでなく，表計算ソフトウェアなどを利用して実施する技法です。

エ：チェックリスト法は，システム監査人があらかじめ作成したチェックリストに対して，関係者から回答を求める技法です。

問60 "財務報告に係る内部統制の評価及び監査の基準（令和元年）"に関する問題

内部統制に関係を有する者の役割と責任は，次のように示されています。

関係を有する者	役割と責任
経営者	組織の全ての活動について最終的な責任を有し，基本方針に基づき内部統制を整備及び運用
取締役会	内部統制の整備及び運用に係る基本方針を決定，経営者による内部統制の整備及び運用に対する監督責任
監査役等	独立した立場から，内部統制の整備及び運用状況を監視，検証
内部監査人	内部統制の整備及び運用状況を検討，評価し，必要に応じて，その改善を促す
組織内のその他の者	自らの業務の関連において，有効な内部統制の整備及び運用に一定の役割を担う

ア：最終的な責任を有するのは，株主ではなく経営者です。

イ：監査役ではなく，取締役会の役割と責任です。

ウ：経営者ではなく，監査役等の役割と責任です。

エ：正しい。

問61 ROIに関する問題

ROI（Return on Investment）とは，投下資本利益率で，投資額に対する利益の割合です。投資額に見合った利益を出している（投資対効果）か，評価するための指標として用いられます。基本的には次の式で求められます。

$$ROI = \frac{利益額}{投資額} \times 100$$

ROIの値は大きければ大きいほど，投資対効果が高いことになります。

ア：正しい。

イ：優れた手法やプロセスを実行している組織の業務手法と自社の手法を比較して，自社に取り込むことで改善に結びつけるベンチマーキングの説明です。

ウ：NPV（Net Present Value）の説明です。NPV>0なら，投資価値があると判断されます。

エ：機会損失の説明です。プロジェクトの投資評価に使用されます。

解答		
	問58 イ	問59 ア
	問60 エ	問61 ア

令和5年度春期 午前 午後

問62 B. H. シュミットが提唱したCEM（Customer Experience Management）における，カスタマーエクスペリエンスの説明として，適切なものはどれか。

ア 顧客が商品，サービスを購入・使用・利用する際の，満足や感動
イ 顧客ロイヤルティが失われる原因となる，商品購入時のトラブル
ウ 商品の購入数・購入金額などの数値で表される，顧客の購買履歴
エ 販売員や接客員のスキル向上につながる，重要顧客への対応経験

問63 ビッグデータの利活用を促す取組の一つである情報銀行の説明はどれか。

ア 金融機関が，自らが有する顧客の決済データを分析して，金融商品の提案や販売など，自らの営業活動に活用できるようにする取組
イ 国や自治体が，公共データに匿名加工を施した上で，二次利用を促進するために共通プラットフォームを介してデータを民間に提供できるようにする取組
ウ 事業者が，個人との契約などに基づき個人情報を預託され，当該個人の指示又は指定した条件に基づき，データを他の事業者に提供できるようにする取組
エ 事業者が，自社工場におけるIoT機器から収集された産業用データを，インターネット上の取引市場を介して，他の事業者に提供できるようにする取組

問64 システム要件定義プロセスにおいて，トレーサビリティが確保されていることを説明した記述として，適切なものはどれか。

ア 移行マニュアルや運用マニュアルなどの文書化が完了しており，システム上でどのように業務を実施するのかを利用者が確認できる。
イ 所定の内外作基準に基づいて外製する部分が決定され，調達先が選定され，契約が締結されており，調達先を容易に変更することはできない。
ウ モジュールの相互依存関係が確定されており，以降の開発プロセスにおいて個別モジュールの仕様を変更することはできない。
エ 利害関係者の要求の根拠と成果物の相互関係が文書化されており，開発の途中で生じる仕様変更をシステムに求められる品質に立ち返って検証できる。

解答・解説

問62 CEMにおけるカスタマーエクスペリエンスに関する問題

従来のマーケット戦略は「どんな人がいつ何を購入したか」といったデータを蓄え，分析して顧客との良好な関係を維持して販売につなげる，顧客との関係に重点を置いたものでした。これをCRM（Customer Relationship Management。顧

客関係管理）といいます。

これに対して，CEM（Customer Experience Management）は，購入までの間や商品・サービス利用中の心地よい感動，満足感といった顧客体験（カスタマーエクスペリエンス）に重点を置いたものです。良い顧客体験を提供して，自社の商品やサービスに強い愛着をもってもらい，競合他社に乗り換えることなく，繰り返し購入してくれる顧客（ロイヤルカスタマー）を獲得して，売上の向上につなげるマネジメント戦略です。

ア：正しい。顧客に満足感や心地よい感動の体験を与えることが，カスタマーエクスペリエンスです。

イ：商品購入時のトラブルは主に取引や契約上のトラブルであり，カスタマーエクスペリエンスではありません。

ウ：顧客の購買履歴は，顧客が過去にどのような商品を購入したかを記録したもので，カスタマーエクスペリエンスではありません。

エ：重要顧客への対応経験ではなく，顧客に心地よい感動や満足感を体験してもらうものです。

問63 情報銀行に関する問題

情報銀行とは，個人からの委託を受けてパーソナルデータ（個人情報）を管理し，そのデータを第三者に提供するものです。「情報信託機能の認定に係る指針 Ver2.2」において，下記のように定義されています。

> **「情報銀行」は，実効的な本人関与（コントローラビリティ）を高めて，パーソナルデータの流通・活用を促進するという目的の下，利用者個人が同意した一定の範囲において，利用者個人が，信頼できる主体に個人情報の第三者提供を委任するというもの。**

情報銀行を運営する事業者は，経営，セキュリティ基準，ガバナンス体制，個人情報の取得方法や利用目的の明示，利用者がコントロールできる機能，損害賠償責任などの認定基準を満たして認定されるので，消費者が安心してサービスを利用できる仕組みになっています。

ア：金融機関における決済データ利活用についての説明です。金融機関を利用したカード決算や口座振替などの決済データを分析して，顧客のニースにあった商品やサービスを提供する取組です。

イ：オープンデータの説明です。オープンデータとは，特定のデータに対して，インターネットなどを通じてだれでも容易に利用できるように公開されているべき，とする考え方です。日本の行政が保有しているデータは，一部を除き原則として，全てオープンデータとして公開することになっています。

ウ：正しい。

エ：データ取引市場の説明です。「データ保有者と当該データの活用を希望する者を仲介し，売買等による取引を可能とする仕組み（市場）」と定義されています。

問64 システム要求プロセスにおけるトレーサビリティに関する問題

トレーサビリティ（Traceability）とは追跡可能性を意味し，食品の流通において，生産から店頭までの履歴を追跡する取組等がよく知られています。システム開発においても，要求定義からプログラムの完成までの工程を可視化し追跡できるので，開発の対応漏れやテスト漏れなどを抑え，トラブル時に迅速に対応できるなど，品質を保証できることから重視されています。

ア：業務マニュアルの整備は，だれでも業務を実施できるためには重要ですが，トレーサビリティの確保とは関係がありません。

イ：調達先を容易に変更できないことは契約上の問題であり，トレーサビリティの確保とは関係がありません。

ウ：個別モジュールの仕様を変更できないのはモジュールの依存関係が確定しているためで，トレーサビリティの確保とは関係がありません。

エ：正しい。仕様変更をシステムに求められる品質に立ち返って検証できるので，トレーサビリティが確保されています。

解答	問62 ア	問63 ウ	問64 エ

問65 情報システムの調達の際に作成されるRFIの説明はどれか。

ア 調達者から供給者候補に対して，システム化の目的や業務内容などを示し，必要な情報の提供を依頼すること
イ 調達者から供給者候補に対して，対象システムや調達条件などを示し，提案書の提出を依頼すること
ウ 調達者から供給者に対して，契約内容で取り決めた内容に関して，変更を要請すること
エ 調達者から供給者に対して，双方の役割分担などを確認し，契約の締結を要請すること

問66 組込み機器の開発を行うために，ベンダーに見積りを依頼する際に必要なものとして，適切なものはどれか。ここで，システム開発の手順は共通フレーム2013に沿うものとする。

ア 納品書　イ 評価仕様書　ウ 見積書　エ 要件定義書

問67 Webで広告費を600,000円掛けて，単価1,500円の商品を1,000個販売した。ROAS（Return On Advertising Spend）は何%か。

ア 40　イ 60　ウ 250　エ 600

問68 バランススコアカードで使われる戦略マップの説明はどれか。

ア 切り口となる二つの要素をX軸，Y軸として，市場における自社又は自社製品のポジションを表現したもの
イ 財務，顧客，内部ビジネスプロセス，学習と成長という四つの視点を基に，課題，施策，目標の因果関係を表現したもの
ウ 市場の魅力度，自社の優位性という二つの軸から成る四つのセルに自社の製品や事業を分類して表現したもの
エ どのような顧客層に対して，どのような経営資源を使用し，どのような製品・サービスを提供するのかを表現したもの

解答・解説

問65 RFIに関する問題

情報システムの導入や業務委託では，外部業者（供給候補者）にRFP（Request For Proposal：提案依頼書）を発行して提案を依頼し，提案内容を検討して供給者を決めて契約，実施します。

RFPを作成する際，自社の要求を取りまとめる

ために，供給候補者から自社ではわからない現在の状況において利用可能な技術・製品，供給候補者における導入実績など実現手段に関して必要な情報の提供を依頼することがあります。この依頼のための文書がRFI（Request For Information：情報提供依頼書）です。

RFIをもとにRFPを作成し，供給候補者に指定した期限内で効果的な実現策の依頼をするのが一般的です。

ア：正しい。

イ：RFPの説明です。

ウ：契約内容の変更依頼書の説明です。

エ：契約締結の依頼書の説明です。

問66 ベンダーに見積りを依頼するときに必要なものに関する問題

ア：納品書は，受注した見積書どおりの内容でシステムやソフトウェアが完成していることを伝える文書です（一般的には，商品やサービスを納品すると同時に発行される）。実際には，納品書と一緒に請求書も発行されることが多いです。

イ：評価仕様書は，発注したシステムやソフトウェアが要求定義書のとおりに機能するか確認，検査する（検収）ための文書です。

ウ：見積書は，発注者から示された要求定義書を確認して，開発金額，工程，期間などをベンダーが提示する文書です。

エ：正しい。要件定義書は共通フレーム2013によれば，「何ができるシステムを作りたいかを機能要件（インターフェース，プロセス，データ），非機能要件（品質要件，技術要件，その他の要件）」にまとめて，ベンダーに提示する文書です。

問67 ROASに関する問題

ROAS（Return On Advertising Spend）とは，広告に掛けた費用がどのくらい効果があったか（広告の費用対効果）を表す指標です。ROASの値が大きいほど効果が高いことを示し，次の式で求めることができます。

ROAS＝売上÷広告費×100

広告による売上は，単価1,500円の商品を1,000個販売したので，1,500円×1,000個＝1,500,000円です。したがって，

ROAS＝1,500,000÷600,000×100＝250%

となり，答えはウです。

問68 バランススコアカードの戦略マップに関する問題

バランススコアカード（BSC：Balanced Score Card）は，企業戦略遂行の具体的目標や施策を次の四つの視点で策定する手法です。

①財務の視点：売上高，利益，流動性比率，自己資本比率など
②顧客の視点：顧客満足度，顧客定着率，クレーム発生率，市場占有率など
③内部ビジネスプロセスの視点：在庫回転率，品質，納期，品切れ率など
④学習と成長の視点：人材育成，新技術開発，知的財産向上など

戦略マップは，上の四つの視点で施策を洗い出し，同義・類似などでグルーピングし，四つの視点の象限に配置して因果関係で結んだものです。

ア：自社や自社製品の市場におけるの位置付けを明確にするポジショニングマップの説明です。

イ：正しい。

ウ：市場の魅力度と自社の優位度の二軸から成る分析ツールとして，ビジネススクリーンがあります。ただし，ビジネススクリーンは九つのセルで分類します。同様の分析を行うPPM（プロダクト・ポートフォリオ・マネジメント）は四つのセルで分類しますが，市場成長率と市場占有率の二軸から成ります。

エ：事業ドメインの説明です。

解答		
	問65 ア	問66 エ
	問67 ウ	問68 イ

問69 新規ビジネスを立ち上げる際に実施するフィージビリティスタディはどれか。

ア 新規ビジネスに必要なシステム構築に対するIT投資を行うこと
イ 新規ビジネスの採算性や実行可能性を，調査・分析し，評価すること
ウ 新規ビジネスの発掘のために，アイディアを社内公募すること
エ 新規ビジネスを実施するために必要な要員の教育訓練を行うこと

問70 企業と大学との共同研究に関する記述として，適切なものはどれか。

ア 企業のニーズを受け入れて共同研究を実施するための機関として，各大学にTLO（Technology Licensing Organization）が設置されている。
イ 共同研究で得られた成果を特許出願する場合，研究に参加した企業，大学などの法人を発明者とする。
ウ 共同研究に必要な経費を企業が全て負担した場合でも，実際の研究は大学の教職員と企業の研究者が対等の立場で行う。
エ 国立大学法人が共同研究を行う場合，その研究に必要な費用は全て国が負担しなければならない。

問71 IoTを支える技術の一つであるエネルギーハーベスティングを説明したものはどれか。

ア IoTデバイスに対して，一定期間のエネルギー使用量や稼働状況を把握して，電力使用の最適化を図る技術
イ 周囲の環境から振動，熱，光，電磁波などの微小なエネルギーを集めて電力に変換して，IoTデバイスに供給する技術
ウ データ通信に利用するカテゴリ5以上のLANケーブルによって，IoTデバイスに電力を供給する技術
エ 必要な時だけ，デバイスの電源をONにして通信を行うことによって，IoTデバイスの省電力化を図る技術

解答・解説

問69 フィージビリティスタディに関する問題

フィージビリティスタディとは，FS（Feasibility Study），実現可能性調査，実行可能性調査などといわれ，新規事業やプロジェクトの実施前に，実現できるか，可能性がどの程度あるかを調査することです（イ）。

フィージビリティスタディで調査・検証する代表的な対象には次のものがあります。

技術	設備や機器，技術面などで必要な要素があるか
市場	市場性や市場規模，市場競争，売上予測などの市場の状況，顧客ニーズがあるか
財務	事業収支シミュレーション（短期・中期の収支試算），ROI（投資収益率）の予測など
運用	法制度や規制などの外的要件やスタッフ，組織構造，ビジネス戦略といった組織の体制

このように調査・検証する対象が多岐にわたるので，計画する事業やプロジェクトの規模によっては，数ヶ月から数年かかることもあります。

フィージビリティスタディの結果は，新規事業計画を実施するか判断するための資料として用いられます。

問70 企業と大学との共同研究に関する問題

ア：TLOとは，大学や研究機関が開発した技術に関する研究成果を特許などの権利化を行って民間事業者へライセンス供与して新規事業の創出支援など技術移転を行い，その収益の一部を特許料収入として大学等に還元して，大学等はそれを新たな研究資金に充てるという技術移転機関です。事業計画が承認・認定されたTLOの事業者を，「承認や認定TLO」といい，大学に設置することが求められていますが，各大学に設置されてはいません。

イ：特許出願については，特許法で次のように規定されており，発明者は個人名でなければなりません。

> **特許を受けようとする者は，次に掲げる事項を記載した願書を特許庁長官に提出しなければならない。**
> **一　特許出願人の氏名又は名称及び住所又は居所**
> **二　発明者の氏名及び住所又は居所**

ウ：正しい。

エ：共同研究費は企業と大学の両方が納得した形で決めます。

問71 エネルギーハーベスティングに関する問題

エネルギーハーベスティングとは，環境発電技術と呼ばれ，周りの環境から採取できる微小なエネルギーを回収して電力に変換し，機器の動作などに活用する技術です。

例えば人が歩いたときに発生する振動や高速道路の振動を利用した振動力発電，テレビ・携帯電話・無線LANなどが発する電波のエネルギーを利用した電磁波発電，太陽光を利用した光発電など，「どこでも発電」として実用化が進んでいます。

IoTデバイスを導入する場合，電源のないところではどう電源を確保するかという問題があります。また，多数のセンサーを設置する場合には電源からセンサーまで配線する必要がありますが，センサーが大量にある場合は困難です。エネルギーハーベスティング技術を利用して電源を確保できれば，配線がいらなくなります。

ア：EMS（Energy Management System：エネルギーマネジメントシステム）の説明です。

イ：正しい。

ウ：PoE（Power over Ethernet）の説明です。通信用のLANケーブルを利用して電力供給も行う技術です。対応した機器をネットワーク配線のみで稼働できます。

エ：ノーマリーオフコンピューティングの説明です。

解答	問69 イ	問70 ウ	問71 イ

問 72 **アグリゲーションサービスに関する記述として，適切なものはどれか。**

ア　小売販売の会社が，店舗やECサイトなどあらゆる顧客接点をシームレスに統合し，どの顧客接点でも顧客に最適な購買体験を提供して，顧客の利便性を高めるサービス
イ　物品などの売買に際し，信頼のおける中立的な第三者が契約当事者の間に入り，代金決済等取引の安全性を確保するサービス
ウ　分散的に存在する事業者，個人や機能への一括的なアクセスを顧客に提供し，比較，まとめ，統一的な制御，最適な組合せなどワンストップでのサービス提供を可能にするサービス
エ　本部と契約した加盟店が，本部に対価を支払い，販売促進，確立したサービスや商品などを使う権利を受け取るサービス

問 73 **各種センサーを取り付けた航空機のエンジンから飛行中に収集したデータを分析し，仮想空間に構築したエンジンのモデルに反映してシミュレーションを行うことによって，各パーツの消耗状況や交換時期を正確に予測できるようになる。このように産業機器などにIoT技術を活用し，現実世界や物理的現象をリアルタイムに仮想空間で忠実に再現することを表したものはどれか。**

ア　サーバ仮想化　　イ　スマートグリッド
ウ　スマートメーター　　エ　デジタルツイン

問 74 **事業部制組織の特徴を説明したものはどれか。**

ア　ある問題を解決するために一定の期間に限って結成され，問題解決とともに解散する。
イ　業務を機能別に分け，各機能について部下に命令，指導を行う。
ウ　製品，地域などで構成された組織単位に，利益責任をもたせる。
エ　戦略的提携や共同開発など外部の経営資源を積極的に活用することによって，経営環境に対応していく。

解答・解説

問 72 アグリゲーションサービスに関する問題

アグリゲーションサービスとは，異なる企業から提供されている複数のサービスを集約（aggregation）して，一つのサービスとして利用できる形で提供するサービス形態のことです。

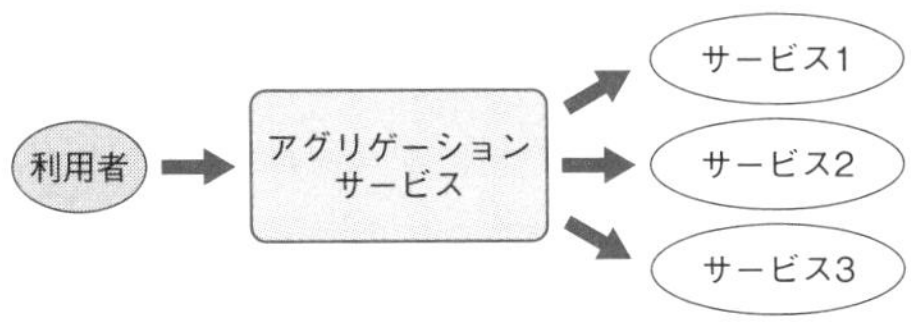

例えば金融関係のアカウントアグリゲーションは，銀行や証券会社，クレジットカード会社など複数の金融機関の口座残高や入出金履歴などの取引情報を一元管理するサービスです。利用している複数の金融サービスのIDやパスワードを登録して共通のアカウントを開設し，この一つのアカウントで複数の金融機関の取引情報を把握できます。

ア：オムニチャネルの記述です。
イ：エスクローサービスの記述です。
ウ：正しい。
エ：フランチャイズの記述です。

問73 デジタルツインに関する問題

「現実世界や物理的現象をリアルタイムに仮想空間で忠実に再現」したものは，デジタルツイン（Digital Twin）といいます。現実と仮想の二つがあるのでデジタルの双子（ツイン）と表現されています。

例えば実物の製品や設備などに接続されたセンサーが測定したIoTデータを，リアルタイムでデジタル空間に送り，その振る舞いを実現することができます。これによって実物の状態をリアルタイムで把握して，状況に応じて遠隔地からの指示や故障の予知とその対応をする，実物ではできないようなシミュレーションを行い改善につなげる，といったことが可能になります。

ア：サーバ仮想化は，1台の物理サーバに仮想化技術によって複数のサーバ（OS）を稼働させて利用する仕組みです。
イ：スマートグリッドは，次世代送電網と呼ばれ，電力の流れを供給側と需要側の両方からコントロールできる送電網です。例えば発電所と家庭や事業所などがネットワークで結ばれて，リアルタイムで電力消費量を把握でき，電力需要のピークに合わせた柔軟な電力供給ができます。
ウ：スマートメーターは，通信機能をもっている電力量計のことです。HEMS（Home Energy Management System：住宅用エネルギー管理システム）によって，家庭で電気の使用状況が分かり，電力使用量の見える化が可能になり，消費者が自らエネルギーを管理できるようになります。
エ：正しい。

問74 事業部制組織に関する問題

企業には業種や業態に応じて，事業活動を効率的に行うためにさまざまな組織形態があります。代表的な組織形態として，職能別組織，事業部制組織，マトリックス組織，プロジェクト組織，社内ベンチャー組織があります。

事業部制組織は，企業を製品別や地域別，得意先などの部門に分けて，部門単位に利益責任をもたせた独立採算制の事業部として分権化した組織です。各事業部は利益管理単位として独立性をもっており，大幅に分権された分権管理単位の組織形態です。

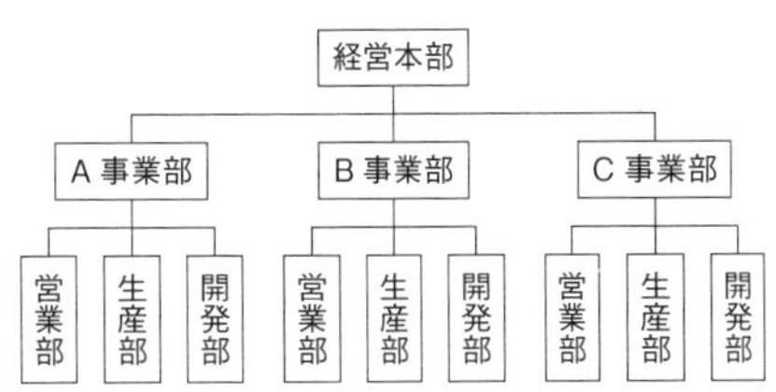

ア：プロジェクト制組織の説明です。
イ：機能別組織の説明です。
ウ：正しい。
エ：オープンイノベーションの説明です。

解答	問72 ウ	問73 エ	問74 ウ

問75 ビッグデータ分析の手法の一つであるデシジョンツリーを活用してマーケティング施策の判断に必要な事象を整理し，発生確率の精度を向上させた上で二つのマーケティング施策a，bの選択を行う。マーケティング施策を実行した場合の利益増加額（売上増加額−費用）の期待値が最大となる施策と，そのときの利益増加額の期待値の組合せはどれか。

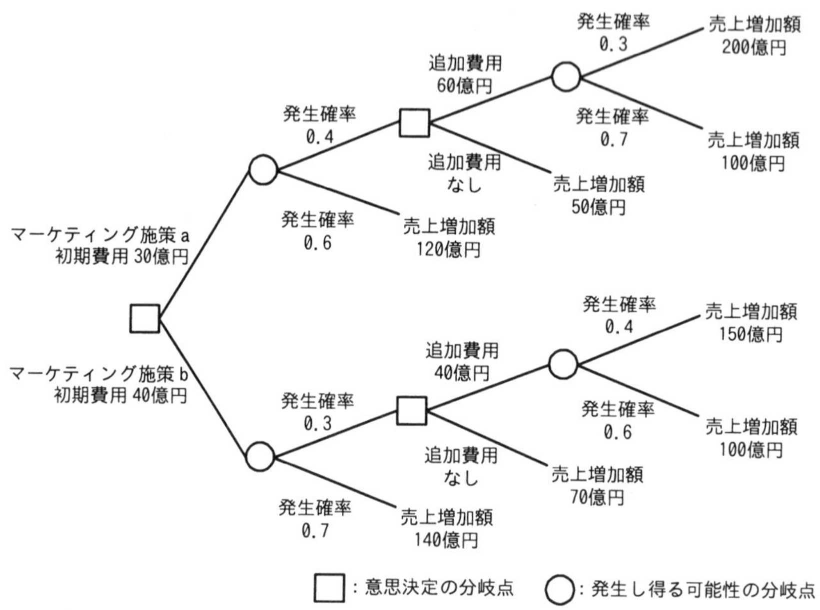

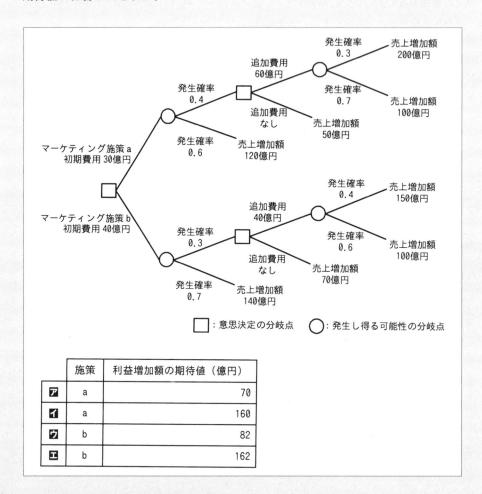

	施策	利益増加額の期待値（億円）
ア	a	70
イ	a	160
ウ	b	82
エ	b	162

問76 原価計算基準に従い製造原価の経費に算入する費用はどれか。

- ア 製品を生産している機械装置の修繕費用
- イ 台風で被害を受けた製品倉庫の修繕費用
- ウ 賃貸目的で購入した倉庫の管理費用
- エ 本社社屋建設のために借り入れた資金の支払利息

解答・解説

問75 デシジョンツリーを活用したマーケティング施策に関する問題

施策aと施策bの利益増加額の期待値を求めて，大きいほうを選択します。デシジョンツリーの最後の枝部分から左の方向に遡って売上増加額期待値を求めていきます。期待値とは，どのくらいの値が得られるかという値で，「(発生する確率×発生する数値）の合計」で求めることができます。デシジョンツリーの○では，分岐している枝の売上増加額の期待値を求めます。□では分岐している枝の売上増加額の期待値の大きいほうを選択します。

・**施策a**

1. 最後の○における売上増加額の期待値（発生確率0.3と0.7）

(0.3×200)＋(0.7×100)＝130（億円）

追加費用が60億円なので売上増加額は，

130－60＝70（億円）

2. 施策aの□（発生確率0.4）における選択
追加費用なしのケースの売上増加額は50億円，追加費用60億円のケースは70億円なので，70億円を選択します。
3. 最初の○における売上増加額の期待値

(0.4×70)＋(0.6×120)＝100（億円）

4. 施策aの利益増加額の期待値
初期費用が30億円なので，

100－30＝70（億円）

・**施策b**

1. 最後の○における売上増加額の期待値（発生確率0.4と0.6）

(0.4×150)＋(0.6×100)＝120（億円）

追加費用が40億円なので売上増加額は，

120－40＝80（億円）

2. 施策bの□（発生確率0.3）における選択
追加費用なしのケースの売上増加額は，70億円。追加費用40億円のケースは80億円なので，80億円を選択します。
3. 最初の○における売上増加額の期待値

(0.3×80)＋(0.7×140)＝122（億円）

4. 施策bの利益増加額の期待値
初期費用が40億円なので，

122－40＝82（億円）

したがって，期待値が最大となる施策はbで，利益増加額の期待値は82億円です（ウ）。

問76 製造原価の経費に算入する費用に関する問題

原価計算基準によれば，原価計算の目的は，財務諸表の作成，価格計算，原価管理，予算の編成と統制，経営の基本計画に必要な原価情報を提供することにあるとされています。

原価計算をするときには，次のような項目は非原価項目として原価に算入しません。

経営目的に関連しない価値の減少	・次の資産に関する減価償却費，管理費，租税等の費用 - 投資資産の不動産，有価証券，貸付金，未稼働の固定資産，長期にわたり休止している設備 - その他経営目的に関連しない資産 ・寄付金等の経営目的に関連しない支出 ・支払利息，割引料，社債発行割引料償却，社債発行費償却，株式発行費償却，設立費償却，開業費償却，支払保険料等の財務費用
異常な状態を原因とする価値の減少	・異常な仕損，減損，たな卸減耗等 ・火災，震災，風水害，盗難，争議等の偶発的事故による損失 ・予期し得ない陳腐化等によって固定資産に著しい減価を生じた場合の臨時償却費 ・延滞償金，違約金，罰課金，損害賠償金 ・偶発債務損失，訴訟費，臨時多額の退職手当，固定資産売却損および除却損，異常な貸倒損失
税法上特に認められている損失算入項目	・価格変動準備金繰入額 ・租税特別措置法による償却額のうち通常の償却範囲額をこえる額
その他の利益剰余金に関する項目	・法人税，所得税，都道府県民税，市町村民税 ・配当金，役員賞与金，任意積立金繰入額，建設利息償却

ア：正しい。
イ：台風で被害を受けたという異常な状態を原因とした価値の減少なので，算入しません。
ウ：投資資産の不動産の管理費は，経営目的に関連しない価値の減少なので，算入しません。
エ：支払利息は，経営目的に関連しない価値の減少なので，算入しません。

解答	問75 ウ　問76 ア

問77 会社の固定費が150百万円，変動費率が60%のとき，利益50百万円が得られる売上高は何百万円か。

ア 333　　イ 425　　ウ 458　　エ 500

問78 ソフトウェア開発を，下請法の対象となる下請事業者に委託する場合，下請法に照らして，禁止されている行為はどれか。

ア 継続的な取引が行われているので，支払条件，支払期日などを記載した書面をあらかじめ交付し，個々の発注書面にはその事項の記載を省略する。
イ 顧客が求める仕様が確定していなかったので，発注の際に，下請事業者に仕様が未記載の書面を交付し，仕様が確定した時点では，内容を書面ではなく口頭で伝える。
ウ 顧客の都合で仕様変更の必要が生じたので，下請事業者と協議の上，発生する費用の増加分を下請代金に加算することによって仕様変更に応じてもらう。
エ 振込手数料を下請事業者が負担する旨を発注前に書面で合意したので，親事業者が負担した実費の範囲内で振込手数料を差し引いて下請代金を支払う。

問79 労働者派遣法において，派遣元事業主の講ずべき措置等として定められているものはどれか。

ア 派遣先管理台帳の作成
イ 派遣先責任者の選任
ウ 派遣労働者を指揮命令する者やその他関係者への派遣契約内容の周知
エ 労働者の教育訓練の機会の確保など，福祉の増進

問80 技術者倫理の遵守を妨げる要因の一つとして，集団思考というものがある。集団思考の説明として，適切なものはどれか。

ア 自分とは違った視点から事態を見ることができず，客観性に欠けること
イ 組織内の権威に無批判的に服従すること
ウ 正しいことが何かは知っているが，それを実行する勇気や決断力に欠けること
エ 強い連帯性をもつチームが自らへの批判的思考を欠いて，不合理な合意へと達すること

解答・解説

問77 利益が得られる売上高に関する問題

売上高と費用（固定費＋変動費）が同じ点を損益分岐点といい，売上高が費用を上回れば黒字，下回ると赤字になります。損益分岐点を求める式は下記となります。

損益分岐点売上高＝固定費÷（1－変動費率）
※変動費率＝変動費÷売上高

この式を応用して，目標とする利益を得るために必要な売上高は，次の式で求めることができます。

必要売上高＝（固定費＋目標利益）÷（1－変動費率）

この式に問題文の条件（固定費：150百万円，変動費率：60%，目標利益：50百万円）を入れて計算します。

必要売上高＝（150＋50）÷（1－0.6）
＝200÷0.4
＝500

したがって，利益50百万円が得られる売上高は500百万円になります（エ）。

問78 下請法で禁止されている行為に関する問題

下請法では，親事業者の遵守義務と禁止行為が定められています。

親事業者の遵守義務	発注時に発注書面を交付，発注時に支払い期日を定める，取引記録の書類を作成・保存，支払いが遅れた場合は遅延利息を支払う
親事業者の禁止行為	受領拒否，下請代金の減額，下請代金の支払い遅延，不当返品，買いたたき，報復措置，物の購入強制・役務の利用強制，有償支給原材料等の対価の早期決済，割引困難な手形の交付，不当な給付内容の変更・やり直し，不当な経済上の利益の提供要請

ア：継続的な取引が行われている場合，一定期間を通じて共通な事項は，あらかじめ書面で通知しておけば省略できます。
イ：正しい。仕様が確定した時点で，口頭でなく，書面（補充書面）で伝えなければなりません。
ウ：下請事業者と協議の上，増加分を下請代金に加算しているので，禁止行為にはなりません。
エ：下請事業者が負担することを発注前に書面で合意しているので，禁止行為にはなりません。

問79 労働者派遣法における派遣元事業主の講ずべき措置等に関する問題

労働者派遣法とは，「労働者派遣事業の適正な運営の確保と派遣労働者の保護等を図り，派遣労働者の雇用の安定と福祉の増進に資する」ことを目的とした法律です。派遣元事業主の講ずべき措置等として，特定有期雇用派遣労働者等の雇用の安定，段階的かつ体系的な教育訓練，不合理な待遇の禁止，職務の内容等を勘案した賃金の決定などが規定されています。

ア：派遣先管理台帳は，派遣先が作成します。
イ：派遣先責任者は，派遣先が選定します。
ウ：派遣先が講ずべき措置等です。
エ：正しい。

問80 集団思考に関する問題

集団思考（groupthink）とは，集団で合意や意思決定を行うときに，横並びになるような合意（画一な合意）に陥って最適な意思決定ができない状況です。メンバーが個人的な疑問や意見を抑えて集団の意見や場の空気に合わせてしまい，個々が単独でするよりも不合理な意思決定をする傾向になることです。集団思考を避けるためには，メンバーが異なった意見を出しやすくする，複数の集団に意思決定させるなどの方法があります。

ア：客観性に欠けることではなく，集団の画一性や連帯性に合わせることです。
イ：権威に無批判的に服従するのではなく，集団の一体感や結束力に影響されることです。
ウ：実行する勇気や判断力に欠けていることではなく，集団の意見や場の空気に合わせて不合理な合意をしてしまうことです。
エ：正しい。

解答	
問77 エ	問78 イ
問79 エ	問80 エ

午後問題（令和５年・春期）

〔問題一覧〕

●問1（必須）

問題番号	出題分野	テーマ
問1	情報セキュリティ	マルウェア対策

●問2～問11（10問中4問選択）

問題番号	出題分野	テーマ
問2	経営戦略	中堅の電子機器製造販売会社の経営戦略
問3	プログラミング	多倍長整数の演算
問4	システムアーキテクチャ	ITニュース配信サービスの再構築
問5	ネットワーク	Webサイトの増設
問6	データベース	KPI達成状況集計システムの開発
問7	組込みシステム開発	位置通知タグの設計
問8	情報システム開発	バージョン管理ツールの運用
問9	プロジェクトマネジメント	金融機関システムの移行プロジェクト
問10	サービスマネジメント	クラウドサービスのサービス可用性管理
問11	システム監査	工場在庫管理システムの監査

次の問1は必須問題です。必ず解答してください。

問1 マルウェア対策に関する次の記述を読んで，設問に答えよ。

R社は，全国に支店・営業所をもつ，従業員約150名の旅行代理店である。国内の宿泊と交通手段を旅行パッケージとして，法人と個人の双方に販売している。R社は，旅行パッケージ利用者の個人情報を扱うので，個人情報保護法で定める個人情報取扱事業者である。

〔ランサムウェアによるインシデント発生〕

ある日，R社従業員のSさんが新しい旅行パッケージの検討のために，R社からSさんに支給されているPC（以下，PC-Sという）を用いて業務を行っていたところ，PC-Sに身の代金を要求するメッセージが表示された。Sさんは連絡すべき窓口が分からず，数時間後に連絡が取れた上司からの指示によって，R社の情報システム部に連絡した。連絡を受けた情報システム部のTさんは，PCがランサムウェアに感染したと考え，①PC-Sに対して直ちに実施すべき対策を伝えるとともに，PC-Sを情報システム部に提出するようにSさんに指示した。

Tさんは，セキュリティ対策支援サービスを提供しているZ社に，提出されたPC-S及びR社LANの調査を依頼した。数日後にZ社から受け取った調査結果の一部を次に示す。

- PC-Sから，国内で流行しているランサムウェアが発見された。
- ランサムウェアが，取引先を装った電子メールの添付ファイルに含まれていて，Sさんが当該ファイルを開いた結果，PC-Sにインストールされた。
- PC-S内の文書ファイルが暗号化されていて，復号できなかった。
- PC-Sから，インターネットに向けて不審な通信が行われた痕跡はなかった。

・PC-Sから，R社LAN上のIPアドレスをスキャンした痕跡はなかった。
・ランサムウェアによる今回のインシデントは，表1に示すサイバーキルチェーンの攻撃の段階では［ a ］まで完了したと考えられる。

表1　サイバーキルチェーンの攻撃の段階

項番	攻撃の段階	代表的な攻撃の事例
1	偵察	インターネットなどから攻撃対象組織に関する情報を取得する。
2	武器化	マルウェアなどを作成する。
3	デリバリ	マルウェアを添付したなりすましメールを送付する。
4	エクスプロイト	ユーザーにマルウェアを実行させる。
5	インストール	攻撃対象組織のPCをマルウェアに感染させる。
6	C&C	マルウェアとC&Cサーバを通信させて攻撃対象組織のPCを遠隔操作する。
7	目的の実行	攻撃対象組織のPCで収集した組織の内部情報をもち出す。

〔セキュリティ管理に関する評価〕

Tさんは，情報システム部のU部長にZ社からの調査結果を伝え，PC-Sを初期化し，初期セットアップ後にSさんに返却することで，今回のインシデントへの対応を完了すると報告した。U部長は再発防止のために，R社のセキュリティ管理に関する評価をZ社に依頼するよう，Tさんに指示した。Tさんは，Z社にR社のセキュリティ管理の現状を説明し，評価を依頼した。

R社のセキュリティ管理に関する評価を実施したZ社は，ランサムウェア対策に加えて，特にインシデント対応と社員教育に関連した取組が不十分であると指摘した。Z社が指摘したR社のセキュリティ管理に関する課題の一部を表2に示す。

表2　R社のセキュリティ管理に関する課題（一部）

項番	種別	指摘内容
1	ランサムウェア対策	PC上でランサムウェアの実行を検知する対策がとられていない。
2	インシデント対応	インシデントの予兆を捉える仕組みが整備されていない。
3		インシデント発生時の対応手順が整備されていない。
4	社員教育	インシデント発生時の適切な対応手順が従業員に周知されていない。
5		標的型攻撃への対策が従業員に周知されていない。

U部長は，表2の課題の改善策を検討するようにTさんに指示した。Tさんが検討したセキュリティ管理に関する改善策の候補を表3に示す。

表3　Tさんが検討したセキュリティ管理に関する改善策の候補

項番	種別	改善策の候補
1	ランサムウェア対策	②PC上の不審な挙動を監視する仕組みを導入する。
2	インシデント対応	PCやサーバ機器，ネットワーク機器のログからインシデントの予兆を捉える仕組みを導入する。
3		PCやサーバ機器の資産目録を随時更新する。
4		新たな脅威を把握して対策の改善を行う。
5		インシデント発生時の対応体制や手順を検討して明文化する。
6		脆(ぜい)弱性情報の収集方法を確立する。
7	社員教育	インシデント発生時の対応手順を従業員に定着させる。
8		標的型攻撃への対策についての社員教育を行う。

〔インシデント対応に関する改善策の具体化〕

Tさんは，表3の改善策の候補を基に，インシデント対応に関する改善策の具体化を行った。Tさんが検討した，インシデント対応に関する改善策の具体化案を表4に示す。

表4　インシデント対応に関する改善策の具体化案

項番	改善策の具体化案	対応する表3の項番
1	R社社内に③インシデント対応を行う組織を構築する。	5
2	R社の情報機器のログを集約して分析する仕組みを整備する。	2
3	R社で使用している情報機器を把握して関連する脆弱性情報を収集する。	[b]，[c]
4	社内外の連絡体制を整理して文書化する。	[d]
5	④セキュリティインシデント事例を調査し，技術的な対策の改善を行う。	4

検討したインシデント対応に関する改善策の具体化案をU部長に説明したところ，表4の項番5のセキュリティインシデント事例について，特にマルウェア感染などによって個人情報が窃取された事例を中心に，Z社から支援を受けて調査するように指示を受けた。

〔社員教育に関する改善策の具体化〕

Tさんは，表3の改善策の候補を基に，社員教育に関する改善策の具体化を行った。Tさんが検討した，社員教育に関する改善策の具体化案を表5に示す。

表5　社員教育に関する改善策の具体化案

項番	改善策の具体化案	対応する表3の項番
1	標的型攻撃メールの見分け方と対応方法などに関する教育を定期的に実施する。	8
2	インシデント発生を想定した訓練を実施する。	7

R社では，標的型攻撃に対応する方法やインシデント発生時の対応手順が明確化されておらず，従業員に周知する活動も不足していた。そこで，標的型攻撃の内容とリスクや標的型攻撃メールへの対応，インシデント発生時の対応手順に関する研修を，新入社員が入社する4月に全従業員に対して定期的に行うことにした。

また，R社でのインシデント発生を想定した訓練の実施を検討した。図1に示す一連のインシデント対応フローのうち，⑤全従業員を対象に実施すべき対応と，経営者を対象に実施すべき対応を中心に，ランサムウェアによるインシデントへの対応を含めたシナリオを作成することにした。

ア．検知／通報（受付）→ イ．トリアージ → ウ．インシデントレスポンス → エ．報告／情報公開

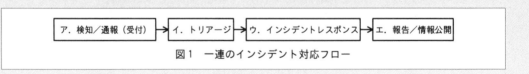

図1　一連のインシデント対応フロー

Tさんは，今回のインシデントの教訓を生かして，ランサムウェアに感染した際にPC内の重要な文書ファイルの喪失を防ぐために，取り外しできる記録媒体にバックアップを取得する対策を教育内容に含めた。検討した社員教育に関する改善策の具体化案をU部長に説明したところ，⑥バックアップを取得した記録媒体の保管方法について検討し，その内容を教育内容に含めるようにTさんに指示した。

設問 1

〔ランサムウェアによるインシデント発生〕について答えよ。

(1) 本文中の下線①について，PC-Sに対して直ちに実施すべき対策を解答群の中から選び，記号で答えよ。

解答群

ア 怪しいファイルを削除する。
イ 業務アプリケーションを終了する。
ウ ネットワークから切り離す。
エ 表示されたメッセージに従う。

(2) 本文中の［ a ］に入れる適切な攻撃の段階を表1の中から選び，表1の項番で答えよ。

設問 2

〔セキュリティ管理に関する評価〕について答えよ。

(1) 表2中の項番3の課題に対応する改善策の候補を表3の中から選び，表3の項番で答えよ。

(2) 表3中の下線②について，PC上の不審な挙動を監視する仕組みの略称を解答群の中から選び，記号で答えよ。

解答群

ア APT　イ EDR　ウ UTM　エ WAF

設問 3

〔インシデント対応に関する改善策の具体化〕について答えよ。

(1) 表4中の下線③について，インシデント対応を行う組織の略称を解答群の中から選び，記号で答えよ。

解答群

ア CASB　イ CSIRT　ウ MITM　エ RADIUS

(2) 表4中の［ b ］～［ d ］に入れる適切な表3の項番を答えよ。

(3) 表4中の下線④について，調査すべき内容を解答群の中から全て選び，記号で答えよ。

解答群

ア 使用された攻撃手法
イ 被害によって被った損害金額
ウ 被害を受けた機器の種類
エ 被害を受けた組織の業種

設問 4

〔社員教育に関する改善策の具体化〕について答えよ。

(1) 本文中の下線⑤について，全従業員を対象に訓練を実施すべき対応を図1の中から選び，図1の記号で答えよ。

(2) 本文中の下線⑥について，記録媒体の適切な保管方法を20字以内で答えよ。

問1のポイント ランサムウェア感染後の改善策

専門用語の意味を問う設問が目立ちました。情報セキュリティの出題分野の場合，従来はサイバー攻撃の手法に関する用語など狭義の情報セキュリティの用語を押さえておけば対応できましたが，もう少し広い範囲での知識を問われるように変化しています。周辺の知識の習得にも積極的に努めましょう。

また，問1（情報セキュリティ）に限っていうと，記述式の設問が少なく，今後もしばらくこの傾向が続く可能性があります。

設問1の解説

□□□

● (1) について

感染後に行う操作によって，その操作をきっかけに状況が悪化するおそれがあります。

ランサムウェアの種類にもよりますが，感染すると，同じネットワーク内にある他のパソコンへの感染拡大を試みるランサムウェアが多数存在します。そのため，被害の拡大を食い止めるために，ランサムウェアに感染したと思しき場合には当該パソコンをネットワークから切り離すべきです。

● (2) について

・【空欄a】

PC-S内の文書ファイルが暗号化されていて，復号できなかったのは，ランサムウェアに感染してしまったためです。したがって，表1の項番5（インストール）は完了してしまっています。

一方，PC-Sからインターネットに向けて不審な通信が行われた痕跡はなく，R社LAN上のIPアドレスをスキャンした痕跡もありません。したがって，表1の項番6（C&C）に記載されている「C&Cサーバを通信させて～」という状況には至っていないと考えられます。

解答	
	(1) ウ (2) a：5

設問2の解説

□□□

● (1) について

表2の項番3はインシデント対応に関する課題なので，課題に対する改善策を示す表3の中のインシデント対応に関する改善策から選択します。

今回，インシデント発生時の対応手順が整備されていないために，Sさんは連絡すべき窓口がわからず，PC-Sを情報システム部に提出するまでに時間がかかってしまいました。したがって，インシデント発生時の対応手順の明文化（項番5）が改善策になります。

● (2) について

解答群のそれぞれの字句の意味は以下のとおりです。

字句	意味
APT	Advanced Package Tool。ソフトウェアの更新や削除を自動的に行い，ソフトウェアの管理を容易に行う仕組み
EDR	Endpoint Detection and Response。パソコンなど各機器の動作を監視し，不審な挙動を検知したら適切な対応を行う仕組み
UTM	Unified Threat Management。複数の情報セキュリティの機能をひとつに集約した仕組み
WAF	Web Application Firewall。Webアプリケーションへの不正な攻撃からWebサイトを保護する情報セキュリティの仕組み

このうち，下線②に合致するのは，EDR（イ）となります。

解答	
	(1) 5 (2) イ

設問3の解説

□□□

● (1) について

解答群のそれぞれの字句の意味は以下のとおりです。

字句	意味
CASB	Cloud Access Security Broker。クラウドサービスを利用する際の情報セキュリティ対策のコンセプト

字句	意味
CSIRT	Computer Security Incident Response Team。インシデントが発生した場合に適切に対応するための専門の組織
MITM	Man in the middle attack。攻撃者が送信者と受信者の間に入り込み，通信内容の盗聴や改ざんを行う攻撃手法
RADIUS	Remote Authentication Dial In User Service。ネットワーク上でユーザー認証を行う通信プロトコルのひとつ

このうち，下線③に合致するのは，CSIRT（イ）となります。

● (2) について

表4はインシデント対応に関する改善策と具体化案のため，表3のうち，種別がインシデント対応である項番2～6の中から選択することが大前提となります。

・【空欄b，c】

表4の項番3を前半部分と後半部分とに分割して考えると，前半部分に相当する「R社で使用している情報機器を把握」に紐づくのが，表3の項番3（PCやサーバ機器の資産目録を随時更新する）になります。また，後半部分に相当する「脆弱性情報を収集する」に紐づくのが，表3の項番6（脆弱性情報の収集方法を確立する）になります。

・【空欄d】

表4の項番4（社内外の連絡体制を整理して文書化する）は，文書化とは明文化することですから，表3の項番5（インシデント発生時の対応体制や手順を検討して明文化する）に対応します。

● (3) について

技術的な対策の改善であることが，この設問の主旨です。

一般的に，攻撃手法がわかれば，その攻撃を防御するための技術的な対策を取ることが可能です（ア）。また，攻撃を受けた機器やその機器に搭載されているOSなどの種類がわかれば，その機器やOSなどに特化した技術的な対策を取ることが可能です（ウ）。

しかし，損害金額（イ）や業種（エ）がわかっても，取るべき技術的な対策につながりません。

解答	
	(1) イ (2) b：3　c：6 d：5　（b，cは順不同） (3) ア，ウ

設問4の解説

□□□

● (1) について

ア：検知／通報（受付）は，全従業員を対象に訓練を実施すべきです。今回のPC-Sがランサムウェアに感染した事例についても，インシデントを検知してから通報するまでの初動に時間がかかっており，被害が拡大されかねませんでした。

イ：トリアージとは，発生した情報セキュリティのインシデントに対して，緊急性や重要性に応じて対応のための優先度をつけることです。本問のケースでは情報システム部が担当しますが，被害の程度などによってもっと上位の組織が担当する場合もあります。

ウ：インシデントレスポンスは，発生したインシデントに対して，実際に処置を行うことです。これも情報システム部が中心になって対応します。

エ：報告／情報公開は，対応したインシデントの事例について関係者に周知を図ることです。そのためインシデントを対応した組織が主体的に行います。

● (2) について

取り外しできる記憶媒体の場合，紛失や盗難に遭うリスクが懸念されます。使用しているとき以外には鍵のかかる引き出しやロッカーに保管し，紛失や盗難のリスク対策を行わなければいけません。

また保管方法ではないため，この設問とは直接関係ありませんが，指紋認証つきの記憶媒体を利用するなど，万が一紛失や盗難に遭った場合でも情報の流出を防げる対策も必要かもしれません。

解答	
	(1) ア (2) 鍵のかかる引き出しやロッカーに保管する（19文字）

令和5年度春期　午前　午後

次の**問2～問11**については**4問を選択**し，**答案用紙の選択欄の問題番号を○印で囲んで解答**してください。
なお，5問以上○印で囲んだ場合は，**はじめの4問**について採点します。

問2 中堅の電子機器製造販売会社の経営戦略に関する次の記述を読んで，設問に答えよ。

Q社は，中堅の電子機器製造販売会社で，中小のスーパーマーケット（以下，スーパーという）を顧客としている。Q社の主力製品は，商品管理に使用するバーコードを印字するラベルプリンター，及びバーコードを印字する商品管理用のラベル（以下，バーコードラベルという）などの消耗品である。さらに，技術を転用してバーコード読取装置（以下，バーコードリーダーという）も製造販売している。

顧客がバーコードラベルを使用する場合は，商品に合った大きさ，厚さ，及び材質のバーコードラベルが必要になり，これに対応してラベルプリンターの設定が必要になる。商品ごとに顧客の従業員がマニュアルを見ながら各店舗でラベルプリンターの画面から操作して設定しているが，続々と新商品が出てくる現在，この設定のスキルの習得は，慢性的な人手不足に悩む顧客にとって負担となっている。

〔現在の経営戦略〕

Q社では，ラベルプリンターの機種を多数そろえるとともに，ラベルプリンター及びバーコードリーダーと連携して商品管理や消耗品の使用量管理などを支援するソフトウェアパッケージ（以下，Q社パッケージという）を業界で初めて開発して市場に展開し，①競合がない市場を切り開く経営戦略を掲げ，次に示す施策に基づき積極的に事業展開して業界での優位性を保っている。

- 顧客の従業員がQ社パッケージのガイド画面から操作して，接続されている全ての店舗のラベルプリンターの設定を一度に変更することで，これまでと比べて負担を軽減できる。さらに②顧客の依頼に応じて，ラベルプリンターの設定作業を受託する。
- ラベルプリンターの販売価格は他社より抑え，バーコードラベルなどの消耗品の料金体系は，Q社パッケージで集計した使用量に応じたものとする。
- 毎年，従来機種を改良したラベルプリンターを開発し，ラベルプリンターが有する様々な便利な機能を最大限活用できるように，Q社パッケージの機能を拡充する。

これらの施策の実施によって，Q社は，［ a ］ビジネスモデルを実現し，価格設定や顧客への対応などが受け入れられて，リピート受注を確保でき，業界平均以上の収益性を維持している。

〔現在の問題点〕

一方で，今後も業界での優位性を維持するには次の問題もある。

- 最近開発したラベルプリンターで，設置される環境や操作性などについて，顧客ニーズの変化を十分に把握しきれておらず，顧客満足度が低い機種がある。
- ラベルプリンターは定期的に予防保守を行い，部品を交換しているが，交換する前に故障が発生してしまうことがある。故障が発生した場合のメンテナンスは，顧客の担当者から故障連絡を受けて，高い頻度で発生する故障の修理に必要な部品を持って要員が現場で対応している。しかし，故障部位の詳細な情報は事前に把握できず，修理に必要な部品を持っていない場合は，1回の訪問で修理が完了せず，顧客の業務に影響が出たことがある。また，複数の故障連絡が重なるなど，要員の作業の繁閑が予測困難で，要員が計画的に作業できずに苦慮している。
- 多くの顧客では，消費期限が近くなった商品の売れ残りが発生しそうな場合には，消費期限と売れ残りの見通しから予測した時刻に，値引き価格を印字したバーコードラベルを重ねて貼っている。食品の取扱いが多い顧客からは，顧客の戦略目標の一つである食品廃棄量削減を達成するために，値引き価格を印字したバーコードラベルを貼る適切な時刻を通知する機能を情報システムで提供するよう要望を受けているが，現在のQ社パッケージで管理するデータだけでは対応できない。

・ラベルプリンターの製造コストは業界では平均的だが，バーコードリーダーは，開発に多くの要員を割かれていて製造コストは業界での平均よりも高い。バーコードリーダーの製造販売において，他社と差別化できておらず，販売価格を上げられないので利益を確保できていない。
・ラベルプリンターでは，スーパーを顧客とする市場が飽和状態になりつつある中で，大手の事務機器製造販売会社のS社がラベルプリンターを開発して，スーパーを顧客とする事務機器の商社を通して大手のスーパーに納入した。S社は，スーパーとの直接的な取引はないが，今後，Q社が事業を展開している中小のスーパーを顧客とする市場にも進出するおそれが出てきた。

将来に備えて経営戦略を強化することを考えたQ社のR社長は，外部企業へ依頼して，Q社が製造販売する製品と提供するサービスに関する調査を行った。

〔経営戦略の強化〕

調査の結果，R社長は次のことを確認した。
・ラベルプリンターの開発において，顧客ニーズの変化に素早く対応して他社との差別化を図らなければ，顧客満足度が下がり業界での優位性が失われる。
・メンテナンス対応において，故障による顧客業務への影響を減らせば顧客満足度が上がる。顧客満足度を上げれば，既存顧客からのリピート受注率が高まる。
・顧客満足度を上げるためには，製品開発力及びメンテナンス対応力を強めることに加えて，顧客が情報システムに求める機能の提供力を強めることが必要である。
・バーコードリーダーは，Q社のラベルプリンターやQ社パッケージの製造販売と競合せず，POS端末及び中小のスーパーで定評のある販売管理ソフトウェアパッケージを製造販売するU社から調達できる。

そして，Q社及びS社の現状に対して，競争要因別の顧客から見た価値の相対的な高さと，R社長が強化すべきと考えたQ社の計画を図1に示す戦略キャンバス（抜粋）にまとめた。

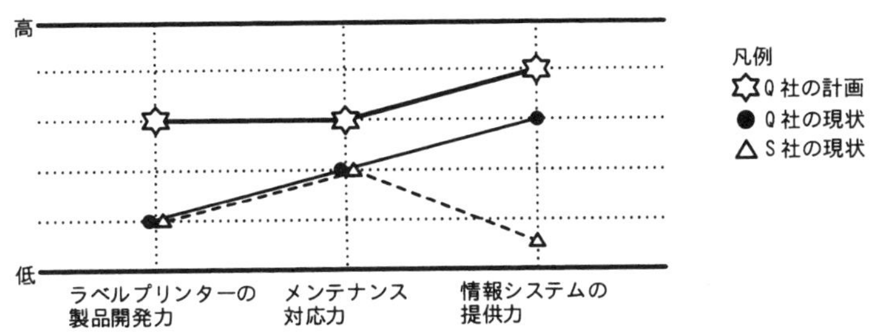

図1　R社長が考えた戦略キャンバス（抜粋）

R社長は戦略キャンバス（抜粋）に基づいて，業界での優位性を維持するために社内の幹部と次に示す重点戦略をまとめた。

(1) ラベルプリンターの製品開発力

ラベルプリンターの製品開発において，顧客のニーズを聞き，迅速にラベルプリンターの試作品を開発して顧客に確認してもらうことで，従来よりも的確にニーズを取り込めるようにする。

ラベルプリンターの試作や顧客確認などの開発段階での業務量が増えることになるが，[b]。これによって，開発要員を増やさないことと製品開発力を強化することとの整合性を確保する。

(2) メンテナンス対応力

R社長は，メンテナンス対応の要員数を変えず，③メンテナンス対応力を強化して顧客満足度を上げることを考えた。具体的には，④Q社パッケージが，インターネット経由で，Q社のラベルプリンターの稼働に関するデータ，及びモーターなどの部品の劣化の兆候を示す電圧変化などのデータを収集して適宜Q社に送信する機能を実現する。

(3) 情報システムの提供力

Q社の業界での優位性を更に高めるために，⑤SDGsの一つである“つくる責任，つかう責任”に関して，顧客が食品の廃棄量の削減を達成するための支援機能など，Q社パッケージの機能追加を促進する。このために，U社と連携してQ社パッケージとU社の販売管理ソフトウェアパッケージとを連動させる。

設問 1

〔現在の経営戦略〕について答えよ。

(1) 本文中の下線①について，Q社が実行している戦略を解答群の中から選び，記号で答えよ。

解答群

ア コストリーダーシップ戦略　　イ 市場開拓戦略
ウ フォロワー戦略　　エ ブルーオーシャン戦略

(2) 本文中の下線②について，Q社が設定作業を受託する背景にある顧客の課題は何か。25字以内で答えよ。

(3) 本文中の［ a ］に入れる適切な字句を解答群の中から選び，記号で答えよ。

解答群

ア Q社パッケージの販売利益でバーコードラベルなどの消耗品の赤字を補填する
イ バーコードラベルなどの消耗品で利益を確保する
ウ バーコードラベルなどの消耗品を安く販売し，リピート受注を確保する
エ ラベルプリンターの販売利益でバーコードラベルなどの消耗品の赤字を補填する

設問 2

〔経営戦略の強化〕について答えよ。

(1) 本文中の答えよ。［ b ］に入れる適切な字句を解答群の中から選び，記号で答えよ。

解答群

ア Q社パッケージの販売を中止し，開発要員をラベルプリンターの開発に振り向ける
イ バーコードリーダーの開発を中止し，開発要員をラベルプリンターの開発に振り向ける
ウ メンテナンス要員をラベルプリンターの開発に振り向ける
エ ラベルプリンターの機種を減らし，開発要員を減らす

(2) 本文中の下線③について，R社長の狙いは何か。〔経営戦略の強化〕中の字句を用い，15字以内で答えよ。

(3) 本文中の下線④について，顧客の業務への影響を減らすために，Q社において可能となることを二つ挙げ，それぞれ15字以内で答えよ。また，それらによって，Q社にとって，どのようなメリットがあるか。〔現在の問題点〕を参考に，15字以内で答えよ。

(4) 本文中の下線⑤の支援機能として，情報システムで提供する機能は何か。35字以内で答えよ。

問2のポイント　中堅の電子機器製造販売会社の経営戦略

中小のスーパーマーケットを顧客とする中堅の電子機器製造販売会社における経営戦略に関する出題です。ブルーオーシャン戦略，戦略キャンバスなどの知識，応用力が問われています。スーパーマーケット向け商品開発というテーマは，馴染みが薄い方も多いと思われますが，問題をしっかり読み込むことでヒントを得ることができます。

設問1の解説

□□□

戦略キャンバス

ブルーオーシャン戦略において，競争要素を視覚化するためのグラフィカルな表現ツールのこと。横軸に競争要素，縦軸にその競争要素の達成度をプロットし，企業や製品の競争状況を把握することで，競合企業との違いや顧客価値の差別化を明確にする。

● (1) について

解答群のそれぞれの戦略の意味は以下のとおりです。

字句	意味
コストリーダーシップ戦略	企業が競争相手よりも低コストで製品やサービスを提供し，市場でリーダー的地位を確立することを目指す戦略。低コスト体制を構築することで，利益率の向上や価格競争力の強化が可能となる。
市場開拓戦略	新たな市場や顧客層を開拓することに焦点を当てた戦略。新製品開発や既存製品の改良，ターゲット市場の拡大などを通じて，新たな収益源を創出し，事業の成長を目指す。
フォロワー戦略	市場での競争相手がすでに確立した成功モデルを追随し，そのノウハウや技術を活用して成功を目指す戦略。リスクを最小限に抑えながら，既存の市場で成功している企業を参考に，自社の競争力を高める。
ブルーオーシャン戦略	競争の激しい市場（レッドオーシャン）から脱却し，競争の少ない新たな市場（ブルーオーシャン）を創出することを目指す戦略。従来の競争要素に捉われず，価値革新を通じて顧客ニーズを満たし，市場のルールを変革する。顧客価値の向上や，独自の価値提案を作り出すことを重視する。

したがって，下線①の「競合がない市場を切り開く経営戦略」に該当するのは，「ブルーオーシャン戦略」（エ）です。

● (2) について

ラベルプリンターの設定作業を受託しているのは，顧客側にその作業を実施できない理由があると考えます。その理由を探すと「続々と新商品が出てくる現在，この設定の習得は慢性的な人手不足に悩む顧客にとって負担になっている」と記載されており，これが該当します。

● (3) について

・【空欄a】

アエ：バーコードラベルなどの消耗品が赤字だとの記載はありません。

イ：正しい。ラベルプリンターの価格は低く抑え，バーコードラベルなどの消耗品で収益を確保する戦略です。このようなビジネスモデルをリカーリングと呼びます。

ウ：ラベルプリンターは他社より安く販売しており，販売利益が高いとは言えません。

リカーリング

顧客が定期的に支払いを行うことで継続的な収益が発生するビジネスモデルのこと。

解答	
	(1) エ (2) 慢性的人手不足で設定スキル習得が負担となっている（24文字） (3) a：イ

設問2の解説

□□□

● (1) について

・【空欄b】

空欄bの前後の文章から，会社全体としては開発要員を増やさずに，ラベルプリンターの製品開発力を強化する方法を考えます。

すると，〔現在の問題点〕に「バーコードリーダーは他社と機能において差別化できておらず，販売価格を上げられないので，利益を確保できていない」との説明があります。また，〔経営戦略の強化〕には「バーコードリーダーは競合しないU社から調達できる」との説明があります。

このことから，バーコードリーダーの自社製造を中止し，その開発要員を付加価値が高められるラベルプリンターの開発に振り向けることが得策であることが分かります。

● (2) について

〔経営戦略の強化〕に「顧客満足度を上げれば，既存顧客からのリピート受注率が高まる」との記載があります。したがって，顧客満足度を上げるのは「リピート受注率を高める」ことが狙いと分かります。

● (3) について

〔現在の問題点〕には，「故障部位の詳細な情報が事前に把握できないので，修理部品がない場合は1回の訪問で修理が完了せず，顧客の業務に影響が出たことがある」と記載されています。

また「複数の故障業務が重なるなど要員の作業繁閑が予測不能で，要員が計画的に作業できない」旨も説明されています。下線④が実現できれば，事前に故障部分が把握できるので1回の訪問で修理を完了することが可能になります。また，事前に不調部分を把握できるので，故障前に部品を交換することが可能になります。これらの結果，要員が計画的に作業できるメリットが生まれます。

● (4) について

食品の廃棄量の削減に関連する記述を探すと，〔現在の問題点〕に「値引き価格を印字したバーコードラベルを貼る適切な時刻を通知する機能を情報システムで提供するよう要望を受けている」との記載があるので，これが該当します。

解答	(1) b：イ (2) リピート受注率を高める（11文字） (3) 可能となること： ①1回の訪問で修理を完了できる（14文字） ②故障発生前に部品交換できる（13文字） メリット：要員が計画的に作業できる（12文字） (4) 値引き価格を印字したバーコードラベルを貼る適切な時刻を通知する機能（33文字）

問3

多倍長整数の演算に関する次の記述を読んで，設問に答えよ。

コンピュータが一度に処理できる整数の最大桁には，CPUが一度に扱える情報量に依存した限界がある。一度に扱える桁数を超える演算を行う一つの方法として10を基数とした多倍長整数（以下，多倍長整数という）を用いる方法がある。

〔多倍長整数の加減算〕

多倍長整数の演算では，整数の桁ごとの値を，1の位から順に1次元配列に格納して管理する。例えば整数123は，要素数が3の配列に{3, 2, 1}を格納して表現する。

多倍長整数の加算は，“桁ごとの加算”の後，“繰り上がり”を処理することで行う。456+789を計算した例を図1に示す。

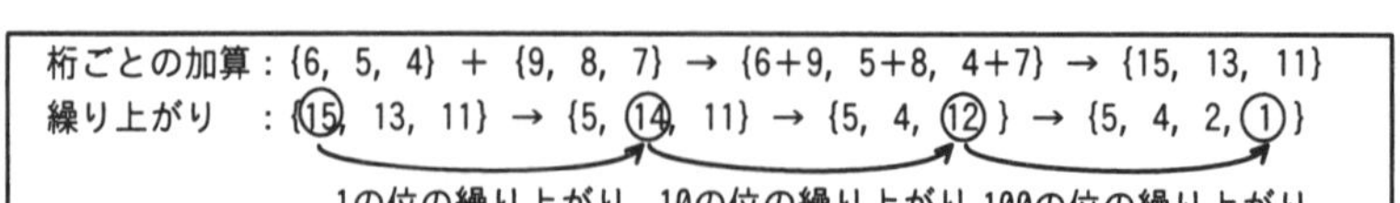

桁ごとの加算：{6, 5, 4} ＋ {9, 8, 7} → {6+9, 5+8, 4+7} → {15, 13, 11}
繰り上がり　：{15, 13, 11} → {5, 14, 11} → {5, 4, 12} → {5, 4, 2, 1}
1の位の繰り上がり
10の位の繰り上がり
100の位の繰り上がり

図1　456＋789を計算した例

“桁ごとの加算”を行うと，配列の内容は{15, 13, 11}となる。1の位は15になるが，15は10×1＋5なので，10の位である13に1を繰り上げて{5, 14, 11}とする。これを最上位まで繰り返す。最上位で繰り上がりが発生する場合は，配列の要素数を増やして対応する。減算も同様に“桁ごとの減算”と“繰り下がり”との処理で計算できる。

〔多倍長整数の乗算〕

多倍長整数の乗算については，計算量を削減するアルゴリズムが考案されており，その中の一つにカラツバ法がある。ここでは，桁数が2のべき乗で，同じ桁数をもった正の整数同士の乗算について，カラツバ法を適用した計算を行うことを考える。桁数が2のべき乗でない整数や，桁数が異なる整数同士の乗算を扱う場合は，上位の桁を0で埋めて処理する。例えば，123×4は0123×0004として扱う。

〔ツリー構造の構築〕

カラツバ法を適用した乗算のアルゴリズムは，計算のためのツリー構造（以下，ツリーという）を作る処理と，ツリーを用いて演算をする処理から成る。ツリーは，多倍長整数の乗算の式を一つのノードとし，一つのノードは3個の子ノードをもつ。

M桁×M桁の乗算の式について，乗算記号の左右にある値を，それぞれM/2桁ずつに分けてA, B, C, Dの四つの多倍長整数を作る。これらの整数を使って，①A×C，②B×D，③（A+B）×（C+D）の3個の子ノードを作り，M/2桁×M/2桁の乗算を行う層を作る。（A+B），（C+D）は多倍長整数の加算の結果であるが，ここでは“桁ごとの加算”だけを行い，“繰り上がり”の処理はツリーを用いて行う演算の最後でまとめて行う。生成した子ノードについても同じ手順を繰り返し，1桁×1桁の乗算を行う最下層のノードまで展開する。

1234×5678についてのツリーを図2に示す。図2の層2の場合，①は12×56，②は34×78，③は46×134となる。③の（C+D）は，“桁ごとの加算”だけの処理を行うと，10の位が5+7＝12，1の位が6+8＝14となるので，12×10+14＝134となる。

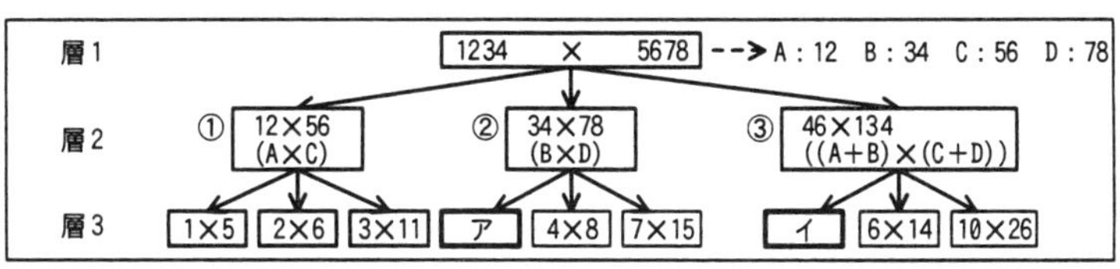

注記　この例では層3が最下層となる。

図2　1234×5678についてのツリー

〔ツリーを用いた演算〕

ツリーの最下層のノードは，整数の乗算だけで計算できる。最下層以外の層は，子ノードの計算結果を使って，次の式で計算できることが分かっている。ここで，α，β，γは，それぞれ子ノード①，②，③の乗算の計算結果を，Kは対象のノードの桁数を表す。

$$\alpha \times 10^{K} + (\gamma - \alpha - \beta) \times 10^{K/2} + \beta \quad \cdots\cdots \ (1)$$

図2のルートノードの場合，K=4，α＝672，β＝2652，γ＝6164なので，計算結果は次のとおりとなる。

$$672 \times 10000 + (6164 - 672 - 2652) \times 100 + 2652 = 7006652$$

〔多倍長整数の乗算のプログラム〕

桁数が2のべき乗の多倍長整数val1，val2の乗算を行うプログラムを作成した。

プログラム中で利用する多倍長整数と，ツリーのノードは構造体で取り扱う。構造体の型と要素を表1に示す。構造体の各要素には，構造体の変数名.要素名でアクセスできる。また，配列の添字は1から始まる。

表1　構造体の型と要素

構造体の型	要素名	要素の型	内容
多倍長整数	N	整数	多倍長整数の桁数
	values	整数の配列	桁ごとの値を管理する1次元配列。1の位の値から順に値を格納する。配列の要素は，必要な桁を全て格納するのに十分な数が確保されているものとする。
ノード	N	整数	ノードが取り扱う多倍長整数の桁数。図2の1234×5678のノードの場合は4である。
	val1	多倍長整数	乗算記号の左側の値
	val2	多倍長整数	乗算記号の右側の値
	result	多倍長整数	乗算の計算結果

多倍長整数の操作を行う関数を表2に，プログラムで使用する主な変数，配列及び関数を表3，与えられた二つの多倍長整数からツリーを構築するプログラムを図3に，そのツリーを用いて演算を行うプログラムを図4に，それぞれ示す。表2，表3中のp，q，v1，v2の型は多倍長整数である。また，図3，図4中の変数は全て大域変数である。

表2　多倍長整数の操作を行う関数

名称	型	内容
add(p, q)	多倍長整数	pとqについて，“桁ごとの加算”を行う。
carry(p)	多倍長整数	pについて“繰り上がり”・“繰り下がり”の処理を行う。
left(p, k)	多倍長整数	pについて，valuesの添字が大きい方のk個の要素を返す。pのvaluesが{4, 3, 2, 1}，kが2であれば，valuesが{2, 1}の多倍長整数を返す。
right(p, k)	多倍長整数	pについて，valuesの添字が小さい方のk個の要素を返す。pのvaluesが{4, 3, 2, 1}，kが2であれば，valuesが{4, 3}の多倍長整数を返す。
lradd(p, k)	多倍長整数	add(left(p, k), right(p, k))の結果を返す。
shift(p, k)	多倍長整数	pを10^k倍する。
sub(p, q)	多倍長整数	pとqについて，“桁ごとの減算”を行いp−qを返す。

表3　使用する主な変数，配列及び関数

名称	種類	型	内容
elements[]	配列	ノード	ツリーのノードを管理する配列。ルートノードを先頭に，各層の左側のノードから順に要素を格納する。図2の場合は，{1234×5678, 12×56, 34×78, 46×134, 1×5, 2×6, …}の順で格納する。
layer_top[]	配列	整数	ルートノードから順に，各層の左端のノードの，elements配列上での添字の値を格納する。図2の場合は1234×5678, 12×56, 1×5の添字に対応する{1, 2, 5}が入る。
mod(m, k)	関数	整数	mをkで割った剰余を整数で返す。
new_elem(k, v1, v2)	関数	ノード	取り扱う多倍長整数の桁数がkで，v1×v2の乗算を表すノード構造体を新規に一つ作成して返す。
pow(m, k)	関数	整数	mのk乗を整数で返す。kが0の場合は1を返す。
t_depth	変数	整数	ツリーの層の数。図2の場合は3である。
val1, val2	変数	多倍長整数	乗算する対象の二つの値。図2の場合，ルートノードの二つの値で，val1は1234，val2は5678である。
answer	変数	多倍長整数	乗算の計算結果を格納する変数

```
// ツリーの各層の，elements配列上での先頭インデックスを算出する
layer_top[1] ← 1                                       // ルートノードは先頭なので1を入れる
for (iを1からt_depth − 1まで1ずつ増やす)
  layer_top[i + 1] ← layer_top[i] + [   ウ   ]
endfor

// ツリーを構築する
elements[1] ← new_elem(val1.N, val1, val2)      // ルートノードを用意。桁数はval1の桁数を使う
for (dpを1からt_depth − 1まで1ずつ増やす)        // ルートノードの層から，最下層以外の層を順に処理
  for (iを1からpow(3, dp − 1)まで1ずつ増やす) // 親ノードになる層の要素数だけ繰り返す
    pe ← elements[layer_top[dp] + (i − 1)]     // 親ノードの要素を取得
    cn ← pe.N / 2                               // 子ノードの桁数を算出
    tidx ← layer_top[dp + 1] + [   エ   ]       // 子ノード①へのインデックス
    elements[tidx    ] ← new_elem(cn, left([ オ ], cn), left([ カ ], cn))
    elements[tidx + 1] ← new_elem(cn, right([ オ ], cn), right([ カ ], cn))
    elements[tidx + 2] ← new_elem(cn, lradd([ オ ], cn), lradd([ カ ], cn))
  endfor
endfor
```

図３　与えられた二つの多倍長整数からツリーを構築するプログラム

```
// 最下層の計算
for (iを1からpow(3, t_depth − 1)まで1ずつ増やす)     // 最下層の要素数は3のt_depth−1乗個
  el ← elements[layer_top[t_depth] + (i − 1)]        // 最下層のノード
  mul ← el.val1.values[1] * el.val2.values[1]        // 最下層の乗算
  el.result.N ← 2                                     // 計算結果は2桁の多倍長整数
  el.result.values[1] ← [   キ   ]                    // 1の位
  el.result.values[2] ← mul / 10                      // 10の位
endfor

// 最下層以外の計算
for (dpをt_depth − 1から1まで1ずつ減らす)             // 最下層より一つ上の層から順に処理
  for (iを1からpow(3, dp − 1)まで1ずつ増やす)         // 各層の要素数だけ繰り返す
    el ← elements[layer_top[dp] + (i − 1)]           // 計算対象のノード
    cidx ← layer_top[dp + 1] + [   エ   ]             // 子ノード①へのインデックス
    s1 ← sub([   ク   ].result, [   ケ   ].result )
    s2 ← sub(s1, elements[cidx + 1].result)           // γ−α−βを計算
    p1 ← shift(elements[cidx].result, el.N)           // α×10^Kを計算
    p2 ← shift(s2, el.N / 2)                          // (γ−α−β)×10^(K/2)を計算
    p3 ← elements[cidx + 1].result                    // βを計算
    el.result ← add(add(p1, p2), p3)
  endfor
endfor

// 繰り上がり処理
answer ← carry(elements[1].result)                    // 計算結果をanswerに格納
```

注記　図４中の[エ]には，図３中の[エ]と同じ字句が入る。

図４　ツリーを用いて演算を行うプログラム

設問 1

図2中の[ア]，[イ]に入れる適切な字句を答えよ。

設問 2

図2中の層2にある46×134のノードについて，本文中の式（1）の数式は具体的にどのような計算式になるか。次の式の①～④に入れる適切な整数を答えよ。

(①)×100+((②)−(③)−84)×10+(④)

設問 3

図3中の［ウ］～［カ］に入れる適切な字句を答えよ。

設問 4

図4中の［キ］～［ケ］に入れる適切な字句を答えよ。

設問 5

N桁同士の乗算をする場合，多倍長整数の構造体において，配列valuesに必要な最大の要素数は幾つか。Nを用いて答えよ。

問3のポイント　多倍長整数の演算に関するプログラム

多倍長整数の乗算に使われる「カラツバ法」を用いて解を求めるプログラム設計の問題です。アルゴリズムの基本的な流れを問われています。難易度は高く時間がかかるところもありますが，配列や添字の動きをよく理解し，処理を丁寧に追いましょう。アルゴリズムの問題は午後では毎年出題されますので，確実に得点できるようにしましょう。

多倍長整数

コンピュータで通常よりも大きな整数を表現するための数学的な手法。普通の整数では限られた範囲の数しか表現できないが，多倍長整数を使うことで，もっと大きな数を扱うことが可能となる。

カラツバ（Karatsuba）法

1960年にアナトリー・カラツバによって考案された高速な乗算アルゴリズム。伝統的な筆算法に比べて計算量が少なく，大きな数の乗算を効率的に行うことが可能。

設問1の解説

□□□

・【空欄ア，イ】

② の34×78は，3×7と4×8，7（3+4） ×15（7+8）に展開されます。したがって，空欄アには「3×7」が入ります。

また，「134」は問題文に10の位が12，1の位が14と親切に書いてあるので，③の46×134は46×[12｜14] となり，「4×12」（空欄イ）6×14，10（4+6）×26（12+14）に展開されます。

解答	ア：3×7　　イ：4×12

設問2の解説

□□□

図2の2層目の「46×134」ノードの子は，左下から右に向かい，1つ目がαで「4×12 → 48」，次がβで「6×14 → 84」，最後がγで「10×26 → 260」です。これに桁数K=2を〔ツリーを用いた演算〕の（1）の式に当てはめると，

$$\alpha \times 10^{K} + (\gamma - \alpha - \beta) \times 10^{K/2} + \beta$$
=①×100+(②−③−84)×10+④

したがって，①はαなので「48」，②はγなので「260」，③はαなので「48」，④はβなので「84」となります。

解答	①：48　　②：260 ③：48　　④：84

設問3の解説

□□□

図3のプログラムで配列elementsには，1階層目の親ノードから，2層目の子ノードの3ノード，3層目の孫の9ノードという順番で左から順に格納されます。なお，○が付いているものが各層における左端であり，基準となる位置になります。

各層の左端	層	内容	添字
○	層1	1234×5678	1
○	層2	12×56	2
	層2	34×78	3
	層2	46×134	4
○	層3	1×5	5
	層3	2×6	6
	層3	3×11	7
	層3	（空欄ア）	8
	層3	4×8	9
	層3	7×15	10
	層3	（空欄イ）	11
	層3	6×14	12
	層3	10×26	13

・**【空欄ウ】**

この処理で，配列elementsの1～3に各層の左端位置を設定します。

layer_topの位置	内容
1	1
2	2
3	5

まず，layer_top[1]に1を設定します。その後，iは1からt_depth－1（深さは3なので2）までループ処理をし，その中でlayer_top[i+1]（2つ目の位置）← layer_top[i]＋「ウ」を入れています。このツリー構造は，1つの親に対して子が3つ対応する関係なので，層2が3の1乗で3，層3が3の2乗で9個の要素をもちます。そこでpow関数を用いてmに3，kにi－1を設定して，

layer_top[i+1] ← layer_top[i]＋pow(3, i－1)

を処理すれば各層の先頭インデックスが求まります。したがって，空欄cには「pow（3, i－1）」が入ります。例えば，図2のケースでは以下のように処理されます。

- 最初にlayer_top[1]に1を入れる
- iは1～2の間ループする（t_depth－1は2）
- <i=1の処理>
  layer_top[2]に，「layer_top[1]に入っている1」と「pow(3, i－1)の結果の1」を足した「2」が入る
- <i=2の処理>
  layer_top[3]に，「layer_top[2]に入っている2」と「pow(3, i－1)の結果の3」を足した「5」が入る

・**【空欄エ】**

図3の「// ツリーを構築する」では，2つのforループがあります。最初のforループは，階層のループで，変数dpが1からt_depth－1の間実行されます。次のforループは，同じ層の処理ループでは，変数iが1から3^{dp-1}の間実行されます。

layer_top[dp＋1]には，1，2，5の各層の左端位置が入っているので，ここを基準に子ノードの位置を求めます。そのためには，layer_top[dp＋1]に，子ノード①の場合は＋0，子ノード②の場合は＋3，子ノード③の場合は＋6とする必要があります（2階層目の場合）。したがって，空欄エには「(i－1) * 3」が入ります。

このプログラムの各種変数の値は以下のとおりになります。

dp	i	layer_top[dp＋1]	(i－1) * 3	tidx	tidx +1	tidx +2
1	1	2	0	2	3	4
2	1	5	0	5	6	7
2	2	5	3	8	9	10
2	3	5	6	11	12	13

・**【空欄オ，カ】**

elements[tidx]が子ノード①，elements[tidx＋1]が子ノード②，elements[tidx+2]が子ノード③です。それぞれ桁数を指定し，新しいノードを追加しています。このノード①，②，③の数値を指定の桁で追加するので，空欄オは「pe.val1」，空欄カは「pe.val2」が入ります。

解答	
	ウ：pow（3, i－1） エ：(i－1) * 3 オ：pe.val1 カ：pe.val2

設問4の解説

□□□

・【空欄キ】

図4のプログラム中のコメント文より，elには最下層のノードが設定されており，el.result.value[1]には計算結果の1の位，el.result.value[2]には，計算結果の10の位を設定する必要があります。計算結果は，mulに入っており，ここから10の位を取り出すために「mul / 10」として整数化しています。空欄キでは，mulから1の位を取り出すので，10で割った余り（剰余）を使えばよいことが分かります。したがって，「mod (mul, 10)」が入ります。

・【空欄ク，ケ】

図4のプログラム中のコメント文より，空欄クとケの部分は「γ－α－β」の計算部分だと分かります。

まず，「s2 ← sub（s1, elements[cidx＋1].result)」は，s1からβ部分（elements[cidx＋1].result）を減算する処理です。つまり，s1には「γ－α」の計算結果が入ります。したがって，空欄クには「γ」である「elements[cidx＋2]」，空欄ケには「α」である「elements[cidx]」が入ります。

解答	キ：mod（mul, 10） ク：elements[cidx＋2] ケ：elements[cidx]

設問5の解説

□□□

多倍長整数に限らず，N桁同士の乗算では，計算結果の配列に必要な最大要素数は2Nとなります。たとえば，2桁同士の乗算「99×99」の結果は，9801で4桁となります。これはNの2倍の桁数です。

解答	2N

問4

ITニュース配信サービスの再構築に関する次の記述を読んで，設問に答えよ。

H社は，IT関連のニュースを配信するサービスを提供している。このたび，OSや開発フレームワークの保守期間終了を機に，システムを再構築することにした。

〔現状のシステム構成と課題〕

ITニュース配信サービスでは，多くの利用者にサービスを提供するために，複数台のサーバでシステムを構成している。配信される記事には，それぞれ固有の記事番号が割り振られている。現状のシステム構成を図1に，ニュースを表示する画面一覧を表1に示す。

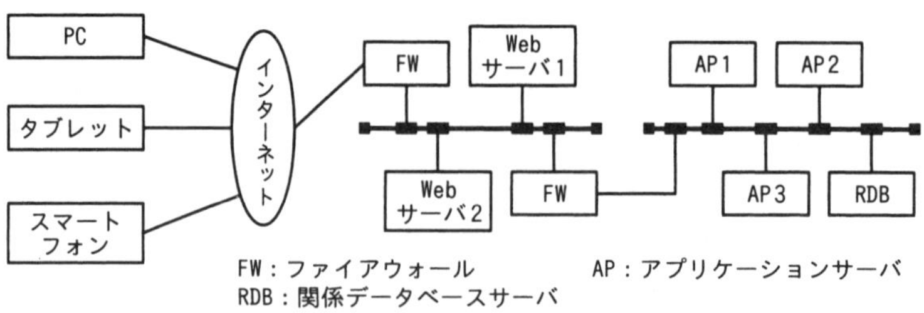

図1　現状のITニュース配信サービスのシステム構成

表1　画面一覧

画面名	概要
IT ニュース一覧	記事に関連する画像，見出し，投稿日時を新しいものから順に一覧形式で表示する。一覧は一定の記事数ごとにページを切り替えることで，古い記事の一覧を閲覧することができる。
IT ニュース記事	IT ニュース一覧画面で記事を選択すると，この画面に遷移し，選択された記事の見出し，投稿日時，本文及び本文内の画像を表示する。さらに，選択された記事と関連する一定数の記事の画像と見出しを一覧形式で表示する。

現状のシステム構成では，PC，タブレット，スマートフォン，それぞれに最適化したWebサイトを用意している。APでは，RDBとのデータ入出力とHTMLファイルの生成を行っている。また，関連する記事を見つけるために，夜間にWebサーバのアクセスログをRDBに取り込み，URL中の記事番号を用いたアクセス解析をRDB上のストアドプロシージャによって行っている。

最近，利用者の増加に伴い，通勤時間帯などにアクセスが集中すると，応答速度が遅くなったり，タイムアウトが発生したりしている。

〔新システムの方針〕

この課題を解消するために，次の方針に沿った新システムの構成とする

- [　a　]の機能を用いて，一つのWebサイトで全ての種類の端末に最適な画面を表示できるようにする。
- APでの動的なHTMLの生成処理を行わない，SPA（Single Page Application）の構成にする。HTML，スクリプトなどのファイルはWebサーバに配置する。動的なデータはAPからWeb APIを通して提供し，データ形式は各端末のWebブラウザ上で実行されるスクリプトが扱いやすい[　b　]とする。
- RDBへの負荷を減らし，応答速度を短縮するために，キャッシュサーバを配置する。
- ITニュース一覧画面に表示する記事の一覧のデータと，ITニュース記事画面に表示する関連する記事に関するデータは，キャッシュサーバに格納する。キャッシュサーバには，これらのデータを全て格納できるだけの容量をもたせる。その上で，記事のデータは，閲覧されたデータをキャッシュサーバに設定したメモリの上限値まで格納する。
- RDBのデータベース構造と，関連する記事を見つける処理は現状の仕組みを利用する。

APで提供するWeb APIを表2に示す。

表2　AP で提供する Web API

Web API 名	概要
ITNewsList	表示させたい IT ニュース一覧画面のページ番号を受け取り，そのページに含まれる記事の記事番号，関連する画像のURL，見出し，投稿日時のリストを返す。データは，キャッシュサーバから取得する。
ITNewsDetail	IT ニュース記事画面に必要な見出し，投稿日時，本文，本文内に表示する画像の URL，関連する記事の記事番号のリストを返す。1 件の記事に対して関連する記事は 6 件である。データは，キャッシュサーバに格納されている場合はそのデータを，格納されていない場合は，RDB から取得してキャッシュサーバに格納して利用する。キャッシュするデータは①LFU 方式で管理する。
ITNewsHeadline	IT ニュース記事画面に表示する，関連する記事 1 件分の記事に関する画像の URL と見出しを返す。データは，キャッシュサーバから取得する。

次に，Webブラウザ上で実行されるスクリプトの概要を表3に示す。

表3　Webブラウザ上で実行されるスクリプトの概要

画面名	概要
ITニュース一覧	表示させたいITニュース一覧画面のページ番号を指定してWeb API “ITNewsList”を呼び出し，取得したデータを一覧表として整形する。
ITニュース記事	表示させたい記事の記事番号を指定してWeb API “ITNewsDetail”を呼び出し，対象記事のデータを取得する。次に，表示させたい記事に関連する記事の記事番号を一つずつ指定してWeb API “ITNewsHeadline”を呼び出し，関連する記事の表示に必要なデータを取得する。最後に，取得したデータを文書フォーマットとして整形する。

〔キャッシュサーバの実装方式の検討〕

キャッシュサーバの実装方式として，次に示す二つの方式を検討する。

(1) 各APの内部にインメモリデータベースとして実装する方式
(2) 1台のNoSQLデータベースとして実装する方式

APのOSのスケジューラーが5分間隔で，ITニュース一覧画面に表示する記事の一覧と，各記事に関連する記事の一覧のデータを更新する処理を起動する。(1) の場合，各AP上のプロセスが内部のキャッシュデータを更新する。(2) の場合，特定のAP上のプロセスがキャッシュデータを更新する。

なお，APのCPU使用率が高い場合，Web APIの応答速度を優先するために，更新処理は行わない。

〔応答速度の試算〕

新システムにおける応答速度を試算するために，キャッシュサーバの二つの方式をそれぞれテスト環境に構築して，本番相当のテストデータを用いて処理時間を測定した。その結果を表4に示す。

表4　テストデータを用いて処理時間を測定した結果

No.	測定内容	測定結果	
		方式(1)	方式(2)
1	WebサーバがITニュース一覧画面又はITニュース記事画面のリクエストを受けてから，HTMLやスクリプトなどのファイルを全て転送するまでの時間	80ms	80ms
2	APがWeb API “ITNewsList”のリクエストを受けてから，応答データを全て転送するまでの時間	100ms	200ms
3	APがWeb API “ITNewsDetail”でリクエストされた対象記事のデータがキャッシュサーバに格納されている割合	60%	90%
4	APがWeb API “ITNewsDetail”のリクエストを受けてから，キャッシュサーバにある対象記事のデータを全て転送するまでの時間	60ms	120ms
5	APがWeb API “ITNewsDetail”のリクエストを受けてから，RDBにある対象記事のデータを全て転送するまでの時間	300ms	300ms
6	APがWeb API “ITNewsHeadline”のリクエストを受けてから，応答データを全て転送するまでの時間	15ms	20ms

注記　ms：ミリ秒

インターネットを介した転送時間やWebブラウザ上の処理時間は掛からないと仮定して応答時間を考える。その場合，ITニュース一覧画面を初めて表示する場合の応答時間は，方式 (1) では180ms，方式 (2) では[c]msである。ITニュース一覧画面のページを切り替える場合の応答時間は，方式 (1) では100ms，方式 (2) では[d]msである。次に，記事をリクエストした際の平均応答時間を考える。Web API “ITNewsDetail” の平均応答時間は，方式 (1) では156ms，方式 (2) では[e]msである。したがって，Web API “ITNewsHeadline” の呼び出しも含めたITニュース記事画面を表示するための平均応答時間は，方式 (1) では[f]ms，方式（2）では258msとなる。
以上の試算から，方式（1）を採用することにした。

〔不具合の指摘と改修〕
新システムの方式（1）を採用した構成についてレビューを実施したところ，次の指摘があった。

(1) ITニュース記事画面の応答速度の不具合
ITニュース記事画面を生成するスクリプトが実際にインターネットを介して実行された場合，試算した応答速度より大幅に遅くなってしまうことが懸念される。
Web API“[g]”内から，Web API“[h]”を呼び出すように処理を改修する必要がある。

(2) APのCPU使用率が高い状態が続いた場合の不具合
APに処理が偏ってCPU使用率が高い状態が続いた場合，②ある画面の表示内容に不具合が出てしまう。
この不具合を回避するためには，各APのCPU使用率を監視して，しきい値を超えた状態が一定時間以上続いた場合，APをスケールアウトして負荷を分散させる仕組みをあらかじめ用意する。

(3) 関連する記事が取得できない不具合
関連する記事を見つける処理について，③現状の仕組みのままでは関連する記事が見つけられない。Webサーバのアクセスログを解析する処理を，APのアクセスログを解析する処理に改修する必要がある。

以上の指摘を受けて，必要な改修を行った結果，新システムをリリースできた。

設問 1

〔新システムの方針〕について答えよ。

(1) 本文中の[a]に入れる適切な字句を解答群の中から選び，記号で答えよ。

解答群

ア CSS　　イ DOM　　ウ HREF　　エ Python

(2) 本文中の[b]に入れる適切な字句を答えよ。

(3) 表2中の下線①の方式にすることで，どのような記事がキャッシュサーバに格納されやすくなるか。15字以内で答えよ。

設問 2

本文中の[c]～[f]に入れる適切な数値を答えよ。

設問 3

〔不具合の指摘と改修〕について答えよ。

(1) 本文中の[g]，[h]に入れる適切な字句を，表2中のWeb API名の中から答えよ。

(2) 本文中の下線②にある不具合とは何か。35字以内で答えよ。

(3) 本文中の下線③の理由を，40字以内で答えよ。

問4のポイント　ITニュース配信サービスの再構築

ITニュース配信サービスを運営する会社のシステム再構築に関する出題です。CSS，LFU，SPA，API，HTMLなどの知識を問われています。ITニュース配信サービスのシステム再構築は実務で担当していないと難しいと思うかもしれませんが，問題に書かれていることを丁寧に読むことで対応できると思います。

設問1の解説

□□□

● (1) について

・【空欄a】

解答群のそれぞれの字句の意味は以下のとおりです。

CSS	Cascading Style Sheets。Webページのデザインやレイアウトを制御するための言語。Webデザイナーや開発者が一元的にデザインやレイアウトを管理し，コンテンツとスタイルを分離できるようにする。HTMLとともに使われることが一般的で，HTMLでページの構造やコンテンツを表現し，CSSで見た目のデザインやスタイルを指定する。
DOM	Document Object Model。HTMLやXMLで記述されたドキュメントの一部を，タグに付けたID名を手掛かりに操作するための言語仕様。
HREF	Hypertext reference。HTMLのaタグ（アンカータグ）において，参照先の場所を指定するための属性。通常はリンク先のURLを記述する。
Python	オブジェクト指向プログラム言語の一種。クラスや関数，条件文などのコードブロックの範囲をインデントの深さによって指定する特徴がある。数値計算やデータ解析に関するライブラリが充実していることから，機械学習やAIに関するプログラミングにもよく利用されている。

したがって，空欄aに当てはまるのは「CSS」です。

● (2) について

・【空欄b】

「Webブラウザ上で実行されるスクリプト」が扱いやすいとありますが，Webブラウザ上で実行されるスクリプトの代表格がJavaScriptですから，JavaScriptの言語仕様のうち，オブジェクトの表記法などの一部の仕様を基にして規定したデータ記述の仕様である「JSON」が該当します。

JSON（JavaScript Object Notation）

データの表現と交換のために開発された軽量なテキストベースのフォーマット。“名前と値の組みの集まり”と“値の順序付きリスト”の二つの構造に基づいてオブジェクトを表現する。人間にも機械にも読みやすく，また編集しやすい構造を持っており，多くのプログラミング言語で簡単に利用できる。主にWebアプリケーションで，クライアントとサーバ間やAPIとの通信において使われる。

● (3) について

LFU方式（Least Frequently Used）とは，キャッシュアルゴリズムの一種で，最も使用頻度の低いデータをキャッシュから追い出す方法です。したがって，キャッシュサーバに格納されやすくなる記事を問われているので「閲覧される頻度が高い記事」が該当します。

解答	(1) a：ア (2) b：JSON (3) 閲覧される回数が多い記事（12文字）

設問2の解説

□□□

・【空欄c】

ITニュース一覧画面を初めて表示する場合は，表のNo.1と2の処理が必要なので，方式（2）では，80ms＋200ms → 280msになります。

・【空欄d】

ITニュース一覧画面のページを切り替える場合は，No.2だけの処理で済むので，方式（2）では200msになります。

・【空欄e】

方式（2）の場合，Web API “ITNewsDetail” がキャッシュに保管されている割合が90%（キャッシュにない割合が10%）なので，以下の式で計算できます。

（キャッシュサーバにある場合の転送時間×0.9）＋（RDBの場合の転送時間×0.1）
＝（120×0.9）＋（300×0.1）
＝108＋30＝138

・【空欄f】

表2より，1件の記事に対して関連する記事は6件表示されるとあるので，Web API "ITNews Headline" の呼び出しは6回あります。したがって，表4のNo.6の方式（1）の時間15ms×6 → 90ms，これに方式（1）の平均応答時間156msを足した246msが方式（1）でITニュース記事画面を表示するための平均応答時間となります。

解答	
	c：280　　d：200 e：138　　f：246

設問3の解説

□□□

●（1）について

・【空欄g，h】

スクリプトが動くのはPCやタブレット，スマートフォン等の端末側です。このため，スクリプトから何回もサーバ側に処理要求をすると通信の時間がかかり遅くなります。表3より，ITニュース記事のスクリプトは，まず "ITNewsDetail" を呼び出し，その後6回 "ITNewsHeadline" を呼び出すため，インターネットを介した通信が7回実施されます。この通信を少なくするには，"ITNewsDetail"（空欄g）内から "ITNewsHeadline"（空欄h）を6回呼び出すようにすれば，両方の結果を1回の通信で端末側に返すことができます。

●（2）について

特定のAPに処理が偏って，CPU使用率が高い状態が続いた場合の不具合を問われています。〔キャッシュサーバの実装方式の検討〕には「APのCPU使用率が高い場合，記事の一覧データの更新処理をしない」との記載があります。このため，偏った方のAPのITニュース一覧画面が最新に更新されず，APサーバによってITニュース一覧画面の内容が異なることが起こります。

●（3）について

Webサーバのアクセスログ解析では関連記事を見つけられず，APサーバのアクセスログを解析する必要があると記載されており，この理由を問われています。関連記事を分析するには，利用者がどの記事番号を選んだかが分かる必要がありますが，これはWebサーバではなく，APサーバのWeb APIで行っています。このため，APサーバのアクセスログを解析する必要があります。

解答	
	（1）g：ITNewsDetail h：ITNewsHeadline （2）処理を受け付けたAPによってITニュース一覧画面の内容が異なる（32文字） （3）ユーザーが参照する記事データはAPで提供するWeb APIを利用して取得するため（40文字）

問5 **Webサイトの増設に関する次の記述を読んで，設問に答えよ。**

F社は，契約した顧客（以下，顧客という）にインターネット経由でマーケット情報を提供する情報サービス会社である。F社では，マーケット情報システム（以下，Mシステムという）で顧客向けに情報を提供している。Mシステムは，Webアプリケーションサーバ（以下，WebAPサーバという），DNSサーバ，ファイアウォール（以下，FWという）などから構成されるWebサイトとF社の運用PCから構成される。現在，Webサイトは，B社のデータセンター（以下，b-DCという）に構築されている。

現在のMシステムのネットワーク構成（抜粋）を図1に，DNSサーバbに登録されているAレコードの情報を表1に示す。

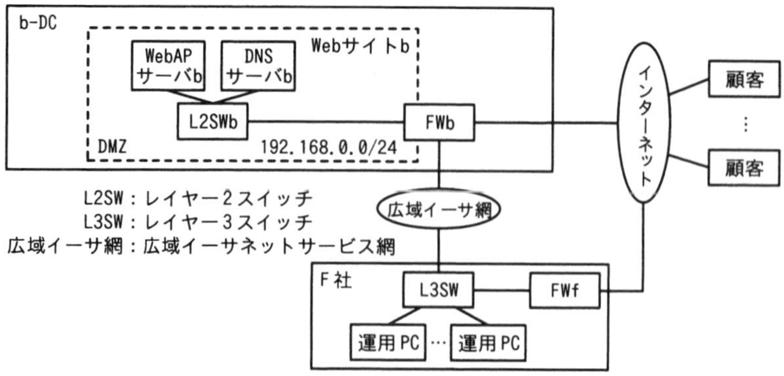

図1　現在のMシステムのネットワーク構成（抜粋）

表1　DNSサーバbに登録されているAレコードの情報

項番	機器名称	サーバのFQDN	IPアドレス
1	DNSサーバb	nsb.example.jp	200.a.b.1/28
2	WebAPサーバb	miap.example.jp	200.a.b.2/28
3	DNSサーバb	nsb.f-sha.example.lan	192.168.0.1/24
4	WebAPサーバb	apb.f-sha.example.lan	192.168.0.2/24

注記1　200.x.y.z（x，y，zは，0～255の整数）のIPアドレスは，グローバルアドレスである。
注記2　各リソースレコードのTTL（Time To Live）は，604800が設定されている。

〔Mシステムの構成と運用〕
・Mシステムを利用するにはログインが必要である。
・FWbには，DMZに設定されたプライベートアドレスとインターネット向けのグローバルアドレスを1対1で静的に変換するNATが設定されており，表1に示した内容で，WebAPサーバb及びDNSサーバbのIPアドレスの変換を行う。
・DNSサーバbは，インターネットに公開するドメインexample.jpとF社の社内向けのドメインf-sha.example.lanの二つのドメインのゾーン情報を管理する。
・F社のL3SWの経路表には，b-DCのWebサイトbへの経路と①デフォルトルートが登録されている。
・運用PCには，②優先DNSサーバとして，FQDNがnsb.f-sha.example.lanのDNSサーバbが登録されている。
・F社の運用担当者は，運用PCを使用してMシステムの運用作業を行う。

〔Mシステムの応答速度の低下〕
最近，顧客から，Mシステムの応答が遅くなることがあるという苦情が，Mシステムのサポート窓口に入ることが多くなった。そこで，F社の情報システム部（以下，システム部という）の運用担当者のD主任は，運用PCを使用して次の手順で原因究明を行った。
（i）顧客と同じURLであるhttps：//[　a　]/でWebAPサーバbにアクセスし，顧客からの申告と同様の事象が発生することを確認した。
（ii）FWbのログを検査し，異常な通信は記録されていないことを確認した。
（iii）SSHを使用し，③広域イーサ網経由でWebAPサーバbにログインしてCPU使用率を調べたところ，設計値を超えた値が継続する時間帯のあることを確認した。

この結果から，D主任は，WebAPサーバbの処理能力不足が応答速度低下の原因であると判断した。

〔Webサイトの増設〕

D主任の判断を基に，システム部では，これまでのシステムの構築と運用の経験を生かすことができる，現在と同一構成のWebサイトの増設を決めた。システム部のE課長は，C社のデータセンター（以下，c-DCという）にWebサイトcを構築してMシステムを増強する方式の設計を，D主任に指示した。

D主任は，c-DCにb-DCと同一構成のWebサイトを構築し，DNSラウンドロビンを利用して二つのWebサイトの負荷を分散する方式を設計した。

D主任が設計した，Mシステムを増強する構成を図2に示す。

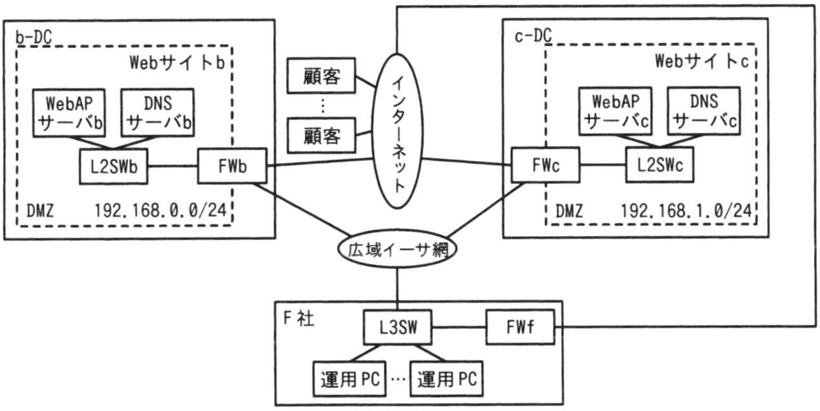

図2 Mシステムを増強する構成

図2の構成では，DNSサーバbをプライマリDNSサーバ，DNSサーバcをセカンダリDNSサーバに設定する。また，運用PCには，新たに［　b　］を代替DNSサーバに登録して，［　b　］も利用できるようにする。

そのほかに，L3SWの経路表にWebサイトcのDMZへの経路を追加する。

DNSサーバbに追加登録するAレコードの情報を表2に示す。

表2 DNSサーバbに追加登録するAレコードの情報

項番	機器名称	サーバのFQDN	IPアドレス
1	DNSサーバc	nsc.example.jp	200.c.d.81/28
2	WebAPサーバc	miap.example.jp	200.c.d.82/28
3	DNSサーバc	nsc.f-sha.example.lan	192.168.1.1/24
4	WebAPサーバc	apc.f-sha.example.lan	192.168.1.2/24

注記　各リソースレコードのTTLは，表1と同じ604800を設定する。

表2の情報を追加登録することによって，WebAPサーバb，cが同じ割合で利用されるようになる。DNSサーバb，cには［　c　］転送の設定を行い，DNSサーバbの情報を更新すると，その内容がDNSサーバcにコピーされるようにする。

WebAPサーバのメンテナンス時は，作業を行うWebサイトは停止する必要があるので，次の手順で作業を行う。④メンテナンス中は，一つのWebサイトでサービスを提供することになるので，Mシステムを利用する顧客への影響は避けられない。

(i) 事前にDNSサーバbのリソースレコードの［　d　］を小さい値にする。

(ii) メンテナンス作業を開始する前に，メンテナンスを行うWebサイトの，インターネットに公開するドメインのWebAPサーバのFQDNに対応するAレコードを，DNSサーバb上で無効化する。

(ⅲ) この後，一定時間経てばメンテナンス作業が可能になるが，作業開始が早過ぎると顧客に迷惑を掛けるおそれがある。そこで，⑤手順（ⅱ）でAレコードを無効化したWebAPサーバの状態を確認し，問題がなければ作業を開始する。

D主任は，検討結果を基に作成したWebサイトの増設案を，E課長に提出した。増設案が承認され実施に移されることになった。

設問 1

〔Mシステムの構成と運用〕について答えよ。
(1) 本文中の下線①について，デフォルトルートのネクストホップとなる機器を，図1中の名称で答えよ。
(2) 本文中の下線②の設定の下で，運用PCからDNSサーバbにアクセスしたとき，パケットがDNSサーバbに到達するまでに経由する機器を，図1中の名称で全て答えよ。

設問 2

〔Mシステムの応答速度の低下〕について答えよ。
(1) 本文中の［ a ］に入れる適切なFQDNを答えよ。
(2) 本文中の下線③について，アクセス先サーバのFQDNを答えよ。

設問 3

〔Webサイトの増設〕について答えよ。
(1) 本文中の［ b ］～［ d ］に入れる適切な字句を答えよ。
(2) 本文中の下線④について，顧客に与える影響を25字以内で答えよ。
(3) 本文中の下線⑤について，確認する内容を20字以内で答えよ。

問5のポイント　Webサイトの増設

マーケット情報を顧客に提供する情報サービス会社におけるWebサイト増設に関する問題です。DNS，レイヤー2，3スイッチ，FQDNの基礎知識や応用知識を問われています。用語を正しく理解していないと解答できないレベルの出題で，難易度は高いと言えるでしょう。この機会にしっかり理解してください。

ファイアウォール

オープンな外部ネットワーク（インターネット等）から内部ネットワークを守る「防火壁」。ウイルスによる被害，不正侵入による重要データの盗聴・破壊などのリスクから内部ネットワークを保護するため，ファイアウォールは外部からの通信の認証，不正通信の廃棄などを行う。

DMZ（DeMilitarized Zone）

非武装地帯と呼ばれる，インターネットなど外部のネットワークと内部のネットワークの中間に置かれるセグメントのこと。ファイアウォールで囲まれたセグメントとして設置し，外部に開放するサーバ群をインターネットからの不正なアクセスから保護するとともに，内部ネットワークへの被害拡散を防止する。DMZに設置する代表的なサーバには，Webサーバ，メールサーバ，DNSサーバなどがある。

DNS（Domain Name System）

インターネット上のIPアドレスとホスト名を相互変換するための仕組みで，IPアドレスからホスト名を求めたり，その逆を行うことができる。これを「ホストの名前解決」と呼ぶ。IPアドレスは32ビットの数字（IPv4の場合）なので人間が見たり記憶するなど取り扱いが不便なため，人が扱いやすいホスト名とIPアドレスの変換が必要になった。

FQDN（完全修飾ドメイン名）

インターネット上のコンピュータやサービスを一意に識別するための，ホスト名とドメイン名を組み合わせた名前である。階層的な構造を持ち，トップレベルドメインからサブドメイン，ホスト名までを含む。FQDNを使用することで，IPアドレスとの対応が可能となり，ユーザーが分かりやすい形でリソースにアクセスできる。

設問1の解説

□□□

● (1) について

デフォルトルートとは，特定宛先へのルートが不明の際に使用されるルートで，ネクストホップを含めることで経路決定が可能になります。通常はインターネットゲートウェイやルータがネクストホップとして設定されます。

図1より，F社のL3SWからは，広域イーサ網につながるルートとFWfを通じてインターネットにつながるルートの2つがあります。〔Mシステムの構成と運用〕には「L3SWの経路表には，b-DCのWebサイトbへの経路とデフォルトルートが登録されている」と記載されており，前者は広域イーサ網を経由するルートを指していると考えられます。したがって，デフォルトルートのネクストホップは，インターネットにつながる「FWf」です。

● (2) について

L3SWの経路表には，「b-DCのWebサイトbへの経路」が登録されているので，広域イーサ網を経由する，L3SW →（広域イーサ網）→ FWb → L2SWb → DNSサーバb，という経路になります。

解答	(1) FWf (2) L3SW，FWb，L2SWb

設問2の解説

□□□

● (1) について

・【空欄a】

顧客と同じURLとの記載があります。顧客はWebAPサーバにグローバルアドレスでアクセスするので，表2より，IPアドレスの先頭3桁が200となっているWebAPサーバb「miap.example.jp」が入ります。

● (2) について

広域イーサ網経由でWebAPサーバbにアクセスする場合は，プライベートアドレスを使うので，表1より「app.f-sha.example.lan」となります。

解答	(1) a：miap.example.jp (2) app.f-sha.example.lan

設問3の解説

□□□

● (1) について

DNSラウンドロビンは，DNSゾーンに複数のサーバのIPアドレスを登録することでサーバの負荷分散を行う手法です。

・【空欄b】

セカンダリDNSサーバとしてDNSサーバcを設定することから，運用PCの代替DNSサーバとしても「DNSサーバc」を登録するのが妥当です。

・【空欄c】

「DNSサーバbの情報を更新すると，その内容がDNSサーバcにコピーされる」という記述から，DNSサーバが保持している情報（ゾーン情報）を同期するためのゾーン転送の設定を行うことが考えられます。したがって，空欄cには「ゾーン」が入ります。

なお，ゾーンとはDNSサーバがドメイン名とIPアドレスの関連情報を管理する領域のことです。

・【空欄d】

問題文から「DNSのリソースレコード」に関する記述を探すと，表2や表3の注記に「各リソースレコードのTTLは～604800を設定する」とあります。TTLは，リソースレコードを保持する時間を秒単位で指定するもので，604800秒とは7日間を意味します。メンテナンス時には情報の更新が止まってしまうため，メンテナンス終了後にリソースレコードをいち早く更新するために，TTLをあらかじめ小さい値に設定しておきます。

TTLの時間設定は，短すぎる場合はキャッシュの効果を発揮できず，パフォーマンスの低下を招きます。長い場合は，キャッシュの古いデータがいつまでも残り，情報変更時に最新情報にアクセスできないことが起こります。サイトの更新頻度に応じた値を設定することが肝要です。

● (2) について

メンテナンス中は，負荷を分散するために複数化したサーバのうち，一つのサーバでしか処理ができなくなります。このため，Mシステムの応答が遅くなったり，使えなくなったりするなどの影響が発生します。

● (3) について

二つあるサーバのうち，片方を止めてメンテナンス作業を開始する手順となっています。このため，作業開始が早すぎると，顧客がまだ停止させるサーバにアクセスしている可能性があります。したがって，停止するサーバにアクセスしている顧客がいないことを確認し，問題なければ作業を開始することが必要です。

解答	
	(1) b：DNSサーバc c：ゾーン　d：TTL (2) Mシステムの応答が遅くなったり，使えなくなる（23文字） (3) サーバにアクセス中の顧客がいないこと（18文字）

問6 KPI達成状況集計システムの開発に関する次の記述を読んで，設問に答えよ。

G社は，創立20年を迎えた従業員500人規模のソフトウェア開発会社である。G社では，顧客企業や業種業界の変化に応じた組織変更を行ってきた。また，スキルや業務知識に応じた柔軟な人事異動によって，人材の流動性を高めてきた。

G社の組織は，表1の例に示すように最大三つの階層から構成されている。

従業員の職務区分には管理職，一般職の二つがあり，1階層から3階層のそれぞれの組織には1名以上の従業員が所属している。なお，複数階層，複数組織の兼務は行わない規定であり，従業員は一つの組織だけに所属する。

表1　G社の組織の例

1階層	2階層	3階層	組織の説明
監査室	−	−	単独階層の組織
総務部	人事課	−	全社共通のスタッフ組織
技術開発部	オープンソース推進課	−	全社共通の開発組織
金融システム本部	証券システム部	証券開発課	業種業界ごとの開発組織

〔KPIの追加〕

G社では，仕事にメリハリを付け，仕事の質を向上させることが，G社の業績向上につながるものと考え，従来のKPIに加え，働き方改革，従業員満足度向上に関するKPIの項目を今年度から追加することにした。追加したKPIの項目を表2に示す。

表2　追加したKPIの項目

KPI項目名	定量的成果目標	評価方法
年間総労働時間	1,980時間以内／人	・一般職従業員の個人実績を組織単位で集計し，平均値の達成状況を評価する。 ・年度途中入社，年度途中退職した従業員は，評価対象外とする。 ・個人実績の集計は，集計日時点で従業員の所属している直属の組織に対して行う。所属組織の上位階層，又は下位階層の組織の集計には含めない。
年次有給休暇取得日数	16日以上／人	
年間研修受講日数	6日以上／人	

追加したKPIの達成状況を把握し，計画的な目標達成を補助するためにKPI達成状況集計システム（以下，Kシステムという）を開発することになり，H主任が担当となった。

Kシステムでは，次に示す仕組みと情報を提供する。

・従業員各人が，月ごとの目標を設定する仕組み
・日々の実績を月次で集計し，各組織がKPI達成状況を評価するための情報

〔データベースの設計〕

G社では，組織変更と人事異動を管理するためのシステムを以前から運用している。H主任は，このシステムのためのE-R図を基に，KPIとその達成状況を把握するために，KPI，月別個人目標，及び日別個人実績の三つのエンティティを追加して，KシステムのためのE-R図を作成することにした。

作成したE-R図（抜粋）を図1に示す。Kシステムでは，このE-R図のエンティティ名を表名に，属性名を列名にして，適切なデータ型で表定義した関係データベースによってデータを管理する。

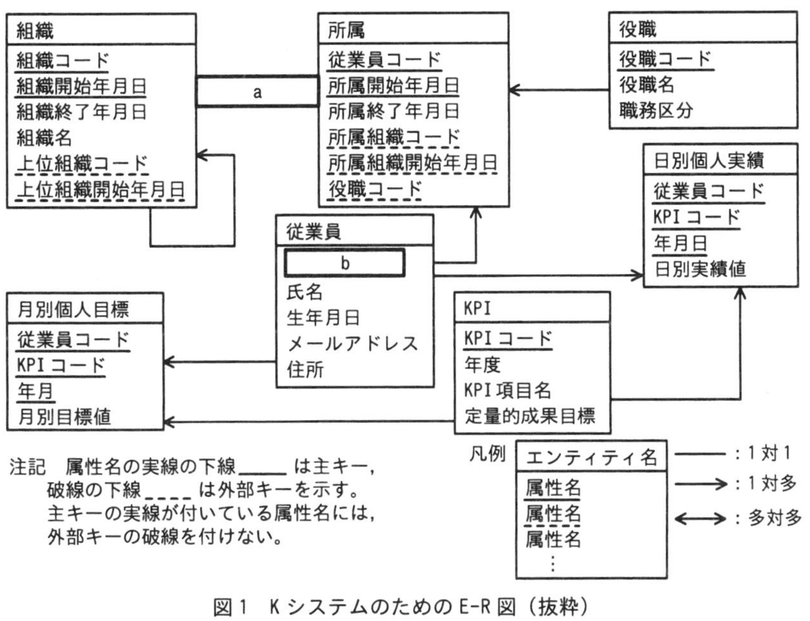

図1　KシステムのためのE-R図（抜粋）

追加した三つのエンティティを基に新規に作成された表の管理内容と運用方法を表3に示す。

表3　表の管理内容と運用方法

表	管理内容	運用方法
KPI	KPI項目と定量的成果目標を管理する。	・参照だけ（更新は行わない）。
月別個人目標	個人ごとの月別目標値を管理する。	・年度開始時点で在籍している全従業員に対して，当該年度分のレコードを，目標値を0として初期作成する。 ・初期作成したレコードに対して，各人で定量的成果目標を意識した月別目標値を入力し，定期的に見直し，更新する。 ・年度途中入社の従業員については，初期作成レコードが存在しない。月別目標値の入力も行わない。 ・管理職従業員はKPI評価対象外であるが，月別目標値の入力は一般職従業員と同様に行う。
日別個人実績	個人ごとの日別実績値を管理する。	・勤怠管理システム，研修管理システムで管理している追加したKPI項目に関する全従業員の実績値を基に，日次バッチ処理によってレコードを作成する。 ・日別実績のない従業員のレコードは作成しない。

組織，所属，従業員，及び役職の各表は，以前から運用しているシステムから継承したものである。組織表と所属表では，組織や所属に関する開始年月日と終了年月日を保持し，現在を含む，過去から未来に至るまでの情報を管理している。

組織表の“組織終了年月日”と所属表の“所属終了年月日”には，過去の実績値，又は予定を設定する。終了予定のない場合は9999年12月31日を設定する。

なお，組織表の“上位組織コード”，“上位組織開始年月日”には，1階層組織ではNULLを，2階層組織と3階層組織では一つ上位階層の組織の組織コード，組織開始年月日を設定する。また，役職表の“職務区分”の値は，管理職の場合に'01'，一般職の場合に'02'とする。

〔達成状況集計リストの作成〕

H主任は，各組織がKPI達成状況を評価するための情報として，毎月末に達成状況集計リスト（以下，集計リストという）を作成し，提示することにした。

集計リスト作成は，オンライン停止時間帯の日次バッチ処理終了後の月次バッチ処理によって，処理結果を一時表に出力して後続処理に連携する方式で行うことにした。

集計リスト作成処理の概要を表4に示す。

表4　集計リスト作成処理の概要

項番	入力表	出力表	集計日における処理内容
1	所属，役職	従業員_所属_一時	一般職従業員と所属組織の対応表を作成する。
2	月別個人目標	従業員ごと_目標集計_一時	年度開始年月から集計月までの従業員，KPI項目ごとの目標個人集計値を求める。
3	日別個人実績	従業員ごと_実績集計_一時	年度開始年月日から集計日までの従業員，KPI項目ごとの実績個人集計値を求める。
4	項番1～3の出力表	組織ごと_目標実績集計_一時	組織，KPI項目ごとの目標集計値，実績集計値，従業員数を求める。
5	項番4の出力表	―	組織，KPI項目ごとの目標集計値，実績集計値，従業員数，目標平均値，実績平均値を一覧化した集計リストを作成する。

集計リスト作成処理のSQL文を図2に示す。ここで，TO_DATE関数は，指定された年月日をDATE型に変換するユーザー定義関数である。関数COALESCE（A, B）は，AがNULLでないときはAを，AがNULLのときはBを返す。また，“:年度開始年月日”，“:年度開始年月”，“:集計年月日”，“:集計年月”は，該当の値を格納する埋込み変数である。

H主任は，図2の項番4のSQL文の設計の際に，次に示す考慮を行った。

・表2の評価方法に従い，管理職の従業員データは対象に含めず，年度途中入社と，年度途中退職の従業員データについては出力しないように，抽出日に退職している従業員データを出力しない“従業員_所属_一時表”と，年度開始時点で入社していない従業員データを出力しない“従業員ごと_目標集計_一時表”を［ c ］によって結合しておく。
・［ c ］による結合結果と，実績がある場合だけレコードの存在する“従業員ごと_実績集計_一時表”を［ d ］によって結合しておく。また，①実績個人集計がNULLの際は，0を設定しておく。

項番	SQL文
1	INSERT INTO 従業員_所属_一時(従業員コード，組織コード) SELECT A.従業員コード，A.所属組織コード FROM 所属 A，役職 B WHERE TO_DATE(:集計年月日) ［ e ］ A.所属開始年月日 AND A.所属終了年月日 AND A.役職コード = B.役職コード AND ［ f ］
2	INSERT INTO 従業員ごと_目標集計_一時(従業員コード，KPIコード，目標個人集計) SELECT 従業員コード，KPIコード，SUM(月別目標値) FROM 月別個人目標 WHERE 年月 ［ e ］ :年度開始年月 AND :集計年月 ［ g ］
3	INSERT INTO 従業員ごと_実績集計_一時(従業員コード，KPIコード，実績個人集計) SELECT 従業員コード，KPIコード，SUM(日別実績値) FROM 日別個人実績 WHERE 年月日 ［ e ］ TO_DATE(:年度開始年月日) AND TO_DATE(:集計年月日) ［ g ］
4	INSERT INTO ［ h ］ (組織コード，KPIコード，目標組織集計，実績組織集計，対象従業員数) SELECT A.組織コード，B.KPIコード，SUM(B.目標個人集計)， SUM(COALESCE(C.実績個人集計，0))，［ i ］ FROM 従業員_所属_一時 A ［ c ］ 従業員ごと_目標集計_一時 B ON A.従業員コード = B.従業員コード ［ d ］ 従業員ごと_実績集計_一時 C ON B.従業員コード = C.従業員コード AND B.KPIコード = C.KPIコード GROUP BY A.組織コード，B.KPIコード
5	SELECT A.*，A.目標組織集計/A.対象従業員数，A.実績組織集計/A.対象従業員数 FROM ［ h ］ A ORDER BY A.組織コード，A.KPIコード

図2　集計リスト作成処理

設問 1

図1中の［ a ］，［ b ］に入れる適切なエンティティ間の関連及び属性名を答え，E-R図を完成させよ。

なお，エンティティ間の関連及び属性名の表記は，図1の凡例及び注記に倣うこと。

設問 2

〔達成状況集計リストの作成〕について答えよ。

(1) 本文及び図2中の［ c ］～［ i ］に入れる適切な字句を答えよ。
(2) 本文中の下線①に示す事態は，年度開始年月日から集計年月日までの間に，どのデータがどのような場合に発生するか。40字以内で答えよ。

問6のポイント

KPI達成状況集計システムの開発

ソフトウェア開発会社における人事管理分野でのKPI達成状況集計システムのデータベース設計に関する問題です。E-R図，エンティティ，集計用SQL構文の知識や主キー，外部キーなどの知識が要求されています。応用情報技術者試験ではデータベース関係の問題は何回も出題されているので，特にE-R図（巻頭11ページを参照），SQL構文は，よく理解しておく必要があります。

設問1の解説

□□□

・【空欄a】

組織と所属の関係を問われています。1つの組織に対して，複数の所属が関係します。たとえば，人事課には，4名の従業員が所属するなどがそれにあたります。したがって「→」が入ります。

・【空欄b】

空欄bには，従業員の属性が入ります。従業員エンティティには主キーが見当たらないので，ここには主キーが入ります。主キーは関係するエンティティ全てにある「従業員コード」が該当します。

解答	a：→　　b：従業員コード

設問2の解説

□□□

● (1) について

・【空欄c】

問題文に「年度途中入社と，年度途中退職の従業員データについては出力しないように」との記載があります。これを実現するために「抽出日に退職している従業員データを出力しない“従業員_所属_一時表”」と「年度開始時点で入社していない“従業員ごと_目標集計_一時表”」を結合するのですから，両表に共通して存在する従業員レコードを対象にする必要があります。したがって，空欄cには「INNER JOIN」を用います。

・【空欄d】

空欄cでINNER JOINした表には対象の従業員のレコードが存在しています。この表に，実績がある場合だけレコードの存在する“従業員ごと_実績集計_一時表”を結合します。この場合に，INNER JOINであると，実績がある従業員レコードしか取得できません。実績がない場合にNULLが入るとの記載があるので，左側の表を全件出力する「LEFT OUTER JOIN」が入ります。

INNER JOINとOUTER JOIN

INNER JOIN（内部結合）は，結合キーが双方のテーブルに存在するレコードのみ対象とする結合のこと。

これに対してOUTER JOIN（外部結合）は，基準となるテーブルに存在するレコードは必ず対象とする結合で，基準となるテーブルを右にするか，左にするかで，RIGHT OUTER JOIN，LEFT OUTER JOINと記述分けする。基準となる表のキーと一致するキーの行の項目は取得し，ない場合はNULL値を設定する。

書籍

番号	書名
1111	……
2222	……
3333	……

貸出

番号	書名	返却予定日	返却日
2222	……	xx/xx/xx	NULL
3333	……	xx/xx/xx	NULL

INNER JOINの例

番号	書名	返却予定日
2222	……	xx/xx/xx
3333	……	xx/xx/xx

LEFT OUTER JOINの例

番号	書名	返却予定日
1111	……	NULL
2222	……	xx/xx/xx
3333	……	xx/xx/xx

・【空欄e】

3箇所ある空欄eは，いずれも日付による対象レコードの抽出処理を行っています。項番1の空欄eで考えると，所属表の所属開始年月日と所属終了年月日の間に集計年月日があるレコードを対象とします。したがって，指定された範囲内の値を検索する「BETWEEN」が入ります。

> **BETWEEN**
> 指定された範囲内の値を検索するための条件式で，範囲の最小値と最大値を含む結果を返す。SELECT文などのクエリ内で使用され，数値，日付，文字列などのデータ型に対応する。範囲指定を簡単かつ直感的に行うことができる。

・【空欄f】

〔達成状況集計リストの作成〕に，「表2の評価方法に従い，管理職の従業員データは対象に含めず，年度途中入社と，年度途中退職の従業員データについては出力しないように」とあります。空欄fの属するWHERE句で，まさにこの処理を行っています。

このうち空欄fには，直前の役職コードという記述から予想できるように，一般職だけを対象とすることの条件式が入ります。一般職かどうかは役職表の"職務区分"の値が'02'であることを確認すればよいわけですが，役職表は相関名「B」で表すので，空欄fには「B.職務区分＝'02'」が入ります。

・【空欄g】

図2の項番2と3では，特定の集計期間での従業員，KPI項目ごとの目標値および実績値を求めています。このように，キー項目ごとに集計を行う際は，GROUP BY句を用います。したがって，空欄gには「GROUP BY 従業員コード, KPIコード」が入ります。

同様に"組織，KPI項目ごとの集計値"を求めている項番4のSQL文もヒントになるかと思います。

```
SELECT A.組織コード, B.KPIコード, SUM～
  :
 GROUP BY A.組織コード, B.KPIコード
```

> **GROUP BY**
> SQLクエリ内で使用される句で，指定された列に基づいてレコードをグループ化する機能を提供する。集約関数（SUM，COUNT，AVGなど）と組み合わせて，グループごとの数値計算結果を取得できる。

・【空欄h】

組織コード，KPIコードごとに目標組織集計，実績組織集計，対象従業員数を集計しているので，ここでINSERTされる表は表4から，「組織ごと_目標実績集計_一時」です。

・【空欄i】

従業員数を数えるためにレコードの件数をカウントするので，関数「COUNT(*)」を使います。

> **COUNT(*)**
> SQLの集約関数の一つで，対象となるテーブルやクエリ結果の全行数をカウントする機能を提供する。NULL値も含めて全ての行をカウントし，データの総数やグループ内のレコード数を取得する際に使用される。

● (2) について

表3の日別個人実績の運用方法に，「日別実績のない従業員のレコードは作成しない」と記載されています。月別目標レコードは従業員コード，KPIコードごとに存在しますが，実績は入力されない場合があります。このため，LEFT OUTER JOIN（空欄d）で結合しているので，実績レコードがない場合の結果はNULLになります。したがって「従業員コードとKPI項目単位の目標レコードに対応する日別実績レコードが存在しない場合」となります。

解答	(1) c：INNER JOIN d：LEFT OUTER JOIN e：BETWEEN f：B.職務区分＝'02' g：GROUP BY 従業員コード，KPIコード h：組織ごと_目標実績集計_一時 i：COUNT(*) d：LEFT OUTER JOIN (2) 従業員コードとKPI項目の値が一致する日別個人実績レコードが存在しない場合（37文字）

問7 位置通知タグの設計に関する次の記述を読んで，設問に答えよ。

E社は，GPSを使用した位置情報システムを開発している。今回，超小型の位置通知タグ（以下，PRTという）を開発することになった。

PRTは，ペンダント，ブレスレット，バッジなどに加工して，子供，老人などに持たせたり，ペット，荷物などに取り付けたりすることができる。利用者はスマートフォン又はPC（以下，端末という）を用いて，PRTの現在及び過去の位置を地図上で確認することができる。

PRTの通信には，通信事業者が提供するIoT用の低消費電力な無線通信回線を使用する。また，PRTは本体内に小型の電池を内蔵しており，ワイヤレス充電が可能である。長時間の使用が要求されるので，必要な時間に必要な構成要素にだけ電力を供給する電源制御を行っている。

〔位置情報システムの構成〕

PRTを用いた位置情報システムの構成を図1に示す。

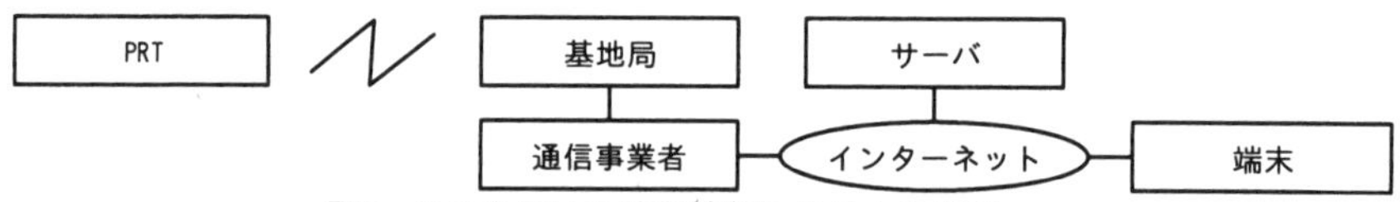

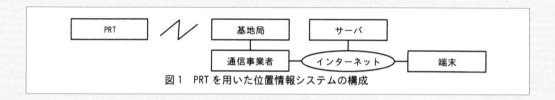

図1　PRTを用いた位置情報システムの構成

端末がPRTに位置情報を問い合わせたときの通信手順を次に示す。

① 端末は，PRTの最新の位置を取得するための位置通知要求をサーバに送信する。サーバは端末からの位置通知要求を受信すると，通信事業者を介して，PRTと通信可能な基地局に位置通知要求を送信する。

② PRTは電源投入後，基地局から現在時刻を取得するとともに，サーバからの要求を確認する時刻（以下，要求確認時刻という）を受信する。以降の要求確認時刻はサーバから受信した要求確認時刻から40秒間隔にスケジューリングされる。PRTは要求確認時刻になると，基地局からの情報を受信する。

③ 基地局は要求確認時刻になると，PRTへの位置通知要求があればそれを送信する。

④ PRTは基地局からの情報に位置通知要求が含まれているかを確認する処理（以下，確認処理という）を行い，位置通知要求が含まれていると，基地局，通信事業者を介して，PRTの最新の位置情報をサーバに送信する。

⑤ サーバはPRTから位置情報を受信し，管理する。サーバは端末と通信し，PRTの最新の位置情報，指定された時刻の位置情報を地図情報とともに端末に送信する。端末は，受信した位置情報及び地図情報を基に，PRTの位置を地図上に表示する。

〔PRTのハードウェア構成〕

PRTのハードウェア構成を図2に，PRTの構成要素を表1に示す。

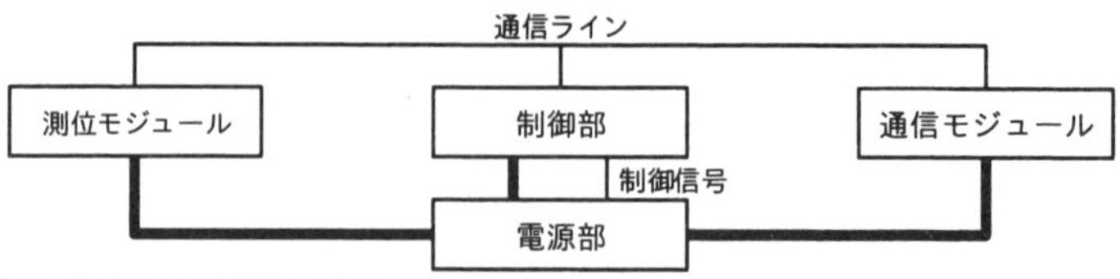

注記　太線は，電力供給線を示している。

図2　PRTのハードウェア構成

表1　PRTの構成要素

構成要素	説明
制御部	・タイマー，CPU，メモリなどから構成され，PRT全体の制御を行う。 ・CPUの動作モードには，実行モード及び休止モードがある。実行モードでは命令の実行ができる。休止モードでは命令の実行を停止し，消費電流が最小となる。 ・CPUは休止モードのとき，タイマー，測位モジュール，通信モジュールからの通知を検出すると実行モードとなり，必要な処理が完了すると休止モードとなる。
測位モジュール	・GPS信号を受信（以下，測位という）してPRTの位置を取得し，位置情報を作成する。 ・電力が供給され，測位可能になると制御部に測位可能通知を送る。 ・制御部からの測位開始要求を受け取ると測位を開始する。測位の開始から6秒経過すると測位が完了して，測位結果（PRTの位置取得時の位置情報又はPRTの位置取得失敗）を測位結果通知として制御部に送る。
通信モジュール	・基地局との通信を行う。 ・電力が供給され，通信可能になると制御部に通信可能通知を送る。 ・制御部から受信要求を受け取ると，確認処理を行い，制御部へ受信結果通知を送る。 ・制御部から送信要求を受け取ると，該当するデータをサーバに送信する。データの送信が完了すると，送信結果通知を制御部に送る。
通信ライン	・制御部と測位モジュールとの間，又は制御部と通信モジュールとの間の通信を行うときに使用する。 ・通信モジュールとの通信と，測位モジュールとの通信が同時に行われると，そのときのデータは正しく送受信できずに破棄される。
電源部	・制御部からの制御信号によって，測位モジュール及び通信モジュールへの電力の供給を開始又は停止する。

〔PRTの動作仕様〕

・40秒ごとに確認処理を行い，基地局から受信した情報に位置通知要求が含まれている場合，測位中でなければ，測位を開始する。測位の完了後，PRTの位置を取得したら位置情報を作成する（以下，測位の開始から位置情報の作成までを測位処理という）。測位処理完了後，位置情報をサーバに送信する。また，測位の完了後，PRTの位置取得に失敗したときは，失敗したことをサーバに送信する。
・120秒ごとに測位処理を行う。失敗しても再試行しない。
・600秒ごとに未送信の位置情報をサーバに送信する（以下，データ送信処理という）。

〔使用可能時間〕

電池を満充電後，PRTが機能しなくなるまでの時間を使用可能時間という。その間に放電する電気量を電池の放電可能容量といい，単位はミリアンペア時（mAh）である。PRTは放電可能容量が200mAhの電池を内蔵している。

使用可能時間，放電可能容量，PRTの平均消費電流の関係は，次の式のとおりである。

使用可能時間 ＝ 放電可能容量 ÷ PRTの平均消費電流

PRTが基地局と常に通信が可能で，測位が可能であり，基地局から受信した情報に位置通知要求が含まれていない状態における各処理の消費電流を表2に示す。表2の状態が継続した場合の使用可能時間は［　a　］時間である。

なお，PRTはメモリのデータの保持などで，表2の処理以外に0.01mAの電流が常に消費される。

表2　各処理の消費電流

処理名称	周期（秒）	処理時間（秒）	処理中の消費電流（mA）	各処理の平均消費電流（mA）
確認処理	40	1	4	0.1
測位処理	120	6	10	0.5
データ送信処理	600	1	120	0.2

〔制御部のソフトウェア〕

最初の設計ではタイマーを二つ用いた。初期化処理で，120秒ごとに通知を出力する測位用タイマーを設定し，初期化処理完了後，サーバからの要求確認時刻を受信すると，40秒ごとに通知を出力する通信用タイマーを設定した。しかし，この設計では不具合が発生することがあった。

不具合を回避するために，タイマーを複数用いず，要求確認時刻を用いて40秒ごとに通知を出力するタイマーだけを設定した。このタイマーを用いて，図3に示すタイマー通知時のシーケンス図に従った処理を実行するようにした。

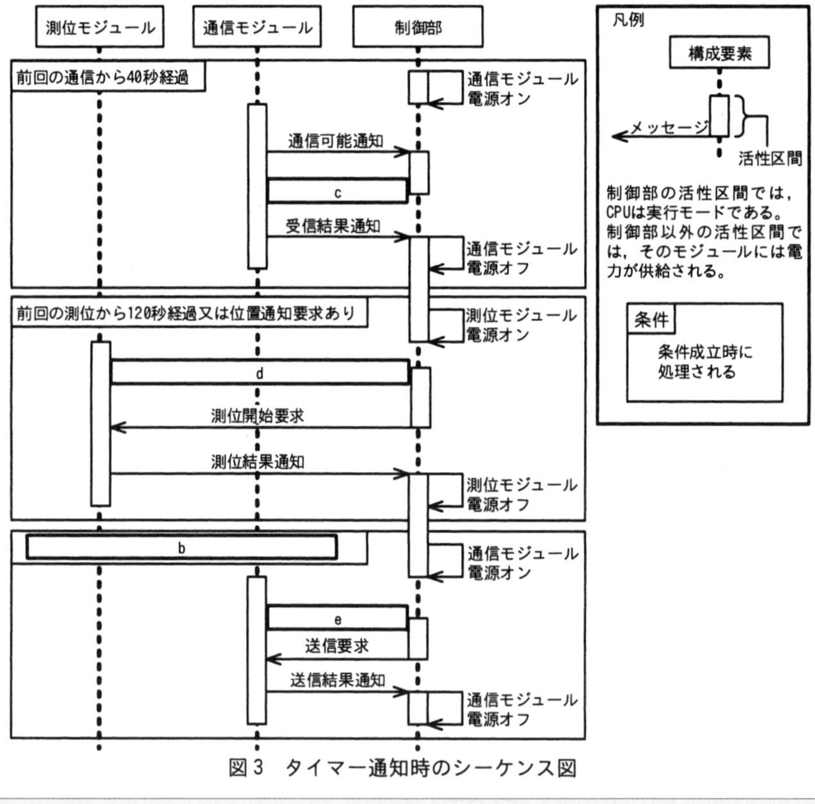

図3　タイマー通知時のシーケンス図

設問 1

休止モードは最長で何秒継続するか答えよ。ここで，各処理の処理時間は表2に従うものとし，通信モジュール及び測位モジュールの電源オンオフの切替えの時間，通信モジュールの通信時間は無視できるものとする。

設問 2

〔使用可能時間〕について，本文中の[a]に入れる適切な数値を，小数点以下を切り捨てて，整数で答えよ。

設問 3

〔制御部のソフトウェア〕のタイマー通知時のシーケンス図について答えよ。

(1) 図3中の[b]に入れる適切な条件を答えよ。

(2) 図3中の[c]～[e]に入れる適切なメッセージ名及びメッセージの方向を示す矢印をそれぞれ答えよ。

設問 4

〔制御部のソフトウェア〕について，タイマーを二つ用いた最初の設計で発生した不具合の原因を40字以内で答えよ。

問7のポイント　位置通知タグの設計

ペンダントなどにも組み込めるような超小型の位置情報タグ「PRT」の設計に関する出題です。センサーやデータ転送に関する応用能力を問われています。位置通知タグの設計という内容は慣れていないかもしれませんが，出題内容は分かりやすく常識的なものといえます。しっかり問題文を読んで，考えるようにしてください。

設問1の解説

□□□

休止モードが最長何秒継続するかを問われています。表1の制御部の説明に「CPUは休止モードのとき，タイマー，測位モジュール，通信モジュールからの通知を検出すると実行モードとなり」と説明されています。ここでは休止モードが最長の場合を考えるので，定期的に入るタイマーでの通知の間隔について，もっとも短い周期のものがどれかを考えればよいことが分かります。

表2より，最短周期で処理が発生するのは「確認処理」の40秒周期です。したがって，他の通知が入らなければ，最長で39秒間，休止モードが続くことになります。

解答	39秒

設問2の解説

□□□

・【空欄a】

表2の状態が継続した場合の使用可能時間を問われています。これは，「放電可能容量÷PRTの平均消費電流」が計算式なので，ここに数字を当てはめます。

・放電可能容量：200mAh

・PRTの平均消費電流：表2の各処理の平均消費電流の合算に0.01mAhを加算する必要があるので，

200÷(0.1＋0.5＋0.2＋0.01)
＝200÷0.81
＝246.9125…
≒246(少数点以下切り捨て)

解答	a：246

設問3の解説

□□□

● (1) について

・【空欄b】

〔PRTの動作仕様〕に，40秒ごとに確認処理，120秒ごとに測位処理，600秒ごとにデータ送信処理が行われるとあります。40秒経過と120秒経過についてはシーケンス図にすでにあるので，これらに倣って600秒経過時の条件を考えます。

データ送信処理は600秒ごとに行われる他，位置通知要求がされた場合にも発生するので，「前回のデータ送信から600秒経過又は位置通知要求あり」などと解答すればよいでしょう。

● (2) について

・【空欄c】

通信確認では，制御部は通信可能通知を受けると，受信要求を通信モジュールに送ります。したがって，メッセージ名は「受信要求」，メッセージの方向は「←」です。

・【空欄d】

測位モジュールは，測位可能になると測位可能通知を制御部に送るので，メッセージ名は「測位可能通知」，メッセージの方向は「→」となります。

・【空欄e】

通信モジュールは，通信可能になると制御部に通信可能通知を出します。したがって，メッセージ名には「通信可能通知」が入り，メッセージの方向は「→」となります。

解答	
	(1) b：前回のデータ送信から600秒経過又は位置通知要求あり (2) c：メッセージ名：受信要求 メッセージの方向：← d：メッセージ名：測位可能通知 メッセージの方向：→ e：メッセージ名：通信可能通知 メッセージの方向：→

設問4の解説

□□□

タイマーを二つ使った最初の設計で発生した不具合の原因を問われています。二つのタイマーとは，測位用タイマーと通信用タイマーです。これを手がかりに問題文を探すと，表1の通信ラインの説明に，「通信モジュールとの通信と，測位モジュールとの通信が同時に行われると，その時のデータは正しく送受信できずに破棄される」と記載されています。これが理由に該当します。

解答	
	通信モジュールと測位モジュールの通信が同時に実施され，データが破棄される（36文字）

問 8 バージョン管理ツールの運用に関する次の記述を読んで，設問に答えよ。

A社は，業務システムの開発を行う企業で，システムの新規開発のほか，リリース後のシステムの運用保守や機能追加の案件も請け負っている。A社では，ソースコードの管理のために，バージョン管理ツールを利用している。

バージョン管理ツールには，1人の開発者がファイルの編集を開始するときにロックを獲得し，他者による編集を禁止する方式（以下，ロック方式という）と，編集は複数の開発者が任意のタイミングで行い，編集完了後に他者による編集内容とマージする方式（以下，コピー・マージ方式という）がある。また，バージョン管理ツールには，ある時点以降のソースコードの変更内容の履歴を分岐させて管理する機能がある。以降，分岐元，及び分岐して管理される，変更内容の履歴をブランチと呼ぶ。

ロック方式では，編集開始時にロックを獲得し，他者による編集を禁止する。編集終了時には変更内容をリポジトリに反映し，ロックを解除する。ロック方式では，一つのファイルを同時に1人しか編集できないので，複数の開発者で開発する際に変更箇所の競合が発生しない一方，<u>①開発者間で作業の待ちが発生してしまう場合がある</u>。

A社では，規模の大きな改修に複数人で取り組むことも多いので，コピー・マージ方式のバージョン管理ツールを採用している。A社で採用しているバージョン管理ツールでは，開発者は，社内に設置されているバージョン管理ツールのサーバ（以下，サーバという）のリポジトリの複製を，開発者のPC上のローカル環境のリポジトリとして取り込んで開発作業を行う。編集時にソースコードに施した変更内容は，ローカル環境のリポジトリに反映される。ローカル環境のリポジトリに反映された変更内容は，編集完了時にサーバのリポジトリに反映させる。サーバのリポジトリに反映された変更内容を，別の開発者が自分のローカル環境のリポジトリに取り込むことで，変更内容の開発者間での共有が可能となる。

コピー・マージ方式では，開発者間で作業の待ちが発生することはないが，他者の変更箇所と同一の箇所に変更を加えた場合には競合が発生する。その場合には，ソースコードの変更内容をサーバのリポジトリに反映させる際に，競合を解決する必要がある。競合の解決とは，同一箇所が変更されたソースコードについて，それぞれの変更内容を確認し，必要に応じてソースコードを修正することである。

A社で使うバージョン管理ツールの主な機能を表1に示す。

表1　A社で使うバージョン管理ツールの主な機能

コマンド	説明
ブランチ作成	あるブランチから分岐させて，新たなブランチを作成する。
プル	サーバのリポジトリに反映された変更内容を，ローカル環境のリポジトリに反映させる。
コミット	ソースコードの変更内容を，ローカル環境のリポジトリに反映させる。
マージ	ローカル環境において，あるブランチでの変更内容を，他のブランチに併合する。
プッシュ	ローカル環境のリポジトリに反映された変更内容を，サーバのリポジトリに反映させる。
リバート	指定したコミットで対象となった変更内容を打ち消す変更内容を生成し，ローカル環境のリポジトリにコミットして反映させる。

注記　A社では，ローカル環境での変更内容を，サーバのリポジトリに即時に反映させるために，コミット又はマージを行ったときに，併せてプッシュも行うことにしている。

〔ブランチ運用ルール〕

開発案件を担当するプロジェクトマネージャのM氏は，ブランチの運用ルールを決めてバージョン管理を行っている。取り扱うブランチの種類を表2に，ブランチの運用ルールを図1に，ブランチの樹形図を図2に示す。

表2　ブランチの種類

種類	説明
main	システムの運用環境にリリースする際に用いるソースコードを，永続的に管理するブランチ。 このブランチへの反映は，他のブランチからのマージによってだけ行われ，このブランチで管理するソースコードの直接の編集，コミットは行わない。
develop	開発の主軸とするブランチ。開発した全てのソースコードの変更内容をマージした状態とする。 main ブランチと同じく，このブランチ上で管理するソースコードの直接の編集，コミットは行わない。
feature	開発者が個々に用意するブランチ。担当の機能についての開発とテストが完了したら，変更内容を develop ブランチにマージする。その後に不具合が検出された場合は，このブランチ上で確認・修正し，再度 develop ブランチにマージする。
release	リリース作業用に一時的に作成・利用するブランチ。develop ブランチから分岐させて作成し，このブランチのソースコードで動作確認を行う。不具合が検出された場合には，このブランチ上で修正を行う。

・開発案件開始時に，main ブランチから develop ブランチを作成し，サーバのリポジトリに反映させる。
・開発者は，サーバのリポジトリの複製をローカル環境に取り込み，ローカル環境で develop ブランチから feature ブランチを作成する。ブランチ名は任意である。
・feature ブランチで機能の開発が終了したら，開発者自身がローカル環境でテストを実施する。
・開発したプログラムについてレビューを実施し，問題がなければ feature ブランチの変更内容をローカル環境の develop ブランチにマージしてサーバのリポジトリにプッシュする。
・サーバの develop ブランチのソースコードでテストを実施する。問題が検出されたら，ローカル環境の feature ブランチで修正し，変更内容を develop ブランチに再度マージしサーバのリポジトリにプッシュする。テスト完了後，feature ブランチは削除する。
・開発案件に関する全ての feature ブランチがサーバのリポジトリの develop ブランチにマージされ，テストが完了したら，サーバの develop ブランチをローカル環境にプルしてから release ブランチを作成し，テストを実施する。検出された問題の修正は release ブランチで行う。テストが完了したら，変更内容を［ a ］ブランチと［ b ］ブランチにマージし，サーバのリポジトリにプッシュして，release ブランチは削除する。

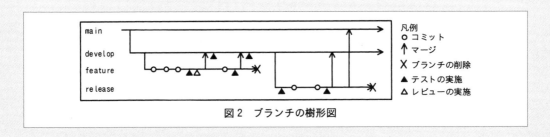

図１　ブランチの運用ルール

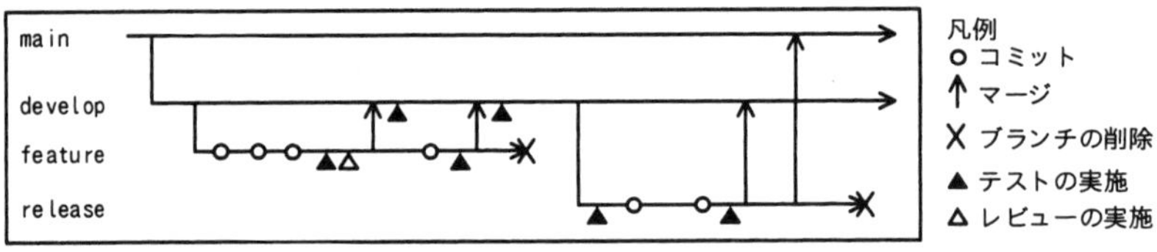

図２　ブランチの樹形図

〔開発案件と開発の流れ〕

A社が請け負ったある開発案件では，A，B，Cの三つの機能を既存のリリース済のシステムに追加することになった。

A，B，Cの三つの追加機能の開発を開始するに当たり，開発者2名がアサインされた。機能AとCはI氏が，機能BはK氏が開発を担当する。開発の流れを図3に示す。

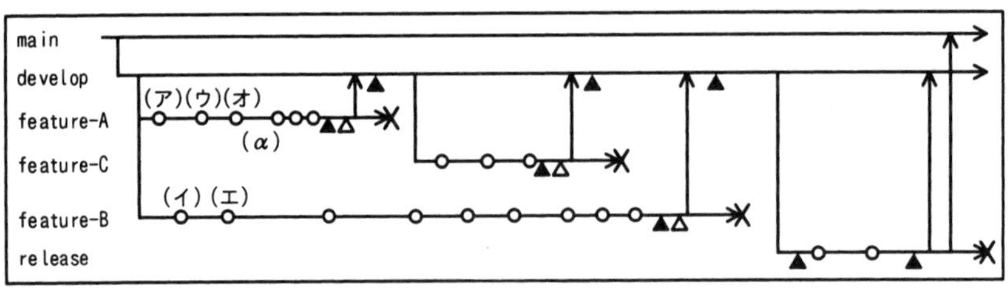

図３　開発の流れ

I氏は，機能Aの開発のために，ローカル環境で［ a ］ブランチからfeature-Aブランチを作成し開発を開始した。I氏は，機能Aについて（ア），（ウ），（オ）の3回のコミットを行ったところで，（ウ）でコミットした変更内容では問題があることに気が付いた。そこでI氏は，（α）のタイミングで，②（ア）のコミットの直後の状態に滞りなく戻すための作業を行い，編集をやり直すことにした。プログラムに必要な修正を加えた上で［ c ］した後，③テストを実施し，問題がないことを確認した。その後，レビューを実施し，［ a ］ブランチにマージした。

機能Bは機能Aと同時に開発を開始したが，規模が大きく，開発の完了は機能A，Cの開発完了後になった。K氏は，機能Bについてのテストとレビューの後，ローカル環境上の［ a ］ブランチにマージし，サーバのリポジトリにプッシュしようとしたところ，競合が発生した。サーバのリポジトリから[a]ブランチをプルし，その内容を確認して競合を解決した。その後，ローカル環境上の[a]ブランチを，サーバのリポジトリにプッシュしてからテストを実施し，問題がないことを確認した。

全ての変更内容をdevelopブランチに反映後，releaseブランチをdevelopブランチから作成して④テストを実施した。テストで検出された不具合を修正し，releaseブランチにコミットした後，再度テストを実施し，問題がないことを確認した。修正内容を[a]ブランチと[b]ブランチにマージし，[b]ブランチの内容でシステムの運用環境を更新した。

〔運用ルールについての考察〕

feature-Bブランチのように，ブランチ作成からマージまでが長いと，サーバのリポジトリ上のdevelopブランチとの差が広がり，競合が発生しやすくなる。そこで，レビュー完了後のマージで競合が発生しにくくするために，随時，サーバのリポジトリからdevelopブランチをプルした上で，⑤ある操作を行うことを運用ルールに追加した。

設問 1

本文中の下線①について，他の開発者による何の操作を待つ必要が発生するのか。10字以内で答えよ。

設問 2

図1及び本文中の[a]～[c]に入れる適切な字句を答えよ。

設問 3

本文中の下線②で行った作業の内容を，表1中のコマンド名と図3中の字句を用いて40字以内で具体的に答えよ。

設問 4

本文中の下線③，④について，実施するテストの種類を，それぞれ解答群の中から選び記号で答えよ。

解答群

- ア 開発機能と関連する別の機能とのインタフェースを確認する結合テスト
- イ 開発機能の範囲に関する，ユーザーによる受入れテスト
- ウ プログラムの変更箇所が意図どおりに動作するかを確認する単体テスト
- エ 変更箇所以外も含めたシステム全体のリグレッションテスト

設問 5

本文中の下線⑤について，追加した運用ルールで行う操作は何か。表2の種類を用いて，40字以内で答えよ。

問8のポイント　バージョン管理ツールの運用

業務システム開発会社のシステム開発業務におけるバージョン管理ツールの利用に関する問題です。ブランチ作成，プル，プッシュ，コミット，マージといった用語の知識や，具体的なバージョン管理ツールの使い方の知識が要求されています。問題を読めば解答につながるヒントが分かるので，落ち着いて対応してください。

バージョン管理ツール

ソースコードやドキュメントの変更履歴を管理・追跡するためのツール。開発者が変更を加えるたびに，その状態を記録し，必要に応じて過去の状態に戻したり，異なるバージョン間の差分を確認したりできる。バージョン管理ツールでは主に以下のような操作を行う。

・ブランチ作成
　新しい開発や機能追加を行う際に，元のコードから分岐させたその分岐先のことをブランチという。複数のブランチを作成して，それぞれが開発を同時に進めることができる。

・プル
　リモートリポジトリからローカルリポジトリに最新の変更を取り込む操作。これにより，他の開発者が行った変更を自分の作業環境に反映できる。

・コミット
　開発者が変更を加えた後，その変更を履歴として保存する操作。コミットごとに作業した内容をコメントとして付記することもできる。

・マージ
　ブランチを統合し，複数の変更をまとめる操作。コンフリクト（競合）が発生した場合，手動で修正が必要となる。

・プッシュ
　ローカルリポジトリで加えた変更をリモートリポジトリにアップロードし，他の開発者と共有する操作。

設問1の解説

□□□

ロック方式のバージョン管理では，開発者がファイルを編集する際，そのファイルをロックします。ファイルがロックされている間は，他の開発者は編集できず，ロックが解除されるまで待つ必要があります。

解答	ロックの解除（6文字）

設問2の解説

□□□

空欄aとbは，図1や〔開発案件と開発の流れ〕の最後にあるように，テスト後に変更内容をマージするブランチです。図2や図3から，一方がmainブランチで，もう一方がdevelopブランチだと検討がつきます。

・**【空欄a】**
「ローカル環境で［ a ］ブランチからfeature-Aブランチを作成し」という記述から，図3より，feature-Aブランチの分岐元になっている「develop」ブランチが該当します。

・**【空欄b】**
〔開発案件と開発の流れ〕に，「［ b ］ブランチの内容でシステムの運用環境を更新した」との記載もあり，運用環境にリリースするのに用いる「main」ブランチが入ります。

・**【空欄c】**
修正を加えたプログラムをローカル環境のリポリトジに反映させる操作は「コミット」です。

解答	a：develop　　b：main c：コミット

設問3の解説

□□□

feature-Aを（ア）のコミット直後の状態に滞りなく戻すには，表1にある「リバート」が必要です。（α）の状態は，（ア）→（ウ）→（オ）の（オ）が終わった状態なので，まず，（オ）をリバートし，その後（ウ）をリバートすれば，（ア）のコミット直後の状態に戻ります。

解答	feature-Aを対象に，（オ）をリバートしてから，（ウ）をリバートする（37文字）

設問4の解説

□□□

・【下線③】

プログラム修正後に行うテストなので，「単体テスト」（ウ）が該当します。単体テストは，修正されたプログラムの個々の部分（関数など）が正しく動作するかを確認するためのテストです。

・【下線④】

releaseブランチで行うテストのうち，この段階で行われるのは開発チームが実装した機能や修正が，他の機能も含めて問題なく動作するか，悪影響を与えていないかを確認する「レグレッションテスト」（エ）です。

解答	下線③：ウ　下線④：エ

設問5の解説

□□□

競合を防ぐためには，開発者が定期的にサーバリポジトリから最新の変更をプルしてローカルリポジトリを更新し，他の開発者の変更を自分の作業環境に反映させることが重要です。また，小さな単位でコミットし，頻繁にマージを行うことで，競合が発生した際にも解決が容易になります。したがって，プルしたdevelopブランチをfeatureブランチにマージすることが有効です。

解答	プルしたdevelopブランチをfeatureブランチにマージする（33文字）

問9　金融機関システムの移行プロジェクトに関する次の記述を読んで，設問に答えよ。

P社は，本店と全国30か所の支店（以下，拠点という）から成る国内の金融機関である。P社は，土日祝日及び年末年始を除いた日（以下，営業日という）に営業をしている。P社では，金融商品の販売業務を行うためのシステム（以下，販売支援システムという）をオンプレミスで運用している。

販売支援システムは，営業日だけ稼働しており，拠点の営業員及び拠点を統括する商品販売部の部員が利用している。販売支援システムの運用・保守及びサービスデスクは，情報システム部運用課（以下，運用課という）が担当し，サービスデスクが解決できない問合せのエスカレーション対応及びシステム開発は，情報システム部開発課（以下，開発課という）が担当する。

販売支援システムのハードウェアは，P社内に設置されたサーバ機器，拠点の端末，及びサーバと端末を接続するネットワーク機器で構成される。

販売支援システムのアプリケーションソフトウェアのうち，中心となる機能は，X社のソフトウェアパッケージ（以下，Xパッケージという）を利用しているが，Xパッケージの標準機能で不足する一部の機能は，Xパッケージをカスタマイズしている。

販売支援システムのサーバ機器及びXパッケージはいずれも来年3月末に保守契約の期限を迎え，いずれも老朽化しているので以後の保守費用は大幅に上昇する。そこで，P社は，本年4月に，クラウドサービスを活用して現状のサーバ機器導入に関する構築期間の短縮やコストの削減を実現し，さらにXパッケージをバージョンアップして大幅な機能改善を図ることを目的に移行プロジェクトを立ち上げた。X社から，今回適用するバージョンは，OSやミドルウェアに制約があると報告されていた。

開発課のQ課長が，移行プロジェクトのプロジェクトマネージャ（PM）に任命され，移行プロジェクトの計画の作成に着手した。Q課長は，開発課のR主任に現行の販売支援システムからの移行作業を，同課のS主任に移行先のクラウドサービスでのシステム構築，移行作業とのスケジュールの調整などを指示した。

〔ステークホルダの要求〕

Q課長は，移行プロジェクトの主要なステークホルダを特定し，その要求を確認することにした。

経営層からは，保守契約の期限前に移行を完了すること，顧客の個人情報の漏えい防止に万全を期すこと，重要なリスクは組織で迅速に対応するために経営層と情報共有すること，クラウドサービスを活用する新システムへの移行を判断する移行判定基準を作成すること，が指示された。

商品販売部からは，5拠点程度の単位で数回に分けて切り替える段階移行方式を採用したいという要望を受けた。商品販売部では，過去のシステム更改の際に，全拠点で一斉に切り替える一括移行方式を採用したが，移行後に業務遂行に支障が生じたことがあった。その原因は，サービスデスクでは対応できない問合せが全拠点から同時に集中した際に，システム更改を担当した開発課の要員が新たなシステムの開発で繁忙となっていたので，エスカレーション対応する開発課のリソースがひっ迫し，問合せの回答が遅くなったことであった。また，切替えに伴う拠点での営業日の業務停止は，各拠点で特別な対応が必要になるので避けたい，との要望を受けた。

運用課からは，移行後のことも考えて移行プロジェクトのメンバーと緊密に連携したいとの話があった。

情報システム部長は，段階移行方式では，各回の切替作業に3日間を要するので，拠点との日程調整が必要となること，及び新旧システムを並行して運用することによって情報システム部の負担が過大になることを避けたいと考えていた。

〔プロジェクト計画の作成〕

Q課長は，まず，ステークホルダマネジメントについて検討した。Q課長は経営層，商品販売部及び情報システム部が参加するステアリングコミッティを設置し，移行プロジェクトの進捗状況の報告，重要なリスク及び対応方針の報告，最終の移行判定などを行うことにした。

次に，Q課長は，移行方式について，全拠点で一斉に切り替える①一括移行方式を採用したいと考えた。そこで，Q課長は，商品販売部に，サービスデスクから受けるエスカレーション対応のリソースを拡充することで，移行後に発生する問合せに迅速に回答することを説明して了承を得た。

現行の販売支援システムのサーバ機器及びXパッケージの保守契約の期限である来年3月末までに移行を完了する必要がある。Q課長は，移行作業の期間も考慮した上で，切替作業に問題が発生した場合に備えて，年末年始に切替作業を行うことにした。

Q課長は，移行の目的や制約を検討した結果，IaaS型のクラウドサービスを採用することにした。IaaSベンダーの選定に当たり，Q課長は，S主任に，新システムのセキュリティインシデントの発生に備えて，セキュリティ対策をP社セキュリティポリシーに基づいて策定することを指示した。S主任は，候補となるIaaSベンダーの技術情報を基に，セキュリティ対策を検討すると回答したが，Q課長は，②具体的なセキュリティ対策の検討に先立って実施すべきことがあるとS主任に指摘した。S主任は，Q課長の指摘を踏まえて作業を進め，セキュリティ対策を策定した。

最後に，Q課長は，これまでの検討結果をまとめ，IaaSベンダーに③RFPを提示し，受領した提案内容を評価した。その評価結果を基にW社を選定した。

Q課長は，これらについて経営層に報告して承認を受けた。

〔移行プロジェクトの作業計画〕

R主任とS主任は協力して，移行手順書の作成，移行ツールの開発，移行総合テスト，営業員の教育・訓練及び受入れテスト，移行リハーサル，本番移行，並びに移行後の初期サポートの各作業の検討を開始した。各作業は次のとおりである。

(1) 移行手順書の作成

移行に関わる全作業の手順書を作成し，関係するメンバーでレビューする。

(2) 移行ツールの開発

移行作業の実施に当たって，データ変換ツール，構成管理ツールなどのX社提供の移行ツールを活用するが，Xパッケージをカスタマイズした機能に関しては，X社提供のデータ変換ツールを利用することができないので，移行に必要なデータ変換機能を開発課が追加開発する。

(3) 移行総合テスト

移行総合テストでは，移行ツールが正常に動作し，移行手順書どおりに作業できるかを確認した上で，移行後のシステムの動作が正しいことを移行プロジェクトとして検証する。R主任は，より本番移行に近い内容で移行総合テストを実施する方が検証漏れのリスクを軽減できると考えた。ただし，P社のテスト規定では，個人情報を含んだ本番データはテスト目的に用いないこと，本番データをテスト目的で用いる場合には，その必要性を明らかにした上で，個人情報を個人情報保護法及び関連ガイドラインに従って匿名加工情報に加工する処置を施して用いること，と定められている。そこで，R主任は本番データに含まれる個人情報を匿名加工情報に加工して移行総合テストに用いる計画を作成した。Q課長は，検証漏れのリスクと情報漏えいのリスクのそれぞれを評価した上で，R主任の計画を承認した。その際，PMであるQ課長だけで判断せず，<u>④ある手続を実施</u>した上で対応方針を決定した。

(4) 営業員の教育・訓練及び受入れテスト

商品販売部の部員が，S主任及び拠点の責任者と協議しながら，営業員の教育・訓練の内容及び実施スケジュールを計画する。これに沿って，営業日の業務後に受入れテストを兼ねて，商品販売部の部員及び全営業員に対する教育・訓練を実施する。

(5) 移行リハーサル

移行リハーサルでは，移行総合テストで検証された移行ツールを使った移行手順，本番移行の当日の体制，及びタイムチャートを検証する。

(6) 本番移行

移行リハーサルで検証した一連の手順に従って切替作業を実施する。本番移行は本年12月31日～来年1月2日に実施することに決定した。

(7) 移行後の初期サポート

移行後のトラブルや問合せに対応するための初期サポートを実施する。初期サポートの実施に当たり，Q課長は，移行後も，システムが安定稼働して拠点からサービスデスクへの問合せが収束するまでの間，<u>⑤ある支援</u>を継続するようS主任に指示した。

Q課長は，これらの検討結果を踏まえて，<u>⑥新システムの移行可否を評価する上で必要な文書</u>の作成に着手した。

〔リスクマネジメント〕

Q課長は，R主任に，主にリスクの定性的分析で使用される［ a ］を活用し，分析結果を表としてまとめるよう指示した。さらに，リスクの定量的分析として，移行作業に対して最も影響が大きいリスクが何であるかを判断することができる［ b ］を実施し，リスクの重大性を評価するよう指示した。

リスクの分析結果に基づき，R主任は，各リスクに対して，対応策を検討した。Q課長は，来年3月末までに本番移行が完了しないような重大なリスクに対して，プロジェクトの期間を延長することに要する費用の確保以外に，現行の販売支援システムを稼働延長させることに要する費用面の<u>⑦対応策を検討すべきだ</u>，とR主任に指摘した。

R主任は，指摘について検討し，Q課長に説明をして了承を得た。

設問 1

〔プロジェクト計画の作成〕について答えよ。

(1) 本文中の下線①について，情報システム部にとってのメリット以外に，どのようなメリットがあるか。15字以内で答えよ。

(2) 本文中の下線②について，実施すべきこととは何か。最も適切なものを解答群の中から選び，記号で答えよ。

解答群

ア　過去のセキュリティインシデントの再発防止策検討

イ 過去のセキュリティインシデントの被害金額算出
ウ セキュリティ対策の訓練
エ セキュリティ対策の責任範囲の明確化

(3) 本文中の下線③についてQ課長が重視した項目は何か。25字以内で答えよ。

設問 2

〔移行プロジェクトの作業計画〕について答えよ。
(1) 本文中の下線④についてQ課長が実施することにした手続とは何か。35字以内で答えよ。
(2) 本文中の下線⑤について，どのような支援か。25字以内で答えよ。
(3) 本文中の下線⑥について，どのような文書か。本文中の字句を用いて10字以内で答えよ。

設問 3

〔リスクマネジメント〕について答えよ。
(1) 本文中の［ a ］，［ b ］に入れる適切な字句を解答群の中から選び，記号で答えよ。

解答群

ア 感度分析　イ クラスタ分析　ウ コンジョイント分析
エ デルファイ法　オ 発生確率・影響度マトリックス

(2) 本文中の下線⑦について，来年3月末までに本番移行が完了しないリスクに対して検討すべき対応策について，20字以内で具体的に答えよ。

問9のポイント

移行プロジェクトの計画

○○字以内で解答する記述問題が中心の問題構成でした。出題の意図がわかりづらく，いくつか考えられる候補の中から最適な解答を導く設問が目につきました。文章読解力の高い人に有利な問題のため，問題の選択にあたって注意を要します。

専門用語に関する設問もあるので，プロジェクトマネジメントに関連する最新の用語のキャッチアップにも努めてください。

設問1の解説

□□□

● (1) について

P社の営業日は，土日祝日及び年末年始を除いた日です。

〔ステークホルダの要求〕には，切替えに伴う拠点での営業日の業務停止は，各拠点で特別な対応が必要になるので避けたい，との要望を受けています。また，段階移行方式では，各回の切替作業に3日間を要すると記載されています。

すなわち，段階移行方式を採用した場合には土日祝日で3連休になる時期を狙い，数回にわたって移行を行わなければいけません。土日祝日で3連休になる時期は限られているので，来年3月末の保守契約期限までに全拠点の移行が完了できません。

一括移行方式を採用することで，移行のために営業日に業務停止することを回避できるメリットがあります。

● (2) について

IaaS（Infrastructure as a Service）はネットワークやハードウェアをクラウド事業者が提供し，

ミドルウェアやアプリケーションを利用者が用意するクラウドサービスの形態です。

情報セキュリティ対策の範囲は幅広く，ネットワークをはじめとするインフラで検討しなければならないものもあれば，ミドルウェアやアプリケーションに対して検討しなければならないものもあります。そのため，前者であればクラウド事業者にて対策しますし，後者であればP社自身が対策しなければいけません。

セキュリティ対策の責任範囲を明確にした後，クラウド事業者に対策してもらう範囲に対してIaaSベンダーの選定作業を具体化する必要があります（エ）。

● (3) について

Q課長が重視する可能性のあるキーワードとして，本文中に「今回適用するバージョンは，OSやミドルウェアに制約があると報告されていた」，このため「現行の販売管理システムのサーバ機器及びXパッケージの保守契約の期限である来年3月末までに移行を完了する必要がある」ことが挙げられます。したがって，IaaSベンダーが適正な期間で構築が可能であること，さらには費用の妥当性について言及するのが適当と考えられます。

解答	(1) 営業日の業務停止を回避できる（14文字） (2) エ (3) IaaSの利用による構築期間や費用（17文字）

設問2の解説

□□□

● (1) について

Q課長だけで判断せず，という記載のため，経営層などの判断も必要であることがわかります。これに該当する本文中の記述は，〔プロジェクト計画の作成〕にある，「経営層，商品販売部及び情報システム部が参加するステアリングコミッティを設置し，移行プロジェクトの進捗状況の報告，重要なリスク及び対応方針の報告，最終の移行判定などを行うことにした」の箇所になります。

ステアリングコミッティ，承認などのキーワードを入れて指定の文字数に収まるように解答します。

● (2) について

移行後のトラブルや問合せに関する記述を本文中から探すと，〔ステークホルダの要求〕に「サービスデスクでは対応できない問合せが全拠点から同時に集中した際に（中略）エスカレーション対応する開発課のリソースがひっ迫し，問合せの回答が遅くなったこと」とあり，これに対して〔プロジェクト計画の作成〕に「サービスデスクから受けるエスカレーション対応のリソースを拡充することで，移行後に発生する問合せに迅速に回答することを説明して了承を得た」とあります。この記載をベースに解答を考えます。

エスカレーション対応にリソースを拡充することが，ここでの支援に相当します。

● (3) について

新システムの移行可否を評価する上で必要な「文書」に相当しそうな本文中の記述として，〔ステークホルダの要求〕に「クラウドサービスを活用する新システムへの移行を判断する移行判定基準を作成すること」とあります。

本問に限らず，経営層からの指示はいずれかの設問での解答に使われることが少なくありません。問題文に下線を引くなど見落とさないように注意してください。

解答	(1) ステアリングコミッティで対応方針を説明し，承認をもらう（27文字） (2) エスカレーション対応にリソースを拡充すること（22文字） (3) 移行判定基準（6文字）

設問3の解説

□□□

● (1) について

解答群のそれぞれの字句の意味は以下のとおりです。

字句	意味
感度分析	計画を立てる際に変数などのある要素が変化した場合，最終的な結果にどの程度の影響を与えるのか予測する分析手法
クラスタ分析	データ全体の中で性質の似ているデータ同士をグループ化する分析手法
コンジョイント分析	商品のどの要素が消費者の購買意思に影響しているのか定量的に測定するマーケティング分析手法
デルファイ法	アンケート調査の結果をフィードバックし，その結果をもとに回答を反復する意見集約技法
発生確率・影響度マトリックス	リスクの発生確率と影響度を縦軸と横軸で表形式に表し，視覚化した分析手法

・【空欄a】

空欄aは，リスクの定性的分析であることから，発生確率・影響度マトリックス（オ）になります。

・【空欄b】

空欄bは，移行作業のリスク要因を定量的に分析することから，感度分析（ア）になります。

● (2) について

現行の販売支援システムを稼働延長させることに要する費用面については，問題の冒頭に「販売支援システムのサーバ機器及びXパッケージはいずれも来年3月末に保守契約の期限を迎え，いずれも老朽化しているので以後の保守費用は大幅に上昇する」とあります。

保守費用の大幅な上昇への対策として，保守費用の確保が必要です。もしも保守費用の確保ができない場合には，一部の保守契約の条件の見直しなど対応が求められます。

解答	(1) a：オ　b：ア (2) 来年3月末以降の保守費用の確保（15文字）

問10 クラウドサービスのサービス可用性管理に関する次の記述を読んで，設問に答えよ。

L社は，大手の自動車部品製造販売会社である。2023年4月現在，全国に八つの製造拠点をもち，L社の製造部は，昼勤と夜勤の2交替制で部品を製造している。L社の経理部は，基本的に昼勤で経理業務を行っている。L社のシステム部では，基幹系業務システムを，L社本社の設備を使って，オンプレミスで運用している。また，会計系業務システムは，2023年1月に，オンプレミスでの運用からクラウド事業者M社の提供するSaaS（以下，Sサービスという）に移行した。L社の現在の業務システムの概要を表1に示す。

表1　L社の現在の業務システムの概要

項番	業務システム名称	業務システムの運用形態
1	基幹系 1)	自社開発のアプリケーションソフトウェアをオンプレミスで運用
2	会計系 2)	Sサービスを利用

注 1)　対象は，販売管理，購買管理，在庫管理，生産管理，原価管理などの基幹業務

注 2)　対象は，財務会計，管理会計，債権債務管理，手形管理，給与計算などの会計業務

〔L社のITサービスの現状〕

システム部は，L社内の利用者を対象に，業務システムをITサービスとして提供し，サービス可用性やサービス継続性を管理している。

システム部では，ITILを参考にして，サービス可用性として異なる3種の特性及び指標を表2のとおり定めている。

表 2　サービス可用性の特性及び指標

特性	説明	指標
可用性	あらかじめ合意された期間にわたって，要求された機能を実行するITサービスの能力	サービス稼働率
[a]性	ITサービスを中断なしに，合意された機能を実行できる能力	MTBF
保守性	ITサービスに障害が発生した後，通常の稼働状態に戻す能力	MTRS

基幹系業務のITサービスは，生産管理など事業が成功を収めるために不可欠な重要事業機能を支援しており，高可用性の確保が必要である。基幹系業務システムでは，L社本社建屋内にシステムを2系統用意してあり，本番系システムのサーバの故障や定期保守などの場合は，予備系のサーバに切り替えてITサービスの提供を継続できるシステム構成を採っている。また，ストレージに保存されているユーザーデータファイルがマルウェアによって破壊されるリスクに備え，定期的にユーザーデータファイルのフルバックアップを磁気テープに取得している。バックアップを取得する磁気テープは2組で，1組は本社建屋内に保存し，もう1組は災害に対する脆弱性を考える必要があるので，遠隔地に保管している。

〔Sサービスのサービス可用性〕

システム部のX氏は，会計系業務システムにSサービスを利用する検討を行った際，M社のサービスカタログを基にサービス可用性に関する調査を行い，その後，L社とM社との間でSLAに合意し，2023年1月からSサービスの利用を開始した。M社が案内しているSサービスのサービスカタログ（抜粋）を表3に，L社とM社との間で合意したSLAのサービスレベル目標を表4に示す。

表 3　Sサービスのサービスカタログ（抜粋）

サービスレベル項目	説明	サービスレベル目標
サービス時間	サービスを提供する時間	24時間365日（計画停止時間を除く）
サービス稼働率	（サービス時間 － サービス停止時間[1]）÷ サービス時間 × 100（%）	月間目標値 99.5%以上
計画停止時間	定期的なソフトウェアのバージョンアップや保守作業のために設ける時間。サービスは停止される。	毎月1回 午前2時～午前5時

注[1]　インシデントの発生などによって，サービスを提供できない時間（計画停止時間を除く）。

表 4　L社とM社との間で合意したSLAのサービスレベル目標

サービスレベル項目	合意したSLAのサービスレベル目標
サービス時間	L社の営業日の午前6時～翌日午前2時（1日20時間）
サービス稼働率	月間目標値 99.5%以上
計画停止時間	なし

2023年1月は，Sサービスでインシデントが発生してサービス停止した日が3日あったが，サービス停止の時間帯は3日とも表4のサービス時間の外だった。よって，表4のサービス稼働率は100%である。仮に，サービス停止の時間帯が3日とも表4のサービス時間の内の場合，サービス停止の月間合計時間が[b]分以下であれば，表4のサービス稼働率のサービスレベル目標を達成する。ここで，1月のL社の営業日の日数を30とする。

3月は，表4のサービス時間の内にSサービスでインシデントが発生した日が1日あった。復旧作業に時間が掛かったので，表4のサービス時間の内で90分間サービス停止した。3月のL社の営業日の日数を30とすると，サービス稼働率は99.75%となり，3月も表4のサービスレベル目標を達成した。しかし，このインシデントは月末繁忙期の日中に発生したので，L社の取引先への支払業務に支障を来した。
X氏は，サービス停止しないことはもちろんだが，サービス停止した場合に迅速に対応して回復させることも重要だと考えた。そこで，X氏はM社の責に帰するインシデントが発生してサービス停止したときの①サービスレベル項目を表4に追加できないか，M社と調整することにした。
また，今後，経理部では，勤務時間を製造部に合わせて，交替制で夜勤を行う勤務体制を採って経理業務を行うことで，業務のスピードアップを図ることを計画している。この場合，会計系業務システムのサービス時間を見直す必要がある。そこで，X氏は，表4のサービスレベル目標の見直しが必要と考え，表3のサービスカタログを念頭に，②経理部との調整を開始することにした。

〔基幹系業務システムのクラウドサービス移行〕
2023年1月に，L社はBCPの検討を開始し，システム部は地震が発生して基幹系業務システムが被災した場合でもサービスを継続できるようにする対策が必要になった。X氏が担当になって，クラウドサービスを利用してBCPを実現する検討を開始した。
X氏は，まずM社が提供するパブリッククラウドのIaaS（以下，Iサービスという）を調査した。Iサービスのサービスカタログでは，サービスレベル項目としてサービス時間及びサービス稼働率の二つが挙げられていて，サービスレベル目標は，それぞれ24時間365日及び月間目標値99.99％以上になっていた。Iサービスでは，物理サーバ，ストレージシステム，ネットワーク機器などのIT基盤のコンポーネント（以下，物理基盤という）は，それぞれが冗長化されて可用性の対策が採られている。また，ハイパーバイザー型の仮想化ソフト（以下，仮想化基盤という）を使って，1台の物理サーバで複数の仮想マシン環境を実現している。
次に，X氏は，Iサービスを利用した災害対策サービスについて，M社に確認した。災害対策サービスの概要は次のとおりである。
・M社のデータセンター（DC）は，同時に被災しないように東日本と西日本に一つずつある。通常時は，L社向けのIサービスは東日本のDCでサービスを運営する。東日本が被災して東日本のDCが使用できなくなった場合は，西日本のDCでIサービスが継続される。
・西日本のDCのIサービスにもユーザーデータファイルを保存し，東日本のDCのIサービスのユーザーデータファイルと常時同期させる。東日本のDCの仮想マシン環境のシステムイメージは，システム変更の都度，西日本のDCにバックアップを保管しておく。

M社の説明を受け，X氏は次のように考えた。
・地震や台風といった広範囲に影響を及ぼす自然災害に対して有効である。
・災害対策だけでなく，物理サーバに機器障害が発生した場合でも業務を継続できる。
・西日本のDCのIサービスのユーザーデータファイルは，東日本のDCのIサービスのユーザーデータファイルと常時同期しているので，現在行っているユーザーデータファイルのバックアップの遠隔地保管を廃止できる。
X氏は，上司にM社の災害対策サービスを採用することで効果的にサービス可用性を高められる旨を報告した。しかし，上司から，③X氏の考えの中には見直すべき点があると指摘されたので，X氏は修正した。
さらに，上司はX氏に，M社に一任せずに，M社と協議して実質的な改善を継続していくことが重要だと話した。そこで，X氏は，サービス可用性管理として，サービスカタログに記載されているサービスレベル項目のほかに，④可用性に関するKPIを設定することにした。また，基幹系業務システムの災害対策を実現するに当たって，コストの予算化が必要になる。X氏は，災害時のサービス可用性確保の観点でサービス継続性を確保するコストは必要だが，コストの上昇を抑えるために災害時に基幹系業務システムを一部縮退できないか検討した。そして，事業の視点から捉えた機能ごとの⑤判断基準に基づいて継続する機能を決める必要があると考えた。

設問 1

〔L社のITサービスの現状〕について答えよ。

(1) 表2中のMTBF及びMTRSについて，適切なものを解答群の中から選び，記号で答えよ。

解答群

- ア MTBFの値は大きい方が，MTRSの値は小さい方が望ましい。
- イ MTBFの値は大きい方が，MTRSの値も大きい方が望ましい。
- ウ MTBFの値は小さい方が，MTRSの値は大きい方が望ましい。
- エ MTBFの値は小さい方が，MTRSの値も小さい方が望ましい。

(2) 表2中の[a]に入れる適切な字句を，5字以内で答えよ。

設問 2

〔Sサービスのサービス可用性〕について答えよ。

(1) 本文中の[b]に入れる適切な数値を答えよ。なお，計算結果で小数が発生する場合，答えは小数第1位を四捨五入して整数で求めよ。

(2) 本文中の下線①について，X氏は，M社の責に帰するインシデントが発生してサービス停止したときのサービスレベル項目を追加することにした。追加するサービスレベル項目の内容を20字以内で答えよ。

(3) 本文中の下線②について，経理部と調整すべきことを，30字以内で答えよ。

設問 3

〔基幹系業務システムのクラウドサービス移行〕について答えよ。

(1) Iサービスを使ってL社が基幹系業務システムを運用する場合に，M社が構築して管理する範囲として適切なものを，解答群の中から全て選び，記号で答えよ。

解答群

- ア アプリケーションソフトウェア
- イ 仮想化基盤
- ウ ゲストOS
- エ 物理基盤
- オ ミドルウェア

(2) 本文中の下線③について，上司が指摘したX氏の考えの中で見直すべき点を，25字以内で答えよ。

(3) 本文中の下線④について，クラウドサービスの可用性に関連するKPIとして適切なものを解答群の中から選び，記号で答えよ。

解答群

- ア M社が提供するサービスのサービス故障数
- イ M社起因のインシデントの問題を解決する変更の件数
- ウ M社のDCで実施した災害を想定した復旧テストの回数
- エ M社のサービスデスクが回答した問合せ件数
- オ SLAのサービスレベル目標が達成できなかった原因のうち，ストレージ容量不足に起因する件数

(4) 本文中の下線⑤の判断基準とは何か。本文中の字句を用いて，15字以内で答えよ。

問10のポイント　クラウドサービスにおける可用性管理

クラウドサービス及び可用性管理に関する知識を問われる内容でした。可用性管理はインシデント管理やITサービス継続性管理など，他の管理プロセスと混同してしまいがちなため，しっかりと整理しておく必要があります。なお，問10（サービスマネジメント）については最新の用語を丸暗記するよりも，それぞれの用語の概念を正しく理解するほうが高得点につながると思われます。

設問1の解説

□□□

●（1）について

MTBF（Mean Time Between Failures）は平均故障間隔で，システム障害が発生してから次のシステム障害が発生するまでの平均時間です。平均故障間隔の値が大きければ，可用性が高いと判断できます。

MTRS（Mean Time to Restore Service）は平均サービス回復時間で，システム障害が発生してからユーザーが対象システムを再び利用できるようになるまでの平均時間です。平均サービス回復時間の値が大きいほど，可用性が低いと判断できます。したがって，MTRSの値は小さい方が望ましいといえます（ア）。

なお，MTRSと類似の指標にMTTR（Mean Time To Repair）があります。これは平均修復時間で，システム障害が発生してから修復にかかるまでの時間です。システム障害からの修復が終わり，サービスが回復するまでの時間を含めるのがMTRS，含めないのがMTTRですが，同義と考えられます。

また，過去の情報処理技術者試験で，MTBSI（Mean Time Between System Incidents）について出題されたことがあります。これは平均サービス・インシデント間隔で，次の関係が成り立つことを合わせて覚えてください。

MTBSI ＝ MTBF ＋ MTRS

●（2）について

・【空欄a】

ITILにおいて，可用性管理の観点として，可用性，信頼性，保守性が挙げられています。これらの定義は，表2に記載されているとおりです。

ITサービスを中断なしに合意された機能を実行できる能力は「信頼性」に相当します。

解答	(1) ア (2) a：信頼

設問2の解説

□□□

●（1）について

・【空欄b】

表4によれば，Sサービスのサービスレベル目標は，サービス時間が1日20時間で，サービス稼働率が99.5%以上となっています。すなわち，月間のサービス時間のうち，0.5%以下のサービス停止であれば，サービスレベル目標を達成することになります。

1月のL社の営業日の日数は30と指定されているため，サービス停止の最大月間合計時間は，

> 合計時間 ＝ 20時間 × 30日 × 0.5%
> 　　　　 ＝ 3時間（180分）

空欄bの単位は「分」となっているので，「180」が入ります。

●（2）について

状況を整理すると，

> ・インシデントが発生し，90分間サービスが停止した
> ・サービス停止した場合に迅速に対応して回復させることも重要だ

であり，この状況に対策し得るサービスレベル項目を検討します。

前述のMTTRやMTRSがこれに相当すると考えられます。障害から復旧までにかかる時間をサービスレベル項目として取り決めることで，1回のインシデントに対するサービス停止時間に歯止めをかける効果が期待できます。

● (3) について

表3と表4の各項目を比較します。

「計画停止時間」に着目すると，表3で計画停止時間のサービスレベル目標として，毎月1回午前2時～午前5時が指定されていますが，表4では「なし」となっています。これは，午前2時～午前5時の時間帯がL社のサービス時間外のためです。

経理部が交代制で夜勤を行う場合，L社でのサービス時間も深夜時間帯に拡大されると見込まれますが，その際に毎月1回午前2時～午前5時の計画停止時間を経理部に承知してもらう必要があります。

解答	
	(1) b：180 (2) 障害から復旧までにかかる時間（14文字） (3) 毎月1回午前2時～午前5時に計画停止時間が生じること（26文字）

設問3の解説

□□□

● (1) について

クラウドサービスの提供形態として，主なものにIaaS（Infrastructure as a Service），PaaS（Platform as a Service），SaaS（Software as a Service）があります。これらの違いはクラウド事業者と利用者の責任範囲の広さです。

レイヤー	IaaS	PaaS	SaaS
データ			
アプリケーション			クラウド事業者が提供
開発ツール			
ミドルウェア（DBなど）		クラウド事業者が提供	
ゲストOS			
仮想化基盤	クラウド事業者が提供		
物理基盤（ハードウェア）			
ネットワーク			

今回はIaaSを利用するため，ネットワーク，物理基盤（エ），仮想化基盤（イ）をM社が構築して管理します。

● (2) について

〔L社のITサービスの現状〕に，「ストレージに保存されているユーザーデータファイルがマルウェアによって破壊されるリスクに備え，定期的にユーザーデータファイルのフルバックアップを磁気テープに取得している」との記述があります。

一方，〔基幹系業務システムのクラウドサービス移行〕には，X氏の考えの中で「現在行っているユーザーデータファイルのバックアップの遠隔地保管を廃止できる」との記述もあります。東日本のDCのIサービスのユーザーデータファイルと西日本のDCのIサービスのユーザーデータファイルは常時同期しているため，東日本側のファイルがマルウェアによって破壊されると，西日本側も破壊されます。

そのため，今後も継続的にユーザーデータファイルのフルバックアップを取得し，遠隔地保管を行う必要があります。

● (3) について

本問を解く上で大切なのは，解答群それぞれの選択肢のKPIが，可用性管理プロセスに基づくものなのかということです。合意されたサービスレベルを維持するために，ユーザーが必要なときにシステムを利用できるよう計画立案，分析，改善するプロセスが可用性管理です。

- ア：可用性管理のKPIに該当します。
- イ：変更の件数であることから，変更管理のKPIに該当します。
- ウ：災害時の想定であることから，ITサービス継続性管理のKPIに該当します。
- エ：サービスデスクのKPIに該当します。
- オ：ストレージ容量不足に関する内容であるため，キャパシティ管理のKPIに該当します。

● (4) について

事業の視点から捉えた機能ごとの判断基準に関連する記述を，本文中から探します。すると，〔L社のITサービスの現状〕に「基幹系業務のITサービスは，生産管理など事業が成功を収めるために不可欠な重要事業機能を支援しており，高可用性の確保が必要である」とあり，これが判断基準に相当すると考えられます。この内容を15字以内に集約して解答します。

解答	(1) イ, エ (2) バックアップの遠隔地保管を廃止すること（19文字） (3) ア (4) 重要事業機能への影響（10文字）

問11 工場在庫管理システムの監査に関する次の記述を読んで，設問に答えよ。

Y社は製造会社であり，国内に5か所の工場を有している。Y社では，コスト削減，製造品質の改善などの生産効率向上の目標達成が求められており，あわせて不正防止を含めた原料の入出庫及び生産実績の管理の観点から，情報の信頼性向上が重要となっている。このような状況を踏まえ，内部監査室長は，工場在庫管理システムを対象に工場での運用状況の有効性についてシステム監査を実施することにした。

〔予備調査の概要〕

監査担当者が予備調査で入手した情報は，次のとおりである。

(1) 工場在庫管理システム及びその関連システムの概要を，図1に示す。

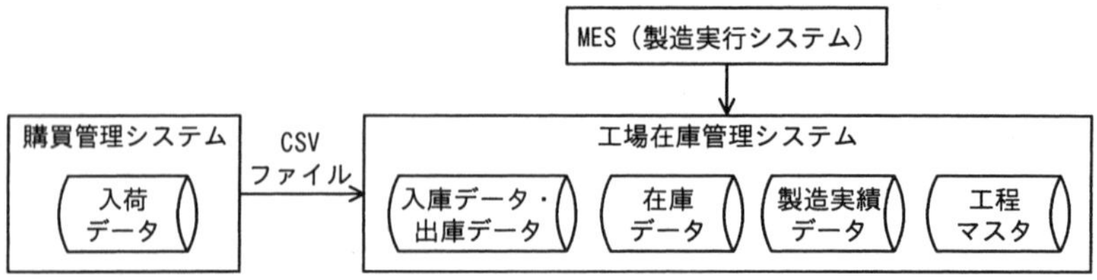

図1　工場在庫管理システム及びその関連システムの概要

① 工場在庫管理システムは，原料の入庫データ・出庫データ，原料・仕掛品の在庫データ，仕掛品の工程別の製造実績データ及び工程マスタを有している。また，工程マスタには，仕掛品の各製造工程で消費する原料標準使用量などが登録されている。

② 原料の入庫データは，購買管理システムの入荷データから入手する。また，製造実績データは，製造工程を制御・管理しているMESの工程実績データから入手する。

③ 工程マスタ，入庫データ・出庫データなどの入力権限は，工場在庫管理システムの個人別の利用者IDとパスワードで制御している。過去の内部監査において，工場の作業現場のPCが利用後もログインされたまま，複数の工場担当者が利用していたことが指摘されていた。

④ 工場在庫管理システムの開発・運用業務は，本社のシステム部が行っている。

(2) 工場在庫管理システムに関するプロセスの概要は，次のとおりである。

① 工場担当者が購買管理システムの当日の入荷データをCSVファイルにダウンロードし，件数と内容を確認後に工場在庫管理システムにアップロードすると，入庫データの生成及び在庫データの更新が行われる。工場担当者は，作業実施結果として，作業実施日及びエラーの有無を入庫作業台帳に記録している。

② 製造で消費された原料の出庫データは，製造実績データ及び工程マスタの原料標準使用量に基づいて自動生成（以下，出庫データ自動生成という）される。このため，実際の出庫実

績を工場在庫管理システムに入力する必要はない。また，工程マスタは，目標生産効率を考慮して，適宜，見直しされる。

③ 仕掛品については，MESから日次で受信した工程実績データに基づいて，日次の夜間バッチ処理で，製造実績データ及び在庫データが更新される。

④ 工場では，本社管理部の立会いの下で，原料・仕掛品の実地棚卸が月次で行われている。工場担当者は，保管場所・在庫種別ごとに在庫データを抽出し，実地棚卸リストを出力する。工場担当者は，実地棚卸リストに基づいて実地棚卸を実施し，在庫の差異があった場合には実地棚卸リストに記入し，在庫調整入力を行う。この入力に基づいて，原料の出庫データ及び原料・仕掛品の在庫データの更新が行われる。

⑤ 工場では，工場在庫管理システムから利用者ID，利用者名，権限，ID登録日，最新利用日などの情報を年次で利用者リストに出力し，不要な利用者IDがないか確認している。この確認結果として，不要な利用者IDが発見された場合は，利用者IDが削除されるように利用者リストに追記する。

〔監査手続の作成〕

監査担当者が作成した監査手続案を表1に示す。

表1 監査手続案

項番	プロセス	監査手続
1	原料の入庫	① CSVファイルのアップロードが実行され，実行結果としてエラーの有無が記載されているか入庫作業台帳を確かめる。
2	原料の出庫	① 出庫データ自動生成の基礎となる工程マスタに適切な原料標準使用量が設定されているか確かめる。
3	仕掛品の在庫	① 工程マスタの工程の順番がMESと一致しているか確かめる。 ② 当日にMESから受信した工程実績データに基づいて，仕掛品の在庫が適切に更新されているか確かめる。
4	実地棚卸	① 実地棚卸リストに実地棚卸結果が適切に記載されているか確かめる。 ② 実地棚卸で判明した差異が正確に在庫調整入力されているか確かめる。
5	共通（アクセス管理）	① 工場内PCを観察し，作業現場のPCが［ a ］されたままになっていないか確かめる。 ② 利用者リストを閲覧し，長期間アクセスのない工場担当者を把握し，利用者IDが適切に削除されるように記載されているか確かめる。

内部監査室長は，表1をレビューし，次のとおり監査担当者に指示した。

(1) 表1項番1の①は，［ b ］を確かめる監査手続である。これとは別に不正リスクを鑑み，アップロードしたCSVファイルと［ c ］との整合性を確保するためのコントロールに関する追加的な監査手続を作成すること。

(2) 表1項番2の①は，出庫データ自動生成では［ d ］が発生する可能性が高いので，設定される工程マスタの妥当性についても確かめること。

(3) 表1項番3の②は，［ e ］を確かめる監査手続なので，今回の監査目的を踏まえて実施の要否を検討すること。

(4) 表1項番4の①の前提として，［ f ］に記載された［ g ］の網羅性が確保されているかについても確かめること。

(5) 表1項番4の②は，在庫の改ざんのリスクを踏まえ，差異のなかった［ g ］について在庫調整入力が行われていないか追加的な監査手続を作成すること。

(6) 表1項番5の②は，不要な利用者IDだけでなく，［ h ］を利用してアクセスしている利用者も検出するための追加的な監査手続を作成すること。

設問 1

〔監査手続の作成〕の[a]に入れる適切な字句を5文字以内で答えよ。

設問 2

〔監査手続の作成〕の[b]，[c]に入れる最も適切な字句の組合せを解答群の中から選び，記号で答えよ。

解答群

	b	c
ア	自動処理の正確性・網羅性	工場在庫管理システムの在庫データ
イ	自動処理の正確性・網羅性	工場在庫管理システムの入庫データ
ウ	自動処理の正確性・網羅性	購買管理システムの入荷データ
エ	手作業の正確性・網羅性	工場在庫管理システムの在庫データ
オ	手作業の正確性・網羅性	工場在庫管理システムの入庫データ
カ	手作業の正確性・網羅性	購買管理システムの入荷データ

設問 3

〔監査手続の作成〕の[d]に入れる最も適切な字句を解答群の中から選び，記号で答えよ。

解答群

ア 工程間違い　　イ 在庫の差異
ウ 製造実績の差異　　エ 入庫の差異

設問 4

〔監査手続の作成〕の[e]に入れる最も適切な字句を解答群の中から選び，記号で答えよ。

解答群

ア 自動化統制　　イ 全社統制
ウ 手作業統制　　エ モニタリング

設問 5

〔監査手続の作成〕の[f]～[h]に入れる適切な字句を，それぞれ10字以内で答えよ。

問11のポイント 工場在庫管理システムに対するシステム監査

システム監査に関する問題ではありますが，在庫管理の一般的な業務知識があることを前提とした設問で構成されています。そのため，在庫や棚卸の概念をわかった上で，問題文からデータや現物の流れを整理して解く能力が要求されます。解いていてわからなくなってきたら，簡単にでも図示してみると，問題点が明らかになる場合があります。実際の業務でも応用できるので，この機会に習慣づけを心がけてください。

設問1の解説

□□□

・【空欄a】

アクセス管理に関して，作業現場のPCについて記載されている箇所を，本文中から探します。

〔予備調査の概要〕に，「工場の作業現場のPCが利用後もログインされたまま，複数の工場担当者が利用していた」という記述があります。複数担当者でのログインIDの使い回しは情報セキュリティの観点で問題があるため，都度ログアウトされていることが改めて監査の対象になったと考えられます。

解答	a：ログイン

設問2の解説

□□□

・【空欄b】

〔予備調査の概要〕(2) 工場在庫管理システムに関するプロセスの概要の①に着目します。①のプロセスを細かく追うと，下記の手順を行っています。

1 工場担当者が入荷データをCSVファイルにダウンロードする
2 工場担当者が件数と内容を確認する
3 工場担当者が工場在庫管理システムにアップロードする
4 入庫データの生成及び在庫データの更新が実行される
5 工場担当者が作業実施日及びエラーの有無を入庫作業台帳に記録する

ここで4に対する監査であれば自動処理の正確性・網羅性を確かめる監査手続で，5に対する監査であれば手作業の正確性・網羅性を確かめる監査手続です。

本問では実行結果としてエラーの有無が記載されていることを中心に監査するため，後者になります。

・【空欄c】

不正リスクとは，2の作業の際に，工場担当者がCSVファイルの中身を故意に書き換えてしまうことが考えられます。

そのため3のアップロードしたCSVファイルと1のダウンロードしたCSVファイルのインプットとなる情報を比較するのが適切です。すなわち，購買管理システムの入荷データになります。

解答	カ

設問3の解説

□□□

・【空欄d】

データの流れを整理します。本文の説明から，以下のことがいえます。

・入荷データをもとに入庫データと在庫データが更新される
・工程実績データから製造実績データが更新される
・製造実績データと工程マスタから出庫データが更新される

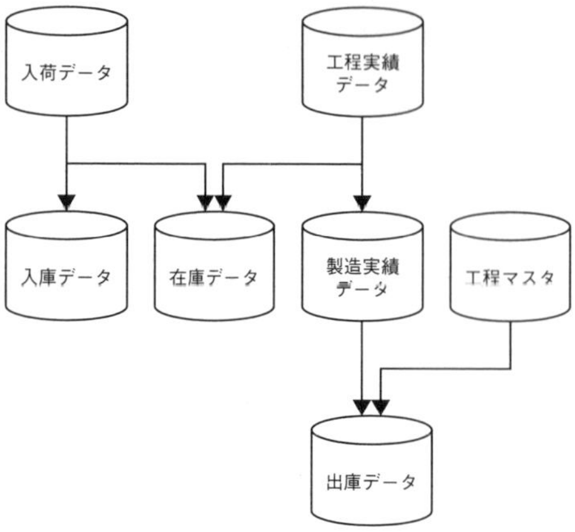

工程マスタに不適切なデータが設定されていると，出庫データが不適切な数値になります。

実際の出庫は出庫データをもとに行われるのではなく，MESの製造実行時に行われることを，本文から読み解く必要があります。そのため工程マスタの設定に妥当性がないと，出庫データの数値と実際の出庫数との間に差異が発生します。在庫の数量は入庫と出庫の数量から求まるため，在庫との間でも差異が発生します（イ）。

解答	d：イ

設問4の解説

□□□

・【空欄e】

仕掛品については，MESから日次で受信した工程実績データに基づいて，日次の夜間バッチ処理で，製造実績データ及び在庫データが更新されると本文に記載されています。

表1項番3の②は，日次の夜間バッチ処理です。すなわち，自動で行われる処理に対する監査手続です。対象が自動で行われる処理だからこそ，今回のシステム監査の目的である，工場での運用状況の有効性と照らし合わせて監査の実施の要否を検討という指示につながっていると考えられます。したがって，解答群の自動化統制（ア）が該当します。

解答	e：ア

設問5の解説

□□□

・【空欄f，g】

実地棚卸リストについて，以下のようなイメージの帳票と想定されます。

実地棚卸リスト

出力日　xxxx年xx月xx日

保管場所　xxxx倉庫xx-xxエリア
在庫種別　原料

品目（原料・仕掛品）	在庫数量（在庫データ）	在庫数量（実地棚卸結果）
原料A101	523	
原料A102	78	
原料A103	164	
原料B201	201	
：	：	

そのため，表1項番4の①の前提として，在庫データで管理されている原料・仕掛品のすべての品目が実地棚卸リスト（空欄f）に記載されていることが挙げられます。実地棚卸リストに抜け漏れがあったら，実地棚卸結果も適切に記載されていないことになってしまいます。

また，表1項番4の②として，棚卸の結果，原料・仕掛品ごとに数量に差異のなかった在庫データ（空欄g）について，不要な在庫調整が行われていないことの監査手続を挙げています。

・【空欄h】

表1項番5の②で，長期間アクセスのない工場担当者の把握を行います。長期間アクセスがない理由のひとつとして，不要な利用者IDであることが挙げられますが，必要であるにもかかわらず長期間アクセスのない工場担当者がいる可能性も考えられます。具体的には，工場の作業現場のPCが利用後もログインされたまま，複数の工場担当者が利用しているケースです。

このように，他人の利用者ID（空欄h）でログインしているため，長期間アクセスの記録のない工場担当者についても検出するよう指示があったと考えられます。

解答	f：実地棚卸リスト（7文字） g：在庫データ（5文字） h：他人の利用者ID（8文字）

令和5年度 秋期

応用情報技術者

【午前】試験時間　2時間30分

問題は次の表に従って解答してください。

問題番号	選択方法
問1～問80	全問必須

【午後】試験時間　2時間30分

問題は次の表に従って解答してください。

問題番号	選択方法
問1	必須
問2～問11	4問選択

問題文中で共通に使用される表記ルール

各問題文中に注記がない限り，次の表記ルールが適用されているものとする。

1．論理回路

図記号	説明
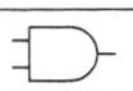	論理積素子（AND）
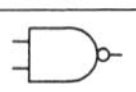	否定論理積素子（NAND）
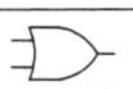	論理和素子（OR）
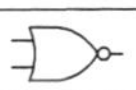	否定論理和素子（NOR）
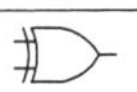	排他的論理和素子（XOR）
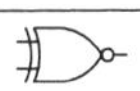	論理一致素子
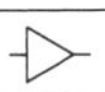	バッファ
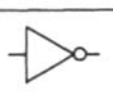	論理否定素子（NOT）
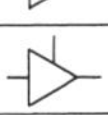	スリーステートバッファ
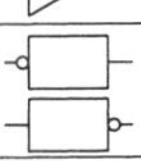	素子や回路の入力部又は出力部に示される○印は，論理状態の反転又は否定を表す。

2．回路記号

図記号	説明
	抵抗（R）
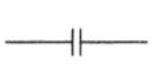	コンデンサ（C）
	ダイオード（D）
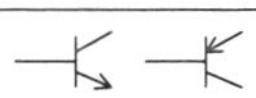	トランジスタ（Tr）
	接地
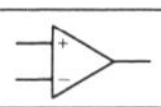	演算増幅器

ご注意　午後試験の長文問題は記述式解答方式であるため，複数解答がある場合や著者の見解が生じる可能性があり，本書の解答は必ずしもIPA発表の模範解答と一致しないことがあります。この点につきまして，ご理解のうえご利用くださいますようお願い申し上げます。

午前問題（令和５年・秋期）

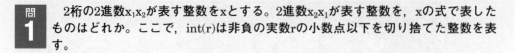

問1 2桁の2進数x_1x_2が表す整数をxとする。2進数x_2x_1が表す整数を，xの式で表したものはどれか。ここで，int(r)は非負の実数rの小数点以下を切り捨てた整数を表す。

ア $2x+4\,\mathrm{int}\left(\frac{x}{2}\right)$　　イ $2x+5\,\mathrm{int}\left(\frac{x}{2}\right)$

ウ $2x-3\,\mathrm{int}\left(\frac{x}{2}\right)$　　エ $2x-4\,\mathrm{int}\left(\frac{x}{2}\right)$

問2 複数の変数をもつデータに対する分析手法の記述のうち，主成分分析はどれか。

ア 変数に共通して影響を与える新たな変数を計算して，データの背後にある構造を取得する方法

イ 変数の値からほかの変数の値を予測して，データがもつ変数間の関連性を確認する方法

ウ 変数の値が互いに類似するものを集めることによって，データを分類する方法

エ 変数を統合した新たな変数を使用して，データがもつ変数の数を減らす方法

問3 逆ポーランド表記法（後置記法）で表現されている式ABCD－×＋において，A＝16，B＝8，C＝4，D＝2のときの演算結果はどれか。逆ポーランド表記法による式AB＋は，中置記法による式A＋Bと同一である。

ア 32　　イ 46　　ウ 48　　エ 94

解答・解説

問1 2桁の2進数を表す式に関する問題

まず式を変形して選択肢の形に近づけます。2進数x_1x_2が表す整数をxと置くので，2進数を10進数に変換し，更に両辺を2倍します。

$$2^1\times x_1+2^0\times x_2=x$$
$$2x_1+x_2=x$$
$$2x_2+4x_1=2x$$

一方，2進数x_2x_1は，同様に計算すれば，

$$2^1\times x_2+2^0\times x_1=2x_2+x_1$$

なので，xを使った式で表すと

$$2x_2+x_1=2x_2+4x_1-3x_1=2x-3x_1$$

となります。

ここで，x_1をxで表すには，xから2^1の位を取り出せばよいので，

$$x_1=\mathrm{int}\left(\frac{x}{2}\right)$$

と表せます。よって，答えは

$$2x-3\ \mathrm{int}\left(\frac{x}{2}\right)$$

となります（ウ）。

問2 主成分分析に関する問題

ある結果に対して，その要因がどのように影響を与えるか分析することを回帰分析といいます。要因を説明する変数を説明変数といい，説明変数を原因として起こる結果を表す変数を目的変数といいます。また一つの目的変数に対して説明変数が一つの場合は単回帰分析，二つ以上の説明変数がある場合は重回帰分析と呼びます。

主成分分析（Principal Component Analysis：PCA）はデータの中で相関の強い説明変数を統合して，新たな変数を合成することで変数の数を減らす方法です。

ア：因子分析の説明です。主成分分析が説明変数を統合するのに対して，目的変数から説明変数を予測します。

イ：回帰分析の説明です。

ウ：クラスタ分析の説明です。主成分分析と同様に似ているデータをまとめる目的は同じですが，新たな変数は作らず，データのグルーピングを行います。

エ：正しい。

問3 逆ポーランド表記法に関する問題

逆ポーランド表記法は，数式を表す表現法の一つで，演算子（＋－×÷など）を演算する数値の後に書く方法です。スタックを利用すれば簡単にコンピュータで実現できます。スタックを利用する場合，数値はPUSHし，演算子はその演算子が用いる数値の数（四則演算なら二つ）をPOPして演算子が示す計算を行って結果をPUSHすることを繰り返します。

それでは実際に，スタックに格納して計算をしてみましょう。

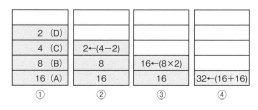

①	②	③	④
2（D）			
4（C）	2←(4−2)		
8（B）	8	16←(8×2)	
16（A）	16	16	32←(16+16)

①A～Dを順番にスタックに格納します。
②その時点で上から二つのデータを取り出して「－」の計算をし，結果を格納します。
③その時点で上から二つのデータを取り出して「×」の計算をし，結果を格納します。
④その時点で上から二つのデータを取り出して「＋」の計算をし，結果を格納します。

スタックに残ったデータは32なので，これが演算結果となります。

解答	問1 ウ	問2 エ	問3 ア

問4

図のように16ビットのデータを4×4の正方形状に並べ，行と列にパリティビットを付加することによって何ビットまでの誤りを訂正できるか。ここで，図の網掛け部分はパリティビットを表す。

1	0	0	0	1
0	1	1	0	0
0	0	1	0	1
1	1	0	1	1
0	0	0	1	

ア 1　　イ 2　　ウ 3　　エ 4

問5

双方向リストを三つの一次元配列elem[i]，next[i]，prev[i]の組で実現する。双方向リストが図の状態のとき，要素Dの次に要素Cを挿入した後のnext[6]，prev[6]の値の組合せはどれか。ここで，双方向リストは次のように表現する。

- 双方向リストの要素は，elem[i]に値，next[i]に次の要素の要素番号，prev[i]に前の要素の要素番号を設定
- 双方向リストの先頭，末尾の要素番号は，それぞれ変数Head，Tailに設定
- next[i]，prev[i]の値が0である要素は，それぞれ双方向リストの末尾，先頭を表す。
- 双方向リストへの要素の追加は，一次元配列の末尾に追加

一次元配列の末尾

要素番号	1	2	3	4	5	6
elem	A	F	D	B	E	

要素番号	1	2	3	4	5	6
next	4	0	5	3	2	

要素番号	1	2	3	4	5	6
prev	0	5	4	1	3	

Head　1

Tail　2

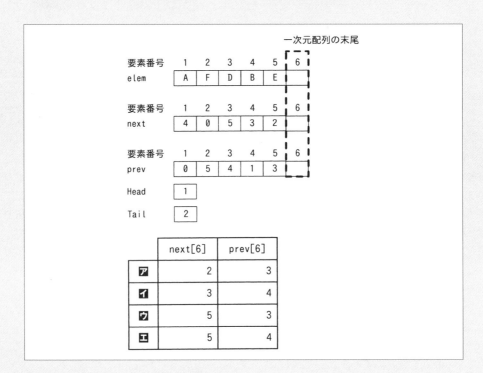

	next[6]	prev[6]
ア	2	3
イ	3	4
ウ	5	3
エ	5	4

解答・解説

問4 パリティビットによる誤り訂正に関する問題

データのビット列に含まれる1と，付加するパリティビットを加えて，1の数が偶数になるように計算してパリティビットを計算するのが偶数パリティ，奇数になるように計算するのが奇数パリティです。

あらかじめ1の数が偶数又は奇数となることがわかっているので，データを検査する側では，送られてきたデータのビット列とパリティビットの1の数をチェックし，偶数（あるいは奇数）となっているか確認して，正しければ「正常」，偶数パリティでビットの数が奇数になるような異常値であれば「誤り」と判断できます。

パリティビットによるエラーチェックでは，データのどこかに誤りがあることしかわかりませんが，問題では，行方向（水平パリティ）と列方向（垂直パリティ）の2次元でパリティを組み合わせて使うことによって，誤りが検出された場所の交点1ビットの誤りを訂正することができるように工夫されています。

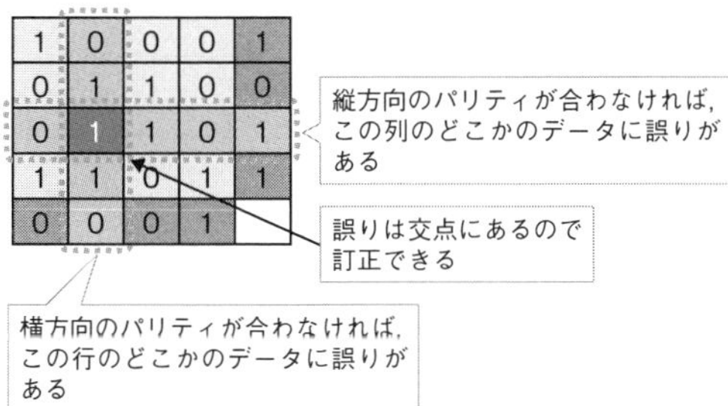

また，パリティでは，2ビット以上の誤りがあった場合偶数個の誤りは検出されず，また奇数個の誤りであってもいくつ誤りがあるか特定することはできません。このため，これを組み合わせても誤りを訂正することは不可能になります。

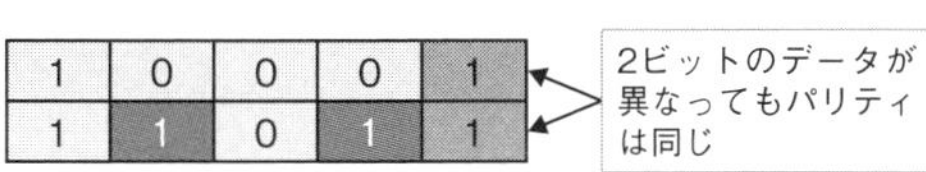

よって，訂正できるのは1ビットです。

問5 双方向リストに関する問題

双方向リストは，連続したデータを格納する際に，それぞれの要素がデータそのものに加えて次のデータ，前のデータへのリンクをもち，任意の要素から，その前後両方向にデータ操作を可能とする構造です。問題では三つの一次元配列でこれを実現するとありますが，要素番号はiで共通ですので一つの要素として機能します。このためデータ構造は次のように考えます。

先頭の要素番号はHead，最後の要素番号はTailという変数に格納されており，次要素番号：nextが0なら次のデータは無いのでリストの末尾，前要素番号が0なら前のデータは無いのでリストの先頭を意味します。これらを元に問題文に基づくデータ構造を再現します。

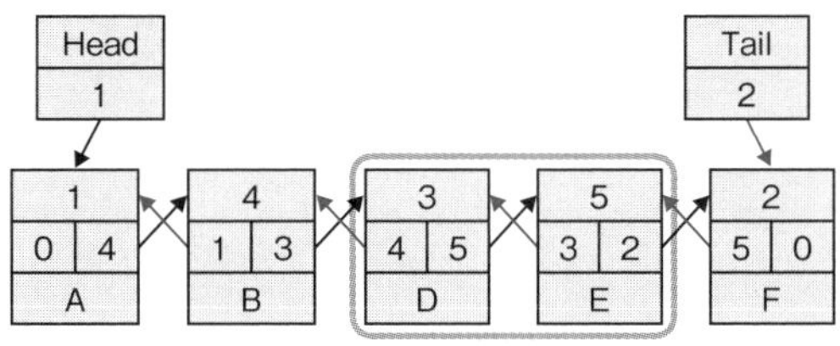

要素Dの後に新たな要素を挿入するには，要素D（要素番号3）と要素E（要素番号5）の間に挿入するので，

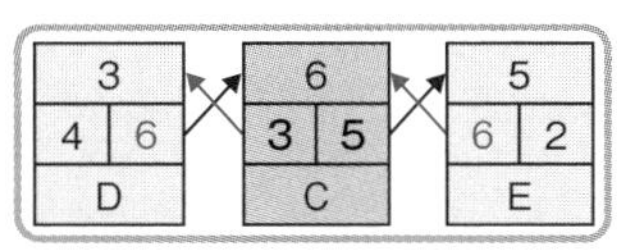

リンクはこのようになります。よってnext[6]は5，prev[6]は3であるウが答えとなります。

解答	問4 ア	問5 ウ

問6 あるデータ列を整列したら状態0から順に状態1，2，・・・，Nへと推移した。整列に使ったアルゴリズムはどれか。

状態0　3，5，9，6，1，2
状態1　3，5，6，1，2，9
状態2　3，5，1，2，6，9
・
・
・
状態N　1，2，3，5，6，9

ア　クイックソート
イ　挿入ソート
ウ　バブルソート
エ　ヒープソート

問7 JavaScriptのオブジェクトの表記法などを基にして規定したものであって，“名前と値との組みの集まり”と“値の順序付きリスト”の二つの構造に基づいてオブジェクトを表現する，データ記述の仕様はどれか。

ア　DOM
イ　JSON
ウ　SOAP
エ　XML

問8 スマートフォンなどで高い処理性能と低消費電力の両立のために，異なる目的に適した複数の種類のコアを搭載したプロセッサはどれか。

ア　スーパースカラプロセッサ
イ　ソフトコアプロセッサ
ウ　ヘテロジニアスマルチコアプロセッサ
エ　ホモジニアスマルチコアプロセッサ

解答・解説

問6 ソートアルゴリズムに関する問題

ア：クイックソート…未整列のデータに対して基準値を定め，基準値以上のグループと基準値未満のグループに分割を繰り返すことで整列する方法です。データが分割されていないのでこの方法ではありません。

イ：挿入ソート…未整列のデータの先頭からデータを一つずつ取り出し，正しい位置に「挿入」していくことで整列済みデータを完成させる方法です。この方法の場合，状態0から1に推移する時点で3，5，9，6，1，2となるはずなので誤りです。

ウ：バブルソート…未整列の隣り合ったデータを先頭から順番に比較して，順序が違っている時は交換していく方法です。最後まで比較と交換を繰り返すと，最大（最小）の値がデータの最後に得られるので，2回目はこれを除いたデータで再び比較と交換を繰り返していき，最終的に全てのデータが整列されます。状態0から1に推移した際，最大値の9がデータの最後に得られているので，これが答えとなります。

エ：ヒープソート…未整列のデータを木構造として表現し，ヒープ構造になるように順次，根と葉を入替え，最終的に根の値を取り出す方法です。問題文の途中過程において木構造が出てこないので誤りです。

問7 JavaScriptの言語仕様に関する問題

ア：DOM（Document Object Model）…HTMLやXMLで記述されたドキュメントの一部を，タグにつけたID名を手掛かりに操作するための言語仕様です。

イ：JSON（JavaScript Object Notation）…正しい。JavaScriptのオブジェクト表記法に準じた形でデータの名前と値の集まりと，その順序付きリスト（配列）をテキストデータとして記述するフォーマットです。さまざまなプログラミング言語から利用できます。

ウ：SOAP（Simple Object Access Protocol）…異なるシステム間でネットワークを経由し，XMLメッセージを交換するためのプロトコルです。

エ：XML（eXtensible Markup Language）…ドキュメント内のデータの内容や論理構造を，タグを使って表現するマークアップ言語です。

問8 マルチコアの設計に関する問題

ア：スーパースカラ…プロセッサの中で，命令の「読込み」「解読」「実行」「書出し」の各工程を行うパイプラインを複数用意して，複数の命令を同時に効率良く処理する仕組みです。スーパースカラプロセッサはこの技術を使ったプロセッサです。

イ：ソフトコアプロセッサ…FPGA（Field Programmable Gate Array）などの製造後にユーザが内部の論理回路の組み合わせを書き換えることができるデバイスを使って実装可能なマイクロプロセッサです。半導体プロセスの微細化が進み，FPGAでもプロセッサを動作させるのに十分な論理回路が構成できるようになったことで可能となりました。

ウ：ヘテロジニアスマルチコアプロセッサ…正しい。複数のコアをもつマルチコアプロセッサにおいて，一つのプロセッサの中に設計の異なるコアを共存させる仕組みです（ヘテロジニアスは異種，異質の意味）。例えば高い処理性能向けにコアを設計するには，高速なクロックや命令の並列実行，それらに伴う熱の設計などが必要なのに対し，低消費電力向けには，低い電源電圧や漏れ電流に対する設計が必要になります。プロセッサは，低い負荷の時には低消費電力を，高い負荷に対してはより高性能な演算能力が求められるので，それぞれに特化したコアを載せて，タスク毎に制御することで，求められる性能を得ることができます。スマートフォンなどのプロセッサに多く使われている技術です。

エ：ホモジニアスマルチコアプロセッサ…複数のコアが同じ性質のコアで構成されるプロセッサです（ホモジニアスは同種，同質の意味）。コアの性能差が無いためタスク管理が容易で，仮想サーバなど水平負荷分散が必要とされる処理に向いています。

解答	問6 ウ	問7 イ	問8 ウ

問9 パイプラインの性能を向上させるための技法の一つで，分岐条件の結果が決定する前に，分岐先を予測して命令を実行するものはどれか。

ア アウトオブオーダー実行　　イ 遅延分岐
ウ 投機実行　　エ レジスタリネーミング

問10 ファイルシステムをフラッシュメモリで構成するとき，ブロックごとの書換え回数を管理することによって，フラッシュメモリの寿命を延ばす技術はどれか。

ア ウェアレベリング
イ ジャーナリング
ウ デフラグ
エ ライトアンプリフィケーション

問11 画面表示用フレームバッファがユニファイドメモリ方式であるシステムの特徴はどれか。

ア 主記憶とは別に専用のフレームバッファをもつ。
イ 主記憶の一部を表示領域として使用する。
ウ シリアル接続した表示デバイスに，描画コマンドを用いて表示する。
エ 表示リフレッシュが不要である。

問12 SAN（Storage Area Network）におけるサーバとストレージの接続形態の説明として，適切なものはどれか。

ア シリアルATAなどの接続方式によって内蔵ストレージとして1対1に接続する。
イ ファイバチャネルなどによる専用ネットワークで接続する。
ウ プロトコルはCIFS（Common Internet File System）を使用し，LANで接続する。
エ プロトコルはNFS（Network File System）を使用し，LANで接続する。

解答・解説

問9 パイプラインの性能向上に関する問題

ア：アウトオブオーダー実行…プログラム中に書かれた命令の順序を無視して，命令を実行してしまうことです。

イ：遅延分岐…分岐命令以降の命令のフェッチを有効活用するため，分岐の有無にかかわらず実行する必要がある命令を，分岐先が決まる前に実行することです。有効な命令が無い場合はロスが生じます。

ウ：投機実行…正しい。分岐命令がある場合に，分岐条件をあらかじめ予測して命令を実行しておくことです。

エ：レジスタリネーミング…命令の並列実行を行う場合に，プログラムが特定のレジスタに依存しているとリソースの競合が起きて並列実行ができません。そこで複数の裏レジスタを準備し，レジスタ名の付け替えを行って並列実行を可能とすることです。

問10 フラッシュメモリの管理技術に関する問題

フラッシュメモリを構成するメモリブロックには，書換え回数に制限があります。特定のメモリブロックに書換えが集中するとそのメモリブロックだけが早く劣化してしまい製品の寿命を迎えてしまいます。

そこで，メモリブロックを管理するコントローラにより全てのブロックを均等に使うように制御します。この機能をウェアレベリングといいます。

ア：ウェアレベリング…正しい。

イ：ジャーナリング…ファイルシステムの一部でファイルの作成や削除，書換えの際にその更新履歴を保存する機能です。障害発生時のファイルの復旧などに役立ちます。

ウ：デフラグ…ファイルの作成と削除を繰り返すことで，実際にデータを記録する場所が断片化して速度低下しないように，連続した領域に再配置することをいいます。ハードディスクなどでは物理的な記録場所が離れるとアクセス速度が低下するのに対して，フラッシュメモリのそれは無視できるレベルなので，フラッシュメモリに対してはアクセス回数を増やして寿命を縮めるデフラグを行わないことが一般的です。

エ：ライトアンプリフィケーション…フラッシュメモリの特徴により，システムがファイルを書込んだデータ量よりも実際にフラッシュメモリを操作して書込むデータ量の方が多くなる現象をいいます。これはフラッシュメモリが実際に書換えではなく，ブロック単位の消去と書込みを行うことに起因します。

問11 画像表示用フレームバッファに関する問題

ユニファイドメモリ（Unified Memory：統合メモリ）方式は，メモリを複数のデバイスと共用して用いる方式です。一般的には，CPUとGPUが一つの主記憶を共有する構成を示します。以前はGPUが利用中にCPUがメモリを使用できないことから速度が低下するなどのデメリットがありましたが，OSの64ビット化でメモリ空間が広がり，メモリバスの拡張や周波数を高くするなどの改良もあって，IntelのCPU内蔵型GPU（Intel HD Graphics）や，Apple M1/M2など多くのプロセッサで使われるようになりました。

ア：一般的な外部GPUを使った構成です。

イ：正しい。

ウ：一部のIoT機器で使われる構成です。

エ：一般的なラスタースキャンではなく，ベクタースキャン方式のディスプレイの特徴です。

問12 SAN（Storage Area Network）の接続形態に関する問題

SAN（Storage Area Network）は，ストレージ専用のネットワークを使ってストレージを接続することによって，既存ネットワークに負荷をかけずに高速・高信頼にストレージにアクセスする仕組みです。

ア：DAS（Direct Attached Storage）の説明です。

イ：正しい。

ウ：NAS（Network Attached Storage）で使われるプロトコルです。

エ：NAS（Network Attached Storage）で使われるプロトコルです。

解答		
	問9 ウ	問10 ア
	問11 イ	問12 イ

問13 システムの性能を向上させるための方法として，スケールアウトが適しているシステムはどれか。

ア　一連の大きな処理を一括して実行しなければならないので，並列処理が困難な処理が中心のシステム
イ　参照系のトランザクションが多いので，複数のサーバで分散処理を行っているシステム
ウ　データを追加するトランザクションが多いので，データの整合性を取るためのオーバーヘッドを小さくしなければならないシステム
エ　同一のマスターデータベースがシステム内に複数配置されているので，マスターを更新する際にはデータベース間で整合性を保持しなければならないシステム

問14 IaC（Infrastructure as Code）に関する記述として，最も適切なものはどれか。

ア　インフラストラクチャの自律的なシステム運用を実現するために，インシデントへの対応手順をコードに定義すること
イ　各種開発支援ツールを利用するために，ツールの連携手順をコードに定義すること
ウ　継続的インテグレーションを実現するために，アプリケーションの生成手順や試験の手順をコードに定義すること
エ　ソフトウェアによる自動実行を可能にするために，システムの構成や状態をコードに定義すること

問15 アクティブ－スタンバイ構成の2台のサーバから成るシステムがある。各サーバのMTBFは99時間，MTTRは10時間，フェールオーバーに要する時間は2時間であるとき，このシステムの稼働率はおよそ幾らか。ここで，二重に障害は発生しないものとする。

ア　0.82　　イ　0.89　　ウ　0.91　　エ　0.98

解答・解説

問13 システムのスケールアウトに関する問題

サーバやシステムの能力を拡張する場合，数を増やして対処する方法（水平スケール＝スケールアウト）と，能力を高めて対処する方法（垂直スケール＝スケールアップ）があります。

ア：並列処理が困難な場合は，スケールアウトに

よる能力の向上は適していません。

イ：正しい。参照系のトランザクションを複数のサーバで分散処理するのであれば，台数を増やしてスケールアウトするのに適しています。

ウ：分散処理を行っているデータベースにデータを追加する場合は，全てのデータベースの整合性をとるためのオーバヘッドが大きくなります。

エ：整合性維持のためのオーバヘッドが大きく，スケールアウトに適していません。

問14 IaC（Infrastructure as Code）に関する問題

システムの実行環境を準備するには，ネットワークの構築やサーバの準備，OSのインストール，ミドルウェアのインストールや設定など多くの準備が必要になります。また，同じ設定を行う必要のある実行環境はシステムのスケールアウトや，デュプリケートなどさまざまな場面で必要になります。IaC（Infrastructure as Code）は，リソースの準備や設定を自動化が可能な定義ファイルによって設定し，準備するプロセスをいいます。先に東京支社で導入したシステムを，大阪支社でも導入する場合，IaCを利用すればミス無く同一の環境を準備することができます。

このプロセスによって管理されるITインフラは，仮想マシンが適していますが，ベアメタルサーバなどの物理的な機器をまるごとクラウドで利用する場合や，ネットワークの構築やファイアウォール，ルータなどの接続や設定など幅広く行われます。多くのシステム構築で用いられるAWS（Amazon Web Service）や，Microsoft Azureでは，IaCによってシステム環境を構築することができます。

ア：システムの自律的運用にはNoOps（No Operations）という考え方がありますが，ハードウェア故障など実際に人の手を介する必要のあるインシデント対応もあり，コード化で対応できる範囲は限定的です。

イ：各種開発支援ツールの利用をコード化によって自動化する連携支援ツールは存在しますが，IaCはインフラをターゲットとしているので異なります。

ウ：継続的インテグレーションは，開発者がコードを変更する際，リポジトリに登録し自動化したアプリケーションの生成やテストを実行する仕組みです。

エ：正しい。

問15 システムの稼働率に関する問題

アクティブースタンバイ構成のサーバでは，待機系サーバを用意し，メインのサーバが停止した際に待機系サーバに切り替えて処理を継続する冗長性を備えます。一般的に，システムの稼働率は，次の式で計算できます。

$$稼働率 = \frac{MTBF}{(MTBF + MTTR)}$$

- MTBF（Mean Time Between Failures）：平均故障間隔
- MTTR（Mean Time To Repair）：平均修理時間

問題文には，MTBFとMTTRが記されていますが，これはサーバ単体の数値になります。このシステムは2台のサーバからなるシステムですが，「二重に障害は発生しないものとする」とあるので，MTTRはサーバ単体の数値を用いず，2台のサーバを切り替える際の停止時間であるフェールオーバーの数値を用います。

$$稼働率 = \frac{MTBF}{(MTBF + MTTR)} = \frac{99}{(99+2)} \fallingdotseq 0.9802$$

答えは0.98（エ）になります。

解答	問13 イ	問14 エ	問15 エ

問16 ページング方式の仮想記憶において，あるプログラムを実行したとき，1回のページフォールトの平均処理時間は30ミリ秒であった。ページフォールト発生時の処理時間が次の条件であったとすると，ページアウトを伴わないページインだけの処理の割合は幾らか。

〔ページフォールト発生時の処理時間〕
(1) ページアウトを伴わない場合，ページインの処理時間は20ミリ秒である。
(2) ページアウトを伴う場合，置換えページの選択，ページアウト，ページインの合計処理時間は60ミリ秒である。

ア 0.25　　イ 0.33　　ウ 0.67　　エ 0.75

問17 プリエンプティブな優先度ベースのスケジューリングで実行する二つの周期タスクA及びBがある。タスクBが周期内に処理を完了できるタスクA及びBの最大実行時間及び周期の組合せはどれか。ここで，タスクAの方がタスクBより優先度が高く，かつ，タスクAとBの共有資源はなく，タスク切替え時間は考慮しないものとする。また，時間及び周期の単位はミリ秒とする。

ア

	タスクの最大実行時間	タスクの周期
タスクA	2	4
タスクB	3	8

イ

	タスクの最大実行時間	タスクの周期
タスクA	3	6
タスクB	4	9

ウ

	タスクの最大実行時間	タスクの周期
タスクA	3	5
タスクB	5	13

エ

	タスクの最大実行時間	タスクの周期
タスクA	4	6
タスクB	5	15

問18 あるコンピュータ上で，当該コンピュータとは異なる命令形式のコンピュータで実行できる目的プログラムを生成する言語処理プログラムはどれか。

ア エミュレーター　　イ クロスコンパイラ
ウ 最適化コンパイラ　　エ プログラムジェネレーター

解答・解説

問16 ページング方式の仮想記憶に関する問題

ページフォールトの平均処理時間は30ミリ秒とありますが，この処理時間は，ページアウトを伴わないページフォールトと，ページアウトを伴うページフォールトの平均処理時間ということになります。

ページアウトを伴う場合，問題にもあるように置換えページの選択，ページアウト，ページインの処理で60ミリ秒かかります。

これに対して，ページアウトを伴わない場合には，単純にページインだけを行えば良いので20ミリ秒かかると考えれば良いのです。

このとき，ページアウトを伴わないページインだけの処理の割合をxとすると，

20×x＋（60×（1－x））＝30より，
20x＋60－60x＝30
－40x＝－30
x＝0.75

となります（エ）。

問17 プリエンプティブなタスクスケジューリングに関する問題

プリエンプティブなタスクスケジューリングでは，実行中のタスクであっても強制的に終了させて優先度の高いタスクを実行し，優先度の高いタスクの実行が終了したら続きを再開させることが可能です。問題ではタスクAの優先度が高いとあるので，タスクAの実行中はタスクBが待機状態になります。双方のタスクが示されている周期で実行されたとき，タスクの処理が終わらず積み残しが発生しないか，図を書いて確認します。

ア：正しい。

	タスクの最大実行時間	タスクの周期
タスクA	2	4
タスクB	3	8

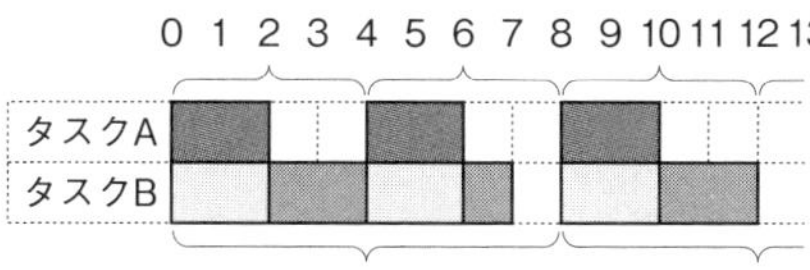

図の中括弧がタスクの周期，濃い部分がタスクの実行，薄い部分が優先度の高いタスクの終了を待っている時間です。それぞれのタスクの周期内で処理が完了できています。

イ：

	タスクの最大実行時間	タスクの周期
タスクA	3	6
タスクB	4	9

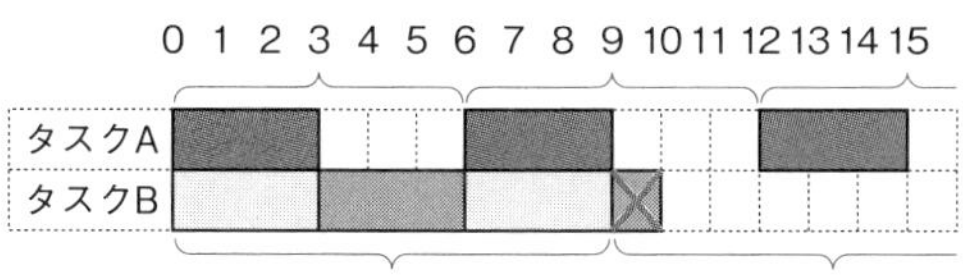

タスクBが9秒以内に完了していません。

ウ：

	タスクの最大実行時間	タスクの周期
タスクA	3	5
タスクB	5	13

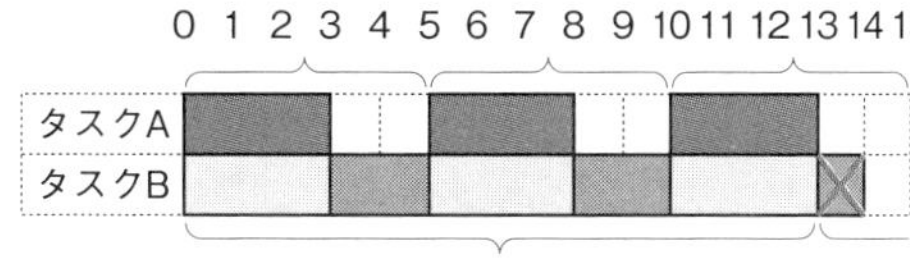

タスクBが13秒以内に完了していません。

エ：

	タスクの最大実行時間	タスクの周期
タスクA	4	6
タスクB	5	15

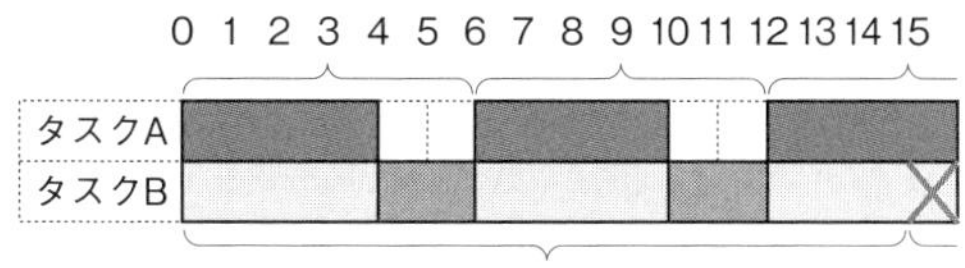

タスクBが15秒以内に完了していません。

問18 クロスコンパイラに関する問題

クロスコンパイラは，コンパイラが動作しているプラットフォームとは別のプラットフォームで実行可能なコードを作成できるコンパイラです。例えば，Windows PC上で動作し，Androidスマートフォンで実行可能なコードを生成するコンパイラはクロスコンパイラです。

ア：エミュレーター…異なるハードウェア用のソフトウェアを実行させることのできるソフトウェアをいいます。

イ：正しい。ゲーム機やスマートフォン，組み込みシステムなど，それ自身で開発することが困難な場合に有効な開発環境です。

ウ：最適化コンパイラ…より効率的なプログラムが生成されるように，変数やCPUレジスタの利用を細かく調整し，システムのもつ機能を最大限生かした目的プログラムを生成することのできるコンパイラをいいます。

エ：プログラムジェネレーター…あらかじめプログラムのひな型が作られていて，処理の手順や入出力の条件などのパラメタから原子プログラム（あるいは目的プログラム）を生成可能なプログラムです。

解答	問16 エ	問17 ア	問18 イ

問 19 Linuxカーネルの説明として，適切なものはどれか。

ア　CUIによるコマンド入力のためのシェルと呼ばれるソフトウェアが組み込まれていて，文字での操作が可能である。
イ　GUIを利用できるデスクトップ環境が組み込まれていて，マウスを使った直感的な操作が可能である。
ウ　Webブラウザ，ワープロソフト，表計算ソフトなどが含まれており，Linuxカーネルだけで多くの業務が行える。
エ　プロセス管理やメモリ管理などの，アプリケーションソフトウェアが動作するための基本機能を提供する。

問 20 FPGAの説明として，適切なものはどれか。

ア　電気的に記憶内容の書換えを行うことができる不揮発性メモリ
イ　特定の分野及びアプリケーション用に限定した特定用途向け汎用集積回路
ウ　浮動小数点数の演算を高速に実行する演算ユニット
エ　論理回路を基板上に実装した後で再プログラムできる集積回路

問 21 MOSトランジスタの説明として，適切なものはどれか。

ア　pn接合における電子と正孔の再結合によって光を放出するという性質を利用した半導体素子
イ　pn接合部に光が当たると電流が発生するという性質を利用した半導体素子
ウ　金属と半導体との間に酸化物絶縁体を挟んだ構造をもつことが特徴の半導体素子
エ　逆方向電圧をある電圧以上印加すると，電流だけが増加し電圧がほぼ一定に保たれるという特性をもつ半導体素子

問 22 図の論理回路において，S=1，R=1，X=0，Y=1のとき，Sを一旦0にした後，再び1に戻した。この操作を行った後のX，Yの値はどれか。

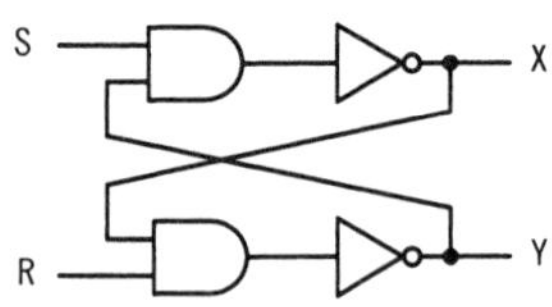

ア　X=0，Y=0　　イ　X=0，Y=1　　ウ　X=1，Y=0　　エ　X=1，Y=1

解答・解説

問 19　Linuxカーネルに関する問題

カーネル（Kernel）とは，OSの基本機能であるハードウェアの制御機能と，タスクの実行環境，割り込み処理，プロセス間通信などを提供する制御プログラムです。

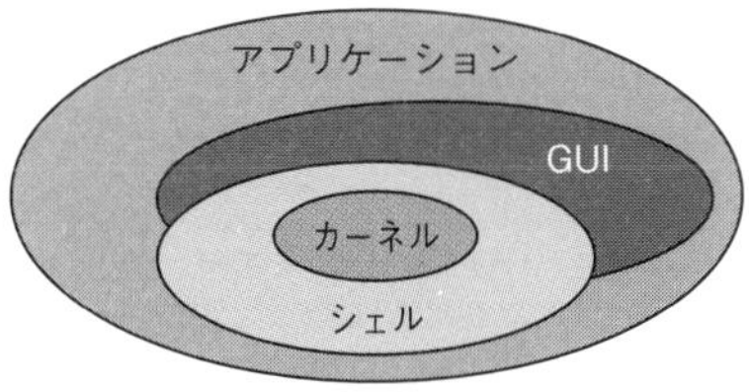

ア：カーネルはユーザと直接対話する機能をもっていません。シェルは，ユーザの要求をカーネルに伝えたり，その結果やメッセージをユーザに伝えたりするためのプログラムです。

イ：LinuxにおけるGUIは，X Window Systemなどによって提供されるため，カーネルには含まれていません。

ウ：Webブラウザなどの応用アプリケーションは，カーネルに含みません。

エ：正しい。

問20 FPGAに関する問題

FPGA（Field Programmable Gate Array）は，汎用の論理回路を備え，HDL（ハードウェア記述言語）によってプログラムをすることで，目的にあった論理回路を構築するための部品です。

ア：EEPROM（Electrically Erasable Programmable Read-Only Memory）の説明です。不揮発性なので電源を切ってもデータが保持されます。EEPROMの一種であるフラッシュメモリは，現在も広く使われています。

イ：ASIC（Application Specific Integrated Circuit：特定用途向け集積回路）の説明です。FPGAと同様に特定の目的にあった論理回路を構成できますが，設計製造した後の仕様変更が困難です。消費電力や製造単価面でメリットがあり，大量生産に向きます。

ウ：FPU（Floating Point Unit：浮動小数点演算装置）の説明です。マイクロプロセッサにおいて，かつてはプロセッサとは別のコプロセッサとして実装されていましたが，今日ではプロセッサと一体化されるのが一般的です。

エ：正しい。

問21 MOSトランジスタに関する問題

MOSトランジスタは，金属（Metal）と酸化膜（Oxide）を使った半導体（Semiconductor）を使ったトランジスタです。

ア：LED（Light Emitting Diode）の説明です。

イ：フォトダイオード（Photodiode）の説明です。フォトダイオードで得られる電流は小さいので，トランジスタと一体化して増幅するフォトトランジスタ（Photo Transistor）という素子もあります。

ウ：正しい。

エ：ツェナーダイオード（Zener Diode）の説明です。定電圧ダイオードとも呼ばれます。

問22 フリップフロップ回路に関する問題

論理回路の状態をシミュレーションしながら考えましょう。回路が初期状態（S=1，R=1，X=0，Y=1）のときの回路の状態は①のとおりです。ここから問題に従って操作を追っていきます。

①初期状態

※図中の□は問題によって与えられた値，●はそこから導き出された値です。

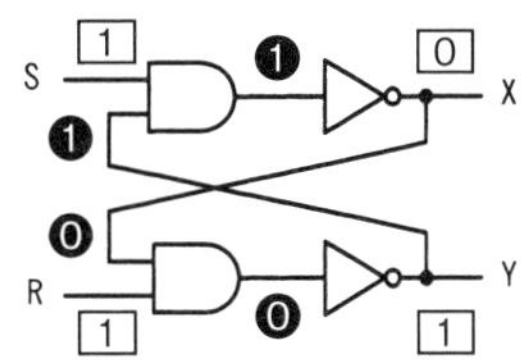

②Sを0にする

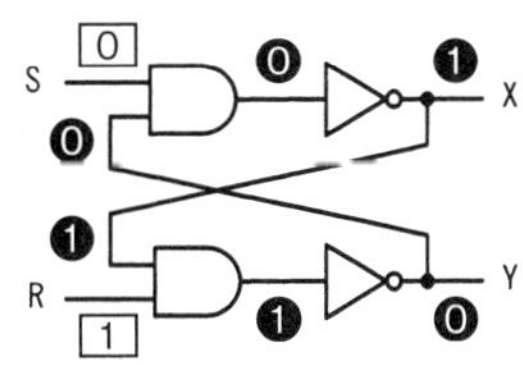

③Sを1に戻す

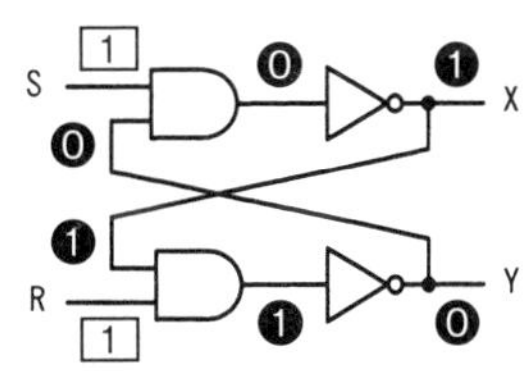

このようにX=1，Y=0で安定します。

解答		
	問19 **エ**	問20 **エ**
	問21 **ウ**	問22 **ウ**

問 23 真理値表に示す3入力多数決回路はどれか。

入力			出力
A	B	C	Y
0	0	0	0
0	0	1	0
0	1	0	0
0	1	1	1
1	0	0	0
1	0	1	1
1	1	0	1
1	1	1	1

ア
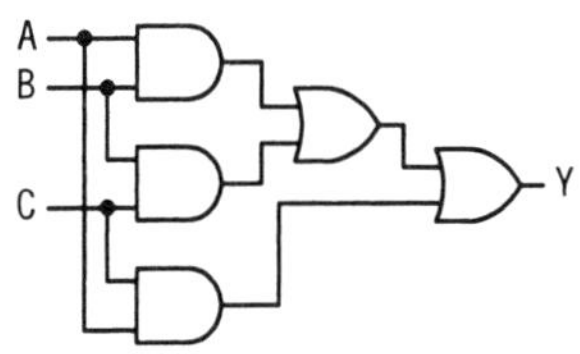

イ
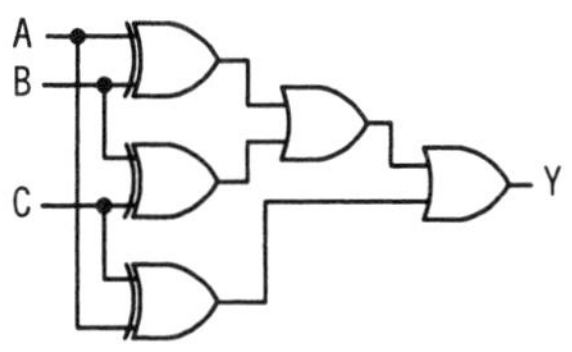

ウ
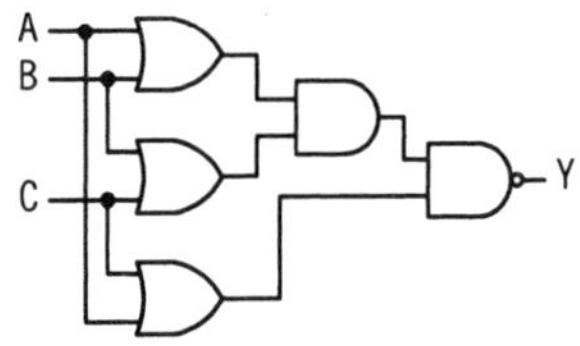

エ
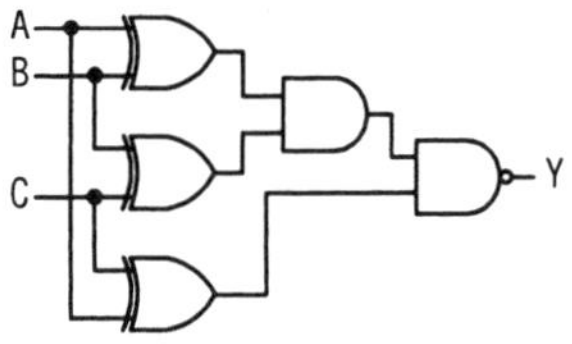

問 24 JIS X 9303-1:2006（ユーザシステムインタフェース及びシンボル－アイコン及び機能－アイコン一般）で規定されているアイコンの習得性の説明はどれか。

ア　アイコンによって表現されたシステム機能が，それが理解された後に，どれだけ容易に思い出すことができるかを示す。
イ　アイコンの図柄の詳細を，どれだけ容易に区別できるかを示す。
ウ　同じ又は類似したアイコンによる以前の経験に基づいて，どれだけ容易にアイコンを識別できるかを示す。
エ　空間的，時間的又は文脈的に近くに表示された別のアイコンから，与えられたアイコンをどれだけ容易に区別できるかを示す。

問 25 バーチャルリアリティに関する記述のうち，レンダリングの説明はどれか。

ア　ウェアラブルカメラ，慣性センサーなどを用いて非言語情報を認識する処理
イ　仮想世界の情報をディスプレイに描画可能な形式の画像に変換する処理
ウ　視覚的に現実世界と仮想世界を融合させるために，それぞれの世界の中に定義された3次元座標を一致させる処理
エ　時間経過とともに生じる物の移動などの変化について，モデル化したものを物理法則などに当てはめて変化させる処理

解答・解説

問23 3入力多数決回路に関する問題

まず，真理値表をベン図に書き直してみます。3入力多数決回路ですから，ABCの入力の二つ以上が1の時に出力が1になっています。それぞれを論理式に直してから書き直すとわかりやすく書くことができます。

入力			出力
A	B	C	Y
0	0	0	0
0	0	1	0
0	1	0	0
0	1	1	1
1	0	0	0
1	0	1	1
1	1	0	1
1	1	1	1

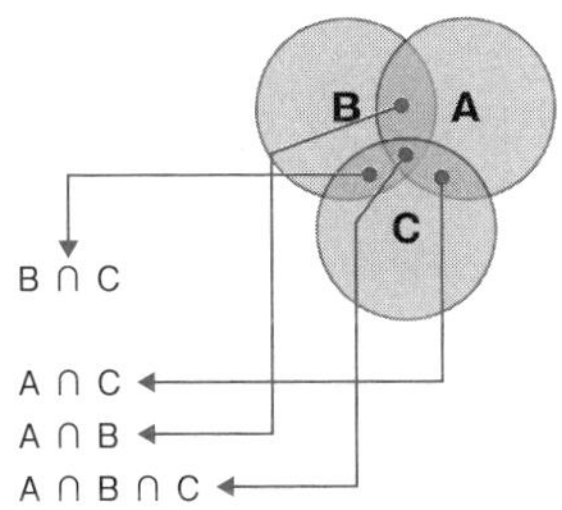

ベン図で確認してわかるように，この真理値表は，

(B∧C) ∨ (A∧C) ∨ (A∧B)
={ (A∧B) ∨ (B∧C) }∨ (A∧C)
※交換則・結合則

で表すことができます。これを示している論理回路は，(ア) になります。

問24 アイコンの習得性に関する問題

JIS X 9303-1:2006では，アイコンは言語によらないユーザとの情報伝達手段であり，アプリケーションがその使用者とのやり取りを容易にする手段であるとされています。また，GUIの一部として，使用者がシステムの機能要素を学び，理解し，記憶して，これらの要素を操作できるように補助すると述べられています。問題で示されているアイコンの習得性は，JIS X 9303-1:2006の第4章で定義されており，その他の選択肢も同様にJISで定義された用語の中から出題されています。

ア：正しい。習得性（learnability）は，アイコンによって表現されたシステムの機能が，一度覚えた後，どれだけ容易に思い出すことができるかを示します。次のアイコンを見てみましょう。

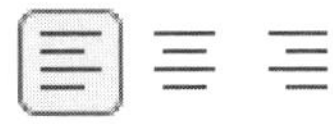

このアイコンがワープロソフトのボタンですが，それぞれ「左揃え」「中央揃え」「右揃え」であることは，一度覚えてしまえば間違えることはありません。

イ：判読性（legibility）の説明です。アイコンの図柄の詳細を，どれだけ容易に区別できるかを示します。明瞭なデザインが求められます。

ウ：認識性（recognizability）の説明です。同じ又は類似したアイコンによる以前の経験に基づいて，アイコンを識別できる容易さを示します。例えば，ハサミのアイコンがあれば，ユーザは経験上それが「切り取り」であることがわかります。

エ：識別性（discriminability）の説明です。空間的，時間的又は文脈的に近くに表示された別のアイコンから，与えられたアイコンを区別するときの容易さを示します。

問25 バーチャルリアリティに関する問題

ア：人間は，外界からの情報を知覚するために，多くの非言語情報を処理しています。このような情報処理をマルチモーダル情報処理といいます。

イ：正しい。レンダリング（rendering）とは，表現や描写という意味です。3次元データ処理について用いる場合，用意されている数値データからディスプレイなどに描画可能な画像データに変換することをいいます。

ウ：幾何学的レジストレーションの説明です。自分の見ている世界と仮想世界のコンピュータビジョンを合わせることで「物をつかむ」などの操作が現実感をもって行えるようになります。

エ：物理シミュレーションの説明です。あらかじめ用意されたアニメーションではなく，物の重さや弾性などをその場で計算してシミュレーションすることで，リアルな表現が生まれます。

解答	問23 ア	問24 ア	問25 イ

問26

“売上”表への次の検索処理のうち，B$^+$木インデックスよりもハッシュインデックスを設定した方が適切なものはどれか。ここで，インデックスを設定する列を＜＞内に示す。

売上（伝票番号，売上年月日，商品名，利用者ID，店舗番号，売上金額）

- ア 売上金額が1万円以上の売上を検索する。＜売上金額＞
- イ 売上年月日が今月の売上を検索する。＜売上年月日＞
- ウ 商品名が‘DB’で始まる売上を検索する。＜商品名＞
- エ 利用者IDが‘1001’の売上を検索する。＜利用者ID＞

問27

関係モデルにおける外部キーの説明として，適切なものはどれか。

- ア ある関係の候補キーを参照する属性，又は属性の組
- イ 主キー以外で，タプルを一意に識別できる属性，又は属性の組
- ウ タプルを一意に識別できる属性，又は属性の組の集合のうち極小のもの
- エ タプルを一意に識別できる属性，又は属性の組を含む集合

問28

更新可能なビューを作成するSQL文はどれか。ここで，SQL文中に現れる基底表は全て更新可能とする。

ア
```
CREATE VIEW 高額商品(商品番号, 商品名, 商品単価)
 AS SELECT 商品番号, 商品名, 商品単価 FROM 商品 WHERE 商品単価 > 1000
```
イ
```
CREATE VIEW 受注商品(商品番号)
 AS SELECT DISTINCT 商品番号 FROM 受注
```
ウ
```
CREATE VIEW 商品受注(商品番号, 受注数量)
 AS SELECT 商品番号, SUM(受注数量) FROM 受注 GROUP BY 商品番号
```
エ
```
CREATE VIEW 商品平均受注数量(平均受注数量)
 AS SELECT AVG(受注数量) FROM 受注
```

解答・解説

問26 ハッシュインデックスに関する問題

B$^+$木は，「ルート」「ブロック」「リーフ」から構成される構造です。各ブロックはインデックスデータのみをもち，データはリーフにのみ存在します。

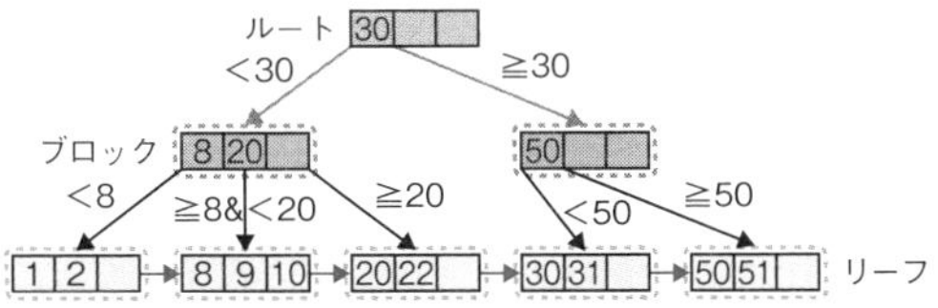

線形探索と比べて，大量のデータの検索に向いています。木の深さが一定なので，検索したいデータによって，検索速度が大きく変わることがないという特徴があります。範囲検索もリーフからのポインタをたどればよいので高速です。

一方，ハッシュインデックスは，キー値からデータの格納してあるブロックを一意に特定できるハッシュ関数を用いて計算します。ブロックの中には複数のデータがあることもありますが，全てのデータを線形探索するのに比べて高速に検索できます。しかし，8～20のデータを全検索するなどの用途には向いていません。

選択肢から回答を導くには，その検索が範囲検索か特定の一つのデータを検索するのかに着目します。

ア：「1万円以上」と範囲検索を行なう必要があります。ハッシュではデータを1件ずつ検索する必要があるので，B^+木が向いています。

イ：「今月」は範囲検索で，B^+木が向いています。

ウ：「DBで始まるもの全て」は文字列の範囲検索となり，B^+木が向いています。

エ：正しい。IDを一つピンポイントで検索するため，ハッシュインデックスが向いています。

問27 関係モデルにおける外部キーに関する問題

関係モデルでこのように複数の表がある場合，連携のために設定する属性を外部キーといいます。

外部キー　参照

製品番号	製品名	工場番号
110010	醤油ラーメン	1101
110020	味噌ラーメン	1001
110030	しおラーメン	1101
110040	豚骨ラーメン	4001

工場番号	工場名
1001	群馬工場
1101	埼玉工場
2601	京都工場
4001	福岡工場

ア：正しい。

イ：代理キーの説明です。候補キーのうち主キーにならなかったものをいいます。

ウ：タプルを一意に識別できる属性のうち極小のものを候補キーといいます。候補キーは複数存在することがあります。

エ：スーパーキーの説明です。タプルを一意に識別できるという条件のみを満たしたキーです。

問28 更新可能なビューに関する問題

ビューを更新可能にするためには，次の構造を含まないことが必要です。

- 集合演算子
- DISTINCT演算子
- 集計，又は，分析機能
- GROUP BY，ORDER BYなどのグループ関数
- SELECT文のリストにある副問合せ
- 式により定義された値

これらを含むビューは，更新を行うときに元となる表の値が不定になる，一意に特定できないなどの論理矛盾が発生するので，更新できません。

ア：正しい。「高額商品」は，「商品」の表の一部の行を取り出したものです。

イ：DISTINCTによって重複した商品番号を「受注」から取り除いているので，更新を行う場合対象となった商品番号の該当する全てなのか，一部なのか特定できません。

ウ：集計機能を使っているので更新できません。ビューの受注数量を変更することによって元の表の値をどのように変更すべきか特定できません。

エ：集計機能を使っています。平均受注数量を変更した場合，元の表のデータをどのように変更すればよいかを特定できません。

解答	問26 エ	問27 ア	問28 ア

問 29 “製品”表と“在庫”表に対し，次のSQL文を実行した結果として得られる表の行数は幾つか。

```
SELECT DISTINCT 製品番号 FROM 製品
      WHERE NOT EXISTS(SELECT 製品番号 FROM 在庫
            WHERE 在庫数 > 30 AND 製品.製品番号 = 在庫.製品番号)
```

製品

製品番号	製品名	単価
AB1805	CD-ROM ドライブ	15,000
CC5001	デジタルカメラ	65,000
MZ1000	プリンタ A	54,000
XZ3000	プリンタ B	78,000
ZZ9900	イメージスキャナ	98,000

在庫

倉庫コード	製品番号	在庫数
WH100	AB1805	20
WH100	CC5001	200
WH100	ZZ9900	130
WH101	AB1805	150
WH101	XZ3000	30
WH102	XZ3000	20
WH102	ZZ9900	10
WH103	CC5001	40

ア 1　　イ 2　　ウ 3　　エ 4

問 30 DBMSをシステム障害発生後に再立上げするとき，ロールフォワードすべきトランザクションとロールバックすべきトランザクションの組合せとして，適切なものはどれか。ここで，トランザクションの中で実行される処理内容は次のとおりとする。

トランザクション	データベースに対する Read 回数 と Write 回数
T1, T2	Read 10, Write 20
T3, T4	Read 100
T5, T6	Read 20, Write 10

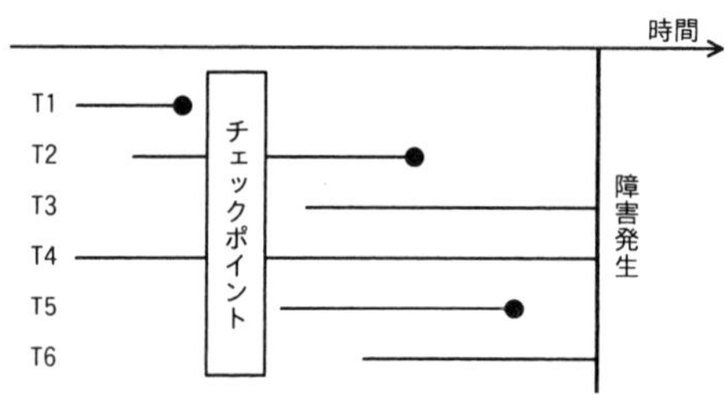

――― はコミットされていないトランザクションを示す。
―――● はコミットされたトランザクションを示す。

	ロールフォワード	ロールバック
ア	T2, T5	T6
イ	T2, T5	T3, T6
ウ	T1, T2, T5	T6
エ	T1, T2, T5	T3, T6

解答・解説

問29 SQL文の実行結果に関する問題

SQL文をまず，二つに分割してみましょう。

```
SELECT DISTINCT 製品番号 FROM 製品
    WHERE NOT EXISTS (SELECT 製品番号 FROM 在庫
        WHERE 在庫数 > 30 AND 製品. 製品番号 = 在庫. 製品番号)
```

全体のSELECT文（主）の中に，点線で囲われた部分にもう一つのSELECT文（副）があります。この部分をサブクエリといいます。ここでは，

SELECT 製品番号 FROM 在庫…

とあるので，在庫表の中から製品番号を取り出します。

在庫数 > 30 AND 製品.製品番号 = 在庫.製品番号

ですから，在庫数が30超あり，かつ製品表と，在庫表の両方に製品番号があるものになり，

倉庫コード	製品番号	在庫数
WH100	AB1805	20
WH100	CC5001	200
WH100	ZZ9900	130
WH101	AB1805	150
WH101	XZ3000	30
WH102	XZ3000	20
WH102	ZZ9900	10
WH103	CC5001	40

→

製品番号
CC5001
ZZ9900
AB1805
CC5001

となります。つまりSELECT文（主）から問合せを受けた場合，SELECT文（副）はこの四つ（3種類）に関して「真」を返します。

次にSELECT文（主）の中に含まれるコマンドは，

DISTINCT ：重複レコードを一つにする。

NOT EXIST：含まれない。

なので，製品表の製品番号を，順にサブクエリに問合せたとき，サブクエリに含まれないのは，

製品番号	製品名	単価
AB1805	CD-ROMドライブ	15,000
CC5001	デジタルカメラ	65,000
MZ1000	プリンタA	54,000
XZ3000	プリンタB	78,000
ZZ9900	イメージスキャナ	98,000

→

製品番号
MZ1000
XZ3000

以上の2行になります。

問30 DBMSの障害回復に関する問題

障害回復は，障害発生時点でコミットされたトランザクションはロールフォワードで回復させ，障害発生時点でコミットされていないトランザクションは，ロールバックで回復させます。問題の図でそれぞれを示すと，次のようになります。

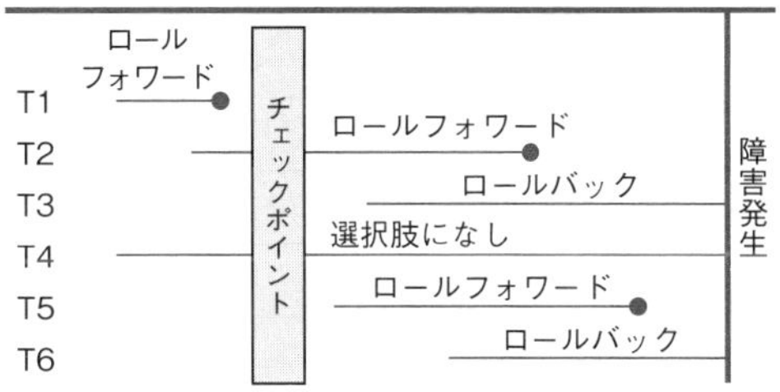

上の図からロールフォワード，ロールバックの組合せを整理すると，

ロールフォワード：T1，T2，T5

ロールバック　　：T3，T6

となりますが，「T1」と「T3」に注意します。

・**T1**

障害回復はチェックポイントに戻って行うので，その前にコミットしているT1は対象にしなくてもよいことになります。

・**T3**

Readのみのトランザクションは，データベースを更新していないので，障害が発生してもデータベースを回復する必要がありません。

・**復帰させるトランザクション**

回復させなくてもよいトランザクションを除いて図を整理し直すと，次のようになります。

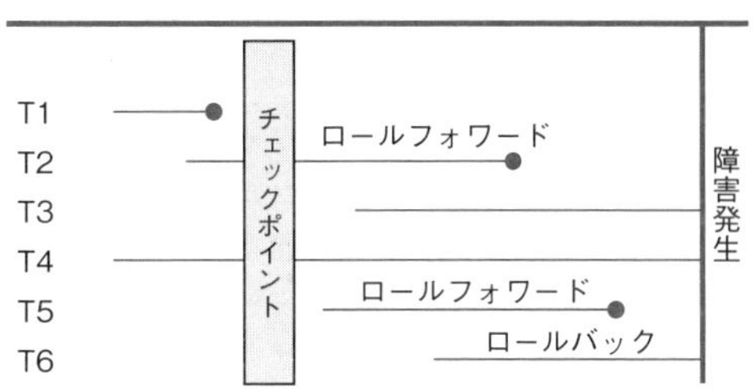

したがって，答えは㋐になります。

解答	問29 ㋑	問30 ㋐

問31 100Mビット／秒のLANを使用し，1件のレコード長が1,000バイトの電文を1,000件連続して伝送するとき，伝送時間は何秒か。ここで，LANの伝送効率は50%とする。

ア 0.02　　イ 0.08　　ウ 0.16　　エ 1.6

問32 プライベートIPアドレスを割り当てられたPCがNAPT（IPマスカレード）機能をもつルータを経由して，インターネット上のWebサーバにアクセスしている。WebサーバからPCへの応答パケットに含まれるヘッダー情報のうち，このルータで書き換えられるフィールドの組合せとして，適切なものはどれか。ここで，表中の○はフィールドの情報が書き換えられることを表す。

	宛先 IP アドレス	送信元 IP アドレス	宛先ポート番号	送信元ポート番号
ア	○	○		
イ	○		○	
ウ		○		○
エ			○	○

問33 TCP/IP環境において，pingによってホストの接続確認をするときに使用されるプロトコルはどれか。

ア CHAP　　イ ICMP　　ウ SMTP　　エ SNMP

解答・解説

問31 ネットワークの伝送時間に関する問題

伝送するデータ量は,

1,000バイト×1,000件＝1,000,000バイト

1バイト＝8ビットなので，単位をバイトからビットに変換し,

1,000,000バイト＝8,000,000ビット
＝8Mビット……①

100Mビット／秒のLANの伝送効率が50％なので，実際のデータ転送速度は,

100Mビット／秒×0.5＝50Mビット／秒……②

①②より伝送時間は,

8Mビット÷50Mビット／秒＝0.16秒

よって，答えは**ウ**です。

問32 NAPTで書き換えられる情報に関する問題

プライベートIPアドレスは，インターネットに直接アクセスすることはできません。このため，グローバルIPアドレスをもったルータが，自身のIPアドレスに変換してアクセスの代行を行う仕組みの一つがNAPT（IPマスカレード）機能です。

わかりやすいように具体的なIPアドレスなどを決めて，モデルケースを考えてみましょう。モデルケースの環境を次のように定義します。

- PCのIPアドレス：192.168.0.1
- PCが決める送信元ポート番号：5000
- ルータのIPアドレス（グローバル側）：198.51.100.1
- ルータが決める送信元ポート番号（グローバル）：7000
- WebサーバのIPアドレス：203.0.113.1
- Webサーバのサービスポート番号：80

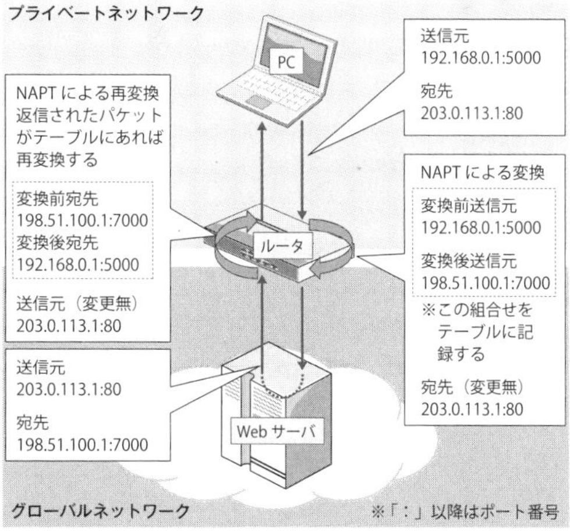

問題は，WebサーバからPCへ戻る際の応答パケットで書き換えられる情報の組み合わせを答えるものなので，宛先のIPとポート番号である**イ**が答えになります。

問33 pingが用いるプロトコルに関する問題

pingは，ネットワーク機器にICMPを使って文字列を送り，その返信の有無や時間，経路によってネットワーク状態を診断するツールです。

ア：CHAP（Challenge Handshake Authentication Protocol）…ポイントツーポイントプロトコル（PPP）で用いられるユーザ認証を行うプロトコルです。IDとパスワードをハッシュ値で送ることで認証情報の漏洩を防ぎます。

イ：ICMP（Internet Control Message Protocol）…正しい。ネットワークをサポートするために，ネットワーク機器のサービス可用性やパケット情報を交換します。pingやtracerouteのようなネットワーク診断ツールで用います。

ウ：SMTP（Simple Mail Transfer Protocol）…TCP／IPを用いたネットワークで，電子メールを転送するプロトコルです。

エ：SNMP（Simple Network Management Protocol）…ネットワーク機器の状態を監視するために情報交換を行うプロトコルです。

解答	問31 ウ	問32 イ	問33 イ

問34 サブネットマスクが255.255.252.0のとき，IPアドレス172.30.123.45のホストが属するサブネットワークのアドレスはどれか。

ア 172.30.3.0　　イ 172.30.120.0　　ウ 172.30.123.0　　エ 172.30.252.0

問35 IPv4ネットワークにおけるマルチキャストの使用例に関する記述として，適切なものはどれか。

ア LANに初めて接続するPCが，DHCPプロトコルを使用して，自分自身に割り当てられるIPアドレスを取得する際に使用する。
イ ネットワーク機器が，ARPプロトコルを使用して，宛先IPアドレスからMACアドレスを得るためのリクエストを送信する際に使用する。
ウ メーリングリストの利用者が，SMTPプロトコルを使用して，メンバー全員に対し，同一内容の電子メールを一斉送信する際に使用する。
エ ルータがRIP-2プロトコルを使用して，隣接するルータのグループに，経路の更新情報を送信する際に使用する。

問36 パスワードクラック手法の一種である，レインボーテーブル攻撃に該当するものはどれか。

ア 何らかの方法で事前に利用者IDと平文のパスワードのリストを入手しておき，複数のシステム間で使い回されている利用者IDとパスワードの組みを狙って，ログインを試行する。
イ パスワードに成り得る文字列の全てを用いて，総当たりでログインを試行する。
ウ 平文のパスワードとハッシュ値をチェーンによって管理するテーブルを準備しておき，それを用いて，不正に入手したハッシュ値からパスワードを解読する。
エ 利用者の誕生日，電話番号などの個人情報を言葉巧みに聞き出して，パスワードを類推する。

問37 楕円(だ)曲線暗号の特徴はどれか。

ア RSA暗号と比べて，短い鍵長で同レベルの安全性が実現できる。
イ 共通鍵暗号方式であり，暗号化や復号の処理を高速に行うことができる。
ウ 総当たりによる解読が不可能なことが，数学的に証明されている。
エ データを秘匿する目的で用いる場合，復号鍵を秘密にしておく必要がない。

解答・解説

問34 サブネットワークのアドレスに関する問題

IPv4ネットワークでは，IPアドレスをネットワーク部とホスト部に分割して管理します。サブネットマスクでは，ビットが1の部分がネットワーク部となります。ホストのアドレスからサブネットのアドレスを求めるには，ホストのアドレ

スとサブネットマスクの論理積をとればよいので，

ホストアドレス			
10101100	00011110	01111011	00101101
172	30	123	45

AND

サブネットマスク			
11111111	11111111	11111100	00000000
255	255	252	0

↓

サブネットワークアドレス			
10101100	00011110	01111000	00000000
172	30	120	0

となります（イ）。

問35 IPv4のマルチキャスト使用例に関する問題

1回の送信で複数のホストにパケットを届けるのは，ブロードキャストとマルチキャストがあります。ブロードキャストは，目的とするセグメントのネットワークのホスト全てにパケットを届けます。マルチキャストは特殊なIPアドレスを使ってグループに参加したホストにセグメントを越えてパケットを届けます。

ア：DHCPはブロードキャストを用います。

イ：ARPはブロードキャストを用います。

ウ：メンバー各々にSMTPを使って送ります。

エ：正しい。セグメントを越えて特定のルータに届けるため，マルチキャストを用います。

問36 パスワードに対するレインボーテーブル攻撃に関する問題

システムに保管されるパスワードは，ユーザが入力する平文の文字列ではなく，一方向性関数によって変換されたハッシュ値です。

文字列 Password → 一方向性関数 → ハッシュ値 PqNB36T

パスワードを照合する際には，入力された値と保管された値のハッシュ値同士を照合しますが，攻撃者が文字列とハッシュ値の一覧表（レインボーテーブル）を持っていれば，パスワードテーブルから容易にパスワードが漏洩します。そこで攻撃者は一覧表を効率よく作成して検索するために，ハッシュ値から元の平文候補を生成する還元関数を用い，平文とハッシュ値のペアからなるチェーンを作成します。チェーンを使えば効率よく検索が可能になります。

ア：パスワードリスト攻撃の説明です。不正に入手したIDとパスワードのリストを使って，複数の会員向けサイトへのログオンを試行し，パスワードをクラックします。

イ：総当たり攻撃（ブルートフォース攻撃）の説明です。

ウ：正しい。

エ：ソーシャルエンジニアリングによって得られた情報から類推した攻撃手法です。

問37 楕円曲線暗号に関する問題

楕円曲線暗号（Elliptic Curve Cryptography：ECC）は，暗号方式の一種です。ただし，その楕円は，図形的な楕円ではなく，

$y^2=x^3+ax+b$（a≠0，又は，b≠0）

という式を満たす全ての点の集合に，無限遠点と呼ばれる特別な点を加えたものを指します。この楕円曲線を使って秘密鍵から公開鍵を作成するのが楕円曲線暗号です。公開鍵暗号方式に必要な鍵の一方向性を備え，RSA暗号など一般的な公開鍵暗号より同じ強度なら鍵長を短くすることができます。

ア：正しい。

イ：楕円曲線暗号は公開鍵暗号方式で使われます。

ウ：解読は不可能ではありませんが，現実的に不可能な計算量となるように鍵長を設定します。

エ：一般的な公開鍵暗号と同様に公開鍵（暗号鍵）を公開し，秘密鍵（復号鍵）を受信者が秘匿してもつことによって通信路の安全性が保たれます。

解答		
	問34 イ	問35 エ
	問36 ウ	問37 ア

問38 自社の中継用メールサーバで，接続元IPアドレス，電子メールの送信者のメールアドレスのドメイン名，及び電子メールの受信者のメールアドレスのドメイン名から成るログを取得するとき，外部ネットワークからの第三者中継と判断できるログはどれか。ここで，AAA.168.1.5とAAA.168.1.10は自社のグローバルIPアドレスとし，BBB.45.67.89とBBB.45.67.90は社外のグローバルIPアドレスとする。a.b.cは自社のドメイン名とし，a.b.dとa.b.eは他社のドメイン名とする。また，IPアドレスとドメイン名は詐称されていないものとする。

	接続元 IP アドレス	電子メールの送信者のメールアドレスのドメイン名	電子メールの受信者のメールアドレスのドメイン名
ア	AAA.168.1.5	a.b.c	a.b.d
イ	AAA.168.1.10	a.b.c	a.b.c
ウ	BBB.45.67.89	a.b.d	a.b.e
エ	BBB.45.67.90	a.b.d	a.b.c

問39 JPCERTコーディネーションセンター“CSIRTガイド（2021年11月30日）”では，CSIRTを機能とサービス対象によって六つに分類しており，その一つにコーディネーションセンターがある。コーディネーションセンターの機能とサービス対象の組合せとして，適切なものはどれか。

	機能	サービス対象
ア	インシデント対応の中で，CSIRT 間の情報連携，調整を行う。	他の CSIRT
イ	インシデントの傾向分析やマルウェアの解析，攻撃の痕跡の分析を行い，必要に応じて注意を喚起する。	関係組織，国又は地域
ウ	自社製品の脆弱性に対応し，パッチ作成や注意喚起を行う。	自社製品の利用者
エ	組織内 CSIRT の機能の一部又は全部をサービスプロバイダとして，有償で請け負う。	顧客

問40 JIS Q 27000:2019（情報セキュリティマネジメントシステム－用語）において，認可されていない個人，エンティティ又はプロセスに対して，情報を使用させず，また，開示しない特性として定義されているものはどれか。

ア 機密性　　イ 真正性　　ウ 認証　　エ 否認防止

解答・解説

問38 メールの第三者中継に関する問題

メールサーバが無関係な第三者によって利用され，自由にメール送信される状態を第三者中継といいます。その多くは，迷惑メールやウィルスの添付あるいはリンクされたメールの拡散に利用されるため，送信者認証などの制限を行い，第三者の利用を許可しないよう設定することが求められています。問題文の情報を元に，送受信者の情報を整理すると次のようになります。

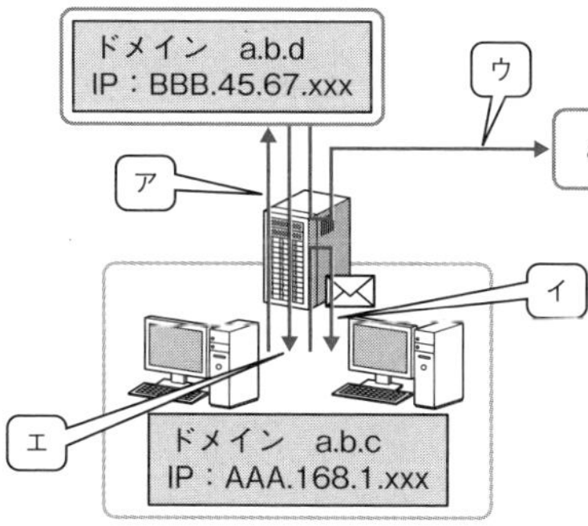

ア：自社からドメインa.b.dに送信された通常の電子メールです。
イ：自社から自社に向けた通常の電子メールです。
ウ：正しい。第三者中継です。ドメインa.b.dからドメインa.b.eへの電子メールなので，自社（ドメインa.b.c）を経由させる必要はありません。第三者中継を許可した電子メールサーバでは，このようなメールも中継します。
エ：ドメインa.b.dから自社に送信された通常の電子メールです。

問39 CSIRTのコーディネーションセンターに関する問題

CSIRT（Computer Security Incident Response Team）は，情報セキュリティインシデントやサイバー攻撃に関する情報収集，分析，リスク評価，インシデント対応ポリシーや手順の策定，外部組織の連携などに関わり，中心的な役割を果たします。CSIRTガイドによれば，CSIRTの機能は次の六つに分類されています。

分類	サービス対象と業務
組織内CSIRT	CSIRTが属する組織。企業内CSIRT。
国際連携CSIRT	CSIRTが置かれる国や地域。国や地域の代表としての他の国や地域との連絡窓口。
コーディネーションセンター	協力関係にある他のCSIRT。企業グループ間の連携や調整など。
分析センター	CSIRTが置かれる国や地域。インシデント傾向や攻撃活動の分析。注意喚起など。
ベンダーチーム	自組織及び自社製品の利用者。自社に関連する製品の脆弱性に対応。
インシデントレスポンスプロバイダー	サービス提供契約を結んでいる顧客。CSIRTやその機能の一部を請け負う。

ア：正しい。
イ：分析センターの説明です。
ウ：ベンダーチームの説明です。
エ：インシデントレスポンスプロバイダーの説明です。

問40 情報セキュリティマネジメントにおける特性に関する問題

JIS Q 27000:2019は，ISO/IEC 27000を基として，情報セキュリティマネジメントシステム（ISMS）の概要などを示した日本工業規格です。マネジメントシステムの導入及び運用において従うモデルを提供します。

ア：機密性（confidentiality）…正しい。認可されていない個人やモノ，プロセスに対して，情報を使用させず開示しない特性です。
イ：真正性（authenticity）…それが主張どおりのものであるという特性です。
ウ：認証（authentication）…その主体が主張する特性が正しいという保証の提供をいいます。
エ：否認防止（non-repudiation）…主張された事象又はその実体を証明する能力です。

解答	問38 ウ	問39 ア	問40 ア

問41

暗号機能を実装したIoT機器における脅威のうち，サイドチャネル攻撃に該当するものはどれか。

ア　暗号化関数を線形近似する式を導き，その線形近似式から秘密情報の取得を試みる。
イ　機器が発する電磁波を測定することによって秘密情報の取得を試みる。
ウ　二つの平文の差とそれぞれの暗号文の差の関係から，秘密情報の取得を試みる。
エ　理論的にあり得る復号鍵の全てを機器に入力して秘密情報の取得を試みる。

問42

セキュアブートの説明はどれか。

ア　BIOSにパスワードを設定し，PC起動時にBIOSのパスワード入力を要求することによって，OSの不正な起動を防ぐ技術
イ　HDD又はSSDにパスワードを設定し，PC起動時にHDD又はSSDのパスワード入力を要求することによって，OSの不正な起動を防ぐ技術
ウ　PCの起動時にOSのプログラムやドライバのデジタル署名を検証し，デジタル署名が有効なものだけを実行することによって，OS起動完了前のマルウェアの実行を防ぐ技術
エ　マルウェア対策ソフトをOSのスタートアッププログラムに登録し，OS起動時に自動的にマルウェアスキャンを行うことによって，マルウェアの被害を防ぐ技術

問43

PCのストレージ上の重要なデータを保護する方法のうち，ランサムウェア感染による被害の低減に効果があるものはどれか。

ア　WORM（Write Once Read Many）機能を有するストレージを導入して，そこに重要なデータをバックアップする。
イ　ストレージをRAID5構成にして，1台のディスク故障時にも重要なデータを利用可能にする。
ウ　内蔵ストレージを増設して，重要なデータを常時レプリケーションする。
エ　ネットワーク上のストレージの共有フォルダをネットワークドライブに割り当てて，そこに重要なデータをバックアップする。

問44

DKIM（DomainKeys Identified Mail）に関する記述のうち，適切なものはどれか。

ア　送信側のメールサーバで電子メールにデジタル署名を付与し，受信側のメールサーバでそのデジタル署名を検証して送信元ドメインの認証を行う。
イ　送信者が電子メールを送信するとき，送信側のメールサーバは，送信者が正規の利用者かどうかの認証を利用者IDとパスワードによって行う。
ウ　送信元ドメイン認証に失敗した際の電子メールの処理方法を記載したポリシーをDNSサーバに登録し，電子メールの認証結果を監視する。
エ　電子メールの送信元ドメインでメール送信に使うメールサーバのIPアドレスをDNSサーバに登録しておき，受信側で送信元ドメインのDNSサーバに登録されているIPアドレスと電子メールの送信元メールサーバのIPアドレスとを照合する。

解答・解説

問41 サイドチャネル攻撃に関する問題

サイドチャネル攻撃とは，コンピュータや通信機器のハードウェアが発する電波や音，消費する電力など物理的なサインを観測することで，本来秘匿されるべき情報を得る攻撃方法です。非破壊型の物理攻撃を総称してサイドチャネル攻撃と呼びます。

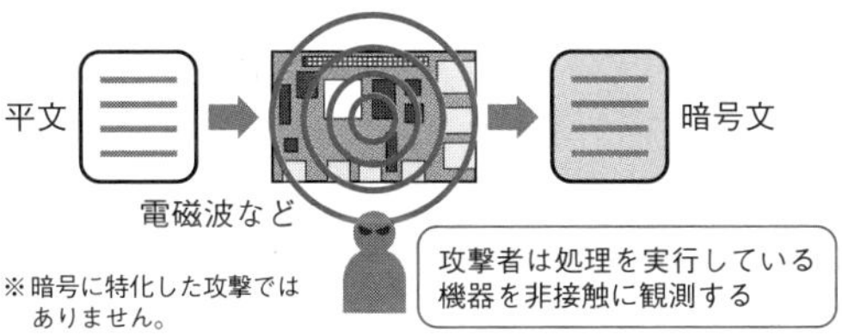
平文
暗号文
電磁波など
※暗号に特化した攻撃ではありません。
攻撃者は処理を実行している機器を非接触に観測する

ア：線形解読法の説明です。
イ：正しい。
ウ：差分解読法の説明です。平文に対する暗号文から解析を行う選択平文攻撃の一種です。
エ：ブルートフォース攻撃の説明です。

問42 セキュアブートに関する問題

セキュアブートは，PCの起動時にメーカーによって信頼されているソフトウェアのみを使用してデバイスが起動される仕組みです。PC起動時に最初に動作するプログラムであるUEFI（Unified Extensible Firmware Interface）の機能として実行され，デジタル証明でソフトウェアを検証する機能を使って改ざんされたソフトウェアを実行できなくすることができます。

ア：BIOSパスワードの説明です。
イ：HDDパスワードの説明です。
ウ：正しい。
エ：セキュアブートは，OSが起動する前に実行を試みる不正なプログラムを防ぎます。

問43 ランサムウェア対策に関する問題

ランサムウェア（Ransomware）は，日本語で，身代金要求型ウイルスとも呼ばれています。何らかの方法（標的型メールによるものが多い）で標的となった組織内でマルウェアの一種であるランサムウェアを実行させて，企業内の共有ファイルを攻撃者のみが解除できる暗号化を行い，使用不能にします。さらに，そのファイルを復号するのと引き換えに金銭（身代金）を要求します。

ア：正しい。一度だけ書込みができるWORMデバイスならデータの書換えができないので，ランサムウェアによってデータが暗号化されても，そのデバイスのデータは残ります。
イ：ランサムウェアは，ハード的な障害を引き起こすものではないので効果がありません。
ウ：「常時」が問題となります。マルウェアによって暗号化されてしまったデータをそのままレプリケーションするので，バックアップ先データも使用できなくなり効果がありません。例えば1週間に1回レプリケーションするなら，前回のバックアップまでは有効となるので効果的です。
エ：ネットワークドライブであっても，マルウェアが実行されるクライアントのアクセス権が及ぶものは全て被害に遭う可能性があります。

問44 DKIMに関する問題

DKIMは，電子署名を利用した送信元ドメイン認証の仕組みです。電子メールに利用されているSMTPは認証の仕組みが無いので，第三者による「なりすまし」を防ぐことはできません。DKIMでは，メールに，メッセージ本文やドメイン名などのメールヘッダ情報を元にして電子署名を付与し，受信者は電子署名から公開鍵情報を使って本物かどうか確認できます。

ア：正しい。
イ：SMTP-AUTHの説明です。SMTPの送信サーバに認証機能を追加します。
ウ：DMARCの説明です。
エ：SPFの説明です。

解答	問41 イ	問42 ウ
	問43 ア	問44 ア

問45 DNSSECについての記述のうち，適切なものはどれか。

ア　DNSサーバへの問合せ時の送信元ポート番号をランダムに選択することによって，DNS問合せへの不正な応答を防止する。

イ　DNSの再帰的な問合せの送信元として許可するクライアントを制限することによって，DNSを悪用したDoS攻撃を防止する。

ウ　共通鍵暗号方式によるメッセージ認証を用いることによって，正当なDNSサーバからの応答であることをクライアントが検証できる。

エ　公開鍵暗号方式によるデジタル署名を用いることによって，正当なDNSサーバからの応答であることをクライアントが検証できる。

問46 問題を引き起こす可能性があるデータを大量に入力し，そのときの応答や挙動を監視することによって，ソフトウェアの脆(ぜい)弱性を検出するテスト手法はどれか。

ア　限界値分析　　イ　実験計画法　　ウ　ファジング　　エ　ロードテスト

問47 アプリケーションソフトウェアの開発環境上で，用意された部品やテンプレートをGUIによる操作で組み合わせたり，必要に応じて一部の処理のソースコードを記述したりして，ソフトウェアを開発する手法はどれか。

ア　継続的インテグレーション　　イ　ノーコード開発
ウ　プロトタイピング　　エ　ローコード開発

問48 問題は発生していないが，プログラムの仕様書と現状のソースコードとの不整合を解消するために，リバースエンジニアリングの手法を使って仕様書を作成し直す。これはソフトウェア保守のどの分類に該当するか。

ア　完全化保守　　イ　是正保守
ウ　適応保守　　エ　予防保守

解答・解説

問45 DNSSECに関する問題

DNS（Domain Name System）は，ドメイン名からIPアドレスを得るための仕組みです。しかし，悪意をもった攻撃者が故意に誤った情報を流布させて自分の攻撃サイトにユーザを誘導するなどの攻撃手法があります。DNSSEC（DNS Security Extensions）は，これを防ぐための手法の一つです。

ア：送信元ポート番号はもともとランダムです。

イ：管理するクライアント以外からの再帰的問合せを制限するのはDoS攻撃対策としては有効ですが，DNSSECの仕組みとは異なります。

ウ：共通鍵暗号方式では，あらかじめ鍵の交換が必要です。不特定多数のサーバ・クライアントが通信するDNSには向いていません。

エ：正しい。DNSSECは，デジタル署名を使うことで応答の正当性を検証する仕様拡張です。

問46 ソフトウェアの脆弱性の検出方法に関する問題

ア：限界値分析（境界値分析）…ソフトウェアのブラックボックステストの一種で，入力値として定められた仕様の境界となる値と，隣接した値に対してテストを行います。

イ：実験計画法…ブラックボックステストのテストケースを設定する際に直交配列表を使い，少ないケースで効率よく網羅的なテストを行う手法です。

ウ：ファジング…正しい。テストを行うソフトウェアやハードウェアに対して，問題を引き起こす可能性のあるデータを含んだ大量のデータ「ファズ」を入力することで，事前に予測できなかった不具合を発見する手法です。一般にファジングは，ファジングツールと呼ばれる自動化ツールを用いて行われます。

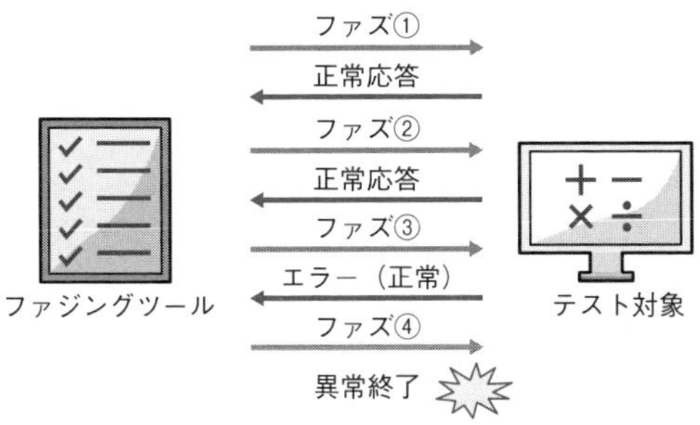

エ：ロードテスト…ソフトウェアのテスト段階において，実際の使用状況をシミュレートしたデータ量や負荷を要求して実行し，応答時間やリソースの使用量などから仕様を満たしていることを確認するテストです。

問47 ソフトウェアの開発手法に関する問題

ア：継続的インテグレーション…ソフトウェアの開発段階において，開発者が行ったソフトウェアの変更をマージして自動的にビルドとテストを実行する手法です。

イ：ノーコード開発…アプリケーションなどの作成において，ソースコードを書くことなく開発を行う手法です。具体的には，ソフトウェアの機能をもった部品をドラッグ＆ドロップなどのGUI操作で配置し，部品のリンクを組み立て，動きを選択するなどして開発します。

ウ：プロトタイピング…開発の初期に簡易的に動作する試作品（プロトタイプ）を作成し，顧客からのフィードバックを得て開発するモデルです。

エ：ローコード開発…正しい。ノーコード開発と似ていますが，全くコードを書かないのではなく，必要に応じてソースコードを記述するので，きめ細かな開発が可能になります。

問48 ソフトウェア保守の分類に関する問題

ソフトウェア保守がどのように分類されるかについては，JIS X 0161に次のように記されています。

訂正	是正保守	実際に起きた誤りを修正する保守
	予防保守	ソフトウェアの潜在的な誤りを見つけて修正するための保守
改良	適応保守	状況の変化に対応するための保守
	完全化保守	ソフトウェアの性能または保守性を向上させるための保守

ア：完全化保守…正しい。ソフトウェアの保守性を向上させて潜在的な障害発生を防ぐため，保守文書の作成や修正を行うことは完全化保守の範疇です。

イ：是正保守…問題文に「問題は発生していない」とあるので誤りです。

ウ：適応保守…状況の変化について記述が無いので該当しません。

エ：予防保守…ソフトウェアに潜在的な問題が見つかった際に，実際に障害が発生する前に対処することです。本文では仕様書の不備の是正を行っており，ソースコードの保守ではないので該当しません。

解答		
	問45 エ	問46 ウ
	問47 エ	問48 ア

問49 アジャイルソフトウェア開発宣言では，“あることがらに価値があることを認めながらも別のことがらにより価値をおく”としている。“別のことがら”に該当するものの組みはどれか。

- **ア** 個人と対話，動くソフトウェア，顧客との協調，変化への対応
- **イ** 個人と対話，包括的なドキュメント，顧客との協調，計画に従うこと
- **ウ** プロセスやツール，動くソフトウェア，契約交渉，変化への対応
- **エ** プロセスやツール，包括的なドキュメント，契約交渉，計画に従うこと

問50 組込みシステムのソフトウェア開発に使われるIDEの説明として，適切なものはどれか。

- **ア** エディター，コンパイラ，リンカ，デバッガなどが一体となったツール
- **イ** 専用のハードウェアインタフェースでCPUの情報を取得する装置
- **ウ** ターゲットCPUを搭載した評価ボードなどの実行環境
- **エ** タスクスケジューリングの仕組みなどを提供するソフトウェア

問51 PMBOKガイド第7版によれば，プロジェクト・スコープ記述書に記述する項目はどれか。

- **ア** WBS
- **イ** コスト見積額
- **ウ** ステークホルダー分類
- **エ** プロジェクトの除外事項

問52 システム開発のプロジェクトにおいて，EVMを活用したパフォーマンス管理をしている。開発途中のある時点でEV－PVの値が負であるとき，どのような状況を示しているか。

- **ア** スケジュール効率が，計画よりも良い。
- **イ** プロジェクトの完了が，計画よりも遅くなる。
- **ウ** プロジェクトの進捗が，計画よりも遅れている。
- **エ** プロジェクトの進捗が，計画よりも進んでいる。

解答・解説

問49 アジャイルソフトウェア開発宣言に関する問題

アジャイルソフトウェア開発宣言（Manifesto for Agile Software Development）とは，アメリカのユタ州に集まった17名の開発者がまとめた，今後の開発手法にあるべき「四つの価値」です。

アジャイル開発における四つの価値
①プロセスやツールよりも個人と対話
②包括的なドキュメントよりも動くソフトウェア
③契約交渉よりも顧客との協調
④計画に従うことよりも変化への対応

これら四つの価値は全て「○○よりも，△△」というセンテンスになっています。問題文にある“別のことがら”は，最終的に価値があるもの，つまり△△を指しています。選択肢の中で，センテンスの右側の四つの全てを含むのは，アの「個人と対話，動くソフトウェア，顧客との協調，変化への対応」です。

問50 ソフトウェア開発で用いられるIDEに関する問題

IDE（Integrated Development Environment）は，プログラムの開発に必要となるテキストエディタ，コンパイラ，リンカ，デバッガやその他の支援ツールを一つのソフトウェアにまとめた開発環境です。Microsoft社のVisual Studioなどがあります。

ア：正しい。
イ：ICE（In Circuit Emulator）の説明です。CPUをエミュレートし詳細情報やデバッグ環境を提供します。
ウ：ターゲットマシンで開発できない場合の開発環境を，クロス開発環境といいます。
エ：OSの説明です。

問51 PMBOKのプロジェクト・スコープ記述書に関する問題

PMBOKのプロジェクト・スコープ記述書は，プロジェクトが生み出す主要な成果物とそれを生み出すための前提条件及び制約条件を記述したものです。成果物の受入基準やプロジェクトから除外する事項を明示して，ステークホルダー（プロジェクトの利害関係者）の期待を管理するのに役立てます。

ア：WBS…プロジェクトを達成する上で必要になる要素成果物及び作業を，より細かく，マネジメントしやすい要素に分けたものです。
イ：コスト見積額…プロジェクト・コスト・マネジメントのコスト見積で算出し，プロジェクト文書に反映します。
ウ：ステークホルダー分類…プロジェクト・ステークホルダー・マネジメントでステークホルダーを特定して，ステークホルダー登録簿に含めることです。
エ：プロジェクトの除外事項…正しい。

問52 EVMに関する問題

EVM（Earned Value Management）とは，プロジェクト管理でスケジュールやコストの進捗状況を，ある時点での成果物を金額などの価値に換算して定量的に管理する手法です。EVMでは，次の基本指標を使います。

- EV（Earned Value：出来高）…ある時点で実際に終了した作業量
- PV（Planed Value：計画値）…ある時点までに終了すると計画していた作業量
- AC（Actual Cost：実績値）…ある時点までに費やした作業量
- BAC（Budget Completion Cost）…計画総作業量…プロジェクト終了までにかかる計画総作業量

開発途中でのある時点での「EV－PV」の値は，出来高と計画値の差でスケジュールの差異を表します。この値が負の場合は，出来高が計画値より小さいのでプロジェクトは計画より遅れていることになり，値が正であれば計画より進んでいることになります。したがって，答えはウです。

解答		
	問49 ア	問50 ア
	問51 エ	問52 ウ

令和5年度秋期 午前 午後

問53 プロジェクトのスケジュールを短縮したい。当初の計画は図1のとおりである。作業Eを作業E1，E2，E3に分けて，図2のとおりに計画を変更すると，スケジュールは全体で何日短縮できるか。

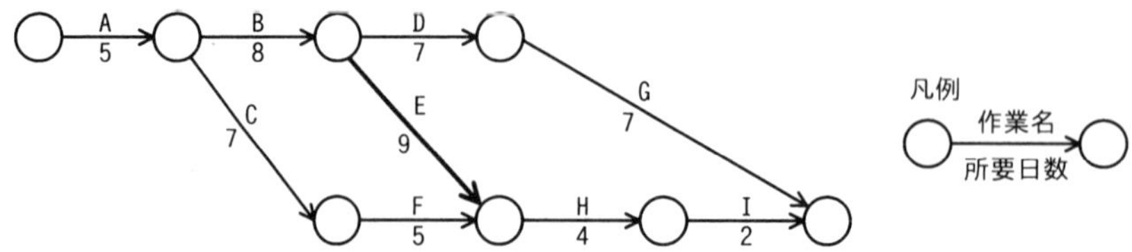

図1　当初の計画

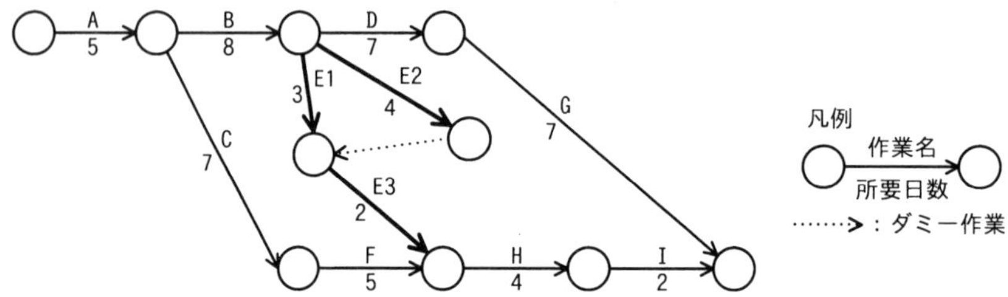

図2　変更後の計画

ア 1　　イ 2　　ウ 3　　エ 4

問54 プロジェクトマネジメントにおいて，コンティンジェンシー計画を作成するプロセスはどれか。

ア リスクの管理　　イ リスクの特定
ウ リスクの評価　　エ リスクへの対応

問55 サービスマネジメントシステム（SMS）における是正処置の説明はどれか。

ア 検出された不適合又はほかの望ましくない状況の原因を除去する，又は再発の起こりやすさを低減するための処置
イ 構成品目の変更の展開に伴って，構成情報を更新する処置
ウ パフォーマンスを向上するために繰り返し行われる活動であって，SMS及びサービスの適切性，妥当性及び有効性を継続的に改善するための処置
エ 問題を“記録・分類”し，“優先度付け”し，“必要ならばエスカレーション”し，“可能ならば解決する”一連の処置

解答・解説

問53 工程管理に関する問題

まず，当初の計画（図1）の各経路とその所要日数を計算してみましょう。

> **クリティカルパス**
> プロジェクト完了に最も時間がかかる一連のタスク

①A−B−D−G：5+8+7+7=27日
②A−B−E−H−I：5+8+9+4+2=28日
③A−C−F−H−I：5+7+5+4+2=23日

ここでのクリティカルパスは，②の工程です。この工程を，順を追って行うのではなく，後続の工程を先行する工程と並列に行うファストトラッキングによって計画を変更したのが，問題文の図2です。

図2では工程EがE1，E2，E3に分けられ，E1とE2を並列に行います。E3 はE2が終わるまで行えないので，4+2=6日となり，図1のE より3日短縮できます。

ここでもう一度各経路の所要日数を見直すと，①…27日，②…25日，③…23日となるため，クリティカルパスは①で，所要日数は27日です。クリティカルパスの所要日数は，図1では28日，図2では27日ですので，短縮できる日数は1日です（ア）。

問54 コンティンジェンシー計画を作成するプロセスに関する問題

コンティンジェンシー計画（Contingency Plan：コンティンジェンシープラン）はIPAの資料によれば，「その策定対象が潜在的に抱える脅威が万一発生した場合に，その緊急事態を克服するための理想的な手続きが記述された文書である」とされ，緊急時対応計画ともいいます。災害や事故，事件といった不測の事態が発生した場合の対応策や行動手順をあらかじめ定めておいて，その被害や影響を最小限に抑えて事業やプロジェクトに支障を来さないようにするための計画です。

コンティンジェンシー計画に似たものに，事業継続計画（BCP：Business Continuity Planning）があります。事業継続計画は，不測の事態（緊急事態）が発生した時に優先的に実施する業務を指定し，業務を遂行する体制や対応手順を定めておいて，業務を継続し復旧するための計画です。

ア：リスクの管理…リスクを最小限に抑えることを目的として，リスクをあらかじめ特定し，評価し，それに対する対策を立てるプロセスです。

イ：リスクの特定…プロジェクトに潜在しているリスクを見つけ出し，リスクの事象や原因，およびそれがもたらす状況を特定することで，リスクを明確にするプロセスです。

ウ：リスクの評価…どの程度リスクに注意して対策を取るべきかを判断するために，リスクの発生度合いやどのくらい影響するか判断するプロセスです。

エ：リスクへの対応…正しい。リスクが発生あるいは特定された場合にどのように対応するか，対策を立てて（計画して），リスクを回避や低減，移転，受容するプロセスです。コンティンジェンシー計画は不測の事態に対応して，想定される状況によって実行する対応策を定めたもので，リスクへの対応といえます。

問55 サービスマネジメントシステム（SMS）における是正措置に関する問題

サービスマネジメントシステム（SMS）における是正措置とは，何か問題が発生した場合（不適合又はほかの望ましくない状況にあるとき）に，その原因を取り除くために行われる措置です。また，同じ問題が再発する可能性を低減するためにも行われます。

ア：正しい。選択肢中の不適合とは，SMSに対する「暗黙のうちに了解されている又は義務として要求されている，ニーズまたは期待」（要求事項）を満たしていないことです。

イ：構成情報を更新するのは，構成管理です。サービスの構成品目の情報を正確で一貫性のある状態に保ちます。

ウ：パフォーマンスを向上させるために繰り返し行われる活動は，継続的改善です。

エ：インシデント管理です。インシデントが発生するとそれを分類し，優先付けを行って，インシデントを調査・診断し，復旧策を実施してサービスを復旧します。

解答	問53 ア	問54 エ	問55 ア

問 56　Y社は，受注管理システムを運用し，顧客に受注管理サービスを提供している。日数が30日，月曜日の回数が4回である月において，サービス提供条件を達成するために許容されるサービスの停止時間は最大何時間か。ここで，サービスの停止時間は，小数第1位を切り捨てるものとする。

〔サービス提供条件〕
・サービスは，計画停止時間を除いて，毎日0時から24時まで提供する。
・計画停止は，毎週月曜日の0時から6時まで実施する。
・サービスの可用性は99%以上とする。

ア 0　　イ 6　　ウ 7　　エ 13

問 57　フルバックアップ方式と差分バックアップ方式とを用いた運用に関する記述のうち，適切なものはどれか。

ア 障害からの復旧時に差分バックアップのデータだけ処理すればよいので，フルバックアップ方式に比べ，差分バックアップ方式は復旧時間が短い。
イ フルバックアップのデータで復元した後に，差分バックアップのデータを反映させて復旧する。
ウ フルバックアップ方式と差分バックアップ方式とを併用して運用することはできない。
エ フルバックアップ方式に比べ，差分バックアップ方式はバックアップに要する時間が長い。

問 58　システム監査人が作成する監査調書に関する記述として，適切なものはどれか。

ア 監査調書の作成は任意であり，作成しなくても問題はない。
イ 監査調書は，監査人自身の行動記録であり，監査チーム内でも他の監査人と共有すべきではない。
ウ 監査調書は，監査の結論を支える合理的な根拠とするために，発見した事実及び発見事実に関する所見を記載する。
エ 監査調書は，保管の必要がない監査人の備忘録である。

解答・解説

問 56 許容されるサービスの停止時間に関する問題

問題の条件を整理しておきます。

日数	30日
月曜日の回数	4回
サービス提供時間	24時間（計画停止時間を除く）
計画停止時間	月曜日の0時～6時
サービスの可用性	99%以上

まず1か月のサービス提供時間を求めます。毎日0時～24時まで提供するので，1日の提供時間は24時間。1か月が30日なので，

> 24時間×30日＝720時間

ここから計画停止時間を引きます。計画停止時間は毎週月曜日の0時から6時の6時間。月曜日の回数が4回なので，

> ・1か月の計画停止時間
> 　6時間×4＝24時間
> ・1か月のサービス提供時間
> 　720時間－24時間＝696時間
> ・サービスの可用性が99％以上なので，
> 　696時間×0.99＝689.04時間

したがって，689.04時間以上サービスを提供することが求められます。許容されるサービスの停止時間は，

> 696時間－689.04＝6.96時間

小数点第1位を切り捨てると，6時間となります（イ）。

問57 差分バックアップに関する問題

フルバックアップは，全てのデータをバックアップする方法であり，データの復元が容易です。一方，差分バックアップは，前回のバックアップから変更があったデータのみをバックアップします。障害を回復する時は，前回のフルバックアップからデータを復元した後，差分バックアップを使って更新します。

フルバックアップ

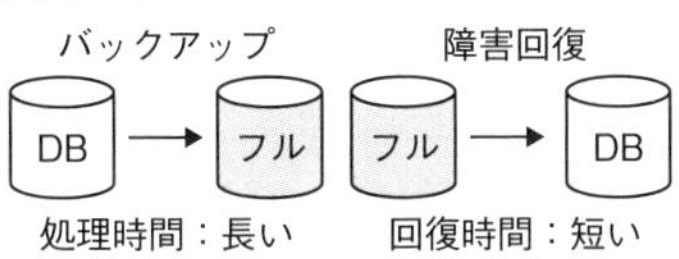

差分バックアップ

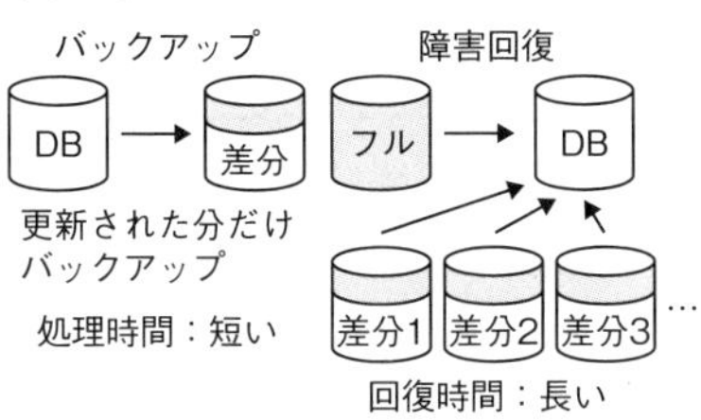

両方式を組合せて運用

ア：差分のデータだけでは回復できません。
イ：正しい。
ウ：交互運用することもできます。週に1回フルバックアップを行い，日常的には差分バックアップのみを行う運用も可能です。
エ：バックアップの処理時間は，データ量の少ない差分バックアップのほうが早くなります。

問58 監査調書に関する問題

システム監査基準によれば，監査調書は，システム監査の実施内容の客観性などを確保するために作成します。監査のプロセスを記録して，これを基に監査の結論を導く合理的な根拠となるものなので，システム監査人が発見した事実（事象，原因，影響範囲など）及び発見事実に関するシステム監査人の所見を記載します。

ア：監査を実施した内容の適切性や再現性などを確保するために作成しなければなりません。
イ：監査調書は，実施した監査手続き，入手した監査証跡及び監査人が到達した結論の記録です。監査の結論の基礎となるものなので，監査チーム内では他の監査人と共有して結論を導きます。
ウ：正しい。
エ：体系的に整理し，後日，容易に参照，活用できるように保管する必要があります。

解答	問56 イ	問57 イ	問58 ウ

問59 販売管理システムにおいて，起票された受注伝票の入力が，漏れなく，かつ，重複することなく実施されていることを確かめる監査手続として，適切なものはどれか。

ア　受注データから値引取引データなどの例外取引データを抽出し，承認の記録を確かめる。

イ　受注伝票の入力時に論理チェック及びフォーマットチェックが行われているか，テストデータ法で確かめる。

ウ　販売管理システムから出力したプルーフリストと受注伝票との照合が行われているか，プルーフリストと受注伝票上の照合印を確かめる。

エ　並行シミュレーション法を用いて，受注伝票を処理するプログラムの論理の正確性を確かめる。

問60 金融庁“財務報告に係る内部統制の評価及び監査に関する実施基準（令和元年）”における“ITへの対応”に関する記述のうち，適切なものはどれか。

ア　IT環境とは，企業内部に限られた範囲でのITの利用状況である。

イ　ITの統制は，ITに係る全般統制及びITに係る業務処理統制から成る。

ウ　ITの利用によって統制活動を自動化している場合，当該統制活動は有効であると評価される。

エ　ITを利用せず手作業だけで内部統制を運用している場合，直ちに内部統制の不備となる。

問61 バックキャスティングの説明として，適切なものはどれか。

ア　システム開発において，先にプロジェクト要員を確定し，リソースの範囲内で優先すべき機能から順次提供する開発手法

イ　前提として認識すべき制約を受け入れた上で未来のありたい姿を描き，予想される課題や可能性を洗い出し解決策を検討することによって，ありたい姿に近づける思考方法

ウ　組織において，下位から上位への発議を受け付けて経営の意思決定に反映するマネジメント手法

エ　投資戦略の有効性を検証する際に，過去のデータを用いてどの程度の利益が期待できるかをシミュレーションする手法

問62 A社は，ソリューションプロバイダから，顧客に対するワントゥワンマーケティングを実現する統合的なソリューションの提案を受けた。この提案に該当するソリューションとして，最も適切なものはどれか。

ア　CRMソリューション　　イ　HRMソリューション

ウ　SCMソリューション　　エ　財務管理ソリューション

解答・解説

問59 販売管理システムにおける監査手続きに関する問題

■■■

ア：例外取引データを抽出して確かめる方法では，承認を得ないで例外取引が行われていないか確かめることはできますが，全てのデータを対象にしていないので，入力漏れや重複入力を確かめることはできません。

イ：入力データの内容が正しく（論理性や桁ずれすることなく）入力されたかを確かめること，あるいは入力データを処理するプログラムが正確に機能していることを確かめるものです。

ウ：正しい。プルーフリストは入力したデータをそのままプリントしたものなので，これと受注伝票を照合して一致していれば，受注伝票は漏れなく入力され，重複して入力されていないか確かめることができる有効な方法です。

エ：受注伝票の処理方法が正しいことは確かめられますが，漏れなく，重複することなく入力されたことを確かめることにはなりません。

問60 内部統制の“ITへの対応”に関する問題

“財務報告に係る内部統制の評価及び監査の実施基準”の「ITへの対応」は，「IT環境への対応とITの利用及び統制からなる」とされています。

ア：IT環境とは，「組織が活動する上で必然的に関わる内外のITの利用状況のことであり，社会及び市場におけるITの浸透度，組織が行う取引等におけるITの利用状況，及び組織が選択的に依拠している一連の情報システムの状況等」とされています。

イ：正しい。

ウ：統制活動が自動化されている場合，内部統制の評価及び監査の段階における手続の実施も容易なものとなるとしていますが，統制活動が有効になるとは明示していません。

エ：ITを利用していない手作業によって内部統制が運用されている場合でも，そのことが直ちに内部統制の不備とならないとされています。

問61 バックキャスティングに関する問題

バックキャスティングとは，最初に将来のあるべき状況を想定し，その状況を実現するために必要な手順を未来から現在へ逆算してあるべき状況を実現するために何をしていくか（アクションプラン）を作成する手法です。この手法は，企業戦略の立案や政策決定，教育のビジョン，環境問題やエネルギー政策などさまざまな分野で利用されています。例えば，環境省の「2050 日本低炭素社会シナリオ」はバックキャストの手法を採用して次のように検討されています。

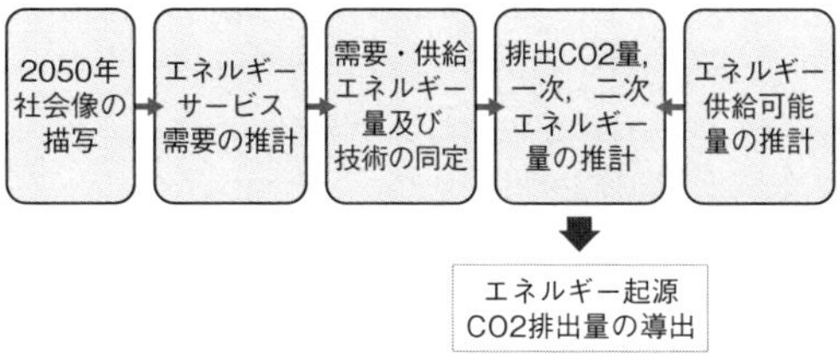

※出典：『2050 日本低炭素社会シナリオ：温室効果ガス70%削減可能性検討』（「2050 日本低炭素社会」シナリオチーム 著）「図1 低炭素シナリオ検討手順」より

ア：アジャイル開発の説明です。

イ：正しい。

ウ：ボトムアップ型マネジメントの説明です。

エ：バックテストの説明です。

問62 ワントゥワンマーケティングを実現する総合的なソリューションに関する問題

ワントゥワン（one to one）マーケティングとは，顧客一人ひとりの好みや価値観を把握して各個人に合わせた展開をするマーケティング手法です。新たな顧客を確保するよりも既存の顧客を大切にし，個々のニーズに合わせた製品やサービスを提供して継続的な関係を築いてマーケティングを展開していきます。

ア：正しい。

イ：人材を経営の重要な資源と捉える人事管理のソリューションです。

ウ：資材の調達から製品の生産，流通，販売までのモノの流れを管理するソリューションです。

エ：予算計画，資金の調達，資金の運用など企業活動を資金面で支援するソリューションです。

解答		
	問59 ウ	問60 イ
	問61 イ	問62 ア

問 63 SOAを説明したものはどれか。

ア 企業改革において既存の組織やビジネスルールを抜本的に見直し，業務フロー，管理機構及び情報システムを再構築する手法のこと

イ 企業の経営資源を有効に活用して経営の効率を向上させるために，基幹業務を部門ごとではなく統合的に管理するための業務システムのこと

ウ 発注者とITアウトソーシングサービス提供者との間で，サービスの品質について合意した文書のこと

エ ビジネスプロセスの構成要素とそれを支援するIT基盤を，ソフトウェア部品であるサービスとして提供するシステムアーキテクチャのこと

問 64 IT投資効果の評価方法において，キャッシュフローベースで初年度の投資によるキャッシュアウトを何年後に回収できるかという指標はどれか。

ア IRR（Internal Rate of Return）　イ NPV（Net Present Value）

ウ PBP（Pay Back Period）　エ ROI（Return On Investment）

問 65 システム開発の成果物が利害関係者の要件（要求事項）を満たしているという客観的な証拠を得るための検証手法として，JIS X 0166:2021（システム及びソフトウェア技術－ライフサイクルプロセス－要求エンジニアリング）では，インスペクション，分析又はシミュレーション，デモンストレーション，テストを挙げている。これらのうち，成果物となる文書について要件（要求事項）への遵守度合いを検査するものはどれか。

ア インスペクション　イ テスト

ウ デモンストレーション　エ 分析又はシミュレーション

問 66 半導体メーカーが行っているファウンドリーサービスの説明として，適切なものはどれか。

ア 商号や商標の使用権とともに，一定地域内での商品の独占販売権を与える。

イ 自社で半導体製品の企画，設計から製造までを一貫して行い，それを自社ブランドで販売する。

ウ 製造設備をもたず，半導体製品の企画，設計及び開発を専門に行う。

エ 他社からの製造委託を受けて，半導体製品の製造を行う。

解答・解説

問63 SOAに関する問題

SOA（Service-Oriented Architecture：サービス指向アーキテクチャ）とは，アプリケーションあるいはその機能の一部を部品化した「サービス」を組み合わせてシステムを作成する手法です。

ここでのサービスは，あるまとまった処理がで

きて，ネットワーク上に公開され，標準化されたインタフェースによって呼び出して使用でき，個々に独立して稼働し，サービスの実装方法や稼働するためのプラットフォームは問わないものです。

SOAを取り入れることによって，システムの作成や変更を柔軟に行うことができます。また，サービスはさまざまなシステムから呼び出して使うことができるので，サービスの再利用の向上も期待できます。

ア：ビジネスプロセスリエンジニアリングの説明です。

イ：ERP（企業資源計画）の説明です。

ウ：SLA（サービス合意文書）の説明です。

エ：正しい。

問64 IT投資効果の評価方法に関する問題

ア：IRR（Internal Rate of Return）…内部収益率。投資期間のキャッシュフローの正味現在価値（NPV）が0となる割引率（将来の価値を現在の価値に換算するために用いられる割合）であり，投資期間を考慮した投資判断の指標の一つです。

イ：NPV（Net Present Value）…正味現在価値。将来得られるキャッシュフローの現在価値から投資額を差し引いたもので投資判断の指標の一つです。NPV>0なら，投資する価値があると判断されます。

ウ：PBP（Pay Back Period）…正しい。資金回収期間で，投資額が何年で回収できるかその期間を示した数字です。投資するか，投資を見送るか判断する指標の一つです。

エ：ROI（Return On Investment）…投資利益率。投資額に対する利益の割合で，投資額に見合った利益を出している（投資対効果）か，評価するための指標です。

問65 システム開発の成果物が要求事項を満たしている証拠を得るための検証方法に関する問題

ア：インスペクション…正しい。要求事項に合致するかどうかを確認するために，関連する文書に違反がないかを検査します。

イ：テスト…ある項目の使いやすさ，サポートのしやすさや性能を，実際の状況やシミュレーションの下で，具体的な数値データを使って検証することです。

ウ：デモンストレーション…システムの機能を実際に見せて，システムが正しく動作し，必要な機能を実行できることを示します。

エ：分析又はシミュレーション…現実的な条件でのテストが困難である場合やコストがかかりすぎる場合，定義した条件の下での解析データやシミュレーションを使用して，理論的に適合していることを示します。

問66 ファウンドリーサービスに関する問題

ア：コンビニや飲食店などのフランチャイズチェーンの本部，フランチャイザーの説明です。フランチャイザーは，加盟店（フランチャイジー）に商号や商標，ノウハウを提供し，加盟料や売り上げの一定割合のロイヤリティを受け取るフランチャイズ契約を結んで，事業を展開することを許可します。

イ：垂直型デバイスメーカ（IDM：Integrated Device Manufacturer）の説明です。垂直統合型とも呼ばれ，製品の開発→製造→販売に至るまで全てを1社で統合して行います。

ウ：ファブレス企業の説明です。製造設備を持たないで，製品の企画・設計や販売などを行い，製造は他社に委託します。

エ：正しい。ファウンドリーサービスとは，半導体製品の委託製造を行うことです。半導体の製造設備を持っていて，製品の開発は行わないで，他社からの委託を受けて製造だけを専門に行う企業を，ファウンドリ企業といいます。

解答		
	問63 エ	問64 ウ
	問65 ア	問66 エ

問67 H. I. アンゾフが提唱した成長マトリクスを説明したものはどれか。

ア　既存製品か新製品かという製品軸と既存市場か新市場かという市場軸の両軸で捉え，事業成長戦略を考える。
イ　コストで優位に立つかコスト以外で差別化するか，ターゲットを広くするか集中するかによって戦略を考える。
ウ　市場成長率が高いか低いか，相対的市場シェアが大きいか小さいかによって事業を捉え，資源配分の戦略を考える。
エ　自社の内部環境の強みと弱み，取り巻く外部環境の機会と脅威を抽出し，取組方針を整理して戦略を考える。

問68 顧客から得る同意の範囲を段階的に広げながら，プロモーションを行うことが特徴的なマーケティング手法はどれか。

ア　アフィリエイトマーケティング　　イ　差別型マーケティング
ウ　パーミッションマーケティング　　エ　バイラルマーケティング

問69 市場を消費者特性でセグメント化する際に，基準となる変数を，地理的変数，人口統計的変数，心理的変数，行動的変数に分類するとき，人口統計的変数に分類されるものはどれか。

ア　社交性などの性格　　イ　職業
ウ　人口密度　　エ　製品の使用割合

問70 オープンイノベーションの説明として，適切なものはどれか。

ア　外部の企業に製品開発の一部を任せることで，短期間で市場へ製品を投入する。
イ　顧客に提供する製品やサービスを自社で開発することで，新たな価値を創出する。
ウ　自社と外部組織の技術やアイディアなどを組み合わせることで創出した価値を，さらに外部組織へ提供する。
エ　自社の業務の工程を見直すことで，生産性向上とコスト削減を実現する。

解答・解説

問67 成長マトリクスに関する問題

成長マトリクスとは，縦軸に市場，横軸に製品を取り，それぞれに既存，新規の区分を設けて，四つの戦略に分類して配置した，事業の成長や拡大を検討するために使用されるツールです。

市場＼製品	既存	新規
既存	市場浸透	新製品開発
新規	新市場開拓	多角化

市場浸透	既存市場で既存製品の販売を伸ばしていく戦略
新製品開発	既存市場に新製品を投入していく戦略
新市場開拓	新市場に既存製品を投入していく戦略
多角化	新市場に新製品を投入していく戦略

ア：正しい。

イ：M.ポータが提唱した競争戦略の説明です。

ウ：プロダクトポートフォリオマネジメント（PPM）の説明です。

エ：SWOT分析の説明です。

問68 マーケティング手法に関する問題

ア：アフィリエイトマーケティング…成果報酬型で，ユーザーやブロガー，インフルエンサーが自身のプラットフォームで他の企業や商品，サービスを紹介し，成果に応じて報酬を受け取る手法です。

イ：差別型マーケティング…顧客が住んでいる地域や性別，年齢などの属性，嗜好に応じたマーケティング戦略を展開する手法です。

ウ：パーミッションマーケティング…正しい。顧客から許諾を得て行う手法です。顧客の承諾を得て情報や広告を送り，長期的な信頼関係を築いて顧客の関与を促します。顧客が関わることで高い反応率が期待できます。

エ：バイラルマーケティング…SNSやメールを通じて口コミを利用し，情報が不特定多数に広まる手法です。友人や知人からの情報は信頼性が高く，低コストで新しい顧客を獲得することができます。

問69 市場を消費者特性でセグメント化する際の基準となる変数に関する問題

市場のセグメント化は，商品やサービスの販売時に，基準（変数）によって分類し，対象とする顧客を明確にする手法です。セグメント化の変数には，地理的変数，人口統計変数，心理的変数，行動的変数があります。以下は四つの変数の代表的な例です。

地理的変数	国，人口密度，文化，気候，交通量など
人口統計変数	年齢，性別，職業，収入，学歴など
心理的変数	価値観，性格，ライフスタイル，趣味嗜好など
行動的変数	購買状況，製品の知識，製品の使用頻度など

ア：社交性などの性格…心理的変数です。

イ：職業…正しい。

ウ：人口密度…地理的変数です。

エ：製品の使用割合…行動的変数です。

問70 オープンイノベーションに関する問題

オープンイノベーションとは，「組織内部のイノベーションを促進するために，意図的かつ積極的に内部と外部の技術やアイディアなどの資源の流出入を活用し，その結果組織内で創出したイノベーションを組織外に展開する市場機会を増やすこと」（「オープンイノベーション白書第3版」（JOIC）より）です。具体的には，研究機関や大学など，外部から技術やアイディアを取り入れて画期的な新製品やサービスなどを開発することを指します。

ア：アウトソーシングの説明です。

イ：クローズドイノベーションの説明です。

ウ：正しい。

エ：プロセスイノベーションの説明です。

解答		
	問67 ア	問68 ウ
	問69 イ	問70 ウ

問71 CPS（サイバーフィジカルシステム）を活用している事例はどれか。

ア 仮想化された標準的なシステム資源を用意しておき，業務内容に合わせてシステムの規模や構成をソフトウェアによって設定する。
イ 機器を販売するのではなく貸し出し，その機器に組み込まれたセンサーで使用状況を検知し，その情報を基に利用者から利用料金を徴収する。
ウ 業務処理機能やデータ蓄積機能をサーバにもたせ，クライアント側はネットワーク接続と最小限の入出力機能だけをもたせてデスクトップの仮想化を行う。
エ 現実世界の都市の構造や活動状況のデータによって仮想世界を構築し，災害の発生や時間軸を自由に操作して，現実世界では実現できないシミュレーションを行う。

問72 個人が，インターネットを介して提示された単発の仕事を受託する働き方や，それによって形成される経済形態を表すものはどれか。

ア APIエコノミー　　イ ギグエコノミー
ウ シャドーエコノミー　　エ トークンエコノミー

問73 スマートファクトリーで使用されるAIを用いたマシンビジョンの目的として，適切なものはどれか。

ア 作業者が装着したVRゴーグルに作業プロセスを表示することによって，作業効率を向上させる。
イ 従来の人間の目視検査を自動化し，検査効率を向上させる。
ウ 需要予測を目的として，クラウドに蓄積した入出荷データを用いて機械学習を行い，生産数の最適化を行う。
エ 設計変更内容を，AIを用いて吟味して，製造現場に正確に伝達する。

問74 BCM（Business Continuity Management）において考慮すべきレジリエンスの説明はどれか。

ア 競争力の源泉となる，他社に真似のできない自社固有の強み
イ 想定される全てのリスクを回避して事業継続を行う方針
ウ 大規模災害などの発生時に事業の継続を可能とするために事前に策定する計画
エ 不測の事態が生じた場合の組織的対応力や，支障が生じた事業を復元させる力

解答・解説

問71 CPS（サイバーフィジカルシステム）に関する問題

CPS（Cyber-Physical System：サイバーフィジカルシステム）とは，現実世界（フィジカル空間）で発生するさまざまなデータを，センサーシステムなどで収集・蓄積し，コンピュータ技術を使って分析・解析し，現実世界にフィードバック

して機械や人に反映させることで，「社会システムの効率化や新産業の創出，知的生産性の向上に寄与するもの」（「CPS基盤技術の研究開発とその社会への導入に関する提案」（CRDS研究開発戦略センター）より）で，高度な社会の実現を目指すサービスやシステムのことです。

ア：クラウドコンピューティングのIaaSの説明です。

イ：IoT（モノのインターネット）を利用した従量課金型ビジネスの説明です。

ウ：シンクライアントの説明です。

エ：正しい。

問72 さまざまな経済形態に関する問題

ア：APIエコノミー…自社が使用していたAPIを他社と共有することで，他社のサービスと連携した，新しいサービスを展開することができる経済圏や商業圏です。ビジネスの拡大に活用されています。

イ：ギグエコノミー…正しい。

ウ：シャドーエコノミー…政府が発表する経済統計には現れない影の経済です。地下経済や非公式経済とも呼ばれ，違法な経済活動だけでなく，報告や記録されていない経済活動も含まれます。

エ：トークンエコノミー…円やドルなどの法定貨幣ではなく，特定の業者が発行した独自の代替貨幣（仮想通貨やポイントなど）で形成される経済圏です。

問73 スマートファクトリーで使用されるAIを用いたマシンビジョンの目的に関する問題

マシンビジョンとは，産業機器に目の機能を与える技術です。カメラで撮影した画像をコンピュータで処理し，その結果に基づいて機器を制御します。自動車の自動運転やロボット工学，品質管理，医療分野などさまざまな産業分野で活用されています。

AIを用いたマシンビジョンを用いると，スマート工場において人間と同じように生産作業を見て理解し，継続的に監視することができます。あるマシンビジョンは，一つ以上の電子カメラ，高度な光センサー，アナログデジタルコンバータなどとAI（人工知能）によって構成されています。これにより，人間のように画像や映像を認識し，高い検査機能と解析機能をもっています。

マシンビジョンは，人の目では判別できないような小さなキズや凹み，塗装のムラなどの不具合を見つけることができるので，人が行ってきた目視検査を自動化することができます。また，人が目視して検査をすると，検査員の習熟度によって検査結果にバラつきが出やすいが，ムラなく正確に検査を行うことができます。人が行っている場合と比べて，検査工数や検査時間を大幅に削減できます。

よって，AIを用いたマシンビジョンの目的として適切なのは，イです。

問74 BCM（Business Continuity Management）において考慮すべきレジリエンスに関する問題

レジリエンス（resilience）は，弾力，復元力，回復力と訳されます。脅威やトラブルに対してうまく対応していく過程や回復能力の意味で使われます。

ア：コアコンピタンスの説明です。競合他社には真似のできない，その企業ならではの独自のノウハウや技術，優位な事業分野，特徴など，他社を圧倒する強みで，他社と差別化の源泉となる経営資源のことです。

イ：全てのリスクを回避することはできません。リスクを特定し，回避方法，リスクが発生した場合に備えた対処方法，リスクが顕在化し場合に発生する損失を想定した対策などのリスク管理体制を整備しておくことが重要です。

ウ：事業継続計画（BCP）の説明です。自然災害，大火災，テロ攻撃などの予期せぬ事象が発生した場合に，最低限の業務継続，あるいは早期に復旧・再開できるようにするために，緊急時における事業継続のための方法，手段などを事前に取り決めておく行動計画です。

エ：正しい。

解答		
	問71 エ	問72 イ
	問73 イ	問74 エ

問75 リーダーシップ論のうち，F. E. フィードラーが提唱するコンティンジェンシー理論の特徴はどれか。

ア 優れたリーダーシップを発揮する，リーダー個人がもつ性格，知性，外観などの個人的資質の分析に焦点を当てている。
イ リーダーシップのスタイルについて，目標達成能力と集団維持能力の二つの次元に焦点を当てている。
ウ リーダーシップの有効性は，部下の成熟（自律性）の度合いという状況要因に依存するとしている。
エ リーダーシップの有効性は，リーダーがもつパーソナリティと，リーダーがどれだけ統制力や影響力を行使できるかという状況要因に依存するとしている。

問76 発生した故障について，発生要因ごとの件数の記録を基に，故障発生件数で上位を占める主な要因を明確に表現するのに適している図法はどれか。

ア 特性要因図　　イ パレート図
ウ マトリックス図　　エ 連関図

問77 取得原価30万円のPCを2年間使用した後，廃棄処分し，廃棄費用2万円を現金で支払った。このときの固定資産の除却損は廃棄費用も含めて何万円か。ここで，耐用年数は4年，減価償却方法は定額法，定額法の償却率は0.250，残存価額は0円とする。

ア 9.5　　イ 13.0　　ウ 15.0　　エ 17.0

解答・解説

問75 コンティンジェンシー理論に関する問題

リーダーシップ論は，どのようなリーダーが組織やチームなどの目的達成に導くか，リーダーの人物像や資質などを探求する理論です。コンティンジェンシー理論は「どのような状況にも対応できるリーダーシップは存在しない」という考え方に基づいています。リーダーシップは本人がもっている資質だけでなく，環境や状況の変化に応じて組織の管理やリーダーシップも変化するという理論です。

コンティンジェンシー理論に似たリーダーシップ論に，組織の状況によってリーダーの対応は変わってくるとする条件適合理論，部下の成熟の度合い（経験や仕事の習熟度）に合わせて，部下に対する行動を変えることが有効であるというSL理論があります。

ア：リーダーシップ特性理論（資質論）です。
イ：PM理論です。
ウ：SL理論です。
エ：正しい。

問76 パレート図に関する問題

ア：特性要因図…特定の結果に影響を与える原因（要因）との関連を表す図であり，結果に対する原因を明らかにするために使用されます。
イ：パレート図…正しい。

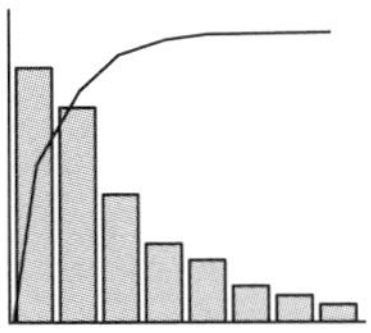

ウ：マトリックス図…行と列に属する要素から構成される2次元の表です。行と列の要素を組み合わせて考えることで，問題解決の着眼点を見つけるために使用される図です。
エ：連関図…原因と結果や目的と手段などの関係が複雑に絡み合っている場合に使用されます。問題点とその要因の因果関係を論理的に関連付け，問題の構造を明らかにすることで解決の手がかりをつかむための図です。

問77 固定資産売却損の計算に関する問題

企業が取得したPCのような機械装置や建物，設備などの資産は，時間が経つにつれて価値が減っていくので，減価償却資産といいます。減価償却資産は，取得価格から残存価格を差し引いた金額を耐用年数に分割して減価償却費として計上します。

除却損（固定資産除却損）は，固定資産を売却や廃棄処分した際に生じる損失の額を表します。

問題における固定資産除却損は，

除却損
＝取得価格－2年後のPCの価額＋廃棄費用

で求められます。2年後のPCの価額は，取得価格30万円から2年間で減価償却をした後の価額です。

まず，PCの2年後の価額を求めます。定額法による償却費は，

償却額＝取得価額×定額法の償却率

で求められます。定額法における償却費は，原則として毎年同額です。残存価額は0円なので，償却対象額は取得価額の30万円です。

毎年の償却額は，償却率が0.25なので，

償却額＝300,000×0.25＝75,000円

廃棄処分する2年後までに償却した額は，

75,000×2＝150,000円

で，150,000円です。

2年後のPCの価額（残存価額）は，

300,000－150,000＝150,000円

です。

廃棄処分費用2万円を引いた除却損は，

除却損＝150,000＋20,000＝170,000円

となります。

したがって，固定資産の除去損は廃棄費用を含めて17万円です（エ）。

解答	問75 エ	問76 イ	問77 エ

令和5年度秋期 午前 午後

問78 プログラムの著作物について，著作権法上，適法である行為はどれか。

ア　海賊版を複製したプログラムと事前に知りながら入手し，業務で使用した。
イ　業務処理用に購入したプログラムを複製し，社内教育用として各部門に配布した。
ウ　職務著作のプログラムを，作成した担当者が独断で複製し，他社に貸与した。
エ　処理速度を向上させるために，購入したプログラムを改変した。

問79 匿名加工情報取扱事業者が，適正な匿名加工を行った匿名加工情報を第三者提供する際の義務として，個人情報保護法に規定されているものはどれか。

ア　第三者に提供される匿名加工情報に含まれる個人に関する情報の項目及び提供方法を公表しなければならない。
イ　第三者へ提供した場合は，速やかに個人情報保護委員会へ提供した内容を報告しなければならない。
ウ　第三者への提供の手段は，ハードコピーなどの物理的な媒体を用いることに限られる。
エ　匿名加工情報であっても，第三者提供を行う際には事前に本人の承諾が必要である。

問80 図は，企業と労働者の関係を表している。企業Bと労働者Cの関係に関する記述のうち，適切なものはどれか。

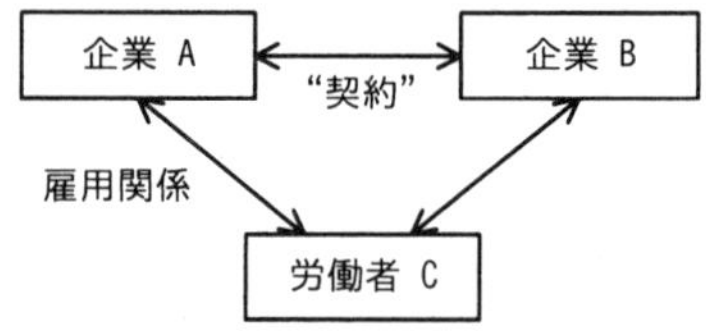

ア　"契約"が請負契約で，企業Aが受託者，企業Bが委託者であるとき，企業Bと労働者Cとの間には，指揮命令関係が生じる。
イ　"契約"が出向にかかわる契約で，企業Aが企業Bに労働者Cを出向させたとき，企業Bと労働者Cとの間には指揮命令関係が生じる。
ウ　"契約"が労働者派遣契約で，企業Aが派遣元，企業Bが派遣先であるとき，企業Bと労働者Cの間にも，雇用関係が生じる。
エ　"契約"が労働者派遣契約で，企業Aが派遣元，企業Bが派遣先であるとき，企業Bに労働者Cが出向しているといえる。

解答・解説

問78 プログラムの著作物における著作権法に関する問題

プログラムの著作物は，著作物として例示されているので，著作権法で保護されます。ソースコードなどのプログラムは，著作権の対象となりますが，プログラムを作成するために使用したプログラム言語や規約，解法（アルゴリズム）は保護されません。

プログラムの著作物の複製を持っている場合は，自分がコンピュータで利用するために必要な範囲内でバックアップ（複製）を取ることができます。また，以下の利用行為は著作権の侵害にはならないので，著作者に無断で行うことができます（20条第2項第3号）。

> **・特定のコンピュータでプログラムを使用するために修正する。**
> **・効率的に使用するために必要な改変（処理速度の向上や機能追加など）を行う。**

ア：海賊版と事前に知っていて使用した場合は，違法です（113条第5項）。

イ：自分が使用するための必要な範囲内の複製ではないので，違法です（47条の3第1項）。

ウ：職務上作成したプログラムの著作権は，作成時に契約や勤務規則その他に別段の定めがない限り，所属法人に帰属するので，違法です（15条第2項）。

エ：正しい。

問79 匿名加工情報を第三者提供する際の義務についての個人情報保護法の規定に関する問題

個人情報保護法における匿名加工情報とは，特定の個人を識別できないように加工した個人に関する情報で，復元することができないようにしたものです。

匿名加工情報取扱業者（個人を特定できないように個人情報を加工する匿名化の処理を行い，匿名化された情報を取り扱う業者）が匿名加工情報を第三者に提供するときは，匿名加工情報取扱事業者が自分で個人情報を加工して作成したものを除いて，個人情報保護委員会規則の規定に従って，提供される匿名加工情報に含まれる個人に関する情報の項目及び提供方法を公表しなければなりません。

また，当該第三者に対して，提供される情報が匿名加工情報であることを明示しなければなりません。つまり，匿名加工情報を第三者に提供する場合は，個人情報保護法に基づいた適切な手続きが必要となります。

よって，答えはアになります。

問80 企業と労働者の関係に関する問題

ア：請負契約とは，発注者から仕事を請け負って，自社の労働者がその仕事を行う契約方式です。企業Aが受託者であるので，Aは自社の労働者Cに指揮や命令を出して仕事を進めます。この場合，BとCとの間には指揮命令関係は生じません。

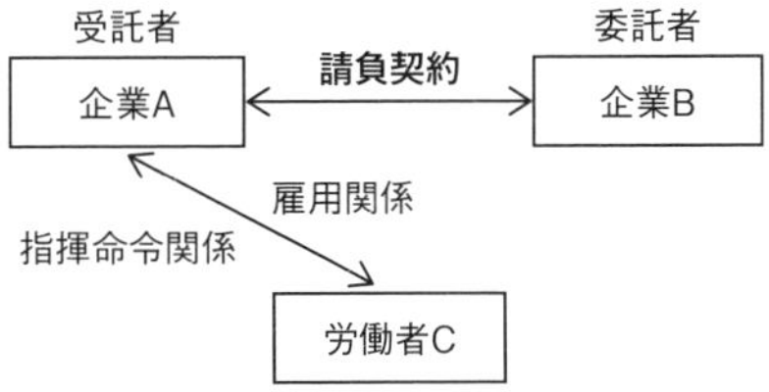

イ：正しい。出向とは，労働者Cが企業Aに在籍したまま，又はAとの雇用関係を解消して，企業Bと雇用契約関係を結んで働く形態です。実際に働く場所はBとなり，BとCとの間には指揮命令関係が生じます。

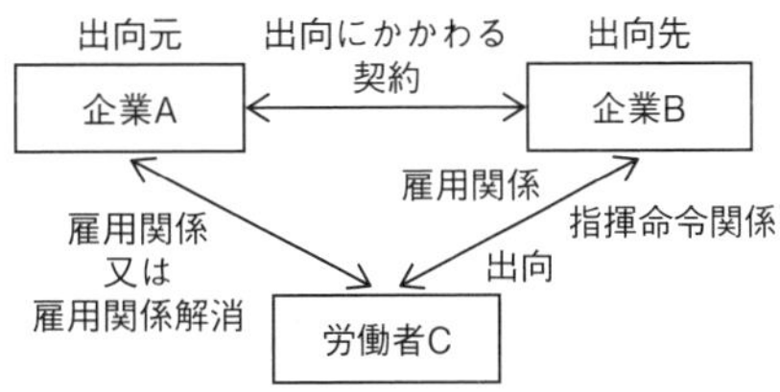

ウ：労働者派遣契約では，労働者Cは企業Bが指定する場所で働き，Bから指揮命令を受けます。Cは企業Aとの雇用関係のままですが，BとCの間には雇用関係は生じません。

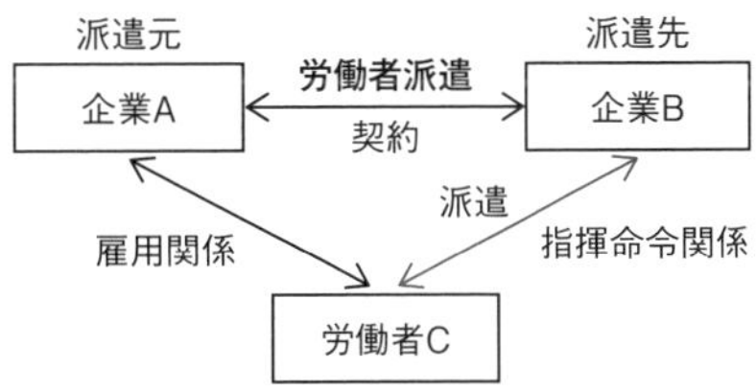

エ：労働者派遣契約は，労働者Cを企業Bに派遣して働いてもらう契約です。この場合，企業AとCは雇用関係のままです。出向ではCはBと雇用契約を結びますので，労働者派遣契約では出向しているとはいえません。

解答	問78 エ	問79 ア	問80 イ

午後問題（令和５年・秋期）

〔問題一覧〕

●問1（必須）

問題番号	出題分野	テーマ
問1	情報セキュリティ	電子メールのセキュリティ対策

●問2～問11（10問中4問選択）

問題番号	出題分野	テーマ
問2	経営戦略	バランスコアカードを用いたビジネス戦略策定
問3	プログラミング	2分探索木
問4	システムアーキテクチャ	システム統合の方式設計
問5	ネットワーク	メールサーバの構築
問6	データベース	在庫管理システム
問7	組込みシステム開発	トマトの自動収穫を行うロボット
問8	情報システム開発	スレッド処理
問9	プロジェクトマネジメント	新たな金融サービスを提供するシステム開発プロジェクト
問10	サービスマネジメント	サービスレベル
問11	システム監査	情報システムに係るコンティンジェンシー計画の実効性の監査

次の問1は必須問題です。必ず解答してください。

問1

電子メールのセキュリティ対策に関する次の記述を読んで，設問に答えよ。

K社は，IT製品の卸売会社であり，300社の販売店に製品を卸している。K社では，8年前に従業員が，ある販売店向けの奨励金額が記載されたプロモーション企画書ファイルを添付した電子メール（以下，メールという）を，担当する全販売店の担当者宛てに誤送信するというセキュリティ事故が発生した。この事故を機に，メールの添付ファイルを，使い捨てのパスワード（以下，DPWという）によって復元可能なZIPファイルに変換する添付ファイル圧縮サーバを導入した。

添付ファイル圧縮サーバ導入後のメール送信手順を図1に示す。

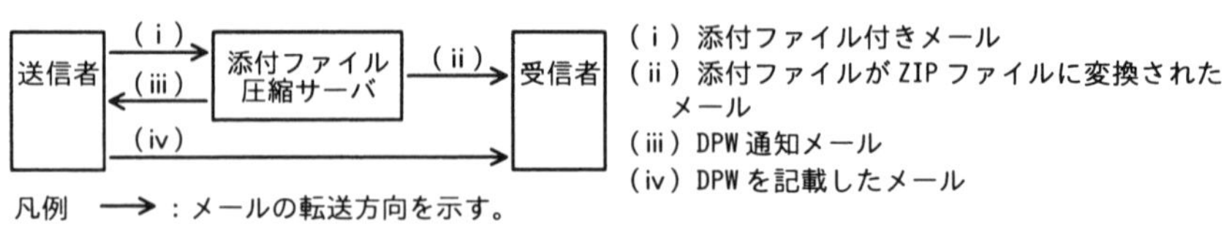

図１　添付ファイル圧縮サーバ導入後のメール送信手順

〔現在のメール運用の問題点と対策〕

K社では，添付ファイル圧縮サーバを利用して，最初にDPWで復元可能なZIPファイルを添付したメール（以下，本文メールという）を送信し，その後，ZIPファイルを復元するためのDPWを記載したメール（以下，PWメールという）を送信することによって，メールのセキュリティを確保する方式（以下，この方式をPPAPという）を運用している。

しかし，現在運用しているPPAPは，政府のある機関において中止するという方針が公表され，K社の販売店や同業者の中でもPPAPの運用を止める動きが見られるようになった。

このような状況から，K社の情報セキュリティ委員会は，自社のPPAPの運用上の問題点を検証することが必要であると判断して，情報セキュリティリーダーのL主任に，PPAPの運用上の問題点の洗い出しと，その改善策の検討を指示した。

L主任は，現在のPPAPの運用状況を調査して，次の二つの問題点を洗い出した。

(1) ①本文メールの宛先を確認せずに，本文メールと同じ宛先に対してPWメールを送信している従業員が多い。

(2) ほとんどの従業員が，PWメールを本文メールと同じメールシステムを使用して送信している。したがって，本文メールが通信経路上で何らかの手段によって盗聴された場合，PWメールも盗聴されるおそれがある。

問題点の（1）及び（2）は，ともに情報漏えいにつながるリスクがある。（1）の問題点を改善しても，（2）の問題点が残ることから，②L主任は（2）の問題点の改善策を考えた。しかし，運用面の改善によってリスクは低減できるが，時間とともに情報漏えいに対する意識が薄れると，改善策が実施されなくなるおそれがある。そこで，L主任は，より高度なセキュリティ対策を実施して，情報漏えいリスクを更に低減させる必要があると考え，安全なメールの送受信方式を調査した。

〔安全なメール送受信方式の検討〕

L主任は，調査に当たって安全なメール送受信方式のための要件として，次の（i）～（iii）を設定した。

（i）メールの本文及び添付ファイル（以下，メール内容という）を暗号化できること

（ii）メール内容は，送信端末と受信端末との間の全ての区間で暗号化されていること

（iii）誤送信されたメールの受信者には，メール内容の復号が困難なこと

これら三つの要件を満たす技術について調査した結果，S/MIME（Secure/Multipurpose Internet Mail Extensions）が該当することが分かった。S/MIMEは，K社や販売店で使用しているPCのメールソフトウェア（以下，メーラという）が対応しており導入しやすいとL主任は考えた。

〔S/MIMEの調査〕

まず，L主任はS/MIMEについて調査した。調査によって分かった内容を次に示す。

・S/MIMEは，メールに電子署名を付加したり，メール内容を暗号化したりすることによってメールの安全性を高める標準規格の一つである。

・メールに電子署名を付加することによって，メーラによる電子署名の検証で，送信者を騙（かた）ったなりすましや③メール内容の改ざんが検知できる。公開鍵暗号と共通鍵暗号とを利用してメール内容を暗号化することによって，通信経路での盗聴や誤送信による情報漏えいリスクを低減できる。

・S/MIMEを使用して電子署名や暗号化を行うために，認証局（以下，CAという）が発行した電子証明書を取得してインストールするなどの事前作業が必要となる。

メールへの電子署名の付加及びメール内容の検証の手順を表1に，メール内容の暗号化と復号の手順を表2に示す。

表1　メールへの電子署名の付加及びメール内容の検証の手順

送信側		受信側	
手順	処理内容	手順	処理内容
1.1	ハッシュ関数 h によってメール内容のハッシュ値 x を生成する。	1.4	電子署名を［ b ］で復号してハッシュ値 x を取り出す。
1.2	ハッシュ値 x を［ a ］で暗号化して電子署名を行う。	1.5	ハッシュ関数 h によってメール内容のハッシュ値 y を生成する。
1.3	送信者の電子証明書と電子署名付きのメールを送信する。	1.6	手順 1.4 で取り出したハッシュ値 x と手順 1.5 で生成したハッシュ値 y とを比較する。

表2　メール内容の暗号化と復号の手順

送信側		受信側	
手順	処理内容	手順	処理内容
2.1	送信者及び受信者が使用する共通鍵を生成し，④共通鍵でメール内容を暗号化する。	2.4	［ d ］で共通鍵を復号する。
2.2	［ c ］で共通鍵を暗号化する。	2.5	共通鍵でメール内容を復号する。
2.3	暗号化したメール内容と暗号化した共通鍵を送信する。		

〔S/MIME導入に当たっての実施事項の検討〕

次に，L主任は，S/MIME導入に当たって実施すべき事項について検討した。

メーラは，⑤受信したメールに添付されている電子証明書の正当性について検証する。問題を検出すると，エラーが発生したと警告されるので，エラー発生時の対応方法をまとめておく必要がある。そのほかに，受信者自身で電子証明書の内容を確認することも，なりすましを発見するのに有効であるので，受信者自身に実施を求める事項もあわせて整理する。

メール内容の暗号化を行う場合は，事前に通信相手との間で電子証明書を交換しておかなければならない。そこで，S/MIME導入に当たって，S/MIMEの適切な運用のために従業員向けのS/MIMEの利用手引きを作成して，利用方法を周知することにする。

これらの検討結果を基に，L主任はS/MIMEの導入，導入に当たって実施すべき事項，導入までの間はPPAPの運用上の改善策を実施することなどを提案書にまとめ，情報セキュリティ委員会に提出した。提案内容が承認されS/MIMEの導入が決定した。

設問 1

〔現在のメール運用の問題点と対策〕について答えよ。

(1) 本文中の下線①によって発生するおそれのある，情報漏えいにつながる問題を，40字以内で答えよ。

(2) 本文中の下線②について，盗聴による情報漏えいリスクを低減させる運用上の改善策を，30字以内で答えよ。

設問 2

〔S/MIMEの調査〕について答えよ。

(1) 本文中の下線③が検知される手順はどれか。表1，2中の手順の番号で答えよ。

(2) 表1，2中の［ a ］～［ d ］に入れる適切な字句を解答群の中から選び，記号で答えよ。

解答群

ア CAの公開鍵　イ CAの秘密鍵　ウ 受信者の公開鍵
エ 受信者の秘密鍵　オ 送信者の公開鍵　カ 送信者の秘密鍵

(3) 表2中の下線④について，メール内容の暗号化に公開鍵暗号ではなく共通鍵暗号を利用する理由を，20字以内で答えよ。

設問 3

本文中の下線⑤について，電子証明書の正当性の検証に必要となる鍵の種類を解答群の中から選び，記号で答えよ。

解答群

ア CAの公開鍵　イ 受信者の公開鍵　ウ 送信者の公開鍵

問1のポイント

電子メールのセキュリティ改善

電子メールのセキュリティを題材に，公開鍵暗号方式や共通鍵暗号方式について問われる内容になっています。午前の試験，午後の試験問わず頻出の分野でもあるため，この機会にそれぞれの仕組みや特徴について改めて整理しましょう。

知識として持っているかどうかなので，問題文を深く読み解く必要はありません。なるべく時間をかけずに問題文を読み，解答できるよう日頃から練習してください。

設問1の解説

□□□

● (1) について

ある販売店向けの奨励金額が記載されたプロモーション企画書ファイルを添付したメールを，担当する全販売店の担当者宛てに誤送信するというセキュリティ事故が発端です。

下線①のように本文メールの宛先を確認せずに，本文メールと同じ宛先に対してPWメールを送信した場合，先例と同じように，本来の宛先以外の担当者宛てに，本文メールとPWメールの両方を誤送信することになります。PWメールも同じ宛先に送ってしまうため，PWでセキュリティを高める効果がありません。

● (2) について

下線②の問題点とは，PWメールを本文メールと同じメールシステムを使用して送信していることです。そのため，PWメールを本文メールと異なるメールシステムを使用して送信すれば，改善されます。

解答	(1) 本文メールとPWメールの両方を誤送信し，ZIPファイルを復元されてしまう（36字） (2) PWメールを本文メールと異なるメールシステムで送信する（27字）

設問2の解説

□□□

● (1) について

もしもメール内容の改ざんがされていない場合，表1の手順1.1で求めたメール内容のハッシュ値xと，手順1.5で求めたメール内容のハッシュ値yとは一致します。なぜなら同一のメール内容から同一のハッシュ関数hを使用して算出されるからです。

逆に，もしもメール内容の改ざんがされていたら，手順1.1で求めたメール内容のハッシュ値xと，手順1.5で求めたメール内容のハッシュ値yは

令和5年度秋期　午前　午後

不一致になります。すなわち，手順1.6のハッシュ値xとハッシュ値yとの比較によって，メール内容の改ざんが検知されます。

● (2) について

・【空欄a，b】

電子署名は送信者が送信者の秘密鍵で署名を生成し，受信者へ電子署名つきのメールを送信します。その後，受信者が送信者の公開鍵で検証します。

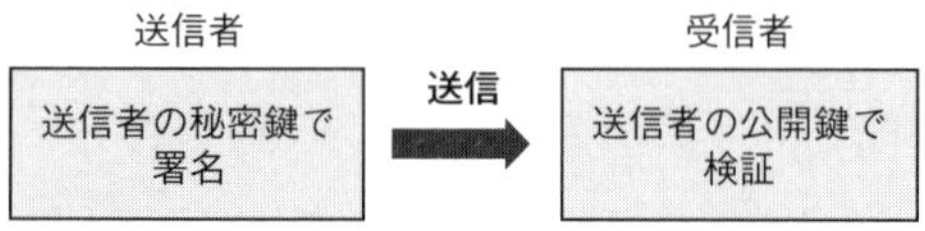

秘密鍵は本人しか知り得ない情報のため，送信者が送信者の秘密鍵で署名することで，本人であることの証明になります。受信者は，送信者の公開鍵で検証し，有効な電子署名であることが証明されます。

・【空欄c，d】

メール内容の暗号化／復号はこれと逆になります。

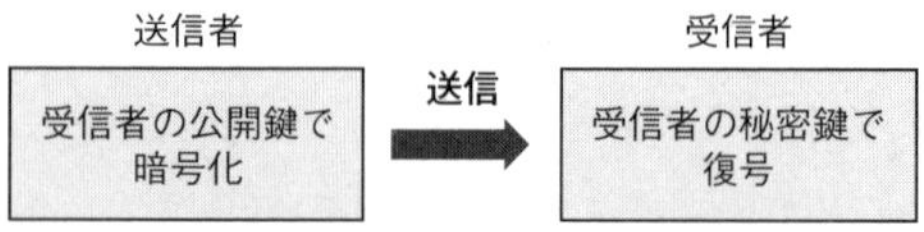

メール内容を復号するための共通鍵を受信者の公開鍵で暗号化することで，正しい受信者しか復号できなくなります。なぜなら受信者の公開鍵で暗号化したものを復号するためには，受信者の秘密鍵が必要ですが，これは受信者本人しか知り得ないためです。

公開鍵暗号方式において，

- 公開鍵と秘密鍵がペアになっている
- 秘密鍵は本人しか知り得ない情報である

ことが重要です。

● (3) について

公開鍵暗号方式のデメリットのひとつとして，公開鍵暗号アルゴリズムの計算に非常に時間がかかることが挙げられます。共通鍵暗号方式に比べて，1000倍程度の時間がかかると言われています。

そこで暗号化や復号にかかる処理時間の短縮のために，メール内容そのものではなく，メール内容を暗号化した後の共通鍵のみを公開鍵暗号方式で暗号化します。

解答	(1) 1.6 (2) a：カ　b：オ　c：ウ d：エ (3) 暗号化と復号にかかる時間を短縮するため（19字）

設問3の解説

□□□

表1の手順1.3で，「送信者の電子証明書と電子署名付きのメールを送信する」と書かれています。

電子署名が適切であることを証明するために，電子証明書が添付されています。この電子証明書はCAで発行されています。本文中にも，「S/MIMEを使用して電子署名や暗号化を行うためにCAが発行した電子証明書を取得してインストールするなどの事前作業が必要となる」と明記されています。

電子証明書の正当性を確かめるためには，CAへ確認を要求しなければいけません。CAへの確認のため，CAの公開鍵が必要です。

解答	ア

次の**問2〜問11**については**4問を選択**し，**答案用紙の選択欄の問題番号を○印で囲んで解答**してください。
なお，5問以上○印で囲んだ場合は，**はじめの4問**について採点します。

問2

バランススコアカードを用いたビジネス戦略策定に関する次の記述を読んで，設問に答えよ。

X社は，大手の事務機器販売会社である。複写機をはじめ，様々な事務機器を顧客に提供してきた。顧客の事業環境の急激な変化や市場の成熟化によって，X社の利益率は低下傾向であった。そこで，X社の経営陣は，数年前に複数のIT関連の商品やサービスを組み合わせてソリューションとして提供することで，顧客の事業を支援するビジネス（以下，ソリューションビジネスという）を開始し，利益率向上を目指してきた。ソリューションビジネスは拡大し，売上高は全社売上高の60％以上を占めるまでになったが，思うように利益率が向上していない。X社の経営陣は，利益率を向上させて現在5％のROEを10％以上に高め，投資家の期待に応える必要があると考えている。

X社の組織体制には，経営企画室，人材開発本部，ソリューション企画本部（以下，S企画本部という），営業本部などがある。人事評価制度として，目標管理制度を導入しており，営業担当者は売上高を目標に設定し，達成度を管理している。営業本部がビジネス戦略を立案し，S企画本部が，IT関連の商品やサービスを提供する企業（以下，サービス事業者という）と協業してソリューションを開発していたが，X社の経営陣は，全社レベルで統一され，各本部が組織を横断して連携するビジネス戦略が必要と考えた。

X社の経営陣は，次期の中期経営計画の策定に当たって，経営企画室のY室長にソリューションビジネスを拡大し，X社の利益率を向上させるビジネス戦略を立案するよう指示した。

〔ソリューションビジネスの現状分析〕

Y室長は，X社の現状を分析し，次のように認識した。

- ソリューションの品ぞろえが少なく，また，顧客価値の低いソリューションや利益率の低いソリューションがある。
- 新しい商品やサービスを取り扱っても，すぐに競合他社から同じ商品やサービスが販売され，差別化できない。
- ソリューションの提案活動では，多くのソリューション事例の知識及び顧客の事業に関する知識を活用し，顧客の真のニーズを聞き出すスキルが求められるが，そのような知識やスキルをもつ人材（以下，ソリューション人材という）が不足している。その結果，顧客満足度調査では，ソリューション提案を求めても期待するような提案が得られないとの回答もみられる。
- X社のソリューションビジネスの市場認知度を高める必要があるが，現状では，顧客に訴求できるような情報の発信力が不足している。
- 提案活動の参考になる過去のソリューション事例を，サーバに登録することにしている。しかし，営業担当者は，自らの経験を公開することが人事評価にはつながらないので登録に積極的でなく，現在は蓄積されている件数が少ない。また，有益な情報があっても探すのに時間が掛かり，提案のタイミングを逸して失注している。

〔ビジネス戦略の施策〕

現状分析を踏まえて，Y室長はビジネス戦略の施策を次のようにまとめ，これらの施策を実施することによって，ROEを10％以上に伸長させることとした。

(1) 人材開発
- ソリューション人材を育成する仕組みを確立する。具体的には，ソリューション人材の営業ノウハウを形式知化して社内で共有するとともに，ソリューション提案の研修を開催し，ソリューションの知識や顧客の真のニーズを聞き出すスキル，課題を発見・解決するスキルが乏しい営業担当者の教育に活用する。

・人事評価制度を見直し，営業担当者は売上高の目標達成に加えて，ソリューション事例の登録数など，組織全体の営業力を高めることへの貢献度を評価する。また，S企画本部の担当者に対しては，ソリューションごとの顧客満足度と販売実績の利益率を評価する。さらに，人材開発本部の担当者に対しては，開催した研修によって育成したソリューション人材の人数を評価する。

(2) ソリューション開発

・顧客の事業環境の変化に対応してソリューションの品ぞろえを増やすため，専任チームを立ち上げ，多様な商品やサービスをもつサービス事業者との業務提携を拡大する。業務提携に当たっては，[a]権利を，そのサービス事業者から適法に取得することによって他社との差別化を図る。

・利益率の高いソリューション事例を抽出し，類似する顧客のニーズ・課題及び同規模の予算に適合するソリューションのパターン（以下，ソリューションパターンという）を整備する。

(3) 営業活動

・ソリューションパターンの提案を増やすことによって，顧客価値と利益率が高いソリューションの売上拡大を図る。

・X社のソリューションの市場認知度を高めるために，ソリューション事例を顧客に訴求できる魅力的な情報として発信するなど，コンテンツマーケティングを行う。

・顧客の真のニーズを満たす顧客価値を提供するために，営業本部とS企画本部とが協力して開発するソリューションを活用して，営業活動を展開する。

〔バランススコアカード〕

Y室長は，ビジネス戦略の施策を具体化するために，①各部門の中期経営計画策定担当者を集めて，表1に示すバランススコアカード案を作成した。

表1　バランススコアカード案

視点	戦略目標	重要成功要因	評価指標	アクション
財務	・ROE 向上	・利益率の高いソリューションの売上の拡大	・売上高 ・営業利益 ・当期純利益	・利益率に基づくソリューションの選別
顧客	・ソリューション提供に対する顧客満足の改善	・顧客価値の高いソリューションの提供	・顧客満足度	・顧客の事業の支援につながるソリューションパターンの活用
	・ソリューションビジネスの市場認知度の向上	・顧客に訴求できる魅力的な情報の発信	・情報の発信数	・[b]の実施
業務プロセス	・ソリューションの高付加価値化	・ソリューション事例の有効活用 ・他社との差別化	・ソリューションパターン別の利益率 ・他社がまねできない商品やサービスの数	・ソリューション事例の登録の促進とソリューションパターンの整備 ・[a]権利の取得を含めたサービス事業者との契約交渉
	・顧客価値と利益率が高いソリューションの提案	・[c]	・提案件数	・ソリューションパターンに合わせた提案書の整理
	・ソリューションの品ぞろえの増加	・顧客の事業環境の変化に関する理解と対応 ・業務提携の拡大	・ソリューションの品ぞろえの数 ・[d]の数	・専任チームの編成
学習と成長	・ソリューション人材の増強	・ソリューション提案のスキルの定着	・ソリューション人材の人数	・ソリューション人材のノウハウの教材化 ・ソリューション提案の研修の開催

〔SECIモデルの適用〕

Y室長は，バランススコアカードのアクションを組織的に推進する仕組みとして，②共同化（Socialization），表出化（Externalization），連結化（Combination），内面化（Internalization）のステップから成るSECIモデルの適用を考え，表2に示す活動を抽出した。

表2 SECIモデルの活動

記号	活動
A	営業担当者は，ソリューションパターンを活用した営業活動の実経験を通じて，顧客の理解を深める。
B	S企画本部は，ソリューション事例を体系化しソリューションパターンとして社内で共有し，顧客の真のニーズに基づく営業活動の展開に活用する。
C	営業本部において，ソリューション人材とソリューションの提案に必要な知識やスキルが乏しい営業担当者を組んで行動させることで，営業ノウハウを広める。
D	営業本部では，ソリューション人材の営業活動の実績を，ソリューション事例として登録し，営業本部内及びS企画本部と共有する。

Y室長は，SECIモデルの活動を促進するために，新たに経営管理システムに次の機能を追加することにした。

- ・③ソリューション事例の登録数・参照数によって，その事例を登録した営業担当者にスコアが付与され，組織全体への貢献度を可視化する機能
- ・④顧客のニーズ・課題及び予算を入力することで，該当するソリューションパターンとその適用事例を，瞬時に顧客に有効と考えられる順にピックアップする機能

〔財務目標〕

Y室長は，バランススコアカードに基づき，3か年の中期経営計画の最終年度の財務目標を設定し，表3の年度別損益の比較と表4の年度別財務分析指標の比較を作成した。

表3 年度別損益の比較

単位 億円

勘定科目	基準年度[1]	中期経営計画最終年度
売上高	6,000	7,500
売上原価	5,000	6,100
売上総利益	1,000	1,400
販売費及び一般管理費	880	960
営業利益	120	440
経常利益	120	440
当期純利益	80	300

注[1] 中期経営計画策定年度の前年度を基準年度とする。

表4 年度別財務分析指標の比較

指標	基準年度[1]	中期経営計画最終年度
売上高当期純利益率（%）	1.3	4.0
総資本回転率（回転）	1.5	1.5
自己資本比率（%）	40	40
ROA（%）	2	（省略）
ROE（%）	5	e

注[1] 中期経営計画策定年度の前年度を基準年度とする。

Y室長は，まとめ上げたビジネス戦略案を含む中期経営計画案を経営会議で説明し，承認を得た。

設問 1

〔バランススコアカード〕について答えよ。

(1) 本文中の下線①について，バランススコアカード案の作成に当たり，各部門の中期経営計画策定担当者を集めた狙いは何か。本文中の字句を用いて25字以内で答えよ。

(2) 〔ビジネス戦略の施策〕の本文及び表1中の［ a ］に入れる適切な字句を，15字以内で答えよ。

(3) 表1中の［ b ］，［ d ］に入れる適切な字句を，それぞれ15字以内で答えよ。

(4) 表1中の［ c ］に入れる適切な字句を解答群の中から選び，記号で答えよ。

解答群

- ア　顧客への訪問回数を増やす営業活動
- イ　サービス事業者との協業によるソリューション開発
- ウ　ソリューションパターンを活用した営業活動
- エ　利益率を重視した営業活動

設問 2

〔SECIモデルの適用〕について答えよ。

(1) 本文中の下線②について，表2の記号A～Dを，SECIモデルの共同化，表出化，連結化，内面化のステップの順序に“,”で区切って並べて答えよ。

(2) 本文中の下線③について，この機能は，営業担当者のどのような行動を促進できるか。15字以内で答えよ。

(3) 本文中の下線④について，この機能は，営業担当者の提案活動において，どのような効果を期待できるか。40字以内で答えよ。

設問 3

表4中の［　e　］に入れる適切な数値を，小数第1位を四捨五入して整数で答えよ。

問2のポイント　バランススコアカードを用いたビジネス戦略策定

大手事務機器販売会社におけるバランススコアカードを用いたビジネス戦略の策定に関する出題です。バランススコアカード，SECIモデル，コンテンツマーケティングなどの知識，応用力が問われています。バランススコアカードやSECIモデルというテーマは，難易度が高いと思われるかもしれませんが，問題をしっかり読み込むことでヒントを得ることができます。

設問1の解説

□□□

バランススコアカード（Balanced Scorecard）

経営戦略立案・実行評価のフレームワークで，財務と非財務の4つの視点（財務，顧客，業務プロセス，学習と成長）で目標を設定し，各目標の達成度を定量的に測る指標を定義して，戦略実行の進捗を具体的・明示的に把握する業績管理手法。売上げや顧客数といった財務面の計数的な目標だけでは，総合的な経営戦略の把握は困難であることから，非財務面の視点を取り入れ，目標を計数化して達成度合いを評価することが特徴となっている。

● (1) について

各部門の中期計画策定担当者を集めた狙いを問われています。問題文には「X社の経営陣は，全社レベルで統一され，各本部が組織を横断して連携するビジネス戦略が必要と考えた」と記載されています。したがって，「各本部が組織を横断して連携するビジネス戦略とする」が該当します。

● (2) について

・【空欄a】

続きの問題文に「そのサービス事業者から適法に取得することで，他社との差別化を図る」との記載があることから，商品やサービスを，他社も販売できる状態の契約ではなく，X社が独占販売する権利をもとうとしていることが分かります。

● (3) について

・【空欄b】

重要成功要因の「顧客に訴求できる魅力的な情報の発信」に関係するアクションとしては「コンテンツマーケティングを行う」とあり，これが該当します。

> **コンテンツマーケティング**
>
> 価値ある情報やエンターテイメントを提供することで顧客との関係を築き，信頼と認知度を高める戦略。例えば，レシピサイトを運営する食品企業は，おいしいレシピや料理のヒントを提供することで，顧客のロイヤルティを築き，製品への関心を高めることができる。また，フィットネス関連の企業であれば，健康やエクササイズに関するブログや動画を作成することで，顧客に価値を提供し，ブランドの信頼を築くことができるなど。

・【空欄d】

戦略目標が「ソリューションの品ぞろえの増加」，重要成功要因が「業務提携の拡大」であるので，その評価指標は，「業務提携するサービス事業者」の数になります。

● (4) について

・【空欄c】

「顧客価値と利益率が高いソリューションの提案」をするための重要成功要因を考えます。アクションには「ソリューションパターンに合わせた提案書の整理」があるので，選択肢の中では**ウ**が該当します。

解答	(1) 各本部が組織を横断して連携するビジネス戦略とする（24字） (2) a：商品やサービスを独占販売する（14字） (3) b：コンテンツマーケティング（12字） d：業務提携するサービス事業者（13字） (4) c：**ウ**

設問2の解説

□□□

> **SECIモデル**
>
> 知識の創造と変換を理解するフレームワークで，非形式知と形式知の間の相互作用を表現する。このモデルは，「共同化，表出化，連結化，内面化」の4つのフェーズから成り立っている。
>
> ・共同化（Socialization）：個人が直感や感覚を通じて非形式知を共有し，共有するプロセス。
> ・表出化（Externalization）：個人が非形式知を形式知に変換し，他の人と共有できるようにするプロセス。
> ・連結化（Combination）：既存の形式知を統合し，新しい知識を創造するプロセス。
> ・内面化（Internalization）：個人が形式知を非形式知に変換し，個人的な経験として学ぶプロセス。

● (1) について

表2の記号A～Dについて，それぞれ見ていきましょう。

A：営業担当者が，個人的な経験として学ぶため「内面化」に該当します。

B：ソリューション事例を体系化し，営業活動の展開に活用するため「連結化」に該当します。

C：非形式知をそれがない人に共有する内容となっているため，「共同化」に該当します。

D：形式知にして登録し，組織全体で共有する内容となっているため，「表出化」に該当します。

したがって，「C，D，B，A」の順となります。

● (2) について

〔ソリューションビジネスの現状分析〕に「自らの経験を公開することが人事評価につながらないので登録に積極的でなく…」との記載があります。このため，この施策を行うことで「ソリューション事例を登録する」行動を促すことができます。

● (3) について

関連する記述を探すと，〔ソリューションビジネスの現状分析〕に「有益な情報があっても探すのに時間が掛かり，提案のタイミングを逸して失注している」との記載があります。これを防ぐ効果があります。

解答	（1）C，D，B，A （2）ソリューション事例を登録する（14字） （3）有益な情報を探す時間を短縮し，適切なタイミングで顧客に提案することで失注を防ぐ（39字）

設問3の解説
□□□

・【空欄e】
ROEを求めます。

ROE（Return On Equity）
株主資本利益率のこと。株主資本（株主による資金＝自己資本）が，企業の利益（収益）にどれだけつながったのかを分析するための指標。ROEが高いほど株主資本を効率よく使って，利益を上げることができていると評価される。
計算式は，当期純利益÷自己資本×100

当期純利益は表3より300億円です。自己資本は自己資本比率（40%）×総資本で求められますが，表には総資本がないので，まず総資本を求めます。

総資本＝売上高÷総資本回転率

なので，表より

7,500億円÷1.5回＝5,000億円

になります。したがって，自己資本は

40%×5,000億円＝2,000億円

になります。この結果からROEは，

300億円（当期純利益）÷2,000億円（自己資本）×100＝15%

になります。

解答	15

問3

2分探索木に関する次の記述を読んで，設問に答えよ。

2分探索木とは，木に含まれる全てのノードがキー値をもち，各ノードNが次の二つの条件を満たす2分木のことである。ここで，重複したキー値をもつノードは存在しないものとする。
・Nの左側の部分木にある全てのノードのキー値は，Nのキー値よりも小さい。
・Nの右側の部分木にある全てのノードのキー値は，Nのキー値よりも大きい。
2分探索木の例を図1に示す。図中の数字はキー値を表している。

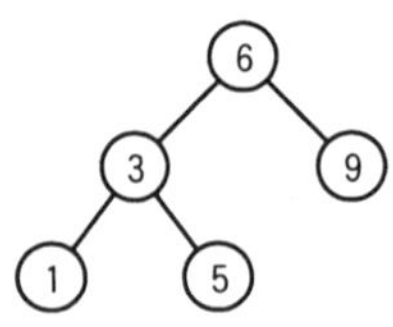

図1　2分探索木の例

2分探索木をプログラムで表現するために，ノードを表す構造体Nodeを定義する。構造体Nodeの構成要素を表1に示す。

表 1　構造体 Node の構成要素

構成要素	説明
key	キー値
left	左側の子ノードへの参照
right	右側の子ノードへの参照

構造体Nodeを新しく生成し，その構造体への参照を変数pに代入する式を次のように書く。

p ← new Node(k)

ここで，引数kは生成するノードのキー値であり，構成要素keyの初期値となる。構成要素left及びrightは，参照するノードがないこと（以下，空のノードという）を表すNULLで初期化される。また，生成したpの各構成要素へのアクセスには“.”を用いる。例えば，キー値はp.keyでアクセスする。

〔2分探索木におけるノードの探索・挿入〕

キー値kをもつノードの探索は次の手順で行う。

(1)　探索対象の2分探索木の根を参照する変数をtとする。
(2)　tが空のノードであるかを調べる。
　(2-1)　tが空のノードであれば，探索失敗と判断して探索を終了する。
　(2-2)　tが空のノードでなければ，tのキー値t.keyとkを比較する。
　・t.key = kの場合，探索成功と判断して探索を終了する。
　・t.key > kの場合，tの左側の子ノードを新たなtとして（2）から処理を行う。
　・t.key < kの場合，tの右側の子ノードを新たなtとして（2）から処理を行う。

キー値kをもつノードKの挿入は，探索と同様の手順で根から順にたどっていき，空のノードが見つかった位置にノードKを追加することで行う。ただし，キー値kと同じキー値をもつノードが既に2分探索木中に存在するときは何もしない。

これらの手順によって探索を行う関数searchのプログラムを図2に，挿入を行う関数insertのプログラムを図3に示す。関数searchは，探索に成功した場合は見つかったノードへの参照を返し，失敗した場合はNULLを返す。関数insertは，得られた木の根への参照を返す。

```
// t が参照するノードを根とする木から
// キー値が k であるノードを探索する
function search(t, k)
  if(t が NULL と等しい)
    return NULL
  elseif(t.key が k と等しい)
    return t
  elseif(t.key が k より大きい)
    return search(t.left, k)
  else // t.key が k より小さい場合
    return search(t.right, k)
  endif
endfunction
```

図 2　探索を行う関数 search のプログラム

```
// t が参照するノードを根とする木に
// キー値が k であるノードを挿入する
function insert(t, k)
  if(t が NULL と等しい)
    t ← new Node(k)
  elseif(t.key が k より大きい)
    t.left ← insert(t.left, k)
  elseif(t.key が k より小さい)
    t.right ← insert(t.right, k)
  endif
  return t
endfunction
```

図 3　挿入を行う関数 insert のプログラム

関数searchを用いてノードの総数がn個の2分探索木を探索するとき，探索に掛かる最悪の場合の時間計算量（以下，最悪時間計算量という）はO(［　ア　］)である。これは葉を除く全てのノードについて左右のどちらかにだけ子ノードが存在する場合である。一方で，葉を除く全てのノードに左右両方の子ノードが存在し，また，全ての葉の深さが等しい完全な2分探索木であれば，最悪時間計算量はO(イ)となる。したがって，高速に探索するためには，なるべく左右両方の子ノードが存在するように配置して，高さができるだけ低くなるように構成した木であることが望ましい。このような木のことを平衡2分探索木という。

〔2分探索木における回転操作〕

2分探索木中のノードXとXの左側の子ノードYについて，XをYの右側の子に，元のYの右側の部分木をXの左側の部分木にする変形操作を右回転といい，逆の操作を左回転という。回転操作後も2分探索木の条件は維持される。木の回転の様子を図4に示す。ここで，t_1〜t_3は部分木を表している。また，根からt_1〜t_3の最も深いノードまでの深さを，図4 (a) ではd_1〜d_3，図4 (b) ではd_1'〜d_3'でそれぞれ表している。ここで，$d_1'=d_1-1$，$d_2'=d_2$，$d_3'=d_3+1$，が成り立つ。

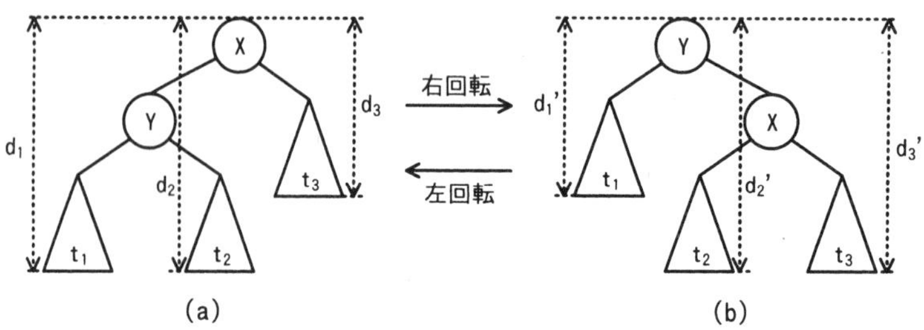

図4　木の回転の様子

右回転を行う関数rotateRのプログラムを図5に，左回転を行う関数rotateLのプログラムを図6に示す。これらの関数は，回転した結果として得られた木の根への参照を返す。

```
// t が参照するノードを根とする木に対して
// 右回転を行う
function rotateR(t)
  a ← t.left
  b ← a.right
  a.right ← t
  t.left ← b
  return a
endfunction
```

図5　右回転を行う関数 rotateR のプログラム

```
// t が参照するノードを根とする木に対して
// 左回転を行う
function rotateL(t)
  a ← t.right
  b ← a.left
  a.left ← t
  t.right ← b
  return a
endfunction
```

図6　左回転を行う関数 rotateL のプログラム

〔回転操作を利用した平衡2分探索木の構成〕

全てのノードについて左右の部分木の高さの差が1以下という条件（以下，条件Balという）を考える。条件Balを満たす場合，完全ではないときでも比較的左右均等にノードが配置された木になる。

条件Balを満たす2分探索木Wに対して図3の関数insertを用いてノードを挿入した2分探索木をW'とすると，ノードが挿入される位置によっては左右の部分木の高さの差が2になるノードが生じるので，W'は条件Balを満たさなくなることがある。その場合，挿入したノードから根まで，親をたどった各ノードTに対して順に次の手順を適用することで，条件Balを満たすようにW'を変形することができる。

(1) Tの左側の部分木の高さがTの右側の部分木の高さより2大きい場合
Tを根とする部分木に対して右回転を行う。ただし，Tの左側の子ノードUについて，Uの右側の部分木の方がUの左側の部分木よりも高い場合は，先にUを根とする部分木に対して左回転を行う。

(2) Tの右側の部分木の高さがTの左側の部分木の高さより2大きい場合
Tを根とする部分木に対して左回転を行う。ただし，Tの右側の子ノードVについて，Vの左側の部分木の方がVの右側の部分木よりも高い場合は，先にVを根とする部分木に対して右回転を行う。

この手順 (1)，(2) によって木を変形する関数balanceのプログラムを図7に，関数balanceを適用するように関数insertを修正した関数insertBのプログラムを図8に示す。ここで，関数heightは，引数で与えられたノードを根とする木の高さを返す関数である。関数balanceは，変形の結果として得られた木の根への参照を返す。

```
// t が参照するノードを根とする木を
// 条件 Bal を満たすように変形する
function balance(t)
  h1 ← height(t.left) - height(t.right)
  if( [  ウ  ] )
    h2 ← [  エ  ]
    if(h2 が 0 より大きい)
      t.left ← rotateL(t.left)
    endif
    t ← rotateR(t)
  elseif( [  オ  ] )
    h3 ← [  カ  ]
    if(h3 が 0 より大きい)
      t.right ← rotateR(t.right)
    endif
    t ← rotateL(t)
  endif
  return t
endfunction
```

図7　関数 balance のプログラム

```
// t が参照するノードを根とする木に
// キー値が k であるノードを挿入する
function insertB(t, k)
  if(t が NULL と等しい)
    t ← new Node(k)
  elseif(t.key が k より大きい)
    t.left ← insertB(t.left, k)
  elseif(t.key が k より小さい)
    t.right ← insertB(t.right, k)
  endif
  t ← balance(t)   // 追加
  return t
endfunction
```

図8　関数 insertB のプログラム

条件Balを満たすノードの総数がn個の2分探索木に対して関数insertBを実行した場合，挿入に掛かる最悪時間計算量はO（[キ]）となる。

設問 1

本文中の[ア]，[イ]に入れる適切な字句を答えよ。

設問 2

〔回転操作を利用した平衡2分探索木の構成〕について答えよ。

(1) 図7中の[ウ]～[カ]に入れる適切な字句を答えよ。
(2) 図1の2分探索木の根を参照する変数をrとしたとき，次の処理を行うことで生成される2分探索木を図示せよ。2分探索木は図1に倣って表現すること。
　insertB(insertB(r, 4), 8)
(3) 本文中の[キ]に入れる適切な字句を答えよ。なお，図7中の関数heightの処理時間は無視できるものとする。

問3のポイント

2分探索木

2分探索木に関するプログラム設計能力を問う問題です。アルゴリズムの基本的な流れと具体的な2分探索プログラムの解釈力を問われています。配列や変数の動きをよく理解し，処理を丁寧に追いましょう。計算量に関する出題もあります。アルゴリズムの問題は午後では毎年出題されますので，確実に得点できるようにしたいものです。

設問1の解説

□□□

O記法

アルゴリズムの計算量を表す際に用いられる。数式において，変数が無限大に近づくとき最も影響が大きい項のみを考慮し，他は無視する手法。たとえば，f(n)＝$3n^2+5n+2$という関数がある場合，nが非常に大きくなるとき，$3n^2$の項が最も成長速度が速いため，$O(n^2)$と表される。この方法により，アルゴリズムの性能を大まかに評価することが可能となる。

・【空欄ア】

完全でない2分探索木の計算量が最大になるのは，以下のような形の場合です。この場合は線形検索になるので検索回数はn（nはノードの総数）になり，最大計算量は$O(n)$になります。

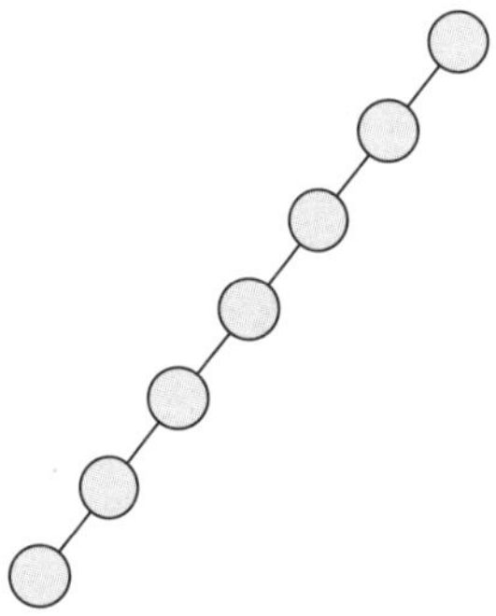

・【空欄イ】

完全な2分探索木を探索する場合，探索対象の範囲が$\frac{1}{2}$ずつ狭まっていきます。そのため，最大比較回数は$\log_2 n$，最悪時間計算量は$O(\log_2 n)$です。

たとえば，深さd＝2の場合を考えます。

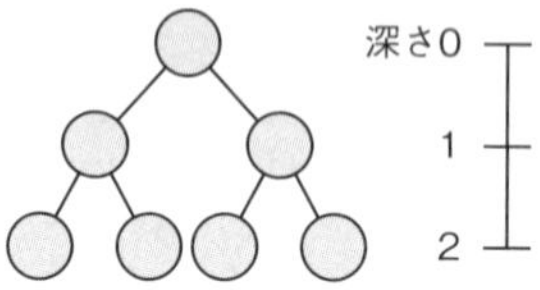

深さdの時のノードの総数（最大）は，

$$n=(2^{d+1}-1)$$

となります（d＝2のときには，n＝7）。

このとき，根のノードで1回，その下のノードで1回，一番下のノードで1回の合計3回の比較が行われる場合が，最大比較回数となります。式に当てはめてみると，

$$\begin{aligned}\log_2 n&=\log_2 n(2^{d+1}-1)\\&=\log_2 2^{d+1}-\log_2 2^0\\&=d+1\\&=3\end{aligned}$$

となり，$O(\log_2 n)$となることが確認できます。

解答	ア：n　　イ：$\log_2 n$

設問2の解説

□□□

●（1）について

・【空欄ウ】

空欄ウ，エは，〔回転操作を利用した平衡2分検索木の構成〕の（1）の記載の部分の処理です。空欄ウの直前ではtの左側の高さから右側の高さを減じ，その結果をh1に設定しています。空欄ウは「h1が2大きい場合の処理」なので，「h1が2と等しい」が入ります。

・【空欄エ】

h2には「ただし，Tの左側の子ノードUについて，Uの右側の部分木の方がUの左側の部分木よりも高い場合には，先にUを根とする部分木に対して左回転を行う」を処理する高さを設定するの

で，「height(t.left.right)-height(t.left.left)」が入ります。

・【空欄オ】

空欄オ，カは，〔回転操作を利用した平衡2分検索木の構成〕の（2）の記載の部分の処理が該当します。h1には，tの左側の高さから右側の高さを減じた値が入っているので，右側が2大きい場合は，「h1が−2と等しい」となります。

・【空欄カ】

h3には「ただし，Tの右側の子ノードVについて，Vの左側の部分木の方がVの右側の部分木よりも高い場合は，先にVを根とする部分木に対して右回転を行う」を処理する高さを設定するので，「height(t.right.left) - height(t.right.right)」が入ります。

● (2) について

このプログラムは再帰的に実行され，戻り際にバランス処理をします。InsertB(insertB(r,4),8)の意味は，最初にinsertB(r,4)を実行し，その結果に8のノードを挿入するという意味です。

・insertB(r,4)の操作

図1の構造体に④を追加すると，図3より⑤の左の子として追加される。

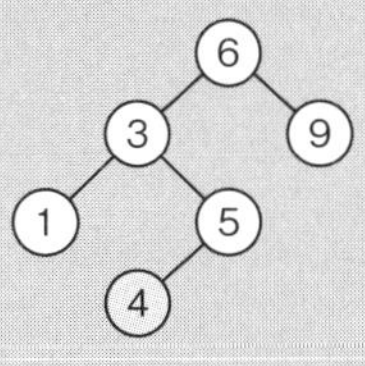

ここで，各ノードのバランスの有無を確認。

・ノード④

子がいないのでバランスの必要はない。

・ノード⑤

左に④，右には子がいないため高さの差は1となりバランスの必要はない。

・ノード③

左に①，右に⑤と④がいるので，高さの差は−1となり，バランスの必要はない。

・ノード⑥

左に③，①，⑤，④，右に⑨で，高さの差が2となり，バランスが必要。⑥の左の子である③は，右の子（⑤と④）が左の子（①）より高いため，まず③を根に左回転させる（⑤を上にして，③と①を左の子にし，④を③の右の子に入れ替える）。

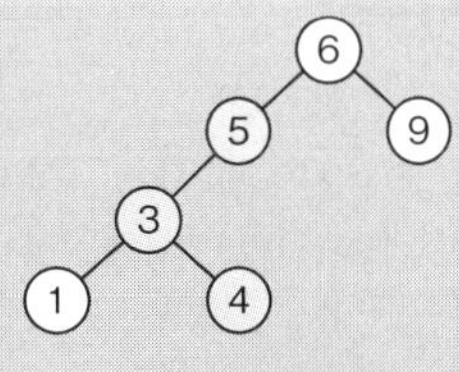

その後，ノード⑥を根に右回転させる（⑤を上にして⑥と⑨を⑤の右の子に入れ替える）。

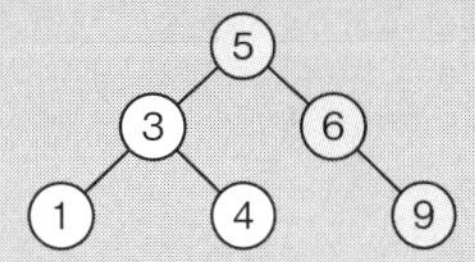

・insertB(r,8)の操作

続けて⑧を挿入。関数insertより，ノード⑧は⑨の左の子として追加される。

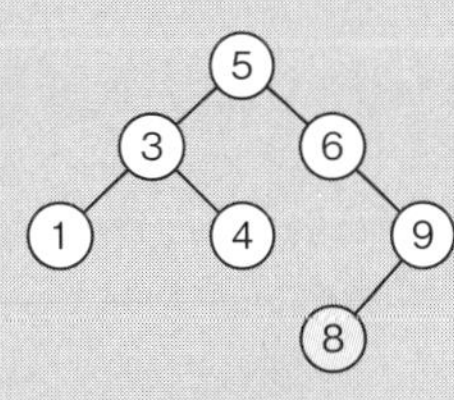

次にバランスを確認する。

・ノード⑧

子がいないのでバランスの必要はない。

・ノード⑨

左に⑧，右には子がいないため，高さの差は1でバランスの必要はない。

・ノード⑥

左に子がいなくて右に⑨と⑧がいるので，高さの差が−2となりバランスが必要。⑥の右の子である⑨は，左の子⑧が右の子（なし）よりも高いため，まず⑨を根に右回転させる（⑧を上にして⑨を⑧の右の子に入れ替える）。

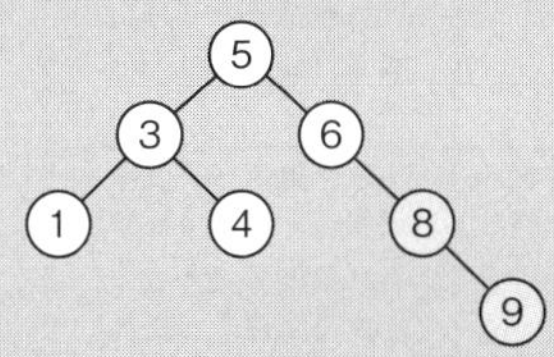

その後，ノード⑥を根に左回転させてバランスを取る（⑧を上にして，⑥を左の子にし，⑨を右の子に入れ替える）。

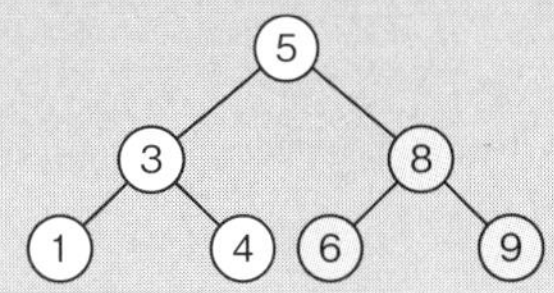

● (3) について

・【空欄キ】

「全てのノードについて左右の部分木の差が1以下」という条件を満たす2分探索木は，平衡2分探索木と呼ばれます。平衡2分探索木の最悪計算量はO ($\log_2 n$) です。これは，木がバランスされているため，最悪の場合でも探索，挿入，削除操作が木の高さに比例するステップ数で完了するからです。

解答

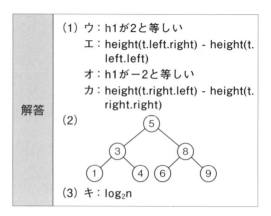

(1) ウ：h1が2と等しい
エ：height(t.left.right) - height(t.left.left)
オ：h1が－2と等しい
カ：height(t.right.left) - height(t.right.right)

(2)

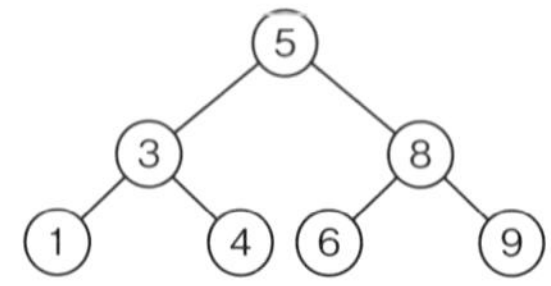

(3) キ：$\log_2 n$

問4 システム統合の方式設計に関する次の記述を読んで，設問に答えよ。

C社とD社は中堅の家具製造販売業者である。市場シェアの拡大と利益率の向上を図るために，両社は合併することになった。存続会社はC社とするものの，対等な立場での合併である。合併に伴う基幹システムの統合は，段階的に進める方針である。将来的には基幹システムを全面的に刷新して業務の統合を図っていく構想ではあるが，より早期に合併の効果を出すために，両社の既存システムを極力活用して，業務への影響を必要最小限に抑えることにした。

〔合併前のC社の基幹システム〕

C社は全国のショッピングセンターを顧客とする販売網を構築しており，安価な価格帯の家具を量産・販売している。生産方式は見込み生産方式である。生産した商品は在庫として倉庫に入庫する。受注は，顧客のシステムと連携したEDIを用いて，日次で処理している。受注した商品は，在庫システムで引き当てた上で，配送システムが配送伝票を作成し，配送業者に配送を委託する。月初めに，顧客のシステムと連携したEDIで，前月納品分の代金を請求している。

合併前のC社の基幹システム（抜粋）を表1に示す。

表1　合併前のC社の基幹システム（抜粋）

システム名	主な機能	主なマスタデータ	システム間連携			システム構成
			連携先システム	連携する情報	連携頻度	
販売システム	・受注（EDI） ・販売実績管理（月次） ・請求（EDI） ・売上計上	・顧客マスタ	会計システム	売上情報	日次	オンプレミス（ホスト系）
			生産システム	受注情報	日次	
生産システム	・生産計画作成（日次） ・原材料・仕掛品管理 ・作業管理 ・生産実績管理（日次）	・品目マスタ ・構成マスタ ・工程マスタ	会計システム	原価情報	日次	オンプレミス（オープン系）
			購買システム	購買指示情報	日次	
			在庫システム	入出庫情報	日次	
購買システム	・発注 ・買掛管理 ・購買先管理	・購買先マスタ	会計システム	買掛情報	月次	オンプレミス（オープン系）
在庫システム	・入出庫管理 ・在庫数量管理	・倉庫マスタ	生産システム	在庫状況情報	日次	オンプレミス（オープン系）
			配送システム	出荷指示情報	日次	
配送システム	・配送伝票作成 ・配送先管理	・配送区分マスタ	販売システム	出荷情報	日次	オンプレミス（オープン系）
			会計システム	配送経費情報	月次	
会計システム	・原価計算 ・一般財務会計処理 ・支払（振込，手形）	・勘定科目マスタ	（省略）			クラウドサービス（SaaS）

〔合併前のD社の基幹システム〕

D社は大手百貨店やハウスメーカーのインテリア展示場にショールームを兼ねた販売店舗を設けており，個々の顧客のニーズに合ったセミオーダーメイドの家具を製造・販売している。生産方式は受注に基づく個別生産方式であり，商品の在庫はもたない。顧客の要望に基づいて家具の価格を見積もった上で，見積内容の合意後に電子メールやファックスで注文を受け付け，従業員が端末で受注情報を入力する。受注した商品を生産後，販売システムを用いて請求書を作成し，商品に同梱（こん）する。また，配送システムを用いて配送伝票を作成し，配送業者に配送を委託する。

合併前のD社の基幹システム（抜粋）を表2に示す。

表2　合併前のD社の基幹システム（抜粋）

システム名	主な機能	主なマスタデータ	システム間連携			システム構成
			連携先システム	連携する情報	連携頻度	
販売システム	・見積 ・受注（手入力） ・請求（請求書発行） ・売上計上	・顧客マスタ	会計システム	売上情報	日次	オンプレミス（オープン系）
			生産システム	受注情報	週次	
生産システム	・生産計画作成（週次） ・原材料・仕掛品管理 ・作業管理 ・生産実績管理（週次）	・品目マスタ ・構成マスタ ・工程マスタ	会計システム	原価情報	週次	オンプレミス（オープン系）
			購買システム	購買指示情報	週次	
			配送システム	出荷指示情報	週次	
購買システム	・発注 ・買掛管理 ・購買先管理	・購買先マスタ	会計システム	買掛情報	月次	オンプレミス（オープン系）
配送システム	・配送伝票作成 ・配送先管理	・配送区分マスタ	販売システム	出荷情報	日次	オンプレミス（オープン系）
			会計システム	配送経費情報	月次	
会計システム	・原価計算 ・一般財務会計処理 ・支払（振込）	・勘定科目マスタ	（省略）			オンプレミス（ホスト系）

〔合併後のシステムの方針〕

直近のシステム統合に向けて，次の方針を策定した。

・重複するシステムのうち，販売システム，購買システム，配送システム及び会計システムは，両社どちらかのシステムを廃止し，もう一方のシステムを継続利用する。
・両社の生産方式は合併後も変更しないので，両社の生産システムを存続させた上で，極力修正を加えずに継続利用する。
・在庫システムは，C社のシステムを存続させた上で，極力修正を加えずに継続利用する。
・今後の保守の容易性やコストを考慮し，汎用機を用いたホスト系システムは廃止する。
・①廃止するシステムの固有の機能については，処理の仕様を変更せず，継続利用するシステムに移植する。
・両社のシステム間で新たな連携が必要となる場合は，インタフェースを新たに開発する。
・マスタデータについては，継続利用するシステムで用いているコード体系に統一する。重複するデータについては，重複を除いた上で，継続利用するシステム側のマスタへ集約する。

〔合併後のシステムアーキテクチャ〕

合併後のシステムの方針に従ってシステムアーキテクチャを整理した。合併後のシステム間連携（一部省略）を図1に，新たなシステム間連携の一覧を表3に示す。

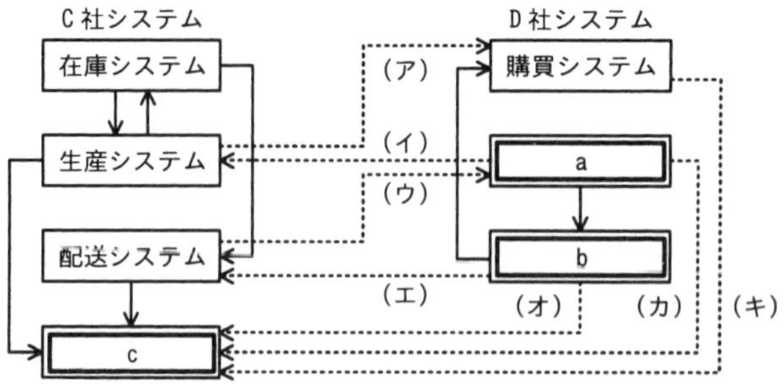

凡例　──→：既存のシステム間連携　┈┈→：新たなシステム間連携
注記　記号（ア）～（キ）は表3の記号と対応している。

図1　合併後のシステム間連携（一部省略）

表3　新たなシステム間連携の一覧

記号	連携元システム	連携先システム	連携する情報	連携頻度
（ア）	C社の生産システム	D社の購買システム	購買指示情報	日次
（イ）	D社の［a］	C社の生産システム	受注情報	日次
（ウ）	C社の配送システム	D社の［a］	［d］	日次
（エ）	D社の［b］	C社の配送システム	出荷指示情報	週次
（オ）	D社の［b］	C社の［c］	原価情報	［e］
（カ）	D社の［a］	C社の［c］	［f］	日次
（キ）	D社の購買システム	C社の［c］	買掛情報	［g］

〔合併後のシステムアーキテクチャのレビュー〕

合併後のシステムアーキテクチャについて，両社の有識者を集めてレビューを実施したところ，次の指摘事項が挙がった。

・②C社の会計システムがSaaSを用いていることから，インタフェースがD社の各システムからデータを受け取り得る仕様を備えていることをあらかじめ調査すること。

指摘事項に対応して，問題がないことを確認し，方式設計を完了した。

設問 1

〔合併後のシステムアーキテクチャ〕について答えよ。

(1) 図1及び表3中の［a］～［c］に入れる適切な字句を答えよ。

(2) 表3中の［d］～［g］に入れる適切な字句を答えよ。

設問 2

本文中の下線①について答えよ。

(1) 移植先は，どちらの会社のどのシステムか。会社名とシステム名を答えよ。

(2) 移植する機能を，表1及び表2の主な機能の列に記載されている用語を用いて全て答えよ。

設問 3

本文中の下線②の指摘事項が挙がった適切な理由を，オンプレミスのシステムとの違いの観点から40字以内で答えよ。

問4のポイント　システム統合の方式設計

家具製造販売業者の合併に関する基幹システム統合の方式設計に関する出題です。両社の業務機能の差を評価してどちらのシステムを使うのかなどの判断に関する知識を問われています。合併時のシステム統合方式設計は実務で担当していないと難しいと思うかもしれませんが，問題に書かれていることを丁寧に読むことで対応できると思います。

設問1の解説

□□□

● (1) について

・【空欄a，b，c】

〔合併後のシステムの方針〕には，「汎用機を用いたホスト系システムは廃止する」との記載があるので，C社の販売システムは廃止され，代わりにD社の販売システムを使うことになります。

同様にホスト系であるD社の会計システムは廃止され，会計システムはC社のものを使いますので，空欄cは「会計システム」です。

また，生産システムは両社のものをそれぞれ残すので，D社システムは，販売システムと生産システムが空欄aか空欄bに入ります。ここで空欄bと購買システムが既存のシステム間連携であることに着目して表2を確認すると，購買システムと連携するのは生産システムとわかります。したがって，空欄bが「生産システム」，空欄aが「販売システム」です。

● (2) について

・【空欄d】

C社の配送システムからD社の販売システムに連携する情報を問われています。表1と表2の配送システムの連携する情報欄より「出荷情報」となります。

・【空欄e】

D社の生産システムからC社の会計システムに連動する原価情報の連携頻度を問われています。表2より，D社の会計システムでは原価情報を週次で連携しており，これを極力変更しない方針なので，統合後も「週次」となります。

・【空欄f】

D社の販売システムからC社の会計システムに日次で連携する情報は，表2より「売上情報」です。

・【空欄g】

D社の購買システムからC社の会計システムに送る買掛情報は表2より「月次」です。

解答	(1) a：販売システム b：生産システム c：会計システム (2) d：出荷情報 e：週次 f：売上情報 g：月次

設問2の解説

□□□

● (1) と (2) について

廃止されるシステムの機能の移植先と内容について問われています。今回廃止されるのは次の4つです。

・C社の販売システム
・C社の購買システム
・D社の会計システム
・D社の配送システム

それぞれ表1と表2を確認すると，廃止するシステムでシステム統合後になくなる機能はC社の販売システムに集中しています。したがって，移植先はD社の販売システム，移植する必要がある機能は「受注（EDI），販売実績管理（月次），請求（EDI）」です。

解答	(1) 会社名：D社 システム名：販売システム (2) 受注（EDI），販売実績管理（月次），請求（EDI）

令和5年度秋期　午前　午後

設問3の解説

□□□

オンプレミスのシステムとは，自社内（会社のビルなど）に物理的に設置されたシステムであり，自社専用なので，カスタマイズの自由度が高いです。初期投資は高いが，長期的な運用コストをコントロール可能であり，セキュリティやデータの管理が企業自身の責任下にあります。一方SaaS（Software as a Service）は，クラウド上で業務システムをサービス型で提供します。サーバの設置やソフトのインストール，メンテナンスが不要で，スピードをもった導入が可能で，通常，サブスクリプションベースの料金体系です。

SaaSはオンプレミスと異なり，共有のインフラストラクチャ上で多数の顧客にサービスを提供する特性があります。このため，個別の企業が特有の変更やカスタマイズを要望しても，それを容易に反映させることは難しいです。これは，システムの一貫性や他の顧客への影響を考慮するためです。

解答	SaaSはオンプレミスと異なり，個別の会社の変更要望を実施することが難しいため（39字）

問5

メールサーバの構築に関する次の記述を読んで，設問に答えよ。

L社は，複数の衣料品ブランドを手がけるアパレル会社である。L社では，顧客層を拡大するために，新しい衣料品ブランド（以下，新ブランドという）を立ち上げることにした。新ブランドの立ち上げに向けて，L社の社員20名で構成するプロジェクトチームを結成し，都内のオフィスビルにプロジェクトルームを新設した。新ブランドの知名度向上のために新ブランド用Webサイトと新ブランド用メールアドレスを利用した電子メール（以下，メールという）による広報を計画しており，プロジェクトチームのMさんが，Webサーバ機能とメールサーバ機能を有する広報サーバを構築することになった。

〔プロジェクトルームのネットワーク設計〕

Mさんは，新ブランドのプロジェクトチームのメンバーが各メンバーに配布されたPC（以下，広報PCという）を利用して，新ブランド用Webサイトの更新や，新ブランド用メールアドレスによるメールの送受信を行う設計を考えた。Mさんが考えたネットワーク構成（抜粋）を図1に示す。

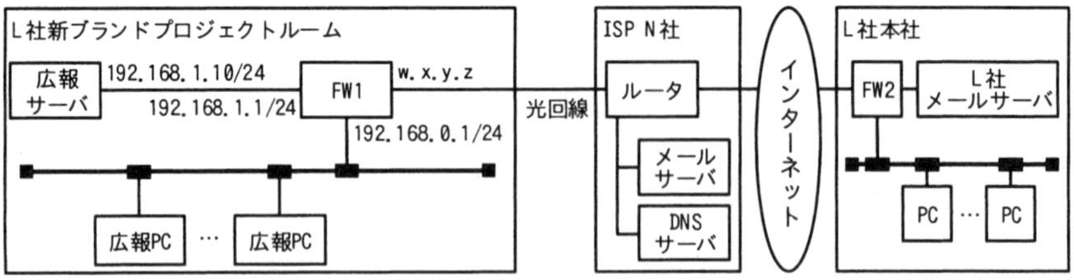

注記1　w.x.y.zはグローバルIPアドレスを示す。
注記2　FWはファイアウォールを示す。

図1　ネットワーク構成（抜粋）

Mさんが考えたネットワーク構成は次のとおりである。

・プロジェクトルーム内に広報サーバを設置し，FW1に接続する。
・インターネット接続は，ISP N社のサービスを利用し，N社とFW1と光回線で接続する。
・広報サーバのメールサーバ機能は，SMTP（Simple Mail Transfer Protocol）によるメール送信機能とPOP（Post Office Protocol）によるメール受信機能の二つの機能を実装する。

・FW1にNAPT（Network Address Port Translation）の設定と，インターネット上の機器から広報サーバにメールとWebの通信だけができるように，インターネットからFW1宛てに送信されたIPパケットのうち，[a]ポート番号が25，80，又は[b]のIPパケットだけを，広報サーバのIPアドレスに転送する設定を行う。

N社のインターネット接続サービスでは，N社のDNSサーバを利用した名前解決の機能と，N社のメールサーバを中継サーバとしてN社のネットワーク外へメールを転送する機能が提供されている。

〔新ブランドのドメイン名取得とDNSの設計〕

新ブランドのドメイン名として“example.jp”を取得し，広報サーバをWebサーバとメールサーバとして利用できるように，N社のDNSサーバにホスト名やIPアドレスなどのゾーン情報を設定することを考えた。DNSサーバに設定するゾーン情報（抜粋）を図2に示す。

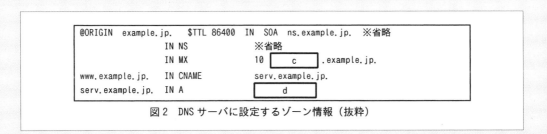

```
@ORIGIN  example.jp.   $TTL 86400  IN  SOA  ns.example.jp.  ※省略
                       IN NS            ※省略
                       IN MX            10 [  c  ] .example.jp.
www.example.jp.        IN CNAME         serv.example.jp.
serv.example.jp.       IN A             [  d  ]
```

図2　DNSサーバに設定するゾーン情報（抜粋）

〔メール送受信のテスト〕

Mさんの設計が承認され，ネットワークの工事及び広報サーバの設定が完了した。新ブランドのメール受信のテストのために，Mさんは，L社本社のPCを用いてL社の自分のメールアドレスから新ブランドの自分のメールアドレスであるsyainM@example.jpへメールを送信し，エラーなくメールが送信できることを確認した。次に，新ブランドプロジェクトルームの広報PCのメールソフトウェアに受信メールサーバとしてserv.example.jp，POP3のポート番号として110番ポートを設定し，メール受信のテストを行った。しかし，メールソフトウェアのメール受信ボタンを押してもエラーが発生し，メールを受信できなかった。広報サーバのログを確認したところ，広報PCからのアクセスはログに記録されていなかった。

Mさんは，設定の誤りに気づき，①メールの受信エラーの問題を修正してメールが受信できることを確認した後に，広報PCからメール送信のテストを行った。テストの結果，新ブランドの管理者のメールアドレスであるkanriD@example.jpからsyainM@example.jp宛てのメールは届いたが，kanriD@example.jpからインターネット上の他ドメインのメールアドレス宛てのメールは届かなかった。広報サーバのログを確認したところ，N社のネットワークを経由した宛先ドメインのメールサーバへのTCPコネクションの確立に失敗したことを示すメッセージが記録されていた。

調査の結果，他ドメインのメールアドレス宛てのメールが届かなかった事象は，N社の②OP25B（Outbound Port 25 Blocking）と呼ばれる対策によるものであることが分かった。OP25Bは，N社からインターネット宛てに送信される宛先ポート番号が25のIPパケットのうち，N社のメールサーバ以外から送信されたIPパケットを遮断する対策である。このセキュリティ対策に対応するため，③広報サーバに必要な設定を行い，インターネット上の他ドメインのメールアドレス宛てのメールも届くことを確認した。

〔メールサーバのセキュリティ対策〕

広報サーバが大量のメールを送信する踏み台サーバとして不正利用されないために，メールの送信を許可する接続元のネットワークアドレスとして[e]/24を広報サーバに設定する対策を行った。また，プロジェクトチームのメンバーのメールアドレスとパスワードを利用して，広報PCからメール送信時に広報サーバでSMTP認証を行う設定を追加した。

その後，Mさんは広報サーバとネットワークの構築を完了させ，L社は新ブランドの広報を開始した。

設問 1

本文中の[a]，[b]に入れる適切な字句を解答群の中から選び，記号で答えよ。

解答群

ア 21　　イ 22　　ウ 23
エ 443　　オ 宛先　　カ 送信元

設問 2

図2中の[c]，[d]に入れる適切な字句を，図1及び図2中の字句を用いて答えよ。

設問 3

〔メール送受信のテスト〕について答えよ。

(1) 本文中の下線①について，エラーの問題を修正するために変更したメールソフトウェアの設定項目を15字以内で答えよ。また，変更後の設定内容を図1，図2中の字句を用いて答えよ。

(2) 本文中の下線②について，OP25Bによって軽減できるサイバーセキュリティ上の脅威は何か，最も適切なものを解答群の中から選び，記号で答えよ。

解答群

ア 広報PCが第三者のWebサービスへのDDoS攻撃の踏み台にされる。
イ 広報PCに外部からアクセス可能なバックドアを仕掛けられる。
ウ 広報サーバが受信したメールを不正に参照される。
エ スパムメールの送信に広報サーバが利用される。

(3) 本文中の下線③について，広報サーバに行う設定を，図1中の機器名を用いて35字以内で答えよ。

設問 4

本文中の[e]に入れる適切なネットワークアドレスを答えよ。

問5のポイント　メールサーバの構築

衣料品ブランドを手がけるアパレル会社におけるメールサーバ構築に関する問題です。DNS，ゾーン情報，POP，SMTP，NAPTなどの基礎知識や応用知識を問われています。用語を正しく理解していないと解答できないレベルの出題で，難易度は高いと言えるでしょう。この機会にしっかり理解してください。

設問1の解説

□□□

ファイアウォール

外部ネットワーク（インターネット）から内部ネットワークを守る防火壁の役割を担うのがファイアウォールである。内部ネットワークは，ウイルスによる被害，不正侵入による重要データの盗聴・破壊などのリスクを抱えているので，これらから内部ネットワークを保護するため外部からの通信の認証，不正通信の破棄などを行う。

ポート番号

IPアドレスでは，通信元，通信先のホスト（PCやサーバ）しか特定できないが，ホスト上では複数のサービスやアプリケーションが動作するため，どのサービスやアプリケーションの用途で通信されているかを特定する手段が必要になる。その手段がポート番号である。

TCPプロトコルとUDPプロトコルには，通信相手のサービスやアプリケーションを特定するポート番号が用意されており，たとえばHTTPはポート80，HTTPSはポート443になる。このように一般に広く使われるポート番号はWELL KNOWN PORT NUMBERと呼ばれ，0～1023の範囲で推奨値が決められている。

NAPT（Network Address Port Translation）

ネットワークアドレス変換（NAT）の一種で，IPアドレスだけでなくポート番号も変換する技術。内部のプライベートネットワークとインターネットとの間で通信を中継する際に，内部のデバイスが使用しているプライベートIPアドレスを，ルータのパブリックIPアドレスに変換する。この変換を行う際，同時にトランスポート層のポート番号も変換されるため，複数のデバイスが同じパブリックIPアドレスを共有してインターネットにアクセスすることが可能となる。NAPTの利用により，限られたパブリックIPアドレスを効果的に使用し，内部ネットワークのデバイスを外部からの不正アクセスから守る役割も果たす。

POP（Post Office Protocol）

ユーザがメールサーバからメールメッセージをダウンロードし，ローカルデバイスに保存できるようにするプロトコル。通常，ポート番号110で非暗号化接続を，995で暗号接続（POP3S）を提供する。ユーザはメールクライアントを使用してメールサーバに接続し，メールをダウンロード，削除，又は保存できる。

SMTP（Simple Mail Transfer Protocol）

インターネット上で電子メールを送信するための標準プロトコル。メールメッセージをメールサーバから別のメールサーバに転送し，最終的に受信者のメールボックスに配信する。通常，SMTPはポート番号25で非暗号化接続を，465で暗号化接続（SMTPS）を提供する。

HTTP

HTTPは，Webサーバとクライアント（通常はWebブラウザ）間の通信を規定するプロトコルであり，80は非暗号化の通信に使用される。一方，ポート番号443は，HTTPS（HTTP over SSL／TLS）のポート番号。HTTPSは，Webサーバとクライアント間の通信を暗号化するためのプロトコルである。

・**【空欄a】**

FW1では，インターネットからの通信の宛先ポート番号でフィルタリングします。

・**【空欄b】**

広報サーバは，メール送受信とWeb通信を行うので，SMTP（25），HTTP（80），HTTPS（443），SMTPS（465）のプロトコルを使用することが考えられます。このうち選択肢にあるのは，443（エ）です。

解答	a：オ b：エ

設問2の解説

□□□

DNS（Domain Name System）

インターネット上のIPアドレスとホスト名を相互変換するための仕組みで，IPアドレスからホスト名を求めたり，その逆をおこなったりすることができる。これを「ホストの名前解決」と呼ぶ。IPアドレスは32ビットの数字（IPv4の場合）で人間が見たり記憶したりには不便なため，人が扱いやすいホスト名とIPアドレスの変換が必要になった。

令和5年度秋期 午前 午後

DNSゾーン情報

ドメイン名とIPアドレス間のマッピングやドメインに関連する他の情報を保持するためのデータベースの一部。DNSゾーンは特定のドメイン及びそのサブドメインに関連するレコードのコレクションを含んでいる。主な項目は以下のとおり。

MXレコード（Mail Exchange）	ドメインのメールサーバを指定し，メールのルーティングを管理することで，メールが正しいメールサーバに配信されるようにする。
CNAMEレコード（Canonical Name）	一つのドメイン名を別のドメイン名にマップする。サブドメインを主ドメインにリダイレクトするためや，読みやすいエイリアスを作成するために使用される。
Aレコード（Address）	ドメイン名を対応するIPv4アドレスにマップする。WebサイトのURLをブラウザが解釈し，正しいIPアドレスに接続できるようにする。

・【空欄c】

MX（Mail Exchange）レコードには，ドメインの正式なメールサーバ名を指定する必要があります。このため「serv.example.jp」が入ります。

・【空欄d】

A（Address）レコードには，ドメイン名を対応するIPv4アドレスにマップします。このため，グローバルIPアドレスである「w.x.y.z」が入ります。

解答	c：serv d：w.x.y.z

設問3の解説

□□□

● (1) について

POPの受信メールサーバには，サーバのアドレス（ホスト名）を指定します。例えば，pop.AAAA.comのようなドメイン名です。通常は，ドメイン名を使用して設定を行い（ホスト名はIPアドレスに変換されて通信が行われる），IPアドレスを直接入力する必要はありません。これはDNSがホスト名からIPアドレスへの変換を自動的に行うからです。しかし今回のケースでは，ISP N社のDNSサーバがFW1で保護されているネットワークの外にあり，FW1がDNSのポート番号からの通信を許可していないためDNSによるドメインとIPアドレス変換ができません。これがエラーの原因で，この場合は直接IPアドレス「192.168.1.10」を使用すると，サーバにアクセスすることができます。

● (2) について

OP25B（Outbound Port 25 Blocking）

セキュリティ技術の一つで，ISP（Internet Service Provider）などが，顧客のネットワークからインターネットへのポート25（SMTPの標準ポート）を通じた通信をブロックするもの。

SMTPは，インターネット上で電子メールを転送するためのプロトコルで，その通信には主にポート25を使用する。しかし，スパムメールを大量に送信する際に悪用される場合がある。OP25Bは，このような不正なメール送信の転送を制限又はブロックするために導入される。

ポート25はSMTPなので，外部からの通信で広報サーバを操作して，スパムメールを出すために利用される可能性を減じます。

● (3) について

N社のOP25Bでは，外部に送信されるメールのうち，N社のメールサーバから送信されたもの以外を遮断します。このため，L社の広報PCから出したインターネット向けのメールが遮断されたので，「インターネット宛てのメールを全てN社のメールサーバへ転送し，中継させる」ことで解決できます。

解答	(1) 設定項目：受信メールサーバ（8字） 設定内容：192.168.1.10 (2) エ (3) インターネット宛てのメールを全てN社のメールサーバへ転送し中継させる（34字）

設問4の解説

□□□

広報サーバが外部からの通信によって踏み台にされるのは，送信元が外部からのIPアドレスも許してしまうからです。踏み台にされないようにするためには，送信元をプロジェクトルーム内の広報PCからに限ることが必要です。図1より，広報PCのネットワークにつながっているFW1の入り口IPアドレスは「192.168.0.1」です。したがって，ホスト部の値を0にした「192.168.0.0」が広報PCからの送信元ネットワークアドレスとなります。

解答	192.168.0.0

問6 在庫管理システムに関する次の記述を読んで，設問に答えよ。

M社は，ネットショップで日用雑貨の販売を行う企業である。M社では，在庫管理について次の課題を抱えている。

・在庫が足りない商品の注文を受けることができず，機会損失につながっている。
・商品の仕入れの間隔や個数を調整する管理サイクルが長く，余計な在庫を抱える傾向にある。

〔現状の在庫管理〕

現在，在庫管理を次のように行っている。

・商品の注文を受けた段階で，出荷先に最も近い倉庫を見つけて，その倉庫の在庫から注文個数を引き当てる。この引き当てられた注文個数を引当済数という。各倉庫において，引き当てられた各商品単位の個数の総計を引当済総数という。
・実在庫数から引当済総数を引いたものを在庫数といい，在庫数以下の注文個数の場合だけ注文を受け付ける。
・商品が倉庫に入荷すると，入荷した商品の個数を実在庫数に足し込む。
・倉庫から商品を出荷すると，出荷個数を実在庫数から引くとともに引当済総数からも引くことで，引き当ての消し込みを行う。

M社では，月末の月次バッチ処理で毎月の締めの在庫数と売上個数を記録した分析用の表を用いて，商品ごとの在庫数と売上個数の推移を評価している。

また，期末に商品の在庫回転日数を集計して，来期の仕入れの間隔や個数を調整している。

M社では，商品の在庫回転日数を，簡易的に次の式で計算している。

在庫回転日数＝期間内の平均在庫数×期間内の日数÷期間内の売上個数

在庫回転日数の計算において，現状では，期間内の平均在庫数として12か月分の締めの在庫数の平均値を使用している。

現状の在庫管理システムのE-R図（抜粋）を図1に示す。

在庫管理システムのデータベースでは，E-R図のエンティティ名を表名にし，属性名を列名にして，適切なデータ型で表定義した関係データベースによって，データを管理している。

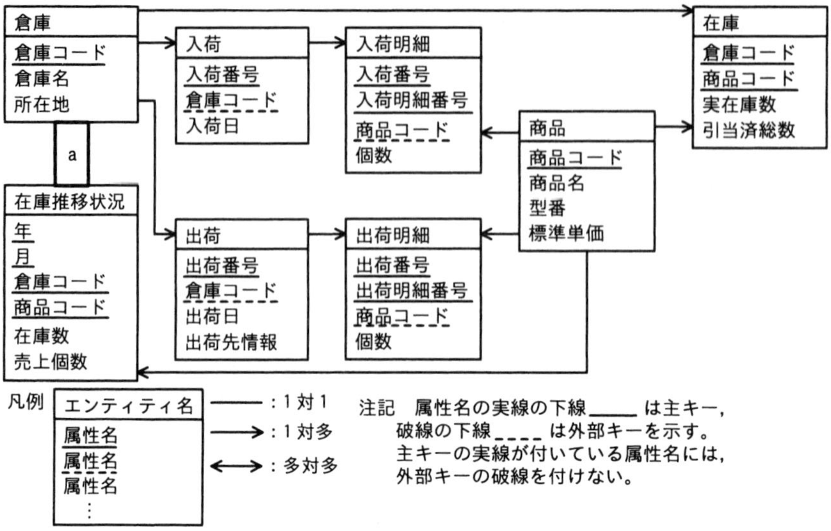

図1　現状の在庫管理システムのE-R図（抜粋）

〔在庫管理システム改修内容〕

課題を解決するために，在庫管理システムに次の改修を行うことにした。

・在庫数が足りない場合は，在庫からは引き当てず，予約注文として受け付ける。なお，予約注文ごとに商品を発注することで，注文を受けた商品の個数が入荷される。
・商品の仕入れの間隔や個数を調整する管理サイクルを短くするために，在庫の評価を月次から日次の処理に変更して，毎日の締めの在庫数と売上個数を在庫推移状況エンティティに記録する。

現状では，在庫数が足りない商品の予約注文を受けようとしても，在庫引当を行うと実在庫数より引当済総数の方が多くなってしまい，注文に応えられない。そこで，予約注文の在庫引当を商品の入荷のタイミングにずらすために，E-R図に予約注文用の二つのエンティティを追加することにした。追加するエンティティを表1に，改修後の在庫管理システムのE-R図（抜粋）を図2に示す。

表1　追加するエンティティ

エンティティ名	内容
引当情報	予約注文を受けた商品の個数と入荷済となった商品の個数を管理する。
引当予定	予約注文を受けた商品の，未入荷の引当済数の総計を管理する。

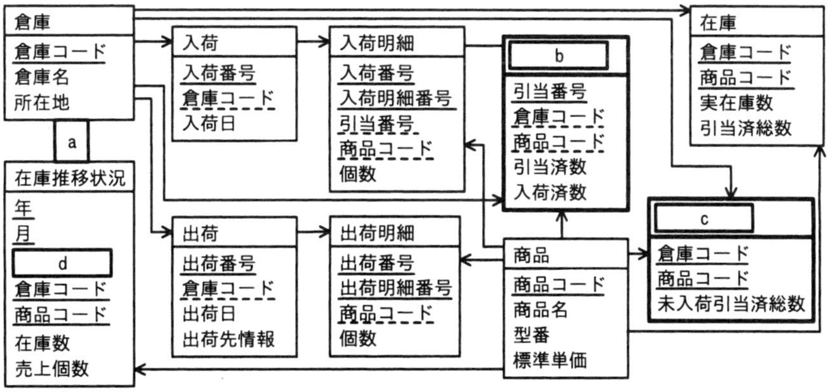

注記　新規に追加したエンティティは太枠で表す。

図 2　改修後の在庫管理システムの E-R 図（抜粋）

在庫管理システムにおける予約注文を受けた商品の個数に関する処理内容を表2に示す。

表 2　在庫管理システムにおける予約注文を受けた商品の個数に関する処理内容

処理タイミング	処理内容
予約注文を受けたとき	引当情報エンティティのインスタンスを生成して，引当済数には注文を受けた商品の個数を，入荷済数には 0 を設定する。 引当予定エンティティの未入荷引当済総数に注文を受けた商品の個数を足す。
予約注文された商品が入荷したとき	[e] エンティティの未入荷引当済総数から入荷した商品の個数を引く。 [f] エンティティの実在庫数と引当済総数に入荷した商品の個数を足す。 入荷した商品の個数を [g] エンティティの個数に設定し，引当情報エンティティの [h] に足す。
予約注文された商品を出荷したとき	出荷した商品の個数を出荷明細エンティティの個数に設定し，在庫エンティティの商品の実在庫数及び引当済総数から引く。

〔在庫の評価〕

より正確かつ迅速に在庫回転日数を把握するために，在庫推移状況エンティティから，期間を1週間（7日間）として，倉庫コード，商品コードごとに，各年月日の6日前から当日までの平均在庫数及び売上個数で在庫回転日数を集計することにする。

可読性を良くするために，SQL文にはウィンドウ関数を使用することにする。

ウィンドウ関数を使うと，FROM句で指定した表の各行ごとに集計が可能であり，各行ごとに集計期間が異なるような移動平均も簡単に求めることができる。ウィンドウ関数で使用する構文（抜粋）を図3に示す。

```
<ウィンドウ関数>::=
  <ウィンドウ関数名>(<列>) OVER {<ウィンドウ名> | (<ウィンドウ指定>)}

<WINDOW 句>::=
  WINDOW <ウィンドウ名> AS (<ウィンドウ指定>) [{, <ウィンドウ名> AS (<ウィンドウ指定>)}...]

<ウィンドウ指定>::=
    [<PARTITION BY 句>] [<ORDER BY 句>] [<ウィンドウ枠>]

<PARTITION BY 句>::=
    PARTITION BY <列> [{, <列>}...]
```

注記1　OVER の後に(<ウィンドウ指定>)を記載する代わりに，WINDOW 句で名前を付けて，<ウィンドウ名>で参照することができる。

注記2　PARTITION BY 句は指定した列の値ごとに同じ値をもつ行を部分集合としてパーティションにまとめるオプションである。

注記3　ウィンドウ枠の例として，ROWS BETWEEN n PRECEDING AND CURRENT ROW と記載した場合は，n 行前(n PRECEDING)から現在行(CURRENT ROW)までの範囲を対象として集計することを意味する。

注記4　...は，省略符号を表し，式中で使用される要素を任意の回数繰り返してもよいことを示す。

図3　ウィンドウ関数で使用する構文（抜粋）

ウィンドウ関数を用いて，倉庫コード，商品コードごとに，各年月日の6日前から当日までの平均在庫数及び売上個数を集計するSQL文を図4に示す。

```
SELECT 年, 月, 日, 倉庫コード, 商品コード,
       AVG(在庫数) [    i    ] 期間定義 AS 平均在庫数,
       SUM(売上個数) [    i    ] 期間定義 AS 期間内売上個数
  FROM 在庫推移状況
  WINDOW 期間定義 AS (
                    PARTITION BY 倉庫コード, 商品コード
                    [    j    ] 年, 月, 日 ASC
                    ROWS BETWEEN 6 PRECEDING AND CURRENT ROW
                  )
```

図4　倉庫コード，商品コードごとに，各年月日の 6 日前から当日までの平均在庫数及び売上個数を集計する SQL 文

設問 1

図1及び図2中の［　a　］に入れる適切なエンティティ間の関連を答え，E-R図を完成させよ。なお，エンティティ間の関連の表記は図1の凡例に倣うこと。

設問 2

〔在庫管理システム改修内容〕について答えよ。

(1) 図2中の［　b　］，［　c　］に入れる適切なエンティティ名を表1中のエンティティ名を用いて答えよ。

(2) 図2中の［　d　］に入れる，在庫推移状況エンティティに追加すべき適切な属性名を答えよ。なお，属性名の表記は図1の凡例に倣うこと。

(3) 表2中の［　e　］～［　h　］に入れる適切な字句を答えよ。

設問 3

図4中の [i]，[j] に入れる適切な字句を答えよ。

問6のポイント 在庫管理システムの開発

ネットショップで日用雑貨の販売を行う会社における在庫管理のデータベース設計に関する問題です。E-R図，エンティティ，集計用SQL構文のなどの知識が要求されています。応用情報技術者試験ではデータベース関係の問題は何回も出題されているので，特にE-R図，SQL構文は，よく理解しておく必要があります。

E-R図（Entity-Relationship Diagram）

リレーショナル型のデータベースのデータ分析に使われるダイアグラムで，分析の対象となる実体（エンティティ）のもつ属性（アトリビュート）やエンティティ同士の関係（リレーション）を表現する。エンティティ同士の関係は，1対1，1対多，多対1，多対多があり，以下のような矢印などの記号で関係を表現する。

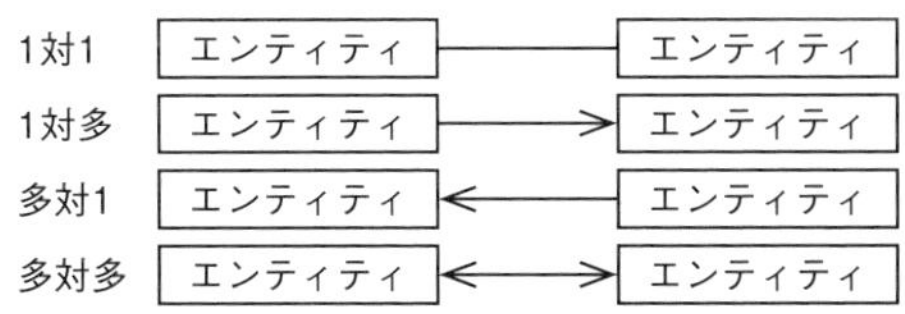

設問1の解説

□□□

・【空欄a】

倉庫と在庫推移状況の関係を問われています。倉庫は，複数の商品が入荷・出荷されます。つまり，一つの倉庫には，複数の在庫推移状況が関係します。したがって，倉庫1に対して在庫推移状況が多なので，「↓」になります。

解答	a：↓

設問2の解説

□□□

● (1) について

表1で示された「引当情報」と「引当予定」が，改修後の図2に見当たりません。つまり，空欄bとcにはこのどちらかが入ります。それぞれの属性名などを手がかりに問題文を読みましょう。

・【空欄b】

表2の「予約注文を受けたとき」には，「引当情報エンティティのインスタンスを生成して，引当済数には注文を受けた商品の個数を，入荷済数には0を設定する」との記載があります。このことから，空欄bが「引当情報」に該当します。

・【空欄c】

上記に続けて，「引当予定エンティティの未入荷引当済総数に注文を受けた商品の個数を足す」とあります。したがって，空欄cは「引当予定」となります。

● (2) について

・【空欄d】

在庫推移状況の項目を考えます。〔在庫の評価〕に，「在庫推移状況エンティティから，期間を1週間（7日間）としく…各年月日の6日前から当日までの平均在庫数及び売上個数で在庫回転日数を集計する」とあります。つまり，年月に加えて主キーとして日が追加で必要になります。

● (3) について

・【空欄e】

表2の「予約注文された商品が入荷したとき」の内容について考えます。「未入荷引当済総数」を対象に処理をしていることから，ここには当該属性をもつエンティティである「引当予定」が入ります。

・【空欄f】

「実在在庫」と「引当済総数」を対象に処理を

していることから，ここには当該属性をもつエンティティである「在庫」が入ります。

・【空欄g】

入荷した際の「個数」を対象に処理をしていることから，ここには当該属性をもつ「入荷明細」が入ります。

・【空欄h】

入荷した際の「個数」を引当情報エンティティの属性に足すので，該当する属性名は「入荷済数」になります。

解答	(1) b：引当情報　　c：引当予定 (2) d：日 (3) e：引当予定　　f：在庫 　　g：入荷明細　　h：入荷済数

設問3の解説

□□□

・【空欄i】

図4は，「ウィンドウ関数を用いて，倉庫コード，商品コードごとに，各年月日の6日前から当日までの平均在庫数及び売上個数を集計するSQL文」とあります。

ウィンドウ関数

RDBにおいて行間の関連性をもつデータに対して集計や計算を行うための関数。ウィンドウ関数を用いると，各行の意味するデータ内（同じ組織，商品など）での計算やランキング，移動平均などを求めることができる。たとえば，SUM()，AVG() などの集約関数を使い，ウィンドウ内の行に対して，集約を行うなど。

ウィンドウ関数は，OVER句を伴って使用される。OVER句内で，PARTITION BYとORDER BYを使用して，データの分割や順序付けを行うことができる。

2行目は平均在庫数，3行目は売上個数を計算するので，ここにはウィンドウ関数を利用するための「OVER」が必要です。

・【空欄j】

6行目で「PARTITION BY」の後に倉庫コード，商品コードがあり，この後に，年，月，日の昇順指定（ASC）があるので，同じ倉庫，商品の在庫や売上個数を年月日の昇順で処理したいことが分かります。したがって，空欄jには整列を指示する「ORDER BY」が入ります。

解答	i：OVER j：ORDER BY

問7 **トマトの自動収穫を行うロボットに関する次の記述を読んで，設問に答えよ。**

G社は，温室で栽培されているトマトの自動収穫を行うロボット（以下，収穫ロボットという）を開発している。収穫ロボットの外観を図1に，収穫ロボットのシステム構成を図2に，収穫ロボットの主な構成要素を表1に，収穫ロボットの状態遷移の一部を図3に示す。

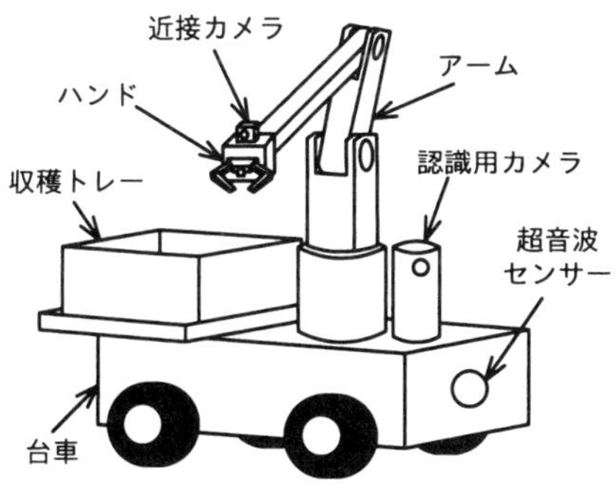

図1　収穫ロボットの外観

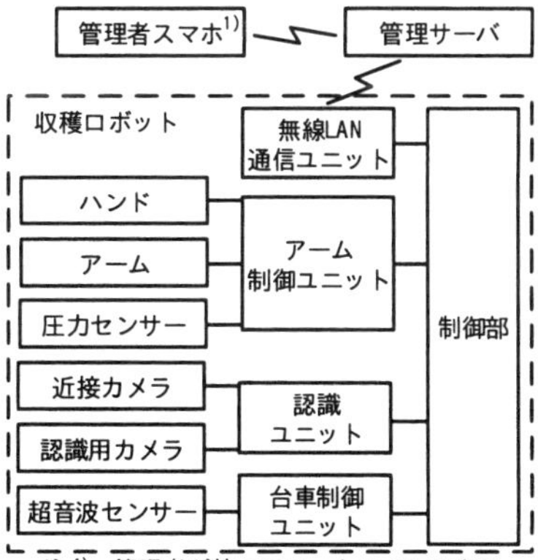

注[1)]　管理者が持つスマートフォンである。

図2　収穫ロボットのシステム構成

表1　収穫ロボットの主な構成要素

構成要素名	機能概要
制御部	・収穫ロボット全体を制御する。
アーム制御ユニット	・アームとハンドによる収穫動作を制御する。
認識ユニット	・認識用カメラで撮影した画像を処理する。 ・近接カメラで撮影した画像を処理する。
台車制御ユニット	・台車の走行を制御する。 ・超音波センサーの検知結果を処理する。
無線 LAN 通信ユニット	・制御部と管理サーバとの通信を制御する。

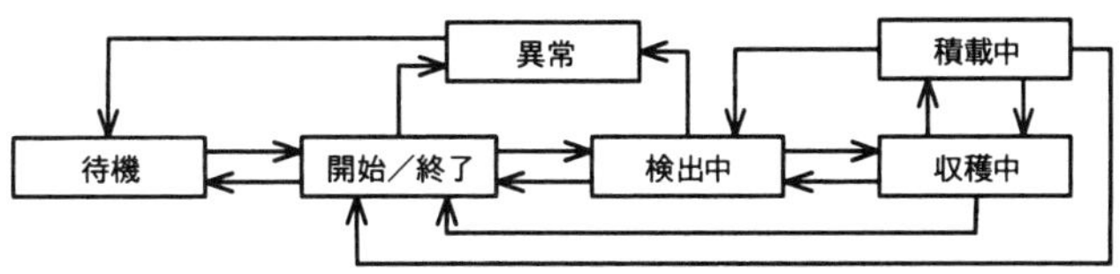

図3　収穫ロボットの状態遷移の一部

〔収穫ロボットの動作概要〕

収穫ロボットの動作概要を次に示す。

・収穫ロボットは，管理者スマホから管理サーバを介して収穫開始の指示を受けると，状態を待機状態から開始／終了状態に遷移させ，あらかじめ管理サーバから設定された経路（待機位置→収穫開始位置→収穫終了位置→待機位置）に沿って温室内を50cm／秒の速度で移動を開始する。

・待機位置から収穫開始位置まで移動すると，状態を検出中状態に遷移させ，認識用カメラで撮影したトマトの画像の解析を行いながら移動を続ける。収穫に適したトマトを検出すると，移動を停止して状態を収穫中状態に遷移させ，収穫を行う。

・認識ユニットの解析結果から，ハンドを収穫対象のトマトに近づけ，近接カメラで撮影した画像でハンドの位置を補正して収穫を行う。

・ハンドには圧力センサーが取り付けられており，トマトを傷つけないように把持（はじ）できる。トマトを把持した後，ハンドの先端にあるカッターでトマトの柄の部分を切断して収穫する。

・トマトを柄から切り離して把持できた場合，収穫成功と判断し，状態を積載中状態に遷移させ，収穫したトマトを近接カメラで撮影した画像から判定した収穫トレーの空き領域に載せる。
- トマトを収穫トレーに載せた後，更に収穫に適したトマトが残っており，かつ，収穫トレーに空き領域が残っていれば，状態を積載中状態から収穫中状態に遷移させ，検出している全てのトマトを収穫するか収穫トレーの空き領域がなくなるまで収穫動作を繰り返す。
- トマトを柄から切り離すことができなかった場合や切り離した後にハンドから落とした場合などは収穫失敗と判断し，収穫中状態のまま，検出している次のトマトの収穫を行う。
- 検出している全てのトマトに対して収穫動作を終えると，収穫を終えたときの状態と収穫ロボットの経路上の位置，収穫トレーの空き領域の状況から次の状態遷移先と動作を決定する。
- 収穫終了位置で，収穫に適したトマトを検出していない場合は，収穫を終了し，待機位置へ移動する。
- 収穫ロボットは動作状況や収穫状況などの情報を定期的に管理サーバに送信する。
- 管理者は管理者スマホを使用して管理サーバに保管されている情報を参照することができる。
- 収穫ロボットが移動中に，台車の先頭に取り付けられた超音波センサーが，進路上1m以内の距離にある障害物を検知すると移動を停止し，状態を異常状態に遷移させ，管理サーバを介して管理者スマホに警告メッセージを送信する。

〔アームの関節部について〕

アームには，軸1，軸2，軸3の三つの回転軸があり，それぞれの回転軸にはサーボモーターが使用されている。サーボモーターはPWM方式で，入力する制御パルスのデューティ比によって回転する角度を制御する。

サーボモーターの仕様を表2に，各サーボモーターの制御角とアームの可動範囲を図4に示す。サーボモーターは，制御パルス幅1.0ミリ秒の場合，制御角が−90度（反時計回りに90度）に，制御パルス幅11.0ミリ秒の場合，制御角が90度（時計回りに90度）になるように回転する。

表2　サーボモーターの仕様

項目	仕様
PWM サイクル	20 ミリ秒
制御パルス幅	1.0 ミリ秒～11.0 ミリ秒
制御角	-90 度～90 度

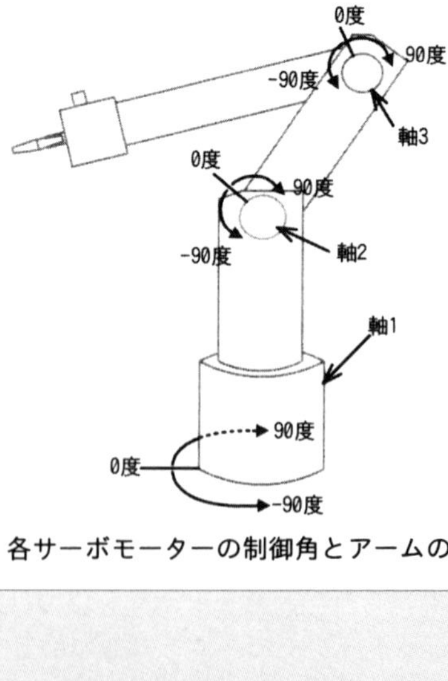

図4　各サーボモーターの制御角とアームの可動範囲

〔制御部のソフトウェア構成について〕

収穫ロボットの制御部では，リアルタイムOSを使用する。制御部の主なタスクの処理概要を表3に示す。

表3　制御部の主なタスクの処理概要

タスク名	処理概要
メイン	・収穫ロボットの状態管理を行う。
アーム制御	・認識タスクからの情報を用いてアームとハンドを制御し，収穫対象のトマトを収穫する。 ・トマト収穫の成否をメインタスクに通知する。 ・認識タスクからの情報を用いてアームとハンドを制御し，収穫したトマトを収穫トレーの空き領域に載せる。
認識	・認識用カメラで撮影したトマトの画像を解析し，収穫に適したトマトを判定する。 ・収穫に適したトマトを検出したことをメインタスクに通知する。 ・収穫に適したトマトのうち1個を収穫するために必要な情報を，認識用カメラと近接カメラで撮影したトマトの画像から求め，アーム制御タスクに通知する。 ・近接カメラで撮影した収穫トレーの画像から収穫トレーの空き領域の情報をアーム制御タスクと［　a　］タスクに通知する。
台車制御	・メインタスクの指示に従って台車の走行制御を行う。 ・超音波センサーの検知結果に従って台車を停止させ，メインタスクに異常を通知する。
無線LAN通信	・管理サーバを介して受信した管理者スマホからの指示をメインタスクに通知する。 ・メインタスクの指示に従って収穫ロボットの動作状況を管理サーバに通知する。

設問 1

収穫ロボットの状態遷移について答えよ。

(1) 収穫終了位置まで移動したときに開始／終了状態への状態遷移が発生するのはどのような場合か。25字以内で答えよ。

(2) 収穫終了位置で，収穫に適した2個のトマトを検出した。2個目のトマトの把持に失敗したとき，1個目のトマトの収穫を開始した時点から2個目のトマトの把持に失敗して次の動作に移るまでの状態遷移として，適切なものを解答群の中から選び記号で答えよ。

解答群

- ア　収穫中状態→積載中状態→開始／終了状態
- イ　収穫中状態→積載中状態→収穫中状態→開始／終了状態
- ウ　収穫中状態→積載中状態→収穫中状態→積載中状態→開始／終了状態
- エ　収穫中状態→積載中状態→収穫中状態→積載中状態→収穫中状態→開始／終了状態

設問 2

制御部のタスクについて答えよ。

(1) 認識タスクから収穫トレーの空き領域の情報を受け取ったとき，メインタスクが開始／終了状態へ遷移する条件を20字以内で答えよ。

(2) 認識タスクがメインタスクに収穫に適したトマトを検出したことを通知するときに合わせて通知する必要がある情報を答えよ。

(3) 表3中の［　a　］に入れるタスク名を，表3中のタスク名で答えよ。

設問 3

アームの制御について，アームの各関節部の軸に制御パルスが図5のように入力された場合，アームはどのような姿勢に変化するか。解答群の中から選び記号で答えよ。

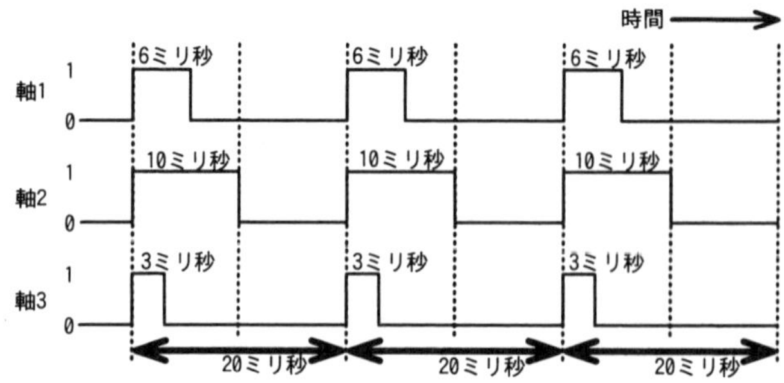

図5　サーボモーターへの入力制御パルス

解答群

- ア　軸1が－54度，軸2が5度，軸3が－72度変化した姿勢
- イ　軸1が0度，軸2が－54度，軸3が72度変化した姿勢
- ウ　軸1が0度，軸2が72度，軸3が－54度変化した姿勢
- エ　軸1が5度，軸2が－54度，軸3が72度変化した姿勢

設問 4

障害物の検知について，収穫ロボットが直進中に，超音波センサーが正面の障害物を検知して，移動を停止したとき，超音波センサーが超音波を出力してから検知に掛かった時間は最大何ミリ秒か。超音波が反射して戻ってくるまでに収穫ロボットが移動する距離を考慮して答えよ。ここで，音速は340m／秒とし，障害物は検知した位置から動かず，ソフトウェアの処理時間は考えないものとする。答えは小数第3位を切り上げ，小数第2位まで求めよ。

問7のポイント　トマトの自動収穫を行うロボット

トマトの自動収穫を行うロボット設計に関する出題です。センサーやデータ転送に関する応用能力を問われています。移動しながらロボットアームで農作物を収穫を行うロボットの設計という内容は慣れていないかもしれませんが，出題内容は常識的なものと言えます。しっかり問題文を読んで，考えるようにしてください。

設問1の解説

□□□

●（1）について

収穫終了位置まで移動したときに開始／終了状態への状態遷移が発生する場合を問われています。〔収穫ロボットの動作概要〕から，「収穫終了位置」に関する記述を探すと，「収穫終了位置で，収穫に適したトマトを検出していない場合は，収穫を終了し，待機位置へ移動する」との記載があり，この段階で「開始／終了状態」に状態遷移します。

●（2）について

1個目のトマトの収穫を開始した状態は，「収穫中状態」で，その後「積載中状態」に遷移します。その後2個目に移り「収穫中状態」になりますが，2個目は把持に失敗するので「開始／終了状態」に遷移します。したがって，イが正解です。

アは2個目の収穫中がないので×，ウとエは2個目の積載中がある（つまり，2個目も収穫に成功している）ので×です。

解答	(1) 収穫に適したトマトが検出されなかった状態（20字） (2) イ

設問2の解説

□□□

● (1) について

〔収穫ロボットの動作概要〕には，「収穫トレーの空き領域がなくなるまで収穫動作を繰り返す」旨の記載があります。これは収穫トレーの空き領域がなくなったら，収穫を終了することを意味します。したがって，「収穫トレーの空き領域がなくなる」となります。

● (2) について

〔収穫ロボットの動作概要〕には，「トマトを収穫トレーに載せた後，更に収穫に適したトマトが残っており～」との記載があります。この内容から，収穫に適したトマトの個数が必要と分かります。

● (3) について

・【空欄a】

収穫トレーの空き領域情報は，収穫に適したトマトの情報とともに状態管理に必要になるので，「メイン」タスクへの通知が必要です。

解答	(1) 収穫トレーの空き領域がなくなる（15字） (2) 収穫に適したトマトの個数 (3) a：メイン

設問3の解説

□□□

ロボットアーム用のサーボモーターが－90度から＋90度の範囲で移動する場合，全体では180度の範囲で動くことになります。入力制御パルスは1.0ミリ秒～11.0ミリ秒の範囲で移動するので，1ミリ秒単位の移動度数は，

180度÷10（＝11－1）＝18度

となります。PWMサイクルは20ミリ秒ですので，その間に各軸1～3が移動する角度を求めます。

・軸1

図5より，入力制御パルスは6ミリ秒のため，5（＝6－1）移動。
よって，移動量は，5×18度（1ミリ秒単位の移動度数）＝90度。
変化は－90度（初期値）＋90度（移動量）＝0度。

・軸2

同様に，10ミリ秒のため，9（＝10－1）移動。
よって，移動量は，9×18度＝162度。
変化は－90度＋162度＝72度。

・軸3

同様に，3ミリ秒のため，2（＝3－1）移動。
よって，移動量は，2×18度＝36度。
変化は－90度＋36度＝－54度。

軸1～軸3の変化より，ウとなります。

解答	ウ

設問4の解説

□□□

〔収穫ロボットの動作概要〕に，収穫ロボットの移動速度は50cm／秒（0.5m／秒），超音波センサーの検知範囲は1m以内とあります。これらと音速340m／秒を用いて計算します。

・t：障害物に向かって移動ロボットから発する超音波が1m先の障害物から跳ね返ってきてセンサーで検知するのにかかる時間（求める時間）
・x：ロボットがセンサーで検知するまでに進んだ距離

とおきます。

求める時間tの間に，「超音波」と「ロボット」がそれぞれ移動する距離を考えると以下の式が成り立ちます。

$340\times t=(1+x)+1$ ……①（超音波）
$0.5\times t=x$ ……②（ロボット）

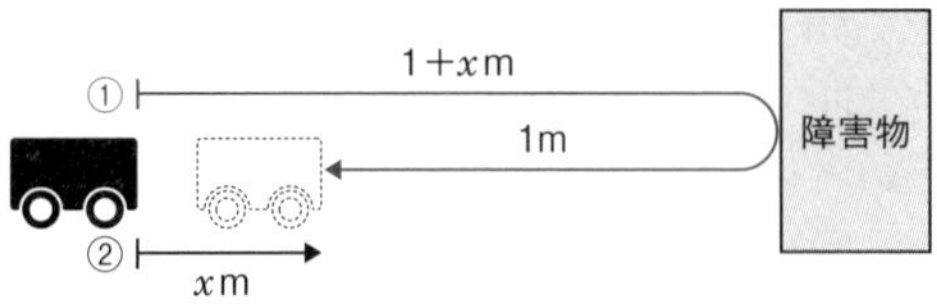

①のxに②を代入して計算すると，

$$340t=2+0.5t$$
$$339.5t=2$$
$$t=0.0058910162\cdots \text{（秒）}$$
$$=5.8910162\cdots \text{（ミリ秒）}$$

となります。

小数第三位は切り上げるので，5.90ミリ秒が答えとなります。

解答	5.90ミリ秒

問8 スレッド処理に関する次の記述を読んで，設問に答えよ。

B社は，首都圏に約50店の美容室を運営する美容室チェーンである。B社では顧客に顧客カードを発行し，B社の全店舗で顧客カードを持参した顧客に割引価格でサービスを提供している。近年，テレワークなどで外出機会が減ったことによって，顧客の来店回数が減少しており，売上げが減少傾向にある。

そこでB社では，顧客に美容室に来てもらうために販売促進活動を行うことにした。この販売促進活動の一つとして，スマートフォン向けサービス（以下，新サービスという）を提供することにした。この新サービスの開発は，B社のWebサイトの構築経験がある情報システム担当のCさんが担当することになった。

〔新サービスの機能〕

Cさんは新サービスの開発に向けて，全店舗の店長から“顧客にもっと来店してもらうためのアイディア”を募った。集まったアイディアを基にCさんが考えた新サービスのトップ画面と四つの機能を図1に示す。

機能	機能説明
来店予約	店名，日付，希望美容師，希望コース（カット，パーマなど）を指定して予約可能時間を検索し，来店予約を行う機能と予約情報を確認，変更する機能。
お知らせ	キャンペーン，新商品の入荷などの情報を知らせる機能。
クーポン	クーポンを配付する機能。
おすすめの髪型	スマートフォンのカメラで撮影した顧客の顔の特徴情報を基に，顧客ごとに似合う髪型を提案する機能。

図１　新サービスのトップ画面と四つの機能

〔新サービスを提供するアプリケーションソフトウェア〕

次にCさんは，新サービスを提供するためのアプリケーションソフトウェア（以下，アプリケーションという）について調査した。その結果，アプリケーションの代表的な種類には，［ a ］と［ b ］があることが分かった。［ a ］は，サーバでHTMLを生成してスマートフォンに送信する。スマートフォンのOSの差異を考慮した開発は不要だが，カメラやGPSなどのデバイスの利用が一部制限される。一方［ b ］は，それ自体をスマートフォンにインストールして実行するもの（以下，スマホアプリという）である。OSの差異を考慮した開発が必要であるが，カメラやGPSなどのデバイスを制限なく利用できる。この調査結果からCさんは，新サービスは［ b ］として開発することを提案し，上司の承認を得た。

〔トップ画面の開発〕

次にCさんは，Java言語を用いてスマホアプリのトップ画面の開発に着手した。トップ画面を実装し，画面の描画処理の中で，顧客番号に関連付けられた顧客氏名，来店日付，担当美容師氏名の情報をサーバから取得して画面に表示する処理を行うようにした。しかし，このスマホアプリを実行したところ並行処理に関するエラー（例外）が発生し，スマホアプリの実行が中断された。

このエラーの原因を究明するために，スマートフォン上で動作するGUIアプリケーションにおける並行処理を行う仕組みに関して調査を行った。スマートフォンのOS上で処理を実行するための仕組みとして［ c ］と［ d ］とがある。［ c ］は，独立したメモリ空間を割り当てて実行されるものであり，多くの場合アプリケーションの実行単位ごとに一つの［ c ］で実行される。一方［ d ］は，一つのメモリ空間を共有しながら実行されるもので，一つの［ c ］の中で，複数の［ d ］を実行することができる。

GUIアプリケーションの開発では，画面描画，画面操作などの画面ユーザーインタフェースに関する処理を行うメインスレッドと，メインスレッドと並行して比較的処理時間が長い処理を行う①バックグラウンドスレッド（以下，ワーカースレッドという）とを分けて実装する必要がある。また，ワーカースレッドによる画面ユーザーインタフェースに関する処理は禁止されていることが分かった。

そこで，トップ画面の処理をメインスレッドとワーカースレッドとに分けて実装することにし，トップ画面を完成させた。

〔おすすめの髪型機能の開発〕

次にCさんは，おすすめの髪型機能の開発に着手した。おすすめの髪型機能の実現に必要な処理を表1に示す。なお，表1中の開始条件とは当該処理の実行を開始するために必要な条件であり，処理時間は当該処理の実行に必要なスマートフォン内の計算時間と標準的な通信時間の合計時間である。

表1　おすすめの髪型機能の実現に必要な処理

処理名	処理内容	開始条件	処理時間（ミリ秒）
処理1	スマートフォンのカメラデバイスから取得したカメラ映像を画面に表示して，顧客が撮影ボタンを押した時点の画像を顔写真として保存する。	なし	100
処理2	画面に“処理中”のメッセージを表示する。	処理1の完了	10
処理3	処理1で保存した顔写真から顔の特徴点を抽出する。	処理1の完了	100
処理4	処理1で保存した顔写真から毛髪部分を削除する画像処理を行う。	処理3の完了	150
処理5	処理3で抽出した特徴点をサーバに送信し，おすすめの髪型の画像を取得する。	処理3の完了	200
処理6	処理4の結果画像と処理5の画像を合成する。	処理4，処理5の完了	50
処理7	処理6で合成した写真を画面に表示する。	処理6の完了	10

表1の七つの処理を行うために，②メインスレッドと二つのワーカースレッドを作成して処理を行うプログラムを実装した。処理4と処理5は並行に実行できるので，別々のワーカースレッドで処理することにした。このとき，処理6の実行の開始条件は処理4と処理5が共に完了していることなので，二つのスレッドの完了を待ち合わせる［ e ］操作を処理6のプログラムに記載した。

Cさんは，処理1～処理7で構成されるおすすめの髪型機能を実装してテスト用に準備したスマートフォンで実行したところ，通信環境の良い場所では正常に動作したが，通信環境が悪い場所ではサーバからの応答を待ち続けてしまう問題が発生した。この問題を解決するために③処理5のプログラムにある処理を追加した。

その後，Cさんはスマホアプリの全ての機能の開発とテストを完了させ，B社は新サービスを用いた販売促進活動を開始した。

設問 1

本文中の［ a ］，［ b ］に入れる適切な字句を解答群の中から選び，記号で答えよ。

解答群

- ア Javaアプレット
- イ Webアプリケーション
- ウ コンソールアプリケーション
- エ ネイティブアプリケーション

設問 2

〔トップ画面の開発〕について答えよ。

(1) 本文中の［ c ］，［ d ］に入れる適切な字句を解答群の中から選び，記号で答えよ。

解答群

- ア イベント
- イ ウィンドウ
- ウ スレッド
- エ プロセス

(2) 本文中の下線①について，ワーカースレッドで実行すべきではない処理を解答群の中から選び，記号で答えよ。

解答群

- ア サーバから取得した情報を画面に表示する処理
- イ サーバからのレスポンスを待つ処理
- ウ サーバへリクエストを送信する処理
- エ ホスト名からIPアドレスを取得しTCPコネクションを確立する処理

設問 3

〔おすすめの髪型機能の開発〕について答えよ。

(1) 本文中の下線②について，表1中の処理2～処理7のうちメインスレッドで実行すべき処理だけを，表1中の処理名で全て答えよ。

(2) 本文中の［ e ］に入れる適切な操作名を解答群の中から選び，記号で答えよ。

解答群

- ア break
- イ fork
- ウ join
- エ wait

(3) 本文中の下線③について，Cさんが追加した処理の内容を20字以内で答えよ。

(4) おすすめの髪型機能を実行するために必要な処理時間は何ミリ秒か。ここで，通信は標準的な時間で実行でき，表1に記載の処理時間以外については無視できるものとする。

問8のポイント　スレッド処理

美容室チェーンの顧客サービスアプリのシステム開発に関する問題です。ネイティブアプリケーション，Webアプリケーション，スレッド，プロセスなど，スマホで使ってもらうシステムの用語や応答時間の計算問題を解く能力が要求されています。用語は専門的ですが，計算問題は問題を読めば解答につながるヒントがわかるので，落ち着いて対応してください。

設問1の解説

□□□

Webアプリケーション

Web（インターネット）にアクセスして利用する形態のアプリケーションのこと。サーバ側で動作するためインストールが不要で，ネット接続環境とWebブラウザさえあれば機種を問わず利用できる。逆に，Webブラウザを介するのでセキュリティなどの制約があり，デバイスの機能を直接利用することは制限される。

ネイティブアプリケーション

手元のデバイス（PC，スマートフォン）にインストールして利用する，古くからある利用形態のアプリケーションのこと。OSや機種ごとに開発する必要はあるが，デバイスの機能をフル活用できる。

・【空欄a】

「サーバでHTMLを生成してスマートフォンに送信する」，「カメラの機能などが一部制限される」などの記載より，「Webアプリケーション」が該当します。

・【空欄b】

「スマートフォンにインストールして実行」との記載があるので，「ネイティブアプリケーション」であることが分かります。なお，アのJavaアプレットとは，Webブラウザ内で動作するプログラムですが，スマホのブラウザは通常Javaアプレットをサポートしておらず，セキュリティの問題も懸念されるので現在ではあまり使われません。また，ウのコンソールアプリケーションとはテキストベースのインタフェースなので，スマホでは通常利用されません。

解答	a：イ　　b：エ

設問2の解説

□□□

●（1）について

・【空欄c】

「独立したメモリ空間を割り当てて実行」との記載があるので，「プロセス」となります。

・【空欄d】

「一つのメモリ空間を共有する」との記載があるので，「スレッド」が該当します。

プロセスとスレッド

現在，主な並行処理技術としてプロセスとスレッドがある。

・プロセス（Process）

プロセスは，プログラムを実行する際の実体で，プロセスごとに独立したメモリ空間をもつ。プログラムは機能ごとに複数のプロセスに分けて実行されていることが多い。メモリ空間が独立しているので，プロセス単位で多数のコンピュータに処理を分散して実行することも可能。

・スレッド（Thread）

プロセスをさらに細分化した複数の独立した実行単位であり，プロセスと同じメモリ空間を共有する。スマートフォンアプリケーションでは，メインスレッドとバックグラウンドスレッドを使い分けることで，UIの更新とバックグラウンド処理を同時に行うことができる。

●（2）について

メインスレッドとワーカースレッドの役割分担について問われています。2つのスレッドタイプは異なる目的とタスクの実行に適しており，それぞれの特性を理解することが必要です。

・メインスレッド

メインスレッドに向いている処理は，UI（ユーザーインターフェース）更新であり，UIの描画と更新を担当します。ボタンのクリック，テキストの変更，画像の表示など，UI関連のタスクはメインスレッドで実行します。また，イベントハンドリングと呼ばれるユーザーからの入力やシステムイベントを処理することにも利用します。

・ワーカースレッド

ワーカースレッドに向いている処理は，バックグラウンド処理であり，長時間実行が必要なタスクや，CPU集約的な処理です。たとえば，ユーザーがリクエストした大量のデータをサーバから非同期に処理するなど。

それぞれの特徴から，ワーカースレッドで実行すべきでない処理はア（画面処理）であることが分かります。

解答	(1) c：エ　d：ウ (2) ア

設問3の解説

□□□

● (1) について

メインスレッドで実行すべき処理を処理1～処理7から選びます。メインスレッドはUIに関するものなので，「処理2（処理中メッセージを画面に表示）」，「処理7（合成写真を画面に表示）」であることが分かります。

● (2) について

・【空欄e】

Javaのスレッド処理において，「二つのスレッドの完了を待ち合わせる操作」はjoinになります。joinは，あるスレッドが別のスレッドの終了を待つために使用されます。

字句	意味
break文	for文などのループ処理を中断する（スレッド処理とは無関係）
fork	非同期でのタスク処理を開始する
join	スレッドの終了を待ち合わせる
wait	スレッド処理を止めて待機させる

● (3) について

通信環境が悪い場所でサーバからの応答を待ち続けることが問題なのですから，「サーバから応答がなければ，タイムアウトによるエラー処理を行う」ことが必要です。

● (4) について

表1の処理時間を加算していきますが，処理2と処理3は並行して処理できるので，遅い方の時間を加算（処理3の100ミリ秒）します。また，処理4と処理5も並行処理可能なので，遅い方の時間（処理5の200ミリ秒）を加算します。

したがって，

処理1（100）＋処理3（100）＋処理5（200）＋処理6（50）＋処理7（10）＝460ミリ秒

になります。

解答	(1) 処理2，処理7 (2) e：ウ (3) 応答タイムアウトによるエラー処理を行う（19字） (4) 460ミリ秒

問9 新たな金融サービスを提供するシステム開発プロジェクトに関する次の記述を読んで，設問に答えよ。

A社は，様々な金融商品を扱う金融サービス業である。これまで，全国の支店網を通じて顧客を獲得・維持してきたが，ここ数年，顧客接点のデジタル化を進めた競合他社に顧客が流出している。そこで，A社は顧客流出を防ぐため，店頭での対面接客に加えて，認知・検索・行動・共有などの顧客接点をデジタル化し，顧客関係性を強化する新たな金融サービスを提供するために，新システムを開発するプロジェクト（以下，本プロジェクトという）の立ち上げを決定した。本プロジェクトはA社の取締役会で承認され，マーケティング部と情報システム部を統括するB役員がプロジェクト責任者となり，プロジェクトマネージャ（PM）にはマーケティング部のC課長が任命された。C課長は，本プロジェクトの立ち上げに着手した。

〔プロジェクトの立ち上げ〕

C課長は，プロジェクト憲章を次のとおりまとめた。

・プロジェクトの目的：顧客接点をデジタル化することで，顧客関係性を強化する新たな金融サービスを提供する。
・マイルストーン：本プロジェクト立ち上げ後6か月以内に，ファーストリリースする。ファーストリリース後の顧客との関係性強化の状況を評価して，その後のプロジェクトの計画を検討する。
・スコープ：機械学習技術を採用し，スマートフォンを用いて顧客の好みやニーズに合わせた新たな金融サービスを提供する。マーケティング部のステークホルダは新たな金融サービスについて多様な意見をもち，プロジェクト実行中はその影響を受けるので頻繁なスコープの変更を想定する。
・プロジェクトフェーズ：過去に経験が少ない新たな金融サービスの提供に，経験のない新たな技術である機械学習技術を採用するので，システム開発に先立ち，新たなサービスの提供と新たな技術の採用の両面で実現性を検証するPoCのフェーズを設ける。PoCフェーズの評価基準には，顧客関係性の強化の達成状況など，定量的な評価が可能な重要成功要因の指標を用いる。
・プロジェクトチーム：表1のメンバーでプロジェクトを立ち上げ，適宜メンバーを追加する。

表1　プロジェクト立ち上げのメンバー

要員	所属	スキルと経験
C課長（PM）	マーケティング部	CRM導入プロジェクトの全体統括をした経験，アジャイル型開発プロジェクトに参加した経験がある。
D主任	マーケティング部	1年前に競合企業から転職してきたマーケティング業務の専門家。CRMや会員向けECサイトのシステム開発プロジェクトに参加した経験がある。A社の業務にはまだ精通していない。
E主任	情報システム部	フルスタックエンジニア。データマートの構築，Javaのプログラミング，インターネット上のシステム開発などの経験が豊富。機械学習技術の経験はない。
F氏	情報システム部	データエンジニア。データ分析，Pythonのプログラミング経験はあるが，機械学習技術の経験はない。

B役員は，プロジェクト憲章を承認し，次の点によく留意して，プロジェクト計画を作成するようにC課長に指示した。

・顧客接点のデジタル化への機械学習の適用を，自社だけで技術習得して実施するか，他社に技術支援を業務として委託するか，今後のことも考えて決定すること。
・ベンダーに技術支援を業務委託する場合は，マーケティング部と情報システム部の従業員が，自分たちで使いこなせるレベルまで機械学習技術を習得する支援をしてもらうこと。また，新たな金融サービスの提供において，顧客の様々な年代層が容易に利用できるシステムの開発を支援できるベンダーを選定すること。なお，PoCでは，技術面の検証業務を実施し，成果として検証結果をまとめたレポートを作成してもらうこと。
・同業者から，自社だけで機械学習技術を習得しようとしたが，習得に2年掛かったという話も聞いたので，進め方には留意すること。

C課長は，B役員の指示を受けてメンバーと検討した結果，本プロジェクトはPoCを実施する点と，リリースまでに6か月しかない点，［　a　］点を考慮し，アジャイル型開発アプローチを採用することにした。

C課長は，顧客接点のデジタル化への機械学習の適用を，自社だけで実施するか，他社に技術支援を業務委託するかを検討した。その結果，自社にリソースがない点と，[b]点を考慮し，PoCとシステム開発の両フェーズで機械学習に関する技術支援をベンダーに業務委託することにした。

また，C課長は，PoCを実施しても，既知のリスクとして特定できない不確実性は残るので，プロジェクトが進むにつれて明らかになる未知のリスクへの対策として，プロジェクトの回復力（レジリエンス）を高める対策が必要と考えた。

〔ベンダーの選定〕

C課長は，機械学習技術に関する技術支援への対応が可能なベンダー7社について，ベンダーから提示された情報を基に，機械学習技術に関する現在の対応状況を調査した。

この調査に基づき，C課長は，技術習得とシステム開発の支援の提案を依頼するベンダーを4社に絞り込んだ。その上で，ベンダーからの提案書に対して五つの評価項目を定め，ベンダーを評価することとした。

ベンダー4社に対して，提案を依頼し，提出された提案を基に，プロジェクトメンバーで評価項目について評価を行い，表2のベンダー比較表を作成した。

表2　ベンダー比較表

評価項目	評価の観点	P社	Q社	R社	S社
事例数	金融サービス業の適用事例が豊富なこと	3	3	3	4
定着化	習得した機械学習技術の定着化サポートを含むこと	2	4	3	4
提案内容	他社と差別化できる技術であること	4	3	4	3
使用性	顧客視点でのシステム開発ができること	4	4	3	3
価格	コストパフォーマンスが高いこと	3	3	4	2

注記　評価項目の点数。1：不足，2：やや不足，3：ほぼ十分，4：十分

ベンダー比較表を基に，B役員の指示を踏まえて審査した結果，[c]社を選定した。B役員の最終承認を得て，<u>①本プロジェクトのPoCの特性を考慮し，準委任契約で委託する</u>ことにした。

C課長は，システム開発フェーズの途中で，技術支援の範囲拡大や支援メンバーの増員を依頼した場合の対応までのリードタイムや増員の条件について，<u>②選定したベンダーに確認</u>しようと考えた。

〔役割分担〕

C課長は，マーケティング部のステークホルダがもつ多様な意見を理解して，それを本プロジェクトのプロダクトバックログとして設定するプロダクトオーナーの役割が重要であると考えた。C課長は，<u>③D主任が，プロダクトオーナーに適任であると考え</u>，D主任に担当してもらうことにした。

C課長は，プロジェクトチームのメンバーと協議して，PoCでは，D主任の設定した仮説に基づき，プロダクトバックログを定め，プロジェクトの開発メンバーがベンダーの技術支援を受けてMVP（Minimum Viable Product）を作成することにした。そして，マーケティング部のステークホルダに試用してもらい，<u>④あるものを測定する</u>ことにした。

設問 1

〔プロジェクトの立ち上げ〕について答えよ。

(1) 本文中の[a]に入れる適切な字句を20字以内で答えよ。

(2) 本文中の[b]に入れる適切な字句を20字以内で答えよ。

設問 2

〔ベンダーの選定〕について答えよ。

(1) 本文中の[c]に入れる適切な字句を，アルファベット1字で答えよ。また，[c]社を選定した理由を，表2の評価項目の字句を使って20字以内で答えよ。

(2) 本文中の下線①について，準委任契約で委託することにしたのは本プロジェクトのPoCの特性として何を考慮したからか。適切なものを解答群の中から選び，記号で答えよ。

解答群

ア 既知のリスクとして特定できない不確実性が残る。

イ 実現性を検証することが目的である。

ウ 評価基準に重要成功要因の指標を用いる。

エ マーケティング部がMVPを試用する。

(3) 本文中の下線②について，C課長が，ベンダーに確認する目的は何か。25字以内で答えよ。

設問 3

〔役割分担〕について答えよ。

(1) 本文中の下線③について，D主任がプロダクトオーナーに適任だと考えた理由は何か。30字以内で答えよ。

(2) 本文中の下線④について，測定するものとは何か。15字以内で答えよ。

問9のポイント　プロジェクト憲章と立ち上げ

本問では，適当な理由などを決められた字数で説明する設問が多く見られます。問題文中に明確に手がかりがあって取捨選択すればいいだけの場合と，一般常識に照らし合わせて解答を組み立てていかなければいけない場合があります。後者の場合，それでも当該プロジェクトの置かれている状況に基づいて解答するよう心がけます。考えすぎて試験時間のロスにならないよう時間配分にも注意してください。

PoC（Proof of Concept）

新しい手法に取り組む際に，試作開発し，事前に実現性を検証すること

MVP（Minimum Viable Product）

顧客が抱える課題の解決の仮説検証のために作られる最小限の機能をもつ試作品

設問1の解説

□□□

● (1) について

・【空欄a】

アジャイル型開発アプローチの特徴として，環境の変化に応じて臨機応変に対応できること，開発スピードが速いことなどが挙げられます。

プロジェクト憲章のスコープの項に，「プロジ

ェクト実行中は…頻繁なスコープの変更を想定する」と書かれています。頻繁なスコープの変更とは臨機応変の対応を求められていることを意味し，アジャイル型開発アプローチの採用理由として相応しいと考えられます。

● (2) について

・【空欄b】

機械学習の適用を自社ではまかないきれない理由が記されている箇所を本文中から探します。

B役員からC課長への指示の中に，「自社だけで機械学習技術を習得しようとしたが，習得に2年掛かったという話も聞いた」と書かれているため，これを空欄bの解答に利用します。

解答	(1) a：頻繁なスコープの変更が想定される（16字） (2) b：機械学習技術の習得に時間が掛かる（16字）

設問2の解説

□□□

● (1) について

・【空欄c】

ベンダーに技術支援を委託する場合のB役員の指示として，以下の2点が記述されています。

①従業員が自分たちで使いこなせるレベルまで機械学習技術を習得する支援をしてもらうこと。

②顧客の様々な年代層が容易に利用できるシステムの開発を支援できるベンダーを選定すること。

表2に照らし合わせると，習得した機械学習技術の定着化サポートを含むこと（定着化）が上記の①に，顧客視点でのシステム開発ができること（使用性）が上記の②に対応することがわかります。

表2において定着化と使用性の両方とも高い点数がついているのがQ社のため，Q社が適当です。

● (2) について

システム開発のプロジェクトでよく見られる請負契約と準委任契約との違いは以下のとおりです。

契約の種類	意味
請負契約	業務が完遂し，成果物に対して報酬が支払われる契約
準委任契約	業務の結果は問われない。労務に対して報酬が支払われる契約

このプロジェクトでは，開発メンバーがベンダーの技術支援を受けてMVPを作成する方針としました。MVPは仮説検証のための試作品であること，これを作成するのがベンダーではなくベンダーの技術支援を受けた開発メンバーであることを踏まえると，イ（実現性を検証することが目的である）が適切と考えられます。

● (3) について

ファーストリリースまで6か月しかない点に着目します。

開発期間が6か月しかないのに，システム開発フェーズの途中でメンバーを増員したところで，増員した要員が戦力になるまでにリリース時期がきてしまいかねません。どこまで迅速かつ柔軟にベンダーに対応してもらえるのか，そのために発注者として構えておくべきことを確認したと考えられます。

以上の内容は，未知のリスクへの対策として，プロジェクトの回復力（レジリエンス）を高める対策が必要，という本文中の記述と合致します。レジリエンスというキーワードにつなげて解答することを出題者は期待していると考えられます。

解答	(1) c：Q 理由：定着化と使用性の評価がどちらも高いため（19字） (2) イ (3) 開発期間が短く，レジリエンスを確認すること（21字）

設問3の解説

□□□

● (1) について

下線③の直前に書かれているように，プロダクトオーナーに期待される役割として，マーケティング部のステークホルダーがもつ多様な意見を理解することが大前提になります。

表1の中からプロダクトオーナーを選定しますが，E主任やF氏と違い，D主任はマーケティング

部に所属しています。「1年前に競合企業から転職してきたマーケティング業務の専門家」とも書かれています。

マーケティング業務に対する理解の深さからD主任が任命されたと考えられます。

●(2)について

〔プロジェクトの立ち上げ〕の中にプロジェクトの目的として，「顧客接点をデジタル化することで，顧客関係性を強化する新たな金融サービスを提供する」と書かれています。

また，プロジェクトフェーズの説明の中で，「PoCフェーズの評価基準には，顧客関係性の強化の達成状況など定量的な評価が可能な重要成功要因の指標を用いる」とも書かれています。PoCフェーズの評価基準であること，定量的な評価が可能であることから，顧客関係性の強化の達成状況が適切です。

解答	(1) マーケティング業務に詳しく，多様な意見を集約できるため(27字) (2) 顧客関係性の強化の達成状況(13字)

問10

サービスレベルに関する次の記述を読んで，設問に答えよ。

E社は防犯カメラ，入退室認証機器，監視モニターなどのオフィス用セキュリティ機器を製造販売する中堅企業である。E社の販売部の販売担当者は，E社営業日の営業時間である9時から18時までの間，販売活動を行っている。E社の情報システム部では，販売管理システム（以下，現システムという），製品管理システム，社内Webシステムなどを開発，運用し，社内の利用者にサービスを提供している。現システムは，納入先の所在地，納入先との取引履歴などの納入先情報を管理し，製品管理システムは，製品の仕様，在庫などの情報を管理する。社内Webシステムは24時間365日運用されており，E社の従業員は，業務に役立つ情報を，社内Webシステムを用いて，いつでも参照することができる。

情報システム部には，サービス課，システム開発課及びシステム運用課がある。サービス課には複数のサービスチームが存在し，サービスレベル管理など，サービスマネジメントを行う。システム開発課は，システムの開発及び保守を担当する。システム運用課は，システムの運用及びIT基盤の管理を担当する。

販売担当者を利用者として提供される販売管理サービス（以下，現サービスという）は現システムによって実現されている。販売担当者は，納入先から製品の引き合いがあった場合，まず現システムで納入先情報を検索して，引き合いに関する情報を登録する作業を行う。次に，現システムと製品管理システムの両システムに何度もアクセスして情報を検索したり，情報を登録したりする作業があり，最後に表示される納期と価格の情報を取り込んだ納入先への提案に時間が掛かっている。販売部は16時までに受けた引き合いは，当日の営業時間内に納入先に納期と価格の提案を行うことを目標にしているが，引き合いが多いと納入先への提案まで2時間以上掛かることもあり，目標が達成できなくなる。販売部が行う納入先への提案は販売部の重要な事業機能であるので，販売部は現サービスの改善を要求事項として情報システム部に提示していた。

そこで，情報システム部は，販売部の要求事項に対応するため，現システムに改修を加えたものを新システムとし，来年1月から新サービスとして提供することになった。

〔新サービスとサービスマネジメントの概要〕

販売部のG課長が業務要件を取りまとめ，システム開発課が現システムを改修し，システム運用課がIT基盤を用いて新システムを運用する。販売担当者が現サービスと同様に引き合いに関する情報を新システムに登録して，提案情報作成を新システムに要求すると，新サービスでは新システムと製品管理システムとが連動して処理を実行し，提案に必要となる納期と価格の情報を表示する。

新サービスのサービスマネジメントについては，現サービス同様に，サービス課販売サービスチームのF君が担当する。サービス課では，従来からサービスデスク機能をコールセンター会社のY社に委託しており，新サービスについても，利用者からの問合せは，サービスデスクが直接受け付けて，利用者に回答を行う。問合せの内容が，インシデント発生に関わる内容の場合は，サービスデスクから販売サービスチームにエスカレーションされ，情報システム部で対応し，対応完了後，販売サービスチームは，サービスデスクに対応完了の連絡をする。例えば，一部のストレージ障害が疑われる場合は，販売サービスチームはシステム運用課にインシデントの診断を依頼し，システム運用課が障害箇所を特定する。その後，システム運用課で当該ストレージを復旧させ，販売サービスチームに復旧の連絡を行う。販売サービスチームはサービスデスクに連絡し，サービスデスクでは，サービスが利用できることを利用者に確認してサービス回復とする。

〔サービスレベル項目と目標の設定〕

社内に提供するサービスについて，これまで情報システム部は，社内の利用部門との間でSLAを合意していなかったが，新サービスではサービスレベル項目と目標を明確にし，販売部と情報システム部との間でSLAを合意することにした。そこで，情報システム部が情報システム部長の指示のもとで，販売部の要求事項と実現可能性を考慮しながらサービスレベル項目と目標の案を作成し，新サービスの利害関係者と十分にレビューを行って合意内容を決定することとなった。F君が新サービスのSLAを作成する責任者となり，販売部との合意の前に，新システムの開発及び運用を担うシステム開発課及びシステム運用課のメンバーと協力してSLAのサービスレベル項目と目標を作成することにした。

F君は，システム開発課がシステム設計を完了する前に，現システムで測定されているシステム評価指標を参考に，表1に示す販売部と情報システム部との間のサービスレベル項目と目標（案）を作成した。

表 1　販売部と情報システム部との間のサービスレベル項目と目標（案）

項番	種別	サービスレベル項目	サービスレベル目標
1	サービス可用性	サービス時間	E 社営業日の 9 時から 20 時まで
2		サービス稼働率	月間目標値：95%以上
3	性能	引き合いに関する情報の登録処理の応答時間	平均 3 秒以内
4	保守性	インシデント発生時のサービス回復時間 1)	8 時間以内
5	サービスデスク	サービスデスクのサポート時間帯	問合せ受付業務を実施する時間帯：E 社営業日の 9 時から 18 時まで

注記　18 時から 20 時までの間で利用者がインシデントと思われる事象を発見した場合は，サービスデスクの代わりにサービス課が受け付けて，対応する。

注 1)　サービスデスクが受け付けてからサービスが回復するまでの経過時間のことである。経過時間は，E 社営業日の営業時間の範囲で計測する。例えば，受付が 15 時でサービスの回復が翌営業日の 12 時の場合，サービス回復時間は 6 時間である。

F君は，表1を販売部のG課長に提示した。G課長は，販売部の要求事項に関連する内容が欠けていることを指摘し，表1に①サービスレベル項目を追加するように要求した。そこで，F君は，新システムに関わる情報システム部のメンバーと協議を行い，システム設計で目標としている性能を基にサービスレベル目標を設定し，追加するサービスレベル項目とともにG課長に提示し，了承を得た。

〔サービス提供者とサービス供給者との合意〕

新サービスは，サービス課がサービス提供者となって，SLAに基づいて販売部にサービス提供される。サービス提供に際しては，外部供給者としてY社が，内部供給者としてシステム開発課及びシステム運用課が関与する。

サービスデスクについてのサービスレベル目標の合意は，従来，サービス課とY社との間で［ a ］として文書化されている。この中で，サービス課は，合意の前提となる問合せ件数が大きく増減する場合は，1か月前にY社に件数を提示することになっている。Y社は，提示された問合せ件数に基づき作業負荷を見積もり，サービスデスク要員の体制を確保する。

F君は，②新サービスを契機として，サービス課と内部供給者との間で，サービスレベル項目と目標を合意することにした。新サービスについてのサービス課とシステム開発課との間の主要なサービスレベル項目と目標（案）を表2に示す。

表2　サービス課とシステム開発課との間の主要なサービスレベル項目と目標（案）

項番	サービスレベル項目	サービスレベル目標
1	インシデントが発生した場合，サービス課からのインシデントの診断依頼をシステム開発課が受け付ける時間帯	E社営業日の9時から18時まで
2	システム開発課が開発したシステムに起因するインシデントの場合，システム開発課がサービス課からのインシデントの診断依頼を受け付けてからシステムを復旧するまでの時間[1)]	8時間以内

注[1)]　E社営業日の営業時間の範囲で計測する。

F君は，表2を上司にレビューしてもらった。すると，上司から，表1項番4のサービスレベル目標を達成するためには，“③表2項番2のサービスレベル目標は見直す必要がある”という指摘を受けた。

〔受入れテストにおける指摘と対応〕

システム開発課による開発作業が完了し，新サービス開始の2週間前に販売部が参画する新サービスの受入れテストを開始した。受入れテストを行った結果，販売部から情報システム部に対して，次の評価と指摘が挙がった。

・機能・性能とも大きな問題はなく，新サービスを開始してよいと判断できる。
・新サービスの操作方法を説明したマニュアルは整備されているが，提案情報作成を要求する処理に関してはサービスデスクへの問合せが多くなると想定される。

F君は，サービスデスクへの問合せ件数が事前の想定よりも多くなる懸念を感じた。Y社担当者とも検討し，④新サービス開始時点の問合せ件数を削減する対応が必要と考えた。そこで，利用者が参照できる⑤FAQを社内Webシステムに掲載することによって，新サービスの操作方法についてマニュアルで解決できない疑問が出た場合は，利用者自身で解決できるように準備を進めることにした。

設問 1

〔サービスレベル項目と目標の設定〕について，本文中の下線①でG課長が追加するよう要求したサービスレベル項目として適切な内容を解答群の中から選び，記号で答えよ。

解答群

- ア　製品の引き合いを受けてから提案するまでに要する時間
- イ　納入先情報の検索時間
- ウ　販売担当者が提案情報作成を新システムに要求してから納期と価格の情報が表示されるまでに要する時間
- エ　販売担当者が提案情報作成を新システムに要求するときの新システムにおける同時処理可能数

設問 2

〔サービス提供者とサービス供給者との合意〕について答えよ。

(1) 本文中の［ a ］に入れる適切な字句を解答群の中から選び，記号で答えよ。

解答群

ア 契約書　　イ サービスカタログ
ウ サービス要求の実現に関する指示書　　エ リリースの受入れ基準書

(2) 本文中の下線②で，F君が，サービス課と内部供給者との間でサービスレベル項目と目標を合意することにした理由は何か。40字以内で答えよ。

(3) 本文中の下線③でサービスレベル目標を見直すべき理由は何か。40字以内で答えよ。

設問 3

〔受入れテストにおける指摘と対応〕について答えよ。

(1) 本文中の下線④で，F君が，問合せ件数を削減する対応が必要と考えた理由は何か。サービスデスク運用の観点で，25字以内で答えよ。

(2) 本文中の下線⑤の方策は，サービスデスクへの問合せ件数削減が期待できるだけでなく，利用者にとっての利点も期待できる。利用者にとっての利点を40字以内で答えよ。

問10のポイント　サービスレベル項目と目標の設定

本問では，ある箇所にAという記述が，別の箇所にBという記述があって，AとBを比較することで正解が浮かび上がってくる形式の設問が多く見られました。このような設問の場合，どちらか一方を見落とすと，不充分な解答になりかねません。本問ではありませんが，たまに問題文中にそれらしい記述が一切なく，一般常識に照らし合わせて解答を求められる場合があるため，短時間で要領よく判断する訓練が必要とされます。

設問1の解説

□□□

本文中に，「現システムと製品管理システムの両システムに何度もアクセスして情報を検索したり，情報を登録したりする作業があり，最後に表示される納期と価格の情報を取り込んだ納入先への提案に時間が掛かっている」と書かれています。そして納入先への提案まで時間が掛かると目標が達成できなくなるため，重要な要求事項と考えられます。

ア：製品の引き合いを受けてから提案するまでに要する時間の中には，販売担当者の作業時間も含まれてしまいます。そのため情報システム部が目標と設定するサービスレベル項目として相応しくありません。

イ：納入先情報の検索は上記作業の前に行う作業であり，時間が掛かっていると読み取れません。

ウ：正しい。提案情報作成を要求してから納期と価格の情報が表示されるまでに要する時間は，販売部が目標を達成するための重要事項の一部です。サービスレベル項目として設定し，管理することが求められます。

エ：同時処理を行った場合の問題点について本文中で記述がないため，優先的に対応する事項ではありません。

解答	ウ

設問2の解説

□□□

●（1）について

・【空欄a】

解答群のそれぞれの字句の意味は次のとおりです。

記号	字句	意味
ア	契約書	ITサービスに関する契約を定めた文書
イ	サービスカタログ	ユーザに提供しているITサービスの情報をまとめた文書
ウ	サービスの要求の実現に関する指示書	サービスの要求とは，パスワードのリセットやメールアドレスの発行などインシデント以外のユーザからのリクエスト
エ	リリースの受入れ基準書	リリースされる機能やITサービスが，ユーザの視点で要求を満足したものであるか条件を定めたもの

空欄aはサービスレベル目標の合意に関する内容ですが，これは契約の一種です。そのため空欄aに入る字句として「契約書」が適切です。

●（2）について

新サービスは，サービス課がサービス提供者となって，SLAに基づいて販売部にサービス提供されます。サービス提供に際して，外部供給者のY社と内部供給者のシステム開発課とシステム運用課が関与します。

例えば，〔新サービスとサービスマネジメントの概要〕には「問合せの内容が，インシデント発生に関わる内容の場合は，サービスデスクから販売サービスチームにエスカレーションされ，情報システム部で対応」などの記述があります。

すなわち，外部供給者と内部供給者のサービスレスポンス次第で，サービス課が販売部に約束したSLAの内容を維持できるかが左右されます。

Y社については，サービス課との間で契約書として文書化されています。内部供給者に対しても同様の合意を行わないと，販売部との間のSLAを達成できなくなります。

●（3）について

表2の項番2では，システム開発課がサービス課からインシデントの診断依頼を受け付けてからシステムを復旧するまでの時間として，8時間以内を設定しています。

一方，表1の項番4では，インシデント発生時のサービス回復時間が8時間以内と設定されています。

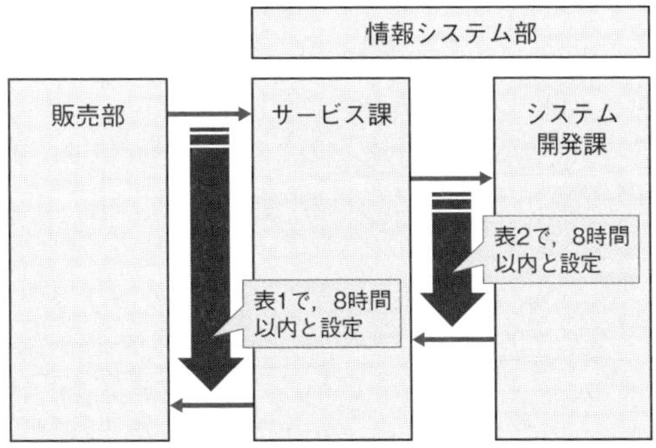

表2の項番2で8時間以内と設定してしまうと，サービス課が販売部から問い合わせを受けてシステム開発課へエスカレーションするまでの時間やシステム開発課から復旧の連絡を受けて販売部へ復旧の連絡を行うまでの時間がオーバーしてしまいます。

解答	
解答	(1) a：ア (2) インシデントの場合には内部供給者が原因調査や対応を行うため（29字） (3) サービスデスクへの連絡や販売部への復旧の連絡の時間が考慮されていないため（36字）

設問3の解説

□□□

●（1）について

〔受入れテストにおける指摘と対応〕には，受入れテストの結果，提案情報作成を要求する処理に関してはサービスデスクへの問合せが多くなると想定されました。これが判明したのは，新サービス開始の2週間前と書かれています。

一方，問合せ件数が大きく増減する場合は，1か月前にY社に件数を提示することになっているとも明記されています。Y社は，提示された問合せ件数に基づき作業負荷を見積もり，サービスデスク要員の体制を確保する必要があるためです。

従って，新サービス開始時点でさらにサービスデスク要員の体制を確保できないため，問合せ件数を削減する，新サービス開始時期を遅らせるなどの対応を検討せざるを得ません。

● (2) について

冒頭に,「社内Webシステムは24時間365日運用されており,E社の従業員は社内Webシステムを用いていつでも参照することができる」と書かれています。

一方,サービスデスクのサポート時間帯は,表1の項番5で,E社営業日の9時から18時までとなっています。

FAQを社内Webシステムに掲載することで,サービスデスクのサポート時間帯以外の時間で困ったときに利用者自身で解決できる可能性が高まり,利用者にとっての利点として期待できます。

解答	(1) 2週間ではY社で要員の体制を確保できないため (22字) (2) サービスデスクのサポート時間帯以外で困ったときに利用者自身で解決できる (35字)

問11 情報システムに係るコンティンジェンシー計画の実効性の監査に関する次の記述を読んで,設問に答えよ。

Z社は,中堅の通信販売事業者である。ここ数年は,通信販売需要の増加を追い風に顧客数及び売上が増え,順調に業績が拡大しているが,その一方で,システム障害発生時の影響の拡大,サイバー攻撃の脅威の増大など,事業継続に関わる新たなリスクが増加してきている。そこで,Z社内部監査室では今年度,主要な業務システムである通信販売管理システム(以下,通販システムという)に係るコンティンジェンシー計画(以下,CPという)の実効性について監査を行うことにした。Z社内部監査室のリーダーX氏は,監査担当者のY氏と予備調査を実施した。予備調査の結果,把握した事項は次のとおりである。

〔通販システムの概要〕

通販システムは,Z社情報システム部が自社開発し,5年前に稼働したシステムであり,受注管理,出荷・配送管理,商品管理の各サブシステムから構成されている。稼働後,通販システムの機能には大きな変更はないが,近年の取引量の増加に伴い,昨年通販システムサーバの処理能力を増強している。

情報システム部は,通販システムの構築に際して可用性を確保するために,サーバの冗長構成については,費用対効果を考慮してウォームスタンバイ方式を採用した。Z社には東西2か所に配送センターがあり,通販システムサーバは,東センターに設置されている。東・西センターの現状のサーバ構成を図1に示す。

通販システムのデータバックアップは日次の夜間バッチ処理で行われており,取得したバックアップデータは東センターのファイルサーバに保管される。また,バックアップデータは西センターに日次でデータ伝送され,副バックアップデータとして,西センターのバックオフィス系サーバに保管されている。

バックオフィス系サーバは,通販システムの構築と同時に導入されたものである。緊急時の通販システムの待機系サーバであるとともに,通常時は人事給与システムと会計システムを稼働させるように設計された。Z社が社内の業務とコミュニケーションを円滑化するために,ここ2,3年の間に新しく導入したワークフローシステムやグループウェアなどの社内業務支援システムもバックオフィス系サーバで稼働させている。なお,Z社ではバックオフィス系サーバで稼働している人事給与システム,会計システム,社内業務支援システムを総称して社内システムと呼んでいる。

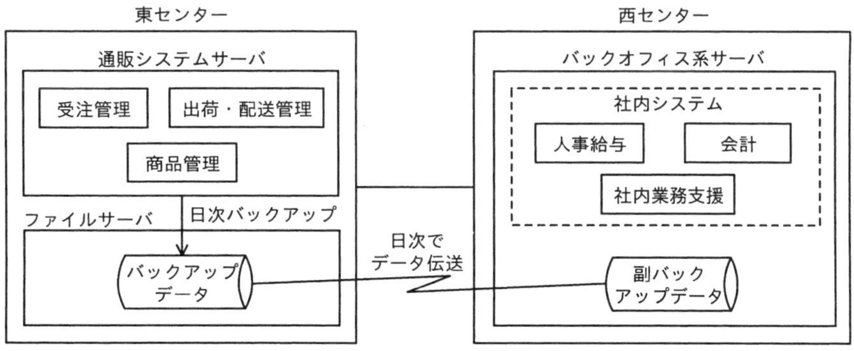

図1　東・西センターの現状のサーバ構成

〔CPの概要〕

CPは，5年前に通販システムを構築した際に，情報システム部が策定したものである。CPのリスクシナリオとしては，大規模自然災害，システム障害，サイバー攻撃（併せて以下，危機事象という）によって東センターが使用できなくなった事態を想定している。その場合の代替策として，西センターのバックオフィス系サーバを利用して通販システムを暫定復旧することを計画している。

東センターで危機事象が発生し，通販システムの早期復旧が困難と判断された場合には，CPを発動し，西センターのバックオフィス系サーバ上のシステム負荷の高い社内システムを停止する。その後，通販システムの業務アプリケーションやデータベースなどの必要なソフトウェアをセットアップし，副バックアップデータからデータベースを復元する。さらに，ネットワークの切替えを含む必要な環境設定を行い，通販システムを暫定復旧する計画になっている。5年前の通販システム稼働後，CPを発動した実績はない。

〔CPの訓練状況〕

5年前の通販システム稼働直前に，西センターのバックオフィス系サーバにおいて，復旧テストを実施した。復旧テストでは，副バックアップデータからデータベースが正常に復元できること，バックオフィス系サーバで実際に通販システムを稼働させるのに必要最低限の処理能力が確保できていることを確認している。

通販システム稼働後のCPの訓練は，訓練計画に従いあらかじめ作成された訓練シナリオを基に，毎年実機訓練を実施している。具体的には，西センターで稼働中の社内システムが保守のために停止するタイミングで，バックオフィス系サーバに必要なソフトウェアをセットアップし，副バックアップデータを使用したデータベースの復元訓練まで行っている。CP策定以降の訓練結果では，大きな問題は見つかっておらず，CPの見直しは行われていない。

内部監査室は，予備調査の結果を基に本調査に向けた準備を開始した。

〔本調査に向けた準備〕

X氏は，Y氏に予備調査結果から想定されるリスクと監査手続を整理するように指示した。Y氏がまとめた想定されるリスクと監査手続を表1に示す。

表1　想定されるリスクと監査手続（抜粋）

項番	項目	想定されるリスク	監査手続
1	通販システムの構成	ウォームスタンバイ方式なので，暫定復旧までに時間が掛かる。	[a]について，業務部門と合意していることを確かめる。
2	CPの発動	危機事象発生時にCP発動が遅れる。	[b]が明確に定められていることを確かめる。
3	CPの訓練	CP訓練の結果が適切に評価されず，潜在的な問題が発見されない。	CP訓練結果の[c]があらかじめ定められていることを確かめる。

X氏は表1の内容についてレビューを実施した。レビュー結果を踏まえたX氏とY氏の主なやり取りは次のとおりである。

X氏：①今回の監査の背景を踏まえると，ここ数年の当社を取り巻く状況から，CPのリスクシナリオの想定範囲が十分でなくなっている可能性もある。これについても想定されるリスクとして追加し，監査手続を検討すること。

Y氏：承知した。

X氏：CPの訓練に関連して，西センターでの復旧テストの実施時期がシステム稼働前であり，その後の変更状況を考慮すると，CP発動時に暫定復旧後の通販システムで問題が発生するリスクが考えられる。これについても監査手続を作成すること。

Y氏：承知した。監査手続で確認すべき具体的なポイントとしては，通販システムが稼働後に[d]していることを考慮して，[e]についても同様に必要な対応ができているか，ということでよいか。

X氏：それでよい。また，現在のCPの訓練内容について，CP発動時に暫定復旧が円滑に実施できないリスクがあるので，それについても監査手続を作成すること。

Y氏：承知した。[f]について，最低限机上での訓練を実施しなくて問題がないのかを確認する。

X氏：さらに，②通販システムの暫定復旧計画において，バックオフィス系サーバの社内システムを停止することによる影響が懸念されるので，それについても確認しておいた方がよい。

レビューの結果を受けて，Y氏は監査手続の見直しに着手した。

設問 1

表中の[a]～[c]に入れる最も適切な字句を解答群の中から選び，記号で答えよ。

解答群

- ア　CP訓練
- イ　CP発動基準
- ウ　環境設定
- エ　機能要件
- オ　評価項目
- カ　目標復旧時間

設問 2

本文中の下線部①について，監査手続の検討時に考慮すべきリスクを二つ挙げ，それぞれ25字以内で答えよ。

設問 3

本文中の［ d ］，［ e ］に入れる適切な字句を，それぞれ15字以内で答えよ。

設問 4

本文中の［ f ］に入れる適切な字句を，25字以内で答えよ。

設問 5

本文中の下線部②について，どのような影響が懸念されるか。25字以内で答えよ。

問11のポイント　通販システムのコンティンジェンシー計画

適当な字句や内容を所定の文字数で解答する設問を中心に構成されています。本問においては解答に必要な手がかりは問題文中に記されているため，どの設問でどの手がかりを利用するのかをしっかりと見極めることができれば，高得点も可能です。

全ての設問をざっとチェックし，解答の方針を決めた後に具体的な解答を作成したほうが，短時間で効率よく解答できる場合があります。

設問1の解説

□□□

表1では，想定リスクに対する備えができているのかチェックするのが監査手続であることを踏まえて，想定リスクをもとに監査手続の空欄に入る字句を検討します。

・【空欄a】

想定されるリスクに，「暫定復旧までに時間が掛かる」と書かれています。目標復旧時間を合意することで，暫定復旧までに時間が掛かった場合の混乱を避けることができます。

・【空欄b】

想定されるリスクに，「CP発動が遅れる」と書かれています。CPとは不測の事態が発生した場合に被害を最小限に抑えるための行動指針を定めた計画です。CPの発動基準を合意することで，CPをタイムリーに発動できます。

・【空欄c】

想定されるリスクに，「CP訓練の結果が適切に評価されず」と書かれています。CP訓練の結果の評価項目を定め，その項目に沿って評価される仕組みになっていることを監査時にチェックする必要があります。

解答	a：カ　b：イ　c：オ

設問2の解説

□□□

〔CPの概要〕に，CPのリスクシナリオとしては，東センターが使用できなくなった事態を想定していると書かれています。下線①ではCPのリスクシナリオの想定範囲が十分でなくなっている可能性について言及しているため，西センターにも被害が及ぶ事態について挙げる必要があります。

本文中に，大規模自然災害，システム障害，サイバー攻撃というキーワードがあるため，東西の両センターに危機事象の及ぶおそれのあるシステム障害とサイバー攻撃について，それぞれリスクを記述します。

解答	①システム障害が西センターにも波及するリスク（21字） ②全社的にサイバー攻撃に遭うリスク（16字）

設問3の解説

□□□

・【空欄d】

〔通販システムの概要〕に「近年の取引量の増加に伴い，昨年通販システムサーバの処理能力を増強している」と書かれています。西センターでの復旧テストの実施時期がシステム稼働前であるために，「CP発動時に暫定復旧後の通販システムで問題が発生するリスク」とは，これを指していると考えられます。

・【空欄e】

通販システムサーバの処理能力を増強しているということは，暫定復旧先であるバックオフィス系サーバでも同様の増強が必要な可能性が想定されます。

解答	d：サーバの処理能力を増強（11字） e：バックオフィス系サーバ（11字）

設問4の解説

□□□

・【空欄f】

現在のCPの訓練内容として，

> ①バックオフィス系サーバに必要なソフトウェアをセットアップ
> ②副バックアップデータを使用したデータベースの復元まで

を行っていると書かれています。

一方，CPの概要に，東センターで危機事象が発生したときの対応内容が記されています。

> ①'通販システムの業務アプリケーションやデータベースなどの必要なソフトウェアをセットアップ
> ②'副バックアップデータからデータベースを復元する
> ③'ネットワークの切替えを含む必要な環境設定を行う

双方の記載内容を比較すると，③'（ネットワークの切替えを含む必要な環境設定を行う）がCPの訓練内容に足りないことがわかります。

解答	f：ネットワークの切替えを含む必要な環境設定（20字）

設問5の解説

□□□

危機事象が発生した場合の代替策として，西センターのバックオフィス系サーバを利用して暫定復旧することを計画し，その際にはバックオフィス系サーバ上のシステム負荷の高い社内システムを停止することを，当初想定していました（〔CPの概要〕より）。

しかしその後，ワークフローシステムやグループウェアなどの社内業務支援システムもバックオフィス系サーバで稼働させるようになりました。新しく導入した社内業務支援システムのCPへの影響が充分に検討，検証されていないと考えられます。

社内業務支援システムが滞れば，システム導入の目的である社内の業務とコミュニケーションの円滑化に支障が生じます。

解答	社内の業務とコミュニケーションが滞る（18字）

令和6年度
春期

応用情報技術者

【午前】試験時間　2時間30分

問題は次の表に従って解答してください。

問題番号	選択方法
問1～問80	全問必須

【午後】試験時間　2時間30分

問題は次の表に従って解答してください。

問題番号	選択方法
問1	必須
問2～問11	4問選択

問題文中で共通に使用される表記ルール

各問題文中に注記がない限り，次の表記ルールが適用されているものとする。

1．論理回路

図記号	説明
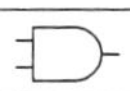	論理積素子（AND）
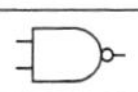	否定論理積素子（NAND）
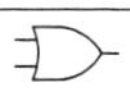	論理和素子（OR）
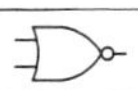	否定論理和素子（NOR）
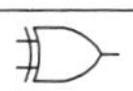	排他的論理和素子（XOR）
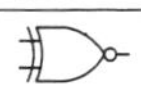	論理一致素子
	バッファ
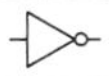	論理否定素子（NOT）
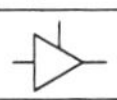	スリーステートバッファ
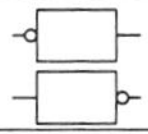	素子や回路の入力部又は出力部に示される○印は，論理状態の反転又は否定を表す。

2．回路記号

図記号	説明
	抵抗（R）
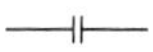	コンデンサ（C）
	ダイオード（D）
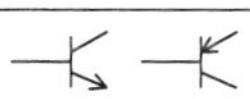	トランジスタ（Tr）
	接地
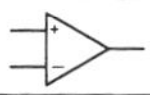	演算増幅器

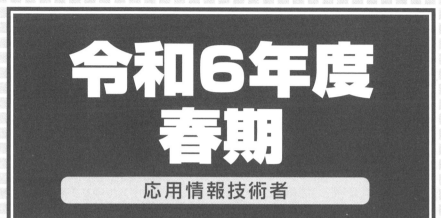

ご注意　この回の午後試験の解答・解説はダウンロードコンテンツとなっています。サポートページよりダウンロードしてご利用ください。ダウンロードの詳細については，本書 p463 に記載しております。
2024 年 7 月 2 日正午に IPA から模範解答が発表される予定です。IPA の模範解答を受けて，ダウンロードコンテンツの修正を行います。ダウンロードコンテンツは適宜更新いたしますので，使用する際にはなるべく最新のものをご利用ください。
これらの点につきまして，ご理解のうえご利用くださいますようお願い申し上げます。

午前問題（令和６年・春期）

問1 複数の袋からそれぞれ白と赤の玉を幾つかずつ取り出すとき，ベイズの定理を利用して事後確率を求める場合はどれか。

ア ある袋から取り出した二つの玉の色が同じと推定することができる確率を求める場合
イ 異なる袋から取り出した玉が同じ色であると推定することができる確率を求める場合
ウ 玉を一つ取り出すために，ある袋が選ばれると推定することができる確率を求める場合
エ 取り出した玉の色から，どの袋から取り出されたのかを推定するための確率を求める場合

問2 ATM（現金自動預払機）が1台ずつ設置してある二つの支店を統合し，統合後の支店にはATMを1台設置する。統合後のATMの平均待ち時間を求める式はどれか。ここで，待ち時間はM/M/1の待ち行列モデルに従い，平均待ち時間にはサービス時間を含まず，ATMを1台に統合しても十分に処理できるものとする。

〔条件〕
(1) 統合後の平均サービス時間：T_S
(2) 統合前のATMの利用率：両支店ともρ
(3) 統合後の利用者数：統合前の両支店の利用者数の合計

ア $\frac{\rho}{1-\rho} \times T_S$　イ $\frac{\rho}{1-2\rho} \times T_S$　ウ $\frac{2\rho}{1-\rho} \times T_S$　エ $\frac{2\rho}{1-2\rho} \times T_S$

問3 AIにおけるディープラーニングに関する記述として，最も適切なものはどれか。

ア あるデータから結果を求める処理を，人間の脳神経回路のように多層の処理を重ねることによって，複雑な判断をできるようにする。
イ 大量のデータからまだ知られていない新たな規則や仮説を発見するために，想定値から大きく外れている例外事項を取り除きながら分析を繰り返す手法である。
ウ 多様なデータや大量のデータに対して，三段論法，統計的手法やパターン認識手法を組み合わせることによって，高度なデータ分析を行う手法である。
エ 知識がルールに従って表現されており，演繹（えき）手法を利用した推論によって有意な結論を導く手法である。

解答・解説

問1 ベイズの定理による確率の問題

2つの袋A，Bがあり，Aには白い玉1つと赤い玉2つ，Bには白い玉4つと赤い玉1つが入っているものとします。外側からA，Bの袋の見分けはつきません。

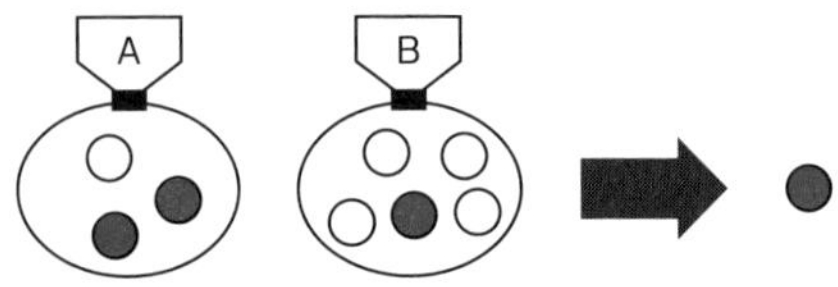

1つの玉をA，Bいずれかの袋から取り出したら赤い玉だったとき，袋Aから取り出した確率はい

くらか？という問題を考えてみましょう。

どちらかの袋が選ばれる確率は等しいので，袋Aから取り出した確率（事前確率）は1／2となります。しかし，ここで「赤い玉だった」という事実によって確率は影響を受けます。この変化した確率（事後確率）のように，ある結果から元となった過去の事象を推定するのがベイズの定理です。

ア：推定するのが過去の事象ではないので，事後確率の推定ではありません。

イ：独立した事象の組合せなので，推定するのは事後確率ではありません。

ウ：「袋を選ぶ」→「玉を取り出す」の流れの中で最初の事象について推定しているので，事前確率の推定です。

エ：正しい。ウと同様の流れですが，取り出された玉の色から，過去の事象を推定しているので，事後確率の推定です。

問2 M／M／1待ち行列に関する問題

M／M／1の待ち行列の一般式から考えてみましょう。

行列の長さρ／（1－ρ）にT_Sをかけたもの（ア）が，一般的な待ち時間の公式です。

問題では，2つの支店を統合してATMが1台になったとあります。お客さんの数は2つの支店での合計なので，単純に2倍になったと考えればよいでしょう。

ここで，利用率ρを求める公式を使います。

$$利用率\rho=\frac{到着率\lambda}{サービス率\mu}$$

λは単位時間あたりに到着するお客さんの数，μは単位時間あたりの平均サービス処理数です。問題の場合，λが2倍になってμが変わらないことになるので，利用率ρは，支店統合前の2倍になります。

したがって，統合後の平均待ち時間は，

$$\frac{2\rho}{(1-2\rho)}\times T_S$$

となり，答えはエになります。

問3 AIにおけるディープラーニング手法に関する問題

近年，機械学習やAI的手法を活用することによって大きく発展した分野にデータマイニングがあります。データマイニングは，大量のデータにさまざまなデータ解析手法を適応して，そこから得られる知識を取り出す技術です。

ア：正しい。ディープラーニングは，人間の脳神経回路を模したニューラルネットワークを多層に組み合わせることにより，複雑な判断のルールを自ら決定することができるという特徴を持っています。

イ：データマイニングに関する記述です。収集したデータには正常に収集されなかった欠損値やエラー値，ノイズなどが含まれる場合があるためこれを事前に取り除きます（データクレンジング）。データから新たな規則や仮説を得るためにはこうした前処理が重要となります。

ウ：データマイニングに関する記述です。三段論法は間接推理を行う手法として用いられます。たとえば，「人間は死ぬ」「ソクラテスは人間である」という前提から「ソクラテスは死ぬ」という結論を導き出します。

エ：1970年代～80年代にかけて，AI的手法のひとつとして開発されたエキスパートシステムの説明です。現在でも広く使用されています。

解答	問1 エ	問2 エ	問3 ア

問 4 符号長7ビット，情報ビット数4ビットのハミング符号による誤り訂正の方法を，次のとおりとする。

受信した7ビットの符号語$x_1\ x_2\ x_3\ x_4\ x_5\ x_6\ x_7$（$x_k$=0又は1）に対して

$$c_0 = x_1 + x_3 + x_5 + x_7$$
$$c_1 = x_2 + x_3 + x_6 + x_7$$
$$c_2 = x_4 + x_5 + x_6 + x_7$$

（いずれもmod 2での計算）

を計算し，c_0，c_1，c_2の中に少なくとも一つは0でないものがある場合には，

$$i = c_0 + c_1 \times 2 + c_2 \times 4$$

を求めて，左からiビット目を反転することによって誤りを訂正する。

受信した符号語が1000101であった場合，誤り訂正後の符号語はどれか。

ア 1000001　イ 1000101　ウ 1001101　エ 1010101

問 5 正の整数Mに対して，次の二つの流れ図に示すアルゴリズムを実行したとき，結果xの値が等しくなるようにしたい。aに入れる条件として，適切なものはどれか。

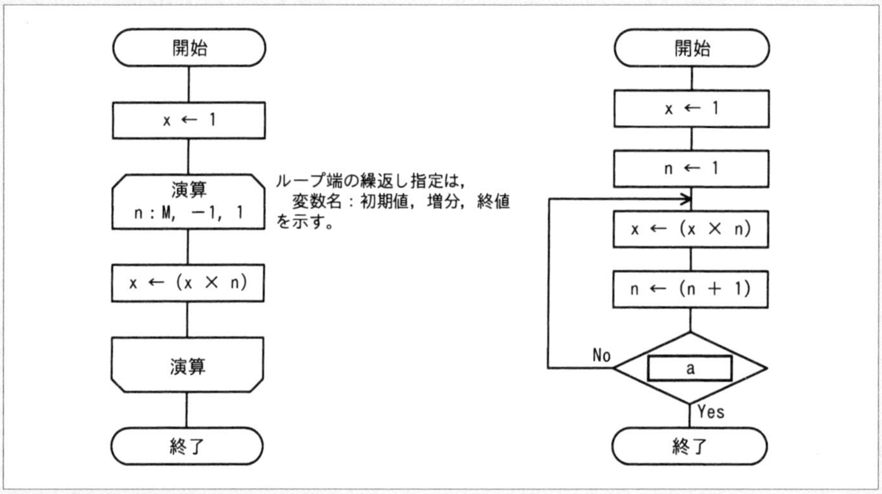

ア n<M　イ n>M−1　ウ n>M　エ n>M+1

解答・解説

問4 ハミング符号に関する問題

ハミング符号は，エラー訂正に使われる符号化技術です。データ符号の情報ビットに誤り訂正ビットを加えることで誤りを自動的に検出し，訂正できるようになります。符号長7ビットの場合，情報ビット数に4ビット，誤り訂正に3ビッ

トを用いたハミング符号を構成すれば，1ビットの誤りを訂正できます。問題文で式が詳細に説明されているので，受信した符号語を式にあてはめていきます。

cを求める式は，mod2で計算するとあるので，加算結果を2で割った余りを答えとします。

	x_1	x_2	x_3	x_4	x_5	x_6	x_7	
	1	0	0	0	1	0	1	mod2
c_0=	1		0		1		1	=1
c_1=		0	0			0	1	=1
c_2=				0	1	0	1	=0

mod2の計算結果を問題文で与えられた式に代入します。

$$i=c_0+c_1\times2+c_2\times4$$
$$=1+1\times2+0\times4=3$$

よって，受信した符号の3ビット目を反転し，

1010101

が答えとなります。

ハミング符号による誤り発見の仕組み

本来のデータは1010101なので，最初からこのデータが得られていたらどうなったでしょうか。逆算してみましょう。

	x_1	x_2	x_3	x_4	x_5	x_6	x_7	
	1	0	1	0	1	0	1	mod2
c_0=	1		1		1		1	=0
c_1=		0	1			0	1	=0
c_2=				0	1	0	1	=0

このように，mod2のデータはすべて0になります。実際にはc_0，c_1のデータが1であったので，xのデータ1ビット変更してその値にするにはx_3を0に変更しなければいけないことがわかります。

問5 ループアルゴリズムに関する問題

まず，左側の流れ図を注目してみましょう。

①xに1を代入
②nに初期値Mを代入

したのち

③$x \leftarrow x\times n$を，nを1つずつ減らしながらnが1になるまで繰り返す。

たとえば，Mを5としてこの流れにしたがって計算していくと，次のようになります。

$x\leftarrow1\times5$
$x\leftarrow(1\times5)\times4$
$x\leftarrow(1\times5\times4)\times3$
$x\leftarrow(1\times5\times4\times3)\times2$
$x\leftarrow(1\times5\times4\times3\times2)\times1$

ここでnが1となり終了します。このことから，この流れ図は「M!（Mの階乗）」を求めるアルゴリズムであるとわかります。

右側の流れ図では，xに1，nに1を代入したのち，「$x\leftarrow x\times n$」を，nを1つずつ増やしながら計算していきます。

したがって，2つの流れ図で結果xの値を等しくするためには，$n=M$まで計算して終了とする必要があります。ここで，nは計算した後に1つ増やしているので，$n=M$の計算まで終了した後，nは$M+1$（$n>M$）になっており，これを終了条件として判定します。

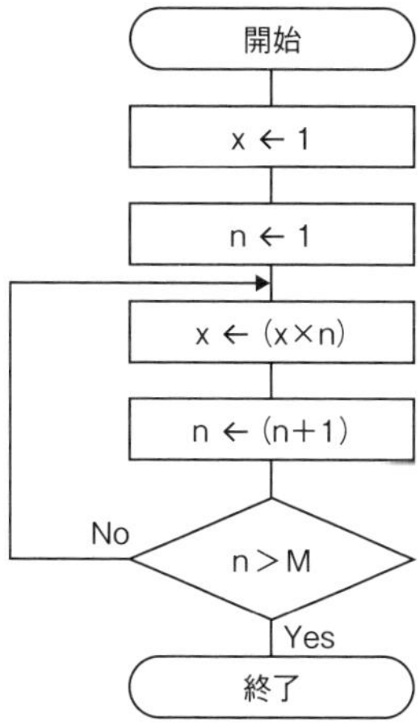

解答	問4 エ　問5 ウ

問6 各ノードがもつデータを出力する再帰処理f(ノードn)を定義した。この処理を，図の2分木の根（最上位のノード）から始めたときの出力はどれか。

〔f(ノードn)の定義〕
1. ノードnの右に子ノードrがあれば，f(ノードr)を実行
2. ノードnの左に子ノードlがあれば，f(ノードl)を実行
3. 再帰処理f(ノードr)，f(ノードl)を未実行の子ノード，又は子ノードがなければ，ノード自身がもつデータを出力
4. 終了

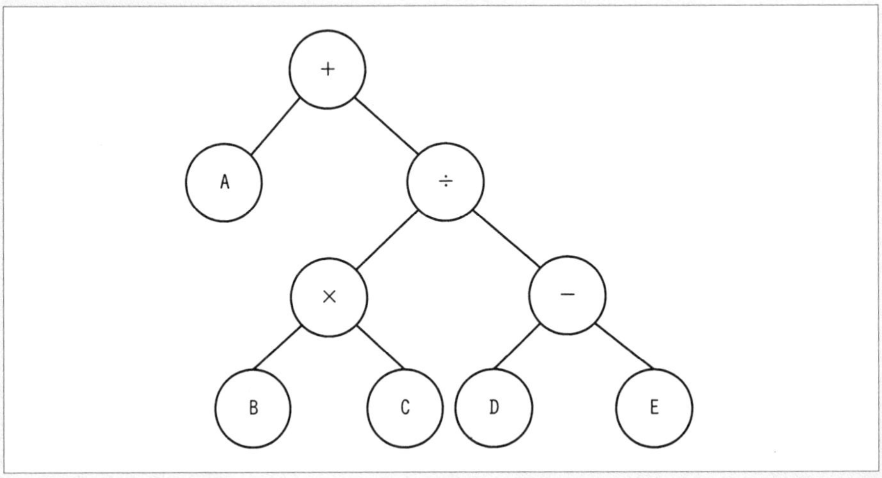

ア　＋÷－ED×CBA
イ　ABC×DE－÷＋
ウ　E－D÷C×B＋A
エ　ED－CB×÷A＋

問7 整列方法に関するアルゴリズムの記述のうち，バブルソートの記述はどれか。ここで，整列対象は重複のない1から9の数字がランダムに並んでいる数字列とする。

ア　数字列の最後の数字から最初の数字に向かって，隣り合う二つの数字を比較して小さい数字が前に来るよう数字を入れ替える操作を繰り返し行う。

イ　数字列の中からランダムに基準となる数を選び，基準より小さい数と大きい数の二つのグループに分け，それぞれのグループ内も同じ操作を繰り返し行う。

ウ　数字列をほぼ同じ長さの二つの数字列のグループに分割していき，分割できなくなった時点から，グループ内で数字が小さい順に並べる操作を繰り返し行う。

エ　未処理の数字列の中から最小値を探索し，未処理の数字列の最初の数字と入れ替える操作を繰り返し行う。

解答・解説

問6 逆ポーランド記法に関する問題

この処理は逆ポーランド記法（後置記法）と呼ばれるものです。数式の表現法の1つで，演算子（+－×÷など）を演算する数値の後に書く方法です。スタックを利用すれば簡単にコンピュータで実現できます。

図より，最後の計算はAと他の演算結果を＋することであるとわかります。したがって，本問の場合は選択肢エED－CB×÷A＋の最後のA＋の部分のみからエが正解であると判断できます。

図を問題に書かれたルールにしたがって計算を進めると，以下のようになります。

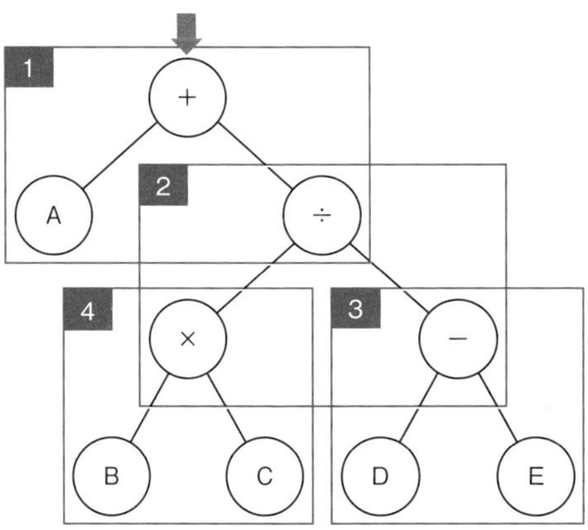

①1のノードの処理を開始します。右のノードが未実行なため2のノードに進みます。
②2のノードでは左右のノードが未実行です。右のノードである3のノードに進みます。
③3のノードを実行します。右，左，自ノードの順で出力するので，ED－となります。
④2のノードの左のノードである4のノードを実行します。同様にCB×となります。
⑤2のノードの子ノードが実行されたので，自ノードと合わせて出力します。ED－CB×÷となります。
⑥1のノードの右の子ノードの2が実行されました。左のAと合わせて，ED－CB×÷A＋となります。エが答えとなります。

問7 整列方法に関するアルゴリズムの問題

ア：正しい。「隣り合う2つの数字を入れ替える操作」がバブルソートの特徴です。以下4つの数字で行った例です。

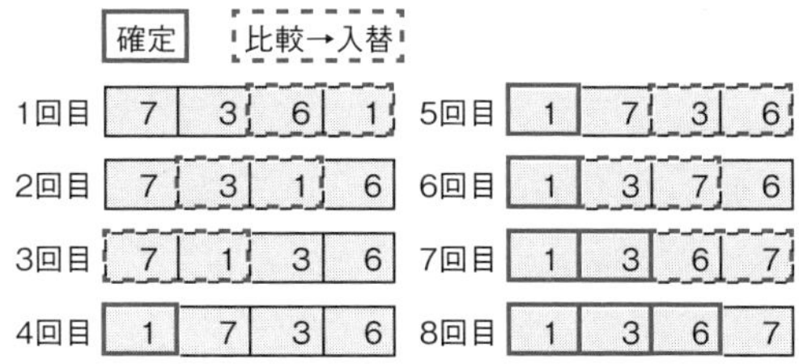

イ：クイックソートの記述です。クイックソートは基準値を選び，その値よりも大きな値のグループと小さな値のグループに分割する作業を繰り返すことで並び替えを行うアルゴリズムです。平均的には高速なアルゴリズムですが，元のデータ列によっては大きな計算量が必要となる場合があり処理時間が不安定となる可能性があります。

ウ：マージソートの記述です。データ列を分割し分割されたデータ列をさらに分割可能ならば分割します。次に分割されたデータ列をそれぞれソートしながら，マージすることでデータ列全体をソートします。計算量がO（nlogn）であるため，大規模なデータ列のソートに向いています。

エ：選択ソートの記述です。未整列のデータの中から最大値（あるいは最小値）を探して先頭から順に整列済データと入れ替えていくアルゴリズムです。

解答	問6 エ　　問7 ア

問8 同一メモリ空間で，転送元の開始アドレス，転送先の開始アドレス，方向フラグ及び転送語数をパラメータとして指定することによって，データをブロック転送できる機能をもつCPUがある。図のようにアドレス1001から1004のデータをアドレス1003から1006に転送するとき，指定するパラメータとして適切なものはどれか。ここで，転送は開始アドレスから1語ずつ行われ，方向フラグに0を指定するとアドレスの昇順に，1を指定するとアドレスの降順に転送を行うものとする。

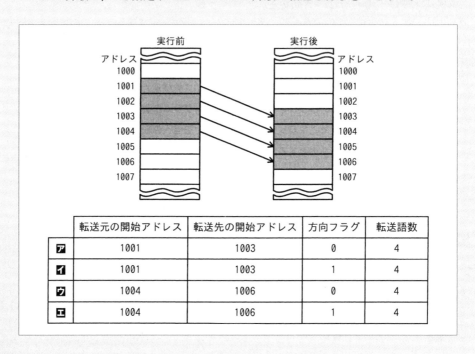

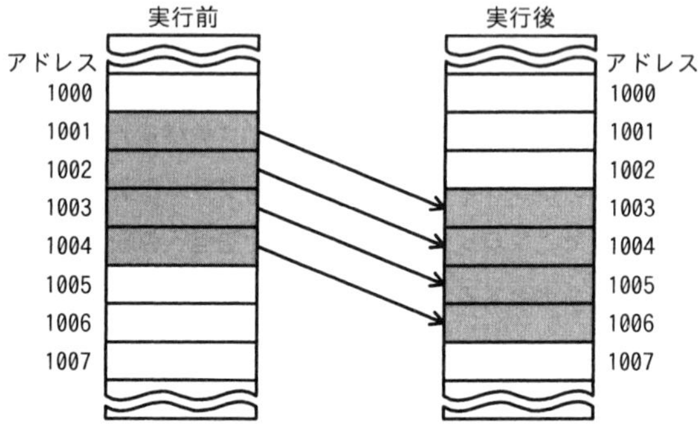

	転送元の開始アドレス	転送先の開始アドレス	方向フラグ	転送語数
ア	1001	1003	0	4
イ	1001	1003	1	4
ウ	1004	1006	0	4
エ	1004	1006	1	4

問9 量子ゲート方式の量子コンピュータの説明として，適切なものはどれか。

- ア 演算は2進数で行われ，結果も2進数で出力される。
- イ 特定のアルゴリズムによる演算だけができ，加算演算はできない。
- ウ 複数の状態を同時に表現する量子ビットと，その重ね合わせを利用する。
- エ 量子状態を変化させながら観測するので，100℃以上の高温で動作する。

問10 主記憶のアクセス時間が60ナノ秒，キャッシュメモリのアクセス時間が10ナノ秒であるシステムがある。キャッシュメモリを介して主記憶にアクセスする場合の実効アクセス時間が15ナノ秒であるとき，キャッシュメモリのヒット率は幾らか。

ア 0.1　　イ 0.17　　ウ 0.83　　エ 0.9

問11 15Mバイトのプログラムを圧縮して，フラッシュメモリに格納している。プログラムのサイズは圧縮によって元のサイズの40%になっている。フラッシュメモリから主記憶への転送速度が20Mバイト／秒であり，1Mバイトに圧縮されたデータの展開に主記憶上で0.03秒が掛かるとき，このプログラムが主記憶に展開されるまでの時間は何秒か。ここで，フラッシュメモリから主記憶への転送と圧縮データの展開は同時には行われないものとする。

ア 0.48　　イ 0.75　　ウ 0.93　　エ 1.20

解答・解説

問8 メモリ間のデータ転送アルゴリズムに関する問題

アドレス1001から1004の内容を1003から1006に転送するので，1001から1002，1003と昇順に4語あるいは，1004から1003，1002と降順に4語転送する必要があります。

1001から昇順に転送を行う場合には，1003の内容を転送しようとした時点で，すでに1003は1001の内容で上書きされており，内容を正しくコピーすることができません。1004から降順にコピーすれば，このような上書きは起きないので正しくコピーできます。

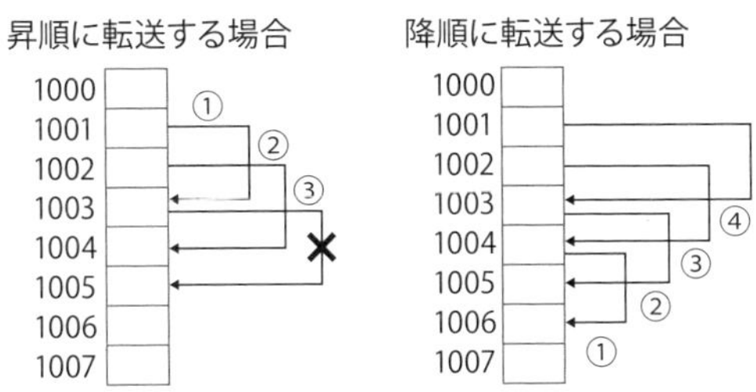

したがって，転送先の開始アドレスは「1004」，転送先の開始アドレスは「1006」とし，降順に転送するエが答えになります。

問9 量子コンピュータに関する問題

量子とは，電子や陽子，中性子といったとても小さな物質やエネルギーの単位で，粒子と波の両方の特性を持っています。量子コンピュータは量子力学の原理を活用し，従来のコンピュータの「ビット」ではなく「量子ビット」を使うことで飛躍的に並列計算の速度を上げられるといわれています。

ア：一般的なコンピュータの説明です。
イ：量子ゲートを使って加算が可能です。
ウ：正しい。量子ビットは「0」「1」が確定していない重ね合わせの状態のまま計算できます。
エ：現段階の技術では，粒子の重ね合わせ状態を維持するため，極低温の環境が必要です。

問10 キャッシュメモリのヒット率に関する問題

「キャッシュメモリがヒットする」とは，必要なデータを取得する際に，主記憶にアクセスしなくてもキャッシュメモリ上にデータのコピーが存在していることです。キャッシュメモリの速度でアクセスできます。

実効アクセス時間は次の式で得られます。

> **キャッシュメモリのアクセス時間＝C**
> **キャッシュメモリのヒット率＝H**
> **主記憶のアクセス時間をMとすると**
> **実アクセス時間＝（C×H）＋（M×（1−H））**

この式に問題で与えられた数字を代入します。

> （10×H）＋（60×（1−H））＝15
> −50×H＋60＝15
> −50×H＝−45
> H＝0.9

したがって，キャッシュメモリのヒット率は0.9となります。

問11 メモリのアクセス速度に関する問題

当初の格納状態は次のようになります。

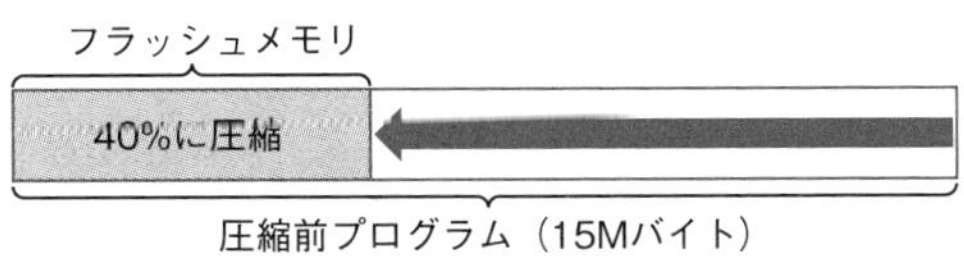

> ・フラッシュメモリ上での容量
> 15（Mバイト）×0.4=6（Mバイト）
> ・主記憶への転送にかかる時間
> 6（Mバイト）／20（Mバイト／秒）＝0.3秒
> ・主記憶上の圧縮データを展開する時間
> 6（Mバイト）×0.03（秒／Mバイト）＝0.18秒

合計の所要時間は，0.3秒＋0.18秒＝0.48秒となります（ア）。

解答		
	問8 エ	問9 ウ
	問10 エ	問11 ア

問 12 システムの信頼性設計に関する記述のうち，適切なものはどれか。

ア　フェールセーフとは，利用者の誤操作によってシステムが異常終了してしまうことのないように，単純なミスを発生させないようにする設計方法である。

イ　フェールソフトとは，故障が発生した場合でも機能を縮退させることなく稼働を継続する概念である。

ウ　フォールトアボイダンスとは，システム構成要素の個々の品質を高めて故障が発生しないようにする概念である。

エ　フォールトトレランスとは，故障が生じてもシステムに重大な影響が出ないように，あらかじめ定められた安全状態にシステムを固定し，全体として安全が維持されるような設計方法である。

問 13 オブジェクトストレージの記述として，最も適切なものはどれか。

ア　更新頻度の少ない非構造型データの格納に適しており，大容量で拡張性のあるストレージ空間を仮想的に実現することができる。

イ　高速のストレージ専用ネットワークを介して，複数のサーバからストレージを共有することによって，高速にデータを格納することができる。

ウ　サーバごとに割り当てられた専用ストレージであり，容量が不足したときにはストレージを追加することができる。

エ　複数のストレージを組み合わせることによって，仮想的な1台のストレージとして運用することができる。

問 14 1台のCPUの性能を1とするとき，そのCPUをn台用いたマルチプロセッサの性能Pが，

$$P=\frac{n}{1+(n-1)a}$$

で表されるとする。ここで，aはオーバーヘッドを表す定数である。例えば，a＝0.1，n＝4とすると，P≒3なので，4台のCPUから成るマルチプロセッサの性能は約3になる。この式で表されるマルチプロセッサの性能には上限があり，nを幾ら大きくしてもPはある値以上には大きくならない。a＝0.1の場合，Pの上限は幾らか。

ア　5　　イ　10　　ウ　15　　エ　20

問 15 コンピュータの性能評価には，シミュレーションを用いた方法，解析的な方法などがある。シミュレーションを用いた方法の特徴はどれか。

ア　解析的な方法よりも計算量が少なく，効率的に解が求まる。

イ　解析的な方法よりも，乱数を用いることで高精度の解が得られる。

ウ　解析的に解が求められないモデルに対しても，数値的に解が求まる。

エ　解析的に解が求められるモデルの検証には使用できない。

解答・解説

問12 システムの信頼性設計に関する問題

ア：フールプルーフの記述です。フェールセーフとは，故障の発生や誤った操作をしてもその被害を最低限に抑え，他の正常な部分に影響が及ばないように，全体として安全が保たれるようにする方法です。

イ：フォールトトレランスの記述です。フェールソフトとは，異常が発生したとき故障や誤動作をする箇所を切り離して，システムを全面的に停止させずに，機能は低下してもシステムが稼働し続けられるようにする方法です。システムを2重化し，故障が発生しても運用を続ける方式があります。

ウ：正しい。フォールトアボイダンスは，システムを構成する個々の部品に信頼性の高い部品を使用したり，バグの少ないソフトウェアを開発したりして故障が発生しないようにする考え方です。

エ：フェールセーフの記述です。フォールトトレランスとは対障害性を意味し，障害が発生しても正しく動作しつづけるようにした設計です。システムの一部に障害が発生しても，システム全体は動作できるように，システムを構成する重要部品を多重化します。

問13 オブジェクトストレージに関する問題

クラウドサービスで用いるストレージには大きく分けて「ファイルストレージ」「ブロックストレージ」「オブジェクトストレージ」があります。

オブジェクトストレージは，データを「オブジェクト」という単位で扱うストレージサービスです。大量の非構造化データに使用され，固有のIDとメタデータでデータを管理します。

ア：正しい。アクセス速度は低速なため更新頻度の少ないデータの格納に適しています。

イ：ブロックストレージで用いられるSAN（Storage Area Network）の記述です。

ウ：DAS（Direct Attached Storage）の記述です。

エ：RAIDの記述です。

問14 マルチプロセッサの性能に関する問題

密結合のマルチプロセッサシステムでは，CPUの数を増やしていっても記憶装置やバスなど共有部分がボトルネックとなり性能が頭打ちになることが知られています。このため，大規模な計算では，複数のコンピュータをネットワークで結んだ，グリッドコンピューティングシステムのような疎結合のマルチプロセッサシステムが用いられます。

問題のシステムの性能を求めるためには，まずaに0.1を代入して，式を変形します。

$$P=\frac{n}{1+(n-1)\times 0.1}=\frac{n}{1+0.1n-0.1}=\frac{n}{0.1n+0.9}=\frac{10n}{n+9}$$

ここで，n→∞とした場合，定数9は無視できるのでP＝10。したがって，答えはイとなります。

問15 コンピュータのシミュレーションによる性能評価に関する問題

解析的な方法（Analytical Method）では，数学的なモデルを用いて性能を評価します。これに対して，シミュレーション（Simulation）は，コンピュータ内の仮想環境を用いて性能を評価する方法です。

ア：実際に計算を行うため計算量は多くなります。

イ：解析的な手法の一部で乱数が用いられます。

ウ：正しい。解析的な方法を用いることができないモデルでも評価できます。

エ：シミュレーションを用いた方法の方が性能評価可能なモデルが多くなります。

解答		
	問12 ウ	問13 ア
	問14 イ	問15 ウ

令和6年度春期　午前　午後

問16 ノンプリエンプティブ方式のタスクの状態遷移に関する記述として，適切なものはどれか。

ア OSは実行中のタスクの優先度を他のタスクよりも上げることによって，実行中のタスクが終了するまでタスクが切り替えられるのを防ぐ。

イ 実行中のタスクが自らの中断をOSに要求することによってだけ，OSは実行中のタスクを中断し，動作可能な他のタスクを実行中に切り替えることができる。

ウ 実行中のタスクが無限ループに陥っていることをOSが検知した場合，OSは実行中のタスクを終了させ，動作可能な他のタスクを実行中に切り替える。

エ 実行中のタスクより優先度が高い動作可能なタスクが実行待ち行列に追加された場合，OSは実行中のタスクを中断し，優先度が高い動作可能なタスクを実行中に切り替える。

問17 三つの資源X～Zを占有して処理を行う四つのプロセスA～Dがある。各プロセスは処理の進行に伴い，表中の数値の順に資源を占有し，実行終了時に三つの資源を一括して解放する。プロセスAと同時にもう一つプロセスを動かした場合に，デッドロックを起こす可能性があるプロセスはどれか。

プロセス	資源の占有順序		
	資源X	資源Y	資源Z
A	1	2	3
B	1	2	3
C	2	3	1
D	3	2	1

ア B, C, D　　イ C, D　　ウ Cだけ　　エ Dだけ

問18 複数のクライアントから接続されるサーバがある。このサーバのタスクの多重度が2以下の場合，タスク処理時間は常に4秒である。このサーバに1秒間隔で4件の処理要求が到着した場合，全ての処理が終わるまでの時間はタスクの多重度が1のときと2のときとで，何秒の差があるか。

ア 6　　イ 7　　ウ 8　　エ 9

解答・解説

問16 ノンプリエンプティブ方式のタスクに関する問題

プリエンプティブ方式のスケジューリングでは，OSがディスパッチャを使ってCPU時間を管理し，あらかじめ決められた優先順序によって，実行中タスクを一時的に中断し別のタスクにCPUを割り当てます。ノンプリエンプティブ方式では，OSではなく実行中のタスクが実行終了などのきっかけでCPUを別のタスクに渡し，次のタスクが実行を開始します。

	プリエンプティブ	ノンプリエンプティブ
リソース	一定期間のリソースが与えられる。	実行中のプロセスがリソースを占有する。
割り込み	OSレベルで割り込みを行いプロセスを停止できる。	プロセス自身が停止するか待機するまで割り込みできない。
タスクの期限	OSのスケジューリングによって短期間与えられる。	タスクの実行が終了するか待機状態になるまで保持される。
タスクの制御方式	ラウンドロビン方式など	先着順，優先順など
CPU時間の制御	タスク毎に一定の実行時間が割り当てられる。	タスクを実行している間CPU時間が割り当てられる。

ア：ノンプリエンプティブ方式では，OSではなくタスク側が状態遷移を制御するので誤りです。

イ：正しい。「タスクが自らの中断をOSに要求する時だけ」とあり，通常はOSがタスクの中断をできないことがわかります。このためノンプリエンプティブ方式の記述となります。

ウ：ノンプリエンプティブ方式では，タスクからの要求がない場合，OSはタスクの切り替えができないので誤りです。

エ：OSがタスクの切り替えを行っているので，プリエンプティブ方式の記述です。

問17 プロセスのデッドロックに関する問題

プロセスの実行終了時に，3つの資源を一括して解放する点がポイントです。

プロセスBは，資源の占有順序がプロセスAと同じです。どちらかが資源Xを占有すると，もう一方は処理を始めることができないので，デッドロックになることはありません。

プロセスAとプロセスB

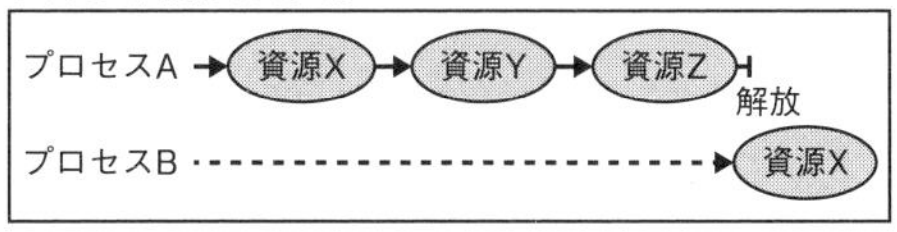

プロセスCおよびDでは，プロセスAが資源Xを占有した後も，資源Zを占有してどちらかのプロセスをスタートすることができます。このため，資源をめぐって次のようにデッドロックが起きる可能性があります（イ）。

プロセスAとプロセスC

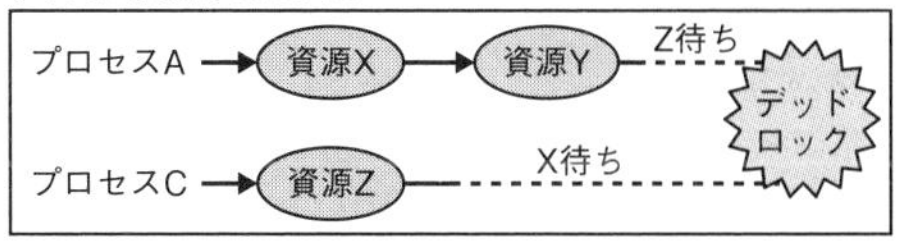

プロセスAとプロセスD

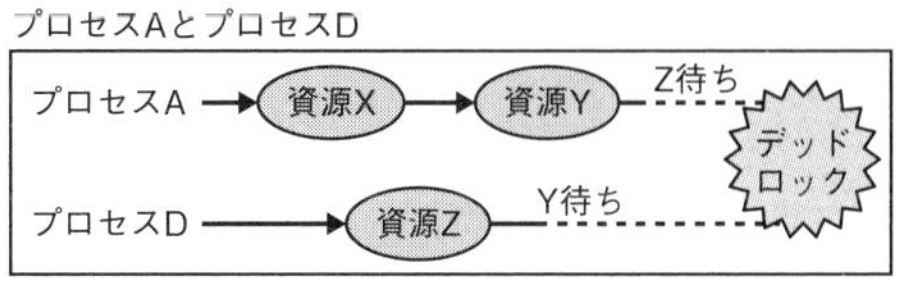

問18 タスクの多重度に関する問題

多重度が1の場合と2の場合で，それぞれの実行状況を図式化すると，

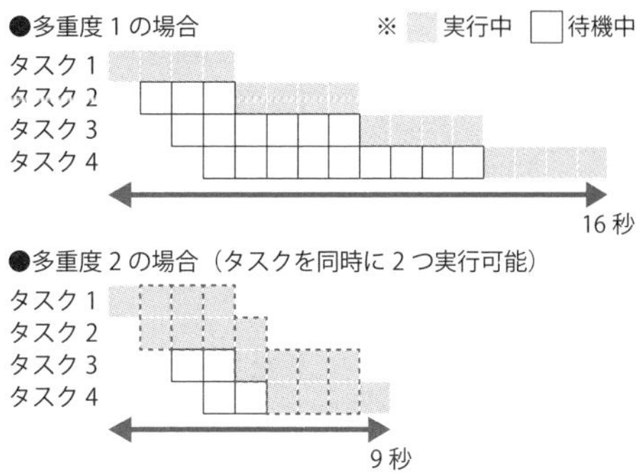

よって，差は7秒です。

解答	問16 イ	問17 イ	問18 イ

問19 プログラムを構成するモジュールや関数の実行回数，実行時間など，性能改善のための分析に役立つ情報を収集するツールはどれか。

ア エミュレーター　　イ シミュレーター
ウ デバッガ　　エ プロファイラ

問20 エアコンや電気自動車でエネルギー効率のよい制御や電力変換をするためにパワー半導体が用いられる。このパワー半導体の活用例の一つであるインバータの説明として，適切なものはどれか。

ア 直流電圧をより高い直流電圧に変換する。
イ 直流電圧をより低い直流電圧に変換する。
ウ 交流電力を直流電力に変換する。
エ 直流電力を交流電力に変換する。

問21 入力がAとB，出力がYの論理回路を動作させたとき，図のタイムチャートが得られた。この論理回路として，適切なものはどれか。

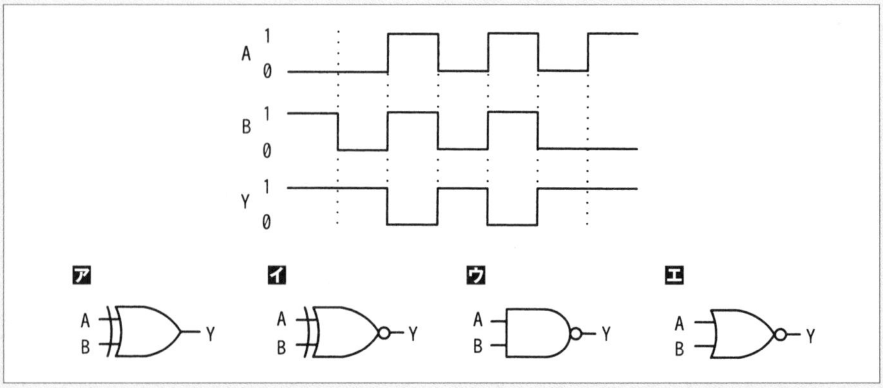

解答・解説

問19 プログラムの性能改善のためのツールに関する問題

プログラムを開発するには，単純にプログラムコードを書くだけでなく，バグの修正や性能改善などにおいてさまざまなツールが必要です。プログラムの開発にはこれらを統合したものが使われます。

ア：エミュレーターは，対象となるデバイスのシステム環境を仮想環境等で再現し，実環境でプログラムが動作するかどうかを確認するのに用いるツールです。

イ：シミュレーターは，エミュレーターと同様ですが，中身ではなく，そのふるまいを再現するツールです（エミュレーターと同義な場合もあります）。

ウ：デバッガは，ソフトウェアのソースコードのエラーやバグを見つけて修正するために，プログラムの停止ポイントの設定や，停止した時点での変数の確認などを行い，バグの再現や原因の特定を行うためのツールです。

エ：正しい。プロファイラは，CPUの使用率やメモリの使用率，関数の使用履歴，実行時間などを解析し，プログラムのボトルネックを見つけるためのツールです。

問20 インバータの役割に関する問題

パワー半導体は大電流のON／OFFを高速に行うスイッチングに適した半導体です。インバータは，直流をスイッチングして交流に変換します。

直流は時間に対して電圧電流が一定な電気で，乾電池やバッテリをイメージするとよいでしょう。一方，交流は時間に対して電圧電流の大きさや向きが変化する電気です。家庭用のコンセントには交流が提供されています。

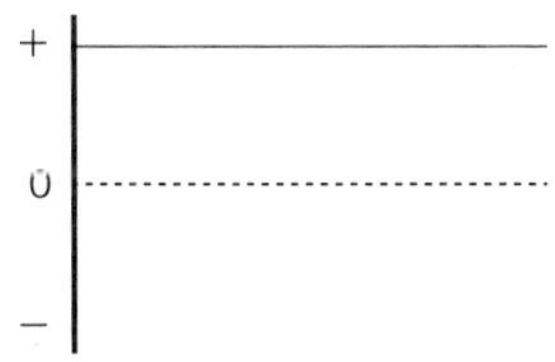

直流

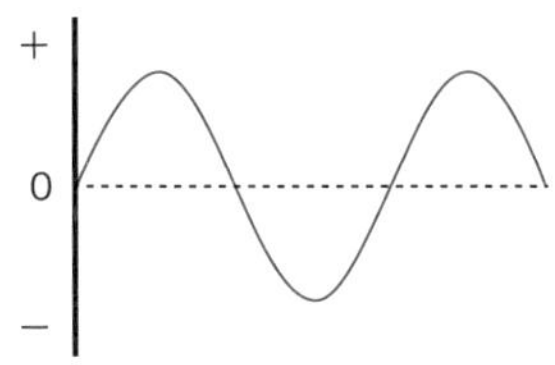

交流

インバータでは，直流を高速にスイッチングすることで交流を作ります。一部を拡大します。

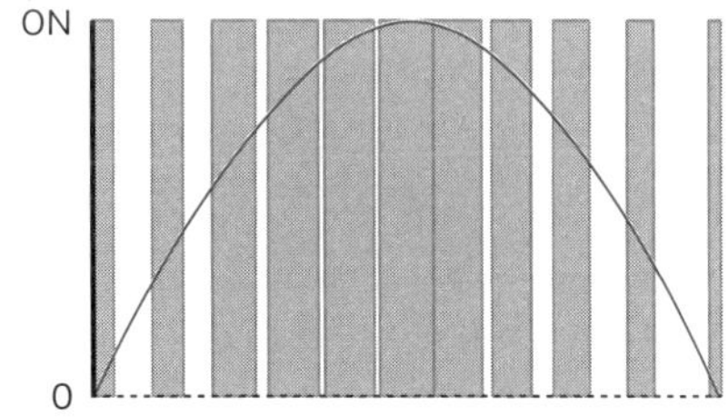

交流の波の高さが高い部分で，直流をONにしている時間を長くして，低い部分ではONにしている時間を短くします。これによって電圧の平均値が元の交流と同様になるように制御します。実際には交流ではなく断続した直流に過ぎないのですが，モータなどの機器はこれで十分に機能します。このようにONにしている時間割合を制御する方法をPWM（Pulse Width Modulation）といい，多くのインバータで使われる方法です。抵抗などを使って電圧を調整すると調整した部分は損失になるのでPWMは効率の良い方法です。

問21 タイムチャートから論理回路を選ぶ問題

A, Bの値が同じものは除いて，タイムチャートから真理値表を作成します。

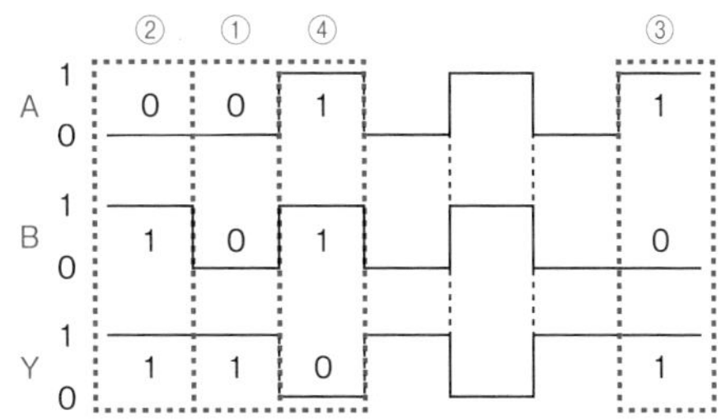

A	B	Y	
0	0	1	①
0	1	1	②
1	0	1	③
1	1	0	④

A, Bが両方1の時だけ，出力のYが0になることから，論理積（AND）の否定，すなわちウが答えになります。

解答	問19 エ	問20 エ	問21 ウ

問22

次の方式で画素にメモリを割り当てる640×480のグラフィックLCDモジュールがある。始点（5, 4）から終点（9, 8）まで直線を描画するとき，直線上のx=7の画素に割り当てられたメモリのアドレスの先頭は何番地か。ここで，画素の座標は（x, y）で表すものとする。

〔方式〕
・メモリは0番地から昇順に使用する。
・1画素は16ビットとする。
・座標（0, 0）から座標（639, 479）までメモリを連続して割り当てる。
・各画素は，x=0からx軸の方向にメモリを割り当てていく。
・x=639の次はx=0とし，yを1増やす。

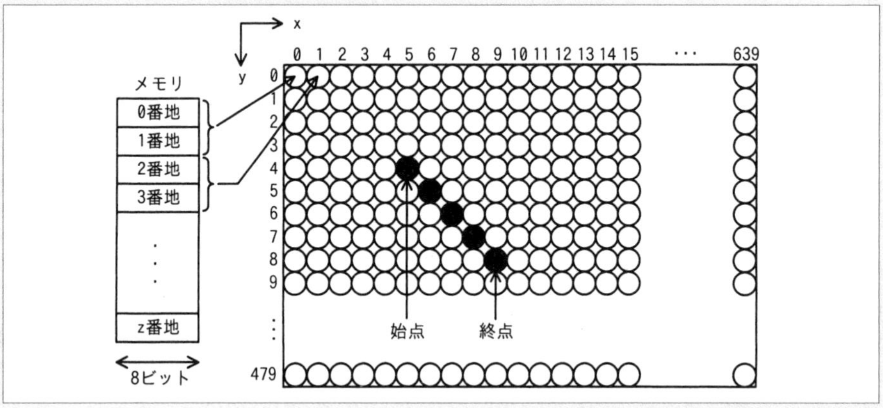

ア 3847　イ 7680　ウ 7694　エ 8978

問23

データセンターなどで採用されているサーバ，ネットワーク機器に対する直流給電の利点として，適切なものはどれか。

ア 交流から直流への変換，直流から交流への変換で生じる電力損失を低減できる。
イ 受電設備からCPUなどのLSIまで，同じ電圧のまま給電できる。
ウ 停電の危険がないので，電源バックアップ用のバッテリを不要にできる。
エ トランスを用いて容易に昇圧，降圧ができる。

問24

ビットマップフォントよりも，アウトラインフォントの利用が適している場合はどれか。

ア 英数字だけでなく，漢字も表示する。
イ 各文字の幅を一定にして表示する。
ウ 画面上にできるだけ高速に表示する。
エ 文字を任意の倍率に拡大して表示する。

解答・解説

問22 画素に割り当てられたメモリアドレスに関する問題

始点（5, 4）から終点（9, 8）まで引かれた直線上のx=7の画素の座標を調べます。問題文の図や次のように簡単な作図で求めることができます。

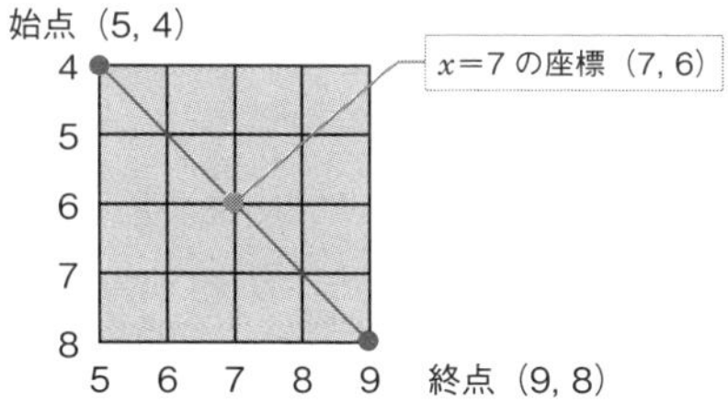

始点のy座標4＋x座標の差×直線の傾き

を計算して求めることができるので，x=7の画素のy座標は，次のとおりです。

4＋（7−5）×1=6

次に1画素は16ビットであることから，メモリ番地を求めます。

問題の図より16ビット＝2番地分なので

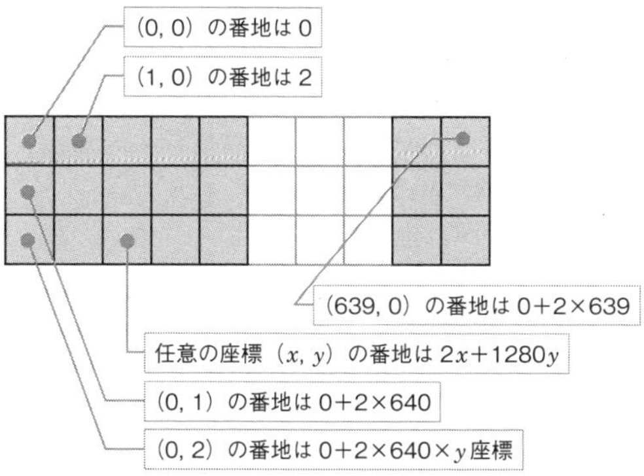

よって座標点（7, 6）の番地は，

2×7＋1280×6=7694（番地）

となります（ウ）。

問23 直流給電の利点に関する問題

家庭やデータセンターに供給されている商用電源は一般的に100V，200V，6,000Vといった交流電源です。データセンター用途では，サーバに対するバックアップ電源が必要になりますが，バッテリは直流しか蓄えることができないので，常時給電方式の無停電電源装置は次のような構成になります。

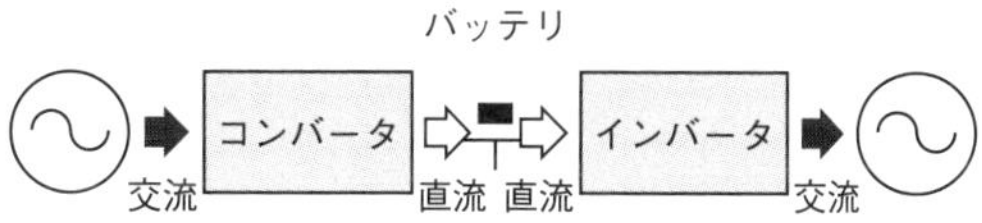

直流給電なら周辺環境が整えばコンバータやインバータなどの変換が不要になるので電力損失を抑えることができます。欧州で高電圧の取り扱いにならない48Vや，高効率な400Vによる高電圧直流給電などが検討されています。

ア：正しい。

イ：CPUやその周辺LSIは，複数の直流電圧を要求します。直流給電では単一で比較的高電圧での供給を行うので誤りです。

ウ：バックアップそのものは必要です。

エ：トランスを用いた昇圧，降圧が容易なのは交流の場合です。

問24 アウトラインフォントの利点に関する問題

画面やプリンタに文字を出力する際には，文字の形をデータ化した「フォント」が必要となります。ビットマップフォントは文字の形をドットの集合体として記録し，アウトラインフォントではベクトルデータとして記録します。

ビットマップフォント（左）とアウトラインフォント（右）

ア：文字セットの問題です。どちらかが適している訳ではありません。

イ：等幅フォントの説明です。どちらのフォントでも作成できます。

ウ：一般的に，ビットマップフォントの方がデータ量が少ないので高速に表示できます。

エ：正しい。ビットマップフォントでも任意の倍率に拡大することは可能ですが，斜めの線や曲線の境界線がギザギザとなり目立つので，アウトラインフォントの方が適しています。

解答	問22 ウ	問23 ア	問24 エ

問25

ストアドプロシージャの利点はどれか。

ア　アプリケーションプログラムからネットワークを介してDBMSにアクセスする場合，両者間の通信量を減少させる。
イ　アプリケーションプログラムからの一連の要求を一括して処理することによって，DBMS内の実行計画の数を減少させる。
ウ　アプリケーションプログラムからの一連の要求を一括して処理することによって，DBMS内の必要バッファ数を減少させる。
エ　データが格納されているディスク装置へのI/O回数を減少させる。

問26

“部品”表及び“在庫”表に対し，SQL文を実行して結果を得た。SQL文のaに入れる字句はどれか。

部品

部品 ID	発注点
P01	100
P02	150
P03	100

在庫

部品 ID	倉庫 ID	在庫数
P01	W01	90
P01	W02	90
P02	W01	150

〔結果〕

部品 ID	発注要否
P01	不要
P02	不要
P03	必要

〔SQL文〕

```
SELECT 部品.部品 ID AS 部品 ID,
    CASE WHEN 部品.発注点 > [ a ]
        THEN N'必要' ELSE N'不要' END AS 発注要否
FROM 部品 LEFT OUTER JOIN 在庫
    ON 部品.部品 ID = 在庫.部品 ID
GROUP BY 部品.部品 ID, 部品.発注点
```

ア　COALESCE(MIN(在庫.在庫数), 0)
イ　COALESCE(MIN(在庫.在庫数), NULL)
ウ　COALESCE(SUM(在庫.在庫数), 0)
エ　COALESCE(SUM(在庫.在庫数), NULL)

問27

トランザクションTはチェックポイント後にコミットしたが，その後にシステム障害が発生した。トランザクションTの更新内容をその終了直後の状態にするために用いられる復旧技法はどれか。ここで，トランザクションはWALプロトコルに従い，チェックポイントの他に，トランザクションログを利用する。

ア　2相ロック　　イ　シャドウページ
ウ　ロールバック　　エ　ロールフォワード

解答・解説

問25 ストアドプロシージャに関する問題

ストアドプロシージャは，繰返しよく使う一連のSQL文を実行可能な形にして，サーバにあらかじめ登録しておいたものです。

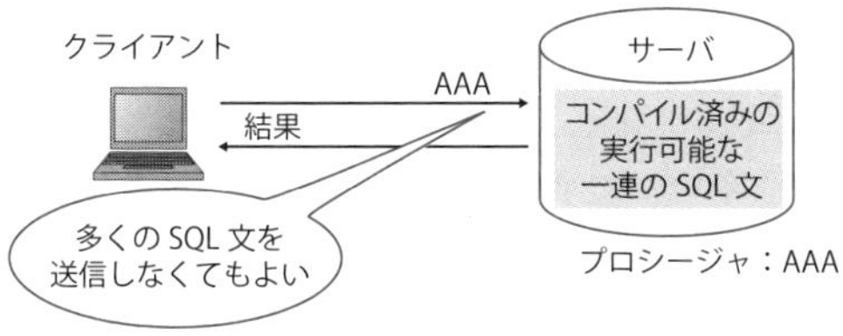

クライアントからはプロシージャ名を指定して，呼出し命令（CALL文）を送信するだけで実行できます。SQL文を1つずつ送信しなくてよいので，ストアドプロシージャを使わない場合と比べて，クライアントとサーバ間の通信量を減少させることができます（ア）。さらに，サーバ側でSQLをコンパイルしなくてもよいので，サーバの負荷を減らすことができます。

問26 SQLを使ったRDBに関する問題

難しそうな部分を中心に問題のSQL文を解説します。

部品

部品ID	発注点
P01	100
P02	150
P03	100

在庫

部品ID	倉庫ID	在庫数
P01	W01	90
P01	W02	90
P02	W01	150

部品 LEFT OUTER JOIN 在庫…①の部分で部品表と在庫表を外部結合します。部品表の部品IDすべてを抽出して在庫表と連結し，P03のように在庫表になければNULL値を戻します。

```
SELECT 部品.部品 ID AS 部品 ID,
   CASE WHEN 部品.発注点 > [  a  ] ②
      THEN N'必要' ELSE N'不要' END AS 発注要否
FROM 部品 LEFT OUTER JOIN 在庫 ①
   ON 部品.部品 ID = 在庫.部品 ID
GROUP BY 部品.部品 ID, 部品.発注点 ③
```

「発注要否」という列を用意し，部品.発注点が［ a ］よりも大きい場合に '必要'，そうでない場合に '不要' と表示します。また選択肢に含まれるCOALESCEは引数が2つの場合，第1引数がNULL値だった場合は第2引数を返し，そうでない場合は第1引数を返します。これは集合演算を行う際NULL値があると不都合が生じる場合によく用いられます。

以上よりこのSQLは，各部品IDの必要数（発注点）に対して，倉庫にある部品が足りるかをチェックしていることがわかります。またP01は倉庫W01とW02に90個ずつ在庫がありますが，③のGROUP BYによって1つに計算するためSUMが必要です。P03のように在庫がない場合に計算でNULL値にならないためウが答えになります。

問27 トランザクションのシステム障害からの復旧に関する問題

ア：2相ロック（2相コミット）は，データベースの更新が可能であることを確認し（フェーズ1），その後，確定する（フェーズ2）方法です。失敗したトランザクションの復旧とは関係ありません。

イ：シャドウページは，トランザクションを更新する際に，まずコピーされたページを更新し，成功した場合に元のページと入れ替える方法です。失敗した場合は元のページが残っているので復旧の必要がありません。ログは利用しないので誤りです。

ウ：ロールバックはトランザクションが失敗した際に更新前の状態に復旧する方法です。

エ：正しい。WALプロトコル（Write Ahead Log Protocol）で更新ログが用意されているので，チェックポイントまで戻した後，更新ログでトランザクション終了直後の状態に復旧します。

解答	問25 ア	問26 ウ	問27 エ

問28 データウェアハウスのテーブル構成をスタースキーマとする場合，分析対象のトランザクションデータを格納するテーブルはどれか。

ア サマリテーブル
イ ディメンジョンテーブル
ウ ファクトテーブル
エ ルックアップテーブル

問29 ビッグデータの基盤技術として利用されるNoSQLに分類されるデータベースはどれか。

ア 関係データモデルをオブジェクト指向データモデルに拡張し，操作の定義や型の継承関係の定義を可能としたデータベース
イ 経営者の意思決定を支援するために，ある主題に基づくデータを現在の情報とともに過去の情報も蓄積したデータベース
ウ 様々な形式のデータを一つのキーに対応付けて管理するキーバリュー型データベース
エ データ項目の名称，形式など，データそのものの特性を表すメタ情報を管理するデータベース

問30 CSMA/CD方式のLANに接続されたノードの送信動作として，適切なものはどれか。

ア 各ノードに論理的な順位付けを行い，送信権を順次受け渡し，これを受け取ったノードだけが送信を行う。
イ 各ノードは伝送媒体が使用中かどうかを調べ，使用中でなければ送信を行う。衝突を検出したらランダムな時間の経過後に再度送信を行う。
ウ 各ノードを環状に接続して，送信権を制御するための特殊なフレームを巡回させ，これを受け取ったノードだけが送信を行う。
エ タイムスロットを割り当てられたノードだけが送信を行う。

問31 IPアドレス208.77.188.166は，どのアドレスに該当するか。

ア グローバルアドレス
イ プライベートアドレス
ウ ブロードキャストアドレス
エ マルチキャストアドレス

解答・解説

問28 データウェアハウスのテーブル構成に関する問題

スタースキーマ構成は，実際に分析する事実となるデータ（ファクトテーブル）を中心に，その属性となるデータ（ディメンションテーブル）を配置するデータモデルです。

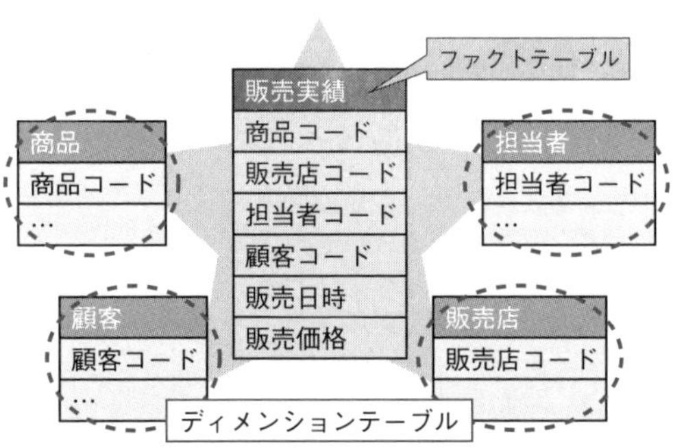

分析対象のトランザクションデータは，実際に起きたデータなのでファクトテーブルです。

問29 NoSQLに分類されるデータベースに関する問題

NoSQL（Not only SQL）とは，従来型の関係データベース管理システム（RDBMS）以外のデータベース管理システムを示す概念です。データをストアするという目的は同じであり，RDBMSを置き換える技術ではありません。RDBMSは，正規化された複数の表を更新する用途に最適化されていますが，現在使われているNoSQLには，おおよそ4つのデータモデルがあります。

データモデル	特徴
キーバリュー型	1つのキーに対して，1つのバリューをもつシンプルな非正規型モデル。応答速度が速いという特徴があります。
カラム指向型	RDBMSは行単位でデータを管理しますが，カラム（列）指向型では1つの属性のデータをまとめて管理します。列単位のデータ集約が効率的です。
グラフ型	ノードにもつプロパティと関係性を示すリレーションを使ったデータモデルです。SNSにおける関係性の調査や，交通機関の最適ルート探索など複雑なデータの処理に向いています。
ドキュメント指向型	「ドキュメント」と呼ばれるデータ構造を事前に定めない形で保存します。一般にXMLやJSONなどの形式で保存され柔軟性に優れています。

ア：オブジェクト指向データベースの説明です。
イ：DSS（Decision Support System：意思決定支援システム）の説明です。
ウ：正しい。キーバリュー型データベースは，NoSQLに分類されるデータベースです。
エ：データディクショナリの説明です。

問30 CSMA／CD方式のLANに関する問題

CSMA／CD方式ではノード間でパケットの衝突が起きないように，送信する前に伝送媒体が使用中かどうか確認します。

ア：QoS（Quality of Service）で実現される機能の1つです。ルータによって制御されます。
イ：正しい。
ウ：トークンリング方式の送信動作です。
エ：TSN（Time-Sensitive Networking）の送信動作です。

問31 IPアドレスの構成に関する問題

ア：グローバルアドレスは，直接インターネットに接続して使うことのできるIPアドレスです。アドレス範囲（クラス）により使える範囲が決められています。

クラスA	1.0.0.0～9.255.255.255
	11.0.0.0～126.255.255.255
クラスB	128.0.0.0～172.15.255.255
	172.32.0.0～191.255.255.255
クラスC	192.0.0.0～192.167.255.255
	192.169.0.0～233.255.255.255

イ：プライベートアドレスはインターネット上では利用できませんが，LAN内で自由に使うことのできるIPアドレスです。アドレス範囲は3種類あります。

クラスA	10.0.0.0～10.255.255.255
クラスB	172.16.0.0～172.31.255.255
クラスC	192.168.0.0～192.168.255.255

ウ：ブロードキャストアドレスは，IPアドレスのホストアドレス部のビットをすべて1にしたもので1：Nの通信に使われます。208.77.188.166は，2進数にしたとき，最後のビットが0なのでブロードキャストアドレスにはなりません。
エ：マルチキャストアドレスは一般に，パケット通信は1:1の通信を行います（ユニキャスト）が，1：Nの通信を行うのが，マルチキャストアドレスです。アドレス範囲は224.0.0.0～239.255.255.255です。

解答		
	問28 ウ	問29 ウ
	問30 イ	問31 ア

問32 ルータを冗長化するために用いられるプロトコルはどれか。

ア PPP　　イ RARP　　ウ SNMP　　エ VRRP

問33 ビット誤り率が0.0001%の回線を使って，1,500バイトのパケットを10,000個送信するとき，誤りが含まれるパケットの個数の期待値はおよそ幾らか。

ア 10　　イ 15　　ウ 80　　エ 120

問34 OpenFlowを使ったSDN（Software-Defined Networking）の説明として，適切なものはどれか。

ア 単一の物理サーバ内の仮想サーバ同士が，外部のネットワーク機器を経由せずに，物理サーバ内部のソフトウェアで実現された仮想スイッチを経由して，通信する方式
イ データを転送するネットワーク機器とは分離したソフトウェアによって，ネットワーク機器を集中的に制御，管理するアーキテクチャ
ウ プロトコルの文法を形式言語を使って厳密に定義する，ISOで標準化された通信プロトコルの規格
エ ルータやスイッチの機器内部で動作するソフトウェアを，オープンソースソフトウェア（OSS）で実現する方式

問35 3Dセキュア2.0（EMV 3-D セキュア）は，オンラインショッピングにおけるクレジットカード決済時に，不正取引を防止するための本人認証サービスである。3Dセキュア2.0で利用される本人認証の特徴はどれか。

ア 利用者がカード会社による本人認証に用いるパスワードを忘れた場合でも，安全にパスワードを再発行することができる。
イ 利用者の過去の取引履歴や決済に用いているデバイスの情報から不正利用や高リスクと判断される場合に，カード会社が追加の本人認証を行う。
ウ 利用者の過去の取引履歴や決済に用いているデバイスの情報にかかわらず，カード会社がパスワードと生体認証を併用した本人認証を行う。
エ 利用者の過去の取引履歴や決済に用いているデバイスの情報に加えて，操作しているのが人間であることを確認した上で，カード会社が追加の本人認証を行う。

解答・解説

問32 ルータの冗長化に使用するプロトコルに関する問題

□□□

ア：PPP（Point to Point Protocol）はネットワークの2点間を接続するためのプロトコルです。認証プロトコルを備えていることから，アクセスポイントへの接続に用いられています。

イ：RARP（Reverse Address Resolution Protocol）

はTCP／IPにおいて，MACアドレスからIPアドレスを取得するためのプロトコルです。

ウ：SNMP（Simple Network Management Protocol）は，ネットワーク（機器）を管理するためのプロトコルです。TCP／IPに組み込まれて機器間で情報交換を行うことができます。

エ：正しい。VRRP（Virtual Router Redundancy Protocol）は，ルータなどのレイヤ3の複数の機器間で使用するプロトコルです。仮想のMACアドレスとIPアドレスを使って，通常使用するマスター機器がルーティングを行いますが，マスターに異常が発生した場合，仮想アドレスをスタンバイ機器が引き継ぎ通信を継続します。

問33 ネットワークのビット誤り率に関する問題

1パケット＝1,500バイト＝12,000ビット
確率0.0001%＝0.000001
①1パケット中に含まれる誤りビット
　12,000ビット×0,000001＝0.012
②誤りを含むパケットの個数
　0.012×10,000＝120

よって，エが正解です。

問34 SDNに関する問題

OpenFlowとは，ネットワーク機器のパケット処理ルールを制御するためのプロトコルです。物理ネットワークを制御するハードウェアと，コントローラと呼ばれる制御ソフトウェアを分離したSDN（Software-Defined Networking）を実現します。

ア：物理サーバは，ネットワークの入出力を行うNIC（Network Interface Card）をアクセススイッチに接続しますが，仮想サーバを内部接続する場合NICを介さず，ソフトウェア的に直接接続した方が効率的です。仮想サーバを制御するハイパーバイザの機能として実装されています。

イ：正しい。

ウ：SDNはプロトコルではありません。また，OpenFlowはコントローラとスイッチの通信を定義し，パケット処理ルールであるフローエントリの仕様を決めたものです。コントローラそのものは，JavaやRuby，Pythonなどの汎用言語で作成できます。

エ：OpenFlowは，ONF（Open Networking Foundation）によって管理されており，OSSではありません。

問35 3Dセキュア2.0の本人認証に関する問題

3Dセキュアはクレジット決済時の安全性を高めるために，ECサイトの登録とは別に3Dセキュア用のパスワードをカード会社に登録しておく仕組みです。このパスワードの認証はクレジット会社が用意した別ページに遷移して行います。

ア：3Dセキュア1.0で可能だった固定パスワード方式での新規登録や再登録は現在では不可能です。

イ：正しい。3Dセキュア2.0の特徴としてリスクベース認証を取り入れたことがあります。過去の取引履歴やデバイス情報から不正使用が疑われる場合のみ認証を行うことで，セキュリティを保ちつつカゴ落ち（買い物カゴに入れたまま清算せずに購入に至らないこと）を防ぐことができます。

ウ：リスクベース認証を行うため，取引履歴やデバイス情報によって認証は異なります。

エ：操作しているのが人間であることを確認する仕組みをCAPTCHA（Completely Automated Public Turing test to tell Computers and Humans Apart）といいます。主にbotへの対策であるため3Dセキュアでは採用されていません。

解答		
	問32 エ	問33 エ
	問34 イ	問35 イ

問36 企業のDMZ上で1台のDNSサーバを，インターネット公開用と，社内のPC及びサーバからの名前解決の問合せに対応する社内用とで共用している。このDNSサーバが，DNSキャッシュポイズニング攻撃による被害を受けた結果，直接引き起こされ得る現象はどれか。

ア DNSサーバのハードディスク上に定義されているDNSサーバ名が書き換わり，インターネットからDNSサーバに接続できなくなる。
イ DNSサーバのメモリ上にワームが常駐し，DNS参照元に対して不正プログラムを送り込む。
ウ 社内の利用者が，インターネット上の特定のWebサーバにアクセスしようとすると，本来とは異なるWebサーバに誘導される。
エ 社内の利用者間の電子メールについて，宛先メールアドレスが書き換えられ，送信ができなくなる。

問37 DNSSECで実現できることはどれか。

ア DNSキャッシュサーバが得た応答の中のリソースレコードが，権威DNSサーバで管理されているものであり，改ざんされていないことの検証
イ 権威DNSサーバとDNSキャッシュサーバとの通信を暗号化することによる，ゾーン情報の漏えいの防止
ウ 長音“ー”と漢数字“一”などの似た文字をドメイン名に用いて，正規サイトのように見せかける攻撃の防止
エ 利用者のURLの入力誤りを悪用して，偽サイトに誘導する攻撃の検知

問38 公開鍵暗号方式を使った暗号通信をn人が相互に行う場合，全部で何個の異なる鍵が必要になるか。ここで，一組の公開鍵と秘密鍵は2個と数える。

ア $n+1$　　イ $2n$　　ウ $\frac{n(n-1)}{2}$　　エ n^2

問39 自社製品の脆弱(ぜい)性に起因するリスクに対応するための社内機能として，最も適切なものはどれか。

ア CSIRT
イ PSIRT
ウ SOC
エ WHOISデータベースの技術連絡担当

解答・解説

問36 DNSキャッシュポイズニングに関する問題

DMZ上にDNSサーバを配置した，次のような構成を例に考えてみましょう。

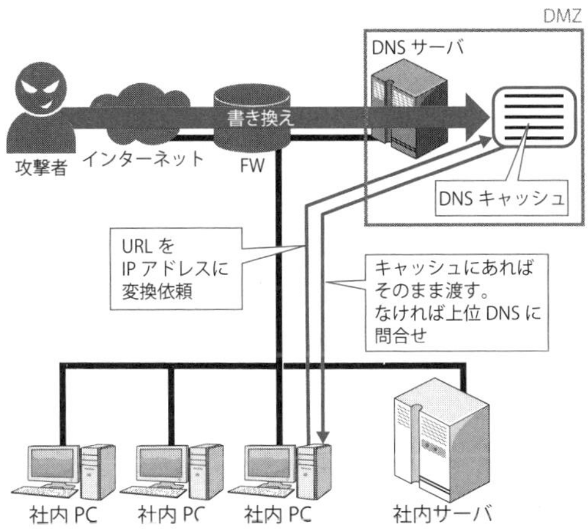

DNSキャッシュポイズニングでは，URLをIPアドレスに変換するDNSサーバのDNSキャッシュに偽のIP変換情報を流し込み，有害サイトへの誘導などに利用します。

ア：DNSサーバへのアクセス情報は，上位のDNSサーバに記録されているので関係ありません。

イ：DNSキャッシュポイズニングは，DNSサーバのキャッシュを書き換える攻撃手法です。

ウ：正しい。DNSサーバが攻撃者によって書き込まれたDNSキャッシュ上の偽のIPアドレスを返すのでユーザは偽Webサーバに誘導されます。

エ：宛先メールアドレスは，DNSサーバで書換えることができません。

問37 DNSSECの機能に関する問題

DNSSEC（Domain Name System SECurity extensions）は，DNSサーバからの応答が正しいものであることを確認する方法です。とくにキャッシュポイズニングによるDNSの応答を偽装する攻撃を防ぐ効果が期待できます。

ア：正しい。DNSSECでは，DNSクライアントがDNSのレスポンスを確認する際，DNSサーバが付加したデジタル署名を使ってDNS情報が改ざんなどされていない正しいものであることを確認します。

イ：DNSSECには情報交換に暗号化を使いません。

ウ：類似情報をDNSSECで防ぐことはできません。

エ：利用者の誤りをDNSSECで防ぐことはできません。

問38 公開鍵暗号方式で必要となる鍵の数に関する問題

公開鍵暗号方式によって通信を行う場合，受信者の公開鍵を使って送信者が暗号化して送信し，送られてきたデータを受信者が秘密鍵を使って復号します。

n人が相互に暗号を使って通信するので，それぞれが送信者になり受信者になる可能性があります。公開鍵と秘密鍵が人数分必要となるため，2n個の異なる鍵が必要になります。

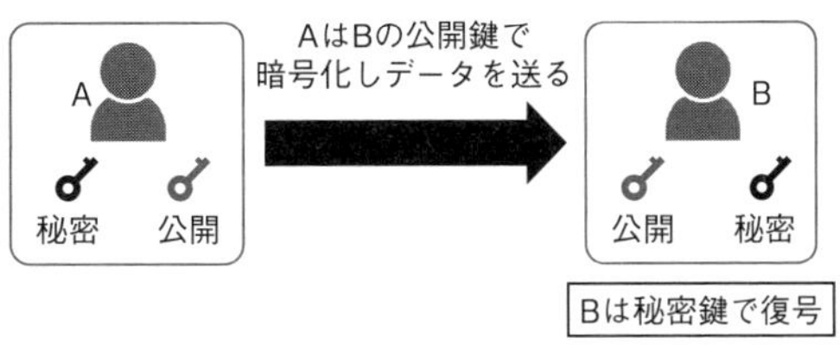

問39 自社製品のリスクに対応するための組織に関する問題

ア：CSIRTは，セキュリティインシデントに関する情報収集，発生時の対応等を行う組織です。

イ：正しい。PSIRTは，自社製品やサービスを対象としてセキュリティ対応を行う組織です。

ウ：SOCは，自社が運用する情報システムに関する脅威を監視し，CSIRTと連携し対応策を検討する組織です。

エ：自ドメインに起因するインシデントが発生した際，外部組織より連絡を受ける窓口となります。

解答		
	問36 ウ	問37 ア
	問38 イ	問39 イ

問40 JIS Q 31000:2019（リスクマネジメント―指針）において，リスク特定で考慮することが望ましいとされている事項はどれか。

ア 結果の性質及び大きさ
イ 残留リスクが許容可能かどうかの判断
ウ 資産及び組織の資源の性質及び価値
エ 事象の起こりやすさ及び結果

問41 WAFによる防御が有効な攻撃として，最も適切なものはどれか。

ア DNSサーバに対するDNSキャッシュポイズニング
イ REST APIサービスに対するAPIの脆（ぜい）弱性を狙った攻撃
ウ SMTPサーバの第三者不正中継の脆弱性を悪用したフィッシングメールの配信
エ 電子メールサービスに対する大量，かつ，サイズの大きな電子メールの配信

問42 PCからサーバに対し，IPv6を利用した通信を行う場合，ネットワーク層で暗号化を行うときに利用するものはどれか。

ア IPsec　イ PPP　ウ SSH　エ TLS

問43 SPF（Sender Policy Framework）の仕組みはどれか。

ア 電子メールを受信するサーバが，電子メールに付与されているデジタル署名を使って，送信元ドメインの詐称がないことを確認する。
イ 電子メールを受信するサーバが，電子メールの送信元のドメイン情報と，電子メールを送信したサーバのIPアドレスから，送信元ドメインの詐称がないことを確認する。
ウ 電子メールを送信するサーバが，電子メールの宛先のドメインや送信者のメールアドレスを問わず，全ての電子メールをアーカイブする。
エ 電子メールを送信するサーバが，電子メールの送信者の上司からの承認が得られるまで，一時的に電子メールの送信を保留する。

解答・解説

問40 JIS Q 31000:2019（リスクマネジメント-指針）に関する問題

JIS Q 31000:2019はISO 31000を基にしたリスクマネジメントに関するJIS規格です。リスクの特定には，答えとなる「資産及び組織の資源の性質及び価値」が含まれています。

ア：リスク分析で検討する事項です。

イ：リスク対応で検討する事項です。
ウ：正しい。
エ：リスク分析で検討する事項です。

問41 WAFによる防御に関する問題

WAF（Web Application Firewall）とは，Webアプリケーションへの攻撃を防ぐために，Webサーバへの通信を監視し不正な攻撃があった場合に通信を遮断するしくみです。具体的にはWebサーバに対して行われるHTTPやHTTPSのトラフィックを監視し，SQLインジェクションなどWebサーバに対して悪意のある要素を検出した場合にその要素を排除します。

ア：WAFはWebサーバを防御するものなので，DNSサーバの通信はチェックしません。

イ：正しい。REST API（REpresentational State Transfer）は，HTTP通信においてREST4原則（統一インターフェース，アドレス可能性，接続性，ステートレス性）に沿ったシステムをいいます。HTTP通信を使っているので，WAFの検査対象となります。適切な処置を行えば攻撃を遮断できます。

ウ：自ドメイン以外のメールの中継を行うことで，フィッシング目的のメールを中継してしまう脆弱性です。WAFでは防ぐことはできませんが，通常のファイアウォールであればIPアドレスで遮断が可能です。

エ：通常では考えられない量のメールを送り付けるなどしてサーバをダウンさせる攻撃です。WAFでは防げませんが，IPS（Intrusion Prevention System）を使って一定の通信量を超えた通信を遮断することで防ぐことができます。

問42 IPv6の暗号化に関する問題

ア：正しい。IPsec（SECurity architecture for Internet Protocol）は，IPパケット単位で暗号化を行い，データの改ざん防止や機密性を確保する仕組みです。IPv6においてIPsecは標準的に用意されています。IPパケットを暗号化するのでOSI基本参照モデルではネットワーク層（第3層）になります。

イ：PPP（Point to Point Protocol）は，コンピュータネットワークの2点間を接続するためのデータリンク層（第2層）のプロトコルです。認証プロトコルも備えていることから，アクセスポイントに接続する際にも使われます。

ウ：SSH（Secure SHell）は，主にUNIX系のコンピュータで用いられるリモートシェルプログラムです。すべてのデータが暗号化されて送受信されるので安全な操作が可能です。SSHはプログラムなので，アプリケーション層（第7層）の通信を行います。

エ：TLS（Transport Layer Security）は，サーバとクライアント間での通信を暗号化し，デジタル証明書を使って改ざんの検出を可能にするプロトコルです。

問43 SPFの仕組みに関する問題

SPF（Sender Policy Framework）は，送信者のメールドメインを認証し，悪意のあるメールがユーザの受信箱に届く可能性を減らす仕組みです。送信者のメールドメインのDNSサーバに，送信を許可するドメイン／IPアドレスを登録します。

ア：PGP（Pretty Good Privacy）やS／MIME（Secure／Multipurpose Internet Mail Extensions）がメールのデジタル署名として使われています。

イ：正しい。SPFの仕組みです。

ウ：メールアーカイブシステムの説明です。内部統制やコンプライアンス対策として導入されます。

エ：上長承認機能などメールの誤送信を防止する機能の一部です。

解答		
	問40 ウ	問41 イ
	問42 ア	問43 イ

問 44 **ICカードの耐タンパ性を高める対策はどれか。**

ア　ICカードとICカードリーダーとが非接触の状態で利用者を認証して，利用者の利便性を高めるようにする。

イ　故障に備えてあらかじめ作成した予備のICカードを保管し，故障時に直ちに予備カードに交換して利用者がICカードを使い続けられるようにする。

ウ　信号の読出し用プローブの取付けを検出するとICチップ内の保存情報を消去する回路を設けて，ICチップ内の情報を容易には解析できないようにする。

エ　利用者認証にICカードを利用している業務システムにおいて，退職者のICカードは業務システム側で利用を停止して，他の利用者が利用できないようにする。

問 45 **オブジェクト指向におけるクラス間の関係のうち，適切なものはどれか。**

ア　クラス間の関連は，二つのクラス間でだけ定義できる。

イ　サブクラスではスーパークラスの操作を再定義することができる。

ウ　サブクラスのインスタンスが，スーパークラスで定義されている操作を実行するときは，スーパークラスのインスタンスに操作を依頼する。

エ　二つのクラスに集約の関係があるときには，集約オブジェクトは部分となるオブジェクトと，属性及び操作を共有する。

問 46 **モジュール結合度に関する記述のうち，適切なものはどれか。**

ア　あるモジュールがCALL命令を使用せずにJUMP命令でほかのモジュールを呼び出すとき，このモジュール間の関係は，外部結合である。

イ　実行する機能や論理を決定するために引数を受け渡すとき，このモジュール間の関係は，内容結合である。

ウ　大域的な単一のデータ項目を参照するモジュール間の関係は，制御結合である。

エ　大域的なデータを参照するモジュール間の関係は，共通結合である。

問 47 **ソフトウェア信頼度成長モデルの一つであって，テスト工程においてバグが収束したと判定する根拠の一つとして使用するゴンペルツ曲線はどれか。**

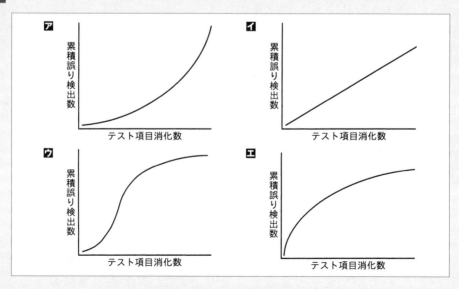

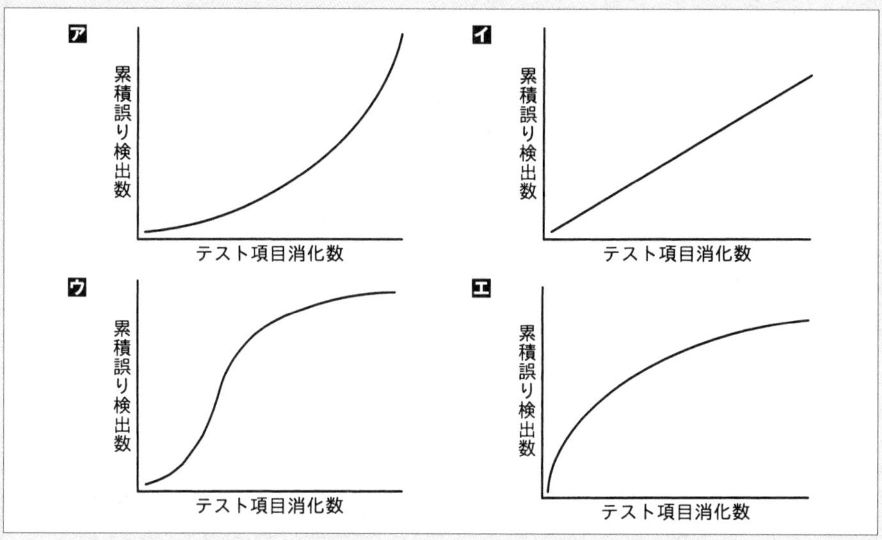

解答・解説

問44 ICカードの耐タンパ性に関する問題

情報工学における耐タンパ性とは，データの不正な変更や，データの解析が困難な特性という意味です。

ア：利便性の高さは，耐タンパ性と無関係です。

イ：予備カードに直ちに交換できることは，情報セキュリティの可用性を高めることになりますが，耐タンパ性とは関係がありません。

ウ：正しい。何らかの不正な手段によって内部情報を読み取ろうとしたときに，情報を削除してしまうことはデータへのアクセスを困難にして耐タンパ性を高めることになります。

エ：退職者のICカードの利用を直ちに停止することは情報セキュリティの機密性を高めますが，耐タンパ性とは関係がありません。

問45 オブジェクト指向におけるクラス間の関係に関する問題

ア：クラス間の関連は，複数のクラスで階層的，多重的に定義できます。たとえば，親クラスの特性を子クラスが引き継ぐ「継承」は，1つの親クラスの特性に対して複数の子クラスが継承することが可能です。

イ：正しい。スーパクラスで定義されている操作をサブクラスで再定義できます。この操作をオーバーライドといいます。

ウ：スーパクラスで定義されている操作は，サブクラスに継承されているので，そのまま操作可能です。

エ：2つのクラスに集約の関係があるとき，集約オブジェクトは部分となるオブジェクトの参照を行うことができますが，属性や操作は共有せず，各々に管理します。

問46 モジュール結合度に関する問題

モジュール結合度は，結合度の弱い順から，「データ結合→スタンプ結合→制御結合→外部結合→共通結合→内容結合」があることが知られています。

ア：内容結合の記述です。外部結合は，必要なデータだけを外部宣言して共有します。結合度は低くなりますが，外部宣言されたデータはどのモジュールからも参照・変更が可能なため，モジュール間の関連性は比較的高いといえます。

イ：制御結合の記述です。内容結合は，外部宣言していないデータをほかのモジュールが直接参照，あるいは一部を共有する結合です。

ウ：外部結合の記述です。制御結合は，制御パラメタを引数として渡し，モジュールの実行順序を制御します。引数によってモジュールが制御されますから，モジュール間の関連性は高くなります。

エ：正しい。

問47 ゴンペルツ曲線に関する問題

ゴンペルツ曲線（Gompertz curve）は，技術の進化や生物の成長曲線など，最初はゆっくりと成長し，途中で急速に成長，最終的にはある値に収束するS字曲線を描く数学的な関数です。累積誤り検出数とテスト項目消化数との関係に近似していることが知られています。

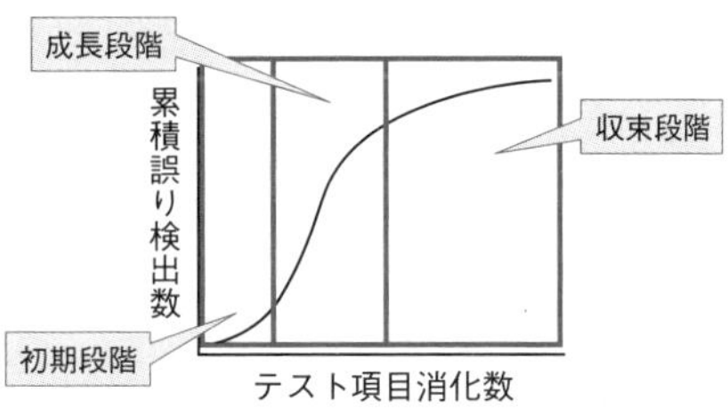

バグの誤り検出数は，初期段階ではテストケースが少ないため多くありませんが，テスト工程を進めることで順調に増えていきます。その後成長工程で多くの誤りが検出されて修正するため，発見されるバグも少なくなり収束します。

解答		
	問44 ウ	問45 イ
	問46 エ	問47 ウ

問48 リーンソフトウェア開発において，ソフトウェア開発のプロセスとプロセスの所要時間とを可視化し，ボトルネックや無駄がないかどうかを確認するのに用いるものはどれか。

ア ストーリーカード
イ スプリントバックログ
ウ バーンダウンチャート
エ バリューストリームマップ

問49 JIS X 33002:2017（プロセスアセスメント実施に対する要求事項）の説明として，適切なものはどれか。

ア 組織のプロセスを継続的に改善して品質を高めるための要求事項を規定している。
イ 組織プロセスの品質を客観的に診断するための要求事項を規定している。
ウ プロジェクトの実施に重要で，かつ，影響を及ぼすプロジェクトマネジメントの概念及びプロセスに関する包括的な手引きを規定している。
エ 明確に定義された用語を使用し，ソフトウェアライフサイクルプロセスの共通枠組みを規定している。

問50 ドキュメンテーションジェネレーターの説明として，適切なものはどれか。

ア HTML，CSSなどのリソースを読み込んで，画面などに描画又は表示するソフトウェア
イ ソースコード中にある，フォーマットに従って記述されたコメント文などから，プログラムのドキュメントを生成するソフトウェア
ウ 動的にWebページを生成するために，文書のテンプレートと埋込み入力データを合成して出力するソフトウェア
エ 文書構造がマーク付けされたテキストファイルを読み込んで，印刷可能なドキュメントを組版するソフトウェア

解答・解説

問48 リーンソフトウェア開発に関する問題

リーンソフトウェア開発（Lean Software Development）は，リーン生産方式をソフトウェアに適応させたもので，開発の無駄を省きソフトウェアを迅速に提供することを目指します。

リーンソフトウェア開発には開発を成功させるための7つの原則があります。

原則1：無駄をなくす。
顧客に付加価値を生み出さないものはすべて無駄とみなします。
原則2：学習効果を増幅する。
ソフトウェア開発は，継続的な学習プロセスといえます。開発者の学習をより多く行う必要があります。ソフトウェアの価値は要件ではなく使用することへの適合性で評価されることに注意が必要です。
原則3：決定を遅らせる。
ソフトウェアの開発には常に不確実性が伴い仕様変更による影響を最小限にするため，意思決定を可能な限り遅らせるべきです。反復的な開発手法はこの原則を促進します。
原則4：できるだけ早く提供する。
顧客は製品が早く納品されればされるほど，開発者にフィードバックすることができニーズを満たすことができます。顧客は品質の高い製品が早く提供されることを求めています。
原則5：チームを尊重する。
開発時の問題を解決する当事者は管理者ではなく開発者です。リーンソフトウェア開発ではアジャイルの原則である「やる気のある個人を中心にプロジェクトを構築しチームを尊重する」に従います。
原則6：完全性を担保する。
顧客が知覚するすべてにおける完全性を担保する。これには提供方法や展開方法，使用方法，価格，問題解決方法などが含まれます。
原則7：全体を最適化する。
現在のソフトウェアにはさまざまなコンポーネントが含まれています。設計は全体を大きく捉え，開発は欠陥が蓄積しないよう大きなタスクを分割して標準化を進めることで，部分最適ではなく全体でのパフォーマンスを重視するよう注力すべきです。

ア：ストーリーカードはユーザが求めている機能を整理して書き込むもので，主にアジャイル開発の要件定義段階で用います。

イ：スプリントバックログは，アジャイル開発で用いるもので1回のスプリントで行う計画表です。

ウ：バーンダウンチャートは，プロジェクトの進捗状況を可視化してわかりやすく表現したグラフです。

エ：正しい。バリューストリームマップ（Value Stream Map（Mappingとすることもあります））は製品やサービスの提供に関連するプロセスを可視化して分析するフローチャートです。

問49 JIS X 33002:2017（プロセスアセスメント実施に対する要求事項）に関する問題

情報処理技術者試験に出題されるISO／JIS規格はある程度絞り込めるので概要は押さえておく方がよいですが，“アセスメント＝客観的な診断や分析”というところからも答えを導くことができます。

ア：JIS Q 9024:2003（マネジメントシステムのパフォーマンス改善）の説明です。

イ：正しい。JIS X 33002:2017には「この規格は，診断対象プロセスのアセスメント結果が，客観的で，一貫していて，再現可能であり，かつ，代表的であることを確実にするアセスメント実施のための最小限の要求事項を定義する」とあります。

ウ：JIS Q 21500:2018（プロジェクトマネジメントの手引き）の説明です。

エ：JIS X 0160:2021（ソフトウェアライフサイクルプロセス）の説明です。

問50 ドキュメンテーションジェネレーターに関する問題

ア：Webブラウザの説明です。

イ：正しい。ドキュメンテーションジェネレーターはソースコード中のコメントや注釈を解析し，自動的にドキュメントを生成するソフトウェアです。DoxygenやJavadoc，Sphinxなどのツールがあります。

ウ：テンプレートエンジンの説明です。

エ：文書整形システムであるTeXの説明です。

解答	問48 エ	問49 イ	問50 イ

問51 EVMで管理しているプロジェクトがある。図は，プロジェクトの開始から完了予定までの期間の半分が経過した時点での状況である。コスト効率，スケジュール効率がこのままで推移すると仮定した場合の見通しのうち，適切なものはどれか。

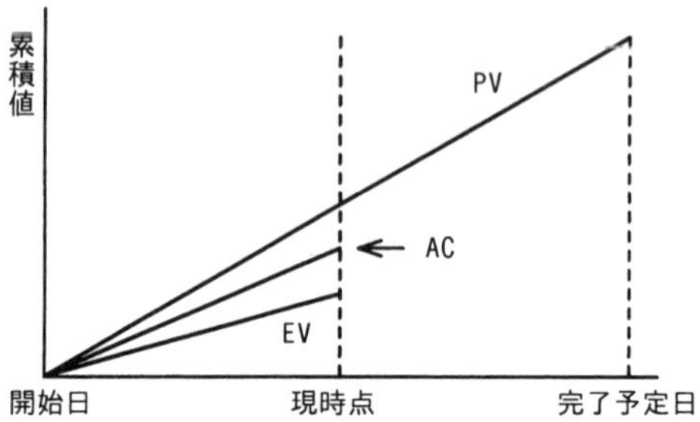

ア 計画に比べてコストは多くなり，プロジェクトの完了は遅くなる。
イ 計画に比べてコストは多くなり，プロジェクトの完了は早くなる。
ウ 計画に比べてコストは少なくなり，プロジェクトの完了は遅くなる。
エ 計画に比べてコストは少なくなり，プロジェクトの完了は早くなる。

問52 図のアローダイアグラムで表されるプロジェクトがある。結合点5の最早結合点時刻はプロジェクトの開始から第何日か。ここで，プロジェクトの開始日は0日目とする。

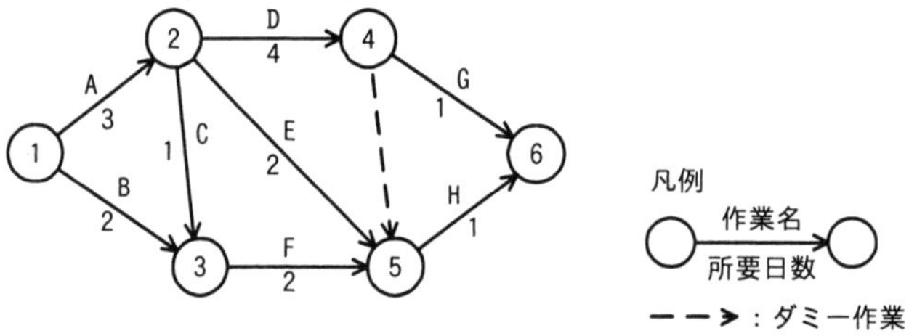

ア 4　　イ 5　　ウ 6　　エ 7

問53 JIS Q 21500:2018（プロジェクトマネジメントの手引）によれば，プロセス“リスクの管理”の目的はどれか。

ア 特定したリスクに適切な処置を行うためにリスクを測定して，その優先順位を定める。
イ 発生した場合に，プロジェクトの目標にプラス又はマイナスの影響を与えることがある潜在的リスク事象及びその特性を決定する。
ウ プロジェクトの目標への機会を高めて脅威を軽減するために，選択肢を作成して対策を決定する。
エ リスクへの対応を実行するかどうか及びそれが期待する効果を上げられるかどうかを明らかにし，プロジェクトの混乱を最小限にする。

解答・解説

問51 EVMで管理しているプロジェクトに関する問題

EVM（Earned Value Management）は，プロジェクトの進捗状況を予算や出来高，実際にかかったコストなどの金銭価値で分析する手法です。予定していた計画値と完了した作業量，掛かったコストを比較し，プロジェクトの進捗度を定量的に評価できます。

EVMでは次の指標を使います。

- EV（Earned Value：出来高）…実際に作業された作業量（ある時点で，どこまでスケジュールが進んでいるか）。
- PV（Planned Value：計画値）…予定されていた見積額で，プロジェクト終了時点までの予定作業に割り当てられた予算。
- AC（Actual Cost：実コスト）…ある時点でそれまでに実際にかかったコスト。

EVとPVの差によってスケジュールの進捗状況を判断できます。EV－PVがプラスなら予定より進んでいる，マイナスであれば予定より遅れている，ゼロであれば予定どおりに進んでいることになります。

EVとACの差によってコストが予算内に収まっているかを判断できます。EV－ACがプラスなら予算を下回っている，マイナスなら予算をオーバーしている，ゼロなら予算どおりに推移していることになります。

図で現時点でのEV，PV，ACの関係を見ていきます。PVとEVでは計画に対して出来高が低いので，進捗が遅れていることを示しています。また，ACがEVを上回っているので，コストが超過していることになります。

このままで推移すると仮定した場合の見通しは，アになります。

問52 アローダイアグラムに関する問題

アローダイアグラムは，プロジェクトの工程や作業を可視化するための図です。各工程には所要日数や時間が示され，作業の前に終了しておかなければならない作業も明示されています。

問題のアローダイアグラムでは，結合点5の最早結合点時刻を求める必要があります。結合点1から結合点5までの経路と所要日数は以下のとおりです。

- ①→②→⑤・・・・・5日
- ①→②→③→⑤・・・6日
- ①→③→⑤・・・・・4日

しかし，最早結合点時刻を4日と考えるのは誤りです。なぜなら，⑤へは④からのダミー作業があります。ダミー作業で結ばれた④と⑤は直接の作業はありませんが，①→②→④が終了しないと⑤は開始できません。

したがって，①→②→④の7日が結合点⑤の最早結合点時刻になります（エ）。

問53 JIS Q 21500:2018（プロジェクトマネジメントの手引き）の“リスクの管理”に関する問題

JIS Q 21500:2018は，「プロジェクトの実施に重要であり，影響を及ぼすプロジェクトマネジメントの概念とプロセスに関する包括的な手引を提供する」ものです。

規格では，リスクに関するプロセスとして“リスクの特定”，“リスクの評価”，“リスクへの対応”，“リスクの管理”の4つが規定され，それぞれの目的は次のようになっています。

リスクの特定	発生した場合にプロジェクトの目標にプラス又はマイナスの影響を与えることがある潜在的リスク事象及びその特性を決定
リスクの評価	特定したリスクに対する処置のためにリスクを測定して，その優先順位を定める
リスクへの対応	プロジェクトの目標への機会を高めて脅威を軽減するために，選択肢を作成して対策を決定する
リスクの管理	リスクへの対応を実行するかどうか及びそれが期待する効果を上げられるかどうかを明らかにし，プロジェクトの混乱を最小限にする

したがって，答えはエになります。

解答	問51 ア	問52 エ	問53 エ

令和6年度春期 午前 午後

問54 工場の生産能力を増強する方法として，新規システムを開発する案と既存システムを改修する案とを検討している。次の条件で，期待金額価値の高い案を採用するとき，採用すべき案と期待金額価値との組合せのうち，適切なものはどれか。ここで，期待金額価値は，収入と投資額との差で求める。

〔条件〕
・新規システムを開発する場合の投資額は100億円であって，既存システムを改修する場合の投資額は50億円である。
・需要が拡大する確率は70％であって，需要が縮小する確率は30％である。
・新規システムを開発した場合，需要が拡大したときは180億円の収入が見込まれ，需要が縮小したときは50億円の収入が見込まれる。
・既存システムを改修した場合，需要が拡大したときは120億円の収入が見込まれ，需要が縮小したときは40億円の収入が見込まれる。
・他の条件は考慮しない。

	採用すべき案	期待金額価値（億円）
ア	既存システムの改修	46
イ	既存システムの改修	96
ウ	新規システムの開発	41
エ	新規システムの開発	130

問55 SaaS（Software as a Service）による新規サービスを提供するに当たって，顧客への課金方式を検討している。課金方式①～④のうち，想定利用状況に基づいて最も高い利益が得られる課金方式を採用したときの，年間利益は何万円か。ここで，新規サービスの課金は月ごとに行い，各月の想定利用状況は同じとする。また，新規サービスの運用に掛かる費用は1,050万円／年とする。

〔課金方式〕

① 月間のサービス利用時間による従量課金	4,000円／時間
② 月間のトランザクション件数による従量課金	700円／件
③ 月末時点のディスク割当て量による従量課金	300円／GB
④ 月末時点の利用者ID数による従量課金	1,600円／ID

〔想定利用状況〕

・サービス利用時間	250時間／月
・トランザクション件数	1,500件／月
・月末時点のディスク割当て量	3,300GB
・月末時点の利用者ID数	650ID

ア 150　　イ 198　　ウ 210　　エ 260

解答・解説

問54 期待金額価値に関する問題

期待金額価値（EMV）は，ある意思決定の結果に対する期待価値を表す指標です。事象の発生確率と利益（または損失）の積が期待価値となります。意思決定時に，選択肢の中からもっとも有利なものを選ぶときに活用されます。

問題は，不確実な需要変化のある新規システム開発と既存システムの改修において，収入見込みとその発生確率を考慮して，期待収入から投資額を差し引いて評価し，有利な方を選ぶものです。

新規システムの開発と既存システムの改修の条件は，次のようになっています。

・新規システムの開発

投資額	需要拡大確率	需要縮小確率	需要拡大時収入見込	需要縮小時収入見込
100億円	70%	30%	180億円	50億円

・既存システムの改修

投資額	需要拡大確率	需要縮小確率	需要拡大時収入見込	需要縮小時収入見込
50億円	70%	30%	120億円	40億円

期待できる収入は，「需要拡大時収入見込金額に確率を掛けた金額」と「需要縮小時収入見込み金額に発生確率を掛けた金額」を合計したものです。上の条件からそれぞれの期待できる収入を計算します。

新規システムの開発：
（180×0.7）＋（50×0.3）＝126＋15＝141億円
既存システムの改修：
（120×0.7）＋（40×0.3）＝84＋12＝96億円

それぞれの期待収入から投資額を引いて期待金額価値を求めます。

新規システムの開発：141－100＝41億円
既存システムの改修：96－50＝46億円

したがって，期待金額価値が多く採用すべき案は，既存システムの改修で，期待金額価値は46億円になります（ア）。

問55 課金方式による年間利益に関する問題

4つの課金方式の年間の利益をみていきましょう。

①月間のサービス利用時間による従量課金

月間のサービス利用時間：250時間
1時間当たりの課金料金：4,000円
月間の課金金額：250時間×4,000円＝100万円
年間の課金金額：100万円×12か月＝1,200万円
年間の利益：1,200万円－1,050万円＝150万円

②月間のトランザクション件数による従量課金

月間のトランザクション件数：1,500件
1件当たりの課金料金：700円
月間の課金金額：1,500件×700円＝105万円
年間の課金金額：105万円×12か月＝1,260万円
年間の利益：1,260万円－1,050万円＝210万円

③月末時点のディスク割当て量による従量課金

月末時点のディスク割当て量：3,300GB
1GB当たりの課金料金：300円
月間の課金額：3,300GB×300円＝99万円
年間の課金額：99万円×12か月＝1,188万円
年間の利益：1,188万円－1,050万円＝138万円

④月末時点の利用者ID数による従量課金

月末時点の利用者ID数：650ID
1ID当たりの課金料金：1,600円
月間の課金額：650ID×1,600円＝104万円
年間の課金額：104万円×12か月＝1,248万円
年間の利益：1,248万円－1,050万円＝198万円

となります。

この計算結果を年間の利益が高い順に並べると，「②>④>①>③」となります。

したがって，もっとも高い年間利益を見込める課金方式は，月間のトランザクション件数による従量課金で，年間利益は210万円です（ウ）。

解答	問54 ア　問55 ウ

問56 サービスマネジメントにおけるサービスレベル管理の活動はどれか。

ア 現在の資源の調整と最適化とを行い，将来の資源要件に関する予測を記載した計画を作成する。
イ サービスの提供に必要な予算に応じて，適切な資金を確保する。
ウ 災害や障害などで事業が中断しても，要求されたサービス機能を合意された期間内に確実に復旧できるように，事業影響度の評価や復旧優先順位を明確にする。
エ 提供するサービス及びサービスレベル目標を決定し，サービス提供者が顧客との間で合意文書を交わす。

問57 温室効果ガスの排出量の算定基準であるGHGプロトコルでは，事業者の事業活動によって直接的，又は間接的に排出される温室効果ガスについて，スコープを三つに分けている。事業者X社がデータセンター事業者であるときの，スコープ1の例として，適切なものはどれか。

〔GHGプロトコルにおけるスコープの説明〕

スコープ1	温室効果ガスの直接排出。事業者が所有している，又は管理している排出源から発生する。
スコープ2	電気の使用に伴う温室効果ガスの間接排出。事業者が消費する購入電力の発電に伴う温室効果ガスの排出量を算定する。
スコープ3	その他の温室効果ガスの間接排出。事業者の活動に関連して生じるが，事業者が所有も管理もしていない排出源から発生する。

ア X社が自社で管理するIT機器を使用するために購入した電力の，発電に伴う温室効果ガス
イ X社が自社で管理するIT機器を廃棄処分するときに，産業廃棄物処理事業者が排出する温室効果ガス
ウ X社が自社で管理する発電装置を稼働させることによって発生する温室効果ガス
エ X社が提供するハウジングサービスを利用する企業が自社で管理するIT機器を使用するために購入した電力の，発電に伴う温室効果ガス

問58 システム監査基準（令和5年）が規定している監査調書の説明として，最も適切なものはどれか。

ア 監査の結論に至った過程を明らかにし，監査の結論を支える合理的な根拠とするための記録
イ 監査の目的に応じた適切な形式によって作成し，監査依頼者に提出する，監査の概要と監査の結論を記載した要約版の報告書
ウ システム監査対象ごとに，具体的な監査スケジュールを定めた詳細計画
エ システム監査の中長期における方針等を明らかにすることを目的として作成する文書

問59 システム監査基準（令和5年）によれば，システム監査において，監査人が一定の基準に基づいて総合的に点検・評価を行う対象とするものは，情報システムのマネジメント，コントロールと，あと一つはどれか。

ア ガバナンス　　イ コンプライアンス
ウ サイバーレジリエンス　　エ モニタリング

解答・解説

問56 サービスレベル管理プロセスに関する問題

サービスレベル管理プロセス（SLM：Service Level Management）は，ITサービスを利用する人々と提供者との間で，具体的なサービス目標，責任範囲，障害発生時の保証範囲，改善策などを事前に取り決めて合意するものです。この合意事項をまとめた文書がSLA（Service Level Agreement：サービス品質保証）で，提供されるサービスの品質の水準を明確に規定するものです。

ア：キャパシティ管理の活動です。

イ：財務管理の活動です。

ウ：ITサービス継続性管理の活動です。

エ：正しい。サービスレベル管理の活動です。

問57 温室効果ガス排出量の算定基準に関する問題

GHGプロトコル（温室効果ガスプロトコルイニシアチブ）は，オープンで包括的なプロセスを通じて，国際的に認められた温室効果ガス排出量の算定と報告の基準として，その利用の促進を図ることを目的に策定されました。

ア：自社で管理するIT機器を使用するために購入した電力なので，スコープ2の例です。

イ：他社（産業廃棄物処理事業者）が排出するので，その他の間接排出に該当しスコープ3の例です。

ウ：正しい。自社で管理する発電機を稼働させることによって温室効果ガスが発生するのは，スコープ1の例です。

エ：X社が提供するハウジングサービスを利用する企業が管理するIT機器の電力使用に伴う間接排出なので，スコープ2の例です。

問58 システム監査基準（令和5年）の監査調書に関する問題

システム監査基準（令和5年）によれば，監査調書は，実施した監査手続き，入手した監査証拠，および監査人が到達した結論の記録です。監査の結論の基礎となるものであり，秩序ある形式で作成して適切に保管する必要があります。

ア：正しい。監査調書は監査の結論に至った過程を明らかにし，監査の結論を支える合理的な根拠とするために作成されます。

イ：監査調書は，システム監査報告書の作成に活用される詳細な記録であり，要約版の報告書ではありません。システム監査報告書が監査の目的に応じた適切な形式で作成され，監査の依頼者や適切な関係者に提出されます。

ウ：個々のシステム監査対象ごとに，具体的な監査スケジュールまで落とし込んだ詳細計画は，個別監査計画です。

エ：システム監査の中長期における方針等を明らかにすることを目的として作成されるのは，中長期計画です。

問59 システム監査基準（令和5年）のシステム監査の対象に関する問題

システム監査の対象は，情報システムに対する以下のような経営者のニーズに応じて決定されます。

- ガバナンス…経営戦略とIT戦略の整合性を保証する，ITシステムの利活用の有効性について助言を得たい場合。
- マネジメント…情報システムのサービスレベルを維持，より効率的な情報システムの維持管理について保証や助言を得たい場合。
- コントロール…業務要件の変化に対応して適切に機能要件が維持管理されているかどうかの保証や助言を得たい場合。

したがって，答えはアです。

解答		
	問56 エ	問57 ウ
	問58 ア	問59 ア

問 60 情報システムに対する統制をITに係る全般統制とITに係る業務処理統制に分けたとき，ITに係る業務処理統制に該当するものはどれか。

ア サーバ室への入退室を制限・記録するための入退室管理システム
イ システム開発業務を適切に委託するために定めた選定手続
ウ 販売管理システムにおける入力データの正当性チェック機能
エ 不正アクセスを防止するためのファイアウォールの運用管理

問 61 エンタープライズアーキテクチャの参照モデルのうち，BRM（Business Reference Model）として提供されるものはどれか。

ア アプリケーションサービスを機能的な観点から分類・体系化したサービスコンポーネント
イ サービスコンポーネントを実際に活用するためのプラットフォームやテクノロジの標準仕様
ウ 参照モデルの中で最も業務に近い階層として提供される，業務分類に従った業務体系及びシステム体系と各種業務モデル
エ 組織間で共有される可能性の高い情報について，名称，定義及び各種属性を総体的に記述したモデル

問 62 “デジタルガバナンス・コード2.0”の説明として，適切なものはどれか。

ア 企業の自主的なDX推進を促すために，デジタル技術による社会変革を踏まえた経営ビジョン策定など経営者に求められる対応を，経済産業省がまとめたもの
イ 教育委員会に対して，教育情報セキュリティポリシーの基本理念や情報セキュリティ対策基準の記述例を，文部科学省がまとめたもの
ウ 全国どこでも誰もが便利で快適に暮らせる社会を目指し，自治体が重点的に取組むべき事項を，総務省がまとめたもの
エ デジタル社会形成のために政府が迅速かつ重点的に実施すべき施策などを，デジタル庁がまとめたもの

問 63 SOAの説明はどれか。

ア 会計，人事，製造，購買，在庫管理，販売などの企業の業務プロセスを一元管理することによって，業務の効率化や経営資源の全体最適を図る手法
イ 企業の業務プロセス，システム化要求などのニーズと，ソフトウェアパッケージの機能性がどれだけ適合し，どれだけかい離しているかを分析する手法
ウ 業務プロセスの問題点を洗い出して，目標設定，実行，チェック，修正行動のマネジメントサイクルを適用し，継続的な改善を図る手法
エ 利用者の視点から業務システムの機能を幾つかの独立した部品に分けることによって，業務プロセスとの対応付けや他ソフトウェアとの連携を容易にする手法

解答・解説

問60 ITに係る業務処理統制に関する問題

ITに係る全般統制とITに係る業務処理統制それぞれの統制の対象は次のようになります。

統制	対象
ITに係る全般統制	システム開発，運用，保守，アクセス管理など
ITに係る業務処理統制	個々の業務システムにおけるデータ入力，処理，記録など

ア：システム全体の基盤となるハードウェアやソフトウェアを保護するための重要な統制なので，全般統制に該当します。

イ：システム開発業務を外部に委託する場合，適切な業者を選定することは，システムの開発にとって重要で，全般統制に該当します。

ウ：正しい。

エ：ファイアウォールの運用管理はシステム全体のセキュリティを確保するために重要で，全般統制に該当します。

問61 エンタープライズアーキテクチャの参照モデルBRMに関する問題

エンタープライズアーキテクチャ（EA）とは，企業や政府機関・自治体などが組織構造や業務手順，情報システムなどを最適化し，経営効率を高めるための方法論です。EAには次の4つのモデルがあり，選択肢の記述では次のようになります。

BRM（Business Reference Model）	参照モデルの中でもっとも業務に近い階層として提供される，業務分類に従った業務体系及びシステム体系と各種業務モデル（ウ）
DRM（Data Reference Model）	組織間で共有される可能性の高い情報について，名称，定義及び各種属性を総体的に記述したモデル（エ）
SRM（Service Reference Model）	アプリケーションサービスを機能的な観点から分類・体系化したサービスコンポーネント（ア）
TRM（Technical Reference Model）	サービスコンポーネントを実際に活用するためのプラットフォームやテクノロジの標準仕様（イ）

したがって，答えはウです。

問62 “デジタルガバナンス・コード2.0” に関する問題

デジタルガバナンス・コードは，経済産業省がSociety 5.0を目指す上で実践すべきポイントを以下のようにまとめたものです。

- ITとビジネスを一体的に捉えて，新たな価値創造に向けた戦略を描く。
- 既存ビジネスの付加価値向上や新規デジタルビジネスの創出にデジタルの力を活用する。
- ITシステムの計画的なパフォーマンス向上を図り，ビジネスプロセスを最適化する。
- 組織横断的な変革に取り組む。

ア：正しい。

イ：教育情報セキュリティポリシーに関するガイドラインの説明です。

ウ：デジタル田園都市国家構想の説明です。

エ：デジタル社会の実現に向けた重点計画の説明です。

問63 SOAに関する問題

SOA（Service-Oriented Architecture）は，システムを構築する手法の1つで，アプリケーションやその機能を独立した「サービス」と呼ばれる部品として扱い，それらを組み合わせてシステムを作成します。サービスは個別に稼働し，他のソフトウェアと連携でき，実装方法やプラットフォームは問いません。SOAを導入することで，システムの柔軟な作成や変更が可能になります。さまざまなシステムからサービスを呼び出して利用できるため，サービスの再利用性も期待できます。

ア：ERP（企業資源計画）の説明です。

イ：フィット＆ギャップ分析の説明です。

ウ：PDCAサイクルの説明です。

エ：正しい。

解答		
	問60 ウ	問61 ウ
	問62 ア	問63 エ

問64 IT投資案件において，投資効果をPBP（Pay Back Period）で評価する。投資額が500のとき，期待できるキャッシュインの四つのシナリオa～dのうち，効果が最も高いものはどれか。

a

年目	1	2	3	4	5
キャッシュイン	100	150	200	250	300

b

年目	1	2	3	4	5
キャッシュイン	100	200	300	200	100

c

年目	1	2	3	4	5
キャッシュイン	200	150	100	150	200

d

年目	1	2	3	4	5
キャッシュイン	300	200	100	50	50

ア a　　イ b　　ウ c　　エ d

問65 EMS（Electronics Manufacturing Services）の説明として，適切なものはどれか。

ア 相手先ブランドで販売する電子機器の設計だけを受託し，製造は相手先で行う。
イ 外部から調達した電子機器に付加価値を加えて，自社ブランドで販売する。
ウ 自社ブランドで販売する電子機器のソフトウェア開発だけを外部に委託し，ハードウェアは自社で設計製造する。
エ 生産設備をもつ企業が，他社からの委託を受けて電子機器を製造する。

問66 組込み機器のハードウェアの製造を外部に委託する場合のコンティンジェンシープランの記述として，適切なものはどれか。

ア 実績のある外注先の利用によって，リスクの発生確率を低減する。
イ 製造品質が担保されていることを確認できるように委託先と契約する。
ウ 複数の会社の見積りを比較検討して，委託先を選定する。
エ 部品調達のリスクが顕在化したときに備えて，対処するための計画を策定する。

問67 PPMにおいて，投資用の資金源として位置付けられる事業はどれか。

ア 市場成長率が高く，相対的市場占有率が高い事業
イ 市場成長率が高く，相対的市場占有率が低い事業
ウ 市場成長率が低く，相対的市場占有率が高い事業
エ 市場成長率が低く，相対的市場占有率が低い事業

解答・解説

問64 PBPによる投資効果の評価に関する問題

PBP（Pay Back Period）は，投資額が何年で回収できるかを示す指標であり，投資効果を評価する方法の1つです。具体的には，投資した金額を単位期間ごとに生み出されるキャッシュフローで割って回収期間を求めます。

問題の投資額が500なので，a～bのキャッシュフローを加算していって何年目に500以上になるかを見ていきます。

年目	1	2	3	4	5
a	100+	150+	200+	250 →	700
b	100+	200+	300 →	600	
c	200+	150+	100+	150 →	600
d	300+	200 →	500		

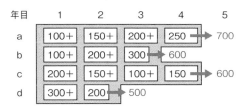

aは4年目，bは3年目，cは4年目，dは2年目に500以上になります。したがって，dがもっとも短い2年目で500を回収できるため，効果がもっとも高いことになります（**エ**）。

問65 EMSに関する問題

EMS（Electronics Manufacturing Services）は，電子機器の受託生産を行う事業形態です。自社ブランドを持たず，メーカから小型家電やタブレット，スマートフォンなどの電子機器の製造を請け負います。受託形態には，設計から製造までを行うODM（Original Design Manufacturer）と，発注元が企画から設計を行ってEMSに製造を委託し，発注元のブランドで販売するOEM（Original Equipment Manufacturer）があります。

発注元企業にとっては，自社で製造設備を持たなくてもよいため，コスト削減や資産圧縮による収益力強化が図れ，経営資源を中核部門に配分できるなどの利点があります。EMS企業にとっても複数の電子機器メーカから同種の電子機器を受託できることや，電子機器メーカの工場を丸ごと買収することで新分野への参入や一気に生産能力を増強できる利点があります。

したがって，答えは**エ**です。

問66 コンティンジェンシープランに関する問題

コンティンジェンシープラン（Contingency Plan）は，緊急時対応計画と呼ばれ，リスクが発生した場合にとるべき対応策や行動手順をあらかじめ定めておいて，その被害や影響を最小限に抑えて，事業やプロジェクトに支障を来さないようにするための計画です。

ア：リスク対策のリスク低減の記述です。リスク対策には他に，リスク回避，リスク保有，リスク移転があります。

イ：品質保証条項（求める品質水準を維持することを委託先に保証させる条項）を明記した契約の記述です。

ウ：より良い条件の委託先を選定するために行う相見積もりの記述です。

エ：正しい。

問67 プロダクトポートフォリオマネジメント（PPM）に関する問題

プロダクトポートフォリオマネジメント（PPM）は，製品（事業）を市場成長率と市場占有率の面から次の4つに区分し，どの位置に属しているかによって評価する手法です。

花形	成長が高く，占有率も相対的に高い製品で，占有率を維持するためにこれからも投資が必要な製品や事業
金のなる木	成長性は低いが，占有率が高く，成熟し安定した収益を確保できる製品や事業
問題児	市場の成長性は高いが，まだ占有率が低く，さらに投資が必要な製品や事業
負け犬	成長率も占有率も低く，これ以上の投資を避けて撤退を検討すべき製品や事業

「金のなる木」が安定した収益を確保できるので，投資用の資金源として適しています（**ウ**）。

解答		
	問64 **エ**	問65 **エ**
	問66 **エ**	問67 **ウ**

問68 企業が属する業界の競争状態と収益構造を，“新規参入の脅威”，“供給者の支配力”，“買い手の交渉力”，“代替製品・サービスの脅威”，“既存競合者同士の敵対関係”の要素に分類して，分析するフレームワークはどれか。

ア PEST分析
イ VRIO分析
ウ バリューチェーン分析
エ ファイブフォース分析

問69 フィージビリティスタディの説明はどれか。

ア 企業が新規事業立ち上げや海外進出する際の検証，公共事業の採算性検証，情報システムの導入手段の検証など，実現性を調査・検証する投資前評価のこと
イ 技術革新，社会変動などに関する未来予測によく用いられ，専門家グループなどがもつ直観的意見や経験的判断を，反復型アンケートを使って組織的に集約・洗練して収束すること
ウ 集団（小グループ）によるアイディア発想法の一つで，会議の参加メンバー各自が自由奔放にアイディアを出し合い，互いの発想の異質さを利用して，連想を行うことによって，さらに多数のアイディアを生み出そうという集団思考法・発想法のこと
エ 商品が市場に投入されてから，次第に売れなくなり姿を消すまでのプロセスを，導入期，成長期，成熟（市場飽和）期，衰退期の4段階で表現して，その市場における製品の寿命を検討すること

問70 IoT活用におけるデジタルツインの説明はどれか。

ア インターネットを介して遠隔地に設置した3Dプリンターへ設計データを送り，短時間に製品を製作すること
イ システムを正副の二重に用意し，災害や故障時にシステムの稼働の継続を保証すること
ウ 自宅の家電機器とインターネットでつながり，稼働監視や操作を遠隔で行うことができるウェアラブルデバイスのこと
エ デジタル空間に現実世界と同等な世界を，様々なセンサーで収集したデータを用いて構築し，現実世界では実施できないようなシミュレーションを行うこと

問71 IoTを活用したビジネスモデルの事例のうち，マスカスタマイゼーションの事例はどれか。

ア 建機メーカーが，建設機械にエンジンの稼働状況が分かるセンサーとGPSを搭載して，機械の稼働場所と稼働状況を可視化する。これによって，盗難された機械にキーを入れても，遠隔操作によってエンジンが掛からないようにする。
イ 航空機メーカーが，エンジンに組み込まれたセンサーから稼働状況に関するデータを収集し，これを分析して，航空会社にエンジンの予防保守情報を提供する。
ウ 自動車メーカーが，稼働状況を把握するセンサーと，遠隔地からドアロックを解錠できる装置を自動車に搭載して，カーシェアサービスを提供する。
エ 眼鏡メーカーが，店内で顧客の顔の形状を3Dスキャナーによってデジタル化し，パターンの組み合わせで顧客に合ったフレーム形状を設計する。その後，工場に設計情報を送信し，パーツを組み合わせてフレームを効率的に製造する。

解答・解説

問68 ファイブフォース分析に関する問題

ア：PEST分析は，自社を取り巻く外部環境を政治的，経済的，社会的，技術的の4つの要因に分類し，それらが自社にもたらす影響（機会と脅威）を分析するフレームワークです。

イ：VRIO分析は，自社の経営資源を経済的価値，希少性，模倣可能性，組織の4つに分けて分析し，競争の優位性を知るフレームワークです。

ウ：バリューチェーン分析は，業界における競争優位を得る戦略を策定するために，競合他社と比べて自社のどの部分に強みや弱みがあるか分析するフレームワークです。

エ：ファイブフォース分析…正しい。

問69 フィージビリティスタディに関する問題

フィージビリティスタディ（Feasibility Study）は，実現可能性調査，実行可能性調査などといわれ，新規プロジェクトの実施前に，実現できるか，可能性がどの程度あるかを調査する手法です。

フィージビリティスタディで調査・検証する代表的な対象には次のものがあります。

技術	必要な機器や技術などの要素があるかを調査
市場	市場性や市場規模，市場競争，売上予測などの市場の状況や顧客ニーズを評価
財務	事業収支シミュレーション（短期・中期の収支試算），ROI（投資収益率）の予測など，財政的に可能かどうかを検討
運用	法制度や規制などの外的要件やスタッフ，組織構造，ビジネス戦略など，組織が新規ビジネスやプロジェクトを達成できるかどうかを評価

ア：正しい。

イ：デルファイ法の説明です。

ウ：ブレーンストーミングの説明です。

エ：プロダクトライフサイクルの説明です。

問70 デジタルツインに関する問題

デジタルツイン（Digital Twin）は，現実の物理世界をコンピュータやネットワーク上のデジタルな環境に再現したものです。現物の製品やシステムにセンサーを接続し，その情報をリアルタイムでデジタル上に送ります。このようにして，現実の状況をデジタルでも把握できるようになります。

これにより，デジタルの世界で遠隔からの操作や故障の予測，さまざまなシミュレーションを行うことができるようになります。現実の物理世界での改善につなげることができるのが，デジタルツインの大きな特徴です。

ア：3Dプリント出力サービスの説明です。

イ：デュプレックスシステムの説明です。

ウ：体に装着して持ち歩くことができる情報端末の説明です。

エ：正しい。

問71 マスカスタマイゼーションに関する問題

マスカスタマイゼーションは，マスプロダクション（大量生産）とカスタマイゼーション（受注個別生産）を組み合わせた方式です。たとえばパソコンでは，SSDやメモリの容量，CPU，OSなどの仕様を選んで注文できます。これにより，大量生産の体制を維持しつつ，個々の顧客の要望にも応えられます。マスカスタマイゼーションを実現するうえで，デジタル化された生産工程が重要です。

ア：建機の遠隔管理システムの事例です。

イ：航空機エンジンの故障予防保守の事例です。

ウ：自動車メーカーのカーシェアリングサービスの事例です。

エ：正しい。

解答		
	問68 エ	問69 ア
	問70 エ	問71 エ

問72 IoTの技術として注目されている，エッジコンピューティングの説明として，最も適切なものはどれか。

ア　演算処理のリソースをセンサー端末の近傍に置くことによって，アプリケーション処理の低遅延化や通信トラフィックの最適化を行う。
イ　人体に装着して脈拍センサーなどで人体の状態を計測して解析を行う。
ウ　ネットワークを介して複数のコンピュータを結ぶことによって，全体として処理能力が高いコンピュータシステムを作る。
エ　周りの環境から微小なエネルギーを収穫して，電力に変換する。

問73 ゲーム理論における“ナッシュ均衡”の説明はどれか。

ア　一部プレイヤーの受取が，そのまま残りのプレイヤーの支払となるような，各プレイヤーの利得（正負の支払）の総和がゼロとなる状態
イ　戦略を決定するに当たって，相手側の各戦略（行動）について，相手の結果が最大利得となる場合同士を比較して，その中で相手の利得を最小化する行動を選択している状態
ウ　戦略を決定するに当たって，自身の各戦略（行動）について，自身の結果が最小利得となる場合同士を比較して，その中で自身の利得を最大化する行動を選択している状態
エ　非協力ゲームのモデルであり，相手の行動に対して最適な行動をとる行動原理の中で，どのプレイヤーも自分だけが戦略を変更しても利得を増やせない戦略の組合せ状態

問74 分析対象としている問題に数多くの要因が関係し，それらが相互に絡み合っているとき，原因と結果，目的と手段といった関係を追求していくことによって，因果関係を明らかにし，解決の糸口をつかむための図はどれか。

ア　アローダイアグラム　　イ　パレート図
ウ　マトリックス図　　エ　連関図

問75 製品X，Yを1台製造するのに必要な部品数は，表のとおりである。製品1台当たりの利益がX，Yともに1万円のとき，利益は最大何万円になるか。ここで，部品Aは120個，部品Bは60個まで使えるものとする。

単位　個

部品＼製品	X	Y
A	3	2
B	1	2

ア　30　　イ　40　　ウ　45　　エ　60

解答・解説

問72 エッジコンピューティングに関する問題

エッジコンピューティングは，IoT（Internet of Things：モノのインターネット）において，データが発生する場所から遠く離れたクラウドコンピューティングのサーバで処理すると，通信速度が遅くなり，リアルタイムで処理できないと

いった問題を解決するための技術です。

データが発生する場所の近くにエッジサーバを置いて処理を分散することで，膨大なデータを効率的にリアルタイムで処理できるようにします。これにより，IoTデバイスからのデータを迅速に処理し，遅延を最小限に抑えることができます。

ア：正しい。データ発生源の近く，ネットワークの末端（エッジ）でデータを処理（コンピューティング）することを指します。

イ：ウェアラブルコンピューティングの説明です。

ウ：グリッドコンピューティングの説明です。

エ：エネルギーハーベスティングの説明です。

問73 ゲーム理論におけるナッシュ均衡に関する問題

ゲーム理論は，意思決定を伴うさまざまな事象を「ゲーム」・「プレイヤー」・「戦略」として捉える理論です。

ナッシュ均衡は，各プレイヤーがほかのプレイヤーの戦略を考慮して，自分にとって利益が最大になるような戦略を採った状態（組合せ）です。各自が最大の利益を得られるような戦略を採っているため，相手が戦略を変更しない限りそれ以上利益を大きくすることは望めない均衡した状態のことです。

ア：各プレイヤーの利得（正負の支払）の総和がゼロとなる状態は，ゼロサムゲームです。

イ：相手の結果が最大利得となる場合同士を比較して，相手の利得を最小化する行動を選択している状態は，ミニマックス戦略です。

ウ：最小利得となる場合同士を比較して，自身の利得を最大化する行動を選択している状態は，マクシミン戦略です。

エ：正しい。

問74 連関図に関する問題

ア：アローダイアグラムはPERT図ともいい，工程や日程管理の作成と進度管理に用いられる図です。作業の開始点，完了点，作業と作業の結合点を示すノード，作業，ダミー作業で構成されています。

イ：パレート図は，各項目の件数を多い順に並べた棒グラフと，各項目の件数を累積比率で表した折れ線グラフからなる図です。主要な原因を識別する際に有効です。

ウ：マトリックス図は，行と列のそれぞれに属する要素から構成された2次元の表です。行と列の要素を組み合わせて考えることで，問題解決の着眼点を見つけることができます。

エ：連関図…正しい。

問75 最大の利益を求める問題

製品1台当たりの利益がともに1万円なので，利益が最大になるのは，部品を使えるだけ使って最大の個数を製造する場合です。したがって，部品Aを120個，部品Bを60個使って製造できる台数を求めます。

製品Xの製造台数をx，製品Yの製造台数をyとすると，部品AとBを使った製造台数の式は次のようになります。

部品Aの使用：$3x+2y=120$ …①
部品Bの使用：$x+2y=60$ …②

この連立方程式を計算していきます。

①から②を引くと
$2x=60$
$x=30$ …③
③を①に代入して
$90+2y=120$
$2y=30$
$y=15$

$x+y=45$で製造台数は45なので，最大の利益は45万円です（ウ）。

解答		
	問72 ア	問73 エ
	問74 エ	問75 ウ

問76 今年度のA社の販売実績と費用（固定費，変動費）を表に示す。来年度，固定費が5%増加し，販売単価が5%低下すると予測されるとき，今年度と同じ営業利益を確保するためには，最低何台を販売する必要があるか。

販売台数	2,500 台
販売単価	200 千円
固定費	150,000 千円
変動費	100 千円／台

ア 2,575　イ 2,750　ウ 2,778　エ 2,862

問77 損益計算資料から求められる損益分岐点売上高は，何百万円か。

単位 百万円

売上高	500
材料費（変動費）	200
外注費（変動費）	100
製造固定費	100
総利益	100
販売固定費	80
利益	20

ア 225　イ 300　ウ 450　エ 480

解答・解説

問76 営業利益の計算に関する問題

営業利益は，企業の本業で得た利益を示すもので，次の式で求めることができます。

営業利益＝売上高－（固定費＋変動費）

問題は「今年度と同じ営業利益」を確保するた

めに必要な販売台数を求めなければならないので，上の式を使って，まず今年度の営業利益を求めます。

今年度売上高＝200×2,500＝500,000
固定費＝150,000
変動費＝100×2,500＝250,000
今年度営業利益＝500,000－（150,000＋250,000）
＝100,000

来年度の予想では，固定費が5%増加し，販売単価は5%低下するとされているので，来年度の固定費と販売単価は次のようになります。

・固定費＝150,000×1.05＝157,500千円
・販売単価＝200×0.95＝190千円

来年度のA社の販売実績と費用（固定費，変動費）の表を作成すると，次のようになります（変動費は販売台数に比例して増減する）。

販売台数	x台
販売単価	190千円
固定費	157,500千円
変動費	100千円×x

この表から来年度も100千円の営業利益を確保するために販売する必要がある台数xを計算すると，

$$190x-(157{,}500+100x)=100{,}000$$
$$90x-157{,}500=100{,}000$$
$$90x=257{,}500$$
$$x=2{,}861.11$$
$$\fallingdotseq 2{,}862$$

したがって，来年度には最低2,862台を販売する必要があります（エ）。

問77 損益分岐点売上高に関する問題

損益分岐点とは，利益と損失の分かれ目となる点です。売上高が総費用を上回れば利益が，下回れば損失（赤字）が出るので，売上高と総費用が一致する点が損益分岐点です。

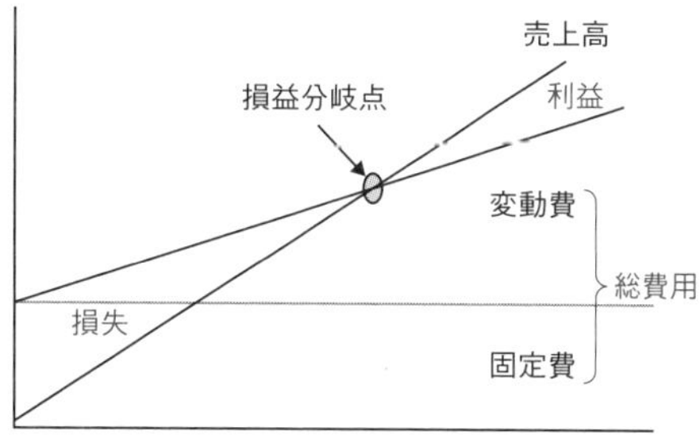

費用には，固定費と変動費があります。固定費は，土地の借用料や家賃のように売上高の額に関係なく，常に一定額が掛かる費用です。変動費は材料費や販売手数料などのように売上高の大小によって増減する費用です。固定費と変動費を足したものが総費用です。利益を出すためには，総費用を上回る売上高を出す必要があります。

損益分岐点（固定費と変動費の合計＝売上高となる点）は，次の式で求めることができます。

損益分岐点＝固定費÷（1－変動費÷売上高）

問題の損益計算資料の変動費と固定費をまとめると次のようになります。

固定費＝製造固定費＋販売固定費
＝100＋80
＝180
変動費＝材料費＋外注費
＝200＋100
＝300

売上高が500なので，これを損益分岐点の式を用いて計算します。

損益分岐点＝180÷（1－300÷500）
＝180÷0.4
＝450

したがって，答えはウになります。

解答	問76 エ　　問77 ウ

令和6年度春期　午前　午後

問 78 **特許法による保護の対象となるものはどれか。**

ア 自然法則を利用した技術的思想の創作のうち高度なもの
イ 思想又は感情を創作的に表現したもの
ウ 物品の形状，模様，色彩など，視覚を通じて美感を起こさせるもの
エ 文字，図形，記号などの標章で，商品や役務について使用するもの

問 79 **不正競争防止法の不正競争行為に該当するものはどれか。**

ア A社と競争関係になっていないB社が，偶然に，A社の社名に類似のドメイン名を取得した。
イ ある地方だけで有名な和菓子に類似した商品名の飲料を，その和菓子が有名ではない地方で販売し，利益を取得した。
ウ 商標権のない商品名を用いたドメイン名を取得し，当該商品のコピー商品を販売し，利益を取得した。
エ 他社サービスと類似しているが，自社サービスに適しており，正当な利益を得る目的があると認められるドメインを取得し，それを利用した。

問 80 **個人情報のうち，個人情報保護法における要配慮個人情報に該当するものはどれか。**

ア 個人情報の取得時に，本人が取扱いの配慮を申告することによって設定される情報
イ 個人に割り当てられた，運転免許証，クレジットカードなどの番号
ウ 生存する個人に関する，個人を特定するために用いられる勤務先や住所などの情報
エ 本人の病歴，犯罪の経歴など不当な差別や不利益を生じさせるおそれのある情報

解答・解説

問 78 特許法による保護の対象に関する問題

特許法は，「発明の保護や利用を図って，発明を奨励して，産業の発達に寄与する」ことが目的です。対象となる発明は，「自然の法則を利用した高度な技術的な創作物」です。特許権を取得すると，一定期間その発明（特許発明）を独占的に

使うことができます。

知的創造活動の成果には，特許権のほか実用新案権（実用新案法），意匠権（意匠法），著作権（著作権法），回路配置利用権（半導体集積回路の回路配置に関する法律），商標権（商標法），商号（商法），商品等表示（不正競争防止法）など，さまざまな権利があります。これらは一定期間，その成果を独占的に使う権利を与えるものです。

ア：正しい。自然法則を利用した技術的思想の創作のうち高度なものは，特許法で保護される「特許」です。

イ：思想又は感情を創作的に表現したものは，著作権法で保護される「著作物」です。

ウ：物品の形状，模様，色彩など，視覚を通じて美感を起こさせるものは，意匠法で保護される「意匠」です。

エ：文字，図形，記号などの標章で，商品や役務について使用するものは，商標法で保護される「商標」です。

問79 不正競争防止法の不正競争に関する問題

不正競争防止法は，「事業者間の公正な競争やこれに関する国際約束の的確な実施を確保するため，不正競争の防止や不正競争に係る損害賠償に関する措置等を講じて，国民経済の健全な発展に寄与すること」を目的としています。

ア：ドメイン名を「不正の利益を得る目的」や「他人に損害を加える目的」で取得した場合は，不正競争行為になります。しかし，偶然に類似したドメイン名を取得しても，競合関係がないA社の顧客吸引力を利用して商取引を行えないので，不正競争行為にはあたりません。

イ：その和菓子が有名でない地方で類似した商品名の飲料を販売しても混同されないため，不正競争行為にはあたりません。

ウ：正しい。コピー商品を販売することは「形態模倣商品の提供行為」に該当します。また，コピー商品を販売するために他社商品名のドメインを取得することは「ドメイン名の不正取得などの行為」になり，商標権のない商品名であっても不正競争行為になります。

エ：正当な利益を得る目的があると認められるドメインを取得して，正当な利益を追求することは不正競争行為には当たりません。

問80 個人情報保護法における要配慮個人情報に関する問題

個人情報保護法は，個人の権利や利益を守るための法律です。保護の対象になるのは，生存する個人に関する次の情報です。

> ・氏名，生年月日，住所，顔写真その他の記述等により特定の個人を識別できるもの。
> ・個人識別符号
> ①顔，指紋・掌紋，虹彩，声紋，手指の静脈など，特定の個人の身体の一部の特徴を電子的に利用するために変換した符号。
> ②マイナンバー，旅券番号，免許証番号，基礎年金番号など，サービス利用や書類において対象者ごとに割り振られた公的な番号。
> 「政府広報オンライン」より

この法律で「要配慮個人情報」とは，本人の人種，信条，社会的身分，病歴，犯罪の経歴，犯罪により害を被った事実その他本人に対する不当な差別，偏見その他の不利益が生じないようにその取扱いにとくに配慮を要する個人情報を指します。要配慮個人情報を取得する場合には，原則としてあらかじめ本人の同意が必要です。

ア：情報の内容によって決まり，本人の申告によって設定される情報ではありません。

イ：個人識別符号の個人情報です。クレジットカード番号は他の情報と容易に照合することができて，特定の個人を識別することができる場合には個人情報になります。

ウ：個人を特定できる個人情報です。

エ：正しい。

解答	問78 ア	問79 ウ	問80 エ

午後問題（令和6年・春期）

〔問題一覧〕

●問1（必須）

問題番号	出題分野	テーマ
問1	情報セキュリティ	リモート環境のセキュリティ対策

●問2～問11（10問中4問選択）

問題番号	出題分野	テーマ
問2	経営戦略	物流業の事業計画
問3	プログラミング	グラフのノード間の最短経路を求めるアルゴリズム
問4	システムアーキテクチャ	CRM（Customer Relationship Management）システムの改修
問5	ネットワーク	クラウドサービスを活用した情報提供システムの構築
問6	データベース	人事評価システムの設計と実装
問7	組込みシステム開発	業務用ホットコーヒーマシン
問8	情報システム開発	ダッシュボードの設計
問9	プロジェクトマネジメント	IoT活用プロジェクトのマネジメント
問10	サービスマネジメント	テレワーク環境下のサービスマネジメント
問11	システム監査	支払管理システムの監査

疑似言語の記述形式（基本情報技術者試験，応用情報技術者試験用）

疑似言語を使用した問題では，各問題文中に注記がない限り，次の記述形式が適用されているものとする。

〔疑似言語の記述形式〕

記述形式	説明
○*手続名又は関数名*	手続又は関数を宣言する。
型名: *変数名*	変数を宣言する。
/* *注釈* */	注釈を記述する。
// *注釈*	
変数名 ← *式*	変数に*式*の値を代入する。
手続名又は関数名(*引数*, …)	手続又は関数を呼び出し，*引数*を受け渡す。

if (*条件式1*)
　処理1
elseif (*条件式2*)
　処理2
elseif (*条件式n*)
　処理n
else
　処理n + 1
endif
	選択処理を示す。
	*条件式*を上から評価し，最初に真になった*条件式*に対応する*処理*を実行する。以降の*条件式*は評価せず，対応する*処理*も実行しない。どの*条件式*も真にならないときは，*処理n + 1*を実行する。
	各*処理*は，0以上の文の集まりである。
	elseif と*処理*の組みは，複数記述することがあり，省略することもある。
	else と*処理n + 1*の組みは一つだけ記述し，省略することもある。

while (*条件式*)
　処理
endwhile
	前判定繰返し処理を示す。
	　*条件式*が真の間，*処理*を繰返し実行する。
	　*処理*は，0 以上の文の集まりである。

do 　*処理* while (*条件式*)	後判定繰返し処理を示す。 　*処理*を実行し，*条件式*が真の間，*処理*を繰返し実行する。 　*処理*は，0 以上の文の集まりである。

for (*制御記述*)
　処理
endfor
	繰返し処理を示す。
	　*制御記述*の内容に基づいて，*処理*を繰返し実行する。
	　*処理*は，0 以上の文の集まりである。

〔演算子と優先順位〕

演算子の種類		演算子	優先度
式		() .	高
単項演算子		not ＋ －	↑
二項演算子	乗除	mod × ÷	
	加減	＋ －	
	関係	≠ ≦ ≧ ＜ ＝ ＞	
	論理積	and	↓
	論理和	or	低

注記　演算子 . は，メンバ変数又はメソッドのアクセスを表す。

演算子 mod は，剰余算を表す。

〔論理型の定数〕

true，false

〔配列〕

配列の要素は，“[” と “]” の間にアクセス対象要素の要素番号を指定することでアクセスする。なお，二次元配列の要素番号は，行番号，列番号の順に “,” で区切って指定する。

“{” は配列の内容の始まりを，“}” は配列の内容の終わりを表す。ただし，二次元配列において，内側の “{” と “}” に囲まれた部分は，1行分の内容を表す。

〔未定義，未定義の値〕

変数に値が格納されていない状態を，“未定義” という。変数に “未定義の値” を代入すると，その変数は未定義になる。

次の問1は必須問題です。必ず解答してください。

問1 リモート環境のセキュリティ対策に関する次の記述を読んで，設問に答えよ。

Q社は，首都圏で複数の学習塾を経営する会社であり，各学習塾で対面授業を行っている。生徒及び生徒の保護者からはリモートでも受講が可能なハイブリッド型授業の導入要望があり，Q社の従業員からはテレワーク勤務の導入要望がある。

〔Q社の現状のネットワーク構成〕

Q社のネットワーク構成（抜粋）を図1に示す。

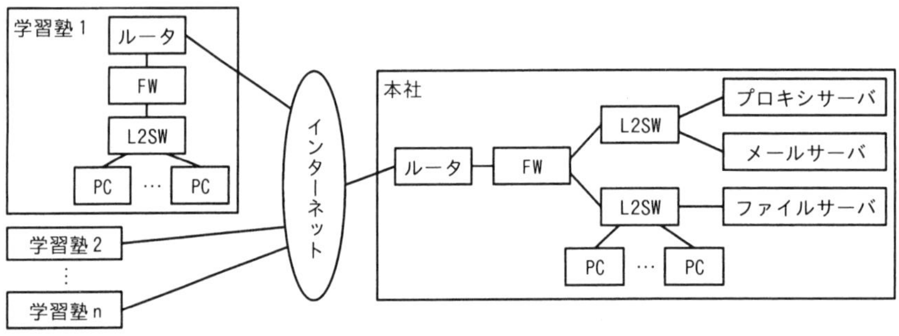

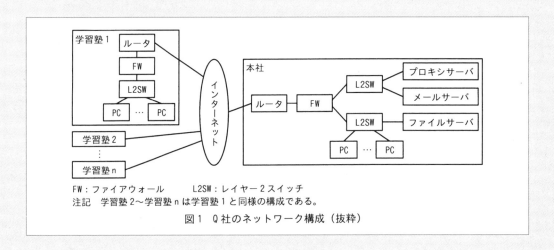

FW：ファイアウォール　　L2SW：レイヤー2スイッチ
注記　学習塾2～学習塾nは学習塾1と同様の構成である。

図1　Q社のネットワーク構成（抜粋）

〔Q社の現状のセキュリティ対策〕

Q社のセキュリティ対策は次のとおりである。

・パケットフィルタリングポリシーに従った通信だけをFWで許可し，その他の通信を遮断している。
・業務上必要なサイトのURL情報を基に，URLフィルタリングを行うソフトウェアをプロキシサーバに導入して，業務上不要なサイトへの接続を禁止している。
・PC及びサーバ機器には，外部媒体の使用ができない設定をした上で，マルウェア対策ソフトを導入して，マルウェア感染対策を行っている。
・PC，ネットワーク機器及びサーバ機器には，脆（ぜい）弱性に対応する修正プログラム（以下，セキュリティパッチという）を定期的に確認した後，適用する方法で，脆弱性対策を行っている。

〔Q社の現状のセキュリティ対策に関する課題〕

・ネットワーク機器及びサーバ機器のEOL（End Of Life）時期が近づいており，機器の更新が必要である。
・セキュリティパッチが提供されているかの調査及び適用してよいかの判断に時間が掛かることがある。
・ルータとFWを利用した①境界型防御によるセキュリティ対策では，防御しきれない攻撃がある。
・セキュリティインシデントの発生を，迅速に検知する仕組みがない。

Q社では，ハイブリッド型授業とテレワーク勤務が行えるリモート環境を実現し，Q社のセキュリティに関する課題を解決する新たな環境を，クラウドサービスを利用して構築することになり，情報システム部のR課長が担当することになった。

〔リモート環境の構築方針〕

R課長は，境界型防御の環境に代えて，いかなる通信も信頼しないという[　a　]の考え方に基づくリモート環境を構築することにした。

R課長は，リモート環境について次の構築方針を立てた。

・クラウドサービスへの移行に伴い，ネットワーク機器及びサーバ機器は廃棄し，今後のQ社としてのEOL対応を不要とする。
・②課題となっている作業を不要にするために，クラウドサービスはSaaS型を利用する。
・セキュリティインシデントの発生を迅速に検知する仕組みを導入する。
・従業員にモバイルルータとセキュリティ対策を実施したノートPC（以下，貸与PCという）を貸与する。今後は，本社，学習塾及びテレワークでの全ての業務において，貸与PCとモバイルルータを使用してクラウドサービスを利用する。
・貸与PCから業務上不要なサイトへの接続は禁止とする。
・生徒は，自宅などのPC（以下，自宅PCという）からクラウドサービスを利用してリモートでも授業を受講できる。

〔リモート環境構築案の検討〕

R課長はリモート環境の構築方針を部下のS君に説明し，構築する環境の検討を指示した。

S君はリモート環境構築案を検討した。

・リモート環境の構築には，T社クラウドサービスを利用する。
・貸与PCからWebサイトを閲覧する際は，③プロキシを経由する。
・貸与PCからインターネットを経由して接続するWeb会議，オンラインストレージ及び電子メール（以下，メールという）を利用することで，Q社の業務及びリモートでの授業を行う。
・貸与PCからT社クラウドサービスへのログインは，ログインを集約管理するクラウドサービスであるIDaaS（Identity as a Service）を利用する。従業員はIDとパスワードを用いてシングルサインオンで接続してクラウドサービスを利用する。
・④SIEM（Security Information and Event Management）の導入と，アラート発生時に対応する体制の構築を行う。
・貸与PCには，マルウェア対策ソフトを導入し，外部媒体が使用できない設定を行う。また，⑤紛失時の情報漏えいリスクを低減する対策をとる。
・生徒は，自宅PCからインターネット経由で，Web会議に接続して，リモートで授業を受講できる。

S君が検討したリモート環境構築案（抜粋）を図2に示す。

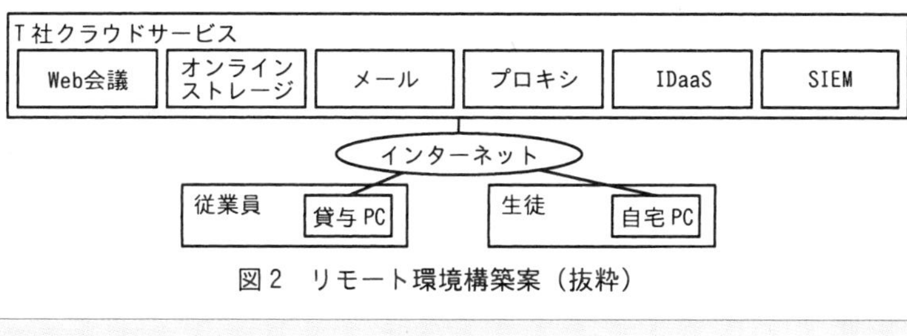

図2　リモート環境構築案（抜粋）

〔構築案への指摘と追加対策の検討〕

S君は検討した構築案についてR課長に説明した。すると，セキュリティ対策の不足に起因するセキュリティインシデントの発生を懸念したR課長は，“[　a　]では，クラウドサービスにアクセスする通信を信頼せずセキュリティ対策を行う必要があるので，エンドポイントである貸与PC

と自宅PCに対する攻撃への対策及びクラウドサービスのユーザー認証を強化する対策が必要である。追加の対策を検討するように。”と指摘した。

R課長が懸念したセキュリティインシデント（抜粋）を表1に示す。

表1　R課長が懸念したセキュリティインシデント（抜粋）

項番	分類	セキュリティインシデント
1	貸与PC	ゼロデイ攻撃によるマルウェア感染
2		ファイルレスマルウェア攻撃によるマルウェア感染
3	自宅PC	マルウェア感染した自宅PCからWeb会議への不正アクセス
4	クラウドサービスのユーザー認証	不正ログインによる情報漏えい

S君は，R課長の指摘に対して，表1のセキュリティインシデントに対応した次の対策を追加することにした。

・項番1，2の対策として，貸与PCに⑥EDR（Endpoint Detection and Response）ソフトを導入する。

・項番3の対策として，T社クラウドサービスは不正アクセス及びマルウェア感染の対策がとられていることを確認した。

・項番4の対策として，知識情報であるIDとパスワードによる認証に加えて，所持情報である従業員のスマートフォンにインストールしたアプリケーションソフトウェアに送信されるワンタイムパスワードを組み合わせて認証を行う，[b]を採用する。

S君は，これらの対策を追加した構築案をR課長に報告し，構築案は了承された。

設問 1

本文中の下線①について，防御できる攻撃を解答群の中から選び，記号で答えよ。

解答群

ア　システム管理者による内部犯行

イ　パケットフィルタリングのポリシーで許可していない通信による，内部ネットワークへの侵入

ウ　標的型メール攻撃での，添付ファイル開封による未知のマルウェア感染

エ　ルータの脆弱性を利用した，インターネット接続の切断

設問 2

〔リモート環境の構築方針〕について答えよ。

(1)　本文中の[a]に入れる適切な字句を6字で答えよ。

(2)　本文中の下線②について，課題となっている作業を25字以内で答えよ。

設問 3

〔リモート環境構築案の検討〕について答えよ。

(1)　本文中の下線③で実現すべきセキュリティ対策を，本文中の字句を用いて15字以内で答えよ。

(2)　本文中の下線④を導入した目的を，〔Q社の現状のセキュリティ対策に関する課題〕と〔リモート環境の構築方針〕とを考慮して30字以内で答えよ。

(3) 本文中の下線⑤について，対策として適切なものを解答群の中から<u>全て</u>選び，記号で答えよ。

解答群

- ア 貸与PCのストレージ全体を暗号化する。
- イ 貸与PCのモニターにのぞき見防止フィルムを貼付する。
- ウ リモートロック及びリモートワイプの機能を導入する。

設問 4

〔構築案への指摘と追加対策の検討〕について答えよ。

(1) 本文中の下線⑥について，表1の項番1，2のセキュリティインシデントが発生した場合のEDRソフトの動作として適切なものを解答群の中から選び，記号で答えよ。

解答群

- ア 貸与PCをネットワークから遮断し，不審なプロセスを終了する。
- イ 登録された振る舞いを行うマルウェアの侵入を防御する。
- ウ 登録した機密情報の外部へのデータ送信をブロックする。
- エ パターン情報に登録されているマルウェアの侵入を防御する。

(2) 本文中の［ b ］に入れる適切な字句を5字で答えよ。

> 次の**問2～問11**については**4問を選択**し，**答案用紙の選択欄の問題番号を○印で囲んで解答**してください。
> なお，5問以上○印で囲んだ場合は，**はじめの4問**について採点します。

問2 物流業の事業計画に関する次の記述を読んで，設問に答えよ。

B社は，運送業務及び倉庫保管業務を受託する中規模の物流事業者である。従業員数は約100名で，関東甲信越エリアを中心に事業を行っており，高速道路や幹線道路へのアクセスの良い立地に複数の営業所と倉庫を構えている。主に，地場のメーカーと販売店との間の配送などを中心に事業を行ってきたが，同業他社との競争が激しく，ここ数年は収益が悪化傾向にあり，このままでは経営は厳しくなる一方である。B社のC取締役は，この状況の打開に向けて，顧客への新たな価値の提供を目指すべく，経営企画部のD部長に事業計画の立案を指示した。

〔B社の環境分析〕

D部長は，自社の事業の置かれている状況を把握するために，環境分析を実施する必要があると考えた。環境分析には，自社を取り巻く経営環境のうち，自社以外の要因をマクロ的視点とミクロ的視点で分析する外部環境分析と，自社の経営資源に関する要因を分析し，自社の特徴を洗い出す内部環境分析がある。D部長は，経営企画部のE課長に，外部環境分析から実施するよう指示した。E課長は，まず，PEST分析を行い，PEST分析の結果としてB社の事業に影響する要因の概要を表1のように整理した。

表1　B社のPEST分析の結果

項番	要因	要因の概要
1	政治的要因	・[a] 改正による総労働時間に関する規制の設定 ・運送・倉庫保管業は，以前は需給調整規制によって新規参入が困難であったが，近年，事業経営能力や安全確保能力のある事業者の参入が可能となり，参入障壁が低下 ・今後は，外国人労働者をドライバーとして採用できるように規制が緩和される見通し
2	経済的要因	・燃料費上昇によるコストの上昇 ・トラックによる運送の供給量に比べ，顧客からの運送に対する需要量の方が大きいことから，運送料が上昇することを顧客は一定の範囲で許容
3	社会的要因	・高齢化が進み退職するドライバーが増える一方で少子化の影響で若年層のドライバーのなり手は減少することから，より良い処遇を提供しなければドライバーの確保が困難 ・EC市場の拡大に起因する運送需要の増加は今後も継続
4	技術的要因	・自動運転に必要な技術の急速な発展 ・SNSを活用した多様な購買方法の登場

次に，E課長は，ファイブフォース分析を進めることにした。ファイブフォース分析の結果，B社が受ける脅威の概要を表2のように整理した。

表2　B社のファイブフォース分析の結果

項番	脅威	脅威の概要
1	業界内の競争の脅威	運送・倉庫保管だけの物流サービスではコモディティ化して，過当競争となりがちであり，[b] 競争が常に発生していることから脅威は大きい。
2	新規参入の脅威	以前と比べ参入障壁が低くなり，新規参入の脅威は大きい。
3	[c] サービスの脅威	・航空輸送や海上輸送といった手段があるが，現状では車両による陸送に代わるものではなく脅威は小さい。 ・車両の自動運転による配送やドローン配送の実証実験が行われているが，実用化はまだ先であり，現状の脅威は小さい。
4	売手の交渉力の脅威	[d] 。
5	買手の交渉力の脅威	顧客の要望は多様化しており，対応できないと市場から排除される脅威は大きい。

E課長は，①PEST分析，ファイブフォース分析の順に分析し，その結果について検討した。PEST分析の結果から，[a] が改正されたことによって，ドライバーを含む労働力の総量が減少することが懸念され，また，社会的要因によってドライバーのなり手が減ることを認識した。このことはファイブフォース分析の結果における売手の交渉力の脅威にも大きな影響を及ぼすことに気が付き，ドライバーの需要に対して供給が減ることから，[d] と考えた。

E課長は，これらの外部環境分析の結果を踏まえると，[b] 競争の渦中にあり，減収減益となっている現状において，②B社が業界内において競争優位を確立するための分析が必要であると考えた。E課長は，その分析を実施した結果，B社は，好立地にある営業所と倉庫をもっているにもかかわらず，そのことを生かして，多様化する顧客の要望に応えられていないことが収益悪化の原因であると結論付けた。

E課長は，必要な分析を終えてその結果をD部長に報告した。

〔顧客情報の定性的分析〕

E課長は，D部長から，運送・倉庫保管だけの物流サービスから，③マーケットイン志向の物流サービスに転換していくことによって，顧客に新たな価値を提供できるのではないかとアドバイスを受けた。E課長は，これまでの自社の顧客情報の分析は，受注履歴，契約金額などの数値を基に分析を行うことだけであり，数値だけでは捉えきれない顧客の要望を把握する分析を行っていなかったことに気が付いた。

E課長は，顧客との接点が多いドライバーは，運送業務の過程で，顧客の事業に関して様々な気付きを得ているのではないかと考えた。そこで，ドライバーのもつ顧客の事業に関する気付きを把握するために調査を実施した。ドライバーからの回答には，顧客の事業に関する未知の情報，B社に対する期待やクレーム，顧客に対する感想，相対する顧客社員への好悪の感情といった顧客の事業に関する情報とそれ以外の種々雑多な情報が混在していた。しかし，これまでは顧客情報として管理されていなかった様々な情報が含まれており，分析することで，顧客の要望を把握することができるのではないかと考えた。

ドライバーからの回答は，自由記述形式のテキストデータであり，テキストマイニングによる定性的分析を行うことができる。D部長は，テキストマイニングによる分析を行うに当たり，④テキストデータを選別するよう，E課長にアドバイスをした。E課長は，選別したテキストデータの分析の結果，顧客の事業に関するキーワードとして，“コア業務”，“一括委託”といった単語が頻出しており，“コア業務”は“集中”との単語間の結びつきの強さがあり，複数の単語が同一文章中に共に出現することを意味する共起関係が強く表れていた。E課長は，定性的分析の結果をD部長に報告し，顧客への新たな価値の提供に向けた検討の了承を得た。

〔顧客への新たな価値の提供〕

B社が顧客の業務を確認したところ，B社倉庫から顧客の拠点に荷物が届いた後に，顧客はその荷物の検品やタグ付け，複数の荷物を一つに箱詰めすることといった作業を顧客社内で行うか，又はB社とは異なる事業者へ委託しており，顧客にとって負担となっていた。B社では，昨年，業務効率の向上を図るために営業所と倉庫内のレイアウト変更を実施し，新たな業務を行うことが可能なスペースを確保している。そこで，E課長は，運送，倉庫保管といった従来の業務に加え，検品やタグ付け，箱詰めといった作業を行う流通加工業務を一括で受託して顧客に新たな価値を提供する3PL（3rd Party Logistics）サービスが有効ではないかと考え，D部長に提案した。D部長は，3PLサービスを提供することで，B社の既存顧客の要望を満たすとともに，新たな顧客の獲得につながる可能性もあると考え，E課長の提案に賛同した。さらに，D部長は，顧客が作業を委託している流通加工業者の一つであるR社において，流通加工業務の需要拡大に伴い施設の拡張を検討しているという話を聞いていた。そこで，B社の営業所と倉庫を作業所として，B社の運送・倉庫保管業務とR社の流通加工業務とを組み合わせてサービスする業務提携をR社と行うことで，B社の3PLサービスの提供が可能になるのではないかと考えた。D部長は，E課長に，R社との業務提携の可能性があるかを調査するよう指示した。

E課長は，顧客からR社の紹介を受けて，業務提携の協議を行った。R社との協議を行う中でE課長はR社の状況を次のように把握した。

・R社は流通加工業務の需要拡大に伴い，社員や作業所を増やし事業を拡大してきたが，作業所の多くは手狭になってきていて，別の作業所を探さなくてはならない。
・流通加工業務は，荷物の受入れと発送をスムーズに行えることが重要であり，これが作業所の選定上の最優先事項である。
・希望する場所に作業所を自前でもつことは，作業所の土地の取得費や倉庫の建築費といった初期費用の負担が大きいので，回避したいと考えている。

E課長は，B社の事業の概要を説明した上で，業務提携が可能であるか検討してほしいとR社に依頼した。後日，R社から，⑤B社のもつ経営資源は，R社の事業を展開する上で魅力的なものであることから，是非とも業務提携を行いたいとの連絡があった。

E課長は，R社との業務提携による3PLサービスの事業化案についてD部長に報告した。D部長は，⑥E課長の事業化案を実現することで，B社の顧客の物流に関わる作業に対する要望を満たすことができる，さらに，B社とR社で業務提携することで顧客を紹介し合って，相互に新たな顧客の開拓につなげられると判断した。D部長は，収益向上によってドライバーの処遇を改善することも含めてC取締役の承諾を得て，E課長に事業化案に基づき事業計画をまとめるよう指示した。

設問 1

〔B社の環境分析〕について答えよ。

(1) 表1及び本文中の［　a　］に入れる適切な法律名，表2及び本文中の［　b　］，表2中の［　c　］に入れる適切な字句をそれぞれ答えよ。

(2) 表2及び本文中の［　d　］に入れる最も適切なものを解答群の中から選び，記号で答えよ。

解答群

- ア ITの活用による省力化の脅威が大きい
- イ 運送料の値下げの要求による脅威が大きい
- ウ ドライバーの賃金上昇に伴う調達コスト増加の脅威が大きい
- エ 陸送に代わる新たな輸送方法の脅威が大きい

(3) 本文中の下線①について，PEST分析をファイブフォース分析よりも先に実施したのは，PEST分析がどのような視点での分析であるからか。本文中の字句を用いて6字で答えよ。

(4) 本文中の下線②の分析は何か。本文中の字句を用いて10字以内で答えよ。

設問 2

〔顧客情報の定性的分析〕について答えよ。

(1) 本文中の下線③のマーケットイン志向に該当する行動はどれか。最も適切なものを解答群の中から選び，記号で答えよ。

解答群

- ア 既存市場向けの物流サービスを新たな市場に提供する。
- イ 競合他社よりも相対的に低価格となる物流サービスを提供する。
- ウ 自社が市場で優位性をもつ技術を活用した物流サービスを提供する。
- エ 市場調査を行い，顧客ニーズを満たす物流サービスを提供する。

(2) 本文中の下線④でどのようにテキストデータを選別するのか。35字以内で答えよ。

設問 3

〔顧客への新たな価値の提供〕について答えよ。

(1) 本文中の下線⑤のB社のもつ経営資源とは何か。本文中の字句を用いて15字以内で答えよ。

(2) 本文中の下線⑥について，E課長の事業化案を実現することで，B社の顧客の物流に関わる作業に対するどのような要望を満たすことができるか。選別したテキストデータの分析の結果の字句を用いて30字以内で答えよ。

問3 グラフのノード間の最短経路を求めるアルゴリズムに関する次の記述を読んで設問に答えよ。

グラフ内の二つのノード間の最短経路を求めるアルゴリズムにダイクストラ法がある。このアルゴリズムは，車載ナビゲーションシステムなどに採用されている。

〔経路算定のモデル化〕

グラフは，有限個のノードの集合と，その中の二つのノードを結ぶエッジの集合とから成る数理モデルである。ダイクストラ法による最短経路の探索問題を考えるに当たり，本問では，エッジをどちらの方向にも行き来することができ，任意の二つのノード間に経路が存在するグラフを扱う。ここで，グラフを次のように定義する。

・ノードの個数をNとし，Nは2以上とする。ノードの番号（以下，ノード番号という）は，始点のノード番号を1とし，1から始まる連続した整数とする。ノードには，ノード番号に対応させて，V1，V2，V3，…，VNとラベルを付ける。
・二つのノードが他のノードを経由せずにエッジでつながっているとき，それらのノードは隣接するという。隣接するノード間のエッジには，ノード間の距離として正の数値を付ける。
・始点のノード（以下，始点という）とは別のノードを終点のノード（以下，終点という）として定める。始点からあるノードまでの経路の中から，経路に含まれるエッジに付けられた距離の和が最小の距離を最短距離という。始点から終点までの最短距離となる経路を最短経路という。

図1にノードが五つのグラフの例を示す。図1の例では，始点をV1のノードとし，終点をV5のノードとした場合の最短経路は，V1，V2，V3，V5のノードを順にたどる経路である。

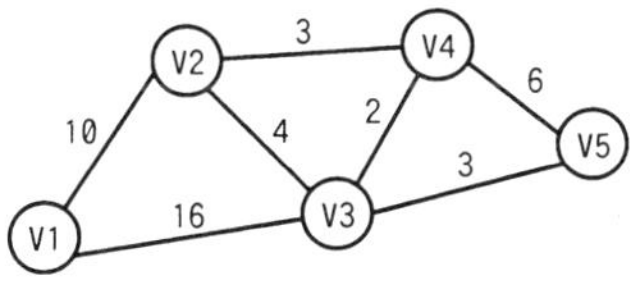

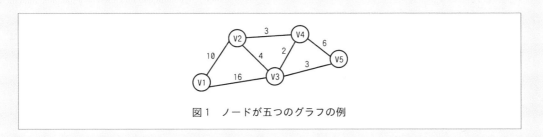

図1　ノードが五つのグラフの例

〔始点から終点までの最短距離を求める手順〕

ダイクストラ法による始点から終点までの最短距離の算出は次のように行う。

最初に，各ノードについて，始点からそのノードまでの距離（以下，始点ノード距離という）を作業用に導入して十分に大きい定数としておく。ただし，始点の始点ノード距離は0とする。この時点では，どのノードの最短距離も確定していない。

次に，終点の最短距離が確定するまで，①～③を繰り返す。ここで，始点との距離を算出する基準となるノードを更新起点ノードという。

① 最短距離が確定していないノードの中で，始点ノード距離が最小のノードを更新起点ノードとして選び，そのときの始点ノード距離の値で，当該更新起点ノードの最短距離を確定する。更新起点ノードを選ぶ際に，始点ノード距離が最小となるノードが複数ある場合は，その中の任意のノードを更新起点ノードとして選ぶ。

② 更新起点ノードが終点であれば，終了する。

③ ①で選択した更新起点ノードに隣接しており，かつ，最短距離が確定していない全てのノードについて，更新起点ノードを経由した場合の始点ノード距離を計算する。ここで計算した始点ノード距離が，そのノードの現在までの始点ノード距離よりも小さい場合には，そのノードの現在までの始点ノード距離を更新する。

〔図1の例における最短距離を求める手順と始点ノード距離〕

図1の例において，始点V1から終点V5までの経路に対して，上の①～③を繰返し適用する。そのとき，更新起点ノードを選ぶたびに，更新起点ノードの始点ノード距離，更新起点ノードと隣接するノードの始点ノード距離，及び最短距離が確定していないノードの始点ノード距離を計算した内容を表1に示す。

表1　図1の例における最短距離を求める手順と始点ノード距離

探索適用回数	更新起点ノード	最短距離が確定していない，更新起点ノードに隣接するノード	最短距離が確定していないノード
1回目	V1 <0>	V2 <10>, V3 <16>	V2 <10>, V3 <16>, V4 <INF>, V5 <INF>
2回目	V2 <10>	V3 <14>, V4 <13>	V3 <14>, V4 <13>, V5 <INF>
3回目	V4 <13>	V3 <14>, V5 <19>	V3 <14>, V5 <19>
4回目	V3 <14>	V5 <[ア]>	V5 <[ア]>
5回目	V5 <[ア]>	－	－

注記1　INFは，定数で十分大きい数を表す。
注記2　<>内の数値は，当該ノードの始点ノード距離を表す。

〔最短距離の算出プログラム〕

始点から終点までの最短距離を求める関数distanceのプログラムを図2に示す。配列の要素番号は1から始まるものとする。また，行頭の数字は行の番号を表す。

```
 1: ○整数型: distance()
 2:   整数型: N                /* ノードの個数 */
 3:   整数型: INF              /* 十分大きい定数 */
 4:   整数型の二次元配列: edge /* edge[m, n]には，ノードmからノードnへの距離を格納
                                  二つのノードが隣接していない場合にはINFを格納 */
 5:   整数型: GOAL             /* 終点のノード番号 */
 6:   整数型の配列: dist       /* 始点ノード距離。初期値はINF。要素番号がノード番号を表す。 */
 7:   整数型の配列: done       /* 初期値は0。最短距離が確定したら1を入れる。
                                  要素番号がノード番号を表す。 */
 8:   整数型: curNode          /* 更新起点ノードのノード番号 */
 9:   整数型: minDist          /* 更新起点ノードを求める際に使用する一時変数 */
10:   整数型: k                /* 要素番号 */
11:   dist[1] ← 0              /* 始点の始点ノード距離を0とする。 */
12:   while (true)
13:     minDist ← INF
14:     for (kを1からNまで1ずつ増やす)
15:       if (done[k]が0 かつ [ イ ])
16:         minDist ← [ ウ ]
17:         curNode ← k
18:       endif
19:     endfor
20:     done[curNode] ← 1
21:     if (curNode が GOALと等しい)
22:       return dist[curNode]
23:     endif
24:     for (kを1からNまで1ずつ増やす)
25:       if ([ エ ] が dist[k] より小さい かつ done[k]が0)
26:         dist[k] ← [ エ ]
27:       endif
28:     endfor
29:   endwhile
```

図2　関数distanceのプログラム

〔最短経路の出力〕

関数distanceを変更して，求めた最短距離となる最短経路を出力できるようにする。具体的には，まず，ノード番号1～Nを格納する配列viaNodeを使用するために，図3の変数宣言を図2の行10の直後に，図4のプログラムを図2の行21の直後に，それぞれ挿入する。さらに，各ノードの始点ノード距離を更新するたびに，直前に経由したノード番号をviaNodeに格納する①代入文を一つ，図2のプログラムの行[オ]の直後に挿入する。

このプログラムの変更によって，終点のノード番号を起点として[カ]たどることで，最短経路のノード番号を逆順に出力する。

```
整数型の配列: viaNode          /* 最短経路のノード番号を格納する。初期値は 0。 */
整数型: j                      /* 要素番号 */
```

図3　最短経路を出力するために関数 distance に挿入する変数宣言

```
j ← GOAL                       /* 終点のノード番号 */
GOAL を出力                    /* 終点のノード番号の出力 */
while (j が 1 より大きい)      /* 最短経路の出力 */
  viaNode[j]を出力
  j ← viaNode[j]
endwhile
```

図4　最短経路を出力するために関数 distance に挿入するプログラム

〔計算量の考察〕

関数distanceでは，次の[キ]を選ぶために始点ノード距離を計算する回数は最大でもN回である。また，[キ]を選ぶ回数は，一度選ばれると当該ノードの最短距離は確定するので，最大でもN回である。よって，最悪の場合の計算量は，O ([ク]) である。

設問 1

表1中の[ア]に入れる適切な字句を答えよ。

設問 2

図2中の[イ]～[エ]に入れる適切な字句を答えよ。

設問 3

〔最短経路の出力〕について答えよ。

(1) 本文中の下線①と[オ]について，挿入すべき代入文と[オ]に入れる行の番号を答えよ。行の番号については，最も小さい番号を答えること。ただし，図2中の現在の行の番号は図3及び図4の挿入によって変化しないものとする。

(2) 本文中の[カ]に入れる適切な字句を解答群の中から選び，記号で答えよ。

解答群

- ア viaNodeに格納してあるノード番号を
- イ viaNodeの要素番号を大きい方から
- ウ viaNodeの要素番号を小さい方から

設問 4

〔計算量の考察〕について答えよ。

(1) 本文中の[キ]に入れる適切な字句を，本文中の字句を用いて10字以内で答えよ。

(2) 本文中の[ク]に入れる適切な字句を答えよ。

問4

CRM（Customer Relationship Management）システムの改修に関する次の記述を読んで，設問に答えよ。

C社は，住宅やビルなどのアルミサッシを製造，販売する中堅企業である。取引先の設計・施工会社のニーズにきめ細かく対応するために，自社で開発したCRMシステム（以下，CRMシステムという）を使用している。CRMシステムは，データベースとWebアプリケーションプログラム（以下，Webアプリという）から成り，C社のLAN上にあるPCから利用される。このたび，営業担当者が外出先からスマートフォンやノートPCを用いてCRMシステムを利用できるようにするために，データベースは変更せずにWebアプリを改修することになった。

〔Webアプリの改修方針〕

Webアプリの改修方針を次に示す。

・必要以上の開発コストを掛けない。
・営業担当者が外出先で効率的にCRMシステムを利用できるように，スマートフォンに最適化した画面を追加する。
・将来的に，CRMシステム以外の社内システムとも連携できるように拡張性をもたせる。

〔Webアプリの実装方式の検討〕

これらの改修方針を受けて，図1のWebアプリを実装するシステムの構成案を検討した。

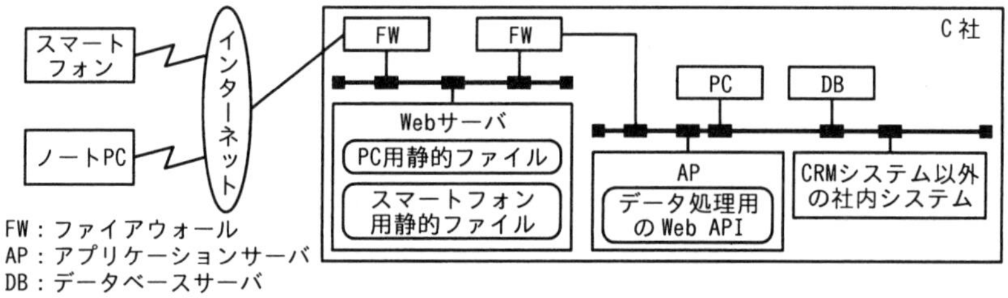

図1　Webアプリを実装するシステムの構成案

検討したWebアプリの実装方式を次に示す。

・ユーザーインタフェースとデータ処理を分ける。ユーザーインタフェースは，WebサーバにHTML，Cascading Style Sheets（CSS），画像，スクリプトなどを静的なファイルとして配置する。データ処理は，APがDBから取得したデータをJSON形式のデータで返すWeb APIとして実装する。
・ユーザーインタフェースとなる静的ファイルは，PCとスマートフォンそれぞれのWebブラウザ用に個別に作成し，データ処理用のWebAPIは共用する。
・ユーザーインタフェースの表示速度を向上させるために，①静的ファイルを最適化する。

〔実現可能性の評価〕

〔Webアプリの実装方式の検討〕で示した方式の実現可能性を評価するために，プロトタイプを用いて多くのデータを扱う機能について検証した。その結果，スマートフォンの特定の画面において次の問題が発生した。

・扱うデータ量が増えるに連れて，レスポンスが著しく低下する。
・②スマートフォンのCPU負荷が大きく，頻繁に使用するとバッテリの消耗が激しい。

そこで，これらの問題の原因を調べるために，Webアプリの処理を分析した。レスポンスの悪かった日誌一覧の表示画面を図2に，Web APIからの応答データを図3に示す。

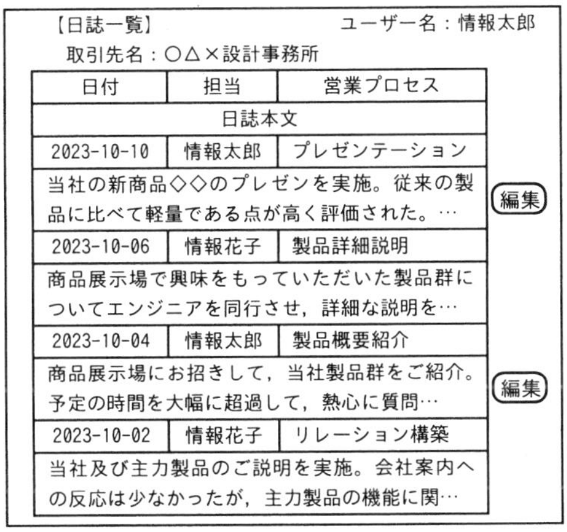

図2　日誌一覧の表示画面


```
{
 "customer": "○△×設計事務所",
 "count": 16,
 "diaries": [     ← α
  {"date": "2023-08-21",
   "salesperson": "情報花子",
   "salesprocess": "問合せ",
   "diary": "（省略）"},
            ⋮
  {"date": "2023-10-04",
   "salesperson": "情報太郎",
   "salesprocess": "製品概要紹介",
   "diary": "（省略）"},
            ⋮
 ]    ← β
}
```

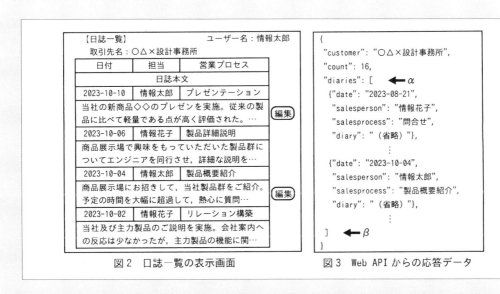

図3　Web API からの応答データ

スマートフォンのWebブラウザから図2の画面をリクエストしてから描画されるまでの一連の処理について，処理ごとに所要時間を測定した結果を表1に示す。

表1　処理ごとに所要時間を測定した結果

No.	処理概要	所要時間（ミリ秒）
1	Web ブラウザが画面に必要となる静的なファイルを全て受信する。	300
2	Web ブラウザが Web API にリクエストして，図 3 の応答データを全て受信する。	800
3	Web ブラウザ内で日誌のデータを日付の降順にソートして，画面に表示する最大件数である 4 件目までを抽出する。	1,200
4	日誌本文が 42 文字を超える場合，先頭から 41 文字に文字“…”を結合した 42 文字の文字列にする。	300
5	日誌一覧の表示を実行したユーザーが作成した日誌か否かを判断して，本人が作成した日誌には“編集”ボタンを表示する。	200
6	データを Web ブラウザに描画する。	500

表1から，図3の応答データのスマートフォンへの転送処理と，Webブラウザ内でその応答データを加工する処理に多くの時間を要していることが判明した。

〔Webアプリの見直し〕

Webブラウザが画面をリクエストしてから描画されるまでの所要時間の目標値を3秒以内に設定して，それを達成するために，次の三つの方式を検討した。

①　スマートフォンのユーザーインタフェースをアプリケーションプログラム（以下，スマホアプ

リという）として開発して，そのスマホアプリ内でWeb APIからの応答データを加工・描画する方式

② リクエストのあった応答データのうち，Webブラウザに描画するデータだけを返すWeb APIを開発して，スマートフォンのWebブラウザからそのWeb APIを利用する方式

③ ②で開発したWeb APIを①で開発したスマホアプリから利用する方式

各方式について，応答データを加工・描画するソフトウェア又はサーバと，その実現可能性を評価するために，設けた評価項目について整理した結果を表2に示す。各評価項目の評価点に対する重み付けは均一とし，また，将来的な拡張性については各実装方法を設計するタイミングで検討することにした。

なお，〔実現可能性の評価〕においてプロトタイプを用いて検証した方式を方式Ⓟとする。

表2 整理した結果

方式	ソフトウェア／サーバ		評価項目			評価点合計
	データ描画	データ加工	レスポンス	開発コスト	CPU負荷	
Ⓟ	Webブラウザ	Webブラウザ	×	◎	×	3点
①	スマホアプリ	スマホアプリ	○	△	△	4点
②	Webブラウザ	AP	○	○	○	6点
③	スマホアプリ	AP	◎	×	○	5点

凡例 ◎：とても優れている， 3点 ○：優れている， 2点
△：あまり優れていない，1点 ×：優れていない，0点

〔レスポンス時間の試算〕

表2の結果から，方式②について更に検討を進めることになり，そのレスポンスが実用上問題ないか，表1を基に所要時間を試算した。

表1中のNo.2の所要時間について考える。方式②のWeb APIからの応答データのサイズは，図3のデータのサイズの4分の1になり，サーバ側でのデータ転送には時間を要しないものと仮定すると，No.2の所要時間は［ a ］ミリ秒となる。

次に，No.3〜No.5の処理時間について考える。No.3の処理はDBで，No.4とNo.5の処理はAPで行われる。処理時間は各機器のCPU処理能力だけに依存すると仮定する。各機器のCPU処理能力は，スマートフォンが10,000MIPS相当，DBが40,000MIPS相当，APが20,000MIPS相当の場合，No.3〜No.5の処理時間の合計は［ b ］ミリ秒となる。

以上の試算の結果，方式②で十分なレスポンスが期待できることから，方式②を採用することにした。

〔システム構成の検討〕

方式②で開発したWeb APIの配置について検討した。図1のAP上に配置する案も検討したが，③将来的な拡張性を考慮した結果，図1のAPとは別に，スマートフォンやノートPCから呼び出されるWeb APIのためのAPを，新たに追加する構成にした。

このシステム構成を採用した結果，問題を解消し，さらに将来的な拡張性をもたせることができた。

設問 1

本文中の下線①に該当するものを解答群の中から全て選び，記号で答えよ。

解答群

- ア HTML，CSS，スクリプトなどのコードに，パイプライン処理を有効にする設定を行う。
- イ HTML，CSS，スクリプトなどのコードに含まれる，余分な改行やコメントを削除する。
- ウ 画像を，BMPやTIFFなどの画像フォーマットにする。
- エ 画像を，PNGやSVGなどの画像フォーマットにする。
- オ 全てのファイルをバイトコードに変換して圧縮する。

設問 2

〔実現可能性の評価〕について答えよ。

(1) 本文中の下線②の要因として，最も適切なものを解答群の中から選び，記号で答えよ。

解答群

- ア JSON形式の応答データを送受信する処理
- イ WebブラウザにHTML，CSS，画像ファイルをレンダリングする処理
- ウ スマートフォンのメモリ上で日誌のデータを加工する処理
- エ 日誌一覧の各担当がログインユーザーか否かを判別する処理

(2) 図3中のαとβの箇所にある“[”及び“]”で囲まれたデータはどのようなデータを表現するものか。データ形式に着目し，“日誌”という単語を用いて，15字以内で答えよ。

設問 3

表2中の方式Ⓠのレスポンスが，方式Ⓟに比べて優れていると評価した理由を二つ挙げ，それぞれ30字以内で答えよ。

設問 4

本文中の［ a ］，［ b ］に入れる適切な数値を答えよ。

設問 5

本文中の下線③の拡張性とは何か。40字以内で答えよ。

問5 クラウドサービスを活用した情報提供システムの構築に関する次の記述を読んで，設問に答えよ。

L社は，国内の気象情報を様々な業種の顧客に提供する企業である。現在は，社外から購入した気象データを分析し，気象情報として提供している。今回，全国に設置するIoT機器から気象データを収集し，S社のクラウドサービス（以下，S社クラウドという）で分析した結果を気象情報として提供する新しい気象情報システム（以下，新システムという）を構築することになった。新システムの設計を，L社の情報システム部のMさんが担当することになった。

Mさんは，新システムの構成と，新システムが備えるべき主な機能を検討した。新システムの構成案を図1に，新システムが備えるべき主な機能を表1に示す。情報提供先のPC，IoT機器やL社の保守用PCから，S社クラウド上に構築された新システムの各機能に対応するサーバにアクセスして，必要な機能を利用する。

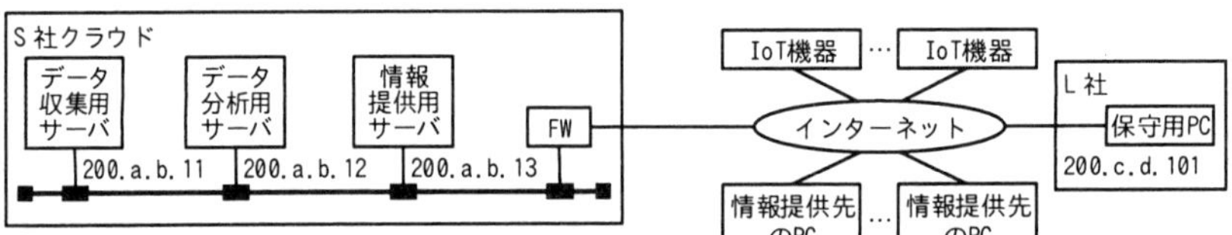

FW：ファイアウォール

注記　図中の200.x.x.xはグローバルIPアドレスである。

図1　新システムの構成案

表1　新システムが備えるべき主な機能

機能	機能の概要
データ収集機能	全国に設置したIoT機器から気象データを受信し，データ収集用サーバのデータベースに蓄積する。データ収集用サーバにはデータ収集用のWeb API（以下，データ収集APIという）があり，IoT機器はデータ収集APIを利用して気象データを送信する。
データ分析機能	データ収集用サーバのデータベースに蓄積した気象データを定期的に処理して気象情報を作成し，情報提供用サーバに保存する。
情報提供機能	情報提供先からの要求に対して必要な気象情報を送信する。情報提供用サーバには情報提供用のWeb API（以下，情報提供APIという）があり，情報提供先のPC上のアプリケーションプログラム（以下，情報提供先アプリという）の情報提供APIを利用した要求に対して気象情報を送信する。

Mさんが検討した新システムの構成について，情報システム部のN部長は次の検討を行うようにMさんに指示した。

・IoT機器から送信される気象データの特徴を踏まえて，データ収集APIに用いる通信プロトコルを選定すること。
・新システムにインターネットからアクセス可能な機器の数を最小限にするように，S社クラウド上のFWに設定する通信を許可するルール（以下，FWの許可ルールという）の設計を行うこと。
・将来，IoT機器の数や情報提供先の数が増加した場合に備えて，各機能の処理遅延対策を行うこと。

〔データ収集APIに用いる通信プロトコルの検討〕

IoT機器は全国に10,000台設置する計画であり，通信事業者のLPWA（Low Power Wide Area）サービスを用いて各IoT機器から1件当たり最大500バイトの気象データを，1分ごとに①データ収集用サーバに送信する設計とした。気象データは，1件当たりのデータ量は少ないが，IoT機器からデータ収集用サーバへの通信回数が多く，データ収集用サーバへアクセスが集中するおそれがある。そこで，データ収集APIには，通信の都度TCPコネクションを確立して通信を行うHTTPではなく，②TCP上でHTTPよりプロトコルヘッダサイズが小さく，多対1通信に対応するプロトコルを用いることにした。

〔FWの許可ルールの設計〕

Mさんは，S社クラウド上のFWの許可ルールの設計方針を検討した。

・IoT機器からデータ収集用サーバへのアクセスや情報提供先アプリから情報提供用サーバへのアクセスに対しては，通信プロトコルの制限を行うが，インターネットの接続元IPアドレスによる制限は行わない。
・L社の保守用PCから各サーバへのアクセスに対しては，各サーバにログインして更新プログラムの適用などの保守作業を行うために，SSHだけを許可する。
・各サーバからインターネットへのアクセスに対しては，ソフトウェアベンダーのWebサイトから更新プログラムをダウンロードするために，任意のWebサイトへのHTTPSだけを許可する。

Mさんが検討した，FWの許可ルールを表2に示す。

表2　FWの許可ルール

項番	アクセス経路	送信元	宛先	プロトコル/宛先ポート番号
1	インターネット →S社クラウド	any	200.a.b.11	省略
2		any	a	TCP/443
3	L社 →S社クラウド	b	200.a.b.11	TCP/22
4		b	200.a.b.12	TCP/22
5		b	200.a.b.13	TCP/22
6	S社クラウド →インターネット	200.a.b.11	any	c
7		200.a.b.12	any	c
8		200.a.b.13	any	c

注記1　FWは，応答パケットを自動的に通過させる，ステートフルパケットインスペクション機能をもつ。

注記2　ルールは項番の小さい順に参照され，最初に該当したルールが適用される。

〔処理遅延対策の検討〕

Mさんは，IoT機器の数や情報提供先の数が現在の計画よりも増加した場合に，表1の各機能の処理にどのような処理遅延が発生するか確認した。

IoT機器の数が増加した場合，全国に設置したIoT機器からS社クラウドのFWを経由してデータ収集用サーバにアクセスする通信が増加する。また，情報提供先の数が増加した場合，情報提供先アプリからS社クラウドのFWを経由して情報提供用サーバにアクセスする通信が増加する。

特に［ d ］については，データ収集機能の通信と情報提供機能の通信の両方が経由することから，単位時間内に処理できる通信の量を表す［ e ］と，同時に処理できる接続元の数を表す［ f ］が，必要な性能を満たすよう管理することにした。

また，データ収集用サーバと情報提供用サーバの性能を超えた要求が発生して，データ収集APIと情報提供APIの両方に処理遅延が発生した場合の対策として，③スケールアウトによってシステムの処理性能を高めるために必要な機能を新システムで利用することにした。

Mさんは指示された内容の検討結果をN部長に説明し，了承されたので，新システムの設計及び構築を進めることになった。

設問 1

〔データ収集APIに用いる通信プロトコルの検討〕について答えよ。

(1) 本文中の下線①について，全国のIoT機器からデータ収集用サーバに送信される1時間当たりの最大になる気象データ量を答えよ。答えはMバイト単位とし，小数第1位を四捨五入して整数で求めよ。ここで，1Mバイトは1,000kバイト，1kバイトは1,000バイトとする。

(2) 本文中の下線②について，適切な通信プロトコル名の略称を5字以内で答えよ。

設問 2

〔FWの許可ルールの設計〕について答えよ。

(1) 表2中の［ a ］～［ c ］に入れる適切な字句を答えよ。

(2) L社の保守用PCを用いてデータ分析用サーバのOSやミドルウェアなどの更新ファイルをインターネットから取得して適用する場合，表2のどのルールによって許可されるか。表2の項番を全て答えよ。

設問 3

〔処理遅延対策の検討〕について答えよ。

(1) 本文中の［ d ］に入れる適切な字句を，図1の構成要素名で答えよ。

(2) 本文中の［ e ］，［ f ］に入れる適切な字句を解答群の中から選び，記号で答えよ。

解答群

- ア コネクション数
- イ スケーラビリティ
- ウ スループット
- エ フィルタリングルール数
- オ プロビジョニング
- カ ポート数

(3) 本文中の下線③について，新システムに追加する機能の名称を解答群の中から選び，記号で答えよ。

解答群

- ア IDS
- イ NAS
- ウ WAF
- エ ロードバランサー

問6 人事評価システムの設計と実装に関する次の記述を読んで，設問に答えよ。

K社は，人事評価システムを中小企業に提供するSaaS事業者である。現在は，契約している会社ごとに仮想サーバを作成して，その中にデータベースを個別に作成している。現在のシステムのOSやフレームワークのサポート期限が迫ってきたのを機に，機能は変更せずにサーバリソース最適化を目的として，システムを再構築することにした。

〔人事評価システムの機能概要〕

人事評価システムの機能概要を表1に示す。

表1　人事評価システムの機能概要

機能名	概要
祝日管理	国民の祝日に加えて，創立記念日などの会社ごとの記念日を年月日で管理する。
入社	従業員が入社した際，従業員番号を割り振り，配属先の部署及び入社年月日を登録する。
評価者管理	部署の管理者を評価者として登録する。1 人の従業員が複数の部署を管理する場合がある。管理者の評価者は，評価時に個別に設定する。
目標設定	年度の始めに，その年度の目標を設定する。目標は複数設定することができ，重要度や達成までの期間などを考慮して重み付けする。
実績入力	年度の終わりに，その年度の実績を入力する。実績は，年度の始めに設定した目標に対して，実績内容や目標達成度を自己評価として記入する。
評価	年度の終わりに，管理者は評価対象の従業員が設定した目標とそれに対する実績を評価して，評価内容や達成度合を記入する。
退職	従業員の退職が決まると，その退職年月日と在籍期間を登録する。さらに，部署の管理者や人事部が対象の従業員にヒアリングした退職理由を登録する。
退職分析	人事部の管理者が自社及び自社と同じ業種の退職者について，在籍期間と退職理由を分析する。

〔単一データベース・単一スキーマ方式の検討〕

データベースのリソースを最適化するために，会社ごとに個別に作成していたデータベース及びスキーマを一つにまとめることを考える。検討したE-R図を図1に示す。

なお，再構築するシステムでは，E-R図のエンティティ名を表名に，属性名を列名にして，適切なデータ型で表定義した関係データベースによって，データを管理する。

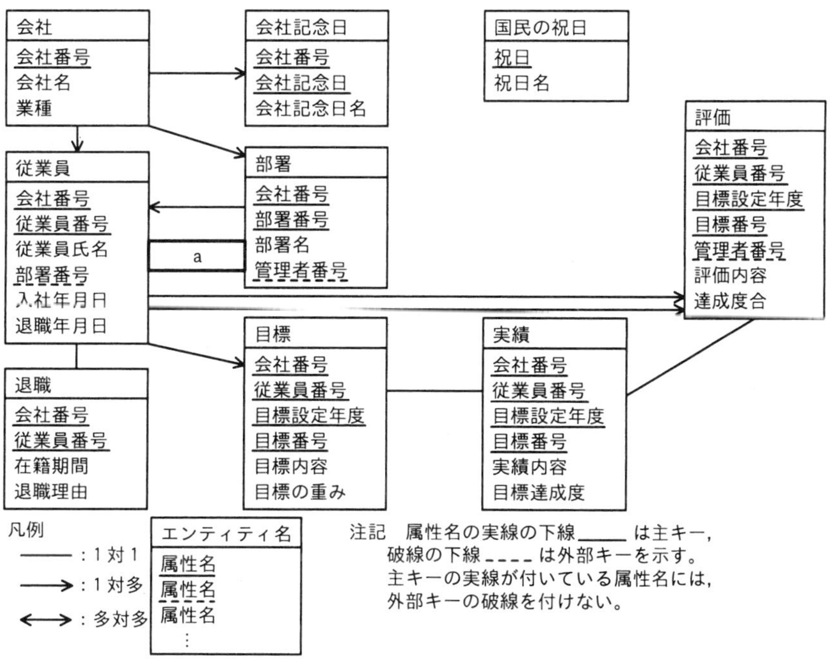

図1　E-R 図

図1を関係データベースに実装した際のSQL文を考える。

(1) 指定された会社と年度における，国民の祝日と会社記念日の一覧を日付の昇順に出力するSQL文を図2に示す。ここで“:会社番号”は指定された会社の会社番号を，“:年度開始日”，“:年度終了日”は，それぞれ指定された年度の開始日，終了日を表す埋込み変数である。

```
SELECT 祝日 AS 日付, 祝日名 AS 日付名
FROM 国民の祝日
WHERE 祝日 [      b      ]
UNION ALL
SELECT 会社記念日 AS 日付, 会社記念日名 AS 日付名
FROM 会社記念日
WHERE 会社番号 = :会社番号
  AND 会社記念日 [      b      ]
[   c   ] 日付
```

図2　国民の祝日と会社記念日の一覧を日付の昇順に出力するSQL文

(2) 指定された管理者が評価する対象の従業員の一覧を部署番号，従業員番号の昇順に出力するSQL文を図3に示す。ここで“:会社番号”と“:管理者番号”は，それぞれ指定された管理者の会社番号と従業員番号を表す埋込み変数である。

```
SELECT DEP.部署番号, DEP.部署名, EMP.従業員番号, EMP.従業員氏名
FROM 従業員 EMP INNER JOIN 部署 DEP
  ON EMP.会社番号 = DEP.会社番号
     AND [      d      ]
     AND EMP.会社番号 = :会社番号
     AND DEP.管理者番号 = :管理者番号
[   c   ] DEP.部署番号, EMP.従業員番号
```

注記 [c] には，図2中の [c] と同じ字句が入る。

図3　従業員の一覧を部署番号，従業員番号の昇順に出力するSQL文

〔単一データベース・単一スキーマ方式のレビュー〕

検討した単一データベース・単一スキーマ方式のレビューを受けたところ，次の指摘とアドバイスを受けた。

・指摘

この検討案は，サーバリソース最適化を実現することができるが，SQLインジェクションの脆(ぜい)弱性が見つかってしまった場合，多くの情報が漏えいしてしまうおそれがある。

・アドバイス

データベースは一つのまま，システム全体で共有するデータだけを格納する共有用のスキーマと，①システム利用者の会社ごとのスキーマに分ける方式にするとよい。共有用のスキーマに作成した表は，会社ごとのスキーマに対象の表と同じ名前のビューを作成して照会できるようにすると，現在のシステムのSQL文への修正を少なくすることができる。

〔単一データベース・個別スキーマ方式の検討〕

〔単一データベース・単一スキーマ方式のレビュー〕のアドバイスを受け，複数のスキーマを作成して各スキーマに表とビューを配置する。検討したスキーマを整理した結果を表2に示す。

表2　スキーマを整理した結果

スキーマ種類	スキーマ名	配置する表	配置するビュー
共有用	PUB	会社，国民の祝日	−
個別会社用	Cxxx （xxx は任意の英数字）	会社記念日，従業員，部署，目標，実績，評価，退職	会社， 国民の祝日

次に，ビューを作成するSQL文について考える。
スキーマC001に国民の祝日ビューを作成するSQL文を図4に示す。

```
CREATE VIEW [  e  ] (祝日, 祝日名)
AS SELECT 祝日, 祝日名
FROM [  f  ]
```

図4　国民の祝日ビューを作成する SQL 文

〔単一データベース・個別スキーマ方式のレビュー〕
検討した単一データベース・個別スキーマ方式のレビューを受けたところ，次の指摘を受けた。
・システム利用者ごとに，利用するスキーマを指定するために，[g]表に[h]列を追加する必要がある。
・表2の表とビューの配置のままでは②利用できない機能があるので，③配置を一部見直す必要がある。

レビューで受けた指摘に全て対応することで，システムを再構築することができた。

設問 1

〔単一データベース・単一スキーマ方式の検討〕について答えよ。
(1) 図1中の[a]に入れる適切なエンティティ間の関連を答え，E-R図を完成させよ。
なお，エンティティ間の関連の表記は，図1の凡例に倣うこと。
(2) 図2中の[b]，図2及び図3中の[c]に入れる適切な字句を答えよ。
(3) 図3中の[d]に入れる適切な字句を答えよ。

設問 2

本文中の下線①の方式にする利点は何か。20字以内で答えよ。

設問 3

図4中の[e]，[f]に入れる適切な字句を答えよ。

設問 4

〔単一データベース・個別スキーマ方式のレビュー〕について答えよ。
(1) 本文中の[g]，[h]に入れる適切な字句を答えよ。
(2) 本文中の下線②の機能を，表1の機能名から答えよ。
(3) 本文中の下線③の見直した内容を，20字以内で答えよ。

問7　業務用ホットコーヒーマシンに関する次の記述を読んで，設問に答えよ。

G社は，業務用ホットコーヒーマシン（以下，コーヒーマシンという）を開発している。コーヒーマシンの外観を図1に，コーヒーマシンの内部構成を図2に，コーヒーマシンの主な構成要素を表1に，それぞれ示す。

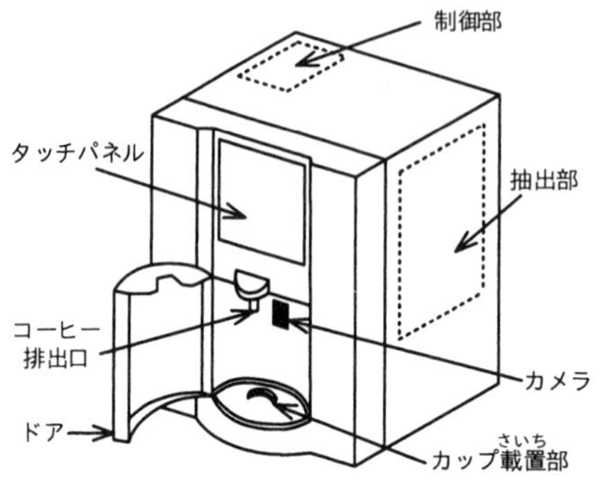

図1　コーヒーマシンの外観

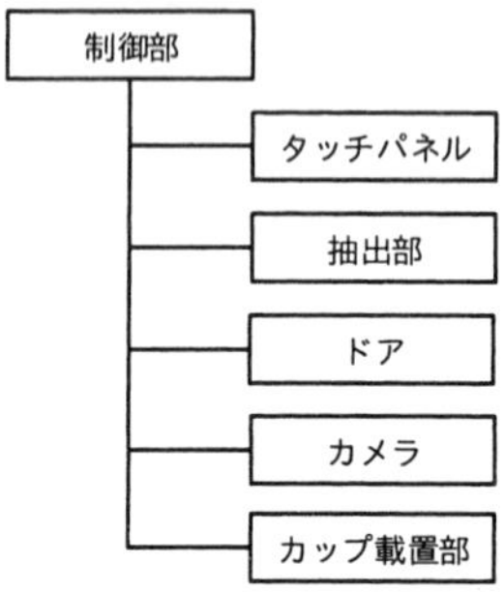

図2　コーヒーマシンの内部構成

表1　コーヒーマシンの主な構成要素

構成要素名	概要
制御部	・コーヒーマシン全体の制御及び状態管理を行う。また，カップの有無やサイズ，カップが空か否かを判定（以下，カップ判定という）するための画像認識を行う。
タッチパネル	・制御部から指示された画面を表示する。 ・利用者がタッチした座標情報を制御部に通知する。
抽出部	・制御部から指示された分量のコーヒーを抽出し，コーヒー排出口から排出する。
ドア	・開閉センサーをもち，開閉状態を0/1のデジタル信号で制御部に入力する。 ・ドアを閉じた状態でロックすることができるロック機構をもつ。ロック機構は，制御部からの指示でロック及びロック解除ができる。ロック及びロック解除に掛かる時間は無視できるほど小さいものとする。
カップ載置部	・コーヒー排出口から排出されたコーヒーを受けるカップを置く場所である。
カメラ	・カップ載置部を撮影するカメラで，制御部からの指示で撮影を行い，制御部と共有するメモリに画像データを書き出す。

〔カップ判定の仕様〕

カップ判定は，利用者がドアを閉じた時に，カメラでカップ載置部を複数回撮影して行う。カップ判定の結果一覧を，表2に示す。

表2　カップ判定の結果一覧

結果	概要
カップなし	・カップ載置部に何も置かれていないことを示す。
空カップあり	・専用の紙カップが，空の状態でカップ載置部に置かれていることを示す。この結果には，カップのサイズ（大，中，小）が付加される。
カップあり	・専用の紙カップが空でない状態でカップ載置部に置かれていることを示す。
障害物あり	・専用の紙カップ以外の物がカップ載置部に置かれていることを示す。

〔ドアの開閉状態の判定仕様〕

ドアの開閉センサーは，ドアが完全に閉じているときは0，それ以外は1を出力する。非常に短い間隔で0と1とを交互に出力することがあるので，制御部のソフトウェアは入力された値を10ミリ秒間隔で読み出し，4回連続で同じ値が読み出されたらドアの開閉状態を確定する。

〔コーヒーマシンの動作概要〕

コーヒーマシンの動作概要を次に示す。

(1) 電源が入ると，初期化処理を行う。初期化処理が完了したら待機中となり，カップをカップ載置部に置くように促す画面をタッチパネルに表示する。
(2) 利用者がドアを開けて，購入したカップをカップ載置部に置く。
(3) 利用者がドアを閉じると，カップ判定を行う。
(4) カップ判定の結果が“空カップあり”となるので，カップのサイズを表す文字と，確認ボタンで構成される画面をタッチパネルに表示する。
(5) 利用者が確認ボタンにタッチすると，［ a ］し，カップのサイズに応じた分量のコーヒーを抽出してコーヒー排出口からカップに注ぎ込む。タッチパネルには，抽出中であることを示す画面を表示する。
(6) コーヒーの排出が終わると，ドアをロック解除し，タッチパネルにカップの引取りを促す画面を表示する。
(7) 利用者がドアを開け，カップを引き取る。
(8) 利用者がドアを閉じると，カップ判定を行う。
(9) カップ判定の結果が“カップなし”となるので，待機中に戻る。

ここで，カップ判定中に利用者がドアを開けた場合は，カップ判定を中止し，利用者がドアを閉じるのを待つ。また，確認ボタンがタッチされる前に利用者がドアを開けた場合は，カップ判定の結果を破棄して，利用者がドアを閉じるのを待つ。

カップ判定の結果が“カップあり”又は“障害物あり”の場合，カップ判定の結果に応じた適切な画面をタッチパネルに表示する。

〔制御部のソフトウェア構成〕

制御部のソフトウェアは，リアルタイムOSを用いて実装する。制御部の主なタスクの処理概要を表3に示す。

表3　制御部の主なタスクの処理概要

タスク名	処理概要
メイン	・コーヒーマシンの状態管理を行う。
カップ判定	・メインタスクから“判定”を受けると，カメラで複数回撮影を行い，得られた画像データを用いてカップ判定を行った後，結果を“判定結果”でメインタスクに通知する。判定に掛かる時間は，300ミリ秒以上500ミリ秒以下である。 ・カップ判定中にメインタスクから“中止”を受けると，5ミリ秒以内にカップ判定を中止して“中止完了”をメインタスクに通知する。カップ判定中以外で“中止”を受けたときは無視する。
抽出	・メインタスクから“抽出”を受けると，抽出部を起動して抽出を開始し，抽出部から抽出終了を受信するまで待つ。 ・抽出終了を受信すると，コーヒーの排出が終了したと判断し，抽出部を停止して“抽出完了”をメインタスクに通知する。
タッチパネル	・メインタスクから“画面表示”を受けると，指定された画面をタッチパネルに表示する。 ・利用者が確認ボタンに触れたことを検出すると，“確認”をメインタスクに通知する。
ドア	・開閉センサーの出力を10ミリ秒周期で読み出し，確定したドアの開閉状態を保持する。 ・確定したドアの開閉状態が変化したら，“ドア開”又は“ドア閉”をメインタスクに通知する。 ・メインタスクから“ロック”又は“ロック解除”を受けると，ロック機構を操作して，ドアをロック又はロック解除する。

設問 1

コーヒーマシンについて答えよ。

(1) 本文中の［ a ］に入れる，適切なコーヒーマシンの動作を答えよ。

(2) 開閉センサーの出力を読み出す周期を，周波数32kHzのカウントダウンタイマー（以下，タイマーという）を用いて計っている。このタイマーは，あらかじめ設定された初期値からカウントダウンを行い，カウント値が0になったら，次のカウントダウンまでの間に初期値をリロードして動作を継続する。タイマーに設定する初期値は幾つか，整数で求めよ。ここで，$1k=10^3$とする。

設問 2

制御部のタスクについて答えよ。

(1) カップ判定タスクは，メインタスク及びドアタスクよりも優先度を低くしている。その理由を30字以内で答えよ。

(2) メインタスクが抽出タスクに“抽出”を通知する際のパラメータとして，必要な情報を答えよ。

(3) 開閉センサーの出力と，ドアタスクの動作タイミングの例を図3に示す。図3中の，アの時点でドアタスクが保持しているドアの開閉状態が開状態であるとき，ドアタスクがメインタスクに“ドア開”及び“ドア閉”を通知するタイミングを，それぞれ，ア～テの記号で答えよ。

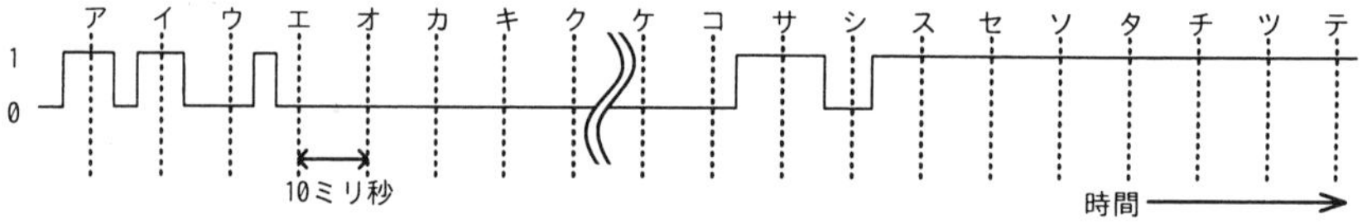

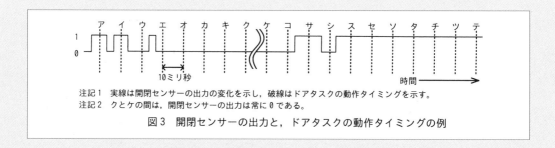

注記 1　実線は開閉センサーの出力の変化を示し，破線はドアタスクの動作タイミングを示す。
注記 2　クとケの間は，開閉センサーの出力は常に 0 である。

図 3　開閉センサーの出力と，ドアタスクの動作タイミングの例

設問 3

図4に示すメインタスクの状態遷移について答えよ。

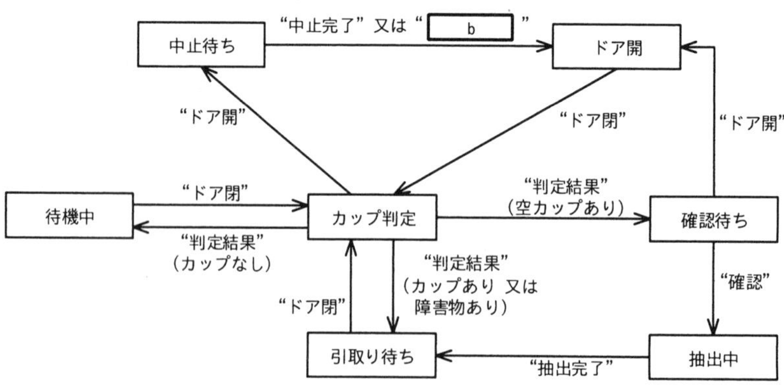

図 4　メインタスクの状態遷移

(1) メインタスクがドアタスクに通知を行うのは，何のメッセージを受けたときか。図4中のメッセージ名で全て答えよ。
(2) 図4中の［　b　］に入れる適切なメッセージ名を，表3中の字句で答えよ。

問8 ダッシュボードの設計に関する次の記述を読んで，設問に答えよ。

Y社は，食品などを販売する店舗を経営する企業である。複数ある店舗では，商品の販売状況や在庫状況に合わせて，割引率を設定したり，店舗間で在庫の移動を行ったりしている。販売に関する情報は販売管理システムで管理しているが，状況をリアルタイムで監視するには不向きであった。そこで，販売状況をリアルタイムで監視できるシステム（以下，ダッシュボードという）を開発することにした。

Y社では，商品ごとに商品分類を設定し，売上金額や販売数の集計に利用している。Y社が扱う情報のデータモデル（抜粋）を図1に，ダッシュボードのイメージ（一部）を図2に示す。

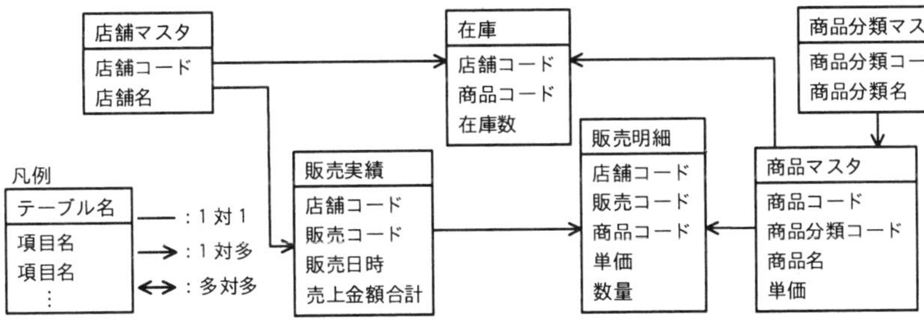

図1　データモデル（抜粋）

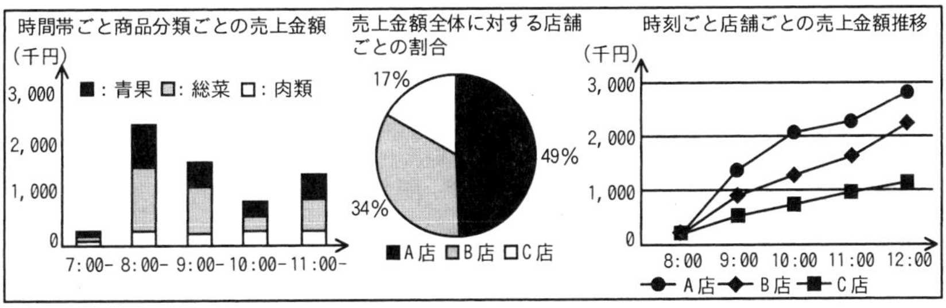

図2　ダッシュボードのイメージ（一部）

販売状況や在庫状況はデータベースで管理する。データベースに新たな販売実績が追加されたり，在庫数が更新されたりすると，その内容がダッシュボードに随時反映され，最新の情報が表示される。

Y社は，ダッシュボードの開発をZ社に依頼し，Z社はその設計に取り掛かった。

〔ダッシュボードのクラスの設計〕

Z社は，ダッシュボードのクラスの設計を行った。設計したクラス図を図3に，表示できるグラフの種類を表1に，主なクラスの説明を表2に示す。Controllerクラスは，システム全体の挙動を制御するクラスである。Viewクラスは，画面にグラフを表示する機能をもつクラスである。グラフには複数の種類があるので，その種類ごとに，Viewクラスを［　a　］したクラスを作成する。Subjectクラスは，データベースが更新されたことをViewクラスのオブジェクトに通知するクラスである。

図1のデータモデル中のテーブルのうち，ダッシュボードで監視したい情報に関するテーブルのそれぞれについて，Subjectクラスを［　a　］したクラスを作成する。以下，Viewクラス，Subjectクラスを［　a　］したクラスのオブジェクトを，それぞれViewオブジェクト，Subjectオブジェクトという。

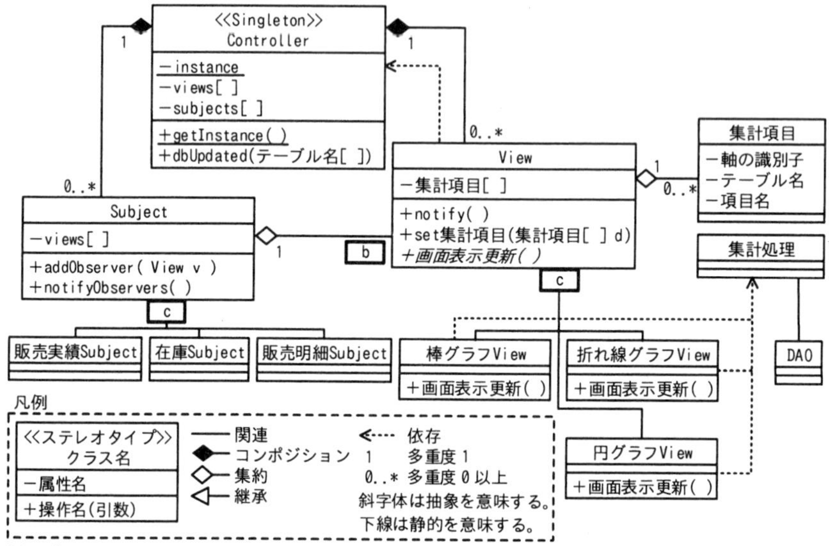

注記　集計項目クラスの属性“軸の識別子”は，グラフの“縦軸”，“横軸”などを一意に示す値である。

図3　クラス図

表1　表示できるグラフの種類

種類	グラフの構成要素	説明
棒グラフ	横軸の項目，集計対象の項目，分類	横軸の項目について，任意の値の範囲で区切り，集計対象の項目の値を縦棒で表現する。縦棒の値は，分類ごとに色分けし，それらを積み上げて表示する。
円グラフ	集計対象の項目，分類	集計対象の項目について，分類ごとに集計して，その割合を扇形の面積で表現する。 扇形は分類ごとに色分けして表示する。
折れ線グラフ	横軸の項目，集計対象の項目，分類	横軸の項目について，任意の値の範囲で区切り，集計対象の項目の値の推移を折れ線で表現する。折れ線は分類ごとに分けて表示する。

表2　主なクラスの説明

クラス	説明
Controller	プログラムの流れを制御するクラス。データベースが更新されたときに，更新されたテーブル名の配列を引数にして，dbUpdated メソッドを呼び出す。
DAO	データベースにアクセスするためのクラス。
Subject	データの更新を View オブジェクトに通知するクラス。通知先は，addObserver メソッドで登録する。notifyObservers メソッドは，登録された全ての通知先の notify メソッドを呼び出す。
View	ダッシュボードに一つのグラフを表示するクラス。グラフの軸や集計対象の項目の情報を，集計項目オブジェクトの配列で保持している。notify メソッドは，画面表示更新メソッドを呼び出す。画面表示更新メソッドは，対象に関する集計を行い，画面の表示を更新する。
集計処理	グラフを表示する際に必要になる，各種の集計の処理を実装したクラス。

〔グラフの新規表示〕

例えば，“時間帯ごと商品分類ごとの売上金額”のグラフを新たに画面上に表示する場合を考える。グラフの種類は棒グラフなので，棒グラフViewクラスのオブジェクトを作成する。次に，①関係するSubjectオブジェクトのaddObserverメソッドを呼び出す。その後，画面の初期表示のために，画面表示更新メソッドを呼び出す。

〔グラフの表示内容更新〕

店舗で商品が販売されると，販売管理システムが，データベースにレコードを追加する。そのとき，ダッシュボードのControllerクラスに実装されているdbUpdatedメソッドが呼び出されるように，システム間の連携が行われている。

Controllerクラスは，dbUpdatedメソッドが呼び出されると，更新されたテーブルに対応するSubjectオブジェクトのnotifyObserversメソッドを呼び出す。notifyObserversメソッドは，そのオブジェクトが属性としてもつ配列viewsに格納されている全てのViewオブジェクトのnotifyメソッドを呼び出す。notifyメソッドは，画面表示更新メソッドを呼び出す。Viewクラスの画面表示更新メソッドは［ d ］メソッドなので，例えば，“時間帯ごと商品分類ごとの売上金額”の場合は［ e ］クラスに実装されたメソッドを呼び出す。

〔データのフィルタリング〕

Y社からの追加の要求で，集計結果をフィルタリングする機能を追加することになった。例えば，“時間帯ごと商品分類ごとの売上金額”のグラフ上で，特定の商品分類の表示箇所をマウスでクリックしたときに，表示されている全てのグラフについて，指定した商品分類で絞り込んだ結果を表示したい。そこで，絞込条件を取り扱うクラスとして絞込条件クラスを導入し，次の改修を加えることで機能を実現することにした。

・絞込条件クラスは，属性として“テーブル名”，“項目名”，“絞込条件の値”をもつ。
例えば，商品分類で絞り込む場合は，テーブル名に“商品マスタ”，項目名に“商品分類コード”，絞込条件の値に“商品分類コードの値”が入る。
・Controllerクラスの属性に絞込条件クラスのオブジェクトを追加し，その属性に条件を設定するためのsetFilterメソッドを追加する。
・Viewオブジェクトが画面の表示を更新する際に，絞込条件のオブジェクトが引き渡されるようにするために，SubjectクラスのnotifyObserversメソッドと，Viewクラスのnotifyメソッドのそれぞれについて，呼出しの②仕様を変更する。
・集計処理クラスの処理で絞込条件を考慮して集計し，画面を更新する。

画面の操作が行われたら，Viewオブジェクトが絞込条件オブジェクトを生成し，ControllerオブジェクトのsetFilterメソッドを呼び出す。その後，全てのViewオブジェクトの画面表示更新メソッドを呼び出すことで，機能を実現する。

〔過負荷の回避〕

設計レビューを実施したところ，次の点が指摘された。

・販売管理システムが，データベースに販売実績のレコードを連続で追加すると，ダッシュボードが過負荷になるおそれがある。
・一つのViewオブジェクトは［ f ］ので，1回の販売実績の登録で，表示の更新が複数回発生してしまう。

そこで，Viewクラスの属性に“更新フラグ”を追加し，notifyメソッドでは画面表示更新メソッドを呼び出すのではなく，“更新フラグ”を立てるようにした。また，“更新フラグ”を立てる処理とは別に，定期的に画面表示更新メソッドを呼び出す仕組みを用意し，“更新フラグ”が立っている場合だけ画面の更新処理を実行してから“更新フラグ”を降ろすようにした。

設問 1

本文中の[a]に入れる適切な字句を答えよ。

設問 2

図3中の[b]，[c]に入れる適切なクラス間の関係又は多重度を答え，クラス図を完成させよ。なお，表記は図3の凡例に倣うこと。

設問 3

本文中の下線①について，関係するSubjectオブジェクトのクラス名を図3中から選び全て答えよ。

設問 4

本文中の[d]，[e]に入れる適切な字句を答えよ。

設問 5

本文中の下線②について，仕様変更の内容を30字以内で答えよ。

設問 6

本文中の[f]に入れる適切な字句を，30字以内で答えよ。

問9

IoT活用プロジェクトのマネジメントに関する次の記述を読んで，設問に答えよ。

P農業組合が管轄する地域では，いちご栽培が盛んである。いちごは繁殖率が低く，栽培技術の向上や天候不順への対応が必要である。P農業組合員のいちご栽培農家は温度調節や給水などの栽培管理を長年の経験と勘に頼っていたので，一部の農家を除いて生産性が低い状態が続いていた。そこで，数年前に生産性向上を目指してW社のIoTシステムを導入した。IoTシステムの主な機能は，次のとおりである。

・栽培ハウス（以下，ハウスという）内外に環境計測用センサー（以下，Kセンサーという），温度調節や給水などを行う装置，装置に無線で動作指示する制御機器（以下，S機器という）を設置する。
・Kセンサーは，温度，湿度などの環境データを取得してS機器に送信する。
・S機器は，受信した環境データと，S機器の動作指示を制御するパラメータ（以下，制御パラメータという）とを基に，装置に温度調節や給水などの動作指示をする。
・農家は，その日の天候及びP農業組合内に設置されたデータベース（以下，DBという）サーバに蓄積された過去の環境データを参考にして，より良い栽培環境になるように，農家に配付されているタブレット端末を使って制御パラメータを変更できる。

〔SaaSを活用したIoTの効果向上〕

IoTシステムの導入によって，ハウス内の温度や湿度などをコントロールできるようになった。しかし，大半の農家では，過去の環境データを分析して制御パラメータを最適に設定することが難しかったので，期待していたほどの効果は出ていなかった。そこで，P農業組合のQ組合長はA社に支援を依頼した。A社は，ICTを活用した農作物の生産性向上に資するデータ分析サービスを

SaaSとして提供する企業である。A社のB部長は，導入したIoTシステムの効果を向上させるために，A社のSaaSを活用して制御パラメータを自動的に変更するサービス（以下，本サービスという）の導入を提案しようと考えた。

A社のSaaSは，実装されたAIのデータ分析を最適化するためのパラメータ（以下，分析パラメータという）を参照し，過去と現在の環境データ，及び外部気象サービスが提供する予報データを統合して分析する。本サービスでは，この分析結果から最適な制御パラメータを算出してS機器に送信し，制御パラメータを変更する。

提案に先立って，B部長はQ組合長に，A社のSaaSにはW社のIoTシステムとの接続実績がなく，またA社にはいちご栽培でのデータ分析サービスの経験がないので，分析パラメータの種類の選定及び値の設定の際に，試行錯誤が予想されることを説明した。さらに，B部長は，本サービスの実現に不確かな要素は多いが，導入を試してみる価値が十分あると伝えた。Q組合長はこれらを理解した上で，本サービスの導入プロジェクト（以下，SaaS導入プロジェクトという）の立ち上げを決定し，Q組合長自身がプロジェクトオーナーに，B部長がプロジェクトマネージャになった。

B部長は，プロジェクトの目的を"農家が，本サービスを使っていちご栽培を改善し，より良い収穫を実現すること"にした。なお，SaaS導入プロジェクトが完了して本サービスが開始されるときの分析パラメータは，プロジェクト活動中にいちご栽培に適すると評価された設定値とする。本サービス開始後，農家は，タブレット端末から分析パラメータの設定をガイドする機能（以下，ガイド機能という）を使って設定値を変更できる。その際，P農業組合は，農家がガイド機能を活用できるようになる支援を行う。本サービスを導入したシステムの全体の概要を図1に示す。

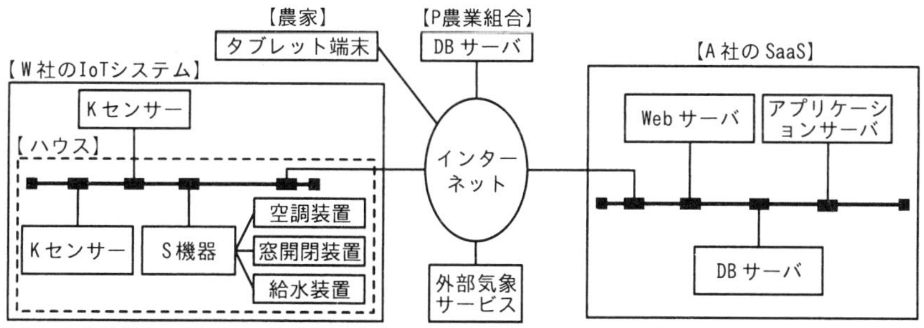

注記　P農業組合のDBサーバに蓄積されたデータは，本サービス開始前にA社のSaaSに移される。

図1　本サービスを導入したシステムの全体の概要

〔概念実証の実施〕

B部長は，①SaaS導入プロジェクトの立ち上げに先立って，概念実証（Proof of Concept 以下，PoCという）を実施することにした。PoCの実施メンバーには，A社からB部長のほかに，導入支援担当としてC氏が選任された。C氏は，IoTシステムとのデータ連携機能の開発経験があり，また様々なデータ分析の手法を熟知していた。P農業組合からは，いちご栽培の熟練者であるR氏が選任された。また，P農業組合からW社に，IoTシステムとA社のSaaSとのデータ連携に関する支援を依頼した。PoCの実施に当たって，P農業組合がいちご栽培の独自情報を開示すること，A社及びW社が製品の重要情報を開示することから，3者間で[a]を締結した。

PoCでは，IoTシステムが導入された農家で実際に栽培している環境の一部（以下，PoC環境という）を使うことにした。A社とW社が協力してIoTシステムとA社のSaaSとの簡易なデータ連携機能を開発し，P農業組合内に設置されたDBサーバに蓄積された過去の環境データを利用することにした。C氏が分析パラメータの種類の選定と値の設定を担当し，R氏が装置への動作指示の妥当性を評価することになった。

PoCは計画どおりに実施された。IoTシステムとA社のSaaSとのデータ連携は確認され，分析パラメータの種類の選定と値の設定に基づく動作指示も妥当であった。一方で，R氏から，Kセンサーの種類を増やして糖度，形状，色づきなどの多様なデータを取得し，きめ細かく装置を動作させたいとの意見が出された。これに対してC氏は，Kセンサーの種類を増やすとデータ連携機能の開発規模が増え，かつ，分析パラメータの種類の再選定が必要になると指摘した。

B部長は，PoCによって得られた本サービスの実現性の検証結果に加え，導入コスト，導入スケジュールなどを提案書にまとめた。A社内で承認を受けた後，B部長はQ組合長にA社のSaaS導入提案を行って了承され，準委任契約を締結してSaaS導入プロジェクトが立ち上げられた。

〔SaaS導入プロジェクトの計画〕

SaaS導入プロジェクトには，PoCの実施メンバーに引き続き参加してもらい，A社からの業務委託でW社も参加することになった。現在のIoTシステムに追加するKセンサーの種類の選定はR氏が中心になって進め，IoTシステムとA社のSaaSとのデータ連携機能の開発，及び分析パラメータの種類の選定と値の設定はC氏がリーダーになって進める。さらに，P農業組合の青年部からいちご栽培の経験がある2名が，利用者であるいちご栽培農家の視点で参加することになった。Q組合長は，この2名に②R氏及びC氏と協議しながら分析パラメータの値を設定するよう指示した。

B部長は，プロジェクトメンバーとともにプロジェクト計画の作成に着手し，プロジェクトのスコープを検討した。SaaS導入プロジェクトには，二つの作業スコープがある。一つは，Kセンサーの種類の追加というW社側の作業スコープである。もう一つは，Kセンサーの種類の追加に対応したデータ連携機能の開発及び分析パラメータの種類の選定と値の設定というA社側の作業スコープである。この二つの作業スコープは密接に関連しており，W社側の作業スコープの変更はA社側の作業スコープに影響する。B部長は，まずPoCの実施結果を基に，PoC環境の規模から実際に栽培している環境の規模に拡張することを当初スコープにした。このスコープでサービスを開発し，開発したサービスをプロジェクトメンバー全員で検証，協議した上で，開発項目の追加候補を決めてスコープを変更する開発アプローチを採用することにした。

B部長は，この開発アプローチでは適切にスコープをマネジメントしないと③スコープクリープが発生するリスクがあると危惧した。そこで，スコープクリープが発生するリスクへの対応として，［　b　］及び［　c　］のベースラインを基に次のスコープ管理のプロセスを設定した。

(1) 追加候補の開発項目を，スコープとして追加する価値があるか否かをプロジェクトメンバー全員で確認し，追加の可否を判断する。

(2) 追加候補の開発項目を加えたスコープがベースラインに収まれば追加する。

(3) 追加候補の開発項目を加えたスコープがベースラインに収まらず，スコープ内の他の開発項目の優先順位を下げられる場合は，優先順位を下げた開発項目をスコープから外し，追加候補の開発項目をスコープに追加する。

(4) 他の開発項目の優先順位を下げられない場合は，スコープが拡大してしまうので，プロジェクトの品質を確保するため［　b　］及び［　c　］のベースラインの変更をプロジェクトオーナーに報告し，変更可否を判断してもらう。

次に，B部長は，本サービスは，Kセンサー，装置，S機器などの多種多様のIoT機器，及びA社のSaaSで実現するシステムであることから，テスト項目数が多くなると予想し，テストで着目する点を明確にして効率よくテストを実施すべきだと考えた。PoCの実施環境，実施状況，及び実施結果を踏まえ，次のとおり着目する点を設定してテストを実施することにした。

(ⅰ) 利用規模を想定して，IoT機器の接続やデータ連携に着目したテスト

(ⅱ) 同一ハウス内で動作する複数の装置の競合に着目したテスト

(ⅲ) 利用場所，利用シーンに着目したテスト

(ⅳ) システムやデータの機密性，完全性，可用性に着目したテスト

本サービスをP農業組合へ導入したことをもってプロジェクトは完了するが，農家はいちごの栽培を続け，収穫によって導入効果を評価する。④B部長は，プロジェクトの完了時点では，プロジェクトの目的の実現に対する真の評価はできないと考えた。そこで，B部長は，A社とP農業組合とで，これについて事前に合意することにした。

設問 1

〔概念実証の実施〕について答えよ。

(1) 本文中の下線①について，B部長がSaaS導入プロジェクトの立ち上げに先立ってPoCを実施することにした理由は何か。25字以内で答えよ。

(2) 本文中の[a]に入れる適切な字句を，8字以内で答えよ。

設問 2

〔SaaS導入プロジェクトの計画〕について答えよ。

(1) 本文中の下線②について，Q組合長は，青年部の2名に本サービス開始後にどのような役割を期待して指示したのか。25字以内で答えよ。

(2) 本文中の下線③について，B部長が危惧したスコープクリープを発生させる要因は何か。35字以内で答えよ。

(3) 本文中の[b]，[c]に入れる適切な字句を，それぞれ8字以内で答えよ。

(4) 本文中の（ⅰ）～（ⅳ）の各テストで着目する点に1対1で対応する検証内容として解答群のア～エがある。このうち（ⅰ）のテストで着目する点に対応する検証内容として適切なものを，解答群の中から選び，記号で答えよ。

解答群

- ア 屋内屋外，温暖寒冷など様々な環境下での動作の検証
- イ 最大台数のIoT機器及び装置をつなげた状態での動作の検証
- ウ 同一ハウス内の無線を使った同一タイミングでの複数装置の動作の検証
- エ 無関係の外部者がシステムにアクセスできないことの検証

(5) 本文中の下線④について，B部長が真の評価はできないと考えた理由は何か。30字以内で答えよ。

問10

テレワーク環境下のサービスマネジメントに関する次の記述を読んで，設問に答えよ。

E社は，東京に本社があり，全国に3か所の営業所をもつ，従業員約200名の保険代理店である。E社には，保険商品の販売や顧客サポートを行う営業部，入出金処理や伝票処理を行う経理部，情報システムの開発や運用を行う情報システム部などの部署がある。営業部の従業員（以下，営業員という）は，営業先に出向いて業務を行うことが多く，その際の顧客サポートの質の向上が課題となっている。

E社の従業員には，ノートPCが一人1台貸与され，一部の営業員には，ノートPCとは別にタブレット端末が貸与されている。ノートPCやタブレット端末（以下，これらを社内デバイスという）では，本社内に設置しているサーバのアプリケーションソフトウェア（以下，業務アプリという）と，電子メール送受信やスケジュール管理を行うことができるグループウェア（以下，業務アプリとグループウェアを合わせて社内IT環境という）の利用が可能である。社内デバイスは，社外から社内IT環境へのネットワーク接続は行えない。

E社の情報システム部には，開発課と運用課がある。開発課は，各部署が利用する社内IT環境の企画・開発を行う。運用課は，管理者のF課長，運用業務の取りまとめを行うG主任及び数名の運用担当者で構成され，サーバなどのIT機器の管理だけでなく，次のITサービスを提供している。

- 社内IT環境の運用
- 従業員からの問合せやインシデントの対応を受け付けるサービスデスク

〔社内IT環境とサービスマネジメントの概要〕

現在の社内IT環境とサービスマネジメントの概要を次に示す。

・営業員は，社内IT環境から営業活動に必要なデータを，社内でタブレット端末にダウンロードし，営業先ではタブレット端末をスタンドアロンで使用している。
・社内デバイスのOSを対象に，セキュリティ修正プログラムを含むOSバージョンのアップデート（以下，OSパッチという）を実施している。
・OSパッチを適用するには，社内デバイスのシステム設定で自動適用と手動適用のいずれか一方を設定する必要がある。現在は手動適用に設定している。
・OSパッチを適用すると，社内デバイスで業務アプリを正常に利用できなくなるおそれがある。そこで，OSパッチの展開管理に責任をもつ運用課は，OSパッチが公開されると，まず，開発課にOSパッチを適用した社内デバイスでテストを行い，業務アプリを正常に利用できることを確認するように依頼する。業務アプリを正常に利用できることを確認後，運用課から，従業員に社内デバイスを操作してOSパッチを手動適用するように依頼する。
・従業員からの問合せやインシデントに対応するために，従業員が使っている社内デバイスの操作が必要な場合がある。サービスデスクは，従業員が社内デバイスを利用している場所が本社のときは対面でサポートを行い，営業所のときは電話でサポートを行っている。ただし，サービスデスクでは，電話でのサポートは時間が掛かるという問題を抱えている。
・サービスデスクだけでインシデントをタイムリーに解決できない場合，開発課への［ a ］を行うことがある。

〔テレワーク環境の構築の計画〕

営業部の課題を解決するため，全ての営業員にタブレット端末を貸与し，社外からインターネットを介して社内IT環境に接続可能なテレワーク環境を，開発課が構築し，運用課が運用することになった。なお，テレワーク環境は，当初はタブレット端末だけの利用とするが，社会情勢の変化を受けて在宅勤務などで，ノートPCにも今後利用を拡大する予定である。

テレワーク環境では，サービスデスクは，社外でタブレット端末を使う営業員からの問合せやインシデントに，営業所の場合と同様に，電話によるサポートで対応する。

〔テレワーク環境の運用の準備〕

F課長は，テレワーク環境の運用の準備に着手した。

テレワーク環境の利用開始直後は，営業員から問合せが多発することやインシデントの発生が想定された。F課長は，テレワーク環境の利用開始から安定稼働になるまでの間は，開発課による初期サポートが必要と判断し，開発課に依頼して初期サポート窓口を開発課に設けることを計画した。ただし，開発課による初期サポートの実施中は，問合せ先及びインシデントの連絡先を営業員自身が判断し，テレワーク環境については初期サポート窓口に，その他についてはサービスデスクに対応を依頼することとなる。F課長は，利用開始後のテレワーク環境に関する問合せとインシデントの対応が［ b ］ことを，テレワーク環境の安定稼働の条件と考えた。また，初期サポート窓口の設置は，テレワーク環境の利用開始後から4週間を目安とし，テレワーク環境に関する問合せとインシデントの対応が［ b ］ことを初期サポートの終了基準とし，終了基準を満たすまで，初期サポート窓口を継続する。

サービスデスクは本来，機能的にSPOC（Single Point Of Contact）とするのが望ましい。そこで，F課長は，①SPOCを実現する時期の判断のために，テレワーク環境の問合せ対応に関して，初期サポートが終了するまでに開発課から［ c ］ことも初期サポートの終了基準として設けるべきであると考えた。F課長は，これらの計画について営業部と開発課に説明して了承を得た。

次に，F課長は，タブレット端末をもつ営業員が増え，また社外での利用機会が拡大すること，及び今後ノートPCを利用した在宅勤務が予定されていることから，社内デバイスの利用状況の管理を効率的に行う必要があると考えた。そこで，現状の人手による管理に代えて，社内デバイスの利用状況を統合的に管理することができるツール（以下，統合管理ツールという）を導入することにした。F課長は，G主任に統合管理ツールの調査を指示し，G主任は，統合管理ツールの機能と概要を表1にまとめた。

表1　統合管理ツールの機能と概要

項番	機能	概要
1	台帳管理	社内デバイスのハードウェア情報，OS 及び導入しているミドルウェアのバージョン情報を自動取得し，管理することができる。
2	操作ログ管理	社内デバイスへのログイン及びログアウト状況など社内デバイスの利用状況を把握することができる。
3	リモート操作	統合管理ツールから社内デバイスをリモートで操作したり，ロックして使用できないようにしたりすることができる。
4	パッチ適用	配信用サーバを構築することで，社内デバイスの OS に対して，OS パッチを自動的に展開することができる。

G主任は，調査結果をF課長に説明した。F課長は，現在実施しているOSパッチの手動適用では，従業員がOSパッチの適用のタイミングをコントロールできてしまうことから，OSパッチの適用に不確実さがあることを問題視していた。F課長は，パッチ適用機能を使うことで，展開管理としてOSパッチを確実に適用できると考えた。F課長は，パッチ適用機能の実現には，テスト済みのOSパッチを配信用サーバに登録する手順の追加が必要となることをG主任に指摘し，検討するように指示した。そこで，F課長は，テレワーク環境の利用開始時点では，統合管理ツールのパッチ適用以外の機能を使用し，②現在，サービスデスクで行っているサポートの問題を解決することにした。

〔パッチ適用機能の使用〕

テレワーク環境の構築が完了し，営業員によるテレワーク環境の利用が開始された。初期サポート窓口での対応は，終了基準を満たして，計画どおり4週間で終了した。テレワーク環境はおおむね好評で，営業員のタブレット端末の利用頻度が上がり，タブレット端末による営業活動への効果が向上していた。一方で，以前から，営業部では，運用課からの指示がないにもかかわらずOSパッチを手動適用したり，指示したにもかかわらず手動適用を忘れたりして，社内デバイスで業務アプリを正常に利用できないというインシデントが発生しており，現在も営業活動に影響が出ていた。

この状況を受けて，F課長は，“今後のインシデント発生を防止するという問題管理の視点から有効であるだけでなく，展開管理の視点からも有効である”と考えて，早期に③パッチ適用機能の使用を開始することにし，G主任にその後の検討状況の報告を求めた。G主任は，展開管理の手順の検討結果を報告し，F課長は了承した。また，G主任は，パッチ適用機能を実現するためには，現在，手動適用の運用をしている社内デバイスの設定を変更する準備作業が必要となることを報告した。報告を受けたF課長は，準備が整い次第，パッチ適用機能を使用することを決定した。

設問 1

本文中の[a]に入れる適切な字句を解答群の中から選び，記号で答えよ。

解答群

ア　アセスメント　　イ　エスカレーション

ウ　ガバナンス　　エ　コミットメント

設問 2

〔テレワーク環境の運用の準備〕について答えよ。

(1) 本文中の［　b　］に入れる内容を，15字以内で答えよ。

(2) 本文中の下線①とすることのメリットは何か。営業員にとってのメリットを25字以内で答えよ。

(3) 本文中の［　c　］に入れる内容を，25字以内で答えよ。

(4) 本文中の下線②の問題と解決方法は何か。問題を25字以内で答えよ。解決方法は表1中の機能に対応する項番の数字を答えよ。

設問 3

本文中の下線③について，運用課が下線③の対策を採る理由を，展開管理の視点から30字以内で答えよ。

問11

支払管理システムの監査に関する次の記述を読んで，設問に答えよ。

V社は大手の製造会社であり，2年前に12年間利用していた自社開発の債務管理システムから業務パッケージを利用した支払管理システムに移行した。そこで，内部監査室は，支払管理システムの運用状況に関するシステム監査を実施することにした。

〔支払管理システム及び関連システムの概要〕

支払管理システム及び関連システムの概要を図1に示す。

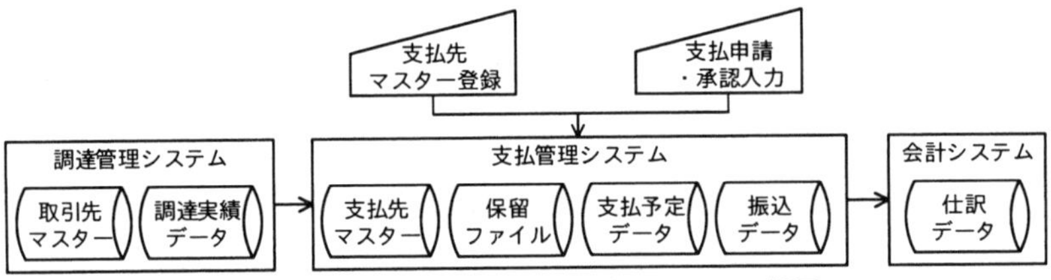

図1　支払管理システム及び関連システムの概要

(1) 支払管理システムは業務パッケージの標準機能を利用し，約1年間で，企画，要件定義，業務パッケージ選定，設計，開発，テスト及びリリースの各段階を経て移行された。V社では，規程類に適合しない機能を採用する場合は，対応策を含めて，リスク委員会の承認を受ける必要がある。

(2) 会計システムは業務パッケージである。

(3) 調達管理システムは，10年前に構築した自社開発システムであり，各工場製造部の原料及び外注加工に関する見積依頼・発注・入荷・検収を管理している。検収入力で作成される調達実績データは，半月ごとに支払管理システムへ取り込まれる。

(4) 4年前に実施された債務管理システムのシステム監査では，規程類に適合した機能が導入され，運用されていると結論付けられ，指摘事項はなかった。

(5) 昨年実施された調達管理システムの監査では，取引先別の調達実績データの合計額が支払管理システムの支払予定データの合計額と一致していないことが発見された。これについて，調達管理システムには問題はなく，支払管理システムの運用状況の詳細な調査が必要と結論付けられ，経理部で調査中とのことである。

〔支払管理システムの運用の概要〕

監査担当者が予備調査で把握した内容は，次のとおりである。

(1) 支払管理システムでは，業務パッケージの標準機能である利用者ID情報管理機能及びパスワード管理機能を利用している。承認された利用者ID申請書が情報システム部サポート担当に提出され，利用者ID情報が登録，変更，削除される。利用者ID情報には，利用者ID，利用者名，部署名，各メニューの利用権限などが含まれ，登録・変更・削除履歴は利用者ID更新ログに記録される。業務パッケージのパスワードポリシーの一部には，規程類に適合するようにパスワードポリシーを適用できない箇所があった。

(2) 支払管理システムに関連するプロセスは，次のとおりである。

① 経費精算などは，支払管理システムに支払申請入力を行い，承認者が承認入力を行うことで支払予定データが生成される。支払予定データは修正できないので，支払額を減額したい場合は，減額の支払申請を入力する。

② 支払規程によると，支払金額が一定額を超過する場合には，事業本部長の承認及び担当役員の承認が必要になる。支払管理システムには，一つの申請に対し複数の承認者を設定する機能がないので，承認入力後に承認者から必要な上位者に経理部宛のCCを含む電子メールで承認を受ける手続としている。

③ 支払申請入力では，請求書・領収書などの証ひょう類を承認者に回付せず，申請者が入力後に経理部に送付する。経理部は，支払予定データについて一定額超過の承認メールを含む証ひょう類に不備がないかチェックする。経理部は，証ひょう類に不備のある支払予定データについて，未承認の状態に変更することができ，その場合は，申請者に電子メールで通知される。また，各工場管理部は調達管理システムの調達実績データについて，取引先からの請求書とチェックしている。

④ 調達実績データから支払予定データを生成するには支払先マスターに調達連携用の支払先（以下，調達用支払先という）を登録しておく必要がある。調達用支払先は，調達管理システムに関する支払業務以外では利用しない。

⑤ 支払管理システムでは，半月ごとの調達実績データの取込処理によって，支払予定データが生成される。取込処理の実行時にエラーがあった場合は，情報システム部でエラー対応を行う。一方，エラーではないが支払先マスターに調達用支払先が未登録などの場合は，保留ファイルに格納される。経理部は保留ファイルに対し，支払先マスター登録などの対応後に保留ファイルの更新処理を実行する一連の作業を行う。

⑥ 原料・外注加工費は半月ごとに支払が行われるので，調達管理システムでの検収入力が遅れ，次回の取込処理となってしまうと支払遅延となる。そこで，支払遅延とならないように工場製造部の申請に基づき，工場管理部は，当該取引先に対応した調達用支払先を利用して追加の支払申請入力を行う。また，次回の取込処理までに重複防止のための減額の支払申請入力が必要となる。

⑦ 経理部は，作業が完了した支払予定データに対して振込データ作成画面で対象範囲を指定して，銀行に送信する振込データを作成する。

〔監査手続の作成〕

監査担当者が，予備調査に基づき策定した監査手続案を表1に示す。

表1　監査手続案（抜粋）

項番	監査要点	監査手続
1	利用者IDは，適切に登録，変更，削除される。	・利用者ID申請書が適切に作成，承認され，利用者ID申請書の内容と利用者ID情報が一致しているか確かめる。
2	利用者IDのパスワードは，適切に設定される。	・利用者IDのパスワードポリシーが，V社のパスワードの規程類に準拠しているか確かめる。
3	支払予定データは，調達実績データによって適切に作成される。	・支払先マスターが正確に登録されるかどうか確かめる。 ・調達実績データの取込処理が漏れなく実行され，エラーが発生した場合は適切に対処されているか確かめる。
4	経費精算などの支払予定データは，適切に承認される。	・支払管理システムの承認権限が適切に付与されているか確かめる。 ・支払申請が未承認で残っていないか確かめる。
5	振込データは，適切に作成される。	・経理部が振込データの作成範囲に漏れがないことをチェックしているかを確かめる。

内部監査室長は，表1をレビューし，次のとおり監査担当者に指示した。

(1) 表1項番2の監査手続は，予備調査の結果を踏まえると不備が発見される可能性が高い。これに対応する追加手続として，［ a ］段階で［ b ］が行われていたかどうかについての監査手続を含めるべきである。

(2) 表1項番3の監査手続だけでは，監査要点を十分に評価できない。［ c ］に対する作業について評価する監査手続を追加すること。

(3) 表1項番4の監査手続だけでは，監査要点を十分に評価できない。支払金額が［ d ］の支払予定データについては，監査手続を追加すること。

(4) 表1項番5について，支払予定データに対して経理部の［ e ］が振込データ作成前に完了していることを確かめる監査手続を追加すること。

(5) 昨年度のシステム監査での発見事項については，表1の項番［ f ］で確かめている。その他，差異が発生する可能性のある次の二つの事象に関する監査要点及び監査手続を追加すること。

① 調達管理システムと異なる支払申請入力において，間違って［ g ］を利用してしまった。

② 支払遅延防止として追加の支払申請入力した後に，［ h ］を行わなかった。

設問 1

〔監査手続の作成〕の［ a ］～［ d ］に入れる適切な字句をそれぞれ10字以内で答えよ。

設問 2

〔監査手続の作成〕の［ e ］について，どのような作業を確かめるべきか，適切な字句を20字以内で答えよ。

設問 3

〔監査手続の作成〕の［ f ］に入れる最も適切な監査要点を表1の中から選び，表1の項番で答えよ。

設問 4

〔監査手続の作成〕の［ g ］，［ h ］に入れる適切な字句をそれぞれ10字以内で答えよ。

数字・記号

A

B

C

D

E

F

G

H

I

J

な行

は行

付録

応用情報技術者試験

■解答一覧

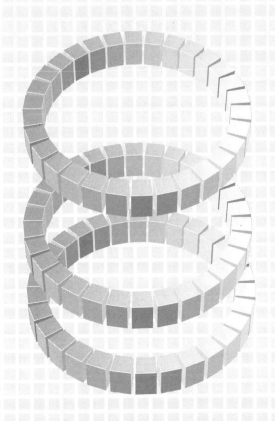

令和４年度秋期　解答一覧

午前

問1	イ	問11	イ	問21	ウ	問31	ウ	問41	イ	問51	ウ	問61	エ	問71	ウ
問2	エ	問12	ウ	問22	エ	問32	ア	問42	イ	問52	イ	問62	イ	問72	イ
問3	ア	問13	ウ	問23	ウ	問33	ウ	問43	ア	問53	エ	問63	ウ	問73	ウ
問4	イ	問14	エ	問24	ア	問34	エ	問44	イ	問54	ウ	問64	イ	問74	イ
問5	イ	問15	ア	問25	エ	問35	エ	問45	イ	問55	イ	問65	エ	問75	エ
問6	エ	問16	イ	問26	イ	問36	ウ	問46	ア	問56	ウ	問66	エ	問76	ウ
問7	エ	問17	ウ	問27	イ	問37	ア	問47	イ	問57	イ	問67	エ	問77	イ
問8	イ	問18	ウ	問28	ウ	問38	ウ	問48	イ	問58	エ	問68	ウ	問78	ウ
問9	イ	問19	ウ	問29	ウ	問39	ア	問49	エ	問59	ウ	問69	イ	問79	エ
問10	エ	問20	ウ	問30	イ	問40	イ	問50	ウ	問60	ア	問70	エ	問80	ア

午後

問1	設問1 (1) a：ア　b：ケ　c：ク (2) ア 設問2 (1) 稼働している機器のIPアドレス（15文字） (2) ウ (3) ア 設問3 (1) 宛先を変えながらICMPエコー要求パケットを送信（24文字） (2) 対象PCをネットワークから隔離する（17文字） (3) 管理サーバでログの分析結果を確認する（18文字）
問2	設問1 (1) 強み：業界に先駆けた教育コンテンツの整備力（18文字） 機会：法人従業員向け教育市場の伸びが期待できる（20文字） (2) イ 設問2 (1) G社での実績を使い，他製造業に展開する（19文字） (2) a：ウ 設問3 (1) b：カ　c：イ (2) d：サブスクリプション 設問4 (1) 教育SaaSの競争優位性を高める開発投資（20文字） (2) e：40　f：80
問3	設問1 (1) 3 (2) ア：2 設問2 イ：paths[sol_num][k] ウ：stack_top－1 エ：maze[x][y] 設問3 オ：sol_num 設問4 (1) カ：5,3 (2) キ：22　ク：3
問4	設問1 (1) a：ウ　b：エ　c：イ　(a，b順不同) (2) エ 設問2 (1) 開発期間中に頻繁に更新されるため（16文字） (2) d：10.1.2　e：15.3.3 設問3 (1) イ (2) f：/app/FuncX/test/test.txt (3) img-dev_dec

問5	設問1　a：カ　b：イ　c：ウ 設問2　(1) Webサーバ，本社VPNサーバ (2) d：ワンタイムパスワード (3) e：認証サーバ 設問3　(1) イ (2) f：1.6　g：192 (3) Web会議サービス
問6	設問1　a：年月　b：↑　c：情報端末ID　d：従業員ID　(cdは順不同) e：↓　f：↲ 設問2　オ 設問3　j：SELECT (契約ID, 暗唱番号) k：CHAR(4) NOT NULL DEFAULT '1234' l：PRIMARY KEY m：FOREIGN KEY
問7	設問1　(1) (a)：傘の通過に関して誤検知を起こすため（17文字） (b)：40　ミリ秒 (2) 100,000 設問2　(1) a：メイン　b：管理サーバ (2) c：ア　d：エ 設問3　(1) e：ロック解除完了　f：センサーで検知　g：ロックを掛け　h：完了 (2) 管理情報を更新し，管理サーバへ管理情報を送信する（24文字）
問8	設問1　(1) ①：ウ　②：ア (2) a：モデレーター (3) b：二次欠陥 設問2　別グループのリーダー（10文字） 設問3　(1) 第1群の除去は設計途中で行われているから（20文字） (2) c：オ (3) 検出した欠陥の対策については別の会議で議論する（23文字）
問9	設問1　a：RBS 設問2　(1) AI機能を利用した経験がなく，リスクが漏れる（22文字） (2) b：ウ 設問3　(1) c：遅延なし (2) 項番：2　期待値：80　万円 設問4　新たなリスクの発生の有無を定期的にチェックする活動（25文字）
問10	設問1　受注時点で与信限度額チェックを行う（17文字） 設問2　a：6 作業内容：業務変更のための業務設計（12文字） 設問3　(1) b：1.1　c：46.2　d：11.0 (2) 作業：2 内容：確保した予算を超過する（11文字） 根拠：前年度の10%を上回る工数の増加になるため（21文字）
問11	設問1　a：貸与PC管理台帳（8文字）（a，b順不同） b：終了届（3文字） 設問2　c：パスワードの入力を必須と（12文字） 設問3　d：紛失日（3文字）（d，e順不同） e：システム部への届出日（10文字） 設問4　f：リスク評価（5文字） g：Web会議システム（9文字） 設問5　h：不備事項の是正結果を確認（12文字）

午後試験の長文問題は記述式解答方式であるため，複数解答があり得る場合や著者との見解との不一致が生じる可能性があり，本書の解答は必ずしもIPA発表の模範解答と一致しないことがあります。この点につきまして，ご理解のうえご利用くださいますようお願い申し上げます。

令和５年度春期　解答一覧

午前

問1	ア	問11	ア	問21	イ	問31	イ	問41	ア	問51	エ	問61	ア	問71	イ
問2	ア	問12	ア	問22	ア	問32	ウ	問42	イ	問52	ア	問62	ア	問72	ウ
問3	ア	問13	イ	問23	エ	問33	ウ	問43	エ	問53	イ	問63	ウ	問73	エ
問4	ウ	問14	イ	問24	エ	問34	エ	問44	エ	問54	エ	問64	エ	問74	ウ
問5	ウ	問15	エ	問25	ウ	問35	イ	問45	エ	問55	エ	問65	ア	問75	ウ
問6	エ	問16	エ	問26	ウ	問36	ア	問46	ウ	問56	イ	問66	エ	問76	ア
問7	ア	問17	ウ	問27	エ	問37	ウ	問47	ウ	問57	ウ	問67	ウ	問77	エ
問8	イ	問18	ア	問28	ア	問38	ウ	問48	イ	問58	イ	問68	イ	問78	イ
問9	ウ	問19	エ	問29	エ	問39	ウ	問49	イ	問59	ア	問69	イ	問79	エ
問10	イ	問20	ア	問30	ア	問40	イ	問50	エ	問60	エ	問70	ウ	問80	エ

午後

問1	設問1 (1) ウ (2) a：5 設問2 (1) 5 (2) イ 設問3 (1) イ (2) b：3　c：6　d：5（b，cは順不同） (3) ア，ウ 設問4 (1) ア (2) 鍵のかかる引き出しやロッカーに保管する（19文字）
問2	設問1 (1) エ (2) 慢性的人手不足で設定スキル習得が負担となっている（24文字） (3) a：イ 設問2 (1) b：イ (2) リピート受注率を高める（11文字） (3) 可能となること：①1回の訪問で修理を完了できる（14文字） ②故障発生前に部品交換できる（13文字） メリット：要員が計画的に作業できる（12文字） (4) 値引き価格を印字したバーコードラベルを貼る適切な時刻を通知する機能（33文字）
問3	設問1 ア：3×7　イ：4×12 設問2 ①：48　②：260　③：48　④：84 設問3 ウ：pow（3, i−1） エ：（i−1）* 3 オ：pe.val1 カ：pe.val2 設問4 キ：mod（mul, 10） ク：elements[cidx＋2] ケ：elements[cidx] 設問5 2N
問4	設問1 (1) a：ア (2) b：JSON (3) 閲覧される回数が多い記事（12文字） 設問2 c：280　d：200　e：138　f：246 設問3 (1) g：ITNewsDetail h：ITNewsHeadline (2) 処理を受け付けたAPによってITニュース一覧画面の内容が異なる（32文字） (3) ユーザーが参照する記事データはAPで提供するWeb APIを利用して取得するため（40文字）

問5	設問1 （1）FWf （2）L3SW，FWb，L2SWb 設問2 （1）a：miap.example.jp （2）app.f-sha.example.lan 設問3 （1）b：DNSサーバc　c：ゾーン　d：TTL （2）Mシステムの応答が遅くなったり，使えなくなる（23文字） （3）サーバにアクセス中の顧客がいないこと（18文字）
問6	設問1 a：→　b：従業員コード 設問2 （1）c：INNER JOIN d：LEFT OUTER JOIN e：BETWEEN f：B.職務区分='02' g：GROUP BY 従業員コード, KPIコード h：組織ごと_目標実績集計_一時 i：COUNT(*) （2）従業員コードとKPI項目の値が一致する日別個人実績レコードが存在しない場合（37文字）
問7	設問1 39秒 設問2 a：246 設問3 （1）b：前回のデータ送信から600秒経過又は位置通知要求あり （2）c：メッセージ名：受信要求 メッセージの方向：← d：メッセージ名：測位可能通知 メッセージの方向：→ e：メッセージ名：通信可能通知 メッセージの方向：→ 設問4 通信モジュールと測位モジュールの通信が同時に実施され，データが破棄される（36文字）
問8	設問1 ロックの解除（6文字） 設問2 a：develop b：main c：コミット 設問3 feature-Aを対象に，（オ）をリバートしてから，（ウ）をリバートする（37文字） 設問4 下線③：ウ　下線④：エ 設問5 プルしたdevelopブランチをfeatureブランチにマージする（33文字）
問9	設問1 （1）営業日の業務停止を回避できる（14文字） （2）エ （3）IaaSの利用による構築期間や費用（17文字） 設問2 （1）ステアリングコミッティで対応方針を説明し，承認をもらう（27文字） （2）エスカレーション対応にリソースを拡充すること（22文字） （3）移行判定基準（6文字） 設問3 （1）a：オ　b：ア （2）来年3月末以降の保守費用の確保（15文字）
問10	設問1 （1）ア （2）a：信頼 設問2 （1）b：180 （2）障害から復旧までにかかる時間（14文字） （3）毎月1回午前2時～午前5時に計画停止時間が生じること（26文字） 設問3 （1）イ，エ （2）バックアップの遠隔地保管を廃止すること（19文字） （3）ア （4）重要事業機能への影響（10文字）
問11	設問1 a：ログイン 設問2 カ 設問3 d：イ 設問4 e：ア 設問5 f：実地棚卸リスト（7文字）　g：在庫データ（5文字）　h：他人の利用者ID（8文字）

午後試験の長文問題は記述式解答方式であるため，複数解答があり得る場合や著者との見解との不一致が生じる可能性があり，本書の解答は必ずしもIPA発表の模範解答と一致しないことがあります。この点につきまして，ご理解のうえご利用くださいますようお願い申し上げます。

令和5年度秋期　解答一覧

午前

問1	ウ	問11	イ	問21	ウ	問31	ウ	問41	イ	問51	エ	問61	イ	問71	エ
問2	エ	問12	イ	問22	ウ	問32	イ	問42	ウ	問52	ウ	問62	ア	問72	イ
問3	ア	問13	イ	問23	ア	問33	イ	問43	ア	問53	ア	問63	エ	問73	イ
問4	ア	問14	エ	問24	ア	問34	イ	問44	ア	問54	エ	問64	ウ	問74	エ
問5	ウ	問15	エ	問25	イ	問35	エ	問45	エ	問55	ア	問65	ア	問75	エ
問6	ウ	問16	エ	問26	エ	問36	ウ	問46	ウ	問56	イ	問66	エ	問76	イ
問7	イ	問17	ア	問27	ア	問37	ア	問47	エ	問57	イ	問67	ア	問77	エ
問8	ウ	問18	イ	問28	ア	問38	ウ	問48	ア	問58	ウ	問68	ウ	問78	エ
問9	ウ	問19	エ	問29	イ	問39	ア	問49	ア	問59	ウ	問69	イ	問79	ア
問10	ア	問20	エ	問30	ア	問40	ア	問50	ア	問60	イ	問70	ウ	問80	イ

午後

問1	設問1　(1)　本文メールとPWメールの両方を誤送信し，ZIPファイルを復元されてしまう（36字） 　　　　(2)　PWメールを本文メールと異なるメールシステムで送信する（27字） 設問2　(1)　1.6 　　　　(2)　a：カ　b：オ　c：ウ　d：エ 　　　　(3)　暗号化と復号にかかる時間を短縮するため（19字） 設問3　ア
問2	設問1　(1)　各本部が組織を横断して連携するビジネス戦略とする（24字） 　　　　(2)　a：商品やサービスを独占販売する（14字） 　　　　(3)　b：コンテンツマーケティング（12字） 　　　　　　d：業務提携するサービス事業者（13字） 　　　　(4)　c：ウ 設問2　(1)　C，D，B，A 　　　　(2)　ソリューション事例を登録する（14字） 　　　　(3)　有益な情報を探す時間を短縮し，適切なタイミングで顧客に提案することで失注を防ぐ（39字） 設問3　15
問3	設問1　ア：n　イ：$\log_2 n$ 設問2　(1)　ウ：h1が2と等しい 　　　　　　エ：height(t.left.right) - height(t.left.left) 　　　　　　オ：h1が−2と等しい 　　　　　　カ：height(t.right.left) - height(t.right.right) 　　　　(2)　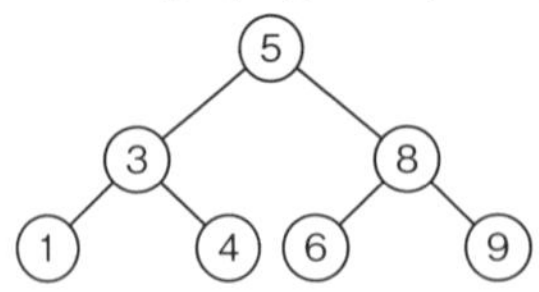 　　　　(3)　キ：$\log_2 n$
問4	設問1　(1)　a：販売システム　b：生産システム　c：会計システム 　　　　(2)　d：出荷情報　e：週次　f：売上情報　g：月次 設問2　(1)　会社名：D社 　　　　　　システム名：販売システム 　　　　(2)　受注（EDI），販売実績管理（月次），請求（EDI） 設問3　SaaSはオンプレミスと異なり，個別の会社の変更要望を実施することが難しいため（39字）

問5	設問1 a：オ b：エ 設問2 c：serv d：w.x.y.z 設問3 (1) 設定項目：受信メールサーバ（8字） 設定内容：192.168.1.10 (2) エ (3) インターネット宛てのメールを全てN社のメールサーバへ転送し中継させる（34字） 設問4 192.168.0.0
問6	設問1 a：↓ 設問2 (1) b：引当情報　c：引当予定 (2) d：日 (3) e：引当予定　f：在庫　g：入荷明細　h：入荷済数 設問3 i：OVER j：ORDER BY
問7	設問1 (1) 収穫に適したトマトが検出されなかった状態（20字） (2) イ 設問2 (1) 収穫トレーの空き領域がなくなる（15字） (2) 収穫に適したトマトの個数 (3) a：メイン 設問3 ウ 設問4 5.90（ミリ秒）
問8	設問1 a：イ　b：エ 設問2 (1) c：エ　d：ウ (2) ア 設問3 (1) 処理2，処理7 (2) e：ウ (3) 応答タイムアウトによるエラー処理を行う（19字） (4) 460（ミリ秒）
問9	設問1 (1) a：頻繁なスコープの変更が想定される（16字） (2) b：機械学習技術の習得に時間が掛かる（16字） 設問2 (1) c：Q 理由：定着化と使用性がどちらも高い評価のため（19字） (2) イ (3) 開発期間が短く，レジリエンスを確認すること（21字） 設問3 (1) マーケティング業務に詳しく，多様な意見を集約できるため（27字） (2) 顧客関係性の強化の達成状況（13字）
問10	設問1 ウ 設問2 (1) a：ア (2) インシデントの場合には内部供給者が原因調査や対応を行うため（29字） (3) サービスデスクへの連絡や販売部への復旧の連絡の時間が考慮されていないため（36字） 設問3 (1) 2週間ではY社で要員の体制を確保できないため（22字） (2) サービスデスクのサポート時間帯以外で困ったときに利用者自身で解決できる（35字）
問11	設問1 a：カ　b：イ　c：オ 設問2 ①システム障害が西センターにも波及するリスク（21字） ②全社的にサイバー攻撃に遭うリスク（16字） 設問3 d：サーバの処理能力を増強（11字） e：バックオフィス系サーバ（11字） 設問4 f：ネットワークの切替えを含む必要な環境設定（20字） 設問5 社内の業務とコミュニケーションが滞る（18字）

午後試験の長文問題は記述式解答方式であるため，複数解答があり得る場合や著者との見解との不一致が生じる可能性があり，本書の解答は必ずしもIPA発表の模範解答と一致しないことがあります。この点につきまして，ご理解のうえご利用くださいますようお願い申し上げます。

令和6年度春期　解答一覧

午前

問1	エ	問11	ア	問21	ウ	問31	ア	問41	イ	問51	ア	問61	ウ	問71	エ
問2	エ	問12	ウ	問22	ウ	問32	エ	問42	ア	問52	エ	問62	ア	問72	ア
問3	ア	問13	ア	問23	ア	問33	エ	問43	イ	問53	エ	問63	エ	問73	エ
問4	エ	問14	イ	問24	エ	問34	イ	問44	ウ	問54	ア	問64	エ	問74	エ
問5	ウ	問15	ウ	問25	ア	問35	イ	問45	イ	問55	ウ	問65	エ	問75	ウ
問6	エ	問16	イ	問26	ウ	問36	ウ	問46	エ	問56	エ	問66	エ	問76	エ
問7	ア	問17	イ	問27	エ	問37	ア	問47	ウ	問57	ウ	問67	ウ	問77	ウ
問8	エ	問18	イ	問28	ウ	問38	イ	問48	エ	問58	ア	問68	エ	問78	ア
問9	ウ	問19	エ	問29	ウ	問39	イ	問49	イ	問59	ア	問69	ア	問79	ウ
問10	エ	問20	エ	問30	イ	問40	ウ	問50	イ	問60	ウ	問70	エ	問80	エ

午後試験の解答・解説・解答一覧はダウンロードコンテンツとなります。
詳細はp463をご覧ください。

便利な 答案用紙

答案用紙の使い方

応用情報技術者試験は，午前問題はマークシート方式による「多肢選択式（全問解答）」，午後問題は「記述式（11問出題，5問解答）」で行われます。

本書では，付録として答案用紙を付けました。本試験の形式そのものではありませんが，本番同様受験番号，生年月日の欄を設け，試験の雰囲気が味わえるようにしています。カッターなどで切り取ってご使用ください。

本試験でマークミスに泣くことのないように，答案用紙を活用してください。

答案用紙記入の際の注意

答案用紙の記入に当たっては，次の指示に従ってください。

(1) HBの黒鉛筆を使用してください。訂正の場合は，跡が残らないように消しゴムできれいに消し，消しくずを残さないでください。

(2) 答案用紙は光学式読取り装置で処理しますので，答案用紙のマークの記入方法のとおりマークしてください。

(3) 受験番号欄に，受験番号を記入及びマークしてください。正しくマークされていない場合は，採点されません。

(4) 生年月日欄に，受験票に印字されているとおりの生年月日を記入及びマークしてください。正しくマークされていない場合は，採点されないことがあります。

(5) 午前の解答は，次の例題にならって，解答欄に一つだけマークしてください。

〔午前例題〕　秋の情報処理技術者試験が実施される月はどれか。

ア　8　　イ　9　　ウ　10　　エ　11

正しい答えは“ウ　10”ですから，次のようにマークしてください。

例題	ア	イ	●	エ

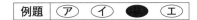

(6)「応用情報技術者試験」の午後問題は，次の表に従って解答してください。

問題番号	問1	問2～問11
選択方法	必須	4問選択

選択した問題については，解答用紙にある「選択欄の問題番号」を○印で囲んでください。○印がない場合，採点の対象にはなりません。

(7) 解答は丁寧な字ではっきりと書いてください。読みにくい場合は，減点の対象となります。

■試験時の注意

試験官からの指示があるまで，問題冊子を開いてはいけません。

問題に関する質問をすることはできません。

令和４年度秋期試験 午前問題答案用紙

マークの記入方法	⬬

悪いマーク例			うすい		

受験番号									
A	P				−				
		0	0	0		0	0	0	0
		1	1	1		1	1	1	1
		2	2	2		2	2	2	2
		3	3	3		3	3	3	3
		4	4	4		4	4	4	4
		5	5	5		5	5	5	5
		6	6	6		6	6	6	6
		7	7	7		7	7	7	7
		8	8	8		8	8	8	8
		9	9	9		9	9	9	9

生年月日							
年				月		日	
19		0	0	0	0	0	0
20		1	1	1	1	1	1
		2	2		2	2	2
		3	3		3	3	3
		4	4		4		4
		5	5		5		5
		6	6		6		6
		7	7		7		7
		8	8		8		8
		9	9		9		9

問	解答欄			
問1	ア	イ	ウ	エ
問2	ア	イ	ウ	エ
問3	ア	イ	ウ	エ
問4	ア	イ	ウ	エ
問5	ア	イ	ウ	エ
問6	ア	イ	ウ	エ
問7	ア	イ	ウ	エ
問8	ア	イ	ウ	エ
問9	ア	イ	ウ	エ
問10	ア	イ	ウ	エ
問11	ア	イ	ウ	エ
問12	ア	イ	ウ	エ
問13	ア	イ	ウ	エ
問14	ア	イ	ウ	エ
問15	ア	イ	ウ	エ
問16	ア	イ	ウ	エ
問17	ア	イ	ウ	エ
問18	ア	イ	ウ	エ
問19	ア	イ	ウ	エ
問20	ア	イ	ウ	エ
問21	ア	イ	ウ	エ
問22	ア	イ	ウ	エ
問23	ア	イ	ウ	エ
問24	ア	イ	ウ	エ
問25	ア	イ	ウ	エ
問26	ア	イ	ウ	エ
問27	ア	イ	ウ	エ
問28	ア	イ	ウ	エ
問29	ア	イ	ウ	エ
問30	ア	イ	ウ	エ

問	解答欄			
問31	ア	イ	ウ	エ
問32	ア	イ	ウ	エ
問33	ア	イ	ウ	エ
問34	ア	イ	ウ	エ
問35	ア	イ	ウ	エ
問36	ア	イ	ウ	エ
問37	ア	イ	ウ	エ
問38	ア	イ	ウ	エ
問39	ア	イ	ウ	エ
問40	ア	イ	ウ	エ
問41	ア	イ	ウ	エ
問42	ア	イ	ウ	エ
問43	ア	イ	ウ	エ
問44	ア	イ	ウ	エ
問45	ア	イ	ウ	エ
問46	ア	イ	ウ	エ
問47	ア	イ	ウ	エ
問48	ア	イ	ウ	エ
問49	ア	イ	ウ	エ
問50	ア	イ	ウ	エ
問51	ア	イ	ウ	エ
問52	ア	イ	ウ	エ
問53	ア	イ	ウ	エ
問54	ア	イ	ウ	エ
問55	ア	イ	ウ	エ
問56	ア	イ	ウ	エ
問57	ア	イ	ウ	エ
問58	ア	イ	ウ	エ
問59	ア	イ	ウ	エ
問60	ア	イ	ウ	エ

問	解答欄			
問61	ア	イ	ウ	エ
問62	ア	イ	ウ	エ
問63	ア	イ	ウ	エ
問64	ア	イ	ウ	エ
問65	ア	イ	ウ	エ
問66	ア	イ	ウ	エ
問67	ア	イ	ウ	エ
問68	ア	イ	ウ	エ
問69	ア	イ	ウ	エ
問70	ア	イ	ウ	エ
問71	ア	イ	ウ	エ
問72	ア	イ	ウ	エ
問73	ア	イ	ウ	エ
問74	ア	イ	ウ	エ
問75	ア	イ	ウ	エ
問76	ア	イ	ウ	エ
問77	ア	イ	ウ	エ
問78	ア	イ	ウ	エ
問79	ア	イ	ウ	エ
問80	ア	イ	ウ	エ

令和４年度秋期試験 午後問題答案用紙

受験番号									
A	P				ー				

生年月日								
年				月		日		

選択欄	必須	4問選択									
	問1	問2	問3	問4	問5	問6	問7	問8	問9	問10	問11

問1

設問1	(1)	a		b		c	
	(2)						
設問2	(1)						
	(2)						
	(3)						
設問3	(1)						
	(2)						
	(3)						

問2

設問1	(1)	強み			
		機会			
	(2)				
設問2	(1)				
	(2)	a			
設問3	(1)	b		c	
	(2)	d			
設問4	(1)				
	(2)	e		f	

令和４年度秋期試験 午後問題答案用紙

問3

設問1	(1)				
	(2)	ア			
設問2	イ				
	ウ				
	エ				
設問3	オ				
設問4	(1)	カ			
	(2)	キ		ク	

問4

設問1	(1)	a		b		c	
	(2)						
設問2	(1)						
	(2)	d		e			
設問3	(1)						
	(2)	f					
	(3)						

問5

設問1	a		b		c		
設問2	(1)						
	(2)	d					
	(3)	e					
設問3	(1)						
	(2)	f		g			
	(3)						

令和４年度秋期試験 午後問題答案用紙

問6

設問1	a		b	
	c		d	
	e		f	
設問2				
設問3	j			
	k			
	l			
	m			

問7

設問1	(1)	(a)				
		(b)	ミリ秒			
	(2)					
設問2	(1)	a		b		
	(2)	c		d		
設問3	(1)	e		f		
		g		h		
	(2)					

令和４年度秋期試験　午後問題答案用紙

問8

設問1	(1)	下線①		下線②	
	(2)	a			
	(3)	b			
設問2					
設問3	(1)				
	(2)	c			
	(3)				

問9

設問1	a		
設問2	(1)		
	(2)	b	
設問3	(1)	c	
	(2)	項番	
		期待値	万円
設問4			

令和４年度秋期試験 午後問題答案用紙

問10

設問1				
設問2	a			
	作業内容			
設問3	(1)	b	c	d
	(2)	項番		
		内容		
		根拠		

問11

設問1	a	
	b	
設問2	c	
設問3	d	
	e	
設問4	f	
	g	
設問5	h	

令和5年度春期試験 午前問題答案用紙

マークの記入方法	●

悪いマーク例					
			うすい		

受験番号									
A	P				−				
		0	0	0		0	0	0	0
		1	1	1		1	1	1	1
		2	2	2		2	2	2	2
		3	3	3		3	3	3	3
		4	4	4		4	4	4	4
		5	5	5		5	5	5	5
		6	6	6		6	6	6	6
		7	7	7		7	7	7	7
		8	8	8		8	8	8	8
		9	9	9		9	9	9	9

生年月日							
年				月		日	
19		0	0	0	0	0	0
20		1	1	1	1	1	1
		2	2		2	2	2
		3	3		3	3	3
		4	4		4		4
		5	5		5		5
		6	6		6		6
		7	7		7		7
		8	8		8		8
		9	9		9		9

問	解答欄			
問1	ア	イ	ウ	エ
問2	ア	イ	ウ	エ
問3	ア	イ	ウ	エ
問4	ア	イ	ウ	エ
問5	ア	イ	ウ	エ
問6	ア	イ	ウ	エ
問7	ア	イ	ウ	エ
問8	ア	イ	ウ	エ
問9	ア	イ	ウ	エ
問10	ア	イ	ウ	エ
問11	ア	イ	ウ	エ
問12	ア	イ	ウ	エ
問13	ア	イ	ウ	エ
問14	ア	イ	ウ	エ
問15	ア	イ	ウ	エ
問16	ア	イ	ウ	エ
問17	ア	イ	ウ	エ
問18	ア	イ	ウ	エ
問19	ア	イ	ウ	エ
問20	ア	イ	ウ	エ
問21	ア	イ	ウ	エ
問22	ア	イ	ウ	エ
問23	ア	イ	ウ	エ
問24	ア	イ	ウ	エ
問25	ア	イ	ウ	エ
問26	ア	イ	ウ	エ
問27	ア	イ	ウ	エ
問28	ア	イ	ウ	エ
問29	ア	イ	ウ	エ
問30	ア	イ	ウ	エ

問	解答欄			
問31	ア	イ	ウ	エ
問32	ア	イ	ウ	エ
問33	ア	イ	ウ	エ
問34	ア	イ	ウ	エ
問35	ア	イ	ウ	エ
問36	ア	イ	ウ	エ
問37	ア	イ	ウ	エ
問38	ア	イ	ウ	エ
問39	ア	イ	ウ	エ
問40	ア	イ	ウ	エ
問41	ア	イ	ウ	エ
問42	ア	イ	ウ	エ
問43	ア	イ	ウ	エ
問44	ア	イ	ウ	エ
問45	ア	イ	ウ	エ
問46	ア	イ	ウ	エ
問47	ア	イ	ウ	エ
問48	ア	イ	ウ	エ
問49	ア	イ	ウ	エ
問50	ア	イ	ウ	エ
問51	ア	イ	ウ	エ
問52	ア	イ	ウ	エ
問53	ア	イ	ウ	エ
問54	ア	イ	ウ	エ
問55	ア	イ	ウ	エ
問56	ア	イ	ウ	エ
問57	ア	イ	ウ	エ
問58	ア	イ	ウ	エ
問59	ア	イ	ウ	エ
問60	ア	イ	ウ	エ

問	解答欄			
問61	ア	イ	ウ	エ
問62	ア	イ	ウ	エ
問63	ア	イ	ウ	エ
問64	ア	イ	ウ	エ
問65	ア	イ	ウ	エ
問66	ア	イ	ウ	エ
問67	ア	イ	ウ	エ
問68	ア	イ	ウ	エ
問69	ア	イ	ウ	エ
問70	ア	イ	ウ	エ
問71	ア	イ	ウ	エ
問72	ア	イ	ウ	エ
問73	ア	イ	ウ	エ
問74	ア	イ	ウ	エ
問75	ア	イ	ウ	エ
問76	ア	イ	ウ	エ
問77	ア	イ	ウ	エ
問78	ア	イ	ウ	エ
問79	ア	イ	ウ	エ
問80	ア	イ	ウ	エ

令和５年度春期試験　午後問題答案用紙

受験番号									
A	P				―				

生年月日								
年				月		日		

選択欄	必須	4問選択									
	問1	問2	問3	問4	問5	問6	問7	問8	問9	問10	問11

問1

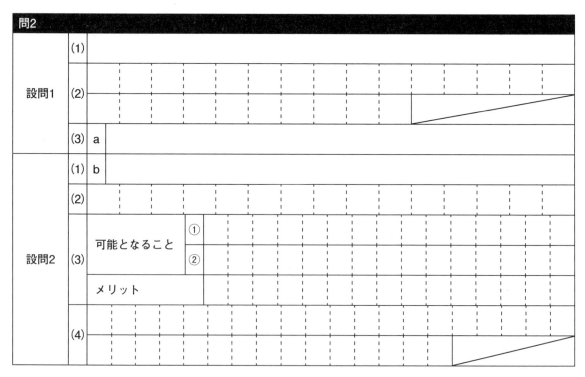

設問1	(1)					
	(2)	a				
設問2	(1)					
	(2)					
設問3	(1)					
	(2)	b		c		d
	(3)					
設問4	(1)					
	(2)					

問2

設問1	(1)			
	(2)			
	(3)	a		
設問2	(1)	b		
	(2)			
	(3)	可能となること	①	
			②	
		メリット		
	(4)			

令和５年度春期試験 午後問題答案用紙

問3

設問1	ア			イ			
設問2	①		②	③		④	
設問3	ウ			エ			
	オ			カ			
設問4	キ						
	ク						
	ケ						
設問5							

問4

設問1	(1)	a						
	(2)	b						
	(3)							
設問2	c		d		e		f	
設問3	(1)	g		h				
	(2)							
	(3)							

問5

設問1	(1)						
	(2)						
設問2	(1)	a					
	(2)						
設問3	(1)	b		c		d	
	(2)						
	(3)						

令和５年度春期試験 午後問題答案用紙

問6

設問1	a			b	
設問2	(1)	c		d	
		e		f	
		g			
		h			
		i			
	(2)				

問7

設問1					
設問2	a				
設問3	(1)	b			
	(2)	c	メッセージ名		メッセージの方向	
		d	メッセージ名		メッセージの方向	
		e	メッセージ名		メッセージの方向	
設問4					

令和５年度春期試験 午後問題答案用紙

問8

設問1						
設問2	a		b		c	
設問3						
設問4	下線③		下線④			
設問5						

問9

設問1	(1)				
	(2)				
	(3)				
設問2	(1)				
	(2)				
	(3)				
設問3	(1)	a		b	
	(2)				

令和５年度春期試験 午後問題答案用紙

問10

設問1	(1)		
	(2)	a	
設問2	(1)	b	
	(2)		
	(3)		
設問3	(1)		
	(2)		
	(3)		
	(4)		

問11

設問1	a	
設問2		
設問3	d	
設問4	e	
設問5	f	
	g	
	h	

令和５年度秋期試験 午前問題答案用紙

マークの記入方法

悪いマーク例

受験番号									
A	P				－				
		0	0	0		0	0	0	0
		1	1	1		1	1	1	1
		2	2	2		2	2	2	2
		3	3	3		3	3	3	3
		4	4	4		4	4	4	4
		5	5	5		5	5	5	5
		6	6	6		6	6	6	6
		7	7	7		7	7	7	7
		8	8	8		8	8	8	8
		9	9	9		9	9	9	9

生年月日							
年				月		日	
19		0	0	0	0	0	0
20		1	1	1	1	1	1
		2	2		2	2	2
		3	3		3	3	3
		4	4		4		4
		5	5		5		5
		6	6		6		6
		7	7		7		7
		8	8		8		8
		9	9		9		9

問	解答欄			
問1	ア	イ	ウ	エ
問2	ア	イ	ウ	エ
問3	ア	イ	ウ	エ
問4	ア	イ	ウ	エ
問5	ア	イ	ウ	エ
問6	ア	イ	ウ	エ
問7	ア	イ	ウ	エ
問8	ア	イ	ウ	エ
問9	ア	イ	ウ	エ
問10	ア	イ	ウ	エ
問11	ア	イ	ウ	エ
問12	ア	イ	ウ	エ
問13	ア	イ	ウ	エ
問14	ア	イ	ウ	エ
問15	ア	イ	ウ	エ
問16	ア	イ	ウ	エ
問17	ア	イ	ウ	エ
問18	ア	イ	ウ	エ
問19	ア	イ	ウ	エ
問20	ア	イ	ウ	エ
問21	ア	イ	ウ	エ
問22	ア	イ	ウ	エ
問23	ア	イ	ウ	エ
問24	ア	イ	ウ	エ
問25	ア	イ	ウ	エ
問26	ア	イ	ウ	エ
問27	ア	イ	ウ	エ
問28	ア	イ	ウ	エ
問29	ア	イ	ウ	エ
問30	ア	イ	ウ	エ

問	解答欄			
問31	ア	イ	ウ	エ
問32	ア	イ	ウ	エ
問33	ア	イ	ウ	エ
問34	ア	イ	ウ	エ
問35	ア	イ	ウ	エ
問36	ア	イ	ウ	エ
問37	ア	イ	ウ	エ
問38	ア	イ	ウ	エ
問39	ア	イ	ウ	エ
問40	ア	イ	ウ	エ
問41	ア	イ	ウ	エ
問42	ア	イ	ウ	エ
問43	ア	イ	ウ	エ
問44	ア	イ	ウ	エ
問45	ア	イ	ウ	エ
問46	ア	イ	ウ	エ
問47	ア	イ	ウ	エ
問48	ア	イ	ウ	エ
問49	ア	イ	ウ	エ
問50	ア	イ	ウ	エ
問51	ア	イ	ウ	エ
問52	ア	イ	ウ	エ
問53	ア	イ	ウ	エ
問54	ア	イ	ウ	エ
問55	ア	イ	ウ	エ
問56	ア	イ	ウ	エ
問57	ア	イ	ウ	エ
問58	ア	イ	ウ	エ
問59	ア	イ	ウ	エ
問60	ア	イ	ウ	エ

問	解答欄			
問61	ア	イ	ウ	エ
問62	ア	イ	ウ	エ
問63	ア	イ	ウ	エ
問64	ア	イ	ウ	エ
問65	ア	イ	ウ	エ
問66	ア	イ	ウ	エ
問67	ア	イ	ウ	エ
問68	ア	イ	ウ	エ
問69	ア	イ	ウ	エ
問70	ア	イ	ウ	エ
問71	ア	イ	ウ	エ
問72	ア	イ	ウ	エ
問73	ア	イ	ウ	エ
問74	ア	イ	ウ	エ
問75	ア	イ	ウ	エ
問76	ア	イ	ウ	エ
問77	ア	イ	ウ	エ
問78	ア	イ	ウ	エ
問79	ア	イ	ウ	エ
問80	ア	イ	ウ	エ

令和５年度秋期試験 午後問題答案用紙

受験番号									
A	P				ー				

生年月日							
年				月		日	

選択欄	必須	4問選択									
	問1	問2	問3	問4	問5	問6	問7	問8	問9	問10	問11

問1

設問1	(1)							
	(2)							
設問2	(1)							
	(2)	a		b		c		d
	(3)							
設問3								

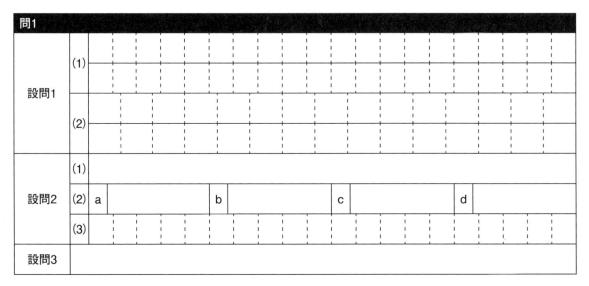

問2

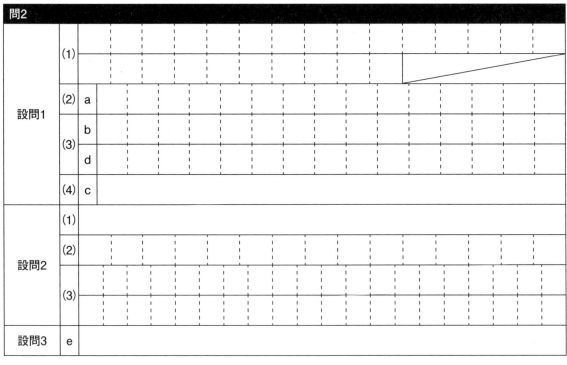

設問1	(1)		
	(2)	a	
	(3)	b	
		d	
	(4)	c	
設問2	(1)		
	(2)		
	(3)		
設問3	e		

令和５年度秋期試験 午後問題答案用紙

問3

<table>
<tr><td>設問1</td><td>ア</td><td colspan="2"></td><td>イ</td><td></td></tr>
<tr><td rowspan="6">設問2</td><td rowspan="4">(1)</td><td>ウ</td><td colspan="3"></td></tr>
<tr><td>エ</td><td colspan="3"></td></tr>
<tr><td>オ</td><td colspan="3"></td></tr>
<tr><td>カ</td><td colspan="3"></td></tr>
<tr><td>(2)</td><td colspan="4"></td></tr>
<tr><td>(3)</td><td>キ</td><td colspan="3"></td></tr>
</table>

問4

<table>
<tr><td rowspan="7">設問1</td><td rowspan="3">(1)</td><td>a</td><td></td></tr>
<tr><td>b</td><td></td></tr>
<tr><td>c</td><td></td></tr>
<tr><td rowspan="4">(2)</td><td>d</td><td></td></tr>
<tr><td>e</td><td></td></tr>
<tr><td>f</td><td></td></tr>
<tr><td>g</td><td></td></tr>
<tr><td rowspan="3">設問2</td><td rowspan="2">(1)</td><td>会社名</td><td></td></tr>
<tr><td>システム名</td><td></td></tr>
<tr><td>(2)</td><td colspan="2"></td></tr>
<tr><td>設問3</td><td colspan="3"></td></tr>
</table>

令和5年度秋期試験 午後問題答案用紙

問5

設問1	a	
	b	
設問2	c	
	d	
設問3	(1)	変更したメールソフトウェアの設定項目
		変更後の設定内容
	(2)	
	(3)	
設問4	e	

問6

設問1	a		
設問2	(1)	b	
		c	
	(2)	d	
	(3)	e	
		f	
		g	
		h	
設問3	i		
	j		

令和５年度秋期試験 午後問題答案用紙

問7

設問1	(1)		
	(2)		
設問2	(1)		
	(2)		
	(3)	a	
設問3			
設問4			

問8

設問1	a		b		
設問2	(1)	c		d	
	(2)				
設問3	(1)				
	(2)	e			
	(3)				
	(4)				

問9

設問1	(1)	a	
	(2)	b	
設問2	(1)	c	
		理由	
	(2)		
	(3)		
設問3	(1)		
	(2)		

令和５年度秋期試験 午後問題答案用紙

問10

設問1			
設問2	(1)	a	
	(2)		
	(3)		
設問3	(1)		
	(2)		

問11

設問1	a	
	b	
	c	
設問2	①	
	②	
設問3	d	
	e	
設問4	f	
設問5		

令和6年度春期試験 午前問題答案用紙

マークの記入方法	●

悪いマーク例			うすい		

受験番号									
A	P				ー				
		0	0	0		0	0	0	0
		1	1	1		1	1	1	1
		2	2	2		2	2	2	2
		3	3	3		3	3	3	3
		4	4	4		4	4	4	4
		5	5	5		5	5	5	5
		6	6	6		6	6	6	6
		7	7	7		7	7	7	7
		8	8	8		8	8	8	8
		9	9	9		9	9	9	9

生年月日							
年				月		日	
19		0	0	0	0	0	0
20		1	1	1	1	1	1
		2	2		2	2	2
		3	3		3	3	3
		4	4		4		4
		5	5		5		5
		6	6		6		6
		7	7		7		7
		8	8		8		8
		9	9		9		9

問	解答欄			
問1	ア	イ	ウ	エ
問2	ア	イ	ウ	エ
問3	ア	イ	ウ	エ
問4	ア	イ	ウ	エ
問5	ア	イ	ウ	エ
問6	ア	イ	ウ	エ
問7	ア	イ	ウ	エ
問8	ア	イ	ウ	エ
問9	ア	イ	ウ	エ
問10	ア	イ	ウ	エ
問11	ア	イ	ウ	エ
問12	ア	イ	ウ	エ
問13	ア	イ	ウ	エ
問14	ア	イ	ウ	エ
問15	ア	イ	ウ	エ
問16	ア	イ	ウ	エ
問17	ア	イ	ウ	エ
問18	ア	イ	ウ	エ
問19	ア	イ	ウ	エ
問20	ア	イ	ウ	エ
問21	ア	イ	ウ	エ
問22	ア	イ	ウ	エ
問23	ア	イ	ウ	エ
問24	ア	イ	ウ	エ
問25	ア	イ	ウ	エ
問26	ア	イ	ウ	エ
問27	ア	イ	ウ	エ
問28	ア	イ	ウ	エ
問29	ア	イ	ウ	エ
問30	ア	イ	ウ	エ

問	解答欄			
問31	ア	イ	ウ	エ
問32	ア	イ	ウ	エ
問33	ア	イ	ウ	エ
問34	ア	イ	ウ	エ
問35	ア	イ	ウ	エ
問36	ア	イ	ウ	エ
問37	ア	イ	ウ	エ
問38	ア	イ	ウ	エ
問39	ア	イ	ウ	エ
問40	ア	イ	ウ	エ
問41	ア	イ	ウ	エ
問42	ア	イ	ウ	エ
問43	ア	イ	ウ	エ
問44	ア	イ	ウ	エ
問45	ア	イ	ウ	エ
問46	ア	イ	ウ	エ
問47	ア	イ	ウ	エ
問48	ア	イ	ウ	エ
問49	ア	イ	ウ	エ
問50	ア	イ	ウ	エ
問51	ア	イ	ウ	エ
問52	ア	イ	ウ	エ
問53	ア	イ	ウ	エ
問54	ア	イ	ウ	エ
問55	ア	イ	ウ	エ
問56	ア	イ	ウ	エ
問57	ア	イ	ウ	エ
問58	ア	イ	ウ	エ
問59	ア	イ	ウ	エ
問60	ア	イ	ウ	エ

問	解答欄			
問61	ア	イ	ウ	エ
問62	ア	イ	ウ	エ
問63	ア	イ	ウ	エ
問64	ア	イ	ウ	エ
問65	ア	イ	ウ	エ
問66	ア	イ	ウ	エ
問67	ア	イ	ウ	エ
問68	ア	イ	ウ	エ
問69	ア	イ	ウ	エ
問70	ア	イ	ウ	エ
問71	ア	イ	ウ	エ
問72	ア	イ	ウ	エ
問73	ア	イ	ウ	エ
問74	ア	イ	ウ	エ
問75	ア	イ	ウ	エ
問76	ア	イ	ウ	エ
問77	ア	イ	ウ	エ
問78	ア	イ	ウ	エ
問79	ア	イ	ウ	エ
問80	ア	イ	ウ	エ

令和６年度春期試験 午後問題答案用紙

受験番号									
A	P				－				

生年月日							
年				月		日	

選択欄	必須	4問選択									
	問1	問2	問3	問4	問5	問6	問7	問8	問9	問10	問11

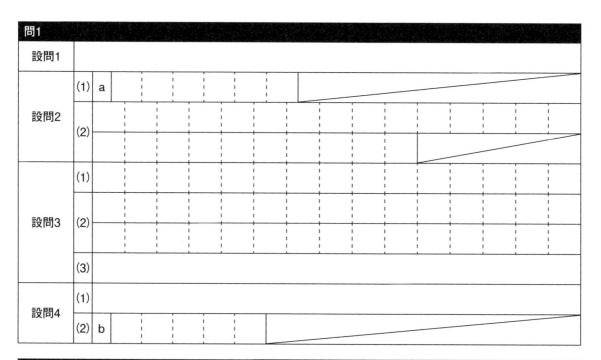

問1

設問1			
設問2	(1)	a	
	(2)		
設問3	(1)		
	(2)		
	(3)		
設問4	(1)		
	(2)	b	

問2

設問1	(1)	a		b		c	
	(2)	d					
	(3)						
	(4)						
設問2	(1)						
	(2)						
設問3	(1)						
	(2)						

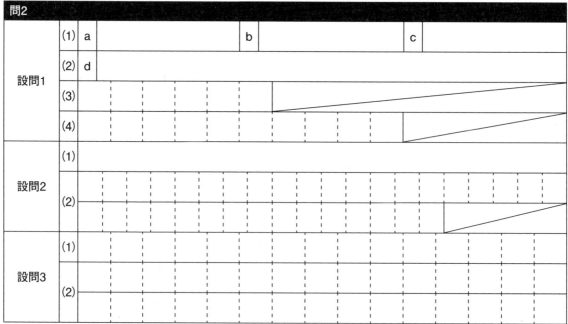

令和6年度春期試験 午後問題答案用紙

問3

設問1	ア		
設問2	イ		
	ウ		
	エ		
設問3	(1)	代入文	
		オ	
	(2)	カ	
設問4	(1)	キ	
	(2)	ク	

問4

設問1			
設問2	(1)		
	(2)		
設問3	評価した理由	①	
		②	
設問4	a		b
設問5			

令和６年度春期試験 午後問題答案用紙

問5

設問1	(1)	Mバイト
	(2)	
設問2	(1)	a / b
		c
	(2)	
設問3	(1)	d
	(2)	e / f
	(3)	

問6

設問1	(1)	a
	(2)	b
		c
	(3)	d
設問2		
設問3		e / f
設問4	(1)	g / h
	(2)	
	(3)	

問7

設問1	(1)	a
	(2)	
設問2	(1)	
	(2)	
	(3)	ドア開 / ドア閉
設問3	(1)	
	(2)	b

令和６年度春期試験 午後問題答案用紙

問8

設問1	a			
設問2	b		c	
設問3				
設問4	d		e	
設問5				
設問6	f			

問9

設問1	(1)		
	(2)	a	
設問2	(1)		
	(2)		
	(3)	b	
		c	
	(4)		
	(5)		

令和６年度春期試験 午後問題答案用紙

問10

設問1	a		
設問2	(1)	b	
	(2)		
	(3)	c	
	(4)	問題	
		解決方法	
設問3			

問11

設問1	a	
	b	
	c	
	d	
設問2	e	
設問3	f	
設問4	g	
	h	

ダウンロードコンテンツ

①令和06年春期　午後問題「解答・解説」

本書は速報性を重視しているため，直近の午後問題の解答・解説につきましては，IPAの公式解答発表前に制作しております。そのため，直近実施の午後問題についてはダウンロードコンテンツとして提供し，IPAの公式解答を受けて適宜アップデート対応を行う予定です。大変お手数ですが本書のサポートページよりダウンロードください。

IPA公式の解答例は7月2日に公開される予定です。公開日以降に，再度本書のサポートページをご確認いただけますと幸いです。

②計24回分　過去問題・解説

本書では，お買い上げいただいた読者様へのサービスとして，本書に掲載されていない，平成22度春期から令和4年度春期の計24回分の問題・解答・解説のPDFファイルを提供しています。（ダウンロードファイルは，ZIP形式の圧縮ファイルで，24回分のファイルが1つにまとめられています。）

ダウンロード手順について

以下のWebサイト（本書のサポートページ）にアクセスし，ダウンロードしてご利用ください。

https://gihyo.jp/book/2024/978-4-297-14224-7/support

なお，QRコードからアクセスした場合は，開いたページからさらに「本書のサポートページ」をタップしてページを移動してください。

ファイルをダウンロードする際は，以下に記載したアクセスIDと，パスワードが必要になります。また，ダウンロードしたPDFファイルを開く際にもこちらのパスワードが必要となります。

アクセスID	R06aAPPL
パスワード	aBaD3wpNaaa

※令和2年度春期試験は，新型コロナウイルス感染症対策のため，実施されませんでした。本PDFにも収録されておりません。

ダウンロード期限について

本サービスは，2025年2月30日まで利用可能です。

その他注意事項

PDFファイルについて，一般的な環境においてはとくに問題のないことを確認しておりますが，万一障害が発生し，その結果いかなる損害が生じたとしても，小社および著者は責任を負いかねます。必ずご自身の判断と責任においてご利用ください。

PDFファイルは，著作権法上の保護を受けています。収録されているファイルの一部，あるいは全部について，いかなる方法においても無断で複写，複製，再配布することは禁じられています。

読者特典　問題演習アプリ「DEKIDAS-WEB」

「DEKIDAS-WEB」はスマホやPCで学習できる問題演習用のWebアプリで，平成25年以降の午前問題に挑戦できます。Edge，Chrome，Safariに対応しています。

スマートフォン，タブレットで利用する場合は以下のQRコードを読み取り，エントリーページへアクセスしてください。ログインの際にメールアドレスが必要になります。QRコードを読み取れない場合は，下記URLからアクセスして登録してください。

https://entry.dekidas.com/

認証コード	gd068237jckLapV6

※本アプリの有効期限は，2025年12月4日です。

■著者略歴
【午前問題：解答・解説の執筆】
加藤 昭（かとう・あきら）
オフィス　ケイト
高見澤秀幸（たかみざわ・ひでゆき）
秀明大学　英語情報マネジメント学部　IT教育センター長
情報処理技術者（アプリケーションエンジニア）
【午後問題：解答・解説の執筆】
芦屋広太（あしや・こうた）
企業のIT部門でシステム企画やプロジェクトマネジメント実務を行いながらビジネススキルを指導する教育コンサルタント。
実務で得た知見やノウハウを体系化し，現場での教育，雑誌・書籍での発表，セミナー・研修に利用する活動を行っている。
著書「社内政治力」（フォレスト出版），「ビジネス文章クリニック」（日経BP）他
矢野龍王（やの・りゅうおう）
情報処理技術者（第１種，ネットワークスペシャリスト，プロジェクトマネージャ，システム監査技術者）
著書「3週間完全マスター 情報セキュリティアドミニストレータ」（共著：日経BP社）他

◆表紙デザイン　小島トシノブ（NONdesign）
◆DTP　株式会社トップスタジオ

令和06年【秋期】応用情報技術者
パーフェクトラーニング過去問題集

2009年２月１日　初　版　第１刷発行
2024年６月28日　第31版　第１刷発行

著　者　加藤 昭，高見澤秀幸，芦屋広太，矢野龍王
発行者　片岡 巌
発行所　株式会社技術評論社
東京都新宿区市谷左内町21-13
電話　03-3513-6150　販売促進部
03-3513-6166　書籍編集部
印刷／製本　昭和情報プロセス株式会社

定価は表紙に表示してあります。

ISBN978-4-297-14224-7　C3055
Printed in Japan

■お問い合わせについて

本書に関するご質問は、FAXや書面にてお願いいたします。電話によるお問い合わせには一切お答えできませんのであらかじめご了承ください。また、下記の弊社Webサイトでも質問用フォームを用意しておりますのでご利用ください。

ご質問の際には、書籍名と質問される該当ページ、返信先を明記してください。e-mailをお使いの方は、メールアドレスの併記をお願いいたします。ご質問は本書に記載されている内容に関するもののみとさせていただきます。

なお、ご質問の際に記載いただいた個人情報は回答以外の目的には使用いたしません。また、回答後は速やかに削除させていただきます。

■お問い合わせ先

〒162-0846　東京都新宿区市谷左内町21-13
株式会社技術評論社　書籍編集部
「令和06年【秋期】応用情報技術者
パーフェクトラーニング過去問題集」係
FAX番号　：03-3513-6183
技術評論社Web：https://gihyo.jp/book/